# 水电工技能数据随时查

SHUIDIANGONG JINENG SHUJU SUISHICHA

阳鸿钧 等编

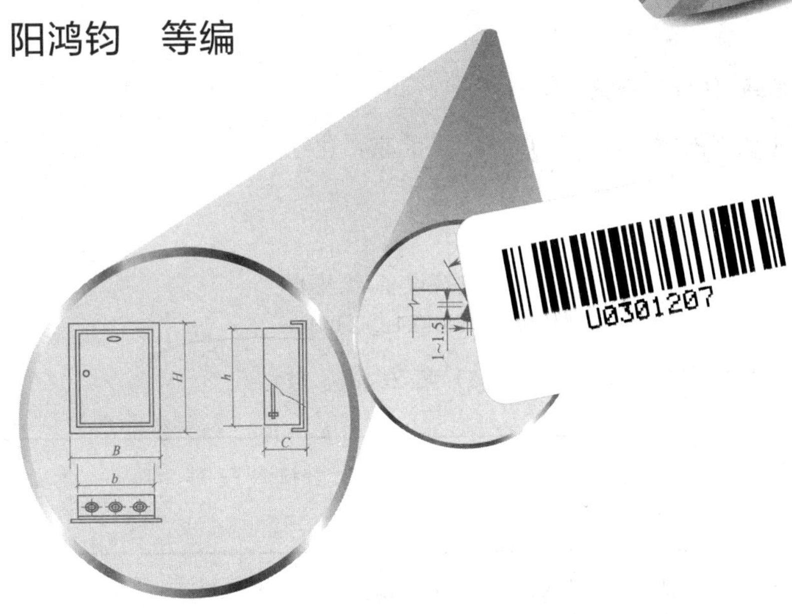



化学工业出版社

·北京·

本书对水电工必须掌握的理论知识、规范要求以及实战技巧中的有关数据进行了介绍。

全书由7章组成，主要介绍水电工基础知识，水电工用材，照明与灯具，阀门与管道，工具与仪表，水电工操作与安装技能，给排水基本知识，水电施工计算、估算与预算等。

本书可供家装水电工、物业水电工、建筑与道路管工及相关技术人员学习使用，也可以供大中专院校相关专业的师生参考使用。

**图书在版编目（CIP）数据**

水电工技能数据随时查/阳鸿钧等编．—北京：化学工业出版社，2017.1

ISBN 978-7-122-28448-8

Ⅰ.①水… Ⅱ.①阳… Ⅲ.①房屋建筑设备-给排水系统②房屋建筑设备-电气设备 Ⅳ.①TU821②TU85

中国版本图书馆CIP数据核字（2016）第264664号

责任编辑：刘 哲　　装帧设计：韩 飞

责任校对：吴 静

出版发行：化学工业出版社（北京市东城区青年湖南街13号 邮政编码100011）

印　　装：高教社（天津）印务有限公司

787mm×1092mm 1/16 印张20¾ 字数500千字 2017年4月北京第1版第1次印刷

购书咨询：010-64518888（传真：010-64519686） 售后服务：010-64518899

网　　址：http://www.cip.com.cn

凡购买本书，如有缺损质量问题，本社销售中心负责调换。

**定　　价：78.00元**

# 前言

在实际的电气与管道安装工程工作中，经常需要查找一些数据，而这些繁多的数据难以全部记忆，因此，需要一本数据较全的书供备查。为此，特编写了这本书。本书共由 7 章组成。

第 1 章基础知识，主要介绍基础、常识，概述有关的数据，具体包括常用单位与换算、压力容器/锅炉的技术资料、民用建筑的基础资料等。

第 2 章材料，主要介绍管道、电气及相关材料等的有关数据，具体包括电线电缆的规格与性能、穿线管槽的规格、有色金属管的规格与要求等。

第 3 章照明与灯具，主要介绍照明、灯具等有关的数据，具体包括光的技术参数、光源的种类与特性等。

第 4 章阀门与管道，主要介绍阀门、管道等有关的数据，具体包括阀门与管道的试验、阀门的分类与结构特点、阀门的材料与重量等。

第 5 章设备与设施，主要介绍设备、设施等有关的数据，具体包括设备的选用与安装技术规定、设施的设计与施工的技术规范、电气设备的技术参数等。

第 6 章电气线路的相关数据，具体包括电线电缆的技术参数、导线设计的技术参数、穿线管槽的选择等。

第 7 章与施工有关的数据，具体包括电气设施安装的技术要求、桥架内敷设电缆的技术规定、家用电器安装的技术规定等。

本书编写中，为了保证本书的全面性、实用性、准确性，参考了一些相关技术资料，尤其是有关规范与标准。因许多规范与标准是不断适时更新的，因此，本书数据仅供参考。

本书由阳鸿钧等编写，阳许倩、阳红珍、许小菊、阳育杰、阳梅开、许应菊、李敏、夏春、任俊杰、毛采云、阳苟妹、唐许静、王山、凌方、张小红、阳红艳、欧凤祥、周维尊、唐中良、米芳、许秋菊、许满菊、曾丞林、欧小宝、陈永、李秀娟、周小华、扬留、肖小蛾、郭单、罗小五、谢素素、侯平英、单冬梅、汤灵萍、任亚俊、黄庆、许四一、潘凤缓、李丽、任志等参加编写或支持编写工作。

本书适用于家装水电工、物业水电工、建筑电工、建筑与道路管工及相关技术人员学习使用，也可以供大中专院校相关专业的师生参考使用。

由于水平有限，书中不足之处，敬请批评、指正。

编者

# 目录

# 第1章 基础知识

## 1.1 常用单位与换算

### 1.1.1 电流常用单位换算

电流常用单位有千安（kA）、安（A）、毫安（mA）、微安（μA），它们间的换算数据如下：

1kA=1000A

1A=1000mA

1mA=1000μA

1μA=1000nA

1nA=1000pA

1A=1C/s（1安培=1库仑/秒）

### 1.1.2 电压常用单位换算

电压的单位是伏特，用字母V表示，常用的单位有千伏（kV）、伏（V）、毫伏（mV）、微伏（μV），它们之间的关系如下：

1kV=1000V

1V=1000mV

1mV=1000μV

强电压常用千伏（kV）为单位，弱小电压的单位可以用毫伏（mV）、微伏（μV）等表示。安全电压，是指不致使人直接致死或致残的电压。一般环境条件下允许持续接触的“安全特低电压”是36V，也可能是24V、12V AC/DC。

### 1.1.3 一些国家或地区的单相电压数值（表1-1）

表1-1 一些国家或地区的单相电压数值

| 国家或地区 | 电压/V | 频率/Hz | 国家或地区 | 电压/V | 频率/Hz |
|---|---|---|---|---|---|
| 澳大利亚 | 240 | 50 | 意大利 | 127/220 | 50 |
| 比利时 | 230 | 50 | 日本 | 100 | 50/60 |
| 巴西 | 110/220 | 60 | 韩国 | 110/220 | 60 |
| 加拿大 | 120 | 60 | 墨西哥 | 127 | 60 |
| 智利 | 220 | 50 | 荷兰 | 230 | 50 |
| 中国大陆 | 220 | 50 | 挪威 | 230 | 50 |
| 中国香港 | 230 | 50 | 菲律宾 | 110/220 | 60 |
| 中国台湾 | 110 | 60 | 俄罗斯 | 220 | 50 |
| 埃及 | 220 | 60 | 西班牙 | 127/220 | 50 |
| 法国 | 230 | 50 | 瑞士 | 220 | 50 |
| 德国 | 230 | 50 | 美国 | 120 | 60 |
| 印度 | 230 | 50 | 英国 | 230 | 50 |
| 伊拉克 | 220 | 50 | | | |

### 1.1.4 电功率常用单位换算

电功率的单位有瓦、千瓦、毫瓦等，符号分别是 W、kW、mW 等。另外，还有马力单位。它们之间的关系如下：

1kW＝1000W　　1 马力＝736W

1W＝1000mW　　1kW＝1.36 马力

电动机的功率常用千瓦来表示，所做的功用千瓦时（符号 kW・h）来表示，它们之间的关系如下：

1kW・h＝1000W×3600s　　$1kW \cdot h = 3.6\times10^6 J$

### 1.1.5 压力单位的换算

帕斯卡（用 Pa 表示）是 SI 导出单位，是压力的单位。其他一些压力单位与帕斯卡单位换算如下：

毫米汞柱（mmHg）：1mmHg＝133.32Pa

毫米水柱（$mmH_2O$）：$1mmH_2O\approx10Pa$

标准大气压（atm）：1atm＝101325Pa

工程大气压（at）：$1at\approx10^5 Pa$

米水柱（$mH_2O$）：$1mH_2O\approx10^4 Pa$

千克力每平方厘米（$kgf/cm^2$）：$1kgf/cm^2\approx10^6 Pa$

### 1.1.6 工程管径的对照（表 1-2）

表 1-2 工程管径对照

| 英制 | 公制/mm | 英制 | 公制/mm |
|---|---|---|---|
| 1/4″ | DN8 | 3″ | DN80 |
| 1/2″ | DN15 | 4″ | DN100 |
| 3/4″ | DN20 | 5″ | DN125 |
| 1″ | DN25 | 6″ | DN150 |
| 1¼″ | DN32 | 8″ | DN200 |
| 1½″ | DN40 | 10″ | DN250 |
| 2″ | DN50 | 12″ | DN300 |
| 2½″ | DN65 | | |

### 1.1.7 水管尺寸明细速查（表 1-3）

表 1-3 水管尺寸明细速查

| 管内径标称/mm | 英制 | 国内 DIN 规格 | |
|---|---|---|---|
| | | 管外径/mm | 管厚度/mm |
| 10 | 3/8″ | 16±0.2 | |
| 15 | 1/2″ | 20±0.3 | 2.0±0.4 |
| 20 | 3/4″ | 25±0.3 | 3.0±0.5 |
| 25 | 1″ | 32±0.3 | 4.0±0.6 |
| 32 | 1¼″ | 40±0.3 | 4.6±0.7 |
| 40 | 1½″ | 50±0.3 | 5.3±0.8 |
| 50 | 2″ | 63±0.3 | 6.0±0.9 |
| 65 | 2½″ | 75±0.3 | 6.6±1.0 |
| 80 | 3″ | 90±0.3 | 7.3±1.1 |
| 100 | 4″ | 110±0.4 | 8.0±1.2 |

续表

| 管内径标称/mm | 英制 | 国内 DIN 规格 | |
|---|---|---|---|
| | | 管外径/mm | 管厚度/mm |
| 125 | 5″ | 140±0.4 | 9.3±1.4 |
| 150 | 6″ | 160±0.5 | 10±1.5 |
| 200 | 8″ | 225±0.7 | 12±1.8 |
| 250 | 10″ | 250±0.8 | 12.6±1.9 |
| 300 | 12″ | 315 | 14±2.1 |

## 1.2 压力容器、锅炉技术资料

### 1.2.1 压力容器设计压力等级的划分

压力容器的设计压力（$p$），可以划分为低压、中压、高压、超高压四个压力等级。

(1) 低压压力容器（代号 L）：0.1MPa≤$p$<1.6MPa。

(2) 中压压力容器（代号 M）：1.6MPa≤$p$<10.0MPa。

(3) 高压压力容器（代号 H）：10.0MPa≤$p$<100.0MPa。

(4) 超高压压力容器（代号 U）：$p$≥100.0MPa。

### 1.2.2 常压锅炉设计压力等级的划分

(1) 低压锅炉：$p$≤2.5MPa。

(2) 中压锅炉：$p$≤3.9MPa。

(3) 高压锅炉：$p$≤10.0MPa。

(4) 超高压锅炉：$p$≤14.0MPa。

(5) 亚临界锅炉：压力为 17～18MPa。

(6) 超临界锅炉：压力为 22～25MPa。

## 1.3 热力管网基础资料

### 1.3.1 热水热力网补给水水质要求数据

以热电厂和区域锅炉房为热源的热水热力网，补给水水质要求数据应符合下列规定：

(1) 悬浮物——小于或等于 5mg/L；

(2) 总硬度——小于或等于 0.6mmol/L；

(3) 溶解氧——小于或等于 0.1mg/L；

(4) 含油量——小于或等于 2mg/L；

(5) pH（25℃）——7～11。

### 1.3.2 蒸汽热力网凝结水质量要求

蒸汽热力网，由用户热力站返回热源的凝结水质量，应符合质量要求如下：

(1) 总硬度——小于或等于 0.05mmol/L；

(2) 含铁量——小于或等于 0.5mg/L；

(3) 含油量——小于或等于 10mg/L。

### 1.3.3 汽轮机根据压力和温度的分类

汽轮机，根据蒸汽参数（压力和温度）的分类如下：

（1）低压汽轮机——主蒸汽压力小于 1.47MPa；
（2）中压汽轮机——主蒸汽压力为 1.96～3.92MPa；
（3）高压汽轮机——主蒸汽压力为 5.88～9.8MPa；
（4）超高压汽轮机——主蒸汽压力为 11.77～13.93MPa；
（5）亚临界压力汽轮机——主蒸汽压力为 15.69～17.65MPa；
（6）超临界压力汽轮机——主蒸汽压力大于 22.15MPa；
（7）超超临界压力汽轮机——主蒸汽压力大于 32MPa；

## 1.4 螺纹技术资料

### 1.4.1 公称通径尺寸与其对应管螺纹尺寸（表 1-4）

表 1-4 公称通径尺寸与其对应管螺纹尺寸

| 公制/mm | 英制 | 公制/mm | 英制 | 公制/mm | 英制 | 公制/mm | 英制 | 公制/mm | 英制 |
|---|---|---|---|---|---|---|---|---|---|
| 8 | 1/4″ | 20 | 3/4″ | 40 | 1½″ | 80 | 3″ | 150 | 6″ |
| 10 | 3/8″ | 25 | 1″ | 50 | 2″ | 100 | 4″ | 200 | 8″ |
| 15 | 1/2″ | 32 | 1¼″ | 65 | 2½″ | 125 | 5″ | 250 | 10″ |

### 1.4.2 英制螺纹的使用范围/表示方法

英制螺纹一般用大径表示其螺纹。英制螺纹螺距，可以通过表 1-5 查得。

表 1-5 英制螺纹的使用范围/表示方法

| 英制 | 3/16″ | 1/4″ | 5/16″ | 3/8″ | 1/2″ | 5/8″ | 3/4″ | 7/8″ | 1″ |
|---|---|---|---|---|---|---|---|---|---|
| 每英寸牙数(粗牙) | 24 | 20 | 18 | 16 | 12 | 11 | 10 | 9 | 8 |

### 1.4.3 常用圆形铁通与螺纹加工（表 1-6）

表 1-6 常用圆形铁通与螺纹加工 mm

| 英制规格 | 标准直径 | 一般直径 | 厚度 | 可加工螺纹 |
|---|---|---|---|---|
| 3/8″ | 9.525 | 9.3 | 1.0 | M10×1.0 外牙 |
| 1/2″ | 12.7 | 12.7 | 1.1 | M11×1.0 内牙 |
| 5/8″ | 15.875 | 15.9 | 1.1 | M14×1.0 内牙 |
| | | 15.7 | 1.0 | 9/16″-18G 英制 |
| 3/4″ | 19.05 | 19.1 | 1.1 | M18×1.5 内牙 |
| | | 18.9 | 1.0 | 11/16″-18G 英制 |
| 7/8″ | 22.225 | 22.2 | 1.1 | M21×1.5 内牙 |
| | | 22 | 1.0 | |
| 1″ | 25.4 | 25.4 | 1.1 | M24×1.5 内牙 |
| | | 25.2 | 1.0 | |
| | | 25 | 0.9 | |
| 1¼″ | 31.75 | 31.8 | 1.1 | M30×1.5 内牙 |
| | | 31.6 | 1.0 | |
| 1½″ | 38.1 | 37.3 | 1.0 | M36×1.5 内牙 |

### 1.4.4　普通螺纹基本尺寸（表 1-7）

表 1-7　普通螺纹基本尺寸

| 公称直径(大径) $D$、$d$/mm | 螺距 $P$/mm | 中径 $D_2$、$d_2$/mm | 小径 $D_1$、$d_1$/mm | 公称直径(大径) $D$、$d$/mm | 螺距 $P$/mm | 中径 $D_2$、$d_2$/mm | 小径 $D_1$、$d_1$/mm |
|---|---|---|---|---|---|---|---|
| 1 | 0.25 | 0.838 | 0.729 | 15 | 1.5 | 14.026 | 13.376 |
| | 0.2 | 0.870 | 0.783 | | 1 | 14.350 | 13.917 |
| 1.1 | 0.25 | 0.938 | 0.829 | 16 | 2 | 14.701 | 13.835 |
| | 0.2 | 0.970 | 0.883 | | 1.5 | 15.026 | 14.376 |
| 1.2 | 0.25 | 1.038 | 0.929 | | 1 | 15.350 | 14.917 |
| | 0.2 | 1.070 | 0.983 | 17 | 1.5 | 16.026 | 15.376 |
| 1.4 | 0.3 | 1.205 | 1.075 | | 1 | 16.350 | 15.917 |
| | 0.2 | 1.270 | 1.183 | 18 | 2.5 | 16.376 | 15.294 |
| 1.6 | 0.35 | 1.373 | 1.221 | | 2 | 16.701 | 15.835 |
| | 0.2 | 1.470 | 1.383 | | 1.5 | 17.026 | 16.376 |
| 1.8 | 0.35 | 1.573 | 1.421 | | 1 | 17.350 | 16.917 |
| | 0.2 | 1.670 | 1.583 | 20 | 2.5 | 18.376 | 17.294 |
| 2 | 0.4 | 1.740 | 1.567 | | 2 | 18.701 | 17.835 |
| | 0.25 | 1.838 | 1.729 | | 1.5 | 19.026 | 18.376 |
| 2.2 | 0.45 | 1.908 | 1.713 | | 1 | 19.350 | 18.917 |
| | 0.25 | 2.038 | 1.929 | 22 | 2.5 | 20.376 | 19.294 |
| 2.5 | 0.45 | 2.208 | 2.013 | | 2 | 20.701 | 19.835 |
| | 0.35 | 2.273 | 2.121 | | 1.5 | 21.026 | 20.376 |
| 3 | 0.5 | 2.675 | 2.459 | | 1 | 21.350 | 20.917 |
| | 0.35 | 2.773 | 2.621 | 24 | 3 | 22.051 | 20.752 |
| 3.5 | 0.6 | 3.110 | 2.850 | | 2 | 22.701 | 21.835 |
| | 0.35 | 3.273 | 3.121 | | 1.5 | 23.026 | 22.376 |
| 4 | 0.7 | 3.545 | 3.242 | | 1 | 23.350 | 22.917 |
| | 0.5 | 3.675 | 3.459 | 25 | 2 | 23.701 | 22.835 |
| 4.5 | 0.75 | 4.013 | 3.688 | | 1.5 | 24.026 | 23.376 |
| | 0.5 | 4.175 | 3.959 | | 1 | 24.350 | 23.917 |
| 5 | 0.8 | 4.480 | 4.134 | 26 | 1.5 | 25.026 | 24.376 |
| | 0.5 | 4.675 | 4.459 | 27 | 3 | 25.051 | 23.752 |
| 5.5 | 0.5 | 5.175 | 4.959 | | 2 | 25.701 | 24.835 |
| 6 | 1 | 5.350 | 4.917 | | 1.5 | 26.026 | 25.376 |
| | 0.75 | 5.513 | 5.188 | | 1 | 26.350 | 25.917 |
| 7 | 1 | 6.350 | 5.917 | 28 | 2 | 26.701 | 25.835 |
| | 0.75 | 6.513 | 6.188 | | 1.5 | 27.026 | 26.376 |
| 8 | 1.25 | 7.188 | 6.647 | | 1 | 27.350 | 26.917 |
| | 1 | 7.350 | 6.917 | 30 | 3.5 | 27.727 | 26.211 |
| | 0.75 | 7.513 | 7.188 | | 3 | 28.051 | 26.752 |
| 9 | 1.25 | 8.188 | 7.647 | | 2 | 28.701 | 27.835 |
| | 1 | 8.350 | 7.917 | | 1.5 | 29.026 | 28.376 |
| | 0.75 | 8.513 | 8.188 | | 1 | 29.350 | 28.917 |
| 10 | 1.5 | 9.026 | 8.376 | 32 | 2 | 30.701 | 29.835 |
| | 1.25 | 9.188 | 8.647 | | 1.5 | 31.026 | 30.376 |
| | 1 | 9.350 | 8.917 | 33 | 3.5 | 30.727 | 29.211 |
| | 0.75 | 9.513 | 9.188 | | 3 | 31.051 | 29.752 |
| 11 | 1.5 | 10.026 | 9.376 | | 2 | 31.701 | 30.835 |
| | 1 | 10.350 | 9.917 | | 1.5 | 32.026 | 31.376 |
| | 0.75 | 10.513 | 10.188 | 35 | 1.5 | 34.026 | 33.376 |
| 12 | 1.75 | 10.863 | 10.106 | 36 | 4 | 33.402 | 31.670 |
| | 1.5 | 11.026 | 10.376 | | 3 | 34.051 | 32.752 |
| | 1.25 | 11.188 | 10.647 | | 2 | 34.701 | 33.835 |
| | 1 | 11.350 | 10.917 | | 1.5 | 35.026 | 34.376 |
| 14 | 2 | 12.701 | 11.835 | 38 | 1.5 | 37.026 | 36.376 |
| | 1.5 | 13.026 | 12.376 | 39 | 4 | 36.402 | 34.670 |
| | 1.25 | 13.188 | 12.647 | | 3 | 37.051 | 35.752 |
| | 1 | 13.350 | 12.917 | | 2 | 37.701 | 36.835 |
| | | | | | 1.5 | 38.026 | 37.376 |

续表

| 公称直径(大径) $D$、$d$/mm | 螺距 $P$/mm | 中径 $D_2$、$d_2$/mm | 小径 $D_1$、$d_1$/mm | 公称直径(大径) $D$、$d$/mm | 螺距 $P$/mm | 中径 $D_2$、$d_2$/mm | 小径 $D_1$、$d_1$/mm |
|---|---|---|---|---|---|---|---|
| 40 | 3 | 38.051 | 36.752 | 68 | 6 | 64.103 | 61.505 |
| | 2 | 38.701 | 37.835 | | 4 | 65.402 | 63.670 |
| | 1.5 | 39.026 | 38.376 | | 3 | 66.051 | 64.752 |
| 42 | 4.5 | 39.077 | 37.129 | | 2 | 66.701 | 65.835 |
| | 4 | 39.402 | 37.670 | | 1.5 | 67.026 | 66.376 |
| | 3 | 40.051 | 38.752 | 70 | 6 | 66.103 | 63.505 |
| | 2 | 40.701 | 39.835 | | 4 | 67.402 | 65.670 |
| | 1.5 | 41.026 | 40.376 | | 3 | 68.051 | 66.752 |
| 45 | 4.5 | 42.077 | 40.129 | | 2 | 68.701 | 67.835 |
| | 4 | 42.402 | 40.670 | | 1.5 | 69.026 | 68.376 |
| | 3 | 43.051 | 41.752 | 72 | 6 | 68.103 | 65.505 |
| | 2 | 43.701 | 42.835 | | 4 | 69.402 | 67.670 |
| | 1.5 | 44.026 | 43.376 | | 3 | 70.051 | 68.752 |
| 48 | 5 | 44.752 | 42.587 | | 2 | 70.701 | 69.835 |
| | 4 | 45.402 | 43.670 | | 1.5 | 71.026 | 70.376 |
| | 3 | 46.051 | 44.752 | 75 | 4 | 72.402 | 70.670 |
| | 2 | 46.701 | 45.835 | | 3 | 73.051 | 71.752 |
| | 1.5 | 47.026 | 46.376 | | 2 | 73.701 | 72.835 |
| 50 | 3 | 48.051 | 46.752 | | 1.5 | 74.026 | 73.376 |
| | 2 | 48.701 | 47.835 | 76 | 6 | 72.103 | 69.505 |
| | 1.5 | 49.026 | 48.376 | | 4 | 73.402 | 71.670 |
| 52 | 5 | 48.752 | 46.587 | | 3 | 74.051 | 72.752 |
| | 4 | 49.402 | 47.670 | | 2 | 74.701 | 73.835 |
| | 3 | 50.051 | 48.752 | | 1.5 | 75.026 | 74.376 |
| | 2 | 50.701 | 49.835 | 78 | 2 | 76.700 | 75.835 |
| | 1.5 | 51.026 | 50.376 | 80 | 6 | 76.103 | 73.505 |
| 55 | 4 | 52.402 | 50.670 | | 4 | 77.402 | 75.670 |
| | 3 | 53.051 | 51.752 | | 3 | 78.051 | 76.752 |
| | 2 | 53.701 | 52.835 | | 2 | 78.701 | 77.835 |
| | 1.5 | 54.026 | 53.376 | | 1.5 | 79.026 | 78.376 |
| 56 | 5.5 | 52.428 | 50.046 | 82 | 2 | 80.701 | 79.835 |
| | 4 | 53.402 | 51.670 | 85 | 6 | 81.103 | 78.505 |
| | 3 | 54.051 | 52.752 | | 4 | 82.402 | 80.670 |
| | 2 | 54.701 | 53.835 | | 3 | 83.051 | 81.752 |
| | 1.5 | 55.026 | 54.376 | | 2 | 83.701 | 82.835 |
| 58 | 4 | 55.402 | 53.670 | 90 | 6 | 86.103 | 83.505 |
| | 3 | 56.051 | 54.752 | | 4 | 87.402 | 85.670 |
| | 2 | 56.701 | 55.835 | | 3 | 88.051 | 86.752 |
| | 1.5 | 57.026 | 56.376 | | 2 | 88.701 | 87.835 |
| 60 | 5.5 | 56.428 | 54.046 | 95 | 6 | 91.103 | 88.505 |
| | 4 | 57.402 | 55.670 | | 4 | 92.402 | 90.670 |
| | 3 | 58.051 | 56.752 | | 3 | 93.051 | 91.752 |
| | 2 | 58.701 | 57.835 | | 2 | 93.701 | 92.835 |
| | 1.5 | 59.026 | 58.376 | 100 | 6 | 96.103 | 93.505 |
| 62 | 4 | 59.402 | 57.670 | | 4 | 97.402 | 95.670 |
| | 3 | 60.051 | 58.752 | | 3 | 98.051 | 96.752 |
| | 2 | 60.701 | 59.835 | | 2 | 98.701 | 97.835 |
| | 1.5 | 61.026 | 60.376 | 105 | 6 | 101.103 | 98.505 |
| 64 | 6 | 60.103 | 57.505 | | 4 | 102.402 | 100.670 |
| | 4 | 61.402 | 59.670 | | 3 | 103.051 | 101.752 |
| | 3 | 62.051 | 60.752 | | 2 | 103.701 | 102.835 |
| | 2 | 62.701 | 61.835 | 110 | 6 | 106.103 | 103.505 |
| | 1.5 | 63.026 | 62.376 | | 4 | 107.402 | 105.670 |
| 65 | 4 | 62.402 | 60.670 | | 3 | 108.051 | 106.752 |
| | 3 | 63.051 | 61.752 | | 2 | 108.701 | 107.835 |
| | 2 | 63.701 | 62.835 | 115 | 6 | 111.103 | 108.505 |
| | 1.5 | 64.026 | 63.376 | | 4 | 112.402 | 110.670 |
| | | | | | 3 | 113.051 | 111.752 |
| | | | | | 2 | 113.701 | 112.835 |

续表

| 公称直径(大径) $D$、$d$/mm | 螺距 $P$/mm | 中径 $D_2$、$d_2$/mm | 小径 $D_1$、$d_1$/mm | 公称直径(大径) $D$、$d$/mm | 螺距 $P$/mm | 中径 $D_2$、$d_2$/mm | 小径 $D_1$、$d_1$/mm |
|---|---|---|---|---|---|---|---|
| 120 | 6 | 116.103 | 113.505 | 190 | 8 | 184.804 | 181.340 |
| | 4 | 117.402 | 115.670 | | 6 | 186.103 | 183.505 |
| | 3 | 118.051 | 116.752 | | 4 | 187.402 | 185.670 |
| | 2 | 118.701 | 117.835 | | 3 | 188.051 | 186.752 |
| 125 | 6 | 121.103 | 118.505 | 195 | 6 | 191.103 | 188.505 |
| | 4 | 122.402 | 120.670 | | 4 | 192.402 | 190.670 |
| | 3 | 123.051 | 121.752 | | 3 | 193.051 | 191.752 |
| | 2 | 123.701 | 122.835 | 200 | 8 | 194.804 | 191.340 |
| 130 | 6 | 126.103 | 123.505 | | 6 | 196.103 | 193.505 |
| | 4 | 127.402 | 125.670 | | 4 | 197.402 | 195.670 |
| | 3 | 128.051 | 126.752 | | 3 | 198.051 | 196.752 |
| | 2 | 128.701 | 127.835 | 205 | 6 | 201.103 | 198.505 |
| 135 | 6 | 131.103 | 128.505 | | 4 | 202.402 | 200.670 |
| | 4 | 132.402 | 130.670 | | 3 | 203.051 | 201.752 |
| | 3 | 133.051 | 131.752 | 210 | 8 | 204.804 | 201.340 |
| | 2 | 133.701 | 132.835 | | 6 | 206.103 | 203.505 |
| 140 | 6 | 136.103 | 133.505 | | 4 | 207.402 | 205.670 |
| | 4 | 137.402 | 135.670 | | 3 | 208.051 | 206.752 |
| | 3 | 138.051 | 136.752 | 215 | 6 | 211.103 | 208.505 |
| | 2 | 138.701 | 137.835 | | 4 | 212.402 | 210.670 |
| 145 | 6 | 141.103 | 138.505 | | 3 | 213.051 | 211.752 |
| | 4 | 142.402 | 140.670 | 220 | 8 | 214.804 | 211.340 |
| | 3 | 143.051 | 141.752 | | 6 | 216.103 | 213.505 |
| | 2 | 143.701 | 142.835 | | 4 | 217.402 | 215.670 |
| 150 | 8 | 144.804 | 141.340 | | 3 | 218.051 | 216.752 |
| | 6 | 146.103 | 143.505 | 225 | 6 | 221.103 | 218.505 |
| | 4 | 147.402 | 145.670 | | 4 | 222.402 | 220.670 |
| | 3 | 148.051 | 146.752 | | 3 | 223.051 | 221.752 |
| | 2 | 148.701 | 147.835 | 230 | 8 | 224.804 | 221.340 |
| 155 | 6 | 151.103 | 148.505 | | 6 | 226.103 | 223.505 |
| | 4 | 152.402 | 150.670 | | 4 | 227.402 | 225.670 |
| | 3 | 153.051 | 151.752 | | 3 | 228.051 | 226.752 |
| 160 | 8 | 154.804 | 151.340 | 235 | 6 | 231.103 | 228.505 |
| | 6 | 156.103 | 153.505 | | 4 | 232.402 | 230.670 |
| | 4 | 157.402 | 155.670 | | 3 | 233.051 | 231.752 |
| | 3 | 158.051 | 156.752 | 240 | 8 | 234.804 | 231.340 |
| 165 | 6 | 161.103 | 158.505 | | 6 | 236.103 | 233.505 |
| | 4 | 162.402 | 160.670 | | 4 | 237.402 | 235.670 |
| | 3 | 163.051 | 161.752 | | 3 | 238.051 | 236.752 |
| 170 | 8 | 164.804 | 161.340 | 245 | 6 | 241.103 | 238.505 |
| | 6 | 166.103 | 163.505 | | 4 | 242.402 | 240.670 |
| | 4 | 167.402 | 165.670 | | 3 | 243.051 | 241.752 |
| | 3 | 168.051 | 166.752 | 250 | 8 | 244.804 | 241.340 |
| 175 | 6 | 171.103 | 168.505 | | 6 | 246.103 | 243.505 |
| | 4 | 172.402 | 170.670 | | 4 | 247.402 | 245.670 |
| | 3 | 173.051 | 171.752 | | 3 | 248.051 | 246.752 |
| 180 | 8 | 174.804 | 171.340 | 255 | 6 | 251.103 | 248.505 |
| | 6 | 176.103 | 173.505 | | 4 | 252.402 | 250.670 |
| | 4 | 177.402 | 175.670 | 260 | 8 | 254.804 | 251.340 |
| | 3 | 178.051 | 176.752 | | 6 | 256.103 | 253.505 |
| 185 | 6 | 181.103 | 178.505 | | 4 | 257.402 | 255.670 |
| | 4 | 182.402 | 180.670 | | | | |
| | 3 | 183.051 | 181.752 | | | | |

说明：$D_1$——内螺纹的基本小径；

$d_1$——外螺纹的基本小径；

$P$——螺距；

$D$——内螺纹的基本大径（公称直径）；

$d$——外螺纹的基本大径（公称直径）；

$D_2$——内螺纹的基本中径；

$d_2$——外螺纹的基本中径。

## 1.5 塑胶材料技术指标

### 1.5.1 常用塑胶材料的主要技术指标（表 1-8）

**表 1-8 常用塑胶材料的主要技术指标**

| 名称 | 密度/(kg/cm$^3$) | 收缩率/% | 熔点/℃ | 热变形温度(0.46MPa/1.85MPa)/℃ |
|---|---|---|---|---|
| PC | 1.2 | 0.5～0.7 | 225～250 | 132～141/132～138 |
| ABS | 1.02～1.16 | 0.4～0.7 | 130～160 | 90～108/83～103 |
| PP | 0.9 | 1.0～3.0 | 170～176 | 102～115/56～67 |
| PVC(软) | 1.16～1.35 | 1.5～2.5 | 110～160 | |
| PE | 0.93 | 1.5～3.0 | 105～137 | 60～82/48 |
| POM | 1.41 | 1.5～3.0 | 180～200 | 158～174/110～157 |
| PA(1010) | 1.04 | 1.3～2.3 | 205 | 148/55 |
| PS | 1.04～1.06 | 0.5～0.6 | 131～165 | 65～96 |

### 1.5.2 常用塑胶材料一般使用的壁厚范围（表 1-9）

**表 1-9 常用塑胶材料一般使用的壁厚范围**

| 材料名称 | 壁厚/mm | 材料名称 | 壁厚/mm |
|---|---|---|---|
| PC | 1.5～5.0 | PP | 0.6～3.5 |
| ABS | 1.5～4.5 | PA | 0.6～3.0 |
| PE | 0.9～4.0 | | |

## 1.6 材料的物理性能

### 1.6.1 电波波段的分类依据

电波波段的分类依据见表 1-10。

**表 1-10 电波波段的分类依据**

| 波段名称 | | 波长或频率范围 | 波段名称 | 波长或频率范围 |
|---|---|---|---|---|
| 极长波/m | | 1×10$^5$ 以上 | 极低频(ELF)/kHz | 3 以下 |
| 超长波/m | | 1×10$^5$～10$^4$ | 甚低频(VLF)/kHz | 3～30 |
| 长波/m | | 1×10$^4$～10$^3$ | 低频(LF)/kHz | 30～300 |
| 中波/m | | 1×10$^3$～100 | 中频(MF)/kHz | 300～3000 |
| 短波/m | | 100～10 | 高频(HF)/MHz | 3～30 |
| 超短波/m | | 10～1 | 甚高频(VHF)/MHz | 30～300 |
| 微波 | 分米波/dm | 10～1 | 特高频(UHF)/MHz | 300～3000 |
| | 厘米波/cm | 10～1 | 超高频(SHF)/GHz | 3～30 |
| | 毫米波/mm | 10～1 | 极高频(EHF)/GHz | 30～300 |

### 1.6.2 材料的电阻率（20℃，表 1-11）

**表 1-11 材料的电阻率（20℃）**

| 材料名称 | 电阻率 $\rho$/(Ω·m) | 电阻温度系数 $\alpha$/(1/℃) | 材料名称 | 电阻率 $\rho$/(Ω·m) | 电阻温度系数 $\alpha$/(1/℃) |
|---|---|---|---|---|---|
| 康铜 | 48×10$^{-8}$ | 0.000005 | 铁 | 9.8×10$^{-8}$ | 0.0062 |
| 铝 | 2.8×10$^{-8}$ | 0.0042 | 铜 | 1.7×10$^{-8}$ | 0.004 |
| 锰铜 | 44×10$^{-8}$ | 0.000006 | 钨 | 5.5×10$^{-8}$ | 0.0044 |
| 碳 | 1.0×10$^{-5}$ | −0.0005 | 银 | 1.6×10$^{-8}$ | 0.0046 |

### 1.6.3　可燃物的燃点（表 1-12）

**表 1-12　可燃物的燃点**

| 可燃物 | 纸 | 棉花 | 布 | 麦草 | 豆油 | 松木 | 涤纶纤维 |
|---|---|---|---|---|---|---|---|
| 燃点/℃ | 130 | 150 | 200 | 200 | 220 | 250 | 390 |

### 1.6.4　磁感应强度（表 1-13）

**表 1-13　磁感应强度 *B*/T**

| 项目 | 磁感应强度 $B$/T | 项目 | 磁感应强度 $B$/T |
|---|---|---|---|
| 磁疗用磁铁的磁场 | 0.15～0.18 | 电动机或变压器铁芯中的磁场 | 0.8～1.7 |
| 磁流体发电机磁场 | 4～6 | 回旋加速器的磁场 | ＞1 |
| 地磁场的垂直分量(在南、北磁极处) | $(6\sim7)\times10^{-5}$ | 普通永久磁铁 | 0.4～0.8 |
| 地磁场的水平分量(在磁赤道处) | $(3\sim4)\times10^{-5}$ | 实验室使用的最强磁场 | 30 |
| 地磁场在地面附近的平均值 | $5\times10^{-5}$ | | |

### 1.6.5　S/S 钢种类型与特点（表 1-14）

**表 1-14　S/S 钢种类型与特点**

| S/S 钢种类型 | 主要成分含量/% | | 优势 | 用途 |
|---|---|---|---|---|
| | 铬 | 镍 | | |
| 普通不锈钢 | 12 | 6 | 耐腐蚀性较好、耐高温氧化及强度高、易清洁、不结垢、不吸油 | 工业用、家用 |
| 202 | 17 | 6 | 抗磁性优、材质硬度高、耐磨性能好 | 工业用、家用 |
| 304 | 18 | 9 | 耐蚀性、耐热性、低温强度和机械特性、高质密度、拉伸和弯曲等加工性好 | 工业用、家用、医疗用品 |
| Franke 304DDQ | 18 | 9 | 深冲性极佳、材质拉伸大、良好的耐蚀性、耐热性、低温强度和机械特性、冲压弯曲等热加工性好、无热处理硬化现象、光洁度佳 | 医用、食用级别 |

## 1.7　声学基础知识

### 1.7.1　歌舞厅扩声系统声学特性指标（表 1-15）

**表 1-15　歌舞厅扩声系统声学特性指标**

| 等级 | 声学特性 | | | | | |
|---|---|---|---|---|---|---|
| | 最大声压级/dB | 传输频率特性 | 总噪声级 dB/A | 失真度 | 传声增益 | 声场不均匀度 |
| 一级 | 100～6300Hz ≥103dB | 40～12500Hz 以 80～8000Hz 的平均声压级为 0dB，允许＋4～－8dB，且在 80～8000Hz 内允许≤±4dB | 40 | 7% | 125～4000Hz 的平均值≥－8dB | 100Hz≤10dB<br>1000Hz、6300Hz ≤8dB |
| 二级 | 125～4000Hz ≥98dB | 63～8000Hz 以 125～4000Hz 的平均声压级为 0dB，允许＋4～－10dB，且在 125～4000Hz 内允许≤±4dB | 40 | 10% | 125～4000Hz 的平均值≥－10dB | 1000Hz、4000Hz ≤8dB |
| 三级 | 250～4000Hz ≥93dB | 100～6300Hz 以 250～4000Hz 的平均声压级为 0dB，允许＋4～－10dB，且在 250～4000Hz 内允许＋4～－6dB | 45 | 13% | 250～4000Hz 的平均值≥－10dB | 1000Hz、4000Hz ≤12dB |

注：一级歌舞厅声场不均匀度舞池与座席分别考核。

二、三级歌舞厅除噪声外所有指标仅在舞池测试。

### 1.7.2 歌厅、卡拉 OK 扩声系统声学特性指标（表 1-16）

表 1-16 歌厅、卡拉 OK 厅扩声系统声学特性指标

| 等级 | 声学特性 | | | | | |
|---|---|---|---|---|---|---|
| | 最大声压级/dB | 传输频率特性 | 声场不均匀度 | 总噪声级/dB(A) | 失真度 | 传声增益 |
| 一级 | 100～6300Hz ≥103 | 40～12500Hz 以 80～8000Hz 的平均声压级为 0dB，允许＋4～－8dB，且在 80～8000Hz 内允许≤±4dB | 100Hz≤10dB<br>1000Hz、6300Hz ≤8dB | 35 | 5% | 125～4000Hz 的平均值≥－6dB |
| 二级(一级卡拉 OK 厅) | 125～4000Hz ≥98 | 63～8000Hz 以 125～4000Hz 的平均声压级为 0dB，允许＋4～－10dB，且在 125～4000Hz 内允许≤±4dB | 1000Hz、4000Hz ≤8dB | 40 | 10% | 125～4000Hz 的平均值≥－8dB |
| 二级卡拉 OK 厅(卡拉 OK 包间) | 250～4000Hz ≥93 | 100～6300Hz 以 250～4000Hz 的平均声压级为 0dB，允许＋4～－10dB，且在 250～4000Hz 内允许＋4～－6dB | 1000Hz、4000Hz ≤12dB<br>卡拉 OK 包间不考核 | 40 | 13% | 250～4000Hz 的平均值≥－10dB |

### 1.7.3 迪斯科歌厅扩声系统声学特性指标（表 1-17）

表 1-17 迪斯科舞厅扩声系统声学特性指标

| 等级 | 声学特性 | | | | |
|---|---|---|---|---|---|
| | 最大声压级/dB | 传输频率特性 | 总噪声级/dB(A) | 失真度 | 声场不均匀度 |
| 一级 | 100～6300Hz ≥110 | 40～12500Hz 以 80～8000Hz 的平均声压级为 0dB，允许＋4～－8dB，且在 80～8000Hz 内允许≤±4dB | 40 | 7% | 100Hz≤10dB<br>1000Hz、6300Hz ≤8dB |
| 二级 | 125～4000Hz ≥103 | 63～8000Hz 以 125～4000Hz 的平均声压级为 0dB，允许＋4～－10dB，且在 125～4000Hz 内允许≤±4dB | 45 | 10% | 1000Hz、4000Hz ≤8dB |

注：歌舞厅扩声系统的声压级，正常使用应在 96dB 以下为宜，短时间最大声压级应控制在 110dB 以内。
迪斯科舞厅的扩声系统声学特性指标，只在舞池考核。

## 1.8 其他

### 1.8.1 电流对人体的影响

以工频电流为例（限制在 36V AC/DC 以上的电压值），当 1mA 左右的电流通过人体时，会产生麻刺等不舒服的感觉。10～30mA 的电流通过人体，会产生麻痹、剧痛、痉挛、血压升高、呼吸困难等症状，但是通常不致有生命危险；电流达到 50mA 以上，就会引起心室颤动而有生命危险；100mA 以上的电流，足以致人于死地。

50Hz 交流电与直流电对人体的影响见表 1-18。

表 1-18 50Hz 交流电与直流电对人体的影响

| 电流/mA | 50Hz 交流电 | 直流电 |
|---|---|---|
| 0.6～1.5 | 手指开始感觉发麻 | 无感觉 |
| 2～3 | 手指感受觉强烈发麻 | 无感觉 |
| 5～7 | 手指肌肉感觉痉挛 | 手指感灼热与刺痛 |
| 8～10 | 手指关节与手掌感觉痛，手已难以脱离电源，但是尚能够摆脱电源 | 感灼热增加 |
| 20～25 | 手指感觉剧痛，迅速麻痹，不能够摆脱电源，呼吸困难 | 灼热更增，手的肌肉开始痉挛 |
| 50～80 | 呼吸麻痹，心房开始震颤 | 强烈灼痛，手的肌肉痉挛，呼吸困难 |
| 90～100 | 呼吸麻痹，持续 3min 后或更长时间后，心脏麻痹或心房停止跳动 | 呼吸麻痹 |

### 1.8.2 耐火材料的划分

耐火材料根据耐火度划分：

（1）普通耐火材料 1580～1770℃。

（2）高级耐火材料 1770～2000℃。

（3）特级耐火材料 ＞2000℃。

### 1.8.3 PVC 电线管专用弯管弹簧的应用（表 1-19）

**表 1-19 PVC 电线管专用弯管弹簧的应用** mm

| 英制 公制 | 型号 | PVC 电线管壁厚度 | PVC 电线管弹簧外径 | PVC 电线管代号 |
|---|---|---|---|---|
| （管外径）1/2″$\phi$16mm | 超轻型 | 0.8～0.9 | $\phi$14.1～14.2 | 105＃ |
| | 轻型 | 1.1～1.15 | $\phi$13.6～13.7 | 205＃/215＃ |
| | 中型 | 1.3～1.45 | $\phi$12.6～12.8 | 305＃/315＃ |
| | 重型 | 1.6～1.8 | $\phi$12.1～12.2 | 405＃/415＃ |
| （管外径）3/4″$\phi$20mm | 超轻型 | 0.8～1 | $\phi$17.8～17.9 | 105＃ |
| | 轻型 | 1.1～1.15 | $\phi$17.4～17.6 | 205＃/215＃ |
| | 中型 | 1.35～1.45 | $\phi$16.5～16.8 | 305＃/315＃ |
| | 重型 | 1.5～2 | $\phi$15.4～15.6 | 405＃/415＃ |
| （管外径）1″$\phi$25mm | 超轻型 | 1.25～1.3 | $\phi$22.3～22.4 | 105＃ |
| | 轻型 | 1.4～1.5 | $\phi$21.6～21.8 | 205＃/215＃ |
| | 中型 | 1.6～1.7 | $\phi$20.8～21.1 | 305＃/315＃ |
| | 重型 | 1.8～2.2 | $\phi$20.2～20.5 | 405＃/415＃ |
| （管外径）1¼″$\phi$32mm | 超轻型 | 1.7 | $\phi$28.8～28.9 | 105＃ |
| | 轻型 | 1.7～1.8 | $\phi$28.2～28.3 | 215＃ |
| | 中型 | 2.2～2.3 | $\phi$27.1～27.2 | 315＃ |
| | 重型 | 2.8 | $\phi$26.4～26.6 | 415＃ |
| （管外径）1½″$\phi$40mm | 中型 | 2.3 | $\phi$35.5～35.6 | 315＃ |

### 1.8.4 胀锚螺栓（膨胀螺栓）

① 胀锚螺栓的结构和参数如图 1-1 所示。

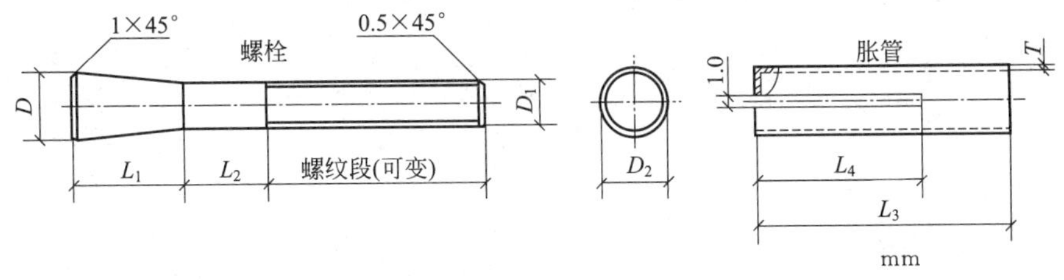


mm

| 螺栓规格 | 螺栓 | | | | 胀管 | | | | 钻孔 | | 允许拉力（×9.8N） | 允许剪力（×9.8N） |
|---|---|---|---|---|---|---|---|---|---|---|---|---|
| | $D_1$ | $D$ | $L_1$ | $L_2$ | $D_2$ | $T$ | $L_3$ | $L_4$ | 深度 | 直径 | | |
| M6 | 6 | 10 | 15 | 10 | 10 | 1.2 | 35 | 20 | 40 | 10.5 | 240 | 180 |
| M8 | 8 | 12 | 20 | 15 | 12 | 1.4 | 45 | 30 | 50 | 12.5 | 440 | 330 |
| M10 | 10 | 14 | 25 | 20 | 14 | 1.6 | 55 | 35 | 60 | 14.5 | 700 | 520 |
| M12 | 12 | 18 | 30 | 25 | 18 | 2.0 | 65 | 40 | 70 | 19 | 1030 | 740 |
| M16 | 16 | 22 | 40 | 40 | 22 | 2.0 | 90 | 55 | 100 | 23 | 1940 | 1440 |

注：1. 适用于 C15 及以上混凝土及相当于 C15 号混凝土的砖墙上，不宜在空心砖等建筑物上使用。

2. 钻孔使用的钻头外径应与胀管外径相同，钻成的孔径与胀管外径差值≯1mm，钻孔后应将孔内残屑清除干净

图 1-1 胀锚螺栓的结构和参数

② 膨胀螺栓的结构和参数如图 1-2 所示。

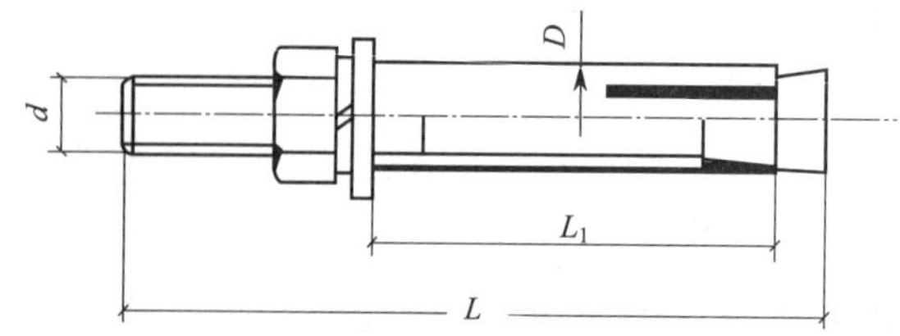


| 螺栓规格 d/mm | 螺栓总长 L/mm | 胀管 | | 被连接件厚度 /mm | 钻孔 | | 允许承受拉(剪)力/N | | | |
|---|---|---|---|---|---|---|---|---|---|---|
| | | 外径 D/mm | 长度 $L_1$/mm | | 直径 /mm | 深度 /mm | 静止状态 | | 悬吊状态 | |
| | | | | | | | 拉力 | 剪力 | 拉力 | 剪力 |
| M6 | 65,75,85 | 10 | 35 | L－55 | 10.5 | 35 | 2354 | 1765 | 1667 | 1226 |
| M8 | 80,90,100 | 12 | 45 | L－65 | 12.5 | 45 | 4315 | 3236 | 2354 | 1765 |
| M10 | 95,110,125,130 | 14 | 55 | L－75 | 14.5 | 55 | 6865 | 5100 | 4315 | 3236 |
| M12 | 110,130,150,200 | 18 | 65 | L－90 | 19 | 65 | 10101 | 7257 | 6865 | 5100 |
| M16 | 150,175,200<br>220,250,300 | 22 | 90 | L－120 | 23 | 90 | 19125 | 13730 | 10101 | 7257 |

图 1-2 膨胀螺栓的结构和参数

# 第2章 材 料

## 2.1 电线电缆的规格与性能

### 2.1.1 铜芯聚氯乙烯绝缘线导体截面对应的导体直径（表 2-1）

**表 2-1 铜芯聚氯乙烯绝缘线导体截面对应的导体直径**

| 导体截面/$mm^2$ | 导体参考直径/mm | 导体截面/$mm^2$ | 导体参考直径/mm |
|---|---|---|---|
| 1 | 1.13 | 2.5 | 1.78 |
| 1.5 | 1.38 | 4 | 2.25 |

### 2.1.2 BLV 型聚氯乙烯绝缘电线的规格

BLV 型聚氯乙烯绝缘电线的规格见表 2-2。

**表 2-2 BLV 型聚氯乙烯绝缘电线的规格**

| 线芯标称截面/$mm^2$ | 线芯结构 | | 绝缘厚度/mm | 电线最大外径/mm | 额定电压/V |
|---|---|---|---|---|---|
| | 根数 | 直径/mm | | | |
| 1.5 | 1 | 38 | 7 | 3.3 | 450/750 |
| 2.5 | 1 | 1.78 | 0.8 | 3.9 | |
| 4 | 1 | 2.25 | 0.8 | 4.4 | |
| 6 | 1 | 2.76 | 0.8 | 4.9 | |
| 10 | 7 | 1.35 | 1.0 | 7.0 | |
| 16 | 7 | 1.70 | 1.0 | 8.0 | |
| 25 | 7 | 2.14 | 1.2 | 10.0 | |
| 35 | 7 | 2.52 | 1.2 | 11.5 | |
| 50 | 19 | 1.78 | 1.4 | 13.0 | |
| 70 | 19 | 2.14 | 1.4 | 15.0 | |
| 95 | 19 | 2.52 | 1.6 | 17.5 | |
| 120 | 37 | 2.03 | 1.6 | 19.0 | |
| 150 | 37 | 2.25 | 1.8 | 21.0 | |
| 185 | 37 | 2.52 | 2.0 | 23.5 | |

### 2.1.3 BV 型聚氯乙烯绝缘导线的规格（表 2-3）

**表 2-3 BV 型聚氯乙烯绝缘导线的规格**

| 导线截面/$mm^2$ | 线芯结构 | | 绝缘厚度/mm | 最大外径/mm |
|---|---|---|---|---|
| | 股数 | 单芯直径/mm | | |
| 2.5 | 1 | 1.78 | 0.8 | 3.9 |
| 4 | 1 | 2.25 | 0.8 | 4.4 |
| 6 | 1 | 2.76 | 0.8 | 4.9 |
| 10 | 7 | 1.53 | 1.0 | 7.0 |
| 16 | 7 | 1.70 | 1.0 | 8.0 |

续表

| 导线截面/mm² | 线芯结构 | | 绝缘厚度/mm | 最大外径/mm |
|---|---|---|---|---|
| | 股数 | 单芯直径/mm | | |
| 25 | 7 | 2.14 | 1.2 | 10.0 |
| 35 | 7 | 2.52 | 1.2 | 11.5 |
| 50 | 19 | 1.78 | 1.4 | 13.0 |
| 70 | 19 | 2.14 | 1.4 | 15.0 |
| 95 | 19 | 2.52 | 1.6 | 17.5 |
| 120 | 37 | 2.03 | 1.6 | 19.0 |
| 150 | 37 | 2.25 | 1.8 | 21.0 |
| 185 | 37 | 2.52 | 2.0 | 23.0 |

说明：现场抽检线芯直径误差不大于标称直径的1%；绝缘厚度不小于表中的规定。

### 2.1.4 BV铜芯聚氯乙烯绝缘电线的特点（表2-4和表2-5）

**表2-4 内部布线用导体温度为70℃的单芯铜导体无护套电缆的特点**

| 额定电压/V | 标称截面/mm² | 导体结构/(根/mm) | 绝缘厚度/mm | 标称外径/mm | 平均外径上限/mm | 参考重量/(kg/km) |
|---|---|---|---|---|---|---|
| 300/500 | 0.75 | 7/0.37 | 0.6 | 2.31 | 2.6 | 11.97 |
| | 1.0 | 7/0.43 | 0.6 | 2.49 | 2.8 | 14.97 |

**表2-5 一般用途单芯硬铜导体无护套电缆的特点**

| 额定电压/V | 标称截面/mm² | 导体结构/(根/mm) | 绝缘厚度/mm | 标称外径/mm | 平均外径上限/mm | 参考重量/(kg/km) |
|---|---|---|---|---|---|---|
| 300/500 | 0.5 | 1/0.80 | 0.6 | 2.00 | 2.4 | 8.44 |
| | 0.75 | 1/0.97 | 0.6 | 2.17 | 2.6 | 11.02 |
| | 1 | 1/1.13 | 0.6 | 2.33 | 2.8 | 13.85 |

### 2.1.5 常用的BV型绝缘电线的绝缘层厚度的要求

常用的BV型绝缘电线的绝缘层厚度一般不得小于表2-6中的规定。

**表2-6 BV型绝缘电线的绝缘层厚度**

| 电线芯线标称截面积/mm² | 1.5 | 2.5 | 4 | 6 | 10 | 16 | 25 | 35 | 50 | 70 | 95 | 120 | 150 | 185 | 240 | 300 | 400 |
|---|---|---|---|---|---|---|---|---|---|---|---|---|---|---|---|---|---|
| 绝缘层厚度规定值/mm | 0.7 | 0.8 | 0.8 | 0.8 | 1.0 | 1.0 | 1.2 | 1.2 | 1.4 | 1.4 | 1.6 | 1.6 | 1.8 | 2.0 | 2.2 | 2.4 | 2.6 |

### 2.1.6 BVVB型护套变形电缆的特点（表2-7）

**表2-7 BVVB型护套变形电缆的特点**

| 截面/mm² | 导体结构/(根/mm) | 绝缘厚度/mm | 护套厚度/mm | 标称外径/mm |
|---|---|---|---|---|
| 2×0.75 | 2×1/0.97 | 0.6 | 0.9 | 3.97×6.14 |
| 2×1.0 | 2×1/1.13 | 0.6 | 0.9 | 4.13×6.46 |
| 2×1.5 | 2×1/1.38 | 0.7 | 0.9 | 4.58×7.36 |

### 2.1.7 BVR型铜芯聚氯乙烯绝缘电线的特点（表2-8）

**表2-8 BVR型铜芯聚氯乙烯绝缘电线的特点**

| 额定电压/V | 标称截面/mm² | 导体结构/(根/mm) | 绝缘厚度/mm | 标称外径/mm | 平均外径上限/mm |
|---|---|---|---|---|---|
| 450/750 | 2.5 | 19/0.41 | 0.8 | 3.65 | 4.1 |

续表

| 额定电压/V | 标称截面/$mm^2$ | 导体结构/(根/mm) | 绝缘厚度/mm | 标称外径/mm | 平均外径上限/mm |
|---|---|---|---|---|---|
| 450/750 | 4 | 19/0.52 | 0.8 | 4.20 | 4.8 |
| 450/750 | 6 | 19/0.64 | 0.8 | 4.80 | 5.3 |
| 450/750 | 10 | 49/0.52 | 1.0 | 6.68 | 6.8 |
| 450/750 | 16 | 49/0.64 | 1.0 | 7.76 | 8.1 |
| 450/750 | 25 | 98/0.58 | 1.2 | 10.08 | 10.2 |
| 450/750 | 35 | 133/0.58 | 1.2 | 11.1 | 11.7 |
| 450/750 | 50 | 133/0.68 | 1.4 | 13.00 | 13.9 |
| 450/750 | 70 | 189/0.68 | 1.4 | 15.35 | 16.0 |

## 2.1.8 室内电话通信电缆的规格（表2-9）和电气性能（表2-10）

**表2-9 室内电话通信电缆的规格**

| 名 称 | 型号规格 | 外径/mm | 一般的包装 |
|---|---|---|---|
| 二芯室内电话通信电缆 | HYV 2×0.4 | 2.8 | 100米/卷<br>200米/卷 |
| 二芯室内电话通信电缆 | HYV 2×0.5 | 3.1 | |
| 四芯室内电话通信电缆 | HYV 4×0.4 | 3.2 | |
| 四芯室内电话通信电缆 | HYV 4×0.5 | 3.5 | |
| 四芯屏蔽室内电话通信电缆 | HYVP 4×0.4 | 4.0 | |
| 四芯屏蔽室内电话通信电缆 | HYVP 4×0.5 | 4.0 | |

**表2-10 室内电话通信电缆电气性能**

| 项 目 | | 电气性能 | |
|---|---|---|---|
| 标称直径/mm | | 0.4 | 0.5 |
| 直流电阻/(Ω/km)(20℃) | 最大值(不大于) | ≤148.0 | ≤95.0 |
| | 最小值(不大于) | ≤142.1 | ≤91.2 |
| 介电强度 | | 1000V AC 或 1500V DC 1min 不击穿 | |
| 绝缘电阻/(MΩ·km) | 20℃ | ≥200 | |
| | 70℃ | ≥0.3 | |

## 2.1.9 常见同轴电缆参数（表2-11）

**表2-11 常见同轴电缆参数**

| 电缆型号 | 绝缘形式 | 芯线外径/mm | 绝缘外径/mm | 电缆外径/mm | 特性阻抗/Ω | 衰减常数 dB/100m | | |
|---|---|---|---|---|---|---|---|---|
| | | | | | | 30/MHz | 200/MHz | 800/MHz |
| SYDV-75-9 | 竹节式 | 2.20 | 9.0 | 11.4 | 75±2 | 1.7 | 4.5 | 9.2 |
| SYDV-75-12 | 竹节式 | 3.00 | 11.5 | 14.4 | 75±2 | 1.2 | 3.4 | 7.1 |
| SDVC-75-5 | 藕芯式 | 1.00 | 4.8 | 6.8 | 75±3 | 4 | 10.8 | 22.5 |
| SDVC-75-7 | 藕芯式 | 1.60 | 7.3 | 10.0 | 75±2.5 | 2.6 | 7.1 | 15.2 |
| SDVC-75-9 | 藕芯式 | 2.00 | 9.0 | 12.0 | 75±2.5 | 2.1 | 5.7 | 12.5 |
| SDVC-75-12 | 藕芯式 | 2.60 | 11.5 | 14.4 | 75±2.5 | 1.7 | 4.5 | 10 |
| SYKV-75-5 | 藕芯式 | 1.10 | 4.7 | 7.3 | 75±3 | 4.1 | 11 | 22 |
| SYKV-75-9 | 藕芯式 | 1.90 | 9.0 | 12.4 | 75±2.5 | 2.4 | 6 | 12 |
| SYKV-75-12 | 藕芯式 | 2.60 | 11.5 | 15.0 | 75±2.5 | 1.6 | 4.5 | 10 |
| SSYKV-75-5 | 藕芯式 | 1.00 | 4.8 | 7.3 | 75±3 | 4.2 | 11.5 | 23 |
| SSYKV-75-9 | 藕芯式 | 1.90 | 9.0 | 13.0 | 75±3 | 2.1 | 5.1 | 11 |
| SIOV-75-5 | 藕芯式 | 1.13 | 5.0 | 7.4 | 75±3 | 3.5 | 8.5 | 17 |
| SIZV-75-5 | 竹节式 | 1.20 | 5.0 | 7.3 | 75±3 | 4.5 | 11 | 22 |

## 2.1.10 电视电缆用线参数与应用（表 2-12）

表 2-12 电视电缆用线参数与应用

| 电缆名称 | 电缆型号 | 成品外径/mm | 最小弯曲半径/mm | 重量/(kg/km) | 衰减常数 dB/km | | 用途 |
|---|---|---|---|---|---|---|---|
| | | | | | 200MHz | 800MHz | |
| 聚氯乙烯实心电缆 | SYV-75-5-1 | 7.1 | 71 | 76.6 | 190 | 360 | 分支线 |
| 聚氯乙烯实心电缆 | SYV-75-9 | 12.4 | 124 | 212.6 | 104 | 222 | 分配干线 |
| 聚氯乙烯实心电缆 | SYV-75-12 | 15 | 150 | 301.6 | 96.8 | 207 | 室外干线 |
| 聚氯乙烯实心电缆 | SYV-75-15 | 19 | 190 | 445 | 79.3 | 120 | 室外干线 |
| 聚氯乙烯藕芯电缆 | SYKV-75-5 | 7.1 | 35.5 | 57.6 | 105 | 223 | 分支线 |
| 聚氯乙烯藕芯电缆 | SYKV-75-7 | 10.2 | 51 | 98.6 | 71 | 152 | 分支线 |
| 聚氯乙烯藕芯电缆 | SYKV-75-9 | 12.4 | 124 | 114.7 | 57 | 145 | 分配干线 |
| 聚氯乙烯藕芯电缆 | SYKV-75-12 | 15 | 150 | 183.3 | 47 | 104 | 室外干线 |
| 垫片式空心自承电缆 | SYDYC-75-9.5 | 14.5 | 400 | 345 | 40 | 180 | 架空干线 |
| 垫片式空心电缆 | SYDV-75-4.4 | 8.3 | 200 | 90 | 80 | 160 | 分支分配线 |
| 垫片式空心电缆 | SYDV-75-9.5 | 14 | 300 | 240 | 40 | 80 | 分配干线 |

注：以上电缆特性阻抗均为 75Ω。

## 2.1.11 有线电视系统用物理发泡聚乙烯绝缘同轴电缆电气性能（表 2-13）和规格参数（表 2-14）

表 2-13 有线电视系统用物理发泡聚乙烯绝缘同轴电缆电气性能

| 项目 | 缆芯介电强度 | 绝缘电阻 | 护套介电强度 | | 特性阻抗 | 衰减常数 | 回波损耗 | 屏蔽衰减 |
|---|---|---|---|---|---|---|---|---|
| 试验条件 | 40～60Hz 1min | DC 500V 20℃ | 40～60Hz | | 200 MHz | | | |
| 单位 | kV（有效值） | MΩ·km | kV(有效值) | | Ω | dB/100m | dB | dB |
| 技术要求 | | | 浸水试验 | 火花试验 | | | | |
| SYWV-75-5-Ⅰ | ≥1.2 | ≥5000 | ≥2.0 | ≥3.0 | 75±3.0 | 5MHz≤2.0<br>50MHz≤4.7<br>200MHz≤9.0<br>550MHz≤15.8<br>800MHz≤19.0<br>1000MHz≤22.0 | 300MHz 及以下：≥22<br>300MHz 以上：≥20 | 5MHz ≥85<br>50MHz ≥85<br>200MHz ≥90<br>500MHz ≥90<br>800MHz ≥90 |
| SYWV-75-5 | | | | | | 5MHz≤2.2<br>50MHz≤4.8<br>200MHz≤9.7<br>550MHz≤16.8<br>800MHz≤20.3<br>1000MHz≤24.2 | 300MHz 及以下：≥20<br>300MHz 以上：≥18 | 5MHz ≥60<br>50MHz ≥60<br>200MHz ≥70<br>500MHz ≥70<br>800MHz ≥70 |
| SYWV-75-7-Ⅰ | ≥1.0 | ≥5000 | ≥3.0 | ≥5.0 | 75±2.5 | 5MHz≤1.3<br>50MHz≤3.0<br>200MHz≤5.8<br>550MHz≤10.3<br>800MHz≤12.8<br>1000MHz≤14.4 | 300MHz 及以下：≥22<br>300MHz 以上：≥20 | 5MHz ≥85<br>50MHz ≥85<br>200MHz ≥90<br>500MHz ≥90<br>800MHz ≥90 |
| SYWV-75-7 | | | | | | 5MHz≤1.5<br>50MHz≤3.2<br>200MHz≤6.4<br>550MHz≤10.7<br>800MHz≤13.3<br>1000MHz≤15.1 | 300MHz 及以下：≥20<br>300MHz 以上：≥18 | 5MHz ≥60<br>50MHz ≥60<br>200MHz ≥70<br>500MHz ≥70<br>800MHz ≥70 |

续表

| 项目 | 缆芯<br>介电强度 | 绝缘电阻 | 护套<br>介电强度 | | 特性<br>阻抗 | 衰减常数 | 回波损耗 | 屏蔽衰减 |
|---|---|---|---|---|---|---|---|---|
| 试验条件 | 40～60Hz<br>1min | DC 500V<br>20℃ | 40～60Hz | | 200<br>MHz | | | |
| 单位 | kV<br>（有效值） | MΩ·km | kV(有效值) | | Ω | dB/100m | dB | dB |
| 技术要求 | | | 浸水<br>试验 | 火花<br>试验 | | | | |
| SYWV-75-9-Ⅰ | ≥1.0 | ≥5000 | ≥2.0 | ≥3.0 | 75±2.5 | 5MHz≤1.0<br>50MHz≤2.3<br>200MHz≤4.5<br>550MHz≤8.0<br>800MHz≤9.9<br>1000MHz≤11.3 | 300MHz 及以下：<br>≥22<br>300MHz 以上：<br>≥20 | 5MHz　≥85<br>50MHz　≥85<br>200MHz　≥90<br>500MHz　≥90<br>800MHz　≥90 |
| SYWV-75-9 | | | | | | 5MHz≤1.2<br>50MHz≤2.4<br>200MHz≤5.0<br>550MHz≤8.5<br>800MHz≤10.4<br>1000MHz≤11.9 | 300MHz 及以下：<br>≥20<br>300MHz 以上：<br>≥18 | 5MHz　≥60<br>50MHz　≥60<br>200MHz　≥70<br>500MHz　≥70<br>800MHz　≥70 |

**表 2-14　有线电视系统用物理发泡聚乙烯绝缘同轴电缆规格及参数**

| 型号 | 内导体<br>标称直径/mm | 屏蔽结构 | 编织根数/直径/mm | 外径/mm | 一般的包装 |
|---|---|---|---|---|---|
| SYWV-75-5 | CCS1.00 | 二层 | AL 46/0.12 | 7.3 | 100m/卷<br>200m/卷 |
| | BC1.00 | 二层 | AL 96/0.12 | | |
| | | 四层 | AL 128/0.12 | 7.4 | |
| | | | AL 160/0.12 | | |
| | | | TC 128/0.12 | | |
| | | | TC 160/0.12 | | |
| SYWV-75-7 | BC1.66 | 四层 | AL 160/0.15 | 10.0 | |
| | | 二层 | TC 112/0.15 | 10.3 | |
| SYWV-75-9 | BC2.15 | 二层 | AL 192/0.15 | 12.0 | |
| | | 四层 | TC 120/0.15 | 12.4 | |

### 2.1.12　SYV 系列 75Ω 实芯聚乙烯绝缘射频同轴电缆电气性能（表 2-15）和规格参数（表 2-16）

**表 2-15　SYV 系列 75Ω 实芯聚乙烯绝缘射频同轴电缆电气性能**

| 型　号 | | SYV-75-3 | SYV-75-5 | SYV-75-7 |
|---|---|---|---|---|
| 缆芯介电强度/kV | | 2.0 | 5.5 | 8.0 |
| 绝缘电阻/MΩ·km | | ≥5000 | | |
| 护套介电强度/kV | 火花电压 | 3.0 | 5.0 | 8.0 |
| | 浸水电压 | 2.0 | 3.0 | 5.0 |
| 灭晕电压/kV | | ≥1.5 | ≥2.7 | ≥4.0 |
| 特性阻抗　/Ω | | 75±30 | | |
| 20℃时衰减常数 | 频率/MHz | 200 | | |
| | 衰减/(dB/m) | ≤0.28 | ≤0.15 | ≤0.12 |
| 高温试验后<br>衰减增量≤ | 频率/MHz | — | 3000 | |
| | 衰减/(dB/m) | — | 0.30 | 0.20 |
| 流动性试验 | 负荷/N | — | 29 | 80 |
| | 位移/% | ≤15 | | |

表 2-16 SYV 系列 75Ω 实芯聚乙烯绝缘射频同轴电缆规格及参数

| 型号 | 内导体<br>标称直径/mm | 编织根数/直径/mm | 外径/mm | 一般包装 |
|---|---|---|---|---|
| SYV-75-3 | 1/0.50 | TC 96/0.10 | 5.0 | 100m/卷<br>200m/卷 |
| | 7/0.18 | BC 96/0.12 | | |
| SYV-75-5 | 1/0.80 | BC 96/0.10 | 7.0 | |
| | 16/0.20 | | | |
| SYV-75-5 | 1/0.80 | BC 128/0.10 | | |
| | 16/0.20 | | | |
| | 1/0.80 | BC 128/0.12 | | |
| SYV-75-7 | 1/1.20 | BC 144/0.10 | 9.8 | |
| 电梯用 TSYV-75-3 | 25/0.10 | BC 160/0.10 | 14.1/6.1 | |

## 2.1.13 高保真广播音响系统连接线规格及电气参数（表 2-17）

表 2-17 高保真广播音响系统连接线规格及电气参数

| 型号规格 | 导体绞合芯数/直径/mm | 20℃时最大导体电阻<br>/(Ω/km) | 70℃时最小绝缘电阻<br>/MΩ·km | 一般包装 |
|---|---|---|---|---|
| ETB $2\times0.5mm^2$ | 100 芯/0.08 | 39.0 | 0.012 | 100m/卷 |
| ETB $2\times0.75mm^2$ | 150 芯/0.08 | 26.0 | 0.011 | |
| ETB $2\times1.0mm^2$ | 200 芯/0.08 | 19.5 | 0.010 | |
| ETB $2\times1.5mm^2$ | 300 芯/0.08 | 13.3 | 0.009 | |
| ETB $2\times2.0mm^2$ | 400 芯/0.08 | 9.75 | | |
| ETB $2\times2.5mm^2$ | 500 芯/0.08 | 7.80 | 0.008 | |
| ETB $2\times3.0mm^2$ | 600 芯/0.08 | 6.50 | | |

## 2.1.14 数字通信用水平对绞电缆

数字通信用水平对绞电缆主要适用于大楼通信系统中工作区通信引出端与交接间的配线架间的布线，以及住宅综合布线系统的用户通信引出端到配线架间的布线。

对于 100Ω 电缆，可以根据最高传输频率来分类：

3 类（CAT3）电缆——16MHz；

4 类（CAT4）电缆——20MHz；

5 类（CAT5）电缆——100MHz；

超 5 类（CAT5e）电缆——100MHz，且支持双工应用；

6 类（CAT6）电缆——250MHz。

## 2.1.15 100Ω 电缆数字通信用水平对绞电缆传输特性参考值（表 2-18～表 2-20）

表 2-18 衰减工程设计用参考值（20℃）

| 传输特性 | | 100Ω 电缆的衰减/(dB/100m) | | | | |
|---|---|---|---|---|---|---|
| 电缆类别 | | 3 类 | 4 类 | 5 类 | 5e 类 | 6 类 |
| 导线标称直径/mm | | 0.4 或 0.5 | 0.5 | 0.5 | 0.5 | >0.5 |
| 频率/MHz | 0.064 | 0.9 | 0.8 | 0.8 | 0.8 | — |
| | 0.256 | 1.3 | 1.1 | 1.1 | 1.1 | — |
| | 0.512 | 1.8 | 1.5 | 1.5 | 1.5 | — |
| | 0.772 | 2.2 | 1.9 | 1.8 | 1.8 | 1.6 |

续表

| 传输特性 | | 100Ω 电缆的衰减/(dB/100m) | | | | |
|---|---|---|---|---|---|---|
| 电缆类别 | | 3类 | 4类 | 5类 | 5e类 | 6类 |
| 导线标称直径/mm | | 0.4或0.5 | 0.5 | 0.5 | 0.5 | >0.5 |
| 频率/MHz | 1 | 2.6 | 2.1 | 2.0 | 2.0 | 1.9 |
| | 4 | 5.6 | 4.3 | 4.1 | 4.1 | 3.7 |
| | 10 | 9.7 | 6.9 | 6.5 | 6.5 | 5.9 |
| | 16 | 13.1 | 8.9 | 8.2 | 8.2 | 7.5 |
| | 20 | — | 10.0 | 9.2 | 9.2 | 8.4 |
| | 31.25 | — | — | 11.7 | 11.7 | 10.6 |
| | 62.5 | — | — | 17.0 | 17.0 | 15.4 |
| | 100 | — | — | 22.0 | 22.0 | 19.8 |
| | 200 | — | — | — | — | 29.0 |
| | 250 | — | — | — | — | 32.8 |

**表 2-19 近端串音衰减工程设计用参考值**

| 传输特性 | | 100Ω 电缆的近端串音衰减/(dB/100m) | | | | |
|---|---|---|---|---|---|---|
| 电缆类别 | | 3类 | 4类 | 5类 | 5e类 | 6类 |
| 频率/MHz | 0.772 | 43 | 58 | 64 | 67 | 76 |
| | 1 | 41 | 56 | 62 | 65 | 74 |
| | 4 | 32 | 47 | 53 | 56 | 65 |
| | 10 | 26 | 41 | 47 | 50 | 59 |
| | 16 | 23 | 38 | 44 | 47 | 56 |
| | 20 | — | 37 | 43 | 46 | 55 |
| | 31.25 | — | — | 40 | 43 | 52 |
| | 62.5 | — | — | 35 | 38 | 47 |
| | 100 | — | — | 32 | 35 | 44 |
| | 200 | — | — | — | — | 40 |
| | 250 | — | — | — | — | 38 |

**表 2-20 等电平远端串音衰减工程设计用参考值**

| 传输特性 | | 100Ω 电缆的等电平远端串音衰减/(dB/100m) | | | | |
|---|---|---|---|---|---|---|
| 电缆类别 | | 3类 | 4类 | 5类 | 5e类 | 6类 |
| 频率/MHz | 1 | 39 | 55 | 61 | 64 | 68 |
| | 4 | 27 | 43 | 49 | 52 | 56 |
| | 10 | 19 | 35 | 41 | 44 | 48 |
| | 16 | 15 | 31 | 37 | 40 | 44 |
| | 20 | — | 29 | 35 | 38 | 42 |
| | 31.25 | — | — | 31 | 34 | 38 |
| | 62.5 | — | — | 25 | 28 | 32 |
| | 100 | — | — | 21 | 24 | 28 |
| | 200 | — | — | — | — | 22 |
| | 250 | — | — | — | — | 20 |

## 2.2 穿线管槽的规格

### 2.2.1 建筑用 PVC 电工套管管材外径和壁厚（表 2-21）

表 2-21 建筑用 PVC 电工套管管材外径和壁厚

| 公称外径 | 平均外径的偏差/mm | 最小内径/mm | | 厚度/mm | |
|---|---|---|---|---|---|
| | | | | 最大 | 允许差 |
| PVC16 | −0.3 | 轻型 | 13.7 | 1.15 | −0.3 |
| | | 中型 | 13.0 | 1.50 | |
| | | 重型 | 12.2 | 1.90 | |
| PVC20 | −0.3 | 中型 | 16.9 | 1.55 | −0.3 |
| | | 重型 | 15.8 | 2.10 | |
| PVC25 | −0.4 | 中型 | 21.4 | 1.80 | −0.3 |
| | | 重型 | 20.6 | 2.20 | |
| PVC32 | −0.4 | 轻型 | 28.6 | 1.70 | −0.3 |
| | | 中型 | 27.8 | 2.10 | |
| | | 重型 | 26.6 | 2.70 | |
| PVC40 | −0.4 | 轻型 | 35.8 | 2.10 | −0.3 |
| | | 中型 | 35.8 | 2.30 | |
| | | 重型 | 34.4 | 2.80 | |

### 2.2.2 UPVC 建筑用绝缘电工套管（冷弯管，表 2-22）

表 2-22 UPVC 建筑用绝缘电工套管（冷弯管）

| 公称外径/mm | 轻型<br>公称内径/mm | 中型<br>公称内径/mm | 重型<br>公称内径/mm |
|---|---|---|---|
| 16 | 13.7 | 13.0 | 12.2 |
| 20 | 17.4 | 16.9 | 15.8 |
| 25 | 22.1 | 21.4 | 20.6 |
| 32 | 28.6 | 27.8 | 26.6 |
| 40 | 35.8 | 35.4 | 34.4 |
| 50 | 45.1 | 44.3 | 43.2 |
| 63 | 57.0 | | |

### 2.2.3 UPVC 穿线管（交通道路用穿线管，表 2-23）

表 2-23 UPVC 穿线管（交通道路用穿线管）

| 公称外径/mm | 公称内径/mm | |
|---|---|---|
| | 中型 | 重型 |
| 75 | 70.7 | 67.7 |
| 90 | 84.0 | 81.4 |
| 99 | | 90.0 |
| 110 | 102.6 | 98.8 |
| 160 | 149.6 | 145.0 |

## 2.2.4　PVC 线槽附件的尺寸（表 2-24）

**表 2-24　PVC 线槽附件的尺寸**

<table>
<tr><th>名称</th><th>长/mm</th><th>宽/mm</th><th>高/mm</th><th>壁厚/mm</th></tr>
<tr><td rowspan="5">线槽</td><td rowspan="5">3000</td><td>15</td><td>10</td><td>1.0</td></tr>
<tr><td>25</td><td>15</td><td>1.1</td></tr>
<tr><td>40</td><td>20</td><td>1.3</td></tr>
<tr><td>60</td><td>25</td><td>1.4</td></tr>
<tr><td>80</td><td>40</td><td>1.7</td></tr>
<tr><td rowspan="3">封闭式线槽</td><td rowspan="3">3000</td><td>50</td><td rowspan="3">25</td><td>2.5</td></tr>
<tr><td>75</td><td>3.2</td></tr>
<tr><td>100</td><td>3.2</td></tr>
<tr><td rowspan="3">封闭式线槽接头</td><td rowspan="3"></td><td>50</td><td rowspan="3">25</td><td>2.5</td></tr>
<tr><td>75</td><td>3.2</td></tr>
<tr><td>100</td><td>3.2</td></tr>
<tr><td rowspan="5">阳角，阴角，直转角，平三通，左三通，右三通，连接头，终端头</td><td rowspan="5"></td><td>15</td><td>10</td><td>1.0</td></tr>
<tr><td>25</td><td>15</td><td>1.1</td></tr>
<tr><td>40</td><td>20</td><td>1.3</td></tr>
<tr><td>60</td><td>25</td><td>1.4</td></tr>
<tr><td>80</td><td>40</td><td>1.7</td></tr>
<tr><td rowspan="2">接线盒</td><td>86</td><td rowspan="2">86</td><td>32</td><td rowspan="2">2.5</td></tr>
<tr><td>172</td><td>34</td></tr>
<tr><td>接线盒盖板</td><td>86</td><td>86</td><td>8</td><td>2.5</td></tr>
</table>

<table>
<tr><th>名称</th><th>长/mm</th><th>宽/mm</th><th>高/mm</th><th>壁厚/mm</th></tr>
<tr><td rowspan="7">线槽</td><td rowspan="7">2500</td><td>32</td><td rowspan="3">12.5</td><td rowspan="6">1.2</td></tr>
<tr><td>40</td></tr>
<tr><td>60</td></tr>
<tr><td>20</td><td rowspan="3">16</td></tr>
<tr><td>32</td></tr>
<tr><td>40</td></tr>
<tr><td>120</td><td>50</td><td>3</td></tr>
<tr><td>顶角线槽</td><td>2500</td><td>40</td><td>40</td><td>1.2</td></tr>
<tr><td rowspan="5">阳角，阴角，直转角，平三通，左三通，右三通，四通，连接头，终端头</td><td rowspan="5"></td><td>20</td><td rowspan="4">12.5<br>16<br>40</td><td rowspan="4">1.5</td></tr>
<tr><td>32</td></tr>
<tr><td>40</td></tr>
<tr><td>60</td></tr>
<tr><td>125</td><td>50</td><td>2.5</td></tr>
<tr><td rowspan="3">变径三通</td><td rowspan="3"></td><td rowspan="3">40→32<br>60→40</td><td>12.5</td><td rowspan="3">1.5</td></tr>
<tr><td>16</td></tr>
<tr><td>40</td></tr>
<tr><td>顶角线槽变径三通</td><td></td><td>40→32</td><td></td><td></td></tr>
<tr><td>接线盒</td><td>86</td><td>86</td><td>33</td><td>2</td></tr>
<tr><td>接线盒盖板</td><td>86</td><td>86</td><td>7</td><td>2</td></tr>
</table>

## 2.2.5　PVC 电线管的规格（表 2-25）

**表 2-25　PVC 电线管的规格**

| 编号 | 外径 | 厚度 | 编号 | 外径 | 厚度 |
|---|---|---|---|---|---|
| | mm | mm | | mm | mm |
| EC16A | 16 | 1.40 | EC16B | 16 | 1.20 |
| EC20A | 20 | 1.80 | EC20B | 20 | 1.30 |
| EC25A | 25 | 2.00 | EC25B | 25 | 1.60 |
| EC32A | 32 | 2.30 | EC32B | 32 | 2.00 |
| EC40A | 40 | 2.30 | EC40B | 40 | 2.00 |
| EC50A | 50 | 3.00 | EC50B | 50 | 2.50 |
| EC60A | 60 | 3.00 | EC60B | 60 | 2.50 |
| EC63A | 63 | 3.00 | EC63B | 63 | 2.50 |

说明：(1) PVC 电线管颜色一般为白色；

(2) PVC 电线管标准长度一般为 2m/条或 2.9m/条；

(3) PVC 电线管其他颜色和长度，一般是根据要求订做的。

### 2.2.6 PVC 线槽的规格（表 2-26）

表 2-26 PVC 线槽的规格

| 编号 | 规格/宽×高 | 编号 | 规格/宽×高 | 编号 | 规格/宽×高 |
|---|---|---|---|---|---|
| ET2010A | 20×10A | ET1010 | 10×10 | ET6030 | 60×30 |
| ET2010B | 20×10B | ET1510 | 15×10 | ET6040 | 60×40 |
| ET2414A | 24×14A | ET1616 | 16×16 | ET6060 | 60×60 |
| ET2414B | 24×14B | ET2516 | 25×16 | ET7550 | 75×50 |
| ET3919A | 39×19A | ET2525 | 25×25 | ET7575 | 75×75 |
| ET3919B | 39×19B | ET4016 | 40×16 | ET8040 | 80×40 |
| ET5922A | 59×22A | ET4025 | 40×25 | ET8050 | 80×50 |
| ET5922B | 59×22B | ET4030 | 40×30 | ET8080 | 80×80 |
| ET9927A | 99×27A | ET4040 | 40×40 | ET10050 | 100×50 |
| ET9927B | 99×27B | ET5025 | 50×25 | ET10060 | 100×60 |
| ET9940A | 99×40A | ET5040 | 50×40 | ET100100 | 100×100 |
| ET9940B | 99×40B | ET5050 | 50×50 | | |

说明：(1) PVC 线槽颜色一般为白色；

(2) PVC 线槽标准长度一般为 2m/条或 2.9m/条；

(3) PVC 线槽其他颜色和长度，一般是根据要求订做的。

### 2.2.7 PVC 线槽槽角弯的规格（表 2-27）

表 2-27 PVC 线槽槽角弯的规格

| 编号 | 规格/宽×高 | 编号 | 规格/宽×高 | 编号 | 规格/宽×高 |
|---|---|---|---|---|---|
| ETF01-2010 | 20×10 | ETF01-9940 | 99×40 | ETF01-6040 | 60×40 |
| ETF01-2414 | 24×14 | ETF01-5025 | 50×25 | ETF01-8040 | 80×40 |
| ETF01-3919 | 39×19 | ETF01-4030 | 40×30 | ETF01-8050 | 80×50 |
| ETF01-5922 | 59×22 | ETF01-6030 | 60×30 | ETF01-10050 | 100×50 |
| ETF01-9927 | 99×27 | ETF01-5040 | 50×40 | ETF01-10060 | 100×60 |

### 2.2.8 PVC 线槽槽内角的规格（表 2-28）

表 2-28 PVC 线槽槽内角的规格

| 编号 | 规格/宽×高 | 编号 | 规格/宽×高 | 编号 | 规格/宽×高 |
|---|---|---|---|---|---|
| ETF02-2010 | 20×10 | ETF02-9940 | 99×40 | ETF02-6040 | 60×40 |
| ETF02-2414 | 24×14 | ETF02-5025 | 50×25 | ETF02-8040 | 80×40 |
| ETF02-3919 | 39×19 | ETF02-4030 | 40×30 | ETF02-8050 | 80×50 |
| ETF02-5922 | 59×22 | ETF02-6030 | 60×30 | ETF02-10050 | 100×50 |
| ETF02-9927 | 99×27 | ETF02-5040 | 50×40 | ETF02-10060 | 100×60 |

### 2.2.9 PVC 线槽槽外角的规格（表 2-29）

表 2-29 PVC 线槽槽外角的规格

| 编号 | 规格/宽×高 | 编号 | 规格/宽×高 | 编号 | 规格/宽×高 |
|---|---|---|---|---|---|
| ETF03-2010 | 20×10 | ETF03-9940 | 99×40 | ETF03-6040 | 60×40 |
| ETF03-2414 | 24×14 | ETF03-5025 | 50×25 | ETF03-8040 | 80×40 |
| ETF03-3919 | 39×19 | ETF03-4030 | 40×30 | ETF03-8050 | 80×50 |
| ETF03-5922 | 59×22 | ETF03-6030 | 60×30 | ETF03-10050 | 100×50 |
| ETF03-9927 | 99×27 | ETF03-5040 | 50×40 | ETF03-10060 | 100×60 |

### 2.2.10 PVC线槽槽三通的规格（表2-30）

表2-30 PVC线槽槽三通的规格

| 编号 | 规格/宽×高 | 编号 | 规格/宽×高 | 编号 | 规格/宽×高 |
|---|---|---|---|---|---|
| ETF04-2010 | 20×10 | ETF04-9940 | 99×40 | ETF04-6040 | 60×40 |
| ETF04-2414 | 24×14 | ETF04-5025 | 50×25 | ETF04-8040 | 80×40 |
| ETF04-3919 | 39×19 | ETF04-4030 | 40×30 | ETF04-8050 | 80×50 |
| ETF04-5922 | 59×22 | ETF04-6030 | 60×30 | ETF04-10050 | 100×50 |
| ETF04-9927 | 99×27 | ETF04-5040 | 50×40 | ETF04-10060 | 100×60 |

### 2.2.11 PVC线槽开关盒规格（表2-31）

表2-31 PVC线槽开关盒规格

| 编号 | 规格/宽×高 | 编号 | 规格/宽×高 |
|---|---|---|---|
| ETF13-7777 | 77×77 | ETF13-17486 | 174×86 |
| ETF13-8686 | 86×86 | ETF13-14786 | 147×86 |
| ETF13-8686H | 86×86 | | |

### 2.2.12 PVC电线管规格（表2-32）

表2-32 PVC电线管规格

| 编号 | 外径/mm | 厚度/mm | 编号 | 外径/mm | 厚度/mm |
|---|---|---|---|---|---|
| EC16A | 16 | 1.40 | EC16B | 16 | 1.20 |
| EC20A | 20 | 1.80 | EC20B | 20 | 1.30 |
| EC25A | 25 | 2.00 | EC25B | 25 | 1.60 |
| EC32A | 32 | 2.30 | EC32B | 32 | 2.00 |
| EC40A | 40 | 2.30 | EC40B | 40 | 2.00 |
| EC50A | 50 | 3.00 | EC50B | 50 | 2.50 |
| EC60A | 60 | 3.00 | EC60B | 60 | 2.50 |
| EC63A | 63 | 3.00 | EC63B | 63 | 2.50 |

### 2.2.13 PVC线管管直通（套筒）规格（表2-33）

表2-33 PVC线管管直通（套筒）规格

| 编号 | 规格/mm | 编号 | 规格/mm |
|---|---|---|---|
| ECF01-16 | 16 | ECF01-40 | 40 |
| ECF01-20 | 20 | ECF01-50 | 50 |
| ECF01-25 | 25 | ECF01-60 | 60 |
| ECF01-32 | 32 | | |

### 2.2.14 PVC线管管弯头规格（表2-34）

表2-34 PVC线管管弯头规格

| 编号 | 规格/mm | 编号 | 规格/mm |
|---|---|---|---|
| ECF02-16 | 16 | ECF02-40 | 40 |
| ECF02-20 | 20 | ECF02-50 | 50 |
| ECF02-25 | 25 | ECF02-60 | 60 |
| ECF02-32 | 32 | | |

### 2.2.15 PVC线管管三通规格（表2-35）

表2-35 PVC线管管三通规格

| 编号 | 规格/mm | 编号 | 规格/mm |
|---|---|---|---|
| ECF03-16 | 16 | ECF03-40 | 40 |
| ECF03-20 | 20 | ECF03-50 | 50 |
| ECF03-25 | 25 | ECF03-60 | 60 |
| ECF03-32 | 32 | | |

### 2.2.16 PVC线管管卡规格（表2-36）

表2-36 PVC线管管卡规格

| 编号 | 规格/mm | 编号 | 规格/mm |
|---|---|---|---|
| ECF04-16 | 16 | ECF04-40 | 40 |
| ECF04-20 | 20 | ECF04-50 | 50(配爆炸螺钉) |
| ECF04-25 | 25 | ECF04-60 | 60(配爆炸螺钉) |
| ECF04-32 | 32 | | |

### 2.2.17 PVC线管45°弯头规格（表2-37）

表2-37 PVC线管45°弯头规格

| 编号 | 规格/mm | 编号 | 规格/mm |
|---|---|---|---|
| ECF05-32 | 32 | ECF05-40 | 40 |

### 2.2.18 PVC线管90°异径三通规格（表2-38）

表2-38 PVC线管90°异径三通规格

| 编号 | 规格/mm | 编号 | 规格/mm |
|---|---|---|---|
| ECF06-32 | 32 | ECF06-40 | 40 |

### 2.2.19 PVC线管45°斜三通规格（表2-39）

表2-39 PVC线管45°斜三通规格

| 编号 | 规格/mm | 编号 | 规格/mm |
|---|---|---|---|
| ECF07-32 | 32 | ECF07-40 | 40 |

### 2.2.20 PVC线管大小直通规格（表2-40）

表2-40 PVC线管大小直通规格

| 编号 | 规格/mm | 编号 | 规格/mm | 编号 | 规格/mm |
|---|---|---|---|---|---|
| ECF09-20/16 | 20×16 | ECF09-32/25 | 32×25 | ECF09-50/40 | 50×40 |
| ECF09-50/20 | 25×20 | ECF09-40/32 | 40×32 | ECF09-60/40 | 60×40 |
| ECF09-32/20 | 32×20 | ECF09-50/32 | 50×32 | ECF09-60/50 | 60×50 |

### 2.2.21 PVC线管双曲通圆盒（带盖）规格（表2-41）

表2-41 PVC线管双曲通圆盒（带盖）规格

| 编号 | 规格/mm | 编号 | 规格/mm | 编号 | 规格/mm |
|---|---|---|---|---|---|
| ECF14-16 | 16 | ECF14-20 | 20 | ECF14-25 | 25 |

### 2.2.22 PVC线管双直通圆盒（带盖）规格（表2-42）

表2-42 PVC线管双直通圆盒（带盖）规格

| 编号 | 规格/mm | 编号 | 规格/mm | 编号 | 规格/mm |
|---|---|---|---|---|---|
| ECF13-16 | 16 | ECF13-20 | 20 | ECF13-25 | 25 |

### 2.2.23 PVC线管三通圆盒（带盖）规格（表2-43）

表2-43 PVC线管三通圆盒（带盖）规格

| 编号 | 规格/mm | 编号 | 规格/mm | 编号 | 规格/mm |
|---|---|---|---|---|---|
| ECF15-16 | 16 | ECF15-20 | 20 | ECF15-25 | 25 |

### 2.2.24 PVC线管四通圆盒（带盖）规格（表2-44）

表2-44 PVC线管四通圆盒（带盖）规格

| 编号 | 规格/mm | 编号 | 规格/mm | 编号 | 规格/mm |
|---|---|---|---|---|---|
| ECF16-16 | 16 | ECF16-20 | 20 | ECF16-25 | 25 |

### 2.2.25 PVC线管明/暗装开关盒77×77规格（表2-45）

表2-45 PVC线管明/暗装开关盒77×77规格

| 编号 | 规格/mm | 编号 | 规格/mm |
|---|---|---|---|
| ECF21-77H1 | 20,25 $H=54$ | ECF21-77H3 | 20,25 $H=43$ |
| ECF21-77H2 | 20,25 $H=48$ | ECF21-77H4 | 20,25 $H=39$ |

### 2.2.26 PVC线管明/暗装开关盒164×77规格（表2-46）

表2-46 PVC线管明/暗装开关盒164×77规格

| 编号 | 规格/mm | 编号 | 规格/mm | 编号 | 规格/mm |
|---|---|---|---|---|---|
| ECF22-164 | 16 | ECF22-164 | 20 | ECF22-164 | 25 |

### 2.2.27 PVC线管明/暗装开关盒86×86规格（表2-47）

表2-47 PVC线管明/暗装开关盒86×86规格

| 编号 | 规格/mm | 编号 | 规格/mm |
|---|---|---|---|
| ECF20-86HI | 20,25 $H=54$ | ECF20-86H4 | 20,25 $H=50$ |
| ECF20-86H2 | 20,25 $H=43$ | ECF20-86H5 | 20,25 $H=50$ |
| ECF20-86H3 | 20,25 $H=42$ | ECF20-86H6 | 20,25 $H=40$ |

### 2.2.28 PVC线管有盖三通规格（表2-48）

表2-48 PVC线管有盖三通规格

| 编号 | 规格/mm | 编号 | 规格/mm |
|---|---|---|---|
| ECF19-20 | 20 | ECF19-40 | 40 |
| ECF19-25 | 25 | ECF19-50 | 50 |
| ECF19-32 | 32 | | |

## 2.2.29 电话电缆保护管管径（表 2-49）

表 2-49 电话电缆保护管管径

| 品种 | 公称直径 | 成品外径/mm | 成品内径/mm | 重量/(kg/m) | 壁厚/mm | 穿放单条电缆 HYV-2×0.5 电缆对数 | | | | | | | |
|---|---|---|---|---|---|---|---|---|---|---|---|---|---|
| | | | | | | 10 | 20 | 30 | 50 | 100 | 200 | 300 | 400 |
| 普通钢管SC | 25 | 33.5 | 27 | 2.42 | 3.25 | △ | △ | | | | | | |
| | 32 | 42.5 | 35.75 | 3.13 | 3.25 | △ | △ | △ | △ | | | | |
| | 40 | 48 | 41 | 3.84 | 3.5 | △ | △ | △ | △ | △ | | | |
| | 50 | 60 | 53 | 4.88 | 3.5 | △ | △ | △ | △ | △ | △ | | |
| | 70 | 75.5 | 68 | 6.64 | 3.75 | △ | △ | △ | △ | △ | △ | △ | △ |
| 薄壁钢管MT | 25 | 25.4 | 21.8 | 1.035 | 1.8 | △ | | | | | | | |
| | 32 | 31.75 | 28.15 | 1.335 | 1.8 | △ | △ | | | | | | |
| | 40 | 38.1 | 34.5 | 1.611 | 1.8 | △ | △ | △ | | | | | |
| 阻燃塑料管PC | 25 | 25 | 21 | | 2 | △ | | | | | | | |
| | 32 | 32 | 28 | | 2 | △ | △ | | | | | | |
| | 40 | 40 | 34 | | 3 | △ | △ | △ | | | | | |
| | 50 | 50 | 44 | | 3 | △ | △ | △ | △ | △ | | | |
| | 63 | 63 | 55 | | 4 | △ | △ | △ | △ | △ | △ | | |
| | 75 | 75 | 67 | | 4 | △ | △ | △ | △ | △ | △ | △ | △ |

注：△表示具有对应规格。

## 2.2.30 耐火电缆槽盒性能分级（表 2-50）

表 2-50 槽盒耐火性能分级

| 耐火性能分级 | F1 | F2 | F3 | F4 |
|---|---|---|---|---|
| 耐火维持工作时间/min | ≥90 | ≥60 | ≥45 | ≥30 |

## 2.2.31 槽盒常见规格（表 2-51）

表 2-51 槽盒常见规格

| 槽盒内宽度 | 槽盒内高度/mm | | | | | | |
|---|---|---|---|---|---|---|---|
| | 40 | 50 | 60 | 80 | 100 | 150 | 200 |
| 60 | √ | √ | | | | | |
| 80 | √ | √ | √ | | | | |
| 100 | √ | √ | √ | √ | | | |
| 150 | √ | √ | √ | √ | √ | | |
| 200 | | √ | √ | √ | √ | | |
| 250 | | √ | √ | √ | √ | √ | |
| 300 | | | √ | √ | √ | √ | √ |
| 350 | | | √ | √ | √ | √ | √ |
| 400 | | | √ | √ | √ | √ | √ |
| 450 | | | √ | √ | √ | √ | √ |
| 500 | | | | √ | √ | √ | √ |
| 600 | | | | √ | √ | √ | √ |
| 800 | | | | | √ | √ | √ |
| 1000 | | | | | √ | √ | √ |

注：√表示常用规格。

## 2.3 有色金属管的规格与要求

### 2.3.1 无缝铜水管、铜气管的外形尺寸及允许偏差（表 2-52）

表 2-52 无缝铜水管、铜气管的外形尺寸及允许偏差

| 公称通径/mm | 外径 | 平均外径 A，允许偏差 | | 壁厚和允许偏差/mm | | | | | | 理论重量/(kg/m) | | |
|---|---|---|---|---|---|---|---|---|---|---|---|---|
| | | | | 类型 A | | 类型 B | | 类型 C | | 类型 A | 类型 B | 类型 C |
| | | 半硬态(Y2) | 硬态(Y) | 壁厚 | 允许偏差 B | 壁厚 | 允许偏差 B | 壁厚 | 允许偏差 B | | | |
| 5 | 6 | ±0.08 | ±0.04 | 1.0 | ±0.10 | 0.8 | ±0.08 | 0.6 | ±0.06 | 0.140 | 0.116 | 0.091 |
| 6 | 8 | | | | | | | | | 0.196 | 0.161 | 0.124 |
| 8 | 10 | | | | | | | | | 0.252 | 0.206 | 0.158 |
| 10 | 12 | | | | | | | | | 0.362 | 0.251 | 0.191 |
| 15 | 15 | | | 1.2 | ±0.12 | 1.0 | ±0.10 | 0.7 | ±0.07 | 0.463 | 0.391 | 0.280 |
| 22 | 22 | ±0.09 | ±0.06 | 1.5 | ±0.15 | 1.2 | ±0.12 | 0.9 | ±0.09 | 0.860 | 0.698 | 0.531 |
| 25 | 28 | | | 1.5 | ±0.15 | 1.2 | ±0.12 | 0.9 | ±0.09 | 1.111 | 0.899 | 0.682 |
| 32 | 35 | ±0.10 | ±0.07 | 2.0 | ±0.20 | 1.5 | ±0.15 | 1.2 | ±0.12 | 1.845 | 1.405 | 1.134 |
| 40 | 42 | | | 2.0 | ±0.20 | 1.5 | ±0.15 | | | 2.237 | 1.699 | 1.369 |
| 50 | 54 | | | 2.5 | ±0.25 | 2.0 | ±0.20 | | | 3.600 | 2.908 | 1.772 |
| 65 | 67 | ±0.12 | ±0.08 | 2.5 | ±0.25 | 2.0 | ±0.20 | 1.5 | ±0.15 | 4.059 | 3.635 | 2.747 |
| 80 | 85 | ±0.15 | ±0.12 | 2.5 | ±0.25 | 2.0 | ±0.20 | | | 5.138 | 4.138 | >3.125 |
| 100 | 108 | ±0.25 | ±0.18 | 3.5 | ±0.35 | 2.5 | ±0.25 | | | 10.226 | 7.374 | 4.467 |
| 125 | 133 | ±0.35 | ±0.60 | 3.5 | ±0.35 | 2.5 | ±0.25 | | | 12.673 | 9.122 | 5.515 |
| 150 | 159 | ±0.35 | ±0.60 | 4.0 | ±0.48 | 3.0 | ±0.30 | 2.0 | ±0.20 | 17.355 | 13.085 | 8.779 |
| 200 | 219 | — | ±0.95 | 6.0 | ±0.72 | 5.0 | ±0.60 | 4.0 | ±0.40 | 35.733 | 13.085 | 8.779 |
| 250 | 267 | — | ±1.25 | 7.0 | ±0.84 | 6.0 | ±0.72 | 5.0 | ±0.50 | 50.960 | 43.848 | 36.680 |
| 300 | 325 | — | ±1.25 | 8.0 | ±0.96 | 7.0 | ±0.84 | 6.0 | ±0.60 | 71.008 | 63.328 | |

### 2.3.2 紫铜水管尺寸与规格（表 2-53）

表 2-53 紫铜管尺寸与规格 mm

| 公称通径 *DN* | 钢管外径 *Dw* | 壁厚 *T* | | | 理论重量/(kg/m) | | | 平均外径允许偏差 | |
|---|---|---|---|---|---|---|---|---|---|
| | | A 类 | B 类 | C 类 | A 类 | B 类 | C 类 | 普通级 | 高精级 |
| 5 | 6 | 1.0 | 0.8 | 0.6 | 0.140 | 0.116 | 0.091 | ±0.06 | ±0.03 |
| 6 | 8 | 1.0 | 0.8 | 0.6 | 0.196 | 0.161 | 0.124 | | |
| 8 | 10 | 1.0 | 0.8 | 0.6 | 0.252 | 0.206 | 0.158 | | |
| 10 | 12 | 1.2 | 0.8 | 0.6 | 0.362 | 0.251 | 0.191 | | |
| 15 | 15 | 1.2 | 1.0 | 0.7 | 0.463 | 0.391 | 0.280 | | |
| | 16 | 1.2 | 1.0 | 0.7 | 0.496 | 0.419 | 0.299 | | |
| | 19 | 1.2 | 1.0 | 0.8 | 0.597 | 0.503 | 0.407 | | |
| 20 | 22 | 1.5 | 1.2 | 0.9 | 0.860 | 0.698 | 0.531 | ±0.08 | ±0.04 |
| 25 | 28 | 1.5 | 1.2 | 0.9 | 1.111 | 0.899 | 0.682 | | |
| 32 | 35 | 2.0 | 1.5 | 1.2 | 1.845 | 1.405 | 1.134 | ±0.10 | ±0.05 |
| 40 | 42 | 2.0 | 1.5 | 1.2 | 2.237 | 1.699 | 1.369 | | |
| | 44 | 2.0 | 1.5 | 1.2 | 2.349 | 1.783 | 1.436 | | |
| 50 | 54 | 2.5 | 2.0 | 1.2 | 3.600 | 2.908 | 1.772 | ±0.20 | ±0.05 |
| | 55 | 2.5 | 2.0 | 1.2 | 3.671 | 2.965 | 1.806 | | |
| 65 | 67 | 2.5 | 2.0 | 1.5 | 4.509 | 3.635 | 2.747 | ±0.24 | ±0.06 |
| | 70 | 2.5 | 2.0 | 1.5 | 4.721 | 3.805 | 2.874 | | |
| 80 | 85 | 2.5 | 2.0 | 1.5 | 5.138 | 4.138 | 3.125 | | |
| 100 | 105 | 3.5 | 2.5 | 1.5 | 9.937 | 7.168 | 4.343 | ±0.30 | ±0.06 |
| | 108 | 3.5 | 2.5 | 1.5 | 10.226 | 7.374 | 4.467 | | |

续表

| 公称通径 | 钢管外径 | 壁厚 T | | | 理论重量/(kg/m) | | | 平均外径允许偏差 | |
|---|---|---|---|---|---|---|---|---|---|
| DN | Dw | A类 | B类 | C类 | A类 | B类 | C类 | 普通级 | 高精级 |
| 125 | 133 | 3.5 | 2.5 | 1.5 | 12.673 | 9.122 | 5.515 | ±0.40 | ±0.10 |
| 150 | 159 | 4.0 | 3.0 | 2.0 | 17.335 | 13.085 | 8.779 | ±0.60 | ±0.18 |
| 200 | 219 | 6.0 | 5.0 | 4.0 | 35.733 | 29.917 | 24.046 | ±0.70 | ±0.25 |

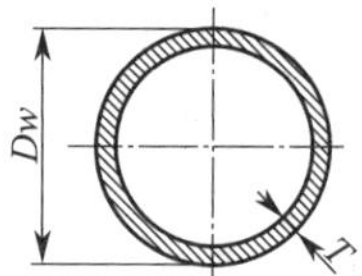


## 2.3.3 给水紫铜管道管材规格（表 2-54）

表 2-54 给水紫铜管道管材规格

| 公称通径 | 铜管外径 | 壁厚 T | | | 理论重量/(kg/m) | | | 平均外径允许偏差 | |
|---|---|---|---|---|---|---|---|---|---|
| DN | Dw | 类型 | | | A | B | C | 普通级 | 高精级 |
| | | A | B | C | | | | | |
| 5 | 6 | 1.0 | 0.8 | 0.6 | 0.140 | 0.116 | 0.091 | ±0.06 | ±0.03 |
| 6 | 8 | 1.0 | 0.8 | 0.6 | 0.196 | 0.161 | 0.124 | | |
| 8 | 10 | 1.0 | 0.8 | 0.6 | 0.252 | 0.206 | 0.158 | | |
| 10 | 12 | 1.2 | 0.8 | 0.6 | 0.362 | 0.251 | 0.191 | | |
| 15 | 15 | 1.2 | 1.0 | 0.7 | 0.463 | 0.391 | 0.280 | | |
| — | 18 | 1.2 | 1.0 | 0.8 | 0.564 | 0.475 | 0.385 | | |
| 20 | 22 | 1.5 | 1.2 | 0.9 | 0.860 | 0.698 | 0.531 | ±0.08 | ±0.04 |
| 25 | 28 | 1.5 | 1.2 | 0.9 | 1.111 | 0.899 | 0.682 | | |
| 32 | 35 | 2.0 | 1.5 | 1.2 | 1.845 | 1.405 | 1.134 | ±0.10 | ±0.05 |
| 40 | 42 | 2.0 | 1.5 | 1.2 | 2.237 | 1.699 | 1.369 | | |
| 50 | 54 | 2.5 | 2.0 | 1.2 | 3.600 | 2.908 | 1.772 | ±0.20 | ±0.05 |
| 65 | 67 | 2.5 | 2.0 | 1.5 | 4.509 | 3.635 | 2.747 | ±0.24 | ±0.06 |
| 80 | 85 | 2.5 | 2.0 | 1.5 | 5.138 | 4.138 | 3.125 | | |
| 100 | 108 | 3.5 | 2.5 | 1.5 | 10.226 | 7.374 | 4.467 | ±0.30 | ±0.06 |
| 125 | 133 | 3.5 | 2.5 | 1.5 | 12.673 | 9.122 | 5.515 | ±0.40 | ±0.10 |
| 150 | 159 | 4.0 | 3.0 | 2.0 | 17.335 | 13.085 | 8.779 | ±0.60 | ±0.18 |
| 200 | 219 | 6.0 | 5.0 | 4.0 | 35.733 | 29.917 | 24.046 | ±0.70 | ±0.25 |

## 2.3.4 给水紫铜管道管材的牌号及化学成分（表 2-55）

表 2-55 给水紫铜管道管材的牌号及化学成分

| 牌号 | 主成分/% | | 杂质成分/% |
|---|---|---|---|
| | Cu+Ag | P | O |
| $T_2$ | ≥99.90 | — | ≤0.06 |
| $TP_2$ | ≥99.90 | 0.0150～0.040 | ≤0.01 |

说明：杂质成分中 S、Bi、Sb、As、Fe、Ni、Pb、Sn、Zn 的微含量两种牌号相同。

## 2.3.5 无氧铜管常用规格（表 2-56）

表 2-56 无氧铜管常用规格

| 规格/mm | 理论重量 | 用途 | 规格/mm | 理论重量 | 用途 |
|---|---|---|---|---|---|
| $\phi$12.5×$\phi$6.2×1200 | 0.993 | 排气管 | $\phi$19.5×$\phi$18×2500 | 0.987 | 均压环 |
| $\phi$16.5×$\phi$14.5×2500 | 1.053 | 均压环 | $\phi$39.5×$\phi$34.5×1200 | 3.118 | 阳极筒 |

说明：铜的密度为 8.94g/cm³。

## 2.3.6 给水铜管规格（表 2-57）

**表 2-57 给水铜管规格**

| 牌号 | 状态 | 种类 | 规格/mm | | |
|---|---|---|---|---|---|
| | | | 外径 | 壁厚 | 长度 |
| TP2<br>TU2 | 硬(Y) | 直管 | 6～325 | 0.6～8 | ≤6000 |
| | 半硬(Y2) | | 6～159 | | |
| | 软(M) | | 6～108 | | |
| | 软(M) | 盘管 | ≤25 | | ≥15000 |

## 2.3.7 给水铜管尺寸（表 2-58）

**表 2-58 给水铜管尺寸**

| 公称尺寸 *DN*/mm | 公称外径 /mm | 壁厚/mm | | | 理论重量/(kg/m) | | | 最大工作压力 *p*/MPa | | | | | | | | |
|---|---|---|---|---|---|---|---|---|---|---|---|---|---|---|---|---|
| | | | | | | | | 硬态(Y) | | | 半硬态(Y2) | | | 软态(M) | | |
| | | A 型 | B 型 | C 型 | A 型 | B 型 | C 型 | A 型 | B 型 | C 型 | A 型 | B 型 | C 型 | A 型 | B 型 | C 型 |
| 4 | 6 | 1.0 | 0.8 | 0.6 | 1.140 | 0.117 | 0.091 | 24.00 | 18.8 | 13.70 | 19.23 | 14.9 | 10.9 | 15.8 | 12.3 | 8.95 |
| 6 | 8 | 1.0 | 0.8 | 0.6 | 0.197 | 0.162 | 0.125 | 17.50 | 13.70 | 10.00 | 13.89 | 10.9 | 7.98 | 11.4 | 8.95 | 6.57 |
| 8 | 10 | 1.0 | 0.8 | 0.6 | 0.253 | 0.207 | 0.158 | 13.70 | 10.70 | 2.94 | 10.87 | 8.55 | 6.30 | 8.95 | 7.04 | 5.19 |
| 10 | 12 | 1.2 | 0.8 | 0.6 | 0.364 | 0.252 | 0.192 | 13.67 | 8.87 | 6.65 | 10.87 | 7.04 | 5.21 | 8.96 | 5.80 | 4.29 |
| 15 | 15 | 1.2 | 1.0 | 0.7 | 0.465 | 0.393 | 0.281 | 10.79 | 8.87 | 6.11 | 8.55 | 7.04 | 4.85 | 7.04 | 5.80 | 3.99 |
| — | 18 | 1.2 | 1.0 | 0.8 | 0.566 | 0.477 | 0.386 | 8.87 | 7.31 | 5.81 | 7.04 | 5.81 | 4.61 | 5.80 | 4.79 | 3.80 |
| 20 | 22 | 1.5 | 1.2 | 0.9 | 0.864 | 0.701 | 0.535 | 9.08 | 7.19 | 5.32 | 7.21 | 5.70 | 4.22 | 6.18 | 4.70 | 3.48 |
| 25 | 28 | 1.5 | 1.2 | 0.9 | 1.116 | 0.903 | 0.685 | 7.05 | 5.59 | 4.62 | 5.60 | 4.44 | 3.30 | 4.61 | 3.65 | 2.72 |
| 32 | 35 | 2.0 | 1.5 | 1.2 | 1.854 | 1.411 | 1.140 | 7.64 | 5.54 | 4.44 | 5.98 | 4.44 | 3.52 | 4.93 | 3.65 | 2.90 |
| 40 | 42 | 2.0 | 1.5 | 1.2 | 2.247 | 1.706 | 1.375 | 6.23 | 4.63 | 3.68 | 4.95 | 3.68 | 2.92 | 4.08 | 3.03 | 2.41 |
| 50 | 54> | 2.5 | 2.0 | 1.2 | 3.616 | 2.921 | 1.780 | 6.06 | 4.81 | 2.85 | 4.81 | 3.77 | 2.26 | 3.96 | 3.14 | 1.85 |
| 65 | 67 | 2.5 | 2.0 | 1.5 | 4.529 | 3.652 | 2.759 | 4.85 | 3.85 | 2.87 | 3.85 | 3.06 | 2.27 | 3.17 | 3.05 | 1.88 |
| — | 76 | 2.5 | 2.0 | 1.5 | 5.161 | 4.157 | 3.140 | 4.26 | 3.38 | 2.52 | 3.38 | 2.69 | 2.00 | 2.80 | 2.68 | 1.65 |
| 80 | 89 | 2.5 | 2.0 | 1.5 | 6.074 | 4.887 | 3.696 | 3.62 | 2.88 | 2.15 | 2.87 | 2.29 | 1.71 | 2.35 | 2.28 | 1.41 |
| 100 | 108 | 3.5 | 2.5 | 1.5 | 10.274 | 7.408 | 4.487 | 4.19 | 2.97 | 1.77 | 3.33 | 2.36 | 1.40 | 2.74 | 1.94 | 1.16 |
| 125 | 133 | 3.5 | 2.5 | 1.5 | 12.731 | 9.164 | 5.54 | 3.38 | 2.40 | 1.43 | 2.68 | 1.91 | 1.14 | | | |
| 150 | 159 | 4.0 | 3.5 | 2.0 | 17.415 | 15.287 | 8.820 | 3.23 | 2.82 | 1.60 | | | | | | |
| 200 | 219 | 6.0 | 5.0 | 4.0 | 35.898 | 30.055 | 24.156 | 3.53 | 2.93 | 2.33 | | | | | | |
| 250 | 267 | 7.0 | 5.5 | 4.5 | 51.122 | 40.399 | 33.180 | 3.37 | 2.64 | 2.15 | | | | | | |
| — | 273 | 7.5 | 5.8 | 5.0 | 55.932 | 43.531 | 37.640 | 3.54 | 2.16 | 1.53 | | | | | | |
| 300 | 325 | 8.0 | 6.5 | 5.5 | 71.234 | 58.151 | 49.359 | 3.16 | 2.56 | 2.16 | | | | | | |

## 2.3.8 给水铜管尺寸允许偏差（表 2-59）

**表 2-59 给水铜管尺寸允许偏差** mm

| 外径 | 外径允许偏差 | | |
|---|---|---|---|
| | 适用于平均外径 | 适用任意外径 | |
| | 所有状态 | 硬态(Y) | 半硬态(Y2) |
| 6～18 | ±0.04 | ±0.04 | ±0.09 |
| >18～28 | ±0.05 | ±0.06 | ±0.10 |
| >28～54 | ±0.06 | ±0.07 | ±0.11 |
| >54～76 | ±0.07 | ±0.10 | ±0.15 |
| >76～89 | ±0.07 | ±0.15 | ±0.20 |
| >89～108 | ±0.07 | ±0.20 | ±0.30 |

续表

| 外径 | 外径允许偏差 | | |
|---|---|---|---|
| | 适用于平均外径 | 适用任意外径 | |
| | 所有状态 | 硬态(Y) | 半硬态(Y2) |
| >108～133 | ±0.20 | ±0.70 | ±0.40 |
| >133～159 | ±0.20 | ±0.70 | ±0.40 |
| >159～219 | ±0.40 | ±1.50 | |
| >219～325 | ±0.60 | ±1.50 | |

## 2.3.9 铜管件外形尺寸系列（表 2-60）

表 2-60 铜管件外形尺寸系列

| 通径/mm | 公称外径/mm | 壁厚/mm | | | 理论重量/(kg/m) | | | 硬态(Y) | | | 半硬态(Y2) | | | 软态(M) | | |
|---|---|---|---|---|---|---|---|---|---|---|---|---|---|---|---|---|
| | | 类型 | | | | | | 最大工作压力/MPa | | | 最大工作压力/MPa | | | 最大工作压力/MPa | | |
| | | A | B | C | A | B | C | A | B | C | A | B | C | A | B | C |
| 5 | 6 | 1 | 0.8 | 0.6 | 0.140 | 0.116 | 0.091 | 24.23 | 18.81 | 13.7 | 19.23 | 14.92 | 10.87 | 15.85 | 12.3 | 8.96 |
| 6 | 8 | 1 | 0.8 | 0.6 | 0.1% | 0.161 | 0.124 | 17.5 | 13.7 | 10.05 | 13.89 | 10.87 | 8 | 11.44 | 8.96 | 6.57 |
| 8 | 10 | 1 | 0.8 | 0.6 | 0.252 | 0.206 | 0.158 | 13.70 | 10.77 | 7.94 | 10.87 | 8.55 | 6.3 | 8.96 | 7.04 | 5.19 |
| 10 | 12 | 1.2 | 0.8 | 0.6 | 0.362 | 0.251 | 0.191 | 13.69 | 8.87 | 6.56 | 10.87 | 7.04 | 5.21 | 8.96 | 5.8 | 4.29 |
| 15 | 15 | 1.2 | 1 | 0.7 | 0.463 | 0.391 | 0.280 | 10.79 | 8.87 | 6.11 | 8.56 | 7.04 | 4.85 | 7.04 | 5.80 | 3.99 |
| | 18 | 1.2 | 1 | 0.8 | 0.564 | 0.475 | 0.385 | 8.87 | 7.31 | 5.81 | 7.04 | 5.81 | 4.61 | 5.8 | 4.79 | 3.8 |
| 20 | 22 | 1.5 | 1.2 | 0.9 | 0.86 | 0.698 | 0.531 | 9.08 | 7.19 | 5.92 | 7.21 | 5.70 | 4.23 | 5.94 | 4.7 | 3.48 |
| 25 | 28 | 1.5 | 1.2 | 0.9 | 1.111 | 0.899 | 0.682 | 7.05 | 5.59 | 4.62 | 5.6 | 4.44 | 3.3 | 4.61 | 3.66 | 2.72 |
| 32 | 35 | 2 | 1.5 | 1.2 | 1.845 | 1.405 | 1.134 | 7.54 | 5.59 | 4.44 | 5.99 | 4.44 | 3.51 | 4.93 | 3.66 | 2.9 |
| 40 | 42 | 2 | 1.5 | 1.2 | 2.237 | 1.699 | 1.369 | 6.23 | 4.63 | 3.68 | 4.95 | 3.68 | 2.92 | | | |
| 50 | 54 | 2.5 | 2 | 1.2 | 3.6 | 2.908 | 1.772 | 6.06 | 4.81 | 2.85 | 4.81 | 3.82 | 2.26 | | | |
| 65 | 67 | 2.5 | 2 | 1.5 | 4.509 | 3.635 | 2.747 | 4.85 | 3.85 | 2.87 | | | | | | |
| 80 | 85 | 2.5 | 2 | 1.5 | 5.138 | 4.138 | 3.125 | 4.26 | 3.39 | 2.53 | | | | | | |
| 100 | 108 | 3.5 | 2.5 | 1.5 | 10.226 | 7.374 | 4.467 | 4.19 | 2.97 | 1.77 | | | | | | |
| 125 | 133 | 3.5 | 2.5 | 1.5 | 12.673 | 9.122 | 5.515 | 3.39 | 2.4 | 1.43 | | | | | | |
| 150 | 159 | 4 | 3 | 2 | 17.335 | 13.085 | 8.779 | 3.23 | 2.41 | 1.6 | | | | | | |
| 200 | 219 | 6 | 5 | 4 | 35.733 | 29.917 | 24.046 | 3.53 | 2.93 | 2.34 | | | | | | |

说明：通径是指公称内径。

## 2.3.10 铜管件的标准尺寸（表 2-61）

表 2-61 铜管件的标准尺寸 mm

| 壁厚<br>外径 | 0.6 | 0.7 | 0.8 | 0.9 | 1.0 | 1.2 | 1.5 | 1.8 | 2.0 | 2.5 | 3.0 | 3.5 | 4.0 | 4.5 | 5.0 | 6.0 |
|---|---|---|---|---|---|---|---|---|---|---|---|---|---|---|---|---|
| 6 | ○ | | ○ | | ○ | | | | | | | | | | | |
| 8 | ○ | | ○ | | ○ | | | | | | | | | | | |
| 10 | ○ | | ○ | | ○ | | | | | | | | | | | |
| 12 | ○ | (○) | ○ | (○) | | ○ | | | | | | | | | | |
| 15 | | ○ | (○) | | ○ | ○ | | | | | | | | | | |
| 16 | | | | | (○) | | (○) | | | | | | | | | |
| 18 | | | ○ | | ○ | ○ | (○) | | | | | | | | | |
| 19 | | | | | (○) | | (○) | | | | | | | | | |
| 22 | | | (○) | | | ○ | ○ | | | | △ | | | | | |
| 27 | | | | | | | | | | | △ | | | | | |

续表

| 外径 \ 壁厚 | 0.6 | 0.7 | 0.8 | 0.9 | 1.0 | 1.2 | 1.5 | 1.8 | 2.0 | 2.5 | 3.0 | 3.5 | 4.0 | 4.5 | 5.0 | 6.0 |
|---|---|---|---|---|---|---|---|---|---|---|---|---|---|---|---|---|
| 28 | | | | ○ | | ○ | ○ | | | | | | | | | |
| 34 | | | | | | | | | | | | △ | | | | |
| 35 | | | | | (○) | ○ | ○ | | ○ | | | | | | | |
| 42 | | | | | | ○ | ○ | (○) | ○ | | | △ | | | | |
| 44 | | | | | | | | | (○) | | | | | | | |
| 48 | | | | | | | | | | | | △ | | | | |
| 54 | | | | | | ○ | | (○) | ○ | ○ | | | | | | |
| 55 | | | | | | | | | | | | | | | | |
| 60 | | | | | | | | | | | | △ | | | | |
| 67 | | | | | | | ○ | | ○ | ○ | | | | | | |
| 70 | | | | | | | | | (○) | (○) | | | | | | |
| 76 | | | | | | | | | (○) | | | | △ | | | |
| 79 | | | | | | | | | | (○) | | | | | | |
| 85 | | | | | | | ○ | | ○ | ○ | | | | | | |
| 89 | | | | | | | | | | (○) | | | △ | | | |
| 105 | | | | | | | | | | (○) | (○) | | | | | |
| 108 | | | | | | | ○ | | | ○ | (○) | ○ | | | | |
| 114 | | | | | | | | | | | | | | △ | | |
| 130 | | | | | | | | | | (○) | (○) | | | | | |
| 133 | | | | | | | ○ | | | ○ | (○) | ○ | | | | |
| 140 | | | | | | | | | | | | | | △ | | |
| 156 | | | | | | | | | | | (○) | | (○) | | | |
| 159 | | | | | | | | | ○ | | ○ | (○) | ○ | | | |
| 165 | | | | | | | | | | | | | | | △ | |
| 206 | | | | | | | | | | | (○) | | (○) | | | |
| 219 | | | | | | | | | | | | | ○ | | ○ | ○ |

说明："○"表示焊接或夯连的管材的推荐标准尺寸；"△"表示螺纹连接的管材的推荐标准尺寸；打括号的表示其他标准尺寸。

## 2.3.11 铜管件的平均外径允许偏差（表2-62）

**表2-62 铜管件的平均外径允许偏差**

| 公称外径/mm | 平均外径允许偏差/mm | | 公称外径/mm | 平均外径允许偏差/mm | |
|---|---|---|---|---|---|
| | 普通级 | 高精级 | | 普通级 | 高精级 |
| 6～8 | ±0.06 | ±0.03 | 85～108 | ±0.30 | ±0.06 |
| 18～28 | ±0.08 | ±0.04 | 108～133 | ±0.40 | ±0.10 |
| 28～42 | ±0.10 | ±0.05 | 133～159 | ±0.06 | ±0.18 |
| 42～54 | ±0.20 | ±0.05 | 159～219 | ±0.70 | ±0.25 |
| 54～85 | ±0.24 | ±0.06 | | | |

说明：(1) 平均外径是指在管材任意截（断）面上测得的适大外径和最小外径的平均值；

(2) 当要求平均外径允许偏差全为正（＋）或负（－）时，其允许偏差应为正负对应数值的2倍。

### 2.3.12 挤制铜管件的规格（表 2-63）

表 2-63 挤制铜管件的规格

| 公称外径/mm | 公称壁厚/mm | 公称外径/mm | 公称壁厚/mm |
|---|---|---|---|
| 20,21,22 | 1.5～3.0,4.0 | 105,110 | 10～30 |
| 23,24,25,26 | 1.5～4.0 | 115,120 | 10～37.5 |
| 27,28,29,30,32 | 2.5～6.0 | 125,130 | 10～35 |
| 34,35,36 | 3.0～6.0 | 135,140 | 10～37.5 |
| 38,40,42,44 | 3.0,4.0,5.0～9.0 | 145,150 | 10～35 |
| 45,(46),(48) | 3.0～4.0,5.0～10 | 155,160,165,170 | 10～42.5 |
| 50,(52),(54),55 | 3.0～4.0,5.0～17.5 | 175,180,185,190,195,200 | 10～45 |
| (56),(58),60 | 4.0～5.0,7.5,10～17.5 | (205),210,(215),220 | 10～42.5 |
| (62),(64),65.68,70 | 4.0,5.0,7.5～20 | (225),230,(235),240,(245),250 | 10～15,20.25～50 |
| (72),(74),75,(78),80 | 4.0,5.0,7.5～25 | (255),260,(265),270,(275),280 | 10～15,20.25,30 |
| 85,90,95,100 | 7.5,10～30 | 290,300 | 20,25,30 |
| 厚壁系列(mm):1.5,2.0,2.5,3.0,3.5,4.0,4.5,5.0,5.5,6.0,6.5,7.0,9.0,10,12.5,15,17.5,20,22.5,25,27.5,30,32.5,35,37.5,40,42.5,45,50 等 | | | |

说明：(1) 带括号的规格不推荐采用；

(2) 供应长度：0.5～6m。

### 2.3.13 不同品种的挤制铜管件规格（表 2-64）

表 2-64 不同品种的挤制铜管件规格

| 品种 | 外径/mm | 壁厚/mm |
|---|---|---|
| 纯铜管 | 30～300 | 5～30 |
| 黄铜管 | 21～280 | 1.5～42.5 |
| 铝青铜管 | 20～250 | 3～50 |

### 2.3.14 拉制铜管件规格（表 2-65）

表 2-65 拉制铜管件规格

| 公称外径/mm | 公称壁厚/mm | 公称外径/mm | 公称壁厚/mm |
|---|---|---|---|
| 3,4,5,6,7 | 0.5～1.5 | (72),(74),75,76,(78),80 | 2.0～10 |
| 8,9,10,11,12,13,14,15 | 0.5～3.5 | (82),(84),85,86,(88),90 | 2.0～10 |
| 16,17,18,19,20 | 0.5～4.5 | (92),(94),96,(98),100 | 2.0～10 |
| 21,22.23,24.25,26,27.28,(29),30 | 1.0～5.0 | 105,110,125,120,225,130,135,140,145,150 | 2.0～10 |
| 31,32,33.34,35,36,37,38,(39),40 | 1.0～5.0 | 155,160,165,170,175,180,185,190,195,200 | 3.0～10 |
| (41),42,(43),(44),45 | 1.0,1.5～6.0 | 210.220,230,240,250 | 3.0～7.0 |
| (46),(47),48,(49),50 | 1.0,1.5～6.0 | 260,270,280,290,300 | 3.5～5.0 |
| (52),54,55,(56),58,60 | 1.0,1.5～6.0 | 310,320,330,340,350,360 | 3.5～5.0 |
| (62),64),65,(66),68,70 | 2.0～10 | | |

### 2.3.15 不同拉制铜管件规格（表 2-66）

表 2-66 不同拉制铜管件规格

| 品种 | 外径/mm | 壁厚/mm | 供应长度/m |
|---|---|---|---|
| 拉制纯铜管 | ≤100 | — | 1～7 |
| | ≤30 | <30 | >6 圆盘管 |
| 拉制黄铜管 | ≤50 | — | 1～4 |

## 2.3.16 拉制铜管件外形尺寸范围（表 2-67）

表 2-67 拉制铜管件外形尺寸范围

| 品种 | 外径/mm | 壁厚/mm |
|---|---|---|
| 纯铜管 | 3～360 | 0.5～10.0 |
| 黄铜管 | 3～200 | 0.5～10.0 |
| 锌白铜管 | 4～40 | 0.5～4.0 |

## 2.3.17 无缝铜水管和铜气管紫铜管尺寸规格

无缝铜水管和铜气管 GB/T 18033—2007 标准中的紫铜管尺寸规格见表 2-68。

表 2-68 无缝铜水管和铜气管紫铜管尺寸规格

| 公称尺寸 *DN*/m | 公称外径 /mm | 壁厚 | | | 理论重量 | | | 最大工作压力 $p/(N/mm^2)$ | | | | | | | | |
|---|---|---|---|---|---|---|---|---|---|---|---|---|---|---|---|---|
| | | | | | | | | 硬态(Y) | | | 半硬态(Y2) | | | 软态(M) | | |
| | | A 型 | B 型 | C 型 | A 型 | B 型 | C 型 | A 型 | B 型 | C 型 | A 型 | B 型 | C 型 | A 型 | B 型 | C 型 |
| 4 | 6 | 1.0 | 0.8 | 0.6 | 1.140 | 0.117 | 0.091 | 24 | 18.8 | 13.7 | 19.23 | 14.9 | 10.9 | 15.8 | 12.3 | 8.95 |
| 6 | 8 | 1.0 | 0.8 | 0.6 | 0.197 | 0.162 | 0.125 | 17.5 | 13.7 | 10 | 13.89 | 10.9 | 7.98 | 11.4 | 8.95 | 6.57 |
| 8 | 10 | 1.0 | 0.8 | 0.6 | 0.253 | 0.207 | 0.158 | 13.7 | 10.7 | 2.94 | 10.87 | 8.55 | 6.3 | 8.95 | 7.04 | 5.19 |
| 10 | 12 | 1.2 | 0.8 | 0.6 | 0.364 | 0.252 | 0.192 | 13.67 | 8.87 | 6.65 | 10.87 | 7.04 | 5.21 | 8.96 | 5.8 | 4.29 |
| 15 | 15 | 1.2 | 1.0 | 0.7 | 0.465 | 0.393 | 0.281 | 10.79 | 8.87 | 6.11 | 8.55 | 7.04 | 4.85 | 7.04 | 5.8 | 3.99 |
| — | 18 | 1.2 | 1.0 | 0.8 | 0.566 | 0.477 | 0.386 | 8.87 | 7.31 | 5.81 | 7.04 | 5.81 | 4.61 | 5.8 | 4.79 | 3.8 |
| 20 | 22 | 1.5 | 1.2 | 0.9 | 0.864 | 0.701 | 0.535 | 9.08 | 7.19 | 5.32 | 7.21 | 5.7 | 4.22 | 6.18 | 4.7 | 3.48 |
| 25 | 28 | 1.5 | 1.2 | 0.9 | 1.116 | 0.903 | 0.685 | 7.05 | 5.59 | 4.62 | 5.6 | 4.44 | 3.3 | 4.61 | 3.65 | 2.72 |
| 32 | 35 | 2.0 | 1.5 | 1.2 | 1.854 | 1.411 | 1.140 | 7.64 | 5.54 | 4.44 | 5.98 | 4.44 | 3.52 | 4.93 | 3.65 | 2.9 |
| 40 | 42 | 2.0 | 1.5 | 1.2 | 2.247 | 1.706 | 1.375 | 6.23 | 4.63 | 3.68 | 4.95 | 3.68 | 2.92 | 4.08 | 3.03 | 2.41 |
| 50 | 51 | 2.5 | 2.0 | 1.2 | 3.616 | 2.921 | 1.78 | 6.06 | 4.81 | 2.85 | 4.81 | 3.77 | 2.26 | 3.96 | 3.14 | 1.85 |
| 65 | 67 | 2.5 | 2.0 | 1.5 | 4.529 | 3.652 | 2.759 | 4.85 | 3.85 | 2.87 | 3.85 | 3.06 | 2.27 | 3.17 | 3.05 | 1.88 |
| — | 76 | 2.5 | 2.0 | 1.5 | 5.161 | 4.157 | 3.140 | 4.26 | 3.38 | 2.52 | 3.38 | 2.69 | 2 | 2.8 | 2.68 | 1.65 |
| 80 | 89 | 2.5 | 2.0 | 1.5 | 6.074 | 4.887 | 3.696 | 3.62 | 2.88 | 2.15 | 2.87 | 2.29 | 1.71 | 2.35 | 2.28 | 1.41 |
| 100 | 108 | 3.5 | 2.5 | 1.5 | 10.274 | 7.408 | 4.487 | 4.19 | 2.97 | 1.77 | 3.33 | 2.36 | 1.4 | 2.74 | 1.94 | 1.16 |
| 125 | 133 | 3.5 | 2.5 | 1.5 | 12.731 | 9.164 | 5.54 | 3.38 | 2.4 | 1.43 | 2.68 | 1.91 | 1.14 | | | |
| 150 | 159 | 4.0 | 3.5 | 2.0 | 17.415 | 15.287 | 8.82 | 3.23 | 2.82 | 1.6 | | | | | | |

## 2.3.18 焊割用无缝铜管国家标准的紫铜管尺寸规格（表 2-69）

表 2-69 焊割用无缝铜管国家标准的紫铜管尺寸规格

| 用户 | 统一前规格 | | 统一后规格 | |
|---|---|---|---|---|
| | 外径/mm | 内径/mm | 外径/mm | 内径/mm |
| 美国及欧洲 | 6～12 | 0.97 | 6～12 | 1.00 |
| | | 1.18 | | 1.20 |
| | | 1.37 | | 1.37 |
| | | 1.58 | | 1.60 |
| | | 1.91 | | 1.90 |
| 中国台湾 | 7.95 | 1.0～1.9 | 8.0 | 1.0～1.9 |
| | 7.40 | 1.0～1.9 | 7.50 | 1.0～1.9 |
| | 6.25 | 1.0～1.9 | 6.30 | 1.0～1.9 |

## 2.3.19 无缝铜水管和铜气管紫铜管外径尺寸的公差

无缝铜水管和铜气管 GB/T 18033—2007 标准中的紫铜管外径尺寸的公差见表 2-70。

表 2-70　无缝铜水管和铜气管紫铜管外径尺寸的公差

| 外径/mm | 外径允许偏差/mm | | |
|---|---|---|---|
| | 适用于平均外径 | 适用于任意外径 | |
| | 所有状态 | 硬态(Y) | 半硬态($Y_2$) |
| 6～18 | ±0.04 | ±0.04 | ±0.09 |
| >18～28 | ±0.05 | ±0.06 | ±0.10 |
| >28～54 | ±0.06 | ±0.07 | ±0.11 |
| >54～76 | ±0.07 | ±0.10 | ±0.15 |
| >76～89 | ±0.07 | ±0.15 | ±0.20 |
| >89～108 | ±0.07 | ±0.20 | ±0.30 |
| >108～133 | ±0.20 | ±0.70 | ±0_40 |
| >133～159 | ±0.20 | ±0.70 | ±0.40 |
| >159～219 | ±0.40 | ±1.50 | |
| >219～325 | ±0.60 | ±1.50 | |

说明：(1) 包括圆度偏差。

(2) 软态管材外径公差仅适用平均外径公差。

## 2.3.20　焊割用无缝铜管紫铜管外径尺寸的公差（表 2-71）

表 2-71　焊割用无缝铜管紫铜管外径尺寸的公差

| 项目 | | 尺寸/mm | 允许偏差/mm |
|---|---|---|---|
| 圆管 | 外径 $D$ | 2.4≤$D$<6 | 0～－0.05 |
| | 外径 $D$ | 6≤$D$≤12 | 0～－0.1 |
| 椭圆管 | 外径 $D_1$ | 7.85≤$D_1$≤7.92 | 0～－0.1 |
| | 外径 $D_2$ | 7.42≤$D_2$≤7.62 | 0～－0.1 |
| 正六边 | 对边 | $L$=8 | 0～－0.1 |
| | 对边 | $L$=6 | 0～－0.1 |
| 正四边 | 对边 | 8.0/8.0 | 0～－0.1 |
| | 对边 | 7.4/7.4 | 0～－0.1 |

## 2.3.21　电缆用无缝铜管紫铜管外径尺寸的公差（表 2-72）

表 2-72　电缆用无缝铜管紫铜管外径尺寸的公差

| 外径/mm | 平均外径允许偏差(±)/mm |
|---|---|
| 4～15 | 0.05 |
| >15～20 | 0.006 |
| >20～22 | 0.08 |

## 2.3.22　焊割用无缝铜管紫铜管内径尺寸的公差（表 2-73）

表 2-73　焊割用无缝铜管紫铜管内径尺寸的公差

| 项目 | | 公称尺寸/mm | 内径及允许偏差/mm | | |
|---|---|---|---|---|---|
| | | | 内径/mm | 普通级/mm | 高精级/mm |
| 圆管 | 外径 $d$ | 2.4≤$d$<6mm | 0.5～3.0mm | 0～0.05mm | 0～0.03mm |
| | 外径 $d$ | 6≤$d$≤12mm | 0.8～2.0mm | ±0.05mm | ±0.03mm |
| 椭圆管 | 外径 $d_1$ | 7.85≤$d_1$≤7.92mm | 1.4～1.9mm | ±0.05mm | ±0.03mm |
| | 外径 $d_2$ | 7.42≤$d_2$≤7.62mm | 1.4～1.9mm | ±0.05mm | ±0.03mm |
| 正六边 | 对边 | $L$=8mm | 1.0～1.6mm | ±0.05mm | ±0.03mm |
| | 对边 | $L$=6mm | 1.0～2.0mm | ±0.05mm | ±0.03mm |
| 正四边 | 对边 | 8.0/8.0mm | 1.0～1.8mm | ±0.05mm | ±0.03mm |
| | 对边 | 7.4/7.4mm | 1.0～2.0mm | ±0.05mm | ±0.03mm |

## 2.3.23　无缝铜水管和铜气管紫铜管壁厚允许偏差

无缝铜水管和铜气管紫铜管壁厚允许偏差：壁厚不大于 3.5mm 的管材壁厚允许偏差为

±10%；壁厚大于 3.5mm 的管材壁厚允许偏差为±15%。

### 2.3.24　电缆用无缝铜管紫铜管壁厚允许偏差（表 2-74）

**表 2-74　电缆用无缝铜管紫铜管壁厚允许偏差**　　mm

<table>
<tr><th rowspan="3">外径</th><th colspan="4">壁厚</th></tr>
<tr><th>0.25～0.40</th><th>>0.40～0.60</th><th>>0.60～0.80</th><th>>0.80～1.50</th></tr>
<tr><th colspan="4">壁厚允许偏差(±)</th></tr>
<tr><td>4～15</td><td>0.03</td><td>0.05</td><td>0.06</td><td>0.08</td></tr>
<tr><td>>15～20</td><td>0.03</td><td>0.05</td><td>0.06</td><td>0.09</td></tr>
<tr><td>>20～22</td><td>0.04</td><td>0.06</td><td>0.08</td><td>0.09</td></tr>
</table>

### 2.3.25　铜管滚槽尺寸与偏差（表 2-75）

**表 2-75　铜管滚槽尺寸与偏差**

<table>
<tr><th>公称通径 DN/mm</th><th>钢管外径 D/mm</th><th>卡边宽度 A/mm</th><th>槽宽 B/mm</th><th>压槽深度 C/mm</th></tr>
<tr><td>20</td><td>27</td><td rowspan="3">14</td><td rowspan="3">8</td><td>1.5</td></tr>
<tr><td>25</td><td>32</td><td rowspan="2">1.8</td></tr>
<tr><td>32</td><td>42</td></tr>
<tr><td>40</td><td>48</td><td rowspan="5">14.5</td><td rowspan="12">9.5</td><td rowspan="12">2.2</td></tr>
<tr><td>50</td><td>57</td></tr>
<tr><td>50</td><td>60</td></tr>
<tr><td>65</td><td>76</td></tr>
<tr><td>80</td><td>89</td></tr>
<tr><td>100</td><td>108</td><td rowspan="7">16</td></tr>
<tr><td>100</td><td>114</td></tr>
<tr><td>125</td><td>133</td></tr>
<tr><td>125</td><td>140</td></tr>
<tr><td>150</td><td>159</td></tr>
<tr><td>150</td><td>165</td></tr>
<tr><td>150</td><td>168</td></tr>
<tr><td>200</td><td>219</td><td rowspan="3">19</td><td rowspan="8">13</td><td rowspan="2">2.5</td></tr>
<tr><td>250</td><td>273</td></tr>
<tr><td>300</td><td>325</td><td rowspan="2">3.3</td></tr>
<tr><td>350</td><td>377</td><td rowspan="5">25</td></tr>
<tr><td>400</td><td>426</td><td rowspan="4">5.5</td></tr>
<tr><td>450</td><td>480</td></tr>
<tr><td>500</td><td>530</td></tr>
<tr><td>600</td><td>630</td></tr>
</table>

### 2.3.26　建筑给水紫铜管道管材规格（表 2-76）

**表 2-76　建筑给水紫铜管道管材规格**

<table>
<tr><th rowspan="3">公称通径<br>DN/mm</th><th rowspan="3">铜管外径<br>dw/mm</th><th colspan="3">壁厚 T/mm</th><th colspan="2">平均外径允许偏差/mm</th></tr>
<tr><th colspan="3">类型</th><th rowspan="2">普通级</th><th rowspan="2">高精级</th></tr>
<tr><th>A</th><th>B</th><th>C</th></tr>
<tr><td>5</td><td>6</td><td>1.0</td><td>0.8</td><td>0.6</td><td rowspan="6">±0.06</td><td rowspan="6">±0.03</td></tr>
<tr><td>6</td><td>8</td><td>1.0</td><td>0.8</td><td>0.6</td></tr>
<tr><td>8</td><td>10</td><td>1.0</td><td>0.8</td><td>0.6</td></tr>
<tr><td>10</td><td>12</td><td>1.2</td><td>0.8</td><td>0.6</td></tr>
<tr><td>15</td><td>15</td><td>1.2</td><td>1.0</td><td>0.7</td></tr>
<tr><td>—</td><td>18</td><td>1.2</td><td>1.0</td><td>0.8</td></tr>
</table>

续表

| 公称通径 DN/mm | 铜管外径 dw/mm | 壁厚 T/mm | | | 平均外径允许偏差/mm | |
|---|---|---|---|---|---|---|
| | | 类型 | | | 普通级 | 高精级 |
| | | A | B | C | | |
| 20 | 22 | 1.5 | 1.2 | 0.9 | ±0.08 | ±0.04 |
| 25 | 28 | 1.5 | 1.2 | 0.9 | | |
| 32 | 35 | 2.0 | 1.5 | 1.2 | ±0.10 | ±0.05 |
| 40 | 42 | 2.0 | 1.5 | 1.2 | | |
| 50 | 54 | 2.5 | 2.0 | 1.2 | ±0.20 | ±0.05 |
| 65 | 67 | 2.5 | 2.0 | 1.5 | ±0.24 | ±0.06 |
| 80 | 85 | 2.5 | 2.0 | 1.5 | | |
| 100 | 108 | 3.5 | 2.5 | 1.5 | ±0.30 | ±0.06 |
| 125 | 133 | 3.5 | 2.5 | 1.5 | ±0.40 | ±0.10 |
| 150 | 159 | 4.0 | 3.0 | 2.0 | ±0.60 | ±0.18 |

### 2.3.27 铜管重量（表 2-77）

**表 2-77 铜管重量**

| 公称直径 DN | 15 | 20 | 25 | 32 | 40 | 50 | 65 | 80 | 100 | 125 | 150 |
|---|---|---|---|---|---|---|---|---|---|---|---|
| 保温管道/(kg/m) | 2.09 | 2.78 | 3.36 | 4.11 | 5.50 | 7.11 | 10.54 | 14.90 | 19.95 | 28.03 | 38.65 |
| 不保温管道/(kg/m) | 0.52 | 1.08 | 1.53 | 2.14 | 3.35 | 4.72 | 7.84 | 11.87 | 16.53 | 24.02 | 34.10 |

说明：不保温管道按设计管架间距管道自重，满管自重及 10%的附加重量计算；保温管道按设计管架间距内管道自重，满管水重，60mm 厚度保温层重及 10%的附加重量计算；保温材料容重按岩棉 100kg/m$^3$ 算。

### 2.3.28 欧洲标准（EN1057）铜管管材规格（表 2-78）

**表 2-78 欧洲标准（EN1057）铜管管材规格**

| 铜管外径/mm | 15 | 22 | 28 | 35 | 42 | 54 | 66.7 | 76.1 | 108 | 133 | 159 |
|---|---|---|---|---|---|---|---|---|---|---|---|
| 管壁厚度/mm | 0.7 | 0.9 | 0.9 | 1.2 | 1.2 | 1.2 | 1.2 | 1.5 | 1.5 | 1.5 | 2.0 |

## 2.4 钢管的规格与要求

### 2.4.1 给水薄壁不锈钢管的规格

给水薄壁不锈钢管的规格见表 2-79。

**表 2-79 给水薄壁不锈钢管的规格**

薄壁不锈钢管卡压式管材规格 Ⅰ 系列　　mm

| 公称直径 DN | 管道外径允许偏差 Dw | 公称壁厚允许偏差 | 计算内径 $d_j$ |
|---|---|---|---|
| 15 | 18.0±0.10 | 1.0±0.10 | 16.0 |
| 20 | 22.0±0.11 | 1.2±0.12 | 19.6 |
| 25 | 28.0±0.14 | | 25.6 |
| 32 | 35.0±0.18 | 1.5±0.15 | 32.0 |
| 40 | 42.0±0.21 | | 39.0 |
| 50 | 54.0±0.27 | | 51.0 |
| 65 | 76.1±0.38 | | 73.1 |
| 80 | 88.9±0.44 | 2.0±0.20 | 84.9 |
| 100 | 108.0±0.54 | | 104.0 |

薄壁不锈钢管卡压式管材规格 Ⅱ 系列　　mm

| 公称直径 DN | 管道外径允许偏差 Dw | 公称壁厚允许偏差 | 计算内径 $d_j$ |
|---|---|---|---|
| 15 | 15.88±0.10 | 0.8±0.08 | 14.68 |
| 20 | 22.22±0.11 | 1.0±0.10 | 20.62 |
| 25 | 28.58±0.14 | | 26.98 |
| 32 | 34.00±0.18 | 1.2±0.12 | 32.00 |
| 40 | 42.70±0.21 | | 40.70 |
| 50 | 48.60±0.27 | | 46.60 |

说明：DN≤50 可按 Ⅱ 系列选用；DN>50 用 Ⅰ 系列。

### 2.4.2 钢管管材的表示参数

钢管管材的表示参数如下：

*DN*1600×20 钢管——表示公称直径为 1600mm，对应外径为 1620，壁厚 20mm。

*DN*1600×18 钢管——表示公称直径为 1600mm，对应外径为 1620，壁厚 18mm。

*DN*1200×12 钢管——表示公称直径为 1200mm，对应外径为 1220，壁厚 12mm。

*DN*800×12 钢管——表示公称直径为 800mm，对应外径为 820，壁厚 12mm。

*DN*400×9 钢管——表示公称直径为 400mm，对应外径为 426，壁厚 9mm。

*DN*300×8 钢管——表示公称直径为 300mm，对应外径为 325，壁厚 8mm。

### 2.4.3 钢管重量（表 2-80）

**表 2-80 钢管重量** kg/m

| 公称直径 *DN* | 15 | 20 | 25 | 32 | 40 | 50 | 65 |
|---|---|---|---|---|---|---|---|
| 壁厚 | 2.75 | 2.75 | 3.25 | 3.25 | 3.5 | 3.5 | 3.75 |
| 保温管 | 3.27 | 4.0 | 5.24 | 6.67 | 7.89 | 10.27 | 14.11 |
| 不保温管 | 1.61 | 2.19 | 3.29 | 4.55 | 5.65 | 7.79 | 11.30 |
| 公称直径 *DN* | 80 | 100 | 125 | 150 | 200 | 250 | 300 |
| 壁厚 | 4.0 | 4.0 | 4.0 | 4.5 | 5 | 6 | 6 |
| 保温管 | 17.74 | 25.25 | 34.0 | 45.3 | 77.53 | 112.3 | 155.6 |
| 不保温管 | 14.77 | 21.64 | 29.8 | 40.6 | 71.74 | 105.4 | 147.6 |
| 公称直径 *DN* | 350 | 400 | 450 | 500 | 600 | 700 | 800 |
| 壁厚 | 6 | 7 | 7 | 7 | 8 | 9 | 9 |
| 保温管 | 210.9 | 255.7 | 295.6 | 365.9 | 468.5 | 597.59 | 741.02 |
| 不保温管 | 201.8 | 245.6 | 284.7 | 353.6 | 436.8 | 563.59 | 702.4 |

### 2.4.4 不锈钢管尺寸对照（表 2-81～表 2-83）

**表 2-81 不锈钢管尺寸对照（ASME/ANSI 标准尺寸）** mm

| 管道的公称通径(NPS) | | 外径 | | 标称壁厚 | | | | | | | | | |
|---|---|---|---|---|---|---|---|---|---|---|---|---|---|
| | | | | Sch5s | Sch10s | Sch20 | Sch30 | Sch40 | STD | Sch80 | XS | Sch160 | XXS |
| 8 | 1/4″ | 13.7 | 0.54 | — | 1.65 | — | 1.85 | 2.24 | 2.24 | 3.02 | 3.02 | — | — |
| 10 | 3/8″ | 17.1 | 0.675 | — | 1.65 | — | 1.85 | 2.31 | 2.31 | 3.20 | 3.20 | — | — |
| 15 | 1/2″ | 21.3 | 0.84 | 1.65 | 2.11 | — | 2.41 | 2.77 | 2.77 | 3.73 | 3.73 | 4.78 | 7.47 |
| 20 | 3/4″ | 26.7 | 1.05 | 1.65 | 2.11 | — | 2.41 | 2.87 | 2.87 | 3.91 | 3.91 | 5.56 | 7.82 |
| 25 | 1″ | 33.4 | 1.32 | 1.65 | 2.77 | — | 2.90 | 3.38 | 3.38 | 4.55 | 4.55 | 6.35 | 9.09 |
| 32 | 1¼″ | 42.2 | 1.66 | 1.65 | 2.77 | — | 2.97 | 3.56 | 3.56 | 4.85 | 4.85 | 6.35 | 9.70 |
| 40 | 1½″ | 48.3 | 1.90 | 1.65 | 2.77 | — | 3.18 | 3.68 | 3.68 | 5.08 | 5.08 | 7.14 | 10.15 |
| 50 | 2″ | 60.3 | 2.38 | 1.65 | 2.77 | — | 3.18 | 3.91 | 3.91 | 5.54 | 5.54 | 8.74 | 11.07 |
| 65 | 2½″ | 73.0 | 2.88 | 2.11 | 3.05 | — | 4.78 | 5.16 | 5.16 | 7.01 | 7.01 | 9.53 | 14.02 |
| 80 | 3″ | 88.9 | 3.50 | 2.11 | 3.05 | — | 4.78 | 5.49 | 5.49 | 7.62 | 7.62 | 11.13 | 15.24 |
| 90 | 3½″ | 101.6 | 4.00 | 2.11 | 3.05 | — | 4.78 | 5.74 | 5.74 | 8.08 | 8.08 | — | — |
| 100 | 4″ | 114.3 | 4.50 | 2.11 | 3.05 | — | 4.78 | 6.02 | 6.02 | 8.56 | 8.56 | 13.49 | 17.12 |
| 125 | 5″ | 141.3 | 5.56 | 2.77 | 3.40 | — | — | 6.55 | 6.55 | 9.53 | 9.53 | 15.88 | 19.05 |
| 150 | 6″ | 168.3 | 6.62 | 2.77 | 3.40 | — | — | 7.11 | 7.11 | 10.97 | 10.97 | 18.26 | 21.96 |
| 200 | 8″ | 219.1 | 8.62 | 2.77 | 3.76 | 6.35 | 7.04 | 8.18 | 8.18 | 12.70 | 12.70 | 23.01 | 22.23 |
| 250 | 10″ | 273.0 | 10.75 | 3.40 | 4.19 | 6.35 | 7.80 | 9.27 | 9.27 | 15.09 | 12.70 | 28.58 | 25.40 |
| 300 | 12″ | 323.8 | 12.75 | 3.96 | 4.57 | 6.35 | 8.38 | 10.13 | 9.53 | 17.48 | 12.70 | 33.32 | 25.40 |
| 350 | 14″ | 355.6 | 14 | 3.96 | 4.78 | 7.92 | 9.53 | 11.13 | 9.53 | 19.05 | 12.70 | 35.71 | — |
| 400 | 16″ | 406.4 | 16 | 4.19 | 4.78 | 7.92 | 9.53 | 12.70 | 9.53 | 21.44 | 12.70 | 40.49 | — |

续表

| 管道的公称通径(NPS) | | 外径 | | 标称壁厚 | | | | | | | | | |
|---|---|---|---|---|---|---|---|---|---|---|---|---|---|
| | | | | Sch5s | Sch10s | Sch20 | Sch30 | Sch40 | STD | Sch80 | XS | Sch160 | XXS |
| 450 | 18″ | 457 | 18 | 4.19 | 4.78 | 7.92 | 11.13 | 14.27 | 9.53 | 23.83 | 12.70 | 45.24 | — |
| 500 | 10″ | 508 | 20 | 4.78 | 5.54 | 9.53 | 12.70 | 15.09 | 9.53 | 26.19 | 12.70 | 50.01 | — |
| 550 | 22″ | 559 | 22 | 4.78 | 5.54 | 9.53 | 12.70 | — | 9.53 | 28.58 | 12.70 | 53.98 | — |
| 600 | 24″ | 610 | 24 | 5.54 | 6.35 | 9.53 | 14.27 | 17.48 | 9.53 | 30.96 | 12.70 | 59.54 | — |
| 650 | *26″ | 660 | 26 | — | — | — | — | — | 9.53 | — | 12.70 | — | — |
| 700 | *28″ | 711 | 28 | — | — | — | — | — | 9.53 | — | 12.70 | — | — |
| 750 | *30″ | 762 | 30 | — | — | — | — | — | 9.53 | — | 12.70 | — | — |
| 800 | *32″ | 813 | 32 | — | — | — | — | — | 9.53 | — | 12.70 | — | — |
| 850 | *34″ | 864 | 34 | — | — | — | — | — | 9.53 | — | 12.70 | — | — |
| 900 | *36″ | 914 | 36 | — | — | — | — | — | 9.53 | — | 12.70 | — | — |
| 950 | *38″ | 965 | 38 | — | — | — | — | — | 9.53 | — | 12.70 | — | — |
| 1000 | *40″ | 1016 | 40 | — | — | — | — | — | 9.53 | — | 12.70 | — | — |
| 1050 | *42″ | 1067 | 42 | — | — | — | — | — | 9.53 | — | 12.70 | — | — |
| 1100 | *44″ | 1118 | 44 | — | — | — | — | — | 9.53 | — | 12.70 | — | — |
| 1150 | *46″ | 1168 | 46 | — | — | — | — | — | 9.53 | — | 12.70 | — | — |
| 1200 | *48″ | 1219 | 48 | — | — | — | — | — | 9.53 | — | 12.70 | — | — |
| 1300 | *52″ | 1321 | 52 | — | — | — | — | — | 9.53 | — | 12.70 | — | — |
| 1400 | *56″ | 1422 | 56 | — | — | — | — | — | 9.53 | — | 12.70 | — | — |
| 1500 | *60″ | 1524 | 60 | — | — | — | — | — | 9.53 | — | 12.70 | — | |

说明：美标 ANSI，日标 JIS，德标 DIN，英标 BS，韩标 KS。

**表 2-82 不锈钢管尺寸对照**（JIS B2311/KS B1522　JIS B2312/KS B1541　JIS B2313/KS B1543）

| 管道的公称通径(NPS) | | 外径 | SPP/SGP | | LG | | STD | | XS | |
|---|---|---|---|---|---|---|---|---|---|---|
| A | B | JIS/KS | W.T | I.D | W.T | I.D | W.T | I.D | W.T | I.D |
| 15 | 1/2″ | 21.7 | 2.8 | 16.1 | — | — | — | — | — | — |
| 20 | 3/4″ | 27.2 | 2.8 | 21.6 | — | — | — | — | — | — |
| 25 | 1″ | 34.0 | 3.2 | 27.6 | — | — | — | — | — | — |
| 32 | 1¼″ | 42.7 | 3.5 | 35.7 | — | — | — | — | — | — |
| 40 | 1½″ | 48.6 | 3.5 | 41.6 | — | — | — | — | — | — |
| 50 | 2″ | 60.5 | 3.8 | 52.9 | — | — | — | — | — | — |
| 65 | 2½″ | 76.3 | 4.2 | 67.9 | — | — | — | — | — | — |
| 80 | 3″ | 89.1 | 4.2 | 80.7 | — | — | — | — | — | — |
| 90 | 3½″ | 101.6 | 4.2 | 93.2 | — | — | — | — | — | — |
| 100 | 4″ | 114.3 | 4.5 | 105.3 | — | — | — | — | — | — |
| 125 | 5″ | 139.8 | 4.5 | 130.8 | — | — | — | — | — | — |
| 150 | 6″ | 165.2 | 5.0 | 155.2 | 5.0 | 155.2 | — | — | — | — |
| 200 | 8″ | 216.3 | 5.8 | 204.7 | 5.8 | 204.7 | — | — | — | — |
| 250 | 10″ | 267.4 | 6.6 | 254.2 | 6.6 | 254.2 | — | — | — | — |
| 300 | 12″ | 318.5 | 6.9 | 304.7 | 6.9 | 304.7 | — | — | — | — |
| 350 | 14″ | 355.6 | 7.9 | 339.8 | 7.9 | 339.8 | 9.5 | 336.6 | 12.7 | 330.2 |
| 400 | 16″ | 406.4 | 7.9 | 390.6 | 7.9 | 390.6 | 9.5 | 387.4 | 12.7 | 381.0 |
| 450 | 18″ | 457.2 | 7.9 | 441.4 | 7.9 | 441.4 | 9.5 | 438.2 | 12.7 | 431.8 |
| 500 | 20″ | 508.0 | 7.9 | 492.2 | 7.9 | 492.2 | 9.5 | 489.0 | 12.7 | 482.6 |
| 550 | 22″ | 558.8 | — | — | 7.9 | 543.0 | 9.5 | 539.8 | 12.7 | 533.4 |
| 600 | 24″ | 609.6 | — | — | 7.9 | 593.8 | 9.5 | 590.6 | 12.7 | 584.2 |
| 650 | *26″ | 660.6 | 7.9 | 644.8 | — | — | — | — | — | — |
| 700 | *28″ | 711.2 | 7.9 | 695.4 | — | — | — | — | — | — |
| 750 | *30″ | 762.0 | 7.9 | 746.2 | — | — | — | — | — | — |
| 800 | *32″ | 812.8 | 7.9 | 797.0 | — | — | — | — | — | — |

续表

| 管道的公称通径(NPS) | | 外径 | SPP/SGP | | LG | | STD | | XS | |
|---|---|---|---|---|---|---|---|---|---|---|
| A | B | JIS/KS | W. T | I. D | W. T | I. D | W. T | I. D | W. T | I. D |
| 850 | * 34″ | 863.6 | 7.9 | 847.8 | — | — | — | — | — | — |
| 900 | * 36″ | 914.4 | 7.9 | 898.6 | — | — | — | — | — | — |
| 950 | * 38″ | 865.2 | 7.9 | 849.4 | — | — | — | — | — | — |
| 1000 | * 40″ | 1016.0 | 7.9 | 1000.2 | — | — | — | — | — | — |
| 1050 | * 42″ | 1066.8 | 7.9 | 1051.0 | — | — | — | — | — | — |
| 1100 | * 44″ | 1117.6 | 7.9 | 1101.8 | — | — | — | — | — | — |
| 1150 | * 46″ | 1168.4 | 7.9 | 1152.6 | — | — | — | — | — | — |
| 1200 | * 48″ | 1219.2 | 7.9 | 1203.4 | — | — | — | — | — | — |
| 1250 | * 50″ | 1270.0 | 7.9 | 1254.2 | — | — | — | — | — | — |
| 1300 | * 52″ | 1320.8 | 7.9 | 1305.0 | — | — | — | — | — | — |
| 1350 | * 54″ | 1371.6 | 7.9 | 1355.8 | — | — | — | — | — | — |
| 1400 | * 56″ | 1422.4 | 7.9 | 1406.6 | — | — | — | — | — | — |

说明：标有（*）为焊接配件。

**表 2-83 不锈钢管尺寸对照不锈钢管尺寸**（DIN2605 EN10253 BS1965）

| 管道的公称通径(NPS) | | O. D. (DIN2605 & EN10253) | O. D. (BS1965) | 壁厚、S 系列 | | | | | 厚度(BS1965) |
|---|---|---|---|---|---|---|---|---|---|
| A | B | | | 1 | 2 | 3 | 4 | 5 | |
| 1/2″ | 15 | 21.3 | — | 1.6 | — | 2.0 | 3.2 | 4.0 | — |
| 3/4″ | 20 | 26.9 | — | 1.6 | — | 2.3 | 3.2 | 4.0 | — |
| 1″ | 25 | 33.7 | 34.1 | 2.0 | — | 2.6 | 3.2 | 4.0 | 4.0 |
| 1¼″ | 32 | 42.4 | 42.8 | 2.0 | — | 2.6 | 3.6 | 4.0 | 4.0 |
| 1½″ | 40 | 48.3 | 48.4 | 2.0 | — | 2.6 | 4.0 | 5.0 | 4.0 |
| 2″ | 50 | 60.3 | 60.3 | 2.0 | — | 2.9 | 4.5 | 5.6 | 4.5 |
| 2½″ | 65 | 76.1 | 76.2 | 2.3 | — | 2.9 | 5.0 | 7.1 | 4.5 |
| 3″ | 80 | 88.9 | 89.9 | 2.3 | — | 3.2 | 5.6 | 8.0 | 5.0 |
| 3½″ | 90 | 101.6 | 101.6 | — | — | — | — | — | 5.0 |
| 4″ | 100 | 114.3 | 114.3 | 2.6 | — | 3.6 | 6.3 | 8.8 | 5.4 |
| 5″ | 125 | 139.7 | 159.4 | 2.6 | — | 4.0 | 6.3 | 10.0 | 5.4 |
| 6″ | 150 | 168.3 | 165.1 | 2.6 | 4.0 | 4.5 | 7.1 | 11.0 | 5.4 |
| 8″ | 200 | 219.1 | 219.1 | 2.9 | 4.5 | 6.3 | 8.0 | 12.5 | 6.3 |
| 10″ | 250 | 273.0 | 273.1 | 2.9 | 5.0 | 6.3 | 8.8 | — | 6.3 |
| 12″ | 300 | 323.9 | 323.8 | 2.9 | 5.6 | 7.1 | 10.0 | — | 7.1 |
| 14″ | 350 | 355.6 | 355.6 | 3.2 | 5.6 | 8.0 | 11.0 | — | 9.5 |
| 16″ | 400 | 406.4 | 406.4 | 3.2 | 6.3 | 8.8 | 12.5 | — | 9.5 |
| 18″ | 450 | 457 | 457.2 | 4.0 | 6.3 | 10.0 | — | — | 9.5 |
| 20″ | 500 | 508 | 508 | 4.0 | 6.3 | 11.0 | — | — | 9.5 |
| 24″ | 600 | 610 | — | 5.0 | 6.3 | 12.5 | — | — | — |

### 2.4.5 薄壁不锈钢管外径与壁厚（表 2-84）

**表 2-84 薄壁不锈钢管外径与壁厚**

| 公称直径 DN/mm | 管道外径及允许偏差 dw/mm | 壁厚及允许偏差 T/mm | 公称直径 DN/mm | 管道外径及允许偏差 dw/mm | 壁厚及允许偏差 T/mm |
|---|---|---|---|---|---|
| 10 | 10±0.10 | 0.6±0.10 | 50 | 50.8±0.15 | 1.0±0.10 |
| 15 | 14±0.10 | 0.6±0.10 | 65 | 67±0.20 | 1.2±0.10 |
| 20 | 20±0.10 | 0.6±0.10 | 80 | 76.1±0.23 | 1.5±0.10 |
| 25 | 25.4±0.10 | 0.8±0.10 | 100 | 102±0.4%Dw | 1.5±0.10 |
| 32 | 35±0.12 | 1.0±0.10 | 125 | 133±0.4%Dw | 2.0±0.10 |
| 40 | 40±0.12 | 1.0±0.10 | 150 | 159±0.4%Dw | 3.0±0.10 |

### 2.4.6 管架设计薄壁不锈钢管计算重量（表 2-85）

**表 2-85 管架设计薄壁不锈钢管计算重量**

| 公称通径 DN/mm | 15 | 20 | 25 | 32 | 40 | 50 | 65 | 80 | 100 | 125 | 150 |
|---|---|---|---|---|---|---|---|---|---|---|---|
| 壁厚/mm | 0.6 | 0.8 | 0.8 | 1.2 | 1.2 | 1.3 | 1.5 | 2.0 | 2.0 | 2.0 | 2.5 |
| 保温管道/(kg/m) | 2.02 | 2.53 | 3.03 | 4.35 | 4.18 | 6.77 | 9.39 | 14.08 | 18.63 | 25.56 | 36.04 |
| 不保温管道/(kg/m) | 0.44 | 0.83 | 1.20 | 2.31 | 2.70 | 4.40 | 6.70 | 10.99 | 15.15 | 21.56 | 31.90 |

说明：不保温管道按设计管架间距内管道自重、满管自重及以上两项之和的 10%附加重量计算。

保温管道按设计管架间距内管道自重、满管水重、60mm 厚度保温层重及以上三项之和的 10%附加重量计算。

保温材料容重按 100kg/m³ 计算。

### 2.4.7 镀锌钢管（焊接钢管）管材外径和壁厚（表 2-86）

**表 2-86 镀锌钢管（焊接钢管）管材外径和壁厚**

| 公称口径 | | 外径 | | 普通钢管 | | | 加厚钢管 | | |
|---|---|---|---|---|---|---|---|---|---|
| mm | 英制 | 公称尺寸/mm | 允许偏差 | 壁厚 公称尺寸/mm | 壁厚 允许偏差/% | 理论重量/(kg/m) | 壁厚 公称尺寸/mm | 壁厚 允许偏差/% | 理论重量/(kg/m) |
| 6 | 1/8″ | 10.0 | ±0.05mm | 2.00 | +12<br>−15 | 0.39 | 2.50 | +12<br>−15 | 0.46 |
| 8 | 1/4″ | 13.5 | | 2.25 | | 0.62 | 2.75 | | 0.73 |
| 10 | 3/8″ | 17.0 | | 2.25 | | 0.82 | 2.75 | | 0.97 |
| 15 | 1/2″ | 21.3 | | 2.75 | | 1.26 | 3.25 | | 1.45 |
| 20 | 3/4″ | 26.8 | | 2.75 | | 1.63 | 3.5 | | 2.01 |
| 25 | 1″ | 33.5 | | 3.25 | | 2.42 | 4.00 | | 2.91 |
| 32 | 1¼″ | 42.3 | | 3.25 | | 3.13 | 4.00 | | 3.78 |
| 40 | 1½″ | 48.0 | ±1% | 3.50 | | 3.84 | 4.25 | | 4.58 |
| 50 | 2″ | 60.0 | | 3.50 | | 4.88 | 4.50 | | 6.16 |
| 65 | 2½″ | 75.5 | | 3.75 | | 6.64 | 4.50 | | 7.88 |
| 80 | 3″ | 88.5 | | 4.00 | | 8.34 | 4.75 | | 9.81 |
| 100 | 4″ | 114.0 | | 4.00 | | 10.85 | 5.00 | | 13.44 |
| 125 | 5″ | 140.0 | | 4.00 | | 13.42 | 5.50 | | 18.24 |
| 150 | 6″ | 165.0 | | 4.50 | | 17.81 | 5.50 | | 21.63 |

### 2.4.8 非镀锌焊接钢管外径壁厚（表 2-87）

**表 2-87 镀锌或非镀锌焊接钢管外径壁厚**

| 公称直径 DN/mm | 15 | 20 | 25 | 32 | 40 | 50 | 65 | 80 | 100 | 125 | 150 |
|---|---|---|---|---|---|---|---|---|---|---|---|
| 外径/mm | 21.3 | 26.8 | 33.5 | 42.3 | 48.0 | 60.0 | 75.5 | 88.5 | 114 | 140 | 165.0 |
| 壁厚/mm | 2.75 | 2.75 | 3.25 | 3.25 | 3.5 | 3.5 | 3.75 | 4.0 | 4.0 | 4.0 | 4.5 |

## 2.4.9 螺纹连接管件旋入长度（表 2-88）

表 2-88 螺纹连接管件旋入长度

| 公称直径/mm | 旋入 | | 扭矩 | 管钳规格/mm×施加的力/kN |
|---|---|---|---|---|
| | 长度/mm | 牙数 | /N·m | |
| 15 | 11 | 6.0～6.5 | 40 | 350×0.15 |
| 20 | 13 | 6.5～7.0 | 60 | 350×0.25 |
| 25 | 15 | 6.0～6.5 | 100 | 450×0.30 |
| 32 | 17 | 7.0～7.5 | 120 | 450×0.35 |
| 40 | 18 | 7.0～7.5 | 150 | 600×0.3 |
| 50 | 20 | 9.0～9.5 | 200 | 600×0.40 |
| 65 | 23 | 10.0～10.5 | 250 | 900×0.35 |
| 80 | 27 | 11.5～12.0 | 300 | 900×0.40 |
| 100 | 33 | 13.5～14.0 | 400 | 1000×0.50 |
| 125 | 35 | 15.0～16.0 | 500 | 1000×0.60 |
| 150 | 35 | 15.0～16.0 | 600 | 1000×0.70 |

## 2.4.10 铸铁排水管管径及壁厚（表 2-89）

表 2-89 铸铁排水管管径及壁厚

| *DN* | *D*1 | 壁厚/mm | | 理论重量/kg | |
|---|---|---|---|---|---|
| | | *T* | 公差 | *L*＝1500 | *L*＝3000 |
| 50 | 61 | 4.3 | −0.7 | 8.3 | 16.5 |
| 75 | 86 | 4.4 | −0.7 | 12.2 | 24.4 |
| 100 | 111 | 4.8 | −0.7 | 17.3 | 34.6 |
| 125 | 137 | 4.8 | −1.0 | 21.6 | 43.1 |
| 150 | 162 | 4.8 | −1.0 | 25.6 | 51.2 |
| 200 | 214 | 5.8 | −1.0 | 41 | 81.9 |
| 250 | 268 | 6.4 | −1.2 | 56.8 | 113.6 |
| 300 | 318 | 7.0 | −1.2 | 74 | 148 |

## 2.4.11 排水直管（铸铁管）的壁厚（表 2-90）

表 2-90 排水直管（铸铁管）的壁厚

| 公称口径 $Dg$/mm | 管壁 $T$/mm | 壁厚尺寸允许偏差/mm | 内径 $D_1$/mm | 外径 $D_2$/mm |
|---|---|---|---|---|
| 50 | 4.5 | ±0.7 | 50 | 59 |
| 75 | 5 | | 75 | 85 |
| 100 | 5 | | 100 | 110 |
| 125 | 5.5 | ±1.0 | 125 | 136 |
| 150 | 5.5 | | 150 | 161 |
| 200 | 6 | | 200 | 212 |

### 2.4.12 孔网钢带塑料复合管管材规格尺寸（表 2-91）

表 2-91 孔网钢带塑料复合管管材规格尺寸 mm

| 公称外径 *dn* | 允许偏差 | 公称压力 *PN*/MPa | 管壁厚 *e* | 允许偏差 | 长度 *L* |
|---|---|---|---|---|---|
| 50 | +0.5<br>0 | 2.0 | 4.0 | +0.5<br>0 | 6000±20<br>9000±20<br>12000±20 |
| 63 | +0.6<br>0 | | 4.5 | +0.6<br>0 | |
| 75 | +0.7<br>0 | | 5.0 | +0.7<br>0 | |
| 90 | +0.9<br>0 | | 5.5 | +0.8<br>0 | |
| 110 | +1.0<br>0 | | 6.0 | +0.9<br>0 | |
| 140 | +1.1<br>0 | 1.6 | 8.0 | +1.0<br>0 | |
| 160 | +1.2<br>0 | | 10.0 | +1.1<br>0 | |
| 200 | +1.3<br>0 | | 11.0 | +1.2<br>0 | |
| 250 | +1.4<br>0 | | 12.0 | +1.3<br>0 | |
| 315 | +1.5<br>0 | 1.25 | 13.0 | +1.4<br>0 | |
| 400 | +1.6<br>0 | | 15.0 | +1.5<br>0 | |

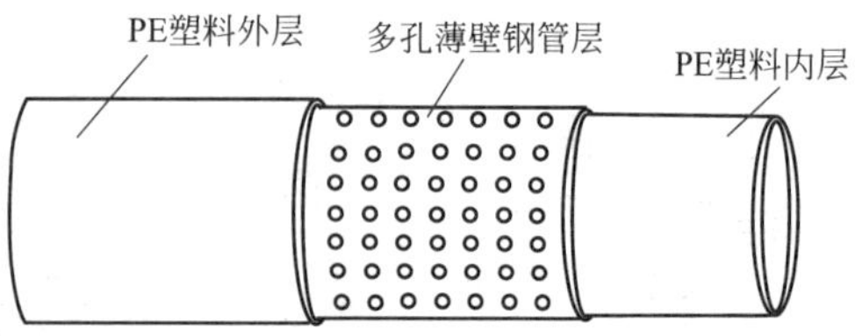

孔网钢带管结构

### 2.4.13 给水钢塑复合管沟槽式管道最大支承间距

给水钢塑复合管沟槽式管道最大支承间距，需要符合表 2-92 的要求。

表 2-92 给水钢塑复合管沟槽式管道最大支承间距

| 管径/mm | 65～100 | 125～200 | 250～315 |
|---|---|---|---|
| 最大支承间距/m | 3.5 | 4.2 | 5.0 |

说明：横管的任何两个接头间应有支承；
不得支承在接头上。

### 2.4.14 给水钢塑复合管衬塑管材规格尺寸（表 2-93）

表 2-93 给水钢塑复合管衬塑管材规格尺寸 mm

| 公称通径 *dn* | 公称外径 | 钢管壁厚 *e* | 衬塑管壁厚 *e* | 长度 *L* |
|---|---|---|---|---|
| 15 | 21.3 | 2.8 | 1.5+0.2 | 6000 |
| 20 | 26.9 | 2.8 | 1.5+0.2 | |
| 25 | 33.7 | 3.2 | 1.5+0.2 | |
| 32 | 42.4 | 3.5 | 1.5+0.2 | |
| 40 | 48.3 | 3.5 | 1.5+0.2 | |
| 50 | 60.3 | 3.8 | 1.5+0.2 | |
| 65 | 76.1 | 4.0 | 1.5+0.2 | |
| 80 | 88.9 | 4.0 | 2.0+0.2 | |
| 100 | 114.3 | 4.0 | 2.0+0.2 | |
| 125 | 139.7 | 4.0 | 2.0+0.2 | |
| 150 | 165(168.3) | 4.5 | 2.5+0.2 | |

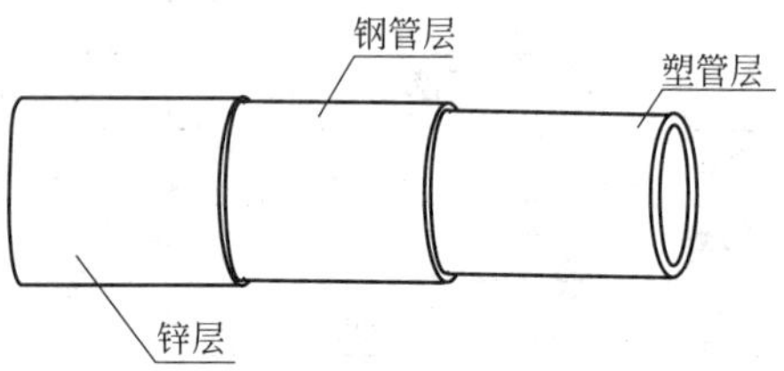

衬塑钢管结构

## 2.4.15 低压流体输送用镀锌焊接钢管及普通焊接钢管规格（表2-94）

表2-94 低压流体输送用镀锌焊接钢管及普通焊接钢管规格

| 公称直径 | | 外径 | 普通钢管 | | 加厚钢管 | |
|---|---|---|---|---|---|---|
| mm | 英制 | 公称尺寸/mm | 壁厚/mm | 理论重量/(kg/m) | 壁厚/mm | 理论重量/(kg/m) |
| 6 | 1/8″ | 10.0 | 2.00 | 0.39 | 2.50 | 0.46 |
| 8 | 1/4″ | 13.5 | 2.25 | 0.62 | 2.75 | 0.73 |
| 10 | 3/8″ | 17.0 | 2.25 | 0.82 | 2.75 | 0.97 |
| 15 | 1/2″ | 21.3 | 2.75 | 1.26 | 3.25 | 1.45 |
| 20 | 3/4″ | 26.8 | 2.75 | 1.63 | 3.50 | 2.01 |
| 25 | 1″ | 33.5 | 3.25 | 2.42 | 4.00 | 2.91 |
| 32 | 1¼″ | 42.3 | 3.25 | 3.13 | 4.00 | 3.78 |
| 40 | 1½″ | 48.0 | 3.50 | 3.84 | 4.25 | 4.58 |
| 50 | 2″ | 60.0 | 3.50 | 4.88 | 4.50 | 6.16 |
| 65 | 2½″ | 75.5 | 3.75 | 6.64 | 4.50 | 7.88 |
| 80 | 3″ | 88.5 | 4.00 | 8.34 | 4.75 | 9.81 |
| 100 | 4″ | 114.0 | 4.00 | 10.85 | 5.00 | 13.44 |
| 125 | 5″ | 140.0 | 4.50 | 15.04 | 5.50 | 18.24 |
| 150 | 6″ | 165.0 | 4.50 | 17.81 | 5.50 | |

说明：(1) 焊接钢管的通常长度为4～10m，镀锌焊接钢管的通常长度为4～9m，镀锌后钢管重量按表增加3%～6%。

(2) 公称直径表示近似的内径参考尺寸，它不等于外径减2倍壁厚之差；其外径决定于圆锥管螺纹的尺寸。

(3) 钢管按管端形式，可以分为不带螺纹和带螺纹两种；根据表面情况，可以分为焊接钢管（不镀锌）与镀锌焊接钢管两种。

## 2.4.16 普通碳素钢镀锌电线管及电线管规格（表2-95）

表2-95 普通碳素钢镀锌电线管及电线管规格

| 公称直径 | | 外径/mm | 壁厚/mm | 理论重量/(kg/m) |
|---|---|---|---|---|
| mm | 英制 | | | |
| 13 | 1/2″ | 12.70 | 1.60 | 0.438 |
| 16 | 5/8″ | 15.88 | 1.60 | 0.581 |
| 19 | 3/4″ | 19.05 | 1.80 | 0.766 |
| 25 | 1″ | 25.40 | 1.80 | 1.048 |
| 32 | 1¼″ | 31.75 | 1.80 | 1.329 |
| 38 | 1½″ | 38.10 | 1.80 | 1.611 |
| 51 | 2″ | 50.80 | 2.00 | 2.047 |
| 64 | 2½″ | 63.50 | 2.50 | 3.760 |
| 76 | 3″ | 76.20 | 3.20 | 5.761 |

## 2.4.17 英国标准重型4级镀锌电线管规格（表2-96）

表2-96 英国标准重型4级镀锌电线管规格

| 公称直径/mm | 外径/mm | 壁厚/mm | 理论重量/(kg/m) |
|---|---|---|---|
| 16 | 16 | 1.40 | 0.539 |
| 20 | 20 | 1.60 | 0.684 |
| 25 | 25 | 1.60 | 0.869 |
| 32 | 32 | 1.60 | 1.128 |

说明：电线管通常长度为3～9m，两端带螺纹。

### 2.4.18 钢管、焊接钢管外径和管壁及理论重量（表 2-97）

表 2-97 钢管、焊接钢管外径和管壁及理论重量

| 公称口径 | | 外径 | | 普通钢管 | | 加厚钢管 | |
|---|---|---|---|---|---|---|---|
| mm | 英制 | 公称尺寸/mm | 允许偏差/% | 壁厚 公称尺寸/mm 允许偏差(±12%) | 理论重量/(kg/m) | 壁厚 公称尺寸/mm 允许偏差(±2.5%) | 理论重量/(kg/m) |
| 6 | 1/8″ | 10.2 | ±0.5mm | 2.0(1.75) | 0.40 | 2.5 | 0.47 |
| 8 | 1/4″ | 13.5 | | 2.5(2.19) | 0.68 | 2.8 | 0.74 |
| 10 | 3/8″ | 17.2 | | 2.5(2.19) | 0.91 | 2.8 | 0.99 |
| 15 | 1/2″ | 21.3 | | 2.8(2.45) | 1.28 | 3.5 | 1.54 |
| 20 | 3/4″ | 26.9 | | 2.8(2.45) | 1.66 | 3.5 | 2.02 |
| 25 | 1″ | 33.7 | | 3.2(2.80) | 2.41 | 4.0 | 2.93 |
| 32 | 1¼″ | 42.4 | | 3.5(3.06) | 3.36 | 4.0 | 3.79 |
| 40 | 1½″ | 48.3 | | 3.5(3.06) | 3.87 | 4.5 | 4.86 |
| 50 | 2″ | 60.3 | ±1% | 3.8(3.33) | 5.29 | 4.5 | 6.19 |
| 65 | 2½″ | 76.1 | | 4.0(3.50) | 7.11 | 4.5 | 7.95 |
| 80 | 3″ | 88.9 | | 4.0(3.50) | 8.38 | 5.0 | 10.35 |
| 100 | 4″ | 114.3 | | 4.0(3.50) | 10.88 | 5.0 | 13.48 |
| 125 | 5″ | 139.7 | | 4.0(3.50) | 13.39 | 5.5 | 18.2 |
| 150 | 6″ | 168.3 | | 4.5(3.94) | 18.18 | 6.0 | 24.02 |

### 2.4.19 套接扣压式薄壁钢导管（KBG 管）的规格（表 2-98）

表 2-98 套接扣压式薄壁钢导管（KBG 管）的规格

| 公称通径 | 外径/mm | | 壁厚/mm | |
|---|---|---|---|---|
| | 基本尺寸 | 极限偏差 | 基本尺寸 | 壁厚公差 |
| $\phi$16 | 16 | 0 −0.30 | 1.0 | ±0.08 |
| $\phi$20 | 20 | 0 −0.30 | 1.0 | ±0.08 |
| $\phi$25 | 25 | 0 −0.40 | 1.2 | ±0.10 |
| $\phi$32 | 32 | 0 −0.40 | 1.2 | ±0.10 |
| $\phi$40 | 40 | 0 −0.40 | 1.2 | ±0.10 |

### 2.4.20 给水衬塑复合钢管（表 2-99）

表 2-99 给水衬塑复合钢管

| 公称通径 | 内衬塑厚度/mm | 内径/mm | | 外径/mm | |
|---|---|---|---|---|---|
| | | 基本尺寸 | 极限偏差 | 基本尺寸 | 极限偏差 |
| *DN*15 | 1.5±0.2 | 12.8 | +0.6 −0.0 | 21.3 | ±0.5 |
| *DN*20 | | 18.3 | +0.6 −0.0 | 26.8 | |
| *DN*25 | | 24.0 | +0.8 −0.0 | 33.5 | |
| *DN*32 | | 32.8 | +0.8 −0.0 | 42.3 | |
| *DN*40 | | 38 | +1.0 −0.0 | 48.0 | |
| *DN*50 | | 50 | +1.0 −0.0 | 60.0 | ±1% |
| *DN*65 | | 65 | +1.2 −0.0 | 75.5 | |
| *DN*80 | 2.0±0.2 | 76.5 | +1.4 −0.0 | 88.5 | |
| *DN*100 | | 102 | +1.4 −0.0 | 114.0 | |
| *DN*125 | | 128 | +2.0 −0.0 | 140.0 | |
| *DN*150 | 2.5±0.2 | 151 | +2.0 −0.0 | 165.0 | |

### 2.4.21 压力管道标准规格（表 2-100）

**表 2-100 压力管道标准规格**

| 系列 | 压力管道标准规格 |
|---|---|
| 大外径系列 | *DN*15-$\phi$22mm，*DN*20-$\phi$27mm<br>*DN*25-$\phi$34mm，*DN*32-$\phi$42mm<br>*DN*40-$\phi$48mm，*DN*50-$\phi$60mm<br>*DN*65-$\phi$76(73)mm，*DN*80-$\phi$89mm<br>*DN*100-$\phi$114mm，*DN*125-$\phi$140mm<br>*DN*150-$\phi$168mm，*DN*200-$\phi$219mm<br>*DN*250-$\phi$273mm，*DN*300-$\phi$324mm<br>*DN*350-$\phi$360mm，*DN*400-$\phi$406mm<br>*DN*450-$\phi$457mm，*DN*500-$\phi$508mm<br>*DN*600-$\phi$610mm |
| 小外径系列 | *DN*15-$\phi$18mm，*DN*20-$\phi$25mm<br>*DN*25-$\phi$32mm，*DN*32-$\phi$38mm<br>*DN*40-$\phi$45mm，*DN*50-$\phi$57mm<br>*DN*65-$\phi$73mm，*DN*80-$\phi$89mm<br>*DN*100-$\phi$108mm，*DN*125-$\phi$133mm<br>*DN*150-$\phi$159mm，*DN*200-$\phi$219mm<br>*DN*250-$\phi$273mm，*DN*300-$\phi$325mm<br>*DN*350-$\phi$377mm，*DN*400-$\phi$426mm<br>*DN*450-$\phi$480mm，*DN*500-$\phi$530mm<br>*DN*600-$\phi$630mm |

说明：*DN* 表示为公称直径。$\phi$ 表示为外径。

### 2.4.22 不锈钢塑料复合管管材规格尺寸与技术性能（表 2-101）

**表 2-101 不锈钢塑料复合管管材规格尺寸与技术性能** mm

| 外径 | | 壁厚 | | 不圆度 |
|---|---|---|---|---|
| 公称外径 | 允许偏差 | 壁厚 | 允许偏差 | |
| 16 | +0.20<br>−0.10 | 2.0 | +0.30<br>0 | 0.013*dn* |
| 20 | +0.20<br>−0.10 | 2.0 | +0.30<br>0 | |
| 25 | +0.20<br>−0.10 | 2.5 | +0.30<br>0 | |
| 32 | +0.20<br>−0.10 | 3.0 | +0.30<br>0 | |
| 40 | +0.22<br>−0.10 | 3.5 | +0.40<br>0 | 0.015*dn* |
| 50 | +0.25<br>−0.10 | 4.0 | +0.40<br>0 | |
| 63 | +0.25<br>−0.10 | 5.0 | +0.50<br>0 | |
| 75 | +0.30<br>−0.15 | 6.0 | +0.50<br>0 | 0.017*dn* |
| 90 | +0.40<br>−0.20 | 7.0 | +0.50<br>0 | |
| 110 | +0.50<br>−0.20 | 8.0 | +0.60<br>0 | |
| 125 | +0.60<br>−0.20 | 9.0 | +0.80<br>0 | 0.018*dn* |
| 160 | +0.70<br>−0.20 | 10.0 | +0.80<br>0 | |

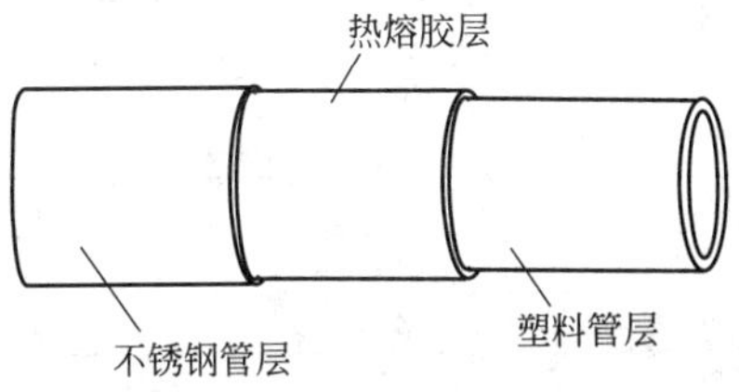

热熔胶层
不锈钢管层
塑料管层

不锈钢塑料复合管结构

### 2.4.23 自动锁扣式不锈钢管管材的基本规格尺寸（表 2-102）

表 2-102 自动锁扣式不锈钢管管材的基本规格尺寸 mm

| 型号 | 外径 | 壁厚 | 型号 | 外径 | 壁厚 |
|---|---|---|---|---|---|
| DN40 | 40 | 0.95±0.15 | DN15 | 14 | 0.5±0.1 |
| DN50 | 50.8 | 0.95±0.15 | DN20 | 20 | 0.6±0.15 |
| DN65 | 60.3 | 1.1±0.2 | DN25 | 25 | 0.75±0.15 |
| DN80 | 76 | 1.45±0.2 | DN32 | 32 | 0.95±0.15 |
| DN100 | 102 | 1.55±0.2 | | | |

### 2.4.24 自动锁扣式不锈钢异径直通管的基本尺寸（表 2-103）

表 2-103 自动锁扣式不锈钢异径直通管的基本尺寸 mm

| 型号 | 长度 L | 型号 | 长度 L | 型号 | 长度 L | 型号 | 长度 L |
|---|---|---|---|---|---|---|---|
| DN40×20 | 67 | DN80×50 | 90.5 | DN20×15 | 54 | DN65×20 | 81 |
| DN40×25 | 67 | DN80×65 | 96 | DN25×15 | 54 | DN65×25 | 81 |
| DN40×32 | 70 | DN100×32 | 93 | DN25×20 | 54 | DN65×32 | 85 |
| DN50×15 | 76 | DN100×40 | 93 | DN32×15 | 60 | DN65×40 | 85 |
| DN50×20 | 76 | DN100×50 | 97.6 | DN32×20 | 60 | DN65×50 | 89.5 |
| DN50×25 | 76 | DN100×65 | 103 | DN50×32 | 77 | DN100×80 | 105 |
| | | | | DN50×40 | 77 | | |

### 2.4.25 法兰盘规格尺寸（表 2-104）

表 2-104 法兰盘规格尺寸

| 10kg 法兰盘 | | | | | |
|---|---|---|---|---|---|
| 通径/mm | 外径/mm | 中心距/mm | 厚度/mm | 孔数/个 | 重量/kg |
| 15 | 95 | 65 | 12 | 4 | 0.511 |
| 20 | 105 | 75 | 14 | 4 | 0.748 |
| 25 | 115 | 85 | 14 | 4 | 0.89 |
| 30 | 135 | 100 | 16 | 4 | 1.4 |
| 40 | 145 | 110 | 18 | 4 | 1.71 |
| 50 | 160 | 125 | 18 | 4 | 2.09 |
| 65 | 180 | 145 | 20 | 4 | 2.84 |
| 80 | 195 | 160 | 20 | 4 | 3.24 |
| 100 | 215 | 180 | 22 | 8 | 4.01 |
| 125 | 245 | 210 | 24 | 8 | 5.4 |
| 150 | 280 | 240 | 24 | 8 | 6.12 |
| 200 | 335 | 295 | 24 | 8 | 8.24 |
| 250 | 390 | 350 | 26 | 12 | 10.7 |
| 300 | 440 | 400 | 28 | 12 | 12.9 |
| 350 | 500 | 460 | 28 | 16 | 15.9 |
| 400 | 560 | 515 | 30 | 16 | 21.8 |
| 450 | 615 | 565 | 30 | 20 | 24.4 |
| 500 | 670 | 620 | 32 | 20 | 27.7 |
| 600 | 780 | 725 | 36 | 20 | 39.4 |
| **16kg 法兰盘** | | | | | |
| 通径/mm | 外径/mm | 中心距/mm | 厚度/mm | 孔数/个 | 重量/kg |
| 15 | 95 | 65 | 14 | 4 | 0.711 |
| 20 | 105 | 75 | 16 | 4 | 0.867 |

续表

| 16kg 法兰盘 | | | | | |
|---|---|---|---|---|---|
| 通径/mm | 外径/mm | 中心距/mm | 厚度/mm | 孔数/个 | 重量/kg |
| 25 | 115 | 85 | 18 | 4 | 1.174 |
| 30 | 135 | 100 | 18 | 4 | 1.6 |
| 40 | 145 | 110 | 20 | 4 | 2 |
| 50 | 160 | 125 | 22 | 4 | 2.61 |
| 65 | 180 | 145 | 24 | 4 | 3.45 |
| 80 | 195 | 160 | 24 | 8 | 3.71 |
| 100 | 215 | 180 | 26 | 8 | 4.8 |
| 125 | 245 | 210 | 28 | 8 | 6.47 |
| 150 | 280 | 240 | 28 | 8 | 7.92 |
| 200 | 335 | 295 | 30 | 12 | 10.1 |
| 250 | 405 | 355 | 32 | 12 | 15.7 |
| 300 | 460 | 410 | 32 | 12 | 18.1 |
| 350 | 520 | 470 | 34 | 16 | 23.3 |
| 400 | 580 | 525 | 38 | 16 | 31 |
| 450 | 640 | 585 | 42 | 20 | 40.2 |
| 500 | 705 | 650 | 48 | 20 | 55.1 |
| 600 | 840 | 770 | 50 | 30 | 80.3 |
| **25kg 法兰盘** | | | | | |
| 通径/mm | 外径/mm | 中心距/mm | 厚度/mm | 孔数/个 | 重量/kg |
| 15 | 95 | 65 | 16 | 4 | 0.804 |
| 20 | 105 | 75 | 18 | 4 | 0.985 |
| 25 | 115 | 85 | 18 | 4 | 1.174 |
| 30 | 135 | 100 | 20 | 4 | 1.96 |
| 40 | 145 | 110 | 22 | 4 | 2.61 |
| 50 | 160 | 125 | 24 | 4 | 2.71 |
| 65 | 180 | 145 | 24 | 8 | 3.22 |
| 80 | 195 | 160 | 26 | 8 | 4.06 |
| 100 | 230 | 190 | 28 | 8 | 6 |
| 125 | 270 | 220 | 30 | 8 | 8.26 |
| 150 | 300 | 250 | 30 | 8 | 10.4 |
| 200 | 360 | 310 | 32 | 12 | 14.5 |
| 250 | 425 | 370 | 34 | 12 | 18.9 |
| 300 | 485 | 430 | 36 | 16 | 26.8 |
| 350 | 550 | 490 | 42 | 16 | 34.35 |
| 400 | 610 | 550 | 44 | 16 | 44.9 |
| 450 | 640 | 585 | 48 | 20 | 51.92 |
| 500 | 730 | 660 | 52 | 20 | 67.3 |

## 2.5 聚丙烯管道的规格与要求

### 2.5.1 PPR 管材内径与外径规格的对照

PPR 管材和 PE 管材外径与内径间的换算方法：内径＝外径－2×壁厚。PPR 管材公称直径（内径用 *DN* 表示）与外径（用 *DE* 表示）的对照（单位：mm），见表 2-105。

**表 2-105 PPR 管材公称直径（内径 *DN*）与外径（*DE*）的对照**

| 内径 | 外径 | 内径 | 外径 |
|---|---|---|---|
| *DN*15 | *DE*20 | *DN*50 | *DE*63 |
| *DN*20 | *DE*25 | *DN*65 | *DE*75 |
| *DN*25 | *DE*32 | *DN*80 | *DE*90 |
| *DN*32 | *DE*40 | *DN*100 | *DE*110 |
| *DN*40 | *DE*50 | | |

### 2.5.2 PPR 管外径与公称直径的对照（表 2-106）

表 2-106 PPR 管外径与公称直径的对照

| 公称直径 | DN15 | DN20 | DN25 |
|---|---|---|---|
| 外径×壁厚 | ϕ20×2.3 | ϕ25×2.3 | ϕ32×3.0 |
| 公称直径 | DN32 | DN40 | DN50 |
| 外径×壁厚 | ϕ40×3.7 | ϕ50×4.6 | ϕ63×5.8 |
| 公称直径 | DN70 | DN80 | DN100 |
| 外径×壁厚 | ϕ75×6.9 | ϕ90×8.2 | ϕ110×10.0 |

### 2.5.3 PPR 管材系列的水压试验

PPR 管材规格，一般用管系列 S、公称外径 $d_n$×公称壁厚 $e_n$ 来表示。

PPR 管系列 S，一般是用来表示 PPR 管材规格的无量纲数值系列，有下列关系：

$$S=(d_n-e_n)/2e_n$$

其中 $d_n$——PPR 公称外径，mm。

$e_n$——PPR 公称壁厚，mm。

一般常用的 PPR 管规格有 5、4、3.2、2.5、2 等系列。

PPR 管材，根据标准尺寸率 SDR 值，可以分为 11、9、7.4、6、5 等系列。

PPR 标准尺寸率 SDR 就是 PPR 管材公称外径 $d_n$ 与公称壁厚 $e_n$ 的比值，关系如下：

$$SDR=d_n/e_n$$

PPR 管材系列的水压试验要求如下：

PPR 管规格 S5 系列--------------1.25MPa；

PPR 管规格 S4 系列--------------1.6MPa；

PPR 管规格 S3.2 系列------------2.0MPa；

PPR 管规格 S2 系列--------------2.5MPa。

### 2.5.4 PPR 不同温度及使用寿命下的允许压力（表 2-107）

表 2-107 PPR 不同温度及使用寿命下的允许压力

| 使用温度/℃ | 使用寿命/年 | 公称压力/MPa | | | | |
|---|---|---|---|---|---|---|
| | | 1.00 | 1.25 | 1.60 | 2.00 | 2.50 |
| 20 | 1 | 1.43 | 1.96 | 2.27 | 2.86 | 3.60 |
| | 5 | 1.35 | 1.70 | 2.14 | 2.69 | 3.39 |
| | 10 | 1.31 | 1.65 | 2.08 | 2.62 | 3.30 |
| | 25 | 1.27 | 1.59 | 2.01 | 2.53 | 3.18 |
| | 50 | 1.23 | 1.55 | 1.96 | 2.46 | 3.10 |
| 40 | 1 | 1.04 | 1.30 | 1.64 | 2.07 | 2.60 |
| | 5 | 0.97 | 1.22 | 1.54 | 1.93 | 2.43 |
| | 10 | 0.94 | 1.18 | 1.49 | 1.88 | 2.36 |
| | 25 | 0.91 | 1.14 | 1.43 | 1.81 | 2.27 |
| | 50 | 0.88 | 1.11 | 1.39 | 1.76 | 2.2 |
| 60 | 1 | 0.74 | 0.93 | 1.17 | 1.47 | 1.86 |
| | 5 | 0.69 | 0.87 | 1.09 | 1.37 | 1.73 |
| | 10 | 0.67 | 0.84 | 1.05 | 1.38 | 1.67 |
| | 25 | 0.64 | 0.80 | 1.01 | 1.28 | 1.61 |
| | 50 | 0.62 | 0.78 | 0.98 | 1.23 | 1.55 |

续表

| 使用温度/℃ | 使用寿命/年 | 公称压力/MPa | | | | |
|---|---|---|---|---|---|---|
| | | 1.00 | 1.25 | 1.60 | 2.00 | 2.50 |
| 70 | 1 | 0.62 | 0.78 | 0.98 | 1.24 | 1.56 |
| | 5 | 0.58 | 0.73 | 0.91 | 1.15 | 1.45 |
| | 10 | 0.56 | 0.70 | 0.88 | 1.11 | 1.40 |
| | 25 | 0.49 | 0.61 | 0.77 | 0.97 | 1.22 |
| | 50 | 0.41 | 0.52 | 0.65 | 0.82 | 1.03 |
| 80 | 1 | 0.52 | 0.66 | 0.83 | 1.04 | 1.31 |
| | 5 | 0.48 | 0.61 | 0.76 | 0.96 | 1.21 |
| | 10 | 0.39 | 0.49 | 0.62 | 0.78 | 0.98 |
| | 25 | 0.31 | 0.39 | 0.50 | 0.62 | 0.79 |
| 95 | 1 | 0.37 | 0.47 | 0.59 | 0.74 | 0.93 |
| | 5 | 0.25 | 0.31 | 0.40 | 0.50 | 0.63 |
| | (10.00) | (0.21) | (0.27) | (0.34) | (0.42) | (0.53) |

说明：1. 表中公称压力是指环应力为 PPR 管 80 系列对应的数值；

2. 表中数值为允许压力，工作压力需要将表中对应数值除以 1.25～1.50。

3. 括号内数值为不推荐使用的数值。

### 2.5.5 PPR 管的主要物理性能（表 2-108）

**表 2-108 PPR 管的主要物理性能**

| 项目 | 单位 | 指标 |
|---|---|---|
| 密度 | $g/cm^3$ | 0.89～0.91 |
| 线膨胀系数 | mm/(m·℃) | 0.14～0.16 |
| 热导率 | W/(m·K) | 0.23～0.24 |
| 弹性模量 | MPa(20℃) | 800 |

### 2.5.6 PPR 管材、管件的主要物理、力学性能（表 2-109）

**表 2-109 PPR 管材、管件的主要物理、力学性能**

| 项目 | | 试验温度/℃ | 试验时间/h | 试验压力/MPa | 试验数量 | 指标 |
|---|---|---|---|---|---|---|
| 纵向回缩率 | $e_n≤8$ | 135±2 | 1 | — | 3 | ≤2% |
| | $8<e_n≤16$ | | 2 | | | |
| | $e_n>16$ | | 4 | | | |
| 简支梁冲击试验 | | 0±2 | — | — | 10 | 破损率<试样的 10% |
| 静液压状态下热稳定性试验 | | 110 | 8760 | 环应力 1.9 | 1 | 无破裂 无渗漏 |
| 各种管系列的内压试验 | S5 | 95 | 1000 | 0.68 | 3 | 无破裂 无渗漏 |
| | S4 | | | 0.80 | | |
| | S3.2 | | | 1.11 | | |
| | S2.5 | | | 1.31 | | |
| | S2 | | | 1.64 | | |
| 熔体质量流动速率 | | MFR(230℃/2.16kg) g/10min | | | 3 | 变化率≤原料的 30% |

### 2.5.7 建筑给水聚丙烯管道（PPR）管材的规格、壁厚及允许偏差

建筑给水聚丙烯管道（PPR）管材规格用 $D_e$ 表示其公称外径，管材的规格、壁厚及允许偏差见表 2-110。

表 2-110 建筑给水聚丙烯管道（PPR）管材的规格、壁厚及允许偏差

| 公称外径 $D_e$/mm | 壁厚/mm | | | | | | | | | |
|---|---|---|---|---|---|---|---|---|---|---|
| | 公称压力/MPa | | | | | | | | | |
| | *PN*1.0 | | *PN*1.25 | | *PN*1.6 | | *PN*2.0 | | *PN*2.5 | |
| | 基本尺寸 | 允许偏差 | 基本尺寸 | 允许偏差 | 基本尺寸 | 允许偏差 | 基本尺寸 | 允许偏差 | 基本尺寸 | 允许偏差 |
| 20 | | | 2.0 | +0.4<br>0 | 2.3 | +0.5<br>0 | 2.8 | +0.5<br>0 | 3.4 | +0.6<br>0 |
| 25 | | | 2.3 | +0.5<br>0 | 2.8 | +0.5<br>0 | 3.5 | +0.6<br>0 | 4.2 | +0.7<br>0 |
| 32 | 2.4 | +0.5<br>0 | 3.0 | +0.5<br>0 | 3.6 | +0.6<br>0 | 4.4 | +0.7<br>0 | 5.4 | +0.8<br>0 |
| 40 | 3.0 | +0.5<br>0 | 3.7 | +0.6<br>0 | 4.5 | +0.7<br>0 | 5.5 | +0.8<br>0 | 6.7 | +0.9<br>0 |
| 50 | 3.7 | +0.6<br>0 | 4.6 | +0.7<br>0 | 5.6 | +0.8<br>0 | 6.9 | +0.9<br>0 | 8.4 | +1.1<br>0 |
| 63 | 4.7 | +0.7<br>0 | 5.8 | +0.8<br>0 | 7.1 | +1.0<br>0 | 8.7 | +1.1<br>0 | 10.5 | +1.3<br>0 |
| 75 | 5.6 | +0.8<br>0 | 6.9 | +0.9<br>0 | 8.4 | +1.1<br>0 | 10.3 | +1.3<br>0 | 12.5 | +1.5<br>0 |
| 90 | 6.7 | +0.9<br>0 | 8.2 | +1.1<br>0 | 10.1 | +1.3<br>0 | 12.3 | +1.5<br>0 | 15.0 | +1.7<br>0 |
| 110 | 8.1 | +1.1<br>0 | 10.0 | +1.2<br>0 | 12.3 | +1.5<br>0 | 15.1 | +1.8<br>0 | 18.3 | +2.1<br>0 |

说明：管长一般为4000mm±10.00mm，也有的是根据需方确定的长度。

## 2.5.8 PPR 管材规格（表 2-111）

表 2-111 PPR 管材规格

| 公称外径/mm | 平均外径/mm | | S5 | S4 | S3.2 | S2.5 |
|---|---|---|---|---|---|---|
| | $D_{min}$ | $D_{max}$ | 公称壁厚 $e_n$/mm | | | |
| 20 | 20.0 | 20.3 | 2.0 | 2.3 | 2.8 | 3.4 |
| 25 | 25.0 | 25.3 | 2.3 | 2.8 | 3.5 | 4.2 |
| 32 | 32.0 | 32.3 | 2.9 | 3.6 | 4.4 | 5.4 |
| 40 | 40.0 | 40.4 | 3.7 | 4.5 | 5.5 | 6.7 |
| 50 | 50.0 | 50.2 | 4.6 | 5.6 | 6.9 | 8.3 |
| 63 | 63.0 | 63.5 | 5.8 | 7.1 | 8.6 | 10.5 |
| 75 | 75.0 | 75.7 | 6.8 | 7.4 | 10.3 | 12.5 |
| 90 | 90.0 | 90.9 | 8.2 | 10.1 | 12.3 | 15.0 |
| 110 | 110.0 | 111.0 | 10.0 | 12.3 | 15.1 | 18.3 |

## 2.5.9 给水聚丙烯管道（PPR 管）系列参数（表 2-112）

表 2-112 给水聚丙烯管道（PPR 管）系列参数 mm

| 类型 | S5 系列 | S4 系列 | S3.2 系列 | S2.5 系列 |
|---|---|---|---|---|
| 标准尺寸率 | 11 | 9 | 7.4 | 6 |
| 公称压力 *PN*<br>（安全系数 $C=1.5$） | 1.0MPa | 1.25MPa | 1.6MPa | 2.0MPa |
| 公称压力 *PN*<br>（安全系数 $C=1.25$） | 1.25MPa | 1.6MPa | 2.0MPa | 2.5MPa |

续表

| 公称外径 | 厚度 | 内径 | 厚度 | 内径 | 厚度 | 内径 | 厚度 | 内径 |
|---|---|---|---|---|---|---|---|---|
| $D_e$16 | 1.8 | 12.4 | | | 2.2 | 11.6 | | |
| $D_e$20 | 1.9 | 16.2 | 2.3 | 15.4 | 2.8 | 14.4 | 3.4 | 13.2 |
| $D_e$25 | 2.3 | 20.4 | 2.8 | 19.4 | 3.5 | 18.0 | 4.2 | 16.6 |
| $D_e$32 | 2.9 | 26.2 | 3.6 | 24.8 | 4.4 | 23.0 | 5.4 | 21.2 |
| $D_e$40 | 3.7 | 32.6 | 4.5 | 31.0 | 5.5 | 28.8 | 6.7 | 26.6 |
| $D_e$50 | 4.6 | 40.8 | 5.6 | 38.8 | 6.9 | 36.2 | 8.3 | 33.4 |
| $D_e$63 | 5.8 | 51.4 | 7.1 | 48.8 | 8.6 | 45.6 | 10.5 | 42.0 |
| $D_e$75 | 6.8 | 61.4 | 8.4 | 58.2 | 10.1 | 54.8 | 12.5 | 50.0 |
| $D_e$90 | 8.2 | 73.6 | 10.1 | 69.8 | 12.3 | 65.0 | 15.0 | 60.0 |
| $D_e$110 | 10.0 | 90.0 | 12.3 | 85.4 | 15.1 | 79.6 | 18.3 | 73.4 |

### 2.5.10 建筑给水聚丙烯管道（PPR）管件的承口尺寸（表 2-113）

**表 2-113 建筑给水聚丙烯管道（PPR）管件的承口尺寸**

| 公称外径/mm | 承口内径/mm | | 最小承口长度/mm | 承口壁厚 |
|---|---|---|---|---|
| | 基本尺寸 | 允许偏差 | | |
| 20 | 19.3 | 0<br>−0.3 | 14.5 | 承口壁厚不应小于同规格管材的壁厚 |
| 25 | 24.3 | 0<br>−0.4 | 16 | |
| 32 | 31.3 | 0<br>−0.4 | 20.5 | |
| 40 | 39.2 | 0<br>−0.4 | 20.5 | |
| 50 | 49.2 | 0<br>−0.5 | 23.5 | |
| 63 | 62.1 | 0<br>−0.5 | 27.5 | |
| 75 | 73.95 | 0<br>−0.5 | 31 | |
| 90 | 88.85 | 0<br>−0.6 | 35.5 | |
| 110 | 108.65 | 0<br>−0.6 | 41.5 | |

### 2.5.11 热水系统 PPR 管材的应用级别

PPR 管材尺寸有 S5、S4、S3.2、S2.5、S2 五个管系列。用于热水系统时，根据长期设计温度不同分为两个应用级别，具体见表 2-114。

**表 2-114 热水系统 PPR 管材两个应用级别**

| 应用级别 | 设计温度 $T_D$/℃ | $T_D$ 下寿命/年 | 最高温度 $T_{max}$/℃ | $T_{max}$下寿命/年 | 故障温度 $T_{mal}$/℃ | $T_{mal}$下寿命/h |
|---|---|---|---|---|---|---|
| 级别 1 | 60 | 49 | 80 | 1 | 95 | 100 |
| 级别 2 | 70 | 49 | 80 | 1 | 95 | 100 |

应根据系统适合的应用级别，和所需管材的设计压力 $p_D$ 确定管材尺寸的管系列 S，详见表 2-115。

## 2.5.16 无规共聚聚丙烯（PPR）塑铝稳态复合管S值的选择

无规共聚聚丙烯（PPR）塑铝稳态复合管根据使用条件级别、设计压力，选择对应的S值，其他情况也可以根据表2-120选择对应的S值。

表2-120 无规共聚聚丙烯（PPR）塑铝稳态复合管S值的选择

PPR塑铝稳态管管系列S值的选择Ⅰ

| 设计压力/MPa | 管系列S | | | |
|---|---|---|---|---|
| | 级别1<br>$\sigma_D$=3.28 | 级别2<br>$\sigma_D$=2.52 | 级别4<br>$\sigma_D$=3.54 | 级别5<br>$\sigma_D$=2.19 |
| 0.4 | 4 | 4 | 4 | 4 |
| 0.6 | 4 | 4 | 4 | 3.2 |
| 0.8 | 4 | 2.5 | 4 | 2.5 |
| 1.0 | 3.2 | 2.5 | 3.2 | — |

PPR塑铝稳态管管系列S值的选择Ⅱ

| 工作温度/℃ | 使用年限 | S4 | S3.2 | S2.5 | 工作温度/℃ | 使用年限 | S4 | S3.2 | S2.5 |
|---|---|---|---|---|---|---|---|---|---|
| | | 允许工作压力/MPa | | | | | 允许工作压力/MPa | | |
| 20 | 1 | 2.27 | 2.86 | 3.60 | 60 | 1 | 1.17 | 1.47 | 1.86 |
| | 5 | 2.14 | 2.69 | 3.39 | | 5 | 1.09 | 1.37 | 1.73 |
| | 10 | 2.08 | 2.62 | 3.30 | | 10 | 1.05 | 1.33 | 1.67 |
| | 25 | 2.01 | 2.53 | 3.18 | | 25 | 1.01 | 1.28 | 1.61 |
| | 50 | 1.96 | 2.46 | 3.10 | | 50 | 0.98 | 1.23 | 1.55 |
| 40 | 1 | 1.64 | 2.07 | 2.60 | 70 | 1 | 0.98 | 1.24 | 1.56 |
| | 5 | 1.54 | 1.93 | 2.43 | | 5 | 0.91 | 1.15 | 1.45 |
| | 10 | 1.49 | 1.88 | 2.36 | | 10 | 0.88 | 1.11 | 1.40 |
| | 25 | 1.43 | 1.81 | 2.27 | | 25 | 0.77 | 0.97 | 1.22 |
| | 50 | 1.39 | 1.76 | 2.21 | | 50 | 0.65 | 0.82 | 1.03 |

PPR塑铝稳态管管系列S值的选择Ⅲ

| 工作温度 | | 使用年限 | S4 | S3.2 | S2.5 | 工作温度 | | 使用年限 | S4 | S3.2 | S2.5 |
|---|---|---|---|---|---|---|---|---|---|---|---|
| | | | 允许工作压力/MPa | | | | | | 允许工作压力/MPa | | |
| 70℃，其中每年有30天在 | 75℃ | 5 | 0.89 | 1.11 | 1.42 | 70℃，其中每年有90天在 | 75℃ | 5 | 0.87 | 1.09 | 1.39 |
| | | 10 | 0.86 | 1.07 | 1.37 | | | 10 | 0.84 | 1.05 | 1.35 |
| | | 25 | 0.74 | 0.93 | 1.19 | | | 25 | 0.70 | 0.88 | 1.13 |
| | | 45 | 0.64 | 0.80 | 1.03 | | | 45 | 0.61 | 0.76 | 0.98 |
| | 80℃ | 5 | 0.84 | 1.06 | 1.35 | | 80℃ | 5 | 0.81 | 1.01 | 1.29 |
| | | 10 | 0.82 | 1.02 | 1.31 | | | 10 | 0.78 | 0.98 | 1.25 |
| | | 25 | 0.70 | 0.87 | 1.12 | | | 25 | 0.62 | 0.78 | 1.00 |
| | | 42.5 | 0.61 | 0.77 | 0.98 | | | 37.5 | 0.56 | 0.71 | 0.91 |
| | 85℃ | 5 | 0.78 | 0.98 | 1.25 | 70℃，其中每年有60天在 | 75℃ | 5 | 0.88 | 1.10 | 1.41 |
| | | 10 | 0.75 | 0.94 | 1.21 | | | 10 | 0.85 | 1.06 | 1.36 |
| | | 25 | 0.63 | 0.79 | 1.02 | | | 25 | 0.72 | 0.90 | 1.16 |
| | | 37.5 | 0.57 | 0.72 | 0.92 | | | 45 | 0.62 | 0.78 | 1.00 |
| | 90℃ | 5 | 0.71 | 0.89 | 1.15 | | 80℃ | 5 | 0.82 | 1.03 | 1.32 |
| | | 10 | 0.69 | 0.86 | 1.11 | | | 10 | 0.79 | 0.99 | 1.27 |
| | | 25 | 0.55 | 0.69 | 0.89 | | | 25 | 0.66 | 0.82 | 1.05 |
| | | 35 | 0.51 | 0.64 | 0.82 | | | 40 | 0.58 | 0.73 | 0.94 |

续表

| 工作温度 | | 使用年限 | S4 | S3.2 | S2.5 |
|---|---|---|---|---|---|
| | | | 允许工作压力/MPa | | |
| 70℃，其中每年有60天在 | 85℃ | 5 | 0.75 | 0.94 | 1.21 |
| | | 10 | 0.71 | 0.89 | 1.15 |
| | | 25 | 0.57 | 0.72 | 0.92 |
| | | 35 | 0.55 | 0.69 | 0.88 |
| | 90℃ | 5 | 0.69 | 0.86 | 1.11 |
| | | 10 | 0.61 | 0.76 | 0.97 |
| | | 25 | 0.48 | 0.61 | 0.78 |
| | | 30 | 0.46 | 0.58 | 0.74 |

| 工作温度 | | 使用年限 | S4 | S3.2 | S2.5 |
|---|---|---|---|---|---|
| | | | 允许工作压力/MPa | | |
| 70℃，其中每年有90天在 | 85℃ | 5 | 0.74 | 0.93 | 1.19 |
| | | 10 | 0.67 | 0.83 | 1.07 |
| | | 25 | 0.53 | 0.67 | 0.85 |
| | | 32.5 | 0.50 | 0.62 | 0.80 |
| | 90℃ | 5 | 0.66 | 0.82 | 1.06 |
| | | 10 | 0.56 | 0.7 | 0.89 |
| | | 25 | 0.44 | 0.56 | 0.71 |
| | | — | — | — | — |

## 2.5.17 无规共聚聚丙烯（PPR）塑铝稳态复合管外径与内径（表2-121）

**表2-121 无规共聚聚丙烯（PPR）塑铝稳态复合管外径与内径**

管材外径及参考内径尺寸

mm

| 公称直径 $d_n$ | 平均外径 | | 参考内径 | | |
|---|---|---|---|---|---|
| | 最小值 | 最大值 | S4 | S3.2 | S2.5 |
| 20 | 21.6 | 22.1 | 15.1 | 14.1 | 12.8 |
| 25 | 26.8 | 27.3 | 19.1 | 17.6 | 16.1 |
| 32 | 33.7 | 34.2 | 24.4 | 22.5 | 20.6 |
| 40 | 42.0 | 42.6 | 30.5 | 28.2 | 25.9 |
| 50 | 52 | 52.7 | 38.2 | 35.5 | 32.6 |
| 63 | 65.4 | 66.2 | 48.1 | 44.8 | 41.0 |
| 75 | 77.8 | 78.7 | 58.3 | 54.4 | 49.8 |
| 90 | 93.3 | 94.3 | 70.0 | 65.4 | 59.8 |
| 110 | 114.0 | 115.1 | 85.8 | 79.9 | 73.2 |

管材壁厚、内管壁厚及铝层最小厚度尺寸

mm

| 公称直径 $d_n$ | 铝层最小厚度 | S4 | | | | S3.2 | | | | S2.5 | | | |
|---|---|---|---|---|---|---|---|---|---|---|---|---|---|
| | | 管壁厚 | | 内管壁厚 | | 管壁厚 | | 内管壁厚 | | 管壁厚 | | 内管壁厚 | |
| | | 最小值 | 最大值 | 公称值 | 公差 | 最小值 | 最大值 | 公称值 | 公差 | 最小值 | 最大值 | 公称值 | 公差 |
| 20 | 0.15 | 3.2 | 3.6 | 2.3 | $^{+0.4}_{0}$ | 3.7 | 4.1 | 2.8 | $^{+0.4}_{0}$ | 4.3 | 4.8 | 3.4 | $^{+0.5}_{0}$ |
| 25 | 0.15 | 3.9 | 4.3 | 2.8 | $^{+0.4}_{0}$ | 4.6 | 5.1 | 3.5 | $^{+0.5}_{0}$ | 5.3 | 5.9 | 4.2 | $^{+0.6}_{0}$ |
| 32 | 0.20 | 4.6 | 5.1 | 3.6 | $^{+0.5}_{0}$ | 5.5 | 6.1 | 4.4 | $^{+0.6}_{0}$ | 6.4 | 7.0 | 5.4 | $^{+0.7}_{0}$ |
| 40 | 0.20 | 5.6 | 6.2 | 4.5 | $^{+0.6}_{0}$ | 6.7 | 7.4 | 5.5 | $^{+0.7}_{0}$ | 7.8 | 8.6 | 6.7 | $^{+0.8}_{0}$ |
| 50 | 0.20 | 6.7 | 7.4 | 5.6 | $^{+0.7}_{0}$ | 8.0 | 8.8 | 6.9 | $^{+0.8}_{0}$ | 9.4 | 10.4 | 8.3 | $^{+1.0}_{0}$ |
| 63 | 0.25 | 8.4 | 9.3 | 7.1 | $^{+0.9}_{0}$ | 10.0 | 11.0 | 8.6 | $^{+1.0}_{0}$ | 11.8 | 13.0 | 10.5 | $^{+1.2}_{0}$ |
| 75 | 0.30 | 9.6 | 11.0 | 8.4 | $^{+1.0}_{0}$ | 11.5 | 13.0 | 10.3 | $^{+1.2}_{0}$ | 13.8 | 15.4 | 12.5 | $^{+1.4}_{0}$ |
| 90 | 0.35 | 11.5 | 12.9 | 10.1 | $^{+1.2}_{0}$ | 13.7 | 15.2 | 12.3 | $^{+1.4}_{0}$ | 16.4 | 18.2 | 15.0 | $^{+1.6}_{0}$ |
| 110 | 0.35 | 13.7 | 15.2 | 12.3 | $^{+1.4}_{0}$ | 16.6 | 18.3 | 15.1 | $^{+1.7}_{0}$ | 19.8 | 21.8 | 18.3 | $^{+2.0}_{0}$ |

## 2.5.18 无规共聚聚丙烯（PPR）塑铝稳态复合管管材物理力学性能（表 2-122）

**表 2-122 无规共聚聚丙烯（PPR）塑铝稳态复合管管材物理力学性能**

| 项目 | 试验参数 | | | | | 试验数量 | 指标 |
|---|---|---|---|---|---|---|---|
| | 温度/℃ | 时间/h | 静液压试验压力/MPa | | | | |
| | | | S4 | S3.2 | S2.5 | | |
| 纵向回缩率 | 135±2 | $e_n$≤8mm：1<br>8mm<$e_n$≤16mm：2<br>$e_n$>16mm：4 | — | | | 3 | ≤2% |
| 静液压试验 | 20 | 1 | 4.00 | 5.00 | 6.40 | 3 | 无破裂<br>无渗漏 |
| | 95 | 22 | 1.05 | 1.31 | 1.68 | | |
| | 95 | 165 | 0.95 | 1.19 | 1.52 | | |
| | 95 | 1000 | 0.88 | 1.09 | 1.40 | | |
| 静液压状态下的热稳定性试验 | 110 | 8760 | 0.48 | 0.59 | 0.76 | 1 | 无破裂<br>无渗漏 |
| 熔体质量流动速率 MFR(230℃/2.16kg) g/10min | | | | | | 3 | 变化率≤原料的 30% |

管环最小平均剥离力

| 公称外径 $d_n$/mm | 20 | 25 | 32 | 40 | 50 | 63 | 75 | 90 | 110 |
|---|---|---|---|---|---|---|---|---|---|
| 管环最小平均剥离力/N | 28 | 30 | 35 | 40 | 50 | 60 | 70 | 75 | 80 |

## 2.5.19 聚丙烯（PP）静音排水管平均外径、壁厚、内外层厚度及允许偏差（表 2-123）

**表 2-123 聚丙烯（PP）静音排水管平均外径、壁厚、内外层厚度及允许偏差** mm

| 公称外径 $d_n$ | 平均外径 $d_{em}$ | | 壁厚 | | 内、外层厚度 |
|---|---|---|---|---|---|
| | 最小平均外径 | 最大平均外径 | 公称壁厚 | 允许偏差 | |
| 50 | 50.0 | 50.3 | 3.2 | $^{+0.3}_{0}$ | 0.3～0.5 |
| 75 | 75.0 | 75.3 | 3.8 | $^{+0.4}_{0}$ | 0.4～0.6 |
| 110 | 110.0 | 110.4 | 4.5 | $^{+0.5}_{0}$ | 0.5～0.7 |
| 160 | 160.0 | 160.5 | 5.0 | $^{+0.6}_{0}$ | 0.6～0.8 |
| 200 | 200.0 | 200.6 | 6.5 | $^{+0.6}_{0}$ | 0.8～1.0 |

## 2.5.20 聚丙烯（PP）静音排水管密封圈连接型管材承口尺寸及偏差（表 2-124）

**表 2-124 聚丙烯（PP）静音排水管密封圈连接型管材承口尺寸及偏差** mm

| 公称外径 $d_n$ | 承口平均内径 $d_{sm}$ | | 承口最小配合深度 | 承口最大外径 |
|---|---|---|---|---|
| | 最小平均内径 | 最大平均内径 | | |
| 50 | 50.5 | 50.8 | 20 | 64 |
| 75 | 75.5 | 75.8 | 25 | 90 |
| 110 | 110.6 | 111.0 | 32 | 129 |
| 160 | 160.6 | 161.0 | 42 | 185 |
| 200 | 200.8 | 201.8 | 94 | 230 |

## 2.5.21 聚丙烯（PP）静音排水管密封圈连接型管件承口和插口尺寸及偏差（表 2-125）

**表 2-125 聚丙烯（PP）静音排水管，密封圈连接型管件承口和插口尺寸及偏差** mm

| 公称外径 $d_n$ | 承口最小配合深度 | 插口最小长度 | 承口平均内径 $d_{sm}$ | | 管件壁厚 | |
|---|---|---|---|---|---|---|
| | | | 最小平均内径 | 最大平均内径 | 公称壁厚 | 允许偏差 |
| 50 | 20 | 40 | 50.5 | 50.8 | 3.2 | $^{+0.3}_{0}$ |
| 75 | 25 | 45 | 75.5 | 75.8 | 3.8 | $^{+0.4}_{0}$ |

续表

| 公称外径 $d_n$ | 承口最小配合深度 | 插口最小长度 | 承口平均内径 $d_{sm}$ | | 管件壁厚 | |
|---|---|---|---|---|---|---|
| | | | 最小平均内径 | 最大平均内径 | 公称壁厚 | 允许偏差 |
| 110 | 30 | 50 | 110.6 | 111.0 | 4.5 | $^{+0.5}_{0}$ |
| 160 | 35 | 55 | 160.6 | 161.0 | 5.0 | $^{+0.6}_{0}$ |
| 200 | 44 | 60 | 200.8 | 201.8 | 6.5 | $^{+0.6}_{0}$ |

说明：承插口深度方向允许有1°以下脱模锥度。

## 2.5.22 聚丙烯（PP）静音排水管管材物理力学性能（表2-126）

**表2-126 聚丙烯（PP）静音排水管管材物理力学性能**

| 项目 | 要求 | | 项目 | 要求 | |
|---|---|---|---|---|---|
| | $d_n$≤110 | $d_n$>110 | | $d_n$≤110 | $d_n$>110 |
| 密度/(kg/m³) | 1200～1800 | | 落锤冲击试验/TIR(0℃) | ≤10% | |
| 钢环度/(kN/m²) | ≥12 | ≥6 | 纵向回缩率/% | ≤3%，且不分裂、不分脱 | |
| 扁平试验 | 不破裂、不分脱 | | 维卡软化温度/℃ | ≥143 | |

## 2.5.23 PP管的规格（表2-127）

**表2-127 PP管的规格** mm

| 外径 | 公称通径 | 外径偏差 | 0.3MPa | 0.4MPa | 0.6MPa | 0.8MPa | 1.0MPa |
|---|---|---|---|---|---|---|---|
| ϕ25 | DN20 | ±0.3 | | | | 1.7 | 2.1 |
| ϕ32 | DN25 | ±0.3 | | | 1.7 | 2.2 | 2.7 |
| ϕ40 | DN32 | ±0.4 | | | 2.0 | 2.7 | 3.3 |
| ϕ50 | DN40 | ±0.5 | | 1.8 | 2.6 | 3.4 | 4.2 |
| ϕ63 | DN50 | ±0.5 | | 2.2 | 3.3 | 4.3 | 5.2 |
| ϕ75 | DN65 | ±0.7 | 2.0 | 2.6 | 3.9 | 5.1 | 6.2 |
| ϕ90 | DN80 | ±0.9 | 2.4 | 3.2 | 4.7 | 6.1 | 7.5 |
| ϕ110 | DN100 | ±1.0 | 2.9 | 3.9 | 5.7 | 7.4 | 9.1 |
| ϕ125 | DN100 | ±1.2 | 3.3 | 4.4 | 6.5 | 8.4 | 10.4 |
| ϕ140 | DN125 | ±1.3 | 3.7 | 4.9 | 7.2 | 9.5 | 11.6 |
| ϕ160 | DN150 | ±1.5 | 4.2 | 5.6 | 8.3 | 10.8 | 13.3 |
| ϕ180 | DN150 | ±1.7 | 4.8 | 6.3 | 9.3 | 12.2 | 14.9 |
| ϕ200 | DN180 | ±1.8 | 5.3 | 7.0 | 10.3 | 13.5 | 16.6 |
| ϕ225 | DN200 | ±2.1 | 6.0 | 7.9 | 11.6 | 15.2 | 18.7 |
| ϕ250 | DN225 | ±2.3 | 6.6 | 8.7 | 12.9 | 16.9 | 20.7 |
| ϕ280 | DN250 | ±2.6 | 7.4 | 9.8 | 14.4 | 18.9 | 23.2 |
| ϕ315 | DN300 | ±2.9 | 8.3 | 11.0 | 16.2 | 21.2 | 26.1 |
| ϕ355 | DN350 | ±3.2 | 9.4 | 12.4 | 18.3 | 23.9 | 29.4 |
| ϕ400 | DN400 | ±3.6 | 10.6 | 14.0 | 20.6 | 27.0 | 33.1 |
| ϕ450 | DN450 | ±4.1 | 11.9 | 15.7 | 23.1 | 30.3 | 37.3 |
| ϕ500 | DN500 | ±4.5 | 13.2 | 17.5 | 25.7 | 33.7 | *41.4 |
| ϕ560 | DN550 | ±5.1 | 14.8 | 19.6 | 28.7 | 37.7 | *46.4 |
| ϕ630 | DN600 | ±5.5 | 16.6 | 22.0 | 32.4 | *42.4 | *52.2 |
| ϕ710 | DN700 | ±6.0 | 18.7 | 24.8 | 36.5 | *47.8 | *58.8 |
| ϕ800 | DN800 | ±6.8 | 21.1 | 27.9 | *41.1 | *53.9 | |
| ϕ900 | DN900 | ±7.6 | 23.8 | 31.4 | *46.3 | *60.6 | |
| ϕ1000 | DN1000 | ±8.5 | 26.4 | 34.9 | *51.4 | | |
| ϕ1100 | DN1100 | ±9.3 | 29.0 | *38.4 | *56.5 | | |
| ϕ1200 | DN1200 | ±10.2 | 31.7 | *41.8 | *61.7 | | |

说明：(1) 0.3MPa只适用于风管系列；

(2) 带“*”的管道壁厚仅作为参考。

### 2.5.24 大口径 HDPE 双重壁管的物理性能参数（表 2-128）

表 2-128 大口径 HDPE 双重壁管的物理性能参数

| 项　目 | 单　位 | 参　数 | 项　目 | 单　位 | 参　数 |
|---|---|---|---|---|---|
| 密度 | $g/cm^2$ | 0.95～0.96 | 熔点 | ℃ | 138 |
| 冲击强度 | $kg \cdot cm/cm^2$ | 13 | 最低温度 | −60℃ | 以上 |
| 抗拉强度 | $kg/cm^2$ | 250～280 | 泊松比 | — | 0.45 |
| 伸长率 | % | 200～300 | 吸水率 | % | 0.008 |
| 比热容 | 4.18kJ/kg·℃ | 0.55 | 内电压 | kV/mm | 48 |
| 传热率 | W/cm·℃ | 0.25～0.25 | 线膨胀系数 | m/m·℃ | $11\times10^{-5}$ |
| 熔化温度 | ℃ | 121 | | | |

## 2.6 聚氯乙烯管道的规格与要求

### 2.6.1 塑料排水管的类型（表 2-129）

表 2-129 塑料排水管的类型

| 管材类型 | 管壁结构 | 生产工艺 | 接口形式 | 管径范围/mm |
|---|---|---|---|---|
| 硬聚氯乙烯(PVC-U)管材 | 双壁波纹管 | 挤出 | 承插式连接、橡胶圈密封 | $d_e$ 160～1200 |
| | 加筋管 | 挤出 | 承插式连接、橡胶圈密封 | $d_i$ 150～500 |
| | 平壁管 | 挤出 | 承插式连接、橡胶圈密封、粘接 | $d_e$ 160～630 |
| 聚乙烯(PE)管材 | 双壁波纹管 | 挤出 | 承插式连接、橡胶圈密封 | $d_e$ 160～1200 |
| | 内肋增强螺旋波纹管 | | 双承口连接、橡胶圈密封 | $d_i$ 150～1200 |
| | 钢塑复合缠绕管 | 缠绕 | 焊接、内套焊接、热熔等 | $d_i$ 600～1200 |
| | 双平壁钢塑复合管 | 挤出 | 焊接、卡箍连接、热收缩套连接、电热熔连接 | $d_i$ 300～1200 |

说明：$d_e$ 指外径系列，$d_i$ 指内径系列。

### 2.6.2 排水硬聚氯乙烯管外径与壁厚（表 2-130）

表 2-130 排水硬聚氯乙烯管外径及壁厚

| 公称外径 DN/mm | 平均外径极限偏差/mm | 壁厚/mm | | 公称外径 DN/mm | 平均外径极限偏差/mm | 壁厚/mm | |
|---|---|---|---|---|---|---|---|
| | | 基本尺寸 | 极限偏差 | | | 基本尺寸 | 极限偏差 |
| 40 | +0.3 −0 | 2.0 | +0.4 −0 | 110 | +0.4 −0 | 3.2 | +0.6 −0 |
| 50 | +0.3 −0 | 2.0 | +0.4 −0 | 125 | +0.4 −0 | 3.2 | +0.6 −0 |
| 75 | +0.3 −0 | 2.3 | +0.4 −0 | 160 | +0.5 −0 | 4.0 | +0.6 −0 |
| 90 | +0.3 −0 | 3.2 | +0.6 −0 | | | | |

### 2.6.3 UPVC 管 *DN* 与 $D_e$ 的对照

PVC 管 *DN* 与 $D_e$ 的对照见表 2-131。

表 2-131 PVC 管 *DN* 与 $D_e$ 的对照

| *DN* | $D_e$ | *DN* | $D_e$ | *DN* | $D_e$ |
|---|---|---|---|---|---|
| 20 | 25 | 100 | 110 | 250 | 250 |
| 25 | 32 | 110 | 125 | 275 | 280 |
| 32 | 40 | 125 | 140 | 300 | 315 |
| 40 | 50 | 150 | 160 | 350 | 355 |
| 50 | 63 | 175 | 180 | 400 | 400 |
| 70 | 75 | 200 | 200 | | |
| 80 | 90 | 225 | 225 | | |

### 2.6.4 给水硬聚氯乙烯管（PVC-U）管材公称压力与规格尺寸（表 2-132）。

表 2-132 给水硬聚氯乙烯管（PVC-U）管材公称压力与规格尺寸 mm

| | 公称外径 $d_n$ | 不同公称压力 $PN$(MPa)的管材公称壁厚 $e_n$ | | | | |
|---|---|---|---|---|---|---|
| | | 0.60 | 0.80 | 1.00 | 1.25 | 1.60 |
| 粘接连接承插口 | 20 | | | | | 2.0 |
| | 25 | | | | | 2.0 |
| | 32 | | | | 2.0 | 2.4 |
| | 40 | | | 2.0 | 2.4 | 3.0 |
| | 50 | | 2.0 | 2.4 | 3.0 | 3.7 |
| | 63 | 2.0 | 2.5 | 3.0 | 3.8 | 4.7 |
| | 75 | 2.2 | 2.9 | 3.6 | 4.5 | 5.6 |
| | 90 | 2.7 | 3.5 | 4.3 | 5.4 | 6.7 |
| | 110 | 3.2 | 3.9 | 4.8 | 5.7 | 7.2 |
| 橡胶圈连承插口 | 63 | 2.0 | 2.5 | 3.0 | 3.8 | 4.7 |
| | 75 | 2.2 | 2.9 | 3.6 | 4.5 | 5.6 |
| | 90 | 2.7 | 3.5 | 4.3 | 5.4 | 6.7 |
| | 110 | 3.2 | 3.9 | 4.8 | 5.7 | 7.2 |
| | 125 | 3.7 | 4.4 | 5.4 | 6.0 | 7.4 |
| | 140 | 4.1 | 4.9 | 6.1 | 6.7 | 8.3 |
| | 160 | 4.7 | 5.6 | 7.0 | 7.7 | 9.5 |
| | 180 | 5.3 | 6.3 | 7.8 | 8.6 | 10.7 |
| | 200 | 5.9 | 7.3 | 8.7 | 9.6 | 11.9 |
| | 225 | 6.6 | 7.9 | 9.8 | 10.8 | 13.4 |
| | 250 | 7.3 | 8.8 | 10.9 | 11.9 | 14.8 |
| | 280 | 8.2 | 9.8 | 12.2 | 13.4 | 16.6 |
| | 315 | 9.2 | 11.0 | 13.7 | 15.0 | 18.7 |

### 2.6.5 给水硬聚氯乙烯管（PVC-U）管材物理、力学性能与卫生指标（表 2-133）

表 2-133 给水硬聚氯乙烯管（PVC-U）管材物理、力学性能与卫生指标

| 分类 | 项　目 | 技术指标 |
|---|---|---|
| 卫生指标 | 铅的萃取值 | 第一次≤1.0mg/L　第三次≤0.3mg/L |
| | 锡的萃取值 | 第三次≤0.02mg/L |
| | 镉的萃取值 | 三次萃取　每次≤0.02mg/L |
| | 汞的萃取值 | 三次萃取　每次≤0.02mg/L |
| | 氯乙烯单体含量 | ≤1.0mg/kg |
| 物理性能 | 密度 | 1350～1460kg/m³ |
| | 维卡软化温度 | ≥80℃ |
| | 纵向回缩率 | ≤5% |
| | 热导率 | 0.29W/(m·K) |
| | 二氯甲烷浸渍试验 | 表面无变化(15℃,15min) |
| | 线膨胀系数 | 0.06～0.08mm/(m·℃) |

续表

| 分类 | 项 目 | 技术指标 |
|---|---|---|
| 力学性能 | 落锤冲击试验 | 0℃ TIR≤5% |
| | 液压试验 | 无破裂无渗漏 |
| | 连接密封试验 | 无破裂无渗漏 |

## 2.6.6 排水 UPVC 管管材外径和壁厚（表 2-134）。

表 2-134 排水 UPVC 管管材外径和壁厚

| 公称外径/mm | 平均外径/极限偏差/mm | 壁厚/mm | | 长度 L/mm | |
|---|---|---|---|---|---|
| | | 基本尺寸 | 极限尺寸 | 基本尺寸 | 极限偏差 |
| 40 | +0.3/0 | 2.0 | +0.4 | 4000/6000 | ±10 |
| 50 | +0.3/0 | 2.0 | +0.4 | | |
| 75 | +0.3/0 | 2.3 | +0.4 | | |
| 90 | +0.3/0 | 3.2 | +0.6 | | |
| 110 | +0.4/0 | 3.2 | +0.6 | | |
| 125 | +0.4/0 | 3.2 | +0.6 | | |
| 160 | +0.5/0 | 4.0 | +0.6 | | |

说明：仅供参考。

## 2.6.7 UPVC 管材壁厚的规格（表 2-135）

表 2-135 UPVC 管材壁厚的规格 mm

| PVC管内尺寸 | | 中国台湾CNS规格 | | 日本JIS规格 | | 国内DIN规格 | | 美国ANSI | 英国BS | 美标SCH80 | | 美标SCH40 | |
|---|---|---|---|---|---|---|---|---|---|---|---|---|---|
| mm | 英制 | 管外径 | 管厚度 | 管外径 | 管厚度最大值 | 管外径 | 管厚度 | 管外径 | 管外径 | 管外径 | 管厚度 | 管外径 | 管厚度 |
| 10 | 3/8″ | 18±0.2 | 2.2±0.6 | 18±0.2 | 2.5±0.2 | 16+0.2 | | 17.14 | 17.14 | | | | |
| 15 | 1/2″ | 22±0.2 | 2.7±0.6 | 22±0.2 | 3.0±0.3 | 20+0.2 | 2.0+0.4 | 21.34 | 21.34 | 21.3±0.1 | 3.985±0.255 | 21.3±0.1 | 3.025±0.255 |
| 20 | 3/4″ | 26±0.2 | 2.7±0.6 | 26±0.2 | 3.0±0.3 | 25+0.3 | 3.0+0.5 | 26.26 | 26.67 | 26.7±0.1 | 4.165±0.255 | 26.7±0.1 | 3.125±0.255 |
| 25 | 1″ | 34±0.3 | 3.2±0.6 | 32±0.3 | 3.5±0.3 | 32+0.3 | 4.0+0.6 | 33.4 | 33.4 | 33.4±0.13 | 4.815±0.265 | 33.4±0.13 | 3.635±0.255 |
| 32 | $1\frac{1}{4}$″ | 42±0.3 | 3.2±0.6 | 38±0.3 | 3.5±0.3 | 40+0.3 | 4.6+0.7 | 42.16 | 42.16 | 42.2±0.13 | 5.14±0.29 | 42.2±0.13 | 3.185±0.255 |
| 40 | $1\frac{1}{2}$″ | 48±0.4 | 3.6±0.8 | 48±0.4 | 4.0±0.4 | 50+0.3 | 5.3+0.8 | 48.26 | 48.26 | 48.3±0.15 | 5.385±0.305 | 48.3±0.15 | 3.94±0.25 |
| 50 | 2″ | 60±0.5 | 4.1±0.8 | 60±0.5 | 4.5±0.4 | 63+0.3 | 6.0+0.9 | 60.23 | 60.23 | 60.3±0.15 | 5.87±0.33 | 60.3±0.15 | 4.165±0.255 |
| 65 | $2\frac{1}{2}$″ | 76±0.5 | 4.1±0.8 | 76±0.5 | 4.5±0.4 | 75+0.3 | 6.6+1.0 | 73.02 | 73.02 | 73±0.18 | 7.43±0.42 | 73±0.18 | 5.465±0.305 |
| 80 | 3″ | 89±0.5 | 5.1±0.8 | 89±0.5 | 5.9±0.4 | 90+0.3 | 7.3+1.1 | 88.9 | 88.9 | 88.9±0.2 | 8.075±0.455 | 88.9±0.2 | 5.82±0.33 |
| 100 | 4″ | 114±0.6 | 6.6±1.0 | 114±0.6 | 7.1±0.5 | 110+0.4 | 8.0+1.2 | 114.3 | 114.3 | 114.3±0.23 | 9.07±0.51 | 114.3±0.23 | 6.375±0.355 |
| 125 | 5″ | 140±0.8 | 7.5±1.2 | 140±0.8 | 7.5±0.5 | 140+0.4 | 9.3+1.4 | 141.3 | 141.3 | | | | |
| 150 | 6″ | 165±1.0 | 8.5±1.4 | 165±1.0 | 9.6±0.7 | 160+0.5 | 10+1.5 | 168.28 | 168.3 | 168.3±0.28 | 11.63±0.66 | 168.3±0.28 | 7.54±0.43 |

续表

| PVC管内尺寸 | | 中国台湾CNS规格 | | 日本JIS规格 | | 国内DIN规格 | | 美国ANSI | 英国BS | 美标SCH80 | | 美标SCH40 | |
|---|---|---|---|---|---|---|---|---|---|---|---|---|---|
| mm | 英制 | 管外径 | 管厚度 | 管外径 | 管厚度最大值 | 管外径 | 管厚度 | 管外径 | 管外径 | 管外径 | 管厚度 | 管外径 | 管厚度 |
| 200 | 8″ | 216±1.3 | 10.5±1.4 | 216±1.3 | 11.0±0.7 | 225+0.7 | 12+1.8 | 219.08 | 219.08 | 219.1±0.38 | 13.46±0.76 | 219.1±0.38 | 8.675±0.495 |
| 250 | 10″ | 267±1.6 | 13.0±1.8 | 267±1.6 | 13.6±0.9 | 250+0.8 | 12.6+1.9 | 273.05 | 273.05 | 273.1±0.38 | 15.96±0.9 | 273.1±0.38 | 9.83±0.56 |
| 300 | 12″ | 3.18±1.9 | 15.5±2.2 | 318±1.9 | 16.2±1.1 | 315 | 14+2.1 | 323.85 | 323.85 | 323.9±0.38 | 18.49±1.04 | 323.9±0.38 | 10.93±0.62 |
| 350 | 14″ | 370±2.2 | 18.0±2.6 | | | | | | | | | | |
| 400 | 16″ | 420±2.6 | 20.5±3.0 | | | | | | | | | | |
| 450 | 18″ | 470±3.0 | 22.9±3.4 | | | | | | | | | | |
| 500 | 20″ | 520±3.5 | 25.3±3.8 | | | | | | | | | | |
| 600 | 24″ | 630±4.0 | 30.7±4.0 | | | | | | | | | | |

## 2.6.8 UPVC排水管管材和管件物理力学性能（表2-136）

**表2-136 UPVC排水管管材和管件物理力学性能**

| 类别 | 项目 | 指标 | | 类别 | 项目 | 指标 | |
|---|---|---|---|---|---|---|---|
| | | 优等品 | 合格品 | | | 优等品 | 合格品 |
| 管件 | 维卡软化温度 | ≥77℃ | ≥70℃ | 管材 | 维卡软化温度 | ≥79℃ | ≥79℃ |
| | 烘箱试验 | 无气泡剥离现象 | 无气泡剥离现象 | | 扁平试验 | 无破裂 | 无破裂 |
| | 坠落试验 | 无破裂 | 无破裂 | | 落锤冲击试验(20℃) | TIR≤10% | 9/10通过 |
| 管材 | 拉伸曲服强度 | ≥43MPa | ≥40MPa | | 落锤冲击试验(0℃) | TIR≤5% | 9/10通过 |
| | 断裂伸长率 | ≥80% | ≥80% | | 纵向回缩率 | ≤5.0% | ≤9.0% |

## 2.6.9 给水UPVC管管材外径和壁厚（表2-137）

**表2-137 给水UPVC管管材外径和壁厚**

| 公称外径/mm | 壁厚/mm | | | | |
|---|---|---|---|---|---|
| | 公称压力 | | | | |
| | 0.6MPa | 0.8MPa | 1.0MPa | 1.25MPa | 1.6MPa |
| 20 | | | | | 2.0 |
| 25 | | | | | 2.0 |
| 32 | | | | 2.0 | 2.4 |
| 40 | | | 2.0 | 2.4 | 3.0 |
| 50 | | 2.0 | 2.4 | 3.0 | 3.7 |
| 63 | 2.0 | 2.5 | 3.0 | 3.8 | 4.7 |
| 75 | 2.2 | 2.9 | 3.6 | 4.5 | 5.6 |
| 90 | 2.7 | 3.5 | 4.3 | 5.4 | 6.7 |
| 110 | 3.2 | 3.9 | 4.8 | 5.7 | 7.2 |
| 125 | 3.7 | 4.4 | 5.4 | 6.0 | 7.4 |
| 140 | 4.1 | 4.9 | 6.1 | 6.7 | 8.3 |
| 160 | 4.7 | 5.6 | 7.0 | 7.7 | 9.5 |

续表

| 公称外径/mm | 壁厚/mm | | | | |
|---|---|---|---|---|---|
| | 公称压力 | | | | |
| | 0.6MPa | 0.8MPa | 1.0MPa | 1.25MPa | 1.6MPa |
| 180 | 5.3 | 6.3 | 7.8 | 8.6 | 10.7 |
| 200 | 5.9 | 7.3 | 8.7 | 9.6 | 11.9 |
| 225 | 6.6 | 7.9 | 9.8 | 10.8 | 13.4 |
| 250 | 7.3 | 8.8 | 10.9 | 11.9 | 14.8 |
| 280 | 8.2 | 9.8 | 12.2 | 13.4 | 16.6 |
| 315 | 9.2 | 11.0 | 13.7 | 15.0 | 18.7 |
| 355 | 9.4 | 12.5 | 14.8 | 16.9 | 21.1 |
| 400 | 10.6 | 14.0 | 15.3 | 19.1 | 23.7 |
| 450 | 12.0 | 15.8 | 17.2 | 21.5 | 26.7 |
| 500 | 13.3 | 16.8 | 19.1 | 23.9 | 29.7 |
| 560 | 14.9 | 17.2 | 21.4 | 26.7 | |
| 800 | 21.2 | 24.8 | 30.6 | | |

## 2.6.10　UPVC 建筑用排水用消音管材（表 2-138）

表 2-138　UPVC 建筑用排水用消音管材

| 公称外径/mm | 平均年外径偏差/mm | 壁厚及偏差/mm | 长度/m | 公称外径/mm | 平均年外径偏差/mm | 壁厚及偏差/mm | 长度/m |
|---|---|---|---|---|---|---|---|
| 75 | $^{+0.3}_{0}$ | $2.3^{+0.4}_{0}$ | 4 或 6 | 160 | $^{+0.5}_{0}$ | $4.0^{+0.6}_{0}$ | 4 或 6 |
| 110 | $^{+0.4}_{0}$ | $3.2^{+0.6}_{0}$ | 4 或 6 | | | | |

## 2.6.11　UPVC 建筑排水用管材（表 2-139）

表 2-139　UPVC 建筑排水用管材

| 公称外径/mm | 平均外径偏差/mm | 壁厚及偏差/mm | 长度/m | 公称外径/mm | 平均外径偏差/mm | 壁厚及偏差/mm | 长度/m |
|---|---|---|---|---|---|---|---|
| 40 | $^{+0.3}_{0}$ | $2.0^{+0.4}_{0}$ | 4 或 6 | 110 | $^{+0.4}_{0}$ | $3.2^{+0.6}_{0}$ | 4 或 6 |
| 50 | $^{+0.3}_{0}$ | $2.0^{+0.4}_{0}$ | 4 或 6 | 160 | $^{+0.5}_{0}$ | $4.0^{+0.6}_{0}$ | 4 或 6 |
| 75 | $^{+0.3}_{0}$ | $2.3^{+0.4}_{0}$ | 4 或 6 | | | | |

## 2.6.12　UPVC 低压输水灌溉用管材（表 2-140）

表 2-140　UPVC 低压输水灌溉用管材

| 公称外径 | 平均外径偏差 | 0.25MPa 壁厚及偏差/mm | 0.32MPa 壁厚及偏差/mm | 公称外径 | 平均外径偏差 | 0.25MPa 壁厚及偏差/mm | 0.32MPa 壁厚及偏差/mm |
|---|---|---|---|---|---|---|---|
| 75 | $^{+0.3}_{0}$ | | $1.5^{+0.4}_{0}$ | 140 | $^{+0.5}_{0}$ | $2.2^{+0.4}_{0}$ | $2.8^{+0.5}_{0}$ |
| 90 | $^{+0.3}_{0}$ | | $1.8^{+0.4}_{0}$ | 160 | $^{+0.5}_{0}$ | $2.5^{+0.4}_{0}$ | $3.2^{+0.5}_{0}$ |
| 110 | $^{+0.4}_{0}$ | $1.8^{+0.4}_{0}$ | $2.2^{+0.4}_{0}$ | 200 | $^{+0.6}_{0}$ | $3.2^{+0.6}_{0}$ | $3.9^{+0.6}_{0}$ |
| 125 | $^{+0.4}_{0}$ | $2.0^{+0.4}_{0}$ | $2.5^{+0.4}_{0}$ | | | | |

## 2.6.13 UPVC 给水管材系列（表 2-141）

表 2-141 UPVC 给水管材系列

| 公称外径 | 平均外径偏差 | 0.63MPa 壁厚及偏差 | 0.8MPa 壁厚及偏差 | 1.0MPa 壁厚及偏差 | 1.25MPa 壁厚及偏差 | 1.6MPa 壁厚及偏差 | 2.0MPa 壁厚及偏差 | 2.5MPa 壁厚及偏差 |
|---|---|---|---|---|---|---|---|---|
| 20 | $^{+0.3}_{0}$ | | | | | | $2.0^{+0.4}_{0}$ | $2.0^{+0.5}_{0}$ |
| 25 | $^{+0.3}_{0}$ | | | | | $2.0^{+0.4}_{0}$ | $2.3^{+0.5}_{0}$ | $2.8^{+0.5}_{0}$ |
| 32 | $^{+0.3}_{0}$ | | | | $2.0^{+0.4}_{0}$ | $2.4^{+0.5}_{0}$ | $2.9^{+0.5}_{0}$ | $3.6^{+0.6}_{0}$ |
| 40 | $^{+0.3}_{0}$ | | | $2.0^{+0.4}_{0}$ | $2.4^{+0.5}_{0}$ | $3.0^{+0.5}_{0}$ | $3.7^{+0.6}_{0}$ | $4.5^{+0.7}_{0}$ |
| 50 | $^{+0.3}_{0}$ | | $2.0^{+0.4}_{0}$ | $2.4^{+0.5}_{0}$ | $3.0^{+0.5}_{0}$ | $3.7^{+0.6}_{0}$ | $4.6^{+0.7}_{0}$ | $5.6^{+0.9}_{0}$ |
| 63 | $^{+0.3}_{0}$ | $2.0^{+0.4}_{0}$ | $2.5^{+0.5}_{0}$ | $3.0^{+0.5}_{0}$ | $3.7^{+0.6}_{0}$ | $4.7^{+0.8}_{0}$ | $5.8^{+0.9}_{0}$ | $7.1^{+1.1}_{0}$ |
| 75 | $^{+0.3}_{0}$ | $2.3^{+0.5}_{0}$ | $2.9^{+0.5}_{0}$ | $3.6^{+0.6}_{0}$ | $4.5^{+0.7}_{0}$ | $5.6^{+0.9}_{0}$ | $6.9^{+1.1}_{0}$ | $8.4^{+1.3}_{0}$ |
| 90 | $^{+0.3}_{0}$ | $2.8^{+0.5}_{0}$ | $3.5^{+0.6}_{0}$ | $4.3^{+0.7}_{0}$ | $5.4^{+0.9}_{0}$ | $6.7^{+1.1}_{0}$ | $8.2^{+1.3}_{0}$ | $10.1^{+1.6}_{0}$ |
| 110 | $^{+0.4}_{0}$ | $2.7^{+0.5}_{0}$ | $3.4^{+0.6}_{0}$ | $4.2^{+0.7}_{0}$ | $5.3^{+0.8}_{0}$ | $6.6^{+1.0}_{0}$ | $8.1^{+1.3}_{0}$ | $10.0^{+1.5}_{0}$ |
| 125 | $^{+0.4}_{0}$ | $3.1^{+0.6}_{0}$ | $3.9^{+0.6}_{0}$ | $4.8^{+0.8}_{0}$ | $6.0^{+0.9}_{0}$ | $7.4^{+1.2}_{0}$ | $9.2^{+1.4}_{0}$ | $11.4^{+1.8}_{0}$ |
| 140 | $^{+0.5}_{0}$ | $3.5^{+0.6}_{0}$ | $4.3^{+0.7}_{0}$ | $5.4^{+0.9}_{0}$ | $6.7^{+1.1}_{0}$ | $8.3^{+1.3}_{0}$ | $10.3^{+1.6}_{0}$ | $12.7^{+2.0}_{0}$ |
| 160 | $^{+0.5}_{0}$ | $4.0^{+0.6}_{0}$ | $4.9^{+0.8}_{0}$ | $6.2^{+1.0}_{0}$ | $7.7^{+1.2}_{0}$ | $9.5^{+1.5}_{0}$ | $11.8^{+1.8}_{0}$ | 14.6+2.2 |
| 180 | $^{+0.6}_{0}$ | $4.4^{+0.7}_{0}$ | $5.5^{+0.9}_{0}$ | $6.9^{+1.1}_{0}$ | $8.6^{+1.3}_{0}$ | $10.7^{+1.7}_{0}$ | $13.3^{+2.0}_{0}$ | 16.4+2.5 |
| 200 | $^{+0.6}_{0}$ | $4.9^{+0.8}_{0}$ | $6.2^{+1.0}_{0}$ | $7.7^{+1.2}_{0}$ | $9.6^{+1.5}_{0}$ | $11.9^{+1.8}_{0}$ | $14.7^{+2.3}_{0}$ | 18.2+2.8 |
| 225 | $^{+0.7}_{0}$ | $5.5^{+0.9}_{0}$ | $6.9^{+1.1}_{0}$ | $8.6^{+1.3}_{0}$ | $10.8^{+1.7}_{0}$ | $13.4^{+2.1}_{0}$ | $16.6^{+2.5}_{0}$ | |
| 250 | $^{+0.8}_{0}$ | $6.2^{+1.0}_{0}$ | $7.7^{+1.2}_{0}$ | $9.6^{+1.5}_{0}$ | $11.9^{+1.8}_{0}$ | $14.8^{+2.3}_{0}$ | $18.4^{+2.8}_{0}$ | |
| 280 | $^{+0.9}_{0}$ | 6.9+1.1 | $8.6^{+1.3}_{0}$ | $10.7^{+1.7}_{0}$ | $13.4^{+2.1}_{0}$ | $16.6^{+2.5}_{0}$ | $20.6^{+3.1}_{0}$ | |
| 315 | $^{+1.0}_{0}$ | $7.7^{+1.2}_{0}$ | $9.7^{+1.5}_{0}$ | $12.1^{+1.9}_{0}$ | $15.0^{+2.3}_{0}$ | $18.7^{+2.9}_{0}$ | | |
| 355 | $^{+1.1}_{0}$ | $8.7^{+1.4}_{0}$ | $10.9^{+1.7}_{0}$ | $13.6^{+2.1}_{0}$ | $16.9^{+2.6}_{0}$ | $21.1^{+3.2}_{0}$ | | |
| 400 | $^{+1.2}_{0}$ | $9.8^{+1.5}_{0}$ | $12.3^{+1.9}_{0}$ | $15.3^{+2.3}_{0}$ | $19.1^{+2.9}_{0}$ | | | |
| 450 | $^{+1.4}_{0}$ | $11.0^{+1.7}_{0}$ | $13.8^{+2.1}_{0}$ | $17.2^{+2.6}_{0}$ | $21.5^{+3.3}_{0}$ | | | |
| 500 | $^{+1.5}_{0}$ | $12.3^{+1.8}_{0}$ | $15.3^{+2.3}_{0}$ | $19.1^{+2.9}_{0}$ | | | | |
| 630 | $^{+1.9}_{0}$ | $15.4^{+2.4}_{0}$ | $19.3^{+2.9}_{0}$ | $24.1^{+3.7}_{0}$ | | | | |

## 2.6.14 UPVC 放口规格（表 2-142、表 2-143）

表 2-142 UPVC 放口规格 1

| 公称外径/mm | | 20 | 25 | 32 | 40 | 50 | 63 | 75 | 90 | 110 | 125 | 140 |
|---|---|---|---|---|---|---|---|---|---|---|---|---|
| 胶接口/mm | | 26 | 32 | 39 | 48 | 58 | 72 | 83 | 100 | 120 | 135 | 150 |
| 活套放口 | $L_1$/mm | | | | | | 77.0±4.0 | 87.0±4.0 | 97.0±4.0 | 117.0±5.0 | 127.0±5.0 | 137.0±5.0 |
| | $L_2$/mm | | | | | | 88～74 | 70～75 | 90～95 | 90～102 | 100～110 | 107～117 |

表 2-143 UPVC 放口规格 2

| 公称外径/mm | | 160 | 200 | 225 | 250 | 315 | 355 | 400 |
|---|---|---|---|---|---|---|---|---|
| 胶接口/mm | | 170 | 210 | 240 | 265 | 320 | | |
| 活套放口 | $L_1$/mm | 152.0±5.0 | 192.0±5.0 | 210.0±5.0 | 220.0±6.0 | | | |
| | $L_2$/mm | 125～135 | 170～180 | 180～200 | 200～210 | 240～260 | 250～270 | 265～285 |

## 2.6.15 UPVC 直接头的规格（表 2-144）

表 2-144 UPVC 直接头的规格 mm

| 尺寸 | 外径 | 承插口径 | | 承插深度 | 长度 |
|---|---|---|---|---|---|
| | $D_o$ | $d_1$ | $d_2$ | $I$ | $L$ |
| DN15 | 26 | 20.3 | 19.9 | 16 | 35 |
| DN20 | 32 | 25.3 | 24.9 | 19 | 41 |
| DN25 | 41 | 32.3 | 31.9 | 22 | 47 |
| DN32 | 50 | 40.3 | 39.9 | 26 | 55 |
| DN40 | 63 | 50.3 | 49.9 | 31 | |

## 2.6.16 UPVC 直接头 SCH80 的规格（表 2-145）

表 2-145 UPVC 直接头 SCH80 的规格 mm

| 尺寸 | 外径 | 承插口径 | | 承插深度 | 长度 |
|---|---|---|---|---|---|
| | $D_o$ | $d_1$ | $d_2$ | $I$ | $L$ |
| DN15 | 26 | 20.3 | 19.9 | 16 | 35 |
| DN20 | 32 | 25.3 | 24.9 | 19 | 41 |
| DN25 | 41 | 32.3 | 31.9 | 22 | 47 |
| DN32 | 50 | 40.3 | 39.9 | 26 | 55 |
| DN40 | 63 | 50.3 | 49.9 | 31 | |

## 2.6.17 UPVC 90°弯头的规格（表 2-146）

表 2-146 UPVC 90°弯头的规格 mm

| 公称直径 | 外径 $D_o$ | 承插口径 $d_1$ | 承插深度 $I$ | 高度 $I+J\times2$ | 公称直径 | 外径 $D_o$ | 承插口径 $d_1$ | 承插深度 $I$ | 高度 $I+J\times2$ |
|---|---|---|---|---|---|---|---|---|---|
| DN15 | 26 | 20 | 16 | 38 | DN80 | 112 | 90 | 51 | 147 |
| DN20 | 32 | 25 | 19 | 46 | DN100 | 133 | 110 | 61 | 177 |
| DN25 | 41 | 32 | 22 | 58 | DN125 | 163 | 140 | 76 | 225 |
| DN32 | 50.5 | 40 | 26 | 70 | DN150 | 186 | 160 | 86 | 252 |
| DN40 | 63 | 50 | 31 | 85 | DN200 | 261 | 225 | 119 | 349 |
| DN50 | 79.5 | 63 | 38 | 105 | DN250 | 290 | 250 | 131 | 387 |
| DN65 | 93 | 75 | 44 | 127 | DN300 | 364 | 315 | 163 | 489 |

## 2.6.18 UPVC 三通的规格（表 2-147）

表 2-147 UPVC 三通的规格 mm

| 公称直径 | 外径 $D$ | 承插口径 $d$ | 承插深度 $I$ | 高度 $L+D/2$ | 长度 $L\times2$ |
|---|---|---|---|---|---|
| $DN$15 | 26 | 20 | 16 | 40 | 54 |
| $DN$20 | 32 | 25 | 19 | 48.5 | 65 |
| $DN$25 | 41 | 32 | 22 | 60.5 | 80 |
| $DN$32 | 50.5 | 40 | 26 | 73 | 96 |
| $DN$40 | 63 | 50 | 31 | 89.5 | 116 |
| $DN$50 | 79.5 | 63 | 38 | 112 | 143 |
| $DN$65 | 93 | 75 | 44 | 130.5 | 168 |
| $DN$80 | 112 | 90 | 51 | 155 | 198 |
| $DN$100 | 133 | 110 | 61 | 185.5 | 238 |
| $DN$125 | 163 | 140 | 76 | 230.5 | 298 |
| $DN$150 | 186 | 160 | 86 | 262 | 338 |
| $DN$200 | 261 | 225 | 119 | 365 | 469 |
| $DN$250 | 290 | 250 | 131 | 404 | 518 |
| $DN$300 | 364 | 315 | 163 | 508 | 652 |

## 2.6.19 UPVC SCH80 三通的规格（表 2-148）

表 2-148 UPVC SCH80 三通的规格 mm

| 公称直径 | 外径 $D$ | 承插口径 $d$ | 承插深度 $I$ | 高度 $L+D/2$ | 长度 $L\times2$ |
|---|---|---|---|---|---|
| $DN$15 | 26 | 20 | 16 | 40 | 54 |
| $DN$20 | 32 | 25 | 19 | 48.5 | 65 |
| $DN$25 | 41 | 32 | 22 | 60.5 | 80 |
| $DN$32 | 50.5 | 40 | 26 | 73 | 96 |
| $DN$40 | 63 | 50 | 31 | 89.5 | 116 |
| $DN$50 | 79.5 | 63 | 38 | 112 | 143 |
| $DN$65 | 93 | 75 | 44 | 130.5 | 168 |
| $DN$80 | 112 | 90 | 51 | 155 | 198 |
| $DN$100 | 133 | 110 | 61 | 185.5 | 238 |
| $DN$125 | 163 | 140 | 76 | 230.5 | 298 |
| $DN$150 | 186 | 160 | 86 | 262 | 338 |
| $DN$200 | 261 | 225 | 119 | 365 | 469 |
| $DN$250 | 290 | 250 | 131 | 404 | 518 |
| $DN$300 | 364 | 315 | 163 | 508 | 652 |

## 2.6.20 UPVC 大小头同心异径管的规格

UPVC 大小头同心异径管的规格见表 2-149。

表 2-149 UPVC 大小头同心异径管的规格 mm

| 尺寸规格 | 大外径 | $D$ | 小外径 | $d_{e2}$ | $L$ | 尺寸规格 | 大外径 | $D$ | 小外径 | $d_{e2}$ | $L$ |
|---|---|---|---|---|---|---|---|---|---|---|---|
| 3/4″-1/2″ | 32 | 25 | 25 | 20 | 46 | 2″-$1\frac{1}{4}$″ | 75 | 63 | 50 | 40 | 88 |
| 1″-1/2″ | 40 | 32 | 25 | 20 | 52 | 2″-$1\frac{1}{2}$″ | 75 | 63 | 63 | 50 | 93 |
| 1″-3/4″ | 40 | 32 | 32 | 25 | 55 | | | | | | |
| $1\frac{1}{4}$″-1/2″ | 50 | 40 | 25 | 20 | 60 | $2\frac{1}{2}$″-$1\frac{1}{4}$″ | 90 | 75 | 50 | 40 | 101 |
| $1\frac{1}{4}$″-3/4″ | 50 | 40 | 32 | 25 | 63 | $2\frac{1}{2}$″-$1\frac{1}{2}$″ | 90 | 75 | 63 | 50 | 105 |
| $1\frac{1}{4}$″-1″ | 50 | 40 | 40 | 32 | 65 | $2\frac{1}{2}$″-2″ | 90 | 75 | 75 | 63 | 112 |
| $1\frac{1}{2}$″-3/4″ | 63 | 50 | 32 | 25 | 72 | 3″-$1\frac{1}{2}$″ | 110 | 90 | 63 | 50 | 118 |
| $1\frac{1}{2}$″-1″ | 63 | 50 | 40 | 32 | 76 | 3″-2″ | 110 | 90 | 75 | 63 | 125 |
| $1\frac{1}{2}$″-$1\frac{1}{4}$″ | 63 | 50 | 50 | 40 | 80 | 3″-$2\frac{1}{2}$″ | 110 | 90 | 90 | 75 | 132 |
| 2″-1″ | 75 | 63 | 40 | 32 | 84 | 4″-3″ | | 110 | | 90 | 142 |

### 2.6.21 UPVC大小头同心异径管的规格（表2-150）

表2-150 UPVC大小头同心异径管的规格 mm

| 尺寸规格 | 大外径 | $D$ | 小外径 | $d_{e2}$ | $L$ | 尺寸规格 | 大外径 | $D$ | 小外径 | $d_{e2}$ | $L$ |
|---|---|---|---|---|---|---|---|---|---|---|---|
| 3/4″-1/2″ | 32 | 25 | 25 | 20 | 46 | 2″-$1\frac{1}{4}$″ | 75 | 63 | 50 | 40 | 88 |
| 1″-1/2″ | 40 | 32 | 25 | 20 | 52 | 2″-$1\frac{1}{2}$″ | 75 | 63 | 63 | 50 | 93 |
| 1″-3/4″ | 40 | 32 | 32 | 25 | 55 | $2\frac{1}{2}$″-$1\frac{1}{4}$″ | 90 | 75 | 50 | 40 | 101 |
| $1\frac{1}{4}$″-1/2″ | 50 | 40 | 25 | 20 | 60 | $2\frac{1}{2}$″-$1\frac{1}{2}$″ | 90 | 75 | 63 | 50 | 105 |
| $1\frac{1}{4}$″-3/4″ | 50 | 40 | 32 | 25 | 63 | $2\frac{1}{2}$″-2″ | 90 | 75 | 75 | 63 | 112 |
| $1\frac{1}{4}$″-1″ | 50 | 40 | 40 | 32 | 65 | 3″-$1\frac{1}{2}$″ | 110 | 90 | 63 | 50 | 118 |
| $1\frac{1}{2}$″-3/4″ | 63 | 50 | 32 | 25 | 72 | 3″-2″ | 110 | 90 | 75 | 63 | 125 |
| $1\frac{1}{2}$″-1″ | 63 | 50 | 40 | 32 | 76 | 3″-$2\frac{1}{2}$″ | 110 | 90 | 90 | 75 | 132 |
| $1\frac{1}{2}$″-$1\frac{1}{4}$″ | 63 | 50 | 50 | 40 | 80 | 4″-3″ |  | 110 |  | 90 | 142 |
| 2″-1″ | 75 | 63 | 40 | 32 | 84 |  |  |  |  |  |  |

### 2.6.22 UPVC偏心异径管接头（大小头）的规格（表2-151）

表2-151 UPVC偏心异径管接头（大小头）的规格 mm

| 尺寸规格 | 大外径 | $D$ | 小外径 | $d_{e2}$ | $L$ | 尺寸规格 | 大外径 | $D$ | 小外径 | $d_{e2}$ | $L$ |
|---|---|---|---|---|---|---|---|---|---|---|---|
| 3/4″-1/2″ | 32 | 25 | 25 | 20 | 46 | 2″-$1\frac{1}{4}$″ | 75 | 63 | 50 | 40 | 88 |
| 1″-1/2″ | 40 | 32 | 25 | 20 | 52 | 2″-$1\frac{1}{2}$″ | 75 | 63 | 63 | 50 | 93 |
| 1″-3/4″ | 40 | 32 | 32 | 25 | 55 | $2\frac{1}{2}$″-$1\frac{1}{4}$″ | 90 | 75 | 50 | 40 | 101 |
| $1\frac{1}{4}$″-1/2″ | 50 | 40 | 25 | 20 | 60 | $2\frac{1}{2}$″-$1\frac{1}{2}$″ | 90 | 75 | 63 | 50 | 105 |
| $1\frac{1}{4}$″-3/4″ | 50 | 40 | 32 | 25 | 63 | $2\frac{1}{2}$″-2″ | 90 | 75 | 75 | 63 | 112 |
| $1\frac{1}{4}$″-1″ | 50 | 40 | 40 | 32 | 65 | 3″-$1\frac{1}{2}$″ | 110 | 90 | 63 | 50 | 118 |
| $1\frac{1}{2}$″-3/4″ | 63 | 50 | 32 | 25 | 72 | 3″-2″ | 110 | 90 | 75 | 63 | 125 |
| $1\frac{1}{2}$″-1″ | 63 | 50 | 40 | 32 | 76 | 3″-$2\frac{1}{2}$″ | 110 | 90 | 90 | 75 | 132 |
| $1\frac{1}{2}$″-$1\frac{1}{4}$″ | 63 | 50 | 50 | 40 | 80 | 4″-3″ |  | 110 |  | 90 | 142 |
| 2″-1″ | 75 | 63 | 40 | 32 | 84 |  |  |  |  |  |  |

### 2.6.23 SCH80 UPVC、CPVC十字接头四通的规格（表2-152）

表2-152 SCH80 UPVC、CPVC十字接头四通的规格 mm

| 公称直径 | 外径 | 承插口径 |  | 承插深度 | 长度 |
|---|---|---|---|---|---|
|  | $D_o$ | $d_1$ | $d_2$ | $I$ | $L$ |
| 1/2″ | 29 | 21.54 | 21.23 | 24.22 | 74.40 |
| 3/4″ | 35 | 26.87 | 26.57 | 27.40 | 84.40 |
| 1″ | 44 | 33.66 | 33.27 | 30.58 | 97.10 |
| $1\frac{1}{4}$″ | 54 | 42.42 | 42.04 | 34.75 | 115.50 |
| $1\frac{1}{2}$″ | 60 | 48.56 | 48.11 | 37.93 | 127.90 |
| 2″ | 73 | 60.63 | 60.17 | 41.10 | 146.20 |
| $2\frac{1}{2}$″ | 88 | 73.38 | 72.85 | 47.45 | 172.90 |
| 3″ | 105 | 89.31 | 88.7 | 50.63 | 194.90 |
| 4″ | 132 | 114.8 | 114.10 | 60.15 | 238.30 |

### 2.6.24 UPVC阀接头外丝接头的规格（表2-153）

表2-153 UPVC阀接头外丝接头的规格 mm

| 公称直径 | 外径 | 承插类型 |  |  | 结构直径 |  |  |
|---|---|---|---|---|---|---|---|
|  | 尺寸规格 | $D_o$ | $d_1$ | $d_2$ | $I$ | $d$ | $L$ |
| 1/2″ | 30 | 20 | — | 16 | — | 41 | — |

续表

| 公称直径 | 外径 | 承插类型 | | | 结构直径 | | |
|---|---|---|---|---|---|---|---|
| | $D_o$ | $d_1$ | $d_2$ | $I$ | $d$ | $L$ | — |
| 3/4″ | 33 | 25 | — | 19 | — | 50 | — |
| 1″ | 42 | 32 | — | 22 | — | 53 | — |
| $1\frac{1}{4}$″ | 51 | 40 | — | 25.5 | — | 62 | — |
| $1\frac{1}{2}$″ | 61 | 50 | — | 31 | — | 68 | — |
| 2″ | 74 | 63 | — | 37.5 | — | 82.5 | — |

## 2.6.25 UPVC 阀接头外丝接头的规格（表 2-154）

**表 2-154 UPVC 阀接头外丝接头的规格** mm

| 公称直径 | 外径 | 承插类型 | | | 结构直径 | | |
|---|---|---|---|---|---|---|---|
| | $D_o$ | $d_1$ | $d_2$ | $I$ | $d$ | $L$ | — |
| 1/2″ | 30 | 20 | — | 16 | — | 41 | — |
| 3/4″ | 33 | 25 | — | 19 | — | 50 | — |
| 1″ | 42 | 32 | — | 22 | — | 53 | — |
| $1\frac{1}{4}$″ | 51 | 40 | — | 25.5 | — | 62 | — |
| $1\frac{1}{2}$″ | 61 | 50 | — | 31 | — | 68 | — |
| 2″ | 74 | 63 | — | 37.5 | — | 82.5 | — |

## 2.6.26 UPVC 45°弯头的规格（表 2-155）

**表 2-155 UPVC 45°弯头的规格** mm

| 公称直径 | 外径 | 承插口径 | 承插深度 | $J$ | 公称直径 | 外径 | 承插口径 | 承插深度 | $J$ |
|---|---|---|---|---|---|---|---|---|---|
| | $D_o$ | $d$ | $I$ | | | $D_o$ | $d$ | $I$ | |
| DN15 | 26 | 20 | 16 | 5 | DN80 | 112 | 90 | 51 | 20 |
| DN20 | 32 | 25 | 19 | 6 | DN100 | 133.1 | 110 | 61 | 24.5 |
| DN25 | 41 | 32 | 22 | 7.5 | DN125 | 163 | 140 | 76 | 32.5 |
| DN32 | 50.5 | 40 | 26 | 9.5 | DN150 | 186 | 160 | 86 | 36 |
| DN40 | 63 | 50 | 31 | 11.5 | DN200 | 261 | 225 | 119 | 50 |
| DN50 | 79.5 | 63 | 38 | 14 | DN250 | 290 | 250 | 131 | 58 |
| DN65 | 93 | 75 | 44 | 17.5 | DN300 | 364 | 315 | 164 | 68 |

## 2.6.27 UPVC 管帽的规格（表 2-156）

**表 2-156 UPVC 管帽的规格** mm

| 尺寸规格 | $D_o$ | $d_1$ | $I$ | $L$ | 尺寸规格 | $D_o$ | $d_1$ | $I$ | $L$ |
|---|---|---|---|---|---|---|---|---|---|
| DN15 | 26 | 20 | 16 | 22 | DN80 | 112 | 90 | 51 | 75 |
| DN20 | 32 | 25 | 19 | 26.5 | DN100 | 133 | 110 | 61 | 86 |
| DN25 | 41 | 32 | 22 | 30.5 | DN125 | 163 | 140 | 76 | 105 |
| DN32 | 50.5 | 40 | 26 | 36.5 | DN150 | 186 | 160 | 86 | 122 |
| DN40 | 63.2 | 50 | 31 | 44.5 | DN200 | 261 | 225 | 119 | 170 |
| DN50 | 79.5 | 63 | 38 | 54 | DN250 | 290 | 315 | 131 | 188 |
| DN65 | 93 | 75 | 44 | 65 | DN300 | 364 | 315 | 164 | 230 |

表 2-115　管系列 S 的确定

| 级别 \ $p_D$/MPa | 0.4 | 0.6 | 0.8 | 1.0 |
|---|---|---|---|---|
| 级别 1 | S5 | S5 | S3.2 | S2.5 |
| 级别 2 | S5 | S3.2 | S2.5 | S2 |

### 2.5.12　冷水系统 PPR 管材的应用级别

PPR 管材用于冷水系统时，需要根据所需管材的公称压力 $PN$ 确定管材尺寸的管系列 S，具体见表 2-116。

表 2-116　冷水系统 PPR 管材的应用级别

| $PN$/MPa | 1.25 | 1.6 | 2.0 | 2.5 | 3.2 |
|---|---|---|---|---|---|
| 管系列 | S5 | S4 | S3.2 | S2.5 | S2 |

### 2.5.13　PPR 计算管径（表 2-117）

表 2-117　PPR 计算管径

| 公称外径 $D_e$/mm | | 20 | 25 | 32 | 40 | 50 | 63 | 75 | 90 | 110 |
|---|---|---|---|---|---|---|---|---|---|---|
| 计算内径 $d_j$/mm | 冷水管 | 15.6 | 20.4 | 26.2 | 33.0 | 41.4 | 52.2 | 62.2 | 74.8 | 91.6 |
| | 热水管 | 13.0 | 16.8 | 21.8 | 27.4 | 34.4 | 43.4 | 51.8 | 62.4 | 76.2 |

### 2.5.14　PPR 冷水管、热水管最小自由臂长度

PPR 冷水管、热水管不设固定支架的直线管道最大长度，但不得超过 3m，其自由臂最小长度可以根据表 2-118 采用。

表 2-118　PPR 冷水管、热水管最小自由臂长度

| 公称外径 $D_e$/mm | 20 | 25 | 32 | 40 | 50 | 63 | 75 | 90 | 110 |
|---|---|---|---|---|---|---|---|---|---|
| 热水管 $L_z$/mm | 778 | 869 | 984 | 1100 | 1230 | 1380 | 1506 | 1650 | 1824 |
| 冷水管 $L_z$/mm | 416 | 465 | 526 | 588 | 657 | 738 | 805 | 882 | 975 |

说明：表中水温差，热水管根据 70℃来计，冷水管根据 20℃来计。环境温差根据 35℃来计。

### 2.5.15　无规共聚聚丙烯（PPR）塑铝稳态复合管应用级别（表 2-119）

表 2-119　无规共聚聚丙烯（PPR）塑铝稳态复合管应用级别

| 应用级别 | $T_D$/℃ | 在 $T_D$ 下的时间/年 | $T_{max}$/℃ | 在 $T_{max}$ 下的时间/年 | $T_{mal}$/℃ | 在 $T_{mal}$ 下的时间/h | 典型的应用范围 |
|---|---|---|---|---|---|---|---|
| 级别 1 | 60 | 49 | 80 | 1 | 95 | 100 | 供应热水(60℃) |
| 级别 2 | 70 | 49 | 80 | 1 | 95 | 100 | 供应热水(70℃) |
| 级别 4 | 20<br>40<br>60 | 2.5<br>20<br>25 | 70 | 2.5 | 100 | 100 | 地板采暖和低温散热器采暖 |
| 级别 5 | 20<br>60<br>80 | 14<br>25<br>10 | 90 | 1 | 100 | 100 | 高温散热器采暖 |

注：当 $T_D$、$T_{max}$和 $T_{mal}$超出本表所给定的值时，不能用本表。

表中所列各使用条件级别的管道系统同时满足在 20℃、1MPa 条件下输送冷水 50 年使用寿命的要求。

## 2.6.28　SCH80 UPVC、CPVC 管帽的规格（表 2-157）

表 2-157　SCH80 UPVC、CPVC 管帽的规格　mm

| 尺寸规格 | $D_o$ | $d_1$ | $d_2$ | $I$ | $L$ | 尺寸规格 | $D_o$ | $d_1$ | $d_2$ | $I$ | $L$ |
|---|---|---|---|---|---|---|---|---|---|---|---|
| 1/2″ | 30.00 | 21.54 | 21.23 | 24.22 | 31.10 | 3″ | 106.00 | 89.31 | 88.70 | 50.63 | 70.00 |
| 3/4″ | 36.83 | 26.87 | 26.57 | 27.40 | 35.20 | 4″ | 133 | 114.80 | 114.10 | 60.15 | 82.26 |
| 1″ | 45.5 | 33.6 | 33.27 | 30.58 | 40.50 | 5″ | 163.5 | 141.81 | 141.00 | 69.7 | 108 |
| $1\frac{1}{4}$″ | 55.00 | 42.42 | 42.04 | 34.75 | 46.06 | 6″ | 192 | 168.83 | 168.00 | 79.2 | 110.5 |
| $1\frac{1}{2}$″ | 61.50 | 48.56 | 48.11 | 37.93 | 50.33 | 8″ | 246 | 219.84 | 218.69 | 104.6 | 143 |
| 2″ | 75.00 | 60.63 | 60.17 | 41.10 | 56.00 | 10″ | 307 | 273.82 | 272.67 | 135 | 194 |
| $2\frac{1}{2}$″ | 91.00 | 73.38 | 72.85 | 47.45 | 65.50 | 12″ | 366 | 324.61 | 323.47 | 160 | 235.5 |

## 2.6.29　硬聚氯乙烯（PVC-U）平壁管管材外径与壁厚（表 2-158）

表 2-158　硬聚氯乙烯（PVC-U）平壁管管材外径与壁厚　mm

| 公称外径 $d_e$ | 公称壁厚 $e$ | | 公称外径 $d_e$ | 公称壁厚 $e$ | |
|---|---|---|---|---|---|
| | 环刚度/(kN/m²) | | | 环刚度/(kN/m²) | |
| | 4 | 8 | | 4 | 8 |
| 160 | 4.0 | 4.7 | 400 | 9.8 | 11.7 |
| 200 | 4.9 | 5.9 | 500 | 12.3 | 14.6 |
| 250 | 6.2 | 7.3 | 630 | 15.4 | 18.4 |
| 315 | 7.7 | 9.2 | | | |

## 2.6.30　硬聚氯乙烯（PVC-U）加筋管管材规格尺寸（表 2-159）

表 2-159　硬聚氯乙烯（PVC-U）加筋管管材规格尺寸　mm

| 管道规格 | DN225 | DN300 | DN400 | DN500 | 管道规格 | DN225 | DN300 | DN400 | DN500 |
|---|---|---|---|---|---|---|---|---|---|
| 管道内径 | 224.0 | 300.2 | 402.1 | 492.1 | 承口壁厚 | 1.7 | 2.0 | 2.6 | 4.0 |
| 管道外径 | 250.0 | 335.0 | 450.0 | 549.7 | 承口深度 | 136～146 | 162～172 | 203～213 | 208 |
| 管道壁厚 | 2.1 | 2.6 | 3.0 | 4.5 | 管肋间距 | 23 | 31 | 38 | 38 |
| 承口内径 | 251.7 | 337.1 | 453.0 | 552.5 | 管道长度 | 3000 或 6000 | | | |
| 承口外径 | 280.0 | 385.0 | 515.0 | 604.0 | | | | | |

## 2.6.31　PVC-U 双壁波纹管的规格（表 2-160）

表 2-160　硬聚氯乙烯（PVC-U）双壁波纹管管材规格　mm

| 公称外径 $d_e$ | 最小平均外径 | 最大平均外径 | 最小平均内径 | 最小壁厚 | 公称外径 $d_e$ | 最小平均外径 | 最大平均外径 | 最小平均内径 | 最小壁厚 |
|---|---|---|---|---|---|---|---|---|---|
| 160 | 159.1 | 160.5 | 135 | 1.2 | 500 | 497.0 | 501.5 | 432 | 2.8 |
| 180 | 179.0 | 180.6 | 155 | 1.3 | 560 | 556.7 | 561.7 | 486 | 3.0 |
| 200 | 198.8 | 200.6 | 172 | 1.4 | 630 | 626.3 | 631.9 | 540 | 3.3 |
| 225 | 223.7 | 225.7 | 194 | 1.5 | 710 | 705.8 | 712.1 | 614 | 3.8 |
| 250 | 248.5 | 250.8 | 216 | 1.7 | 800 | 795.2 | 802.4 | 680 | 4.1 |
| 280 | 278.4 | 280.9 | 243 | 1.8 | 900 | 894.6 | 902.7 | 766 | 4.5 |
| 315 | 312.2 | 316.0 | 270 | 1.9 | 1000 | 994.0 | 1103.0 | 864 | 5.0 |
| 355 | 352.9 | 356.1 | 310 | 2.1 | 1100 | 1093.4 | 1103.5 | 951 | 5.0 |
| 400 | 397.6 | 401.2 | 340 | 2.3 | 1200 | 1192.8 | 1203.6 | 1037 | 5.0 |
| 450 | 447.3 | 451.4 | 383 | 2.5 | | | | | |

## 2.6.32 PVC-U 加强型内螺旋管的规格（表 2-161）

表 2-161 PVC-U 加强型内螺旋管规格 mm

| 公称外径 | | 壁厚 | | 螺旋肋高 | | 螺旋方向 | 螺距 | | 肋线 | 长度 L | |
|---|---|---|---|---|---|---|---|---|---|---|---|
| 基本尺寸 | 公差 | 基本尺寸 | 公差 | 基本尺寸 | 公差 | | 基本尺寸 | 公差 | 条数 | 基本尺寸 | 公差 |
| 90 | +0.3<br>−0.0 | 3.1 | +0.5<br>−0.0 | 2.3 | +0.5<br>−0.0 | 逆时针 | 600 | +80<br>−0.0 | 12 | 4000或6000 | +20<br>−0.0 |
| 110 | +0.4<br>−0.0 | 3.8 | +0.6<br>−0.0 | 3.0 | +0.6<br>−0.0 | | 760 | +80<br>−0.0 | | | |

## 2.6.33 PVC-U 加强型钢塑复合内螺旋管的规格（表 2-162）

表 2-162 加强型钢塑复合内螺旋管规格 mm

| 公称直径 | 外径 $d_n$ | | 壁厚 $t$ | | 螺旋肋高 | | 螺旋方向 | 螺距 | | 肋线 $n$ | 长度 L | |
|---|---|---|---|---|---|---|---|---|---|---|---|---|
| DN | 基本尺寸 | 公差 | 基本尺寸 | 公差 | 基本尺寸 | 公差 | | 基本尺寸 | 公差 | 条数 | 基本尺寸 | 公差 |
| 90 | 89.1 | +0.8<br>−0.0 | 3.9 | +0.5<br>−0.0 | 2.3 | +0.5<br>−0.0 | 逆时针 | 600 | +80<br>−0.0 | 12 | 5500 | +20<br>−0.0 |
| 110 | 114.3 | +0.4<br>−0.0 | 4.7 | +0.6<br>−0.0 | 3.0 | +0.6<br>−0.0 | | 760 | +80<br>−0.0 | | | |

说明：公称直径 90、110 分别对应于日本标准规格 80A、100A。

## 2.6.34 PVC-U 加强型内螺旋管规格尺寸（表 2-163）

表 2-163 PVC-U 加强型内螺旋管规格 mm

| 公称外径 $d_n$ | | 壁厚 | | 螺旋肋高 | | 螺旋方向 | 螺距 | | 肋线 | 长度 L | |
|---|---|---|---|---|---|---|---|---|---|---|---|
| 基本尺寸 | 公差 | 基本尺寸 | 公差 | 基本尺寸 | 公差 | | 基本尺寸 | 公差 | 条数 | 基本尺寸 | 公差 |
| 90 | +0.3<br>−0.0 | 3.1 | +0.5<br>−0.0 | 2.3 | +0.5<br>−0.0 | 逆时针 | 600 | +80<br>−0.0 | 12 | 4000或6000 | +20<br>−0.0 |
| 110 | +0.4<br>−0.0 | 3.8 | +0.6<br>−0.0 | 3.0 | +0.6<br>−0.0 | | 760 | +80<br>−0.0 | | | |

说明：加强型内螺旋管应用于竖向敷设的管道。

## 2.6.35 聚氯乙烯管材系列（给水用硬 UPVC 管材）PVC 米重表（表 2-164、表 2-165）

表 2-164 聚氯乙烯管材系列（给水用硬 UPVC 管材）PVC 米重表（国标）1

| 公称外径/mm | 平均外径偏差/mm | 管材扩口长度/mm | PN0.4 壁厚及偏差/mm | PN0.4 近似重量/(kg/m) | PN0.4 国标中线/(kg/m) | PN0.6 壁厚及偏差/mm | PN0.6 近似重量/(kg/m) | PN0.6 国标中线/(kg/m) | PN0.8 壁厚及偏差/mm | PN0.8 近似重量/(kg/m) | PN0.8 国标中线/(kg/m) |
|---|---|---|---|---|---|---|---|---|---|---|---|
| 50 | +0.3 | | | | | | | | 2.0+0.4 | 0.44<br>0.52 | 0.48 |
| 63 | +0.3 | 105<br>110 | 1.3+0.4 | 0.37<br>0.48 | 0.43 | 2.0+0.4 | 0.57<br>0.67 | 0.62 | 2.5+0.5 | 0.69<br>0.82 | 0.76 |
| 75 | +0.3 | 100<br>108 | 1.5+0.4 | 0.50<br>0.63 | 0.57 | 2.2+0.5 | 0.74<br>0.90 | 0.82 | 2.9+0.5 | 0.96<br>1.12 | 1.04 |
| 90 | +0.3 | 120<br>125 | 1.8+0.4 | 0.72<br>0.88 | 0.80 | 2.7+0.5 | 1.08<br>1.27 | 1.18 | 3.5+0.6 | 1.38<br>1.62 | 1.50 |
| 110 | +0.4 | 140<br>145 | 2.2+0.5 | 1.08<br>1.32 | 1.20 | 3.2+0.6 | 1.56<br>1.85 | 1.71 | 3.9+0.6 | 1.89<br>2.18 | 2.04 |
| 125 | +0.4 | 153<br>160 | 2.5+0.5 | 1.40<br>1.67 | 1.54 | 3.7+0.6 | 2.15<br>2.38 | 2.27 | 4.4+0.7 | 2.42<br>2.79 | 2.61 |

续表

| 公称外径/mm | 平均外径偏差/mm | 管材扩口长度/mm | PN0.4 | | | PN0.6 | | | PN0.8 | | |
|---|---|---|---|---|---|---|---|---|---|---|---|
| | | | 壁厚及偏差/mm | 近似重量/(kg/m) | 国标中线/(kg/m) | 壁厚及偏差/mm | 近似重量/(kg/m) | 国标中线/(kg/m) | 壁厚及偏差/mm | 近似重量/(kg/m) | 国标中线/(kg/m) |
| 140 | +0.5 | 155<br>175 | 2.8+0.5 | 1.75<br>2.06 | 1.91 | 4.1+0.7 | 2.54<br>2.96 | 2.75 | 4.9+0.8 | 3.02<br>3.50 | 3.26 |
| 160 | +0.5 | 145<br>150 | 3.2+0.6 | 2.07<br>2.88 | 2.48 | 4.7+0.8 | 3.33<br>3.88 | 3.61 | 5.6+0.9 | 3.94<br>4.55 | 4.25 |
| 180 | +0.6 | 185<br>170 | 3.6+0.6 | 2.90<br>3.67 | 3.29 | 5.3+0.8 | 4.22<br>4.85 | 4.54 | 6.3+1.0 | 4.90<br>5.75 | 5.33 |
| 200 | +0.6 | 170<br>175 | 3.9+0.6 | 3.49<br>4.01 | 3.75 | 5.9+0.9 | 5.22<br>6.00 | 5.61 | 7.3+1.1 | 6.42<br>7.34 | 6.88 |
| 225 | +0.7 | 183<br>175 | 4.4+0.7 | 4.43<br>5.11 | 4.77 | 6.6+1.0 | 6.57<br>7.54 | 7.06 | 7.9+1.2 | 7.82<br>8.96 | 8.39 |
| 250 | +0.8 | 170<br>177 | 4.9+0.8 | 5.42<br>6.35 | 5.89 | 7.3+1.1 | 8.08<br>9.26 | 8.67 | 8.8+1.4 | 9.68<br>11.16 | 10.42 |
| 280 | +0.9 | 200<br>212 | 5.5+0.9 | 6.89<br>7.96 | 7.43 | 8.2+1.3 | 10.16<br>11.72 | 10.94 | 9.8+1.5 | 12.08<br>13.85 | 12.97 |
| 315 | +1.0 | 187<br>200 | 6.2+1.0 | 8.73<br>10.11 | 9.42 | 9.2+1.4 | 12.83<br>14.72 | 13.78 | 11.0+1.7 | 15.25<br>17.55 | 16.40 |
| 355 | +1.1 | 240<br>250 | 7.0+1.1 | 11.11<br>12.81 | 11.96 | 9.4+1.5 | 14.86<br>17.13 | 16.00 | 12.5+1.9 | 19.57<br>22.38 | 20.98 |
| 400 | +1.2 | 245<br>255 | 7.8+1.2 | 13.95<br>16.05 | 15.00 | 10.6+1.6 | 18.82<br>21.58 | 20.20 | 14.0+2.1 | 24.64<br>28.20 | 26.42 |
| 450 | +1.4 | | 8.8+1.4 | 17.71<br>20.46 | 19.09 | 12.0+1.8 | 23.97<br>27.54 | 25.76 | 15.8+2.4 | 31.23<br>35.84 | 33.54 |
| 500 | +1.5 | | 9.8+1.5 | 21.91<br>25.18 | 23.55 | 13.3+2.0 | 29.52<br>33.82 | 31.67 | 16.8+2.6 | 37.02<br>42.52 | 39.77 |
| 560 | +1.7 | | | | | 14.9+2.3 | 37.04<br>42.57 | 39.81 | 17.2+2.6 | 42.57<br>48.78 | 45.68 |
| 630 | +1.9 | | | | | 16.7+2.6 | 46.70<br>53.70 | 50.20 | 19.3+2.9 | 53.75<br>60.73 | 57.24 |

**表 2-165　聚氯乙烯管材系列（给水用硬 UPVC 管材）PVC 米重表（国标）2**

| 公称外径/mm | 平均外径偏差/mm | 管材扩口长度/mm | PN1.0 | | | PN1.25 | | | PN1.6 | | |
|---|---|---|---|---|---|---|---|---|---|---|---|
| | | | 壁厚及偏差/mm | 近似重量/(kg/m) | 国标中线/(kg/m) | 壁厚及偏差/mm | 近似重量/(kg/m) | 国标中线/(kg/m) | 壁厚及偏差/mm | 近似重量/(kg/m) | 国标中线/(kg/m) |
| 20 | +0.3 | | | | | | | | 2.0+0.4 | 0.17<br>0.19 | 0.18 |
| 25 | +0.3 | | | | | | | | 2.0+0.4 | 0.25<br>0.28 | 0.27 |
| 32 | +0.3 | | | | | 2.0+0.4 | 0.27<br>0.32 | 0.30 | 2.4+0.5 | 0.32<br>0.38 | 0.35 |
| 40 | +0.3 | | 2.0+0.4 | 0.35<br>0.41 | 0.38 | 2.4+0.5 | 0.41<br>0.50 | 0.46 | 3.0+0.5 | 0.51<br>0.58 | 0.55 |
| 50 | +0.3 | | 2.4+0.5 | 0.52<br>0.62 | 0.57 | 3.0+0.5 | 0.63<br>0.74 | 0.69 | 3.7+0.6 | 0.78<br>0.86 | 0.82 |
| 63 | +0.3 | 105<br>110 | 3.0+0.5 | 0.82<br>0.95 | 0.89 | 3.8+0.6 | 1.02<br>1.18 | 1.10 | 4.7+0.8 | 1.25<br>1.42 | 1.34 |
| 75 | +0.3 | 100<br>108 | 3.6+0.6 | 1.12<br>1.36 | 1.24 | 4.5+0.7 | 1.45<br>1.66 | 1.56 | 5.6+0.9 | 1.78<br>2.04 | 1.91 |

续表

| 公称外径/mm | 平均外径偏差/mm | 管材扩口长度/mm | *PN*1.0 | | | *PN*1.25 | | | *PN*1.6 | | |
|---|---|---|---|---|---|---|---|---|---|---|---|
| | | | 壁厚及偏差/mm | 近似重量/(kg/m) | 国标中线/(kg/m) | 壁厚及偏差/mm | 近似重量/(kg/m) | 国标中线/(kg/m) | 壁厚及偏差/mm | 近似重量/(kg/m) | 国标中线/(kg/m) |
| 90 | +0.3 | 120<br>125 | 4.3+0.7 | 1.68<br>1.95 | 1.82 | 5.4+0.9 | 2.08<br>2.48 | 2.28 | 6.7+1.1 | 2.55<br>2.92 | 2.74 |
| 110 | +0.4 | 140<br>145 | 4.8+0.8 | 2.30<br>2.68 | 2.49 | 5.7+0.9 | 2.71<br>3.12 | 2.92 | 7.2+1.1 | 3.46<br>3.86 | 3.66 |
| 125 | +0.4 | 153<br>160 | 5.4+0.9 | 2.95<br>3.41 | 3.18 | 6.0+0.9 | 3.26<br>3.75 | 3.51 | 7.4+1.2 | 3.97<br>4.60 | 4.29 |
| 140 | +0.5 | 155<br>175 | 6.1+1.0 | 3.73<br>4.30 | 4.02 | 6.7+1.1 | 4.07<br>4.74 | 4.41 | 8.3+1.3 | 4.99<br>5.72 | 5.36 |
| 160 | +0.5 | 145<br>150 | 7.0+1.1 | 4.88<br>5.61 | 5.25 | 7.7+1.2 | 5.53<br>6.13 | 5.83 | 9.5+1.5 | 6.52<br>7.48 | 7.00 |
| 180 | +0.6 | 185<br>170 | 7.8+1.2 | 6.18<br>7.02 | 6.60 | 8.6+1.3 | 6.72<br>7.68 | 7.20 | 10.7+1.7 | 8.26<br>9.48 | 8.87 |
| 200 | +0.6 | 170<br>175 | 8.7+1.4 | 7.59<br>8.75 | 8.17 | 9.6+1.5 | 8.33<br>9.56 | 8.95 | 11.9+1.8 | 10.21<br>11.64 | 10.93 |
| 225 | +0.7 | 183<br>175 | 9.8+1.5 | 9.62<br>11.01 | 10.32 | 10.8+1.7 | 10.55<br>12.11 | 11.33 | 13.4+2.1 | 12.93<br>14.81 | 13.87 |
| 250 | +0.8 | 170<br>177 | 10.9+1.7 | 11.89<br>13.64 | 12.77 | 11.9+1.8 | 12.92<br>14.76 | 13.84 | 14.8+2.3 | 15.88<br>18.16 | 17.02 |
| 280 | +0.9 | 200<br>212 | 12.2+1.9 | 14.90<br>17.10 | 16.00 | 13.4+2.1 | 16.29<br>18.70 | 17.50 | 16.6+2.5 | 19.94<br>22.74 | 21.34 |
| 315 | +1.0 | 187<br>200 | 13.7+2.1 | 18.83<br>21.59 | 20.21 | 15.0+2.3 | 20.52<br>23.50 | 22.01 | 18.7+2.9 | 25.27<br>28.93 | 27.10 |
| 355 | +1.1 | 240<br>250 | 14.8+2.3 | 22.96<br>26.40 | 24.68 | 16.9+2.6 | 26.06<br>29.85 | 27.96 | 21.1+3.2 | 32.13<br>36.66 | 34.40 |
| 400 | +1.2 | 245<br>255 | 15.3+2.3 | 26.84<br>30.69 | 28.77 | 19.1+2.9 | 33.18<br>37.93 | 35.56 | 23.7+3.6 | 40.67<br>46.40 | 43.54 |
| 450 | +1.4 | | 17.2+2.6 | 33.95<br>38.86 | 36.41 | 21.5+3.3 | 42.01<br>48.10 | 45.06 | 26.7+4.1 | 51.54<br>58.88 | 55.21 |
| 500 | +1.5 | | 19.1+2.9 | 41.89<br>47.96 | 44.93 | 23.9+3.6 | 51.89<br>59.35 | 55.62 | 29.7+4.5 | 63.70<br>72.65 | 68.18 |
| 560 | +1.7 | | 21.4+3.3 | 52.56<br>60.31 | 56.44 | 26.7+4.1 | 64.93<br>74.34 | 69.64 | | | |
| 630 | +1.9 | | 24.1+3.7 | 58.59<br>68.44 | 63.52 | 30.0+4.5 | 82.08<br>93.70 | 87.89 | | | |

## 2.6.36 偏心异径管 UPVC 偏心异径管接头（大小头）的规格（表 2-166）

**表 2-166 偏心异径管 UPVC 偏心异径管接头（大小头）的规格** mm

| 尺寸规格 | 大外径 | *D* | 小外径 | $d_{e2}$ | *L* | 尺寸规格 | 大外径 | *D* | 小外径 | $d_{e2}$ | *L* |
|---|---|---|---|---|---|---|---|---|---|---|---|
| 3/4″-1/2″ | 32 | 25 | 25 | 20 | 46 | 2″-$1\frac{1}{4}$″ | 75 | 63 | 50 | 40 | 88 |
| 1″-1/2″ | 40 | 32 | 25 | 20 | 52 | 2″-$1\frac{1}{2}$″ | 75 | 63 | 63 | 50 | 93 |
| 1″-3/4″ | 40 | 32 | 32 | 25 | 55 | $2\frac{1}{2}$″-$1\frac{1}{4}$″ | 90 | 75 | 50 | 40 | 101 |
| $1\frac{1}{4}$″-1/2″ | 50 | 40 | 25 | 20 | 60 | $2\frac{1}{2}$″-$1\frac{1}{2}$″ | 90 | 75 | 63 | 50 | 105 |
| $1\frac{1}{4}$″-3/4″ | 50 | 40 | 32 | 25 | 63 | $2\frac{1}{2}$″-2″ | 90 | 75 | 75 | 63 | 112 |
| $1\frac{1}{4}$″-1″ | 50 | 40 | 40 | 32 | 65 | 3″-$1\frac{1}{2}$″ | 110 | 90 | 63 | 50 | 118 |
| $1\frac{1}{2}$″-3/4″ | 63 | 50 | 32 | 25 | 72 | 3″-2″ | 110 | 90 | 75 | 63 | 125 |
| $1\frac{1}{2}$″-1″ | 63 | 50 | 40 | 32 | 76 | 3″-$2\frac{1}{2}$″ | 110 | 90 | 90 | 75 | 132 |
| $1\frac{1}{2}$″-$1\frac{1}{4}$″ | 63 | 50 | 50 | 40 | 80 | 4″-3″ | | 110 | | 90 | 142 |
| 2″-1″ | 75 | 63 | 40 | 32 | 84 | | | | | | |

### 2.6.37 硬聚氯乙烯 PVC-U 平壁管连接胶黏剂性能指标（表 2-167）

表 2-167 硬聚氯乙烯 PVC-U 平壁管连接胶黏剂性能指标

| 项目 | | 指标 | 项目 | | 指标 |
|---|---|---|---|---|---|
| 树脂含量 | | ≥10% | 黏度强度/MPa | 固化 2h | ≥1.7 |
| 溶解性 | | 不出现凝胶结块 | | 固化 16h | ≥3.4 |
| 黏度/mPa·s | 普通型 | ≥90 | | 固化 72h | ≥6.2 |
| | 中型 | ≥500 | 水压爆破强度/MPa | | ≥2.8 |
| | 重型 | ≥1600 | | | |

### 2.6.38 PVC 透明网管的规格（表 2-168）

表 2-168 PVC 透明网管的规格

| 编号 | 内径×外径/mm | 规格 | 长度/m | 重量/kg | 工作压力/$10^5$Pa |
|---|---|---|---|---|---|
| HS8/11 | 8×11 | 5/16″ | 100 | 8.0 | 8.0 |
| HS10/14 | 10×14 | 13/32″ | 100 | 9.0 | 6.0 |
| HS12/16 | 12×16 | 1/2″ | 100 | 11.0 | 5.0 |
| HS13/17 | 13×17 | 1/2″ | 100 | 11.5 | 5.0 |
| HS16/20A | 16×20 | 5/8″ | 50 | 7.0 | 5.0 |
| HS16/20B | 16×20 | 5/8″ | 100 | 14.0 | 5.0 |
| HS19/24A | 19×24 | 3/4″ | 50 | 10.0 | 5.0 |
| HS19/24B | 19×24 | 3/4″ | 100 | 20.0 | 5.0 |
| HS25/31A | 25×31 | 1″ | 50 | 13.5 | 5.0 |
| HS25/31B | 25×31 | 1″ | 100 | 27.0 | 5.0 |
| HS32/38 | 32×38 | $1\frac{1}{4}$″ | 50 | 20.5 | 4.0 |
| HS38/45 | 38×45 | $1\frac{1}{2}$″ | 40 | 22.8 | 3.0 |
| HS50/59 | 50×59 | 2″ | 40 | 38.4 | 3.0 |

## 2.7 聚乙烯管材的规格与要求

### 2.7.1 PE 类型和分级数的数据

根据材料类型（PE）和分级数对材料进行命名，其中有关数据见表 2-169。

表 2-169 PE 类型和分级数的数据

| $\sigma_{lpl}$/MPa | MRS/MPa | 材料分级数 | 材料的命名 |
|---|---|---|---|
| 6.30～7.99 | 6.3 | 63 | PE63 |
| 8.00～9.99 | 8.0 | 80 | PE80 |
| 10.00～11.19 | 10.0 | 100 | PE100 |

### 2.7.2 PE 材料的基本性能要求（表 2-170）

表 2-170 PE 材料的基本性能要求

| 项目 | 要求 | 项目 | 要求 |
|---|---|---|---|
| 炭黑含量①(质量)% | 2.5±0.5 | 氧化诱导时间(200℃)/min | ≥20 |
| 炭黑分散① | ≤等级 3 | 熔体流动速率③/(g/10min) | 与产品标称值的偏差不应超过±25% |
| 颜色分散② | ≤等级 3 | | |

① 适用于黑色管材料。

② 仅适用于蓝色管材料。

③ 仅适用于混配料。

### 2.7.3 PE 材料不同等级设计应力的最大允许值（表 2-171）

**表 2-171 PE 材料不同等级设计应力的最大允许值**

| 材料的等级 | 设计应力的最大允许值/MPa |
| --- | --- |
| PE63 | 5 |
| PE80 | 6.3 |
| PE100 | 8 |

说明：条件为输送 20℃的水。

### 2.7.4 给水聚乙烯管（PE）的性能（表 2-172）

**表 2-172 给水聚乙烯管（PE）的性能**

| 特　性 | 数　值 | 特　性 | 数　值 |
| --- | --- | --- | --- |
| 密度 | >0.93g/cm$^3$ | 结晶熔融范围 | 127～131℃ |
| 熔融指数 MFI | 190/5　0.2～1.3g/10min | 线性膨胀系数 | 0.20mm/m·K |
| 屈服应力 | 22N/mm$^2$　测试速度 125mm/min | 热导率 | 20℃时，0.43W/m·K |
| 极限延伸 | >800%　测试速度 125mm/min | 表面阻抗 | >10$^{13}$Ω |
| 弯曲蠕变模数(1min) | 800/mm$^2$ | 表面粗糙度 $Ra$ | $Ra$=0.007 |

### 2.7.5 聚乙烯（PE）双壁波纹管内径系列管材的尺寸（表 2-173）

**表 2-173 聚乙烯（PE）双壁波纹管内径系列管材的尺寸** mm

| 公称内径 $DN/ID$ | 最小平均内径 | 最小层压壁厚 | 最小内层壁厚 | 接合长度 | 公称内径 $DN/ID$ | 最小平均内径 | 最小层压壁厚 | 最小内层壁厚 | 接合长度 |
| --- | --- | --- | --- | --- | --- | --- | --- | --- | --- |
| 150 | 145 | 1.3 | 1.0 | 43 | 500 | 490 | 3.0 | 3.0 | 85 |
| 200 | 195 | 1.5 | 1.1 | 54 | 600 | 588 | 3.5 | 3.5 | 96 |
| 225 | 220 | 1.7 | 1.4 | 55 | 800 | 785 | 4.5 | 4.5 | 118 |
| 250 | 245 | 1.8 | 1.5 | 59 | 1000 | 985 | 5.0 | 5.0 | 140 |
| 300 | 294 | 2.0 | 1.7 | 64 | 1200 | 1185 | 5.0 | 5.0 | 162 |
| 400 | 392 | 2.5 | 2.3 | 74 | | | | | |

说明：管材承口的最小平均内径应不小于管材的最大平均外径。

### 2.7.6 聚乙烯（PE）双壁波纹管外径系列管材的尺寸（表 2-174）

**表 2-174 聚乙烯（PE）双壁波纹管外径系列管材的尺寸** mm

| 公称外径 $DN/ID$ | 最小平均外径 | 最大平均外径 | 最小平均内径 | 最小层压壁厚 | 最小内层壁厚 | 接合长度 |
| --- | --- | --- | --- | --- | --- | --- |
| 160 | 159.1 | 160.5 | 134 | 1.2 | 1.0 | 42 |
| 200 | 198.8 | 200.6 | 167 | 1.4 | 1.1 | 50 |
| 250 | 248.5 | 250.8 | 209 | 1.7 | 1.4 | 55 |
| 315 | 313.2 | 316.0 | 263 | 1.9 | 1.6 | 62 |
| 400 | 397.6 | 401.2 | 335 | 2.3 | 2.0 | 70 |
| 500 | 497.0 | 501.5 | 418 | 2.8 | 2.8 | 80 |
| 630 | 626.3 | 613.9 | 527 | 3.3 | 3.3 | 93 |
| 800 | 795.2 | 802.4 | 669 | 4.1 | 4.1 | 110 |
| 1000 | 994.0 | 1003.0 | 837 | 5.0 | 5.0 | 130 |
| 1200 | 1192.8 | 1203.6 | 1005 | 5.0 | 5.0 | 150 |

说明：管材承口的最小平均内径应不小于管材的最大平均外径。

## 2.7.7 内肋增强聚乙烯（PE）螺旋波纹管规格尺寸（表2-175）

表2-175 内肋增强聚乙烯（PE）螺旋波纹管规格尺寸 mm

| 公称直径DN/ID | 最小平均内径 | 最小平均外径 | 最小内层壁厚 | 公称直径DN/ID | 最小平均内径 | 最小平均外径 | 最小内层壁厚 |
|---|---|---|---|---|---|---|---|
| 200 | 195 | 234.0 | 1.2 | 1200 | 1185 | 1404.0 | 7.2 |
| 225 | 220 | 263.3 | 1.4 | 1300 | 1285 | 1521.0 | 7.8 |
| 300 | 294 | 351.0 | 1.8 | 1400 | 1385 | 1638.0 | 8.4 |
| 400 | 392 | 468.0 | 2.4 | 1500 | 1485 | 1755.0 | 9.0 |
| 500 | 490 | 585.0 | 3.0 | 1600 | 1585 | 1872.0 | 9.6 |
| 600 | 588 | 702.0 | 3.6 | 1700 | 1685 | 1989.0 | 10.2 |
| 700 | 673 | 819.0 | 4.2 | 1800 | 1785 | 2106.0 | 10.8 |
| 800 | 785 | 936.0 | 4.8 | 1900 | 1885 | 2223.0 | 11.4 |
| 900 | 885 | 1053.0 | 5.4 | 2000 | 1985 | 2240.0 | 12.0 |
| 1000 | 985 | 1170.0 | 6.0 | 2100 | 2085 | 2478.0 | 12.5 |
| 1100 | 1085 | 1287.0 | 6.6 | 2200 | 2185 | 2596.0 | 13.2 |

## 2.7.8 聚乙烯（PE）钢塑复合缠绕管管材规格（表2-176）

表2-176 聚乙烯（PE）钢塑复合缠绕管管材规格

| 公称外径 DN/ID/mm | 最小平均内径 $d_{im\ min}$/mm | 环刚度 /(kN/m²) | PE单位重 /(kg/m) | 钢肋单位重 /(kg/m) | 单位总重 /(kg/m) |
|---|---|---|---|---|---|
| 600 | 588 | 4 | 9.31 | 10.3 | 19.61 |
| | | (6.3) | 9.31 | 12.8 | 22.11 |
| | | 8 | 9.31 | 15.4 | 24.74 |
| 700 | 688 | 4 | 10.83 | 14.86 | 25.69 |
| | | (6.3) | 10.83 | 22.29 | 33.12 |
| | | 8 | 16.14 | 14.98 | 31.12 |
| 800 | 785 | 4 | 12.36 | 25.38 | 37.74 |
| | | 8 | 18.41 | 16.98 | 35.39 |
| 900 | 885 | 4 | 13.89 | 28.74 | 42.36 |
| | | 8 | 20.67 | 18.97 | 39.64 |
| 1000 | 985 | 8 | 22.94 | 20.97 | 43.91 |
| 1200 | 1185 | (6.3) | 27.47 | 24.97 | 56.43 |
| | | 8 | 27.47 | 30.86 | 58.33 |

说明：管材工作内压0.05MPa。

## 2.7.9 给水聚乙烯管（PE）管材的规格尺寸与壁厚（表2-177）

表2-177 给水聚乙烯管（PE）管材的规格尺寸与壁厚 mm

| 管材外径 | 管系列 S3.2 | S4 | S5 | S8 |
|---|---|---|---|---|
| | 管材壁厚 | | | |
| 16 | 2.2 | — | — | — |
| 20 | 2.8 | — | — | — |
| 25 | — | 2.8 | — | — |
| 32 | — | — | 3.0 | — |
| 40 | — | — | 3.7 | — |
| 50 | — | — | 4.6 | — |
| 63 | — | — | 5.8 | — |
| 75 | — | — | 6.8 | 4.5 |
| 90 | — | — | 8.2 | 5.4 |
| 110 | — | — | 10.0 | 6.6 |
| 125 | — | — | 11.4 | 7.4 |
| 140 | — | — | 12.7 | 8.3 |
| 160 | — | — | 14.6 | 9.5 |
| 180 | — | — | 16.4 | 10.7 |
| 200 | — | — | 18.2 | 11.9 |
| 225 | — | — | 20.5 | 13.4 |
| 250 | — | — | 22.7 | 14.8 |
| 280 | — | — | 25.4 | 16.6 |
| 315 | — | — | 28.6 | 18.7 |

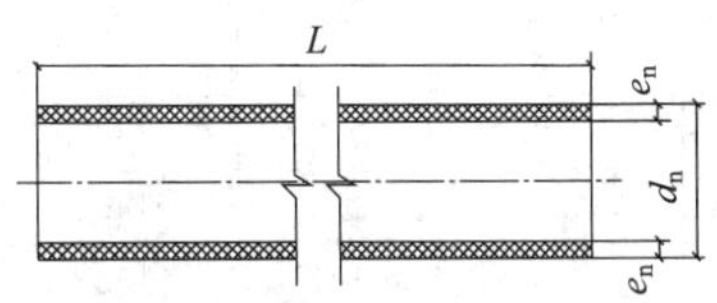


PE管材的规格尺寸及壁厚

### 2.7.10 PE 材料压力折减系数

50 年寿命要求，40℃以下温度的 PE 材料压力折减系数见表 2-178。

**表 2-178 PE 材料压力折减系数**

| 温度 /℃ | 20 | 30 | 40 |
|---|---|---|---|
| 压力折减系数 | 1.0 | 0.87 | 0.74 |

### 2.7.11 PE 管材的平均外径（表 2-179）

**表 2-179 PE 管材的平均外径** mm

| 公称外径 | 最小平均外径 | 最大平均外径 | | 公称外径 | 最小平均外径 | 最大平均外径 | |
|---|---|---|---|---|---|---|---|
| | | 等级 A | 等级 B | | | 等级 A | 等级 B |
| 16 | 16.0 | 16.3 | 16.3 | 225 | 225.0 | 227.1 | 226.4 |
| 20 | 20.0 | 20.3 | 20.3 | 250 | 250.0 | 252.3 | 251.5 |
| 25 | 25.0 | 25.3 | 25.3 | 280 | 280.0 | 282.6 | 281.7 |
| 32 | 32.0 | 32.3 | 32.3 | 315 | 315.0 | 317.9 | 316.9 |
| 40 | 40.0 | 40.0 | 40.3 | 355 | 355.0 | 358.2 | 357.2 |
| 50 | 50.0 | 50.5 | 50.3 | 400 | 400.0 | 403.6 | 402.4 |
| 63 | 63.0 | 63.6 | 63.4 | 450 | 450.0 | 454.1 | 452.7 |
| 75 | 75.0 | 75.7 | 75.5 | 500 | 500.0 | 504.5 | 503.0 |
| 90 | 90.0 | 90.9 | 90.6 | 560 | 560.0 | 565.0 | 563.4 |
| 110 | 110.0 | 111.0 | 110.7 | 630 | 630.0 | 635.7 | 633.8 |
| 125 | 125.0 | 126.2 | 125.8 | 710 | 710.0 | 716.4 | 714.0 |
| 140 | 140.0 | 141.3 | 140.9 | 800 | 800.0 | 807.2 | 804.2 |
| 160 | 160.0 | 161.5 | 161.0 | 900 | 900.0 | 908.1 | 904.0 |
| 180 | 180.0 | 181.7 | 181.1 | 1000 | 1000.0 | 1009.0 | 1004.0 |
| 200 | 200.0 | 201.8 | 201.2 | | | | |

说明：对于精公差的管材采用等级 B，标准公差管材采用等级 A。

### 2.7.12 PE 管壁厚与偏差

PE 管材任一点的壁厚公差，需要符合表 2-180 的规定。

**表 2-180 PE 管壁厚与偏差** mm

| 最小壁厚 | | 公差 | 最小壁厚 | | 公差 | 最小壁厚 | | 公差 |
|---|---|---|---|---|---|---|---|---|
| > | ≤ | | > | ≤ | | > | ≤ | |
| 2.0 | 3.0 | 0.5 | 11.3 | 12.0 | 1.8 | 19.0 | 19.5 | 3.8 |
| 3.0 | 4.0 | 0.6 | 12.0 | 12.6 | 1.9 | 19.5 | 20.0 | 3.9 |
| 4.0 | 4.6 | 0.7 | 12.6 | 13.3 | 2.0 | 20.0 | 20.5 | 4.0 |
| 4.6 | 5.3 | 0.8 | 13.3 | 14.0 | 2.1 | 20.5 | 21.0 | 4.1 |
| 5.3 | 6.0 | 0.9 | 14.0 | 14.6 | 2.2 | 21.0 | 21.5 | 4.2 |
| 6.0 | 6.6 | 1.0 | 14.6 | 15.3 | 2.3 | 21.5 | 22.0 | 4.3 |
| 6.6 | 7.3 | 1.1 | 15.3 | 16.0 | 2.4 | 22.0 | 22.5 | 4.4 |
| 7.3 | 8.0 | 1.2 | 16.0 | 16.5 | 3.2 | 22.5 | 23.0 | 4.5 |
| 8.0 | 8.6 | 1.3 | 16.5 | 17.0 | 3.3 | 23.0 | 23.5 | 4.6 |
| 8.6 | 9.3 | 1.4 | 17.0 | 17.5 | 3.4 | 23.5 | 24.0 | 4.7 |
| 9.3 | 10.0 | 1.5 | 17.5 | 18.0 | 3.5 | 24.0 | 24.5 | 4.8 |
| 10.0 | 10.6 | 1.6 | 18.0 | 18.5 | 3.6 | 24.5 | 25.0 | 4.9 |
| 10.6 | 11.3 | 1.7 | 18.5 | 19.0 | 3.7 | 25.0 | 25.5 | 5.0 |

续表

| 最小壁厚 | | 公差 | 最小壁厚 | | 公差 | 最小壁厚 | | 公差 |
|---|---|---|---|---|---|---|---|---|
| > | ≤ | | > | ≤ | | > | ≤ | |
| 25.5 | 26.0 | 5.1 | 37.5 | 38.0 | 7.5 | 49.5 | 50.0 | 9.9 |
| 26.0 | 26.5 | 5.2 | 38.0 | 38.5 | 7.6 | 50.0 | 50.5 | 10.0 |
| 26.5 | 27.0 | 5.3 | 38.5 | 39.0 | 7.7 | 50.5 | 51.0 | 10.1 |
| 27.0 | 27.5 | 5.4 | 39.0 | 39.5 | 7.8 | 51.0 | 51.5 | 10.2 |
| 27.5 | 28.0 | 5.5 | 39.5 | 40.0 | 7.9 | 51.5 | 52.0 | 10.3 |
| 28.0 | 28.5 | 5.6 | 40.0 | 40.5 | 8.0 | 52.0 | 52.5 | 10.4 |
| 28.5 | 29.0 | 5.7 | 40.5 | 41.0 | 8.1 | 52.5 | 53.0 | 10.5 |
| 29.0 | 29.5 | 5.8 | 41.0 | 41.5 | 8.2 | 53.0 | 53.5 | 10.6 |
| 29.5 | 30.0 | 5.9 | 41.5 | 42.0 | 8.3 | 53.5 | 54.0 | 10.7 |
| 30.0 | 30.5 | 6.0 | 42.0 | 42.5 | 8.4 | 54.0 | 54.5 | 10.8 |
| 30.5 | 31.0 | 6.1 | 42.5 | 43.0 | 8.5 | 54.5 | 55.0 | 10.9 |
| 31.0 | 31.5 | 6.2 | 43.0 | 43.5 | 8.6 | 55.0 | 55.5 | 11.0 |
| 31.5 | 32.0 | 6.3 | 43.5 | 44.0 | 8.7 | 55.5 | 56.0 | 11.1 |
| 32.0 | 32.5 | 6.4 | 44.0 | 44.5 | 8.8 | 56.0 | 56.5 | 11.2 |
| 32.5 | 33.0 | 6.5 | 44.5 | 45.0 | 8.9 | 56.5 | 57.0 | 11.3 |
| 33.0 | 33.5 | 6.6 | 45.0 | 45.5 | 9.0 | 57.0 | 57.5 | 11.4 |
| 33.5 | 34.0 | 6.7 | 45.5 | 46.0 | 9.1 | 57.5 | 58.0 | 11.5 |
| 34.0 | 34.5 | 6.8 | 46.0 | 46.5 | 9.2 | 58.0 | 58.5 | 11.6 |
| 34.5 | 35.0 | 6.9 | 46.5 | 47.0 | 9.3 | 58.5 | 59.0 | 11.7 |
| 35.0 | 35.5 | 7.0 | 47.0 | 47.5 | 9.4 | 59.0 | 59.5 | 11.8 |
| 35.5 | 36.0 | 7.1 | 47.5 | 48.0 | 9.5 | 59.5 | 60.0 | 11.9 |
| 36.0 | 36.5 | 7.2 | 48.0 | 48.5 | 9.6 | 60.0 | 60.5 | 12.0 |
| 36.5 | 37.0 | 7.3 | 48.5 | 49.0 | 9.7 | 60.5 | 61.0 | 12.1 |
| 37.0 | 37.5 | 7.4 | 49.0 | 49.5 | 9.8 | 61.0 | 61.5 | 12.2 |

说明：管材的最小壁厚 $e_{y,min}$ 等于公称壁厚 $e_n$。

## 2.7.13 PE 管材静液压强度

PE 管材的静液压强度需要符合表 2-181 的要求。

**表 2-181 PE 管材的静液压强度**

| 项　　目 | 环向应力/MPa | | | 要　　求 |
|---|---|---|---|---|
| | PE63 | PE80 | PE100 | |
| 20℃静液压强度 | 8.0 | 9.0 | 12.4 | 不破裂，不渗漏 |
| 80℃静液压强度 | 3.5 | 4.6 | 5.5 | 不破裂，不渗漏 |
| 80℃静液压强度 | 3.2 | 4.0 | 5.0 | 不破裂，不渗漏 |

## 2.7.14 PE 管材 80℃时静液压强度（165h）再实验要求

80℃静液压强度（165h）试验只考虑脆性破坏。如果在要求的时间（165h）内发生韧性破坏，则需要根据表 2-182 选择较低的破坏应力与相应的最小破坏时间重新试验。

**表 2-182 80℃时静液压强度（165h）再实验要求**

| PE63 | | PE80 | | PE100 | |
|---|---|---|---|---|---|
| 应力/MPa | 最小破坏时间/h | 应力/MPa | 最小破坏时间/h | 应力/MPa | 最小破坏时间/h |
| 3.4 | 285 | 4.5 | 219 | 5.4 | 233 |
| 3.3 | 538 | 4.4 | 283 | 5.3 | 332 |

续表

| PE63 | | PE80 | | PE100 | |
|---|---|---|---|---|---|
| 应力/MPa | 最小破坏时间/h | 应力/MPa | 最小破坏时间/h | 应力/MPa | 最小破坏时间/h |
| 3.2 | 1000 | 4.3 | 394 | 5.2 | 476 |
| | | 4.2 | 533 | 5.1 | 688 |
| | | 4.1 | 727 | 5.0 | 1000 |
| | | 4.0 | 1000 | | |

### 2.7.15 PE管材物理性能

PE管材的物理性能需要符合表2-183要求。当在混配料中加入回用料挤管时，对管材测定的熔体流动速率（MFR）（5kg，190℃）与对混配料测定值之差，不应超过25%。

**表2-183 PE管材物理性能要求**

| 项目 | | 要求 |
|---|---|---|
| 短裂伸长率/% | | ≥350 |
| 纵向回缩率(110℃)/% | | ≤3 |
| 氧化诱导时间(220℃)/min | | ≥20 |
| 耐厚性①(管材累计接受≥老化能量后) | 80℃静液压强度 | 不破裂,不渗漏 |
| | 短裂伸长率/% | ≥350 |
| | 氧化诱导时间(200℃)/min | ≥10 |

① 仅适用于蓝色管材。

### 2.7.16 PE常见的抽样方案（表2-184）

**表2-184 PE常见的抽样方案**

| 批量范围/个 | 样本大小/个 | 合格判定数/个 | 不合格判定数/个 | 批量范围/个 | 样本大小/个 | 合格判定数/个 | 不合格判定数/个 |
|---|---|---|---|---|---|---|---|
| ≤150 | 8 | 1 | 2 | 501～1200 | 32 | 5 | 6 |
| 151～280 | 13 | 2 | 3 | 1201～3200 | 50 | 7 | 8 |
| 281～500 | 20 | 3 | 4 | 3201～10000 | 80 | 10 | 11 |

### 2.7.17 PE管材的不圆度

根据GB/T 8806规定测量PE管材同一断面的最大外径与最小外径，最大外径减去最小外径则为不圆度。管材的不圆度在挤出时测量。

PE管材不圆度见表2-185。

**表2-185 PE管材不圆度**

| 公称外径/mm | 最大不圆度/% | 公称外径/mm | 最大不圆度/% |
|---|---|---|---|
| 16 | 1.2 | 180 | 3.6 |
| 20 | 1.2 | 200 | 4.0 |
| 25 | 1.2 | 225 | 4.5 |
| 32 | 1.3 | 250 | 5.0 |
| 40 | 1.4 | 280 | 9.8 |
| 50 | 1.4 | 315 | 11.1 |
| 63 | 1.5 | 355 | 12.5 |
| 75 | 1.6 | 400 | 14.0 |
| 90 | 1.8 | 450 | 15.6 |
| 110 | 2.2 | 500 | 17.5 |
| 125 | 2.5 | 560 | 19.6 |
| 140 | 2.8 | 630 | 22.1 |
| 160 | 3.2 | | |

## 2.7.18 给水聚乙烯管 PE100 压力-温度特性（表 2-186）

表 2-186 给水聚乙烯管 PE100 压力-温度特性

| 工作温度 | 使用寿命 | S3.2(SDR7.4) | S4(SDR9) | S5(SDR11) | S8(SDR17) |
|---|---|---|---|---|---|
| | | SF=1.25 | SF=1.25 | SF=1.25 | SF=1.25 |
| /℃ | /年 | PN/bar① | PN/bar | PN/bar | PN/bar |
| −20℃ | 50 | 29.7 | 23.8 | 19.0 | 11.9 |
| −10℃ | 50 | 29.7 | 23.8 | 19.0 | 11.9 |
| 0℃ | 50 | 29.7 | 23.8 | 19.0 | 11.9 |
| 10℃ | 50 | 29.7 | 23.8 | 19.0 | 11.9 |
| 20℃ | 50 | 25.0 | 20.0 | 16.0 | 10.0 |
| 30℃ | 50 | 21.2 | 16.9 | 13.5 | 8.4 |
| 40℃ | 50 | 18.2 | 14.5 | 11.6 | 7.2 |

① 1bar=$10^5$Pa。

## 2.7.19 PE63 给水管标准米重表（表 2-187）

表 2-187 PE63 给水管标准米重表

| 公称外径 $d_n$/mm | SDR33 | | SDR26 | | SDR17.6 | | SDR13.6 | | SDR11 | |
|---|---|---|---|---|---|---|---|---|---|---|
| | 公称压力 PN/MPa | | | | | | | | | |
| | 0.32 | | 0.4 | | 0.6 | | 0.8 | | 1.0 | |
| | 公称壁厚/mm | 米重/(kg/m) | 公称壁厚/mm | 米重/(kg/m) | 公称壁厚/mm | 米重/(kg/m) | 公称壁厚/mm | 米重/(kg/m) | 公称壁厚/mm | 米重/(kg/m) |
| 16 | | | | | | | | | 2.3 | 0.104 |
| 20 | | | | | | | 2.3 | 0.134 | 2.3 | 0.134 |
| 25 | | | | | 2.3 | 0.172 | 2.3 | 0.172 | 2.3 | 0.172 |
| 32 | | | | | 2.3 | 0.225 | 2.4 | 0.233 | 2.9 | 0.273 |
| 40 | | | 2.3 | 0.287 | 2.3 | 0.287 | 3.0 | 0.358 | 3.7 | 0.461 |
| 50 | | | 2.3 | 0.363 | 2.9 | 0.443 | 3.7 | 0.552 | 4.6 | 0.669 |
| 63 | 2.3 | 0.462 | 2.5 | 0.497 | 3.6 | 0.691 | 4.7 | 0.886 | 5.8 | 1.064 |
| 75 | 2.3 | 0.554 | 2.9 | 0.679 | 4.3 | 0.981 | 5.6 | 1.251 | 6.8 | 1.492 |
| 90 | 2.8 | 0.796 | 3.5 | 0.983 | 5.1 | 1.394 | 6.7 | 1.800 | 8.2 | 2.155 |
| 110 | 3.4 | 1.179 | 4.2 | 1.439 | 6.3 | 2.105 | 8.1 | 2.657 | 10.0 | 3.200 |
| 125 | 3.9 | 1.522 | 4.8 | 1.869 | 7.1 | 2.693 | 9.2 | 3.419 | 11.4 | 4.159 |
| 140 | 4.3 | 1.887 | 5.4 | 2.354 | 8.0 | 3.389 | 10.3 | 4.292 | 12.7 | 5.191 |
| 160 | 4.9 | 2.459 | 6.2 | 3.080 | 9.1 | 4.415 | 11.8 | 5.612 | 14.6 | 6.797 |
| 180 | 5.5 | 3.106 | 6.9 | 3.855 | 10.2 | 5.576 | 13.3 | 7.108 | 16.4 | 8.749 |
| 200 | 6.2 | 3.883 | 7.7 | 4.771 | 11.4 | 6.923 | 14.7 | 8.754 | 18.2 | 10.798 |
| 225 | 6.9 | 4.860 | 8.6 | 5.958 | 12.8 | 8.742 | 16.6 | 11.318 | 20.5 | 13.669 |
| 250 | 7.7 | 6.016 | 9.6 | 7.438 | 14.2 | 10.770 | 18.4 | 13.923 | 22.7 | 16.844 |
| 280 | 8.6 | 7.510 | 10.7 | 9.299 | 15.9 | 13.484 | 20.6 | 17.485 | 25.4 | 21.100 |
| 315 | 9.7 | 9.544 | 12.1 | 11.817 | 17.9 | 17.406 | 23.2 | 22.143 | 28.6 | 26.751 |
| 355 | 10.9 | 12.093 | 13.6 | 14.951 | 20.1 | 22.063 | 26.1 | 28.087 | 32.2 | 33.935 |
| 400 | 12.3 | 15.365 | 15.3 | 18.919 | 22.7 | 28.062 | 29.4 | 35.620 | 36.3 | 43.096 |
| 450 | 13.8 | 19.377 | 17.2 | 24.433 | 25.5 | 35.436 | 33.1 | 45.155 | 40.9 | 54.614 |
| 500 | 15.3 | 23.851 | 19.1 | 30.162 | 28.3 | 43.731 | 36.8 | 55.750 | 45.4 | 67.367 |
| 560 | 17.2 | 30.663 | 21.4 | 37.803 | 31.7 | 54.881 | 41.2 | 69.925 | 50.8 | 84.451 |
| 630 | 19.3 | 38.700 | 24.1 | 47.956 | 35.7 | 69.536 | 46.3 | 88.405 | 57.2 | 106.995 |

## 2.7.20 PE80级聚乙烯管材公称压力和规格尺寸（表2-188）

表2-188 PE80级聚乙烯管材公称压力和规格尺寸

| 公称外径 $d_n(D_e)$ /mm | 公称壁厚/mm | | | | |
|---|---|---|---|---|---|
| | 标准尺寸比 | | | | |
| | SDR33 | SDR21 | SDR17 | SDR13.6 | SDR11 |
| | 公称压力/MPa | | | | |
| | 0.4 | 0.6 | 0.8 | 1.0 | 1.25 |
| 16.0 | — | — | — | — | — |
| 20.0 | — | — | — | — | 2.3 |
| 25.0 | — | — | — | — | 2.3 |
| 32.0 | — | — | — | — | 3.0 |
| 40.0 | — | — | — | — | 3.7 |
| 50.0 | — | — | — | — | 4.6 |
| 63.0 | — | — | — | 4.7 | 5.8 |
| 75.0 | | — | 4.5 | 5.6 | 6.8 |
| 90.0 | — | 4.3 | 5.4 | 6.7 | 8.2 |
| 110.0 | — | 5.3 | 6.6 | 8.1 | 10.0 |
| 125.0 | — | 6.0 | 7.4 | 9.2 | 11.4 |
| 140.0 | 4.3 | 6.7 | 8.3 | 10.3 | 12.7 |
| 160.0 | 4.9 | 7.7 | 9.5 | 11.8 | 14.6 |
| 180.0 | 5.5 | 8.6 | 10.7 | 13.3 | 16.4 |
| 200.0 | 6.2 | 9.6 | 11.9 | 14.7 | 18.2 |
| 225.0 | 6.9 | 10.8 | 13.4 | 16.6 | 20.5 |
| 250.0 | 7.7 | 11.9 | 14.8 | 18.4 | 22.7 |
| 280.0 | 8.6 | 13.4 | 16.6 | 20.6 | 25.4 |
| 315.0 | 9.7 | 15.0 | 18.7 | 23.2 | 28.6 |
| 355.0 | 10.9 | 16.9 | 21.1 | 26.1 | 32.2 |
| 400.0 | 12.3 | 19.1 | 23.7 | 29.4 | 36.3 |
| 450.0 | 13.8 | 21.5 | 26.7 | 33.1 | 40.9 |
| 500.0 | 15.3 | 23.9 | 29.7 | 36.8 | 45.4 |
| 560.0 | 17.2 | 26.7 | 33.2 | 41.2 | 50.8 |
| 630.0 | 19.3 | 30.0 | 37.4 | 46.3 | 57.2 |
| 710.0 | 21.8 | 33.9 | 42.1 | 52.2 | — |
| 800.0 | 24.5 | 38.1 | 47.4 | 58.8 | — |
| 900.0 | 27.6 | 42.9 | 53.3 | — | — |
| 1000.0 | 30.6 | 47.7 | 59.3 | — | — |

## 2.7.21 PE100级聚乙烯管材公称压力和规格尺寸（表2-189）

表2-189 PE100级聚乙烯管材公称压力和规格尺寸

| 公称外径 $d_n$ $(D_e)$/mm | 公称壁厚 /mm | | | | |
|---|---|---|---|---|---|
| | 标准尺寸比 | | | | |
| | SDR26 | SDR21 | SDR17 | SDR13.6 | SDR11 |
| | 公称压力/ MPa | | | | |
| | 0.6 | 0.8 | 1.0 | 1.25 | 1.6 |
| 16.0 | — | — | — | — | — |
| 20.0 | — | — | — | — | 2.3 |
| 25.0 | — | — | — | — | 2.3 |
| 32.0 | — | — | — | — | 3.0 |
| 40.0 | — | — | — | — | 3.7 |

续表

| 公称外径 $d_n$ ($D_e$)/mm | 公称壁厚 /mm | | | | |
|---|---|---|---|---|---|
| | 标准尺寸比 | | | | |
| | SDR26 | SDR21 | SDR17 | SDR13.6 | SDR11 |
| | 公称压力/ MPa | | | | |
| | 0.6 | 0.8 | 1.0 | 1.25 | 1.6 |
| 50.0 | — | — | — | — | 4.6 |
| 63.0 | — | — | — | 4.7 | 5.8 |
| 75.0 | | — | 4.5 | 5.6 | 6.8 |
| 90.0 | — | 4.3 | 5.4 | 6.7 | 8.2 |
| 110.0 | 4.2 | 5.3 | 6.6 | 8.1 | 10.0 |
| 125.0 | 4.8 | 6.0 | 7.4 | 9.2 | 11.4 |
| 140.0 | 5.4 | 6.7 | 8.3 | 10.3 | 12.7 |
| 160.0 | 6.2 | 7.7 | 9.5 | 11.8 | 14.6 |
| 180.0 | 6.9 | 8.6 | 10.7 | 13.3 | 16.4 |
| 200.0 | 7.7 | 9.6 | 11.9 | 14.7 | 18.2 |
| 225.0 | 8.6 | 10.8 | 13.4 | 16.6 | 20.5 |
| 250.0 | 9.6 | 11.9 | 14.8 | 18.4 | 22.7 |
| 280.0 | 10.7 | 13.4 | 16.6 | 20.6 | 25.4 |
| 315.0 | 12.1 | 15.0 | 18.7 | 23.2 | 28.6 |
| 355.0 | 13.6 | 16.9 | 21.1 | 26.1 | 32.2 |
| 400.0 | 15.3 | 19.1 | 23.7 | 29.4 | 36.3 |
| 450.0 | 17.2 | 21.5 | 26.7 | 33.1 | 40.9 |
| 500.0 | 19.1 | 23.9 | 29.7 | 36.8 | 45.4 |
| 560.0 | 21.4 | 26.7 | 33.2 | 41.2 | 50.8 |
| 630.0 | 24.1 | 30.0 | 37.4 | 46.3 | 57.2 |
| 710.0 | 27.2 | 33.9 | 42.1 | 52.2 | — |
| 800.0 | 30.6 | 38.1 | 47.4 | 58.8 | — |
| 900.0 | 34.4 | 42.9 | 53.3 | — | — |
| 1000.0 | 38.2 | 47.7 | 59.3 | — | — |

## 2.7.22 PE100级的规格（表2-190）

**表2-190 PE100级的规格** mm

| 外径/mm | 0.3MPa | 0.4MPa | 0.6MPa | 0.8MPa | 1.0MPa | 1.25MPa | 1.6MPa |
|---|---|---|---|---|---|---|---|
| $\phi$25 | | | | | | 1.8 | 2.3 |
| $\phi$32 | | | | | 1.9 | 2.4 | 2.9 |
| $\phi$40 | | | | 1.9 | 2.4 | 2.9 | 3.7 |
| $\phi$50 | | | 1.8 | 2.4 | 3.0 | 3.7 | 4.6 |
| $\phi$63 | | | 2.3 | 3.0 | 3.7 | 4.6 | 5.8 |
| $\phi$75 | | 1.9 | 2.7 | 3.6 | 4.4 | 5.5 | 6.9 |
| $\phi$90 | | 2.2 | 3.3 | 4.3 | 5.3 | 6.6 | 8.2 |
| $\phi$110 | 2.0 | 2.7 | 4.0 | 5.3 | 6.5 | 8.0 | 10.0 |
| $\phi$125 | 2.3 | 3.1 | 4.5 | 6.0 | 7.4 | 9.1 | 11.4 |
| $\phi$140 | 2.6 | 3.4 | 5.1 | 6.7 | 8.3 | 10.2 | 12.8 |
| $\phi$160 | 3.0 | 3.9 | 5.8 | 7.7 | 9.4 | 11.6 | 14.6 |
| $\phi$180 | 3.3 | 4.4 | 6.5 | 8.6 | 10.6 | 13.1 | 16.4 |

续表

| 外径/mm | 0.3MPa | 0.4MPa | 0.6MPa | 0.8MPa | 1.0MPa | 1.25MPa | 1.6MPa |
|---|---|---|---|---|---|---|---|
| $\phi$200 | 3.7 | 4.9 | 7.3 | 9.6 | 11.8 | 14.5 | 18.2 |
| $\phi$225 | 4.2 | 5.5 | 8.1 | 10.8 | 13.3 | 16.3 | 20.5 |
| $\phi$250 | 4.6 | 6.1 | 9.1 | 11.9 | 14.7 | 18.2 | 22.8 |
| $\phi$280 | 5.2 | 6.9 | 10.1 | 13.4 | 16.5 | 20.3 | 25.5 |
| $\phi$315 | 5.8 | 7.7 | 11.4 | 15.0 | 18.6 | 22.9 | 28.7 |
| $\phi$355 | 6.6 | 8.7 | 12.8 | 16.9 | 20.9 | 25.8 | 32.3 |
| $\phi$400 | 7.4 | 9.8 | 14.5 | 19.1 | 23.6 | 29.0 | 36.4 |
| $\phi$450 | 8.3 | 11.0 | 16.3 | 21.5 | 26.5 | 32.6 | 40.9 |
| $\phi$500 | 9.2 | 12.2 | 18.1 | 23.8 | 29.4 | 36.3 | 45.5 |
| $\phi$560 | 10.3 | 13.7 | 20.2 | 26.7 | 33.0 | 40.6 | 50.9 |
| $\phi$630 | 11.6 | 15.4 | 22.8 | 30.0 | 37.1 | 45.7 | 57.3 |
| $\phi$710 | 13.1 | 17.3 | 25.7 | 33.8 | 41.8 | 51.5 | 64.6 |
| $\phi$800 | 14.8 | 19.5 | 28.9 | 38.1 | 47.1 | 58.0 | 72.8 |
| $\phi$900 | 16.6 | 22.0 | 32.5 | 42.9 | 53.0 | 65.3 | 81.9 |
| $\phi$1000 | 18.4 | 24.4 | 36.1 | 47.7 | 58.9 | 72.5 | 90.9 |
| $\phi$1100 | 20.3 | 26.9 | 39.7 | 52.4 | 64.7 | 79.7 | 100.0 |
| $\phi$1200 | 22.1 | 29.3 | 43.4 | 57.2 | 70.6 | 87.0 | 109.1 |

说明：(1) 0.3MPa只适用于地下无压排水排污系列；

(2) 带"*"的管道壁厚仅作为参考。

## 2.7.23 PE型塑敷铜管尺寸与规格（表2-191）

**表2-191 PE型塑敷铜管尺寸与规格** mm

| 钢管外径 $Dw$ | 塑覆钢管外径 $Dn$ | | 外径允许公差 | 塑覆层壁厚 $T$ | | 壁厚允许公差 | 齿数 $N$ |
|---|---|---|---|---|---|---|---|
| | 平型环 | 齿型环 | | 平型环 | 齿型环 | | |
| 6 | 8.20 | 8.60 | ±0.30 | 1.10 | 1.30 | ±0.25 | 6～8 |
| 8 | 10.20 | 10.60 | ±0.30 | 1.10 | 1.30 | ±0.25 | 8～10 |
| 10 | 12.20 | 12.60 | ±0.30 | 1.10 | 1.30 | ±0.25 | 10～12 |
| 12 | 14.20 | 14.60 | ±0.30 | 1.10 | 1.30 | ±0.25 | 12～20 |
| 15 | 17.60 | 18.60 | ±0.35 | 1.30 | 1.80 | ±0.30 | 16～25 |
| 16 | 18.60 | 19.60 | ±0.35 | 1.30 | 1.80 | ±0.30 | 16～25 |
| 18 | 20.60 | 21.60 | ±0.35 | 1.30 | 1.80 | ±0.30 | 16～26 |
| 19 | 21.60 | 22.60 | ±0.35 | 1.30 | 1.80 | ±0.30 | 16～26 |
| 22 | 24.60 | 25.60 | ±0.35 | 1.30 | 1.80 | ±0.30 | 20～30 |
| 28 | 30.60 | 31.60 | ±0.35 | 1.30 | 1.80 | ±0.30 | 20～30 |
| 35 | 38.60 | 40.00 | ±0.40 | 1.80 | 2.50 | ±0.35 | 28～35 |
| 42 | 45.60 | 47.00 | ±0.40 | 1.80 | 2.50 | ±0.35 | 32～42 |
| 54 | 58.00 | 60.00 | ±0.50 | 2.00 | 3.00 | ±0.40 | 42～52 |

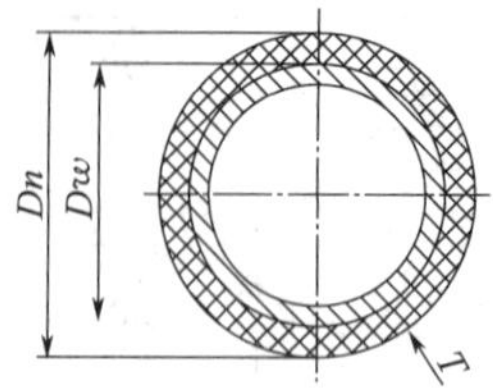

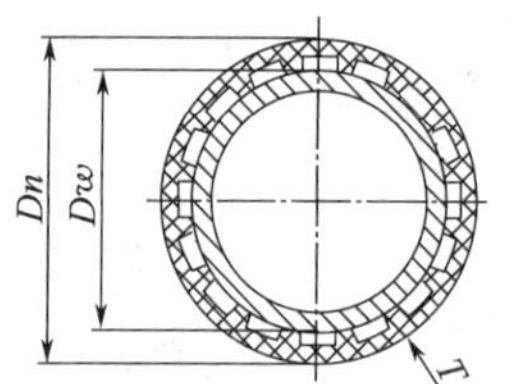

## 2.7.24 给水交联聚乙烯管（PE-X）管材规格尺寸（表2-192）

表2-192 给水交联聚乙烯管（PE-X）管材规格尺寸 mm

| 公称外径 $d_n$ | 外径偏差 | 管系列最小壁厚 $e_n$ | | | |
|---|---|---|---|---|---|
| | | S6.3 | S5 | S4 | S3.2 |
| 20 | $^{+0.3}_{0}$ | 1.9 | 2.0 | 2.3 | 2.8 |
| 25 | $^{+0.3}_{0}$ | 1.9 | 2.3 | 2.8 | 3.5 |
| 32 | $^{+0.3}_{0}$ | 2.4 | 2.9 | 3.6 | 4.4 |
| 40 | $^{+0.4}_{0}$ | 3.0 | 3.7 | 4.5 | 5.5 |
| 50 | $^{+0.5}_{0}$ | 3.7 | 4.6 | 5.6 | 6.9 |
| 63 | $^{+0.6}_{0}$ | 4.7 | 5.8 | 7.1 | 8.6 |

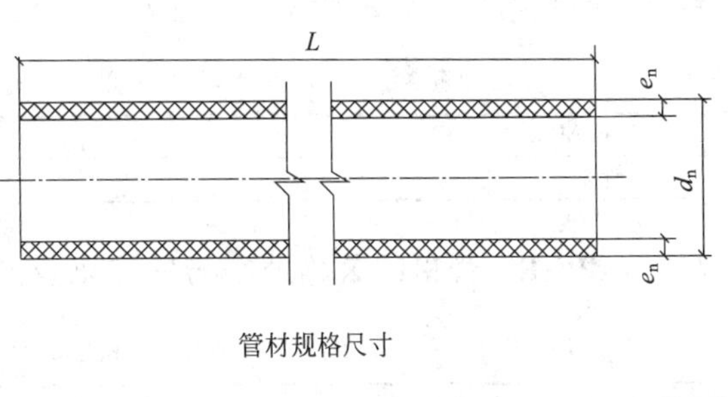


管材规格尺寸

## 2.7.25 给水交联聚乙烯管（PE-X）管材的力学物理及化学性能（表2-193）

表2-193 给水交联聚乙烯管（PE-X）管材的力学物理及化学性能

| 项目 | 试验参数 | | | | | 要求 |
|---|---|---|---|---|---|---|
| 纵向回缩率 | 温度120℃，试件数3，$e_n \leqslant 8$，1h；$8 < e_n \leqslant 16$，2h；$e_n > 16$，4h | | | | | ≤3% |
| 热稳定性 | 环应力2.5MPa，110℃，8670h，1件 | | | | | 试验中无破裂无渗漏 |
| 交联度 | 过氧化物 | 硅烷交联 | | 电子束交联 | 偶氮交联 | 产品出厂时达标 |
| | ≥70% | ≥65% | | ≥60% | ≥60% | |
| 耐静压试验 | 环应力/MPa | 12.0 | 4.80 | 4.70 | 4.60 | 4.40 | 试验中无破裂 |
| | 温度/℃ | 20 | 95 | 95 | 95 | 95 | |
| | 时间/h | 1 | 1 | 2.2 | 165 | 1000 | |

## 2.7.26 给水交联聚乙烯管（PE-X）管材的主要物理性能（表2-194）

表2-194 给水交联聚乙烯管（PE-X）管材的主要物理性能

| 项目 | 单位 | 管材、管件指标 |
|---|---|---|
| 线膨胀系数 | mm/(m·℃) | 0.15 |
| 热导率 | W/(m·K) | 0.461 |
| 密度 | g/cm³ | ≥0.940 |

## 2.7.27 热水系统给水交联聚乙烯管（PE-X）的应用级别

给水交联聚乙烯管（PE-X）用于热水系统时，需要根据长期设计温度不同分为两个应用级别，详见表2-195。

表2-195 热水系统给水交联聚乙烯管（PE-X）的应用级别

| 应用级别 | 设计温度 $T_D$/℃ | $T_D$下寿命/年 | 最高温度 $T_{max}$/℃ | $T_{max}$下寿命/年 | 故障温度 $T_{mal}$/℃ | $T_{mal}$下寿命/h |
|---|---|---|---|---|---|---|
| 级别1 | 60 | 49 | 80 | 1 | 95 | 100 |
| 级别2 | 70 | 49 | 80 | 1 | 95 | 100 |

应根据系统适合的应用级别，和所需管材的设计压力 $PD$ 确定管材尺寸的管系列S，见表2-196。

表2-196 应用级别的确定

| 级别 \ $PD$/MPa | 0.4 | 0.6 | 0.8 | 1.0 |
|---|---|---|---|---|
| 级别1 | S6.3 | S6.3 | S4 | S3.2 |
| 级别2 | S6.3 | S5 | S4 | S3.2 |

### 2.7.28 冷水系统给水交联聚乙烯管（PE-X）管系列S的确定

给水交联聚乙烯管（PE-X）用于冷水系统时，需要根据所需管材的公称压力 $PN$ 确定管材尺寸的管系列 S，具体见表 2-197。

**表 2-197 冷水系统给水交联聚乙烯管（PE-X）管系列S的确定**

| $PN$/MPa | 1.0 | 1.25 | 1.6 | 2.0 |
|---|---|---|---|---|
| 管系列 | S6.3 | S5 | S4 | S3.2 |

### 2.7.29 PE-RT管材的公称外径与壁厚以及允许偏差（表 2-198）

**表 2-198 PE-RT管材的公称外径与壁厚以及允许偏差** mm

| 公称外径 $d_n$ | | 最大圆度 | | 壁厚 $e_n$ | | | | | | | | | |
|---|---|---|---|---|---|---|---|---|---|---|---|---|---|
| | | | | 管系列 S | | | | | | | | | |
| | | | | S6.3 | | S5 | | S4 | | S3.2 | | S2.5 | |
| | | 直管 | 盘管 | 壁厚及偏差 | | | | | | | | | |
| 16 | $^{+0.3}_{0}$ | 1.0 | 1.0 | — | — | — | — | 2.0 | $^{+0.3}_{0}$ | 2.2 | $^{+0.4}_{0}$ | 2.7 | $^{+0.4}_{0}$ |
| 20 | $^{+0.3}_{0}$ | 1.0 | 1.2 | — | — | 2.0 | $^{+0.3}_{0}$ | 2.3 | $^{+0.4}_{0}$ | 2.8 | $^{+0.4}_{0}$ | 3.4 | $^{+0.5}_{0}$ |
| 25 | $^{+0.3}_{0}$ | 1.0 | 1.5 | 2.0 | $^{+0.3}_{0}$ | 2.3 | $^{+0.4}_{0}$ | 2.8 | $^{+0.4}_{0}$ | 3.5 | $^{+0.5}_{0}$ | 4.2 | $^{+0.6}_{0}$ |
| 32 | $^{+0.3}_{0}$ | 1.0 | 2.0 | 2.4 | $^{+0.4}_{0}$ | 2.9 | $^{+0.4}_{0}$ | 3.6 | $^{+0.5}_{0}$ | 4.4 | $^{+0.6}_{0}$ | 5.4 | $^{+0.7}_{0}$ |
| 40 | $^{+0.4}_{0}$ | 1.0 | 2.4 | 3.0 | $^{+0.4}_{0}$ | 3.7 | $^{+0.5}_{0}$ | 4.5 | $^{+0.6}_{0}$ | 5.5 | $^{+0.7}_{0}$ | 6.7 | $^{+0.8}_{0}$ |
| 50 | $^{+0.5}_{0}$ | 1.2 | 3.0 | 3.7 | $^{+0.5}_{0}$ | 4.6 | $^{+0.6}_{0}$ | 5.6 | $^{+0.7}_{0}$ | 6.9 | $^{+0.8}_{0}$ | 8.3 | $^{+1.0}_{0}$ |
| 63 | $^{+0.6}_{0}$ | 1.6 | 3.8 | 4.7 | $^{+0.6}_{0}$ | 5.8 | $^{+0.7}_{0}$ | 7.1 | $^{+0.9}_{0}$ | 8.6 | $^{+1.0}_{0}$ | 10.5 | $^{+1.2}_{0}$ |
| 75 | $^{+0.7}_{0}$ | 1.8 | — | 5.6 | $^{+0.7}_{0}$ | 6.8 | $^{+0.8}_{0}$ | 8.4 | $^{+1.0}_{0}$ | 10.3 | $^{+1.2}_{0}$ | 12.5 | $^{+1.4}_{0}$ |
| 90 | $^{+0.9}_{0}$ | 2.2 | — | 6.7 | $^{+0.8}_{0}$ | 8.2 | $^{+1.0}_{0}$ | 10.1 | $^{+1.2}_{0}$ | 12.3 | $^{+1.4}_{0}$ | 15.0 | $^{+1.6}_{0}$ |
| 110 | $^{+1.0}_{0}$ | 2.7 | — | 8.1 | $^{+1.0}_{0}$ | 10.0 | $^{+1.1}_{0}$ | 12.3 | $^{+1.4}_{0}$ | 15.1 | $^{+1.7}_{0}$ | 18.3 | $^{+2.0}_{0}$ |

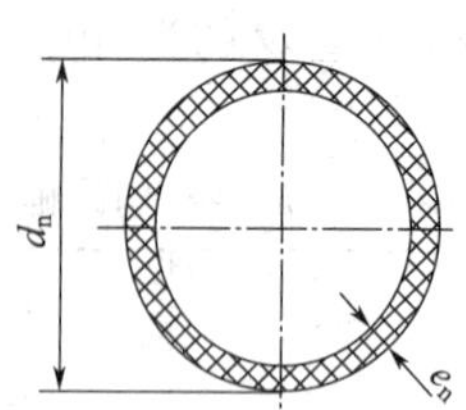

## 2.7.30 PE-RT 管材的承口与插口尺寸以及允许偏差（表 2-199）。

**表 2-199 PE-RT 管材的承口与插口尺寸以及允许偏差** mm

| 公称外径 $d_n$ | 承口的平均内径 | | | | 最大圆度 | 最小通径 $D'$ | 最小承口深度 $L_1$ | 最小承插深度 $L_2$ |
|---|---|---|---|---|---|---|---|---|
| | $d_{sm2}$ | | $d_{sm1}$ | | | | | |
| | 基本尺寸 | 允许偏差 | 基本尺寸 | 允许偏差 | | | | |
| 16 | 15.5 | 0<br>−0.5 | 15.3 | 0<br>−0.5 | 0.6 | 9.0 | 13.3 | 9.8 |
| 20 | 19.5 | 0<br>−0.5 | 19.3 | 0<br>−0.5 | 0.6 | 13.0 | 14.5 | 11.0 |
| 25 | 24.4 | 0<br>−0.6 | 24.1 | 0<br>−0.6 | 0.7 | 18.0 | 16.0 | 12.5 |
| 32 | 31.3 | 0<br>−0.6 | 31.0 | 0<br>−0.6 | 0.7 | 25.0 | 18.1 | 14.6 |
| 40 | 39.3 | 0<br>−0.6 | 38.9 | 0<br>−0.6 | 0.7 | 31.0 | 20.5 | 17.0 |
| 50 | 493 | 0<br>−0.6 | 48.9 | 0<br>−0.6 | 0.8 | 39.0 | 23.5 | 20.0 |
| 63 | 62.2 | 0<br>−0.6 | 61.7 | 0<br>−0.6 | 0.8 | 49.0 | 27.4 | 23.9 |
| 75 | 74.0 | 0<br>−0.8 | 72.7 | 0<br>−0.8 | 1.0 | 58.2 | 31.0 | 27.5 |
| 90 | 88.8 | 0<br>−1.0 | 87.4 | 0<br>−1.0 | 1.2 | 69.8 | 35.5 | 32.0 |
| 110 | 108.5 | 0<br>−1.2 | 106.8 | 0<br>−1.0 | 1.4 | 85.4 | 41.5 | 38.0 |

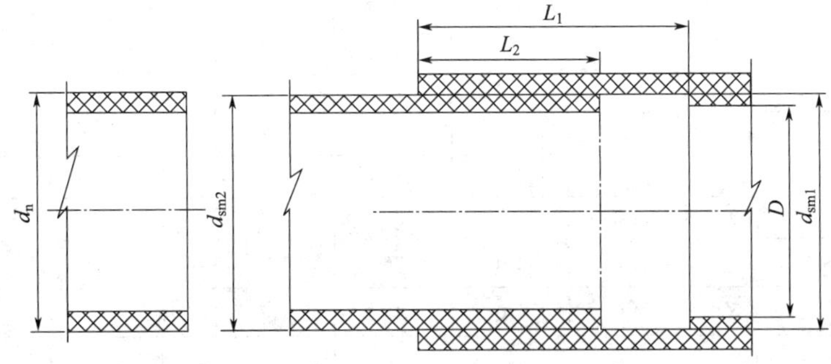


说明：

1. 一般情况下 PE-RT 使用较少的管件，通常是三通和套管接头。由于其自身可以以较小弯曲半径进行弯曲，因此弯头也是较少使用。

2. 目前对大于 $d_n$32 规格的产品不推荐应用于给水和采暖管道领域。

## 2.7.31 双层（双色）高密度聚乙烯（HDPE）管道的规格（表 2-200）

表 2-200 双层（双色）高密度聚乙烯（HDPE）管道的规格

| $d$/mm | $d_i$/mm | $s$/mm | $A/cm^2$ | $L$/m |
|---|---|---|---|---|
| 50 | 44 | 3 | 15.2 | 5 |
| 56 | 50 | 3 | 19.6 | 5 |
| 63 | 57 | 3 | 25.5 | 5 |
| 75 | 69 | 3 | 37.3 | 5 |
| 90 | 83 | 3.5 | 54.1 | 5 |
| 110 | 101.4 | 4.3 | 80.7 | 5 |
| 125 | 115.2 | 4.9 | 104.5 | 5 |
| 160 | 147.6 | 6.2 | 171.1 | 5 |

双层(双色)高密度聚乙烯(HDPE)管道规格尺寸

## 2.7.32 HDPE 双平壁钢塑复合管管材料的参数（表 2-201）

表 2-201 HDPE 双平壁钢塑复合管管材料的参数 mm

| 公称直径 DN/ID | 最小平均内径 | 最小内层壁厚 | 最小内层壁厚 | 环刚度与钢带参数 | | | | | | |
|---|---|---|---|---|---|---|---|---|---|---|
| | | | | SN8 | | SN12.5 | | SN16 | | 钢带螺距 |
| | | | | 钢带最小厚度 | 钢带最小高度 | 带钢最小厚度 | 钢带最小高度 | 带钢最小厚度 | 钢带最小高度 | |
| 300 | 294 | 2.2 | 2.0 | 0.4 | 8 | 0.4 | 10 | 0.4 | 10 | 40 |
| 400 | 392 | 2.2 | 2.0 | 0.4 | 8 | 0.4 | 10 | 0.5 | 10 | |
| 500 | 490 | 3.0 | 2.0 | 0.6 | 14 | 0.7 | 14 | 0.8 | 14 | 60 |
| 600 | 588 | 3.0 | 2.5 | 0.7 | 14 | 0.8 | 14 | 0.9 | 14 | |
| 700 | 685 | 3.0 | 2.5 | 0.8 | 14 | 0.9 | 14 | 1.0 | 18 | 70 |
| 800 | 785 | 3.0 | 3.0 | 0.9 | 18 | 1.0 | 18 | 1.0 | 20 | |
| 900 | 885 | 4.0 | 3.0 | 1.0 | 18 | 1.0 | 20 | 1.0 | 22 | 80 |
| 1000 | 985 | 4.0 | 3.0 | 1.0 | 20 | 1.0 | 22 | 1.2 | 22 | |
| 1100 | 1085 | 4.0 | 4.0 | 1.0 | 20 | 1.0 | 22 | 1.2 | 22 | |
| 1200 | 1185 | 4.0 | 3.0 | 1.0 | 22 | 1.2 | 22 | 1.2 | 24 | |
| 1300 | 1285 | 4.0 | 4.0 | 1.0 | 22 | 1.2 | 22 | 1.2 | 24 | 100 |
| 1400 | 1385 | 4.0 | 4.0 | 1.2 | 22 | 1.2 | 24 | 1.2 | 26 | |
| 1500 | 1485 | 4.0 | 4.0 | 1.2 | 22 | 1.2 | 26 | 1.2 | 28 | |
| 1600 | 1585 | 4.0 | 4.0 | 1.0 | 33 | 1.2 | 36 | 1.2 | 38 | |
| 1800 | 1785 | 6.5 | 4.0 | 1.0 | 36 | 1.2 | 36 | 1.2 | 38 | 120 |
| 2000 | 1985 | 6.5 | 4.0 | 1.0 | 43 | 1.0 | 44 | 1.2 | 46 | |
| 2200 | 2185 | 6.5 | 4.0 | 1.0 | 46 | 1.0 | 48 | 1.2 | 48 | 140 |
| 2400 | 2385 | 6.5 | 5.0 | 1.0 | 56 | 1.6 | 58 | 1.2 | 61 | |
| 2600 | 2585 | 7.0 | 5.0 | 1.0 | 58 | 1.0 | 61 | 1.2 | 63 | 160 |
| 2800 | 2785 | 7.0 | 5.0 | 1.0 | 73 | 1.0 | 76 | 1.2 | 78 | |
| 3000 | 2985 | 7.0 | 5.0 | 1.0 | 73 | 1.2 | 76 | 1.2 | 78 | |

### 2.7.33 高密度聚乙烯（HDPE）工字双壁缠绕管室外排水管管材规格尺寸（表 2-202）

表 2-202 高密度聚乙烯（HDPE）工字双壁缠绕管室外排水管管材规格尺寸 mm

| 公称直径 DN | 最小平均内径 $d_{im,min}$ | 管最小结构厚度 $e_{c,min}$ | 公称直径 DN | 最小平均内径 $d_{im,min}$ | 管最小结构厚度 $e_{c,min}$ |
|---|---|---|---|---|---|
| 300 | 294 | 6.0 | 1100 | 1085 | 18.0 |
| 400 | 392 | 8.0 | 1200 | 1185 | 22.0 |
| 500 | 490 | 9.9 | 1400 | 1365 | 28.0 |
| 600 | 588 | 10.0 | 1500 | 1462 | 34.0 |
| 700 | 688 | 10.0 | 1600 | 1560 | 40.0 |
| 800 | 785 | 11.0 | 1800 | 1755 | 44.0 |
| 900 | 885 | 12.0 | 2000 | 1950 | 50.0 |
| 1000 | 985 | 14.0 | | | |

### 2.7.34 高密度聚乙烯（HDPE）工字双壁缠绕管室外排水管管材管材端面垂直度（表 2-203）

表 2-203 高密度聚乙烯（HDPE）工字双壁缠绕管室外排水管管材管材端面垂直度 mm

| 公称直径 DN | 管材端面垂直度允许偏差 |
|---|---|
| DN＜600 | 4 |
| 600≤DN＜800 | 6 |
| 800≤DN＜1000 | 8 |

### 2.7.35 高密度聚乙烯（HDPE）工字双壁缠绕管室外排水管管材的物理性能、力学性能（表 2-204 和表 2-205）

表 2-204 高密度聚乙烯（HDPE）工字双壁缠绕管室外排水管物理性能指标

| 项 目 | 要 求 |
|---|---|
| 纵向回缩率 | ≤3%，管材无分层、开裂和起泡 |

表 2-205 高密度聚乙烯（HDPE）工字双壁缠绕管室外排水管力学性能指标

| 项 目 | 要 求 |
|---|---|
| 环刚度 | ≤相关的 SN<br>SN4：4kN/m²<br>SN6.3：6.3kN/m²<br>SN8：8kN/m²<br>SN16：16kN/m² |
| 抗冲击强度 | TIR≤10% |
| 扁平试验 | (1)壁结构的任何部分无开裂；<br>(2)无分层；<br>(3)无破裂；<br>(4)壁结构的任何部位在任何方向不发生永久性屈曲变形，包括凹陷和突起 |
| 蠕变比率 | ≤4 |
| 缝的拉伸强度<br>DN＜400<br>400≤DN＜600<br>600≤DN≤700<br>DN＞600 | 熔缝处能承受的最小拉伸力<br>380N<br>510N<br>760N<br>1020N |

### 2.7.36 高密度聚乙烯（HDPE）工字双壁缠绕管室外排水管管道堆放层数

高密度聚乙烯（HDPE）工字双壁缠绕管室外排水管管材，需要根据种类、规格、等级分类堆放。堆放时每一层的下面需要垫放枕木，枕木间距不应大于 1/2 管长，管材堆放层数需要满足表 2-206 的要求。

表 2-206 管道堆放层数的要求

| 公称直径/mm | 150 | 200 | 350～350 | 400～450 | 500 | 600 | 700 | 800 | 900 | 1000 |
|---|---|---|---|---|---|---|---|---|---|---|
| 堆放层数 | 10 | 9 | 6 | 5 | 4 | 3 | 3 | 2 | 2 | 2 |

## 2.7.37 高密度聚乙烯（HDPE）工字双壁缠绕管室外排水管基础中颗粒材料最大粒径

高密度聚乙烯（HDPE）工字双壁缠绕管室外排水管，当采用其他颗粒材料作基础时，最大粒径不应大于表 2-207 规定的值。

表 2-207 基础中颗粒材料最大粒径 mm

| 公称直径 *DN* | 最大颗粒 |
|---|---|
| *DN*≤300 | 10 |
| 300<*DN*≤600 | 15 |
| *DN*<600 | 20 |

## 2.7.38 HDPE 双壁波纹管规格尺寸

HDPE 双壁波纹管常见的规格（mm）有：*DN*110、*DN*125、*DN*150、*DN*220、*DN*225、*DN*250、*DN*300、*DN*400、*DN*500、*DN*600、*DN*700、*DN*800、*DN*1000、*DN*1200 等。

HDPE 双壁波纹管规格尺寸见表 2-208。

表 2-208 HDPE 双壁波纹管规格尺寸 mm

| 公称内径 *DN*/*D* | 最小平均内径 $d_{im\ min}$ | 最小层压壁厚 $e_{min}$ | 最小内层壁厚 $e_{min}$ | 公称内径 *DN*/*D* | 最小平均内径 $d_{im\ min}$ | 最小层压壁厚 $e_{min}$ | 最小内层壁厚 $e_{min}$ |
|---|---|---|---|---|---|---|---|
| 200 | 195 | 195 | 1.1 | 500 | 490 | 490 | 3.0 |
| 225 | 220 | 220 | 1.4 | 600 | 588 | 588 | 3.5 |
| 300 | 294 | 294 | 1.7 | 700 | 686 | 686 | 4.0 |
| 400 | 392 | 392 | 2.3 | 800 | 785 | 785 | 4.5 |

## 2.7.39 硬聚乙烯管技术数据（表 2-209）

表 2-209 硬聚乙烯管技术数据

| 外径/mm | 外径公差/mm | 轻型(使用压力≤0.6MPa) | | 重型(使用压力≤1MPa) | |
|---|---|---|---|---|---|
| | | 壁厚及公差/mm | 近似重量/(kg/m) | 壁厚及公差/mm | 近似重量/(kg/m) |
| 10 | ±0.2 | | | 1.5+0.4 | 0.06 |
| 12 | ±0.2 | | | 1.5+0.4 | 0.07 |
| 16 | ±0.2 | | | 2.0+0.4 | 0.13 |
| 20 | ±0.3 | | | 2.0+0.4 | 0.17 |
| 25 | ±0.3 | 1.5+0.4 | 0.17 | 2.5+0.5 | 0.27 |
| 32 | ±0.3 | 1.5+0.4 | 0.22 | 2.5+0.5 | 0.35 |
| 40 | ±0.4 | 2.0+0.4 | 0.36 | 3.0+0.6 | 0.52 |
| 50 | ±0.4 | 2.0+0.4 | 0.45 | 3.5+0.6 | 0.77 |
| 63 | ±0.5 | 2.5+0.5 | 0.71 | 4.0+0.8 | 1.11 |
| 75 | ±0.5 | 2.5+0.5 | 0.85 | 4.0+0.8 | 1.34 |
| 90 | ±0.7 | 3.0+0.6 | 1.23 | 4.5+0.9 | 1.81 |
| 110 | ±0.8 | 3.5+0.7 | 1.75 | 5.5+1.1 | 2.71 |
| 125 | ±1.0 | 4.0+0.8 | 2.29 | 6.0+1.1 | 3.35 |
| 140 | ±1.0 | 4.5+0.9 | 2.83 | 7.0+1.2 | 4.38 |

续表

| 外径/mm | 外径公差/mm | 轻型(使用压力≤0.6MPa) | | 重型(使用压力≤1MPa) | |
|---|---|---|---|---|---|
| | | 壁厚及公差/mm | 近似重量/(kg/m) | 壁厚及公差/mm | 近似重量/(kg/m) |
| 160 | ±1.2 | 5.0+1.0 | 3.65 | 8.0+1.4 | 5.72 |
| 180 | ±1.4 | 5.5+1.1 | 4.52 | 9.0+1.6 | 7.26 |
| 200 | ±1.5 | 6.0+1.1 | 5.48 | 10.0+1.7 | 8.95 |
| 225 | ±1.8 | 7.0+1.2 | 7.20 | | |
| 250 | ±1.8 | 7.5+1.3 | 8.56 | | |
| 280 | ±2.0 | 8.5+1.5 | 10.90 | | |
| 315 | ±2.5 | 9.5+1.6 | 13.70 | | |
| 355 | ±3.0 | 10.5+1.8 | 17.00 | | |
| 400 | ±3.5 | 12.0+2.0 | 21.90 | | |

## 2.7.40 软聚乙烯管技术数据（表2-210）

表2-210 软聚乙烯管技术数据

| 电气套管 | | | 流体输送管 | | |
|---|---|---|---|---|---|
| 内径/mm | 内径公差/mm | 壁厚及公差/mm | 内径/mm | 内径公差/mm | 壁厚及公差/mm |
| 1 | ±0.2 | 0.4±0.05 | | | |
| 1.5 | ±0.25 | 0.4±0.05 | | | |
| 2 | ±0.25 | 0.4±0.05 | | | |
| 2.5 | ±0.25 | 0.4±0.05 | | | |
| 3 | ±0.25 | 0.4±0.05 | 3 | ±0.25 | 1.0±0.2 |
| 3.5 | ±0.25 | 0.4±0.05 | | | |
| 4 | ±0.25 | 0.6±0.1 | 4 | ±0.25 | 1.0±0.2 |
| 4.5 | ±0.25 | 0.6±0.1 | | | |
| 5 | ±0.25 | 0.6±0.1 | 5 | ±0.25 | 1.0±0.2 |
| 6 | ±0.30 | 0.6±0.1 | 6 | ±0.3 | 1.0±0.2 |
| 7 | ±0.30 | 0.6±0.1 | 7 | ±0.3 | 1.0±0.2 |
| 8 | ±0.50 | 0.6±0.1 | 8 | ±0.5 | 1.5±0.3 |
| 9 | ±0.50 | 0.6±0.1 | 9 | ±0.5 | 1.5±0.3 |
| 10 | ±0.50 | 0.7±0.1 | 10 | ±0.5 | 1.5±0.3 |
| 12 | ±0.50 | 0.7±0.1 | 12 | ±0.5 | 1.5±0.3 |
| 14 | ±0.50 | 0.7±0.1 | 14 | ±0.5 | 2.0±0.3 |
| 16 | ±0.80 | 0.9±0.1 | 16 | ±0.8 | 2.0±0.3 |
| 18 | ±0.90 | 1.2±0.15 | | | |
| 20 | ±1.0 | 1.2±0.15 | 20 | ±1.0 | 2.5±0.4 |
| 22 | ±1.0 | 1.2±0.15 | | | |
| 25 | ±1.0 | 1.2±0.15 | 25 | ±1.0 | 3.0±0.4 |
| 28 | ±1.0 | 1.4±0.2 | | | |
| 30 | ±1.3 | 1.4±0.2 | 32 | ±1.8 | 3.5±0.4 |
| 34 | ±1.3 | 1.4±0.2 | | | |
| 36 | ±1.3 | 1.4±0.2 | | | |
| 40 | ±2.0 | 1.8±0.2 | 40 | ±2.0 | 4.0±0.4 |
| | | | 50 | ±2.0 | 5.0±0.4 |
| 颜色:本色、红、黄、蓝、白、黑 | | | 颜色:本色、透明或半透明 | | |

## 2.8 其他塑料管道的规格与要求

### 2.8.1 塑料管重量（表 2-211）

表 2-211 塑料管重量 kg/m

| 公称外径 $D_e$/mm | 20 | 25 | 32 | 40 | 50 | 63 | 90 |
|---|---|---|---|---|---|---|---|
| 壁厚/mm | 2.0 | 2.0 | 2.4 | 3.0 | 3.7 | 4.7 | 6.7 |
| 保温管 | 2.07 | 2.38 | 2.90 | 3.63 | 4.71 | 6.42 | 11.11 |
| 不保温管 | 0.41 | 0.62 | 1.00 | 1.56 | 2.43 | 3.87 | 7.89 |
| 公称外径 $D_e$/mm | 110 | 125 | 140 | 160 | 200 | 250 | 315 |
| 壁厚/mm | 7.2 | 7.5 | 8.4 | 9.5 | 11.9 | 14.8 | 18.7 |
| 保温管道 | 15.15 | 18.73 | 20.76 | 28.8 | 43.46 | 66.11 | 102.0 |
| 不保温管道 | 11.63 | 14.89 | 18.69 | 24.20 | 38.1 | 59.7 | 94.2 |

### 2.8.2 热水系统给水聚丁烯管（PB）的应用级别

给水聚丁烯管（PB）用于生活热水系统时，需要根据长期设计温度不同分为两个应用级别，具体见表 2-212。

表 2-212 热水系统给水聚丁烯管（PB）的应用级别

| 应用级别 | 设计温度 $T_D$/℃ | $T_D$ 下寿命/年 | 最高温度 $T_{max}$/℃ | $T_{max}$下寿命/年 | 异常温度 $T_m$/℃ | $T_m$ 下寿命/h |
|---|---|---|---|---|---|---|
| 级别 1 | 60 | 49 | 80 | 1 | 95 | 100 |
| 级别 2 | 70 | 49 | 80 | 1 | 95 | 100 |

### 2.8.3 给水聚丁烯管（PB）管系列 S 的确定

给水聚丁烯管（PB），需要根据系统适合的应用级别与所需管材的设计压力，来确定管材尺寸管系列 S，具体见表 2-213。

表 2-213 给水聚丁烯管（PB）管系列 S 的确定

| 级别 \ $p$/MPa | 0.4 | 0.6 | 0.8 | 1.0 |
|---|---|---|---|---|
| 级别 1 | S10 | S8 | S6.3 | S5 |
| 级别 2 | S10 | S8 | S6.3 | S5 |

### 2.8.4 聚丁烯（PB）管材的规格尺寸与壁厚（表 2-214）

表 2-214 聚丁烯（PB）管材的规格尺寸与壁厚

| 管材外径 $d_n$ | 管系列 | |
|---|---|---|
| | S3.2 | S5 |
| | 管材壁厚 $e_n$ | |
| 16 | 2.2 | — |
| 20 | 2.8 | — |
| 25 | — | 2.3 |
| 32 | — | 2.9 |
| 40 | — | 3.7 |
| 50 | — | 4.6 |
| 63 | — | 5.8 |
| 75 | — | 6.8 |
| 90 | — | 8.2 |
| 110 | — | 10.0 |

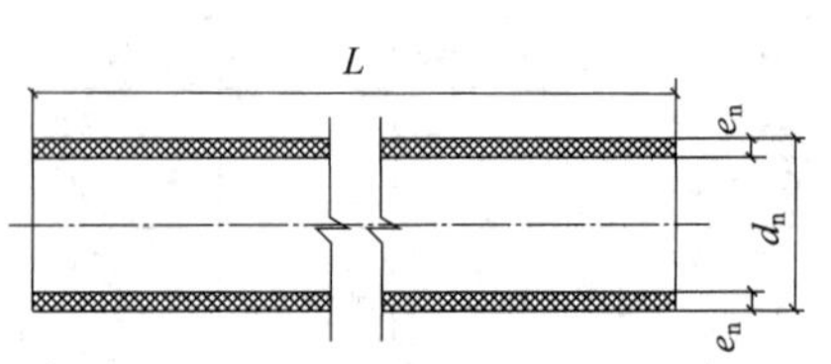

聚丁烯(PB)管材的规格尺寸及壁厚

## 2.8.5 聚丁烯（PB）的性能（表 2-215）

表 2-215 聚丁烯（PB）的性能

| 特性 | 数值 | 单位 | 特性 | 数值 | 单位 |
|---|---|---|---|---|---|
| 密度 | 0.93 | g/cm³ | 维卡(Vicat)软化温度 | 113 | ℃ |
| 熔化范围 | 122～128 | ℃ | 玻璃温度 | －18 | ℃ |
| 邵氏硬度 | 53 |  | 熔化热 | 100 | kJ/kg |
| 冲击强度 | 40 | (0℃)kJ/m² | 热导率 | 0.22 | W/m·K |
| 极限延伸 | ＞125 | % | 热膨胀系数 | 0.13 | mm/m·K |
| 抗拉强度 | 33 | MPa | 弹性模量 | 350 | MPa |
| 屈服应力 | 17 | MPa |  |  |  |

## 2.8.6 钢带增强螺旋波纹管的规格（表 2-216）

表 2-216 钢带增强螺旋波纹管的规格 mm

| 公称内径 $DN/D$ | 平均内径 $d_{im\ min}$ | 最小内层壁厚 $e_{min}$ | 最小层压壁厚 $e_{min}$ | 最大螺距 | 长度 |
|---|---|---|---|---|---|
| $DN600$ | $600^{+5}_{-2}$ | 4.00 | 6.00 | 85.0 | 6m<br>9m<br>12m |
| $DN700$ | $700^{+5}_{-2}$ | 4.00 | 6.00 | 110.0 | |
| $DN800$ | $800^{+5}_{-2}$ | 4.50 | 6.50 | 120.0 | |
| $DN900$ | $900^{+5}_{-2}$ | 5.00 | 7.00 | 135.0 | |
| $DN1000$ | $1000^{+10}_{-2}$ | 5.00 | 7.00 | 150.0 | |
| $DN1100$ | $1100^{+10}_{-2}$ | 5.00 | 7.00 | 165.0 | |
| $DN1200$ | $1200^{+12}_{-2}$ | 5.00 | 7.00 | 180.0 | |
| $DN1300$ | $1300^{+13}_{-2}$ | 5.00 | 7.00 | 190.0 | |
| $DN1400$ | $1400^{+13}_{-2}$ | 5.00 | 7.00 | 200.0 | |
| $DN1500$ | $1500^{+15}_{-2}$ | 5.00 | 7.00 | 210.0 | |
| $DN1600$ | $1600^{+16}_{-2}$ | 5.00 | 7.00 | 210.0 | |
| $DN1800$ | $1800^{+16}_{-2}$ | 5.00 | 7.00 | 210.0 | |
| $DN2000$ | $2000^{+16}_{-2}$ | 6.00 | 8.00 | 210.0 | |
| $DN2200$ | $2200^{+16}_{-2}$ | 6.00 | 8.00 | 210.0 | |

## 2.8.7 钢带增强聚乙烯螺旋管物理性能及指标（表 2-217）

表 2-217 钢带增强聚乙烯螺旋管物理性能及指标

| 项目 | 指标 | | |
|---|---|---|---|
| 环刚度/(kN/m²) | SN8 ≥8 | SN10 ≥10 | SN12.5 ≥12.5 |
| 冲击性 | ≤10% | | |
| 剥离强度 | (50℃±5℃) ≥70N/cm | | |
| 环柔性 | 无分层、无裂开 | | |
| 烘箱式样 | 无分层、无裂开 | | |
| 螺变比率 | ≤2 | | |

### 2.8.8 丙烯酸共聚聚氯乙烯（AGR）管道 AGR 管道承插口连接规格尺寸（表 2-218）

表 2-218 丙烯酸共聚聚氯乙烯（AGR）管道 AGR 管道承插口连接规格尺寸 mm

| 公称外径 $d_n$ | 管材规格尺寸 | | | | | | | 溶剂粘接式承口尺寸 | | | 弹性密封圈连接式承口尺寸 |
|---|---|---|---|---|---|---|---|---|---|---|---|
| | 不同公称压力 $PN$(MPa)的管材公称壁厚 $e_n$ | | | | | | | 最小深度 $A$ | 中部平均内径 $d_s$ | | 最小深度 $A$ |
| | 0.63 | 0.8 | 1.0 | 1.25 | 1.6 | 2.0 | 2.5 | | 最小 | 最大 | |
| 20 | | | | | | 2.0 | 2.3 | 26.0 | 20.1 | 20.3 | |
| 25 | | | | | 2.0 | 2.3 | 2.8 | 35.0 | 25.1 | 25.3 | |
| 32 | | | | 2.0 | 2.4 | 2.9 | 3.6 | 40.0 | 32.1 | 32.3 | |
| 40 | | | 2.0 | 2.4 | 3.0 | 3.7 | 4.5 | 44.0 | 40.1 | 40.3 | |
| 50 | | 2.0 | 2.4 | 3.0 | 3.7 | 4.6 | 5.6 | 55.0 | 50.1 | 50.3 | |
| 63 | 2.0 | 2.5 | 3.0 | 3.8 | 4.7 | 5.8 | 7.1 | 63.0 | 63.1 | 63.3 | 64.0 |
| 75 | 2.3 | 2.9 | 3.6 | 4.5 | 5.6 | 6.9 | 8.4 | 74.0 | 75.1 | 75.3 | 67.0 |
| 90 | 2.8 | 3.5 | 4.3 | 5.4 | 6.7 | 8.2 | 10.1 | 74.0 | 90.1 | 90.3 | 70.0 |
| 110 | 2.7 | 3.4 | 4.2 | 5.3 | 6.6 | 8.1 | 10.0 | 84.0 | 110.1 | 110.4 | 75.0 |
| 125 | 3.1 | 3.9 | 4.8 | 6.0 | 7.4 | 9.2 | 11.4 | 68.5 | 125.1 | 125.4 | 78.0 |
| 160 | 4.0 | 4.9 | 6.2 | 7.7 | 9.5 | 11.8 | 14.6 | 86.0 | 160.2 | 160.5 | 86.0 |
| 200 | 4.9 | 6.2 | 7.7 | 9.6 | 11.9 | 14.7 | 18.2 | 106.0 | 200.3 | 200.6 | 94.0 |
| 250 | 6.2 | 7.7 | 9.6 | 11.9 | 14.8 | 18.4 | | 131.0 | 250.3 | 250.8 | 105.0 |
| 315 | 7.7 | 9.7 | 12.1 | 15.0 | 18.7 | 23.2 | | 163.5 | 315.4 | 316.0 | 118.0 |
| 355 | 8.7 | 10.9 | 13.6 | 16.9 | 21.1 | 26.1 | | 183.5 | 355.5 | 356.2 | 124.0 |
| 400 | 9.8 | 12.3 | 15.3 | 19.1 | 23.7 | 29.4 | | 206.0 | 400.5 | 401.5 | 130.0 |

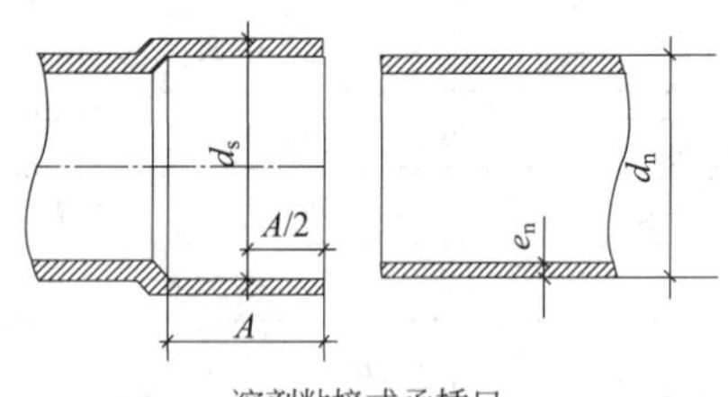

溶剂粘接式承插口

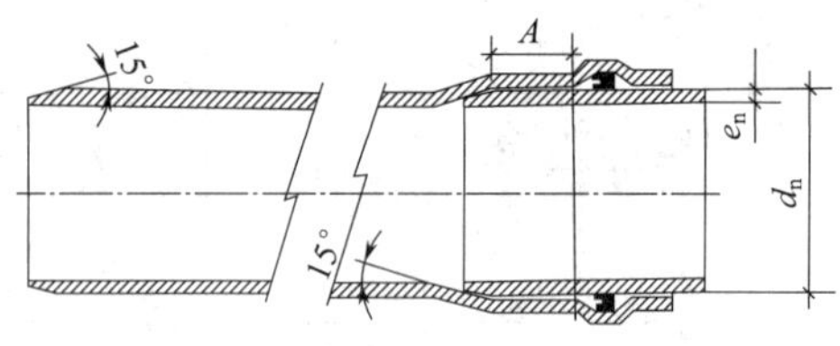

弹性密封圈连接式承插口

### 2.8.9 涂塑管材规格尺寸（表 2-219）

表 2-219 涂塑管材规格尺寸

| 公称通径 $d_n$ | 公称外径 | 钢管壁厚 $e$ | 涂层厚度 $e$ | 长度 $L$ |
|---|---|---|---|---|
| 15 | 21.3 | 2.8 | >0.3 | 6000 |
| 20 | 26.9 | 2.8 | >0.3 | |
| 25 | 33.7 | 3.2 | >0.3 | |
| 32 | 42.4 | 3.5 | >0.35 | |
| 40 | 48.3 | 3.5 | >0.35 | |
| 50 | 60.3 | 3.8 | >0.35 | |
| 65 | 76.1 | 4.0 | >0.4 | |
| 80 | 88.9 | 4.0 | >0.4 | |
| 100 | 114.3 | 4.0 | >0.4 | |
| 125 | 139.7 | 4.0 | >0.4 | |
| 150 | 165(168.3) | 4.5 | >0.4 | |


涂塑钢管结构

### 2.8.10 涂塑环氧树脂复合铜管规格（表 2-220）

**表 2-220 涂塑环氧树脂复合铜管规格** mm

| 公称口径 | 外径 $D$ | 外径允许偏差 | 壁厚 $t$ | 壁厚允许偏差 |
|---|---|---|---|---|
| $DN15$ | 21.3 | ±0.5 | 2.8 | ±10%$t$ |
| $DN20$ | 26.9 | | 2.8 | |
| $DN25$ | 33.7 | | 3.2 | |
| $DN32$ | 42.4 | | 3.5 | |
| $DN40$ | 48.3 | | 3.5 | |
| $DN50$ | 60.3 | ±1%D | 3.8 | |
| $DN65$ | 76.1 | | 4.0 | |
| $DN80$ | 88.9 | | 4.0 | |
| $DN100$ | 114.3 | | 4.0 | |
| $DN125$ | 139.7 | | 4.0 | |
| $DN150$ | 165 | | 4.5 | |
| $DN200$ | 219 | | 6 | |

外涂层:环氧树脂

内管:钢管

内涂层:环氧树脂

涂塑环氧树脂复合钢管结构

说明：$D$ 为外径，$t$ 为壁厚。

### 2.8.11 涂塑环氧树脂复合铜管（无缝）规格（表 2-221）

**表 2-221 涂塑环氧树脂复合铜管（无缝）规格** mm

| 公称口径 | 外径 | 壁厚 | 公称口径 | 外径 | 壁厚 |
|---|---|---|---|---|---|
| $\phi$22 | 22 | 2.5 | $\phi$133 | 133 | 4.5 |
| $\phi$27 | 27 | 3 | $\phi$159 | 159 | 4.5 |
| $\phi$38 | 38 | 3 | $\phi$219 | 219 | 6 |
| $\phi$42 | 42 | 3.5 | $\phi$273 | 273 | 7 |
| $\phi$48 | 48 | 3.5 | $\phi$325 | 325 | 8 |
| $\phi$57 | 57 | 3.5 | $\phi$377 | 377 | 9 |
| $\phi$76 | 76 | 4 | $\phi$426 | 426 | 10 |
| $\phi$89 | 89 | 4 | $\phi$530 | 530 | 12 |
| $\phi$108 | 108 | 4 | | | |

## 2.9 铝合金衬塑管材的规格与要求

### 2.9.1 铝合金衬塑（PE-RT）管材与管件物理力学和化学性能（表 2-222）

**表 2-222 铝合金衬塑（PE-RT）管材与管件物理力学和化学性能**

| 项　目 | 试验环应力/MPa | 试验温度/℃ | 试验时间/h | 试样数量 | 指　标 |
|---|---|---|---|---|---|
| 静态压试验 | 10.0 | 20 | 1 | 3 | 无破裂、无渗漏 |
| | 3.55 | 95 | 165 | 3 | |
| | 3.5 | 95 | 1000 | 3 | |
| 静态压状态下热稳定性试验 | 1.9 | 110 | 8760 | 1 | |
| PE-RT 熔体质量流动速率 MFR(190℃/2.16kg)/(g/10min) | | | | | 变化率≤原材料 30% |

## 2.9.2 铝合金材塑（PE-RT）复合管规格尺寸（表 2-223）

表 2-223 铝合金材塑（PE-RT）复合管规格尺寸 mm

| 公称外径 | 管材平均外径 | | 内管平均外径 | | 外管壁厚 | | 内管壁厚 | | 不圆度 | 弯曲度 |
|---|---|---|---|---|---|---|---|---|---|---|
| $d_n$ | 外径 | 偏差 | 外径 | 偏差 | 壁厚 | 偏差 | 壁厚 | 偏差 | ≤ | ≤ |
| 20 | 21.0 | +0.40 | 20.0 | +0.30 | 0.5 | +0.25 | 2.0 | +0.30 | 0.4 | 0.2% |
| 25 | 26.0 | +0.40 | 25.0 | +0.30 | 0.5 | +0.25 | 2.3 | +0.40 | 0.4 | |
| 32 | 33.2 | +0.40 | 32.0 | +0.30 | 0.6 | +0.25 | 2.9 | +0.40 | 0.5 | |
| 40 | 41.2 | +0.50 | 40.0 | +0.40 | 0.6 | +0.25 | 3.7 | +0.50 | 0.6 | 0.3% |
| 50 | 51.2 | +0.50 | 50.0 | +0.50 | 0.6 | +0.25 | 4.6 | +0.60 | 0.8 | |
| 63 | 64.2 | +0.50 | 63.0 | +0.60 | 0.6 | +0.25 | 5.8 | +0.70 | 0.8 | |
| 75 | 76.4 | +0.60 | 75.0 | +0.70 | 0.7 | +0.25 | 6.8 | +0.80 | 1.0 | |
| 90 | 91.8 | +0.60 | 90.0 | +0.90 | 0.9 | +0.25 | 8.2 | +0.90 | 1.2 | 0.5% |
| 110 | 112.0 | +0.60 | 110.0 | +1.00 | 1.0 | +0.30 | 10.0 | +1.10 | 1.4 | |
| 125 | 128.0 | +0.70 | 125.0 | +1.20 | 1.5 | +0.30 | 11.4 | +1.30 | 1.5 | |
| 160 | 163.6 | +0.70 | 160.0 | +1.50 | 1.8 | +0.40 | 14.6 | +1.60 | 1.8 | |

外管:铝合金
内管:PE-RT

（管材内管 S 值取 5）

## 2.9.3 铝合金材塑（PE-RT）Ⅱ管材规格（表 2-224）

表 2-224 铝合金衬塑（PE-RT）Ⅱ型管材规格 mm

| 公称外径 | 管材平均外径 | | 内管平均外径 | | 外管壁厚 | | 内管壁厚 | | 不圆度 | 弯曲度 |
|---|---|---|---|---|---|---|---|---|---|---|
| $d_n$ | 外径 | 偏差 | 外径 | 偏差 | 壁厚 | 偏差 | 壁厚 | 偏差 | ≤ | ≤ |
| 20 | 21.0 | +0.40 | 20.0 | +0.30 | 0.5 | +0.25 | 2.3 | +0.40 | 0.4 | 0.2% |
| 25 | 26.0 | +0.40 | 25.0 | +0.30 | 0.5 | +0.25 | 2.8 | +0.40 | 0.4 | |
| 32 | 33.2 | +0.40 | 32.0 | +0.30 | 0.6 | +0.25 | 3.6 | +0.50 | 0.5 | |
| 40 | 41.2 | +0.50 | 40.0 | +0.40 | 0.6 | +0.25 | 4.5 | +0.60 | 0.6 | 0.3% |
| 50 | 51.2 | +0.50 | 50.0 | +0.50 | 0.6 | +0.25 | 5.6 | +0.70 | 0.8 | |
| 63 | 64.2 | +0.60 | 63.0 | +0.60 | 0.6 | +0.25 | 7.1 | +0.90 | 0.8 | |
| 75 | 76.4 | +0.60 | 75.0 | +0.70 | 0.7 | +0.25 | 8.4 | +1.00 | 1.0 | |
| 90 | 91.8 | +0.60 | 90.0 | +0.90 | 0.9 | +0.25 | 10.1 | +1.20 | 1.2 | 0.5% |
| 110 | 112.0 | +0.60 | 110.0 | +1.00 | 1.0 | +0.30 | 12.3 | +1.40 | 1.4 | |
| 125 | 128.0 | +0.70 | 125.0 | +1.20 | 1.5 | +0.30 | 14.0 | +1.50 | 1.5 | |
| 160 | 163.6 | +0.70 | 160.0 | +1.50 | 1.8 | +0.40 | 17.9 | +1.90 | 1.8 | |

（管材内管 S 值取 4）

## 2.9.4 铝合金衬塑（PE-RT）Ⅲ管材规格（表 2-225）

表 2-225 铝合金衬塑（PE-RT）Ⅲ型管材规格 mm

| 公称外径 | 管材平均外径 | | 内管平均外径 | | 外管壁厚 | | 内管壁厚 | | 不圆度 | 弯曲度 |
|---|---|---|---|---|---|---|---|---|---|---|
| $d_n$ | 外径 | 偏差 | 外径 | 偏差 | 壁厚 | 偏差 | 壁厚 | 偏差 | ≤ | ≤ |
| 20 | 21.2 | +0.40 | 20.0 | +0.30 | 0.6 | +0.30 | 2.3 | +0.40 | 0.4 | 0.2% |
| 25 | 26.2 | +0.40 | 25.0 | +0.30 | 0.6 | +0.30 | 2.8 | +0.40 | 0.4 | |
| 32 | 33.2 | +0.40 | 32.0 | +0.30 | 0.6 | +0.30 | 3.6 | +0.50 | 0.5 | |
| 40 | 41.4 | +0.50 | 40.0 | +0.40 | 0.7 | +0.30 | 4.5 | +0.60 | 0.6 | 0.3% |
| 50 | 51.4 | +0.50 | 50.0 | +0.50 | 0.7 | +0.30 | 5.6 | +0.70 | 0.8 | |
| 63 | 64.6 | +0.60 | 63.0 | +0.60 | 0.8 | +0.30 | 7.1 | +0.90 | 0.8 | |
| 75 | 76.8 | +0.60 | 75.0 | +0.70 | 0.9 | +0.30 | 8.4 | +1.00 | 1.0 | |
| 90 | 92.2 | +0.60 | 90.0 | +0.90 | 1.1 | +0.30 | 10.1 | +1.20 | 1.2 | 0.5% |
| 110 | 112.6 | +0.60 | 110.0 | +1.00 | 1.3 | +0.35 | 12.3 | +1.40 | 1.4 | |
| 125 | 128.0 | +0.70 | 125.0 | +1.20 | 1.5 | +0.35 | 14.0 | +1.50 | 1.5 | |
| 160 | 163.6 | +0.70 | 160.0 | +1.50 | 1.8 | +0.45 | 17.9 | +1.90 | 1.8 | |

（管材内管 S 值取 4）

## 2.9.5 给水铝塑复合管参数（表 2-226）

表 2-226 给水铝塑复合管参数

| 铝层焊接方式 | 流体类别 | 用途代号 | 种类代号 | 长期工作温度 $TD$/℃ | 允许工作压力 $PD$/MPa |
|---|---|---|---|---|---|
| 对接焊 | 冷水 | L | PAP3 | 40 | 1.40 |
| | | | XPAP1 XPAP2 | | 2.00 |
| | 热水 | R | PAP3 | 60 | 1.00 |
| | | | XPAP1 XPAP2 | 75 | 1.50 |
| 搭接焊 | 冷水 | L | PAP | 40 | 1.25 |
| | 热水 | R | PAP | 60 | 1.00 |
| | | | XPAP | 75 | 1.00 |

## 2.9.6 搭接焊式铝塑管结构尺寸与对接焊式铝塑管结构尺寸（表 2-227）

表 2-227 搭接焊式铝塑管结构尺寸与对接焊式铝塑管结构尺寸 mm

| 搭接焊式铝塑管结构尺寸 | | | | | | |
|---|---|---|---|---|---|---|
| 公称外径 $d_n$ | 公称外径公差 | 参考内径 | 圆度 | | 管壁厚 | |
| | | | 盘管 | 直管 | 最小值 | 公差 |
| 20 | $^{+0.3}_{0}$ | 15.7 | ≤1.2 | ≤0.6 | 1.9 | $^{+0.5}_{0}$ |
| 25 | | 19.9 | ≤1.5 | ≤0.8 | 2.3 | |
| 32 | | 25.7 | ≤2.0 | ≤1.0 | 2.9 | |
| 40 | | 31.6 | ≤2.4 | ≤1.2 | 3.9 | $^{+0.6}_{0}$ |
| 50 | | 40.5 | ≤3.0 | ≤1.5 | 4.4 | $^{+0.7}_{0}$ |
| **对接焊式铝塑管结构尺寸** | | | | | | |
| 公称外径 $d_n$ | 公称外径公差 | 参考内径 | 圆度 | | 管壁厚 | |
| | | | 盘管 | 直管 | 公称值 | 公差 |
| 20 | $^{+0.3}_{0}$ | 14.5 | ≤1.2 | ≤0.6 | 2.5 | $^{+0.5}_{0}$ |
| 25 | | 18.5 | ≤1.5 | ≤0.8 | 3.0 | |
| 32 | | 25.5 | ≤2.0 | ≤1.0 | | |
| 40 | $^{+0.4}_{0}$ | 32.4 | ≤2.4 | ≤1.2 | 3.5 | $^{+0.6}_{0}$ |
| 50 | $^{+0.5}_{0}$ | 41.4 | ≤3.0 | ≤1.5 | 4.0 | |

铝塑管结构

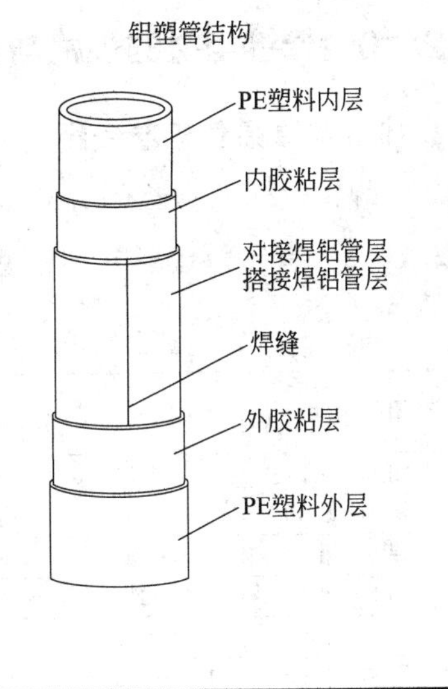


## 2.9.7 铝塑管主要力学性能（表 2-228）

表 2-228 铝塑管主要力学性能

| 公称外径 $d_n$ | 管环最小平均剥离力/N | 搭接焊式管材 | | | 对接焊式管材 | | | | |
|---|---|---|---|---|---|---|---|---|---|
| | | 管环径向拉力/N | | 爆破压力 | 管环径向拉力/N | | 爆破强度 | 耐拉拔性能/N | |
| | | MDPE | HDPE PEX | MPa | MDPE | HDPE PEX | MPa | 短期(1h) | 持久(800h) |
| 20 | 28 | 2400 | 2500 | 5.0 | 2500 | 2600 | 7.0 | 2400 | 1400 |
| 25 | 30 | | | 4.0 | 2890 | 2990 | 6.0 | 3100 | 2100 |
| 32 | 35 | 2500 | 2650 | | 3270 | 3320 | 5.5 | 4300 | 2800 |
| 40 | 40 | 3200 | 3500 | | 4200 | 4300 | 5.0 | 5800 | 3900 |
| 50 | 50 | 3500 | 3700 | 3.8 | 4800 | 4900 | 4.5 | 7900 | 5300 |

### 2.9.8 铝塑管静液压强度试验（表 2-229）

**表 2-229 铝塑管静液压强度试验**

| 铝塑管焊接方式 | 铝塑管品种或型式 | 管材规格 $d_n$ | 试验压力/MPa | 试验温度/℃ | 试验时间/h | 要求 |
|---|---|---|---|---|---|---|
| 搭接焊 | L型 | 20～32 | 2.72 | 60 | 10 | 应无破裂，局部球形膨胀、渗漏 |
| | | 40～50 | 2.10 | | | |
| | R型 | 20～32 | 2.72 | 82 | | |
| | | 40,50 | 2.00(2.10) | | | |
| 对接焊 | XPAP1 | 20～32 | 1.93±0.05 | 95±2 | 1000 | |
| | XPAP2 | 40～50 | 1.90±0.05 | | | |
| | PAP3 PAP4 | 20～50 | 1.50±0.05 | 70±2 | | |

说明：括号内数字系采用中密度聚乙烯（乙烯与辛烯共聚物）材料生产的铝塑管。

### 2.9.9 铝塑管冷热水循环试验参数（表 2-230）

**表 2-230 铝塑管冷热水循环试验参数**

| 最高试验温度(热水)/℃ | 最高试验温度(冷水)/℃ | 试验压力/MPa | 循环次数 | 每次循环时间/min |
|---|---|---|---|---|
| 75±10 | 20±2 | 1.50±0.05 | 5000 | 30±2 |

说明：每次循环冷热水各（15±1)min。

## 2.10 焊接用材的规格与要求

### 2.10.1 焊锡丝标准线径

焊锡丝标准线径有 0.3mm、0.5mm、0.6mm、0.8mm、1.0mm、1.2mm 等。

### 2.10.2 有铅焊锡丝规格的熔点（表 2-231）

**表 2-231 有铅焊锡丝规格的熔点**

| 有铅焊锡丝规格 | 熔点/℃ | 形式 | | 有铅焊锡丝规格 | 熔点/℃ | 形式 | |
|---|---|---|---|---|---|---|---|
| | | 实芯锡线 | 药芯锡线 | | | 实芯锡线 | 药芯锡线 |
| 锡 63/铅 37 | 183 | 有 | 有 | 锡 35/铅 65 | 183～248 | 有 | 有 |
| 锡 60/铅 40 | 183～190 | 有 | 有 | 锡 30/铅 70 | 183～258 | 有 | 有 |
| 锡 55/铅 45 | 183～203 | 有 | 有 | 锡 25/铅 75 | 183～266 | 有 | 有 |
| 锡 50/铅 50 | 183～215 | 有 | 有 | 锡 20/铅 80 | 183～279 | 有 | 有 |
| 锡 45/铅 55 | 183～227 | 有 | 有 | 锡 15/铅 85 | 183～295 | 有 | |
| 锡 40/铅 60 | 183～238 | 有 | 有 | | | | |

### 2.10.3 无铅焊锡丝规格的熔点（表 2-232）

**表 2-232 无铅焊锡丝规格的熔点**

| 无铅焊锡丝规格 | 熔点/℃ | 形式 | |
|---|---|---|---|
| | | 实芯锡线 | 药芯锡线 |
| 99.3 锡-0.7 铜 | 183 | 有 | 有 |
| 锡-0.3 银-铜 | 183～190 | 有 | 有 |
| 96.5 锡-3.0 银-0.3 铜 | 183～203 | 有 | 有 |
| 锡-3.0 银 | 183～215 | 有 | 有 |
| 阳极棒 99.9 锡 | 183～227 | | |

## 2.10.4　铜与铜合金焊条的牌号与用途（表 2-233）

表 2-233　铜与铜合金焊条的牌号与用途

| 焊条牌号 | 相当国际型号 | 焊芯材质 | 焊缝金属 | | | 主要用途 |
|---|---|---|---|---|---|---|
| | | | 主要成分/% | 抗拉强度/MPa | 伸长率/% | |
| T107 | TCu | 纯铜 | 铜≥90 | ≥1770 | 冷弯角≥120° | 焊接铜零件，也可用于堆焊耐海水腐蚀的碳铜墙铁壁零件 |
| T227 | TCuUsB | 锡磷青铜 | 锡≈8<br>磷≤0.3<br>铜余量 | ≥2750 | ≥20 | 焊接锡磷青铜、铜、黄铜、铸铁及钢零件；广泛应用于堆焊锡磷铜轴衬、船舶推进器片等 |
| 1T237 | TCuAI | 铝锰青铜 | 铝≈3<br>锰≤2<br>铜余地量 | ≥3920 | ≥15 | 焊接铝青铜及其他铜合金，铜合金与钢的焊接，补焊接铁件等 |

## 2.10.5　铜与铜合金焊丝的成分与性能（表 2-234）

表 2-234　铜及铜合金焊丝主要成分、性能

| 焊丝牌号 | 相当部标型号 | 焊丝名称 | 焊丝主要成分/% | 焊接接头抗拉强度 | | 焊丝熔点 |
|---|---|---|---|---|---|---|
| | | | | 母材 | /MPa | /℃ |
| HS201 | Scu-2 | 特制紫铜焊丝 | 锡 1.1，硅 0.4，锰 0.4，铜余量 | 紫铜 | ≥1960 | 1050 |
| HS202 | Scu-1 | 低磷铜焊丝 | 磷 0.3，铜余量紫铜 | 紫铜 | 1470～1770 | 1060 |
| HS221 | ScuZn-3 | 锡黄铜焊丝 | 铜 60，锡 1，硅 0.3，锌余量 | H62 | ≥3330 | 890 |
| HS222 | ScuZn-4 | 铁黄铜焊丝 | 铜 58，锡 0.9，硅 0.1，铁 0.8，锌余量 | H62 | ≥3330 | 860 |
| HS224 | ScuZn-5 | 硅黄铜焊丝 | 铜 62，硅 0.5，锌余量 | H62 | ≥3330 | 905 |

## 2.10.6　常用铜焊与铜合金焊熔剂（表 2-235）

表 2-235　常用铜焊及铜合金焊熔剂表

| 硼酸 $H_3BO_2$ | 硼砂 $Na_2B_4O_7$ | 磷酸氢钠 $Na_2HPO_4$ | 碳酸钾 $K_2CO_3$ | 氯化钠 NaCl |
|---|---|---|---|---|
| 100 | — | — | — | — |
| — | 100 | — | — | — |
| 50 | 50 | — | — | — |
| 25 | 75 | — | — | — |
| 35 | 50 | 15 | — | — |
| — | 56 | — | 22 | 22 |

## 2.10.7　自制氧焊熔剂成分（表 2-236）

表 2-236　自制氧焊熔剂成分表

| 熔剂代号 | 熔剂成分/% | 应用范围 |
|---|---|---|
| 102 | 硼酸 50，硼砂 50 | 气焊铜及铜合金 |
| 104 | 硼砂 35，无水氟化 42±2 | 用银钎料焊铜合金管 |
| CBK | 硼酸 75，硼砂 25 | 焊接或钎焊铜及铜合金管 |
| CBK-3 | 硼酸 50，无水氟化钾 50 | 用银钎焊青铜及铍青铜 |
| 205 | 氧化钠 20，氯化钠 12～16，氯化钡 20，氯化钾余量 | 焊接锡青铜 |

# 2.11 保温材料的规格与要求

## 2.11.1 绝热材料性能（管道与设备保温、防结露及电伴热）（表 2-237）

**表 2-237 绝热材料性能表**

| 绝热材料名称 | 推荐使用温度/℃ | 使用密度/(kg/m³) | 燃烧性能等级 | 热导率参考公式/W/(m·℃) |
|---|---|---|---|---|
| 闭孔橡塑泡沫 | ≤60 | 40～80 | B1 B2 | $\lambda=0.0338+0.000138T_m$ |
| 硬质聚氨酯泡沫 | ≤120 | 30～60 | B1 B2 | $\lambda=0.024+0.00014T_m$ |
| 离心玻璃棉制品 | ≤300 | ≥45 | A | $\lambda=0.031+0.00017T_m$ |
| 岩棉及矿渣棉管壳 | ≤350 | ≤200 | A | $\lambda=0.0314+0.00018T_m$ |
| 岩棉及矿渣棉板 | ≤350 | 100～120 | A | $\lambda=0.0364+0.00018T_m$ |
| 硅酸铝棉制品 | ≤400 | 64 | A | $\lambda=0.042+0.0002T_m$ |
| 聚苯乙烯泡沫 | ≤70 | ≥30 | B1 | $\lambda=0.039+0.000093T_m$ |

说明：$T_m$ 为绝热层的内、外表面温度的算术平均值，外表面温度可近似取环境温度，表中序号 6 硅酸铝制品的热导率适用于 $T_m\leq400$℃。

## 2.11.2 常用保护层的种类（管道与设备保温、防结露及电伴热，表 2-238）

**表 2-238 常用保护层种类**

| 保护层名称 | 燃烧性能等级 | 厚度/mm | | | 使用年限 |
|---|---|---|---|---|---|
| | | DN≤100 | DN>100 | 设备 | |
| 不锈钢薄板保护层 | A | 0.3～0.35 | 0.35～0.5 | 0.5～0.7 | >12 年 |
| 铝合金薄板保护层 | A | 0.4～0.5 | 0.5～0.6 | 0.8～1.0 | >12 年 |
| 镀锌薄钢板保护层 | A | 0.3～0.35 | 0.35～0.5 | 0.5～0.7 | 3～6 年 |
| 玻璃钢薄板保护层 | $B_1$ | 0.4～0.5 | 0.5～0.6 | 0.8～1.0 | ≤12 年 |
| 玻璃布＋防火漆 | A | 0.1～0.2 | 0.1～0.2 | 0.1～0.2 | ≤12 年 |

## 2.11.3 绝热层最大允许热损失量（管道与设备保温、防结露及电伴热，表 2-239）

**表 2-239 绝热层最大允许热损失量**

| 设备、管道外表面温度/℃ | 50 | 60 | 80 | 100 | 150 |
|---|---|---|---|---|---|
| 最大允许热损失量/(W/m²) | 58 | 65 | 79 | 93 | 116 |

说明：表中 60℃、80℃最大允许热损失量根据规范用内插法计算得到。

## 2.11.4 金属管道离心玻璃棉保温厚度（管道与设备保温、防结露及电伴热，表 2-240 和表 2-241）

**表 2-240 金属管道离心玻璃棉保温厚度**

| 环境温度/℃ | | 5 | | | | | | | | | 10 | | | | | | | | |
|---|---|---|---|---|---|---|---|---|---|---|---|---|---|---|---|---|---|---|---|
| 介质温度/℃<br>管径 | | 60 | | | 100 | | | 150 | | | 60 | | | 100 | | | 150 | | |
| 公称直径/mm | 管道外径/mm | 绝热层厚/mm | 热量损失/(W/m) | 表面温度/℃ | 绝热层厚/mm | 热量损失/(W/m) | 表面温度/℃ | 绝热层厚/mm | 热量损失/(W/m) | 表面温度/℃ | 绝热层厚/mm | 热量损失/(W/m) | 表面温度/℃ | 绝热层厚/mm | 热量损失/(W/m) | 表面温度/℃ | 绝热层厚/mm | 热量损失/(W/m) | 表面温度/℃ |
| 15 | 22 | 35 | 8.8 | 7.8 | 40 | 15.1 | 9.1 | 50 | 22.9 | 10.2 | 30 | 8.3 | 12.8 | 40 | 14.5 | 14.0 | 50 | 22.3 | 15.1 |
| 20 | 27 | 35 | 9.6 | 7.8 | 45 | 16.2 | 9.0 | 55 | 24.7 | 10.2 | 35 | 9.1 | 12.8 | 45 | 15.5 | 13.9 | 55 | 24.1 | 15.1 |
| 25 | 32 | 35 | 10.5 | 7.9 | 45 | 17.3 | 8.9 | 55 | 26.3 | 10.1 | 35 | 9.9 | 12.8 | 45 | 16.5 | 13.8 | 55 | 25.6 | 15.0 |
| 32 | 38 | 40 | 11.3 | 7.8 | 50 | 18.6 | 8.9 | 60 | 28.3 | 10.2 | 40 | 10.4 | 12.6 | 50 | 17.8 | 13.7 | 60 | 27.5 | 15.0 |
| 40 | 45 | 40 | 12.2 | 7.8 | 50 | 20.1 | 8.9 | 60 | 30.6 | 10.2 | 40 | 12.2 | 13.0 | 50 | 19.3 | 13.8 | 60 | 29.8 | 15.1 |
| 50 | 57 | 45 | 13.4 | 7.6 | 55 | 22.2 | 8.8 | 65 | 33.8 | 10.1 | 40 | 13.3 | 12.8 | 50 | 22.5 | 14.1 | 65 | 32.9 | 15.0 |

续表

| 环境温度/℃ 介质温度/℃ 管径 | | 5 | | | | | | | | | 10 | | | | | | | | |
|---|---|---|---|---|---|---|---|---|---|---|---|---|---|---|---|---|---|---|---|
| | | 60 | | | 100 | | | 150 | | | 60 | | | 100 | | | 150 | | |
| 公称直径/mm | 管道外径/mm | 绝热层厚/mm | 热量损失/(W/m) | 表面温度/℃ | 绝热层厚/mm | 热量损失/(W/m) | 表面温度/℃ | 绝热层厚/mm | 热量损失/(W/m) | 表面温度/℃ | 绝热层厚/mm | 热量损失/(W/m) | 表面温度/℃ | 绝热层厚/mm | 热量损失/(W/m) | 表面温度/℃ | 绝热层厚/mm | 热量损失/(W/m) | 表面温度/℃ |
| 65 | 76 | 45 | 16.1 | 7.8 | 55 | 26.5 | 9.0 | 70 | 38.2 | 10.0 | 40 | 16.1 | 12.9 | 55 | 25 | 13.9 | 70 | 37.3 | 14.9 |
| 80 | 89 | 45 | 18.5 | 8.0 | 60 | 28.2 | 8.9 | 70 | 41.0 | 9.9 | 40 | 17.0 | 12.7 | 55 | 28.7 | 14.1 | 70 | 41.7 | 15.2 |
| 100 | 108 | 50 | 19.5 | 7.7 | 60 | 32.1 | 9.0 | 75 | 46.3 | 10.0 | 45 | 19.4 | 12.8 | 60 | 30.7 | 13.8 | 75 | 45.1 | 14.9 |
| 125 | 133 | 50 | 23.7 | 8.0 | 60 | 36.2 | 9.0 | 75 | 52.2 | 10.1 | 45 | 21.8 | 12.7 | 60 | 36.8 | 14.2 | 75 | 50.8 | 15.0 |
| 150 | 159 | 50 | 26.4 | 7.9 | 60 | 40.4 | 8.9 | 75 | 58.1 | 10.1 | 45 | 24.3 | 12.7 | 60 | 41.1 | 14.2 | 80 | 56.7 | 15.0 |
| 200 | 219 | 50 | 31.6 | 7.7 | 60 | 51.8 | 9.2 | 80 | 70.5 | 10.1 | 45 | 31.5 | 12.8 | 60 | 49.6 | 14.0 | 80 | 68.7 | 14.9 |
| 250 | 273 | 50 | 39.3 | 7.9 | 65 | 59.7 | 9.1 | 85 | 81.4 | 10.1 | 50 | 36.1 | 12.7 | 65 | 57.1 | 13.9 | 85 | 79.3 | 14.9 |
| 300 | 325 | 55 | 42.8 | 7.7 | 70 | 65.8 | 8.9 | 90 | 90.2 | 9.9 | 50 | 42.7 | 12.8 | 65 | 66.9 | 14.1 | 85 | 92.0 | 15.1 |
| 350 | 377 | 55 | 49.6 | 7.8 | 70 | 75.5 | 9.1 | 90 | 102.8 | 10.1 | 50 | 49.6 | 12.9 | 70 | 72.3 | 13.9 | 90 | 100.2 | 15.0 |
| 400 | 426 | 55 | 54.8 | 7.8 | 70 | 83.4 | 9.1 | 95 | 108.3 | 9.9 | 50 | 54.9 | 12.9 | 70 | 79.8 | 13.9 | 90 | 110.4 | 15.0 |
| 450 | 478 | 55 | 61.8 | 7.9 | 75 | 87.9 | 8.9 | 95 | 120.4 | 10.0 | 55 | 56.8 | 12.7 | 70 | 89.4 | 14.0 | 95 | 117.4 | 14.9 |
| 500 | 529 | 55 | 63.0 | 7.7 | 75 | 96.7 | 8.9 | 95 | 132.0 | 10.1 | 55 | 62.8 | 12.7 | 70 | 98.4 | 14.1 | 95 | 128.6 | 15.0 |

**表 2-241 表 2-240 续**

| 环境温度/℃ 介质温度/℃ 管径 | | 20 | | | | | | | | | 30 | | | | | | | | |
|---|---|---|---|---|---|---|---|---|---|---|---|---|---|---|---|---|---|---|---|
| | | 60 | | | 100 | | | 150 | | | 60 | | | 100 | | | 150 | | |
| 公称直径/mm | 管道外径/mm | 绝热层厚/mm | 热量损失/(W/m) | 表面温度/℃ | 绝热层厚/mm | 热量损失/(W/m) | 表面温度/℃ | 绝热层厚/mm | 热量损失/(W/m) | 表面温度/℃ | 绝热层厚/mm | 热量损失/(W/m) | 表面温度/℃ | 绝热层厚/mm | 热量损失/(W/m) | 表面温度/℃ | 绝热层厚/mm | 热量损失/(W/m) | 表面温度/℃ |
| 15 | 22 | 30 | 7.4 | 22.8 | 40 | 13.6 | 24.0 | 50 | 21.1 | 24.8 | 20 | 6.4 | 32.8 | 35 | 12.7 | 34.0 | 45 | 20.8 | 35.2 |
| 20 | 27 | 30 | 8.1 | 22.8 | 40 | 15.0 | 24.1 | 55 | 22.8 | 24.8 | 25 | 7.0 | 32.8 | 35 | 13.9 | 34.0 | 50 | 22.4 | 35.1 |
| 25 | 32 | 30 | 8.8 | 22.8 | 40 | 15.9 | 24.0 | 55 | 24.2 | 24.7 | 25 | 7.7 | 32.8 | 35 | 15.3 | 34.2 | 50 | 23.9 | 35.0 |
| 32 | 38 | 30 | 9.6 | 22.8 | 45 | 17.1 | 23.9 | 60 | 26.0 | 24.8 | 25 | 8.5 | 32.8 | 40 | 16.4 | 34.1 | 55 | 25.7 | 35.0 |
| 40 | 45 | 30 | 11.0 | 23.0 | 45 | 18.6 | 23.9 | 60 | 28.2 | 24.8 | 25 | 9.4 | 32.8 | 40 | 17.8 | 34.1 | 55 | 27.8 | 35.1 |
| 50 | 57 | 35 | 11.9 | 22.7 | 45 | 21.8 | 24.3 | 60 | 32.6 | 25.2 | 30 | 10.1 | 32.5 | 45 | 19.5 | 33.8 | 60 | 30.6 | 34.9 |
| 65 | 76 | 35 | 14.5 | 22.8 | 50 | 24.5 | 23.9 | 65 | 36.9 | 25.0 | 30 | 12.4 | 32.6 | 45 | 23.4 | 34.0 | 60 | 36.4 | 35.2 |
| 80 | 89 | 40 | 15.1 | 22.6 | 50 | 27.8 | 24.2 | 65 | 39.5 | 24.9 | 30 | 14.6 | 32.8 | 45 | 24.8 | 33.8 | 60 | 38.9 | 35.1 |
| 100 | 108 | 40 | 17.4 | 22.6 | 55 | 29.6 | 23.9 | 70 | 44.7 | 25.1 | 30 | 16.8 | 32.9 | 50 | 28.4 | 33.9 | 70 | 42.0 | 34.8 |
| 125 | 133 | 40 | 21.6 | 23.0 | 55 | 33.4 | 23.8 | 70 | 50.4 | 25.1 | 30 | 18.6 | 32.7 | 50 | 31.9 | 33.8 | 70 | 47.3 | 34.8 |
| 150 | 159 | 40 | 23.9 | 22.8 | 55 | 39.9 | 24.2 | 70 | 56.2 | 25.1 | 30 | 23.5 | 33.1 | 50 | 38.4 | 34.2 | 70 | 52.8 | 34.8 |
| 200 | 219 | 40 | 31.3 | 23.0 | 60 | 48.0 | 24.0 | 75 | 68.0 | 25.0 | 30 | 27.0 | 32.6 | 50 | 46.0 | 33.9 | 70 | 67.2 | 35.1 |
| 250 | 273 | 40 | 35.6 | 22.8 | 60 | 55.2 | 23.9 | 80 | 78.6 | 25.0 | 30 | 34.7 | 32.9 | 55 | 52.9 | 33.8 | 75 | 77.6 | 35.1 |
| 300 | 325 | 40 | 42.4 | 22.9 | 60 | 64.9 | 24.0 | 85 | 87.0 | 24.9 | 30 | 41.9 | 33.0 | 55 | 62.3 | 34.0 | 80 | 85.9 | 34.9 |
| 350 | 377 | 45 | 44.6 | 22.7 | 60 | 74.9 | 24.2 | 85 | 99.3 | 25.0 | 35 | 42.9 | 32.7 | 55 | 72.1 | 34.1 | 80 | 98.2 | 35.1 |
| 400 | 426 | 45 | 49.3 | 22.6 | 65 | 77.2 | 23.8 | 85 | 109.5 | 25.1 | 35 | 47.5 | 32.7 | 55 | 79.7 | 34.1 | 80 | 108.3 | 35.1 |
| 450 | 478 | 45 | 56.0 | 22.7 | 65 | 86.6 | 24.0 | 90 | 116.2 | 24.9 | 35 | 54.3 | 32.8 | 60 | 83.0 | 33.9 | 85 | 114.7 | 34.9 |
| 500 | 529 | 45 | 62.0 | 22.8 | 65 | 95.5 | 24.0 | 90 | 127.5 | 25.0 | 35 | 60.5 | 32.8 | 60 | 91.7 | 33.7 | 85 | 125.9 | 35.0 |

## 2.11.5 金属管道闭孔橡塑保温厚度（管道与设备保温、防结露及电伴热，表 2-242）

表 2-242 金属管道闭孔橡塑泡沫保温厚

| 环境温度/℃ 介质温度/℃ 管径 | | 5 | | | | | | 10 | | | | | |
|---|---|---|---|---|---|---|---|---|---|---|---|---|---|
| | | 50 | | | 60 | | | 50 | | | 60 | | |
| 公称直径/mm | 管道外径/mm | 绝热层厚/mm | 热量损失/(W/m) | 表面温度/℃ | 绝热层厚/mm | 热量损失/(W/m) | 表面温度/℃ | 绝热层厚/mm | 热量损失/(W/m) | 表面温度/℃ | 绝热层厚/mm | 热量损失/(W/m) | 表面温度/℃ |
| 15 | 22 | 30 | 7.6 | 7.5 | 35 | 9.1 | 7.8 | 30 | 7.1 | 12.5 | 35 | 8.6 | 12.8 |
| 20 | 27 | 35 | 8.3 | 7.5 | 35 | 9.8 | 7.8 | 30 | 7.8 | 12.5 | 35 | 9.3 | 12.8 |
| 25 | 32 | 35 | 9.0 | 7.5 | 35 | 11.0 | 8.0 | 30 | 8.5 | 12.5 | 35 | 10.1 | 12.8 |
| 32 | 38 | 40 | 9.5 | 7.4 | 40 | 11.9 | 7.9 | 35 | 9.2 | 12.5 | 40 | 10.8 | 12.7 |
| 40 | 45 | 40 | 10.2 | 7.3 | 40 | 12.8 | 7.9 | 35 | 10.0 | 12.5 | 40 | 11.7 | 12.7 |
| 50 | 57 | 40 | 12.2 | 7.6 | 45 | 14.0 | 7.7 | 35 | 11.9 | 12.7 | 40 | 13.8 | 12.9 |
| 65 | 76 | 40 | 14.7 | 7.7 | 45 | 16.8 | 7.9 | 40 | 13.2 | 12.4 | 45 | 15.4 | 12.6 |
| 80 | 89 | 40 | 15.5 | 7.5 | 45 | 17.9 | 7.7 | 40 | 15.2 | 12.6 | 45 | 17.7 | 12.8 |
| 100 | 108 | 45 | 17.7 | 7.6 | 50 | 20.4 | 7.8 | 40 | 17.4 | 12.7 | 45 | 20.2 | 12.9 |
| 125 | 133 | 45 | 20.0 | 7.5 | 50 | 23.0 | 7.7 | 40 | 19.5 | 12.5 | 45 | 22.7 | 12.8 |
| 150 | 159 | 45 | 22.2 | 7.4 | 50 | 25.6 | 7.7 | 40 | 21.7 | 12.5 | 45 | 25.3 | 12.8 |
| 200 | 219 | 45 | 28.9 | 7.5 | 50 | 33.1 | 7.8 | 40 | 28.3 | 12.6 | 45 | 32.8 | 12.9 |
| 250 | 273 | 50 | 33.1 | 7.4 | 55 | 38.0 | 7.7 | 45 | 32.4 | 12.5 | 50 | 37.7 | 12.8 |
| 300 | 325 | 50 | 39.1 | 7.5 | 55 | 44.8 | 7.9 | 45 | 38.4 | 12.6 | 50 | 44.6 | 12.9 |
| 350 | 377 | 55 | 41.7 | 7.4 | 60 | 48.0 | 7.7 | 50 | 40.7 | 12.4 | 55 | 47.5 | 12.7 |
| 400 | 426 | 55 | 46.1 | 7.4 | 60 | 53.1 | 7.7 | 50 | 45.0 | 12.4 | 55 | 52.5 | 12.7 |
| 450 | 478 | 55 | 52.0 | 7.5 | 60 | 59.7 | 7.7 | 50 | 50.9 | 12.4 | 55 | 59.2 | 12.8 |
| 500 | 529 | 55 | 57.4 | 7.5 | 60 | 65.9 | 7.8 | 50 | 56.3 | 12.5 | 55 | 65.5 | 12.8 |

## 2.11.6 金属管道硬质聚氨酯泡沫保温厚度（管道与设备保温、防结露及电伴热，表 2-243 和表 2-244）

表 2-243 金属管道硬质聚氨酯泡沫保温厚度

| 环境温度/℃ 介质温度/℃ 管径 | | 5 | | | | | | 10 | | | | | |
|---|---|---|---|---|---|---|---|---|---|---|---|---|---|
| | | 60 | | | 100 | | | 60 | | | 100 | | |
| 公称直径/mm | 管道外径/mm | 绝热层厚/mm | 热量损失/(W/m) | 表面温度/℃ | 绝热层厚/mm | 热量损失/(W/m) | 表面温度/℃ | 绝热层厚/mm | 热量损失/(W/m) | 表面温度/℃ | 绝热层厚/mm | 热量损失/(W/m) | 表面温度/℃ |
| 15 | 22 | 30 | 7.6 | 7.8 | 35 | 12.9 | 9.0 | 25 | 7.3 | 12.8 | 35 | 12.6 | 14.0 |
| 20 | 27 | 30 | 8.4 | 7.8 | 35 | 14.1 | 9.0 | 30 | 8.0 | 12.8 | 35 | 13.7 | 14.0 |
| 25 | 32 | 30 | 9.2 | 7.8 | 35 | 15.7 | 9.3 | 30 | 8.8 | 12.8 | 35 | 15.0 | 14.1 |
| 32 | 38 | 30 | 10.0 | 7.8 | 40 | 16.8 | 9.2 | 30 | 9.6 | 12.8 | 40 | 16.1 | 14.0 |
| 40 | 45 | 35 | 10.5 | 7.6 | 40 | 18.2 | 9.2 | 30 | 9.7 | 12.9 | 40 | 17.5 | 14.0 |
| 50 | 57 | 35 | 12.6 | 7.9 | 45 | 20.0 | 8.9 | 35 | 11.6 | 12.6 | 45 | 19.1 | 13.7 |
| 65 | 76 | 35 | 15.3 | 8.0 | 45 | 24.0 | 9.1 | 35 | 14.0 | 12.7 | 45 | 23.0 | 13.9 |
| 80 | 89 | 35 | 16.0 | 7.7 | 45 | 25.5 | 8.9 | 35 | 16.4 | 13.0 | 45 | 26.4 | 14.2 |

续表

| 环境温度/℃ 介质温度/℃ 管径 | | 5 | | | | | | 10 | | | | | |
|---|---|---|---|---|---|---|---|---|---|---|---|---|---|
| | | 60 | | | 100 | | | 60 | | | 100 | | |
| 公称直径/mm | 管道外径/mm | 绝热层厚/mm | 热量损失/(W/m) | 表面温度/℃ | 绝热层厚/mm | 热量损失/(W/m) | 表面温度/℃ | 绝热层厚/mm | 热量损失/(W/m) | 表面温度/℃ | 绝热层厚/mm | 热量损失/(W/m) | 表面温度/℃ |
| 100 | 108 | 40 | 18.3 | 7.8 | 50 | 29.1 | 9.0 | 35 | 18.8 | 13.0 | 45 | 27.9 | 13.8 |
| 125 | 133 | 40 | 20.5 | 7.7 | 50 | 32.8 | 8.9 | 35 | 21.0 | 12.9 | 45 | 33.9 | 14.2 |
| 150 | 159 | 40 | 25.3 | 8.0 | 50 | 36.5 | 8.8 | 35 | 23.2 | 12.8 | 45 | 37.8 | 14.1 |
| 200 | 219 | 40 | 29.8 | 7.7 | 50 | 47.2 | 9.0 | 35 | 30.5 | 12.9 | 50 | 45.2 | 13.9 |
| 250 | 273 | 40 | 37.6 | 7.9 | 55 | 54.3 | 8.9 | 40 | 34.6 | 12.7 | 50 | 56.2 | 14.1 |
| 300 | 325 | 45 | 40.4 | 7.7 | 55 | 64.0 | 9.1 | 40 | 41.2 | 12.8 | 55 | 61.3 | 13.9 |
| 350 | 377 | 45 | 47.1 | 7.8 | 60 | 68.5 | 8.8 | 40 | 48.3 | 12.9 | 55 | 70.9 | 14.0 |
| 400 | 426 | 45 | 52.0 | 7.8 | 60 | 75.7 | 8.8 | 40 | 53.4 | 12.9 | 55 | 78.4 | 14.0 |
| 450 | 478 | 45 | 59.0 | 7.9 | 60 | 85.2 | 9.0 | 45 | 54.3 | 12.7 | 55 | 88.4 | 14.2 |
| 500 | 529 | 45 | 65.5 | 7.9 | 60 | 94.1 | 9.0 | 45 | 60.3 | 12.7 | 55 | 90.1 | 13.9 |

**表 2-244 表 2-243 续**

| 环境温度/℃ 介质温度/℃ 管径 | | 20 | | | | | | 30 | | | | | |
|---|---|---|---|---|---|---|---|---|---|---|---|---|---|
| | | 60 | | | 100 | | | 60 | | | 100 | | |
| 公称直径/mm | 管道外径/mm | 绝热层厚/mm | 热量损失/(W/m) | 表面温度/℃ | 绝热层厚/mm | 热量损失/(W/m) | 表面温度/℃ | 绝热层厚/mm | 热量损失/(W/m) | 表面温度/℃ | 绝热层厚/mm | 热量损失/(W/m) | 表面温度/℃ |
| 15 | 22 | 25 | 6.5 | 22.8 | 30 | 11.9 | 24.0 | 20 | 5.6 | 32.8 | 30 | 11.1 | 34.0 |
| 20 | 27 | 25 | 7.2 | 22.8 | 35 | 13.0 | 24.0 | 20 | 6.2 | 32.8 | 30 | 12.2 | 34.0 |
| 25 | 32 | 25 | 7.9 | 22.8 | 35 | 14.1 | 24.0 | 20 | 6.9 | 32.8 | 30 | 13.3 | 34.0 |
| 32 | 38 | 25 | 8.6 | 22.8 | 35 | 15.9 | 24.4 | 20 | 7.6 | 32.8 | 30 | 14.3 | 34.0 |
| 40 | 45 | 25 | 9.5 | 22.8 | 35 | 17.2 | 24.3 | 20 | 8.5 | 32.8 | 35 | 15.4 | 33.8 |
| 50 | 57 | 30 | 10.6 | 22.6 | 40 | 18.8 | 24.0 | 20 | 9.9 | 32.8 | 35 | 18.4 | 34.2 |
| 65 | 76 | 30 | 12.9 | 22.7 | 40 | 22.7 | 24.1 | 25 | 11.4 | 32.6 | 40 | 20.3 | 33.7 |
| 80 | 89 | 30 | 15.2 | 23.0 | 40 | 24.0 | 23.9 | 25 | 13.6 | 32.9 | 40 | 23.4 | 34.0 |
| 100 | 108 | 30 | 17.5 | 23.0 | 45 | 27.4 | 23.9 | 25 | 15.7 | 32.9 | 40 | 26.8 | 34.1 |
| 125 | 133 | 30 | 19.4 | 22.8 | 45 | 30.8 | 23.8 | 25 | 17.2 | 32.6 | 40 | 30.1 | 33.9 |
| 150 | 159 | 30 | 21.4 | 22.7 | 45 | 37.4 | 24.3 | 25 | 22.4 | 33.1 | 40 | 33.4 | 33.8 |
| 200 | 219 | 30 | 28.2 | 22.8 | 45 | 44.6 | 23.9 | 25 | 25.0 | 32.5 | 40 | 43.6 | 34.0 |
| 250 | 273 | 30 | 36.3 | 23.0 | 45 | 55.8 | 24.2 | 25 | 32.6 | 32.8 | 45 | 49.8 | 33.8 |
| 300 | 325 | 35 | 38.1 | 22.7 | 50 | 60.4 | 23.9 | 25 | 39.7 | 32.9 | 45 | 59.1 | 33.9 |
| 350 | 377 | 35 | 44.8 | 22.8 | 50 | 70.1 | 24.1 | 25 | 47.4 | 33.1 | 45 | 68.9 | 34.1 |
| 400 | 426 | 35 | 49.5 | 22.8 | 50 | 77.5 | 24.1 | 25 | 52.2 | 33.0 | 45 | 76.2 | 34.1 |
| 450 | 478 | 35 | 56.6 | 22.9 | 50 | 87.7 | 24.2 | 30 | 50.5 | 32.6 | 45 | 86.4 | 34.2 |
| 500 | 529 | 35 | 63.2 | 22.9 | 50 | 88.7 | 23.9 | 30 | 56.5 | 32.7 | 45 | 86.7 | 33.8 |

### 2.11.7 金属管道岩棉与矿渣棉保温厚度（管道与设备保温、防结露及电伴热，表2-245和表2-246）

表2-245 金属管道岩棉与矿渣棉保温厚度

| 环境温度/℃ | | 5 | | | | | | | | | 10 | | | | | | | | |
|---|---|---|---|---|---|---|---|---|---|---|---|---|---|---|---|---|---|---|---|
| 介质温度/℃ 管径 | | 60 | | | 100 | | | 150 | | | 60 | | | 100 | | | 150 | | |
| 公称直径/mm | 管道外径/mm | 绝热层厚/mm | 热量损失/(W/m) | 表面温度/℃ | 绝热层厚/mm | 热量损失/(W/m) | 表面温度/℃ | 绝热层厚/mm | 热量损失/(W/m) | 表面温度/℃ | 绝热层厚/mm | 热量损失/(W/m) | 表面温度/℃ | 绝热层厚/mm | 热量损失/(W/m) | 表面温度/℃ | 绝热层厚/mm | 热量损失/(W/m) | 表面温度/℃ |
| 15 | 22 | 35 | 8.9 | 7.8 | 45 | 15.4 | 9.2 | 55 | 22.5 | 9.7 | 30 | 8.4 | 12.8 | 40 | 14.7 | 14.0 | 50 | 22.9 | 15.2 |
| 20 | 27 | 35 | 9.7 | 7.8 | 45 | 16.6 | 9.1 | 60 | 24.3 | 9.7 | 35 | 9.2 | 12.8 | 45 | 15.9 | 14.0 | 55 | 24.7 | 15.2 |
| 25 | 32 | 35 | 10.7 | 7.9 | 45 | 17.7 | 9.0 | 60 | 27.0 | 10.3 | 35 | 10.0 | 12.8 | 45 | 16.9 | 13.9 | 55 | 26.3 | 15.1 |
| 32 | 38 | 40 | 11.5 | 7.9 | 50 | 19.0 | 9.0 | 65 | 27.8 | 9.8 | 40 | 10.6 | 12.6 | 50 | 18.2 | 13.8 | 60 | 28.3 | 15.2 |
| 40 | 45 | 40 | 12.4 | 7.8 | 50 | 20.6 | 9.0 | 65 | 30.0 | 9.8 | 40 | 11.4 | 12.6 | 50 | 19.7 | 13.9 | 60 | 30.6 | 15.2 |
| 50 | 57 | 45 | 13.6 | 7.7 | 55 | 22.7 | 8.9 | 70 | 33.2 | 9.8 | 40 | 13.5 | 12.9 | 50 | 23.0 | 14.2 | 65 | 33.8 | 15.1 |
| 65 | 76 | 45 | 16.4 | 7.8 | 55 | 27.1 | 9.1 | 70 | 39.2 | 10.1 | 40 | 16.4 | 13.0 | 55 | 25.9 | 13.9 | 70 | 38.2 | 15.0 |
| 80 | 89 | 45 | 17.4 | 7.6 | 55 | 28.9 | 8.9 | 70 | 42.0 | 10.1 | 40 | 17.3 | 12.8 | 55 | 29.3 | 14.2 | 70 | 41.0 | 14.9 |
| 100 | 108 | 50 | 19.9 | 7.7 | 60 | 32.8 | 9.1 | 75 | 47.5 | 10.2 | 45 | 19.8 | 12.8 | 60 | 31.4 | 13.9 | 75 | 46.3 | 15.1 |
| 125 | 133 | 50 | 22.4 | 7.7 | 60 | 37.0 | 9.0 | 80 | 51.2 | 9.8 | 45 | 22.2 | 12.8 | 60 | 35.4 | 13.9 | 75 | 52.1 | 15.1 |
| 150 | 159 | 50 | 26.9 | 7.9 | 60 | 41.3 | 9.0 | 80 | 57.1 | 9.9 | 45 | 24.8 | 12.7 | 60 | 39.5 | 13.9 | 75 | 58.1 | 15.1 |
| 200 | 219 | 50 | 32.2 | 7.8 | 65 | 49.9 | 8.9 | 85 | 69.2 | 9.9 | 45 | 32.1 | 12.8 | 60 | 50.7 | 14.1 | 80 | 70.5 | 15.1 |
| 250 | 273 | 55 | 37.0 | 7.7 | 70 | 57.5 | 8.8 | 90 | 79.9 | 9.9 | 50 | 36.8 | 12.7 | 65 | 58.4 | 14.0 | 85 | 81.4 | 15.1 |
| 300 | 325 | 55 | 43.7 | 7.8 | 70 | 67.2 | 9.0 | 90 | 92.6 | 10.1 | 50 | 43.5 | 12.8 | 65 | 68.4 | 14.2 | 90 | 90.2 | 14.9 |
| 350 | 377 | 55 | 50.5 | 7.9 | 70 | 77.2 | 9.1 | 95 | 100.9 | 9.9 | 50 | 50.6 | 12.9 | 70 | 73.9 | 14.0 | 90 | 102.8 | 15.1 |
| 400 | 426 | 55 | 55.8 | 7.9 | 75 | 80.3 | 8.9 | 95 | 111.1 | 10.0 | 50 | 55.9 | 12.9 | 70 | 81.6 | 14.0 | 95 | 108.3 | 14.9 |
| 450 | 478 | 60 | 58.2 | 7.7 | 75 | 89.8 | 9.0 | 95 | 123.5 | 10.1 | 50 | 57.9 | 12.7 | 70 | 91.4 | 14.1 | 95 | 120.4 | 15.0 |
| 500 | 529 | 60 | 64.2 | 7.7 | 75 | 98.8 | 9.0 | 95 | 129.5 | 9.9 | 50 | 64.0 | 12.8 | 70 | 94.6 | 13.9 | 95 | 131.9 | 15.1 |

表2-246 表2-245续

| 环境温度/℃ | | 20 | | | | | | | | | 30 | | | | | | | | |
|---|---|---|---|---|---|---|---|---|---|---|---|---|---|---|---|---|---|---|---|
| 介质温度/℃ 管径 | | 60 | | | 100 | | | 150 | | | 60 | | | 100 | | | 150 | | |
| 公称直径/mm | 管道外径/mm | 绝热层厚/mm | 热量损失/(W/m) | 表面温度/℃ | 绝热层厚/mm | 热量损失/(W/m) | 表面温度/℃ | 绝热层厚/mm | 热量损失/(W/m) | 表面温度/℃ | 绝热层厚/mm | 热量损失/(W/m) | 表面温度/℃ | 绝热层厚/mm | 热量损失/(W/m) | 表面温度/℃ | 绝热层厚/mm | 热量损失/(W/m) | 表面温度/℃ |
| 15 | 22 | 25 | 7.5 | 22.8 | 40 | 13.8 | 24.0 | 50 | 21.6 | 24.9 | 20 | 6.4 | 32.8 | 35 | 12.9 | 34.0 | 45 | 21.3 | 35.3 |
| 20 | 27 | 30 | 8.2 | 22.8 | 40 | 15.3 | 24.2 | 55 | 23.4 | 24.9 | 25 | 7.1 | 32.8 | 35 | 14.1 | 34.0 | 50 | 23.0 | 35.2 |
| 25 | 32 | 30 | 8.9 | 22.8 | 40 | 16.3 | 24.1 | 55 | 24.9 | 24.9 | 25 | 7.8 | 32.8 | 35 | 15.6 | 34.3 | 50 | 24.5 | 35.2 |
| 32 | 38 | 30 | 9.7 | 22.8 | 45 | 17.5 | 24.0 | 60 | 26.7 | 24.9 | 25 | 8.5 | 32.8 | 40 | 16.8 | 34.2 | 55 | 26.3 | 35.1 |
| 40 | 45 | 30 | 11.2 | 23.1 | 45 | 19.0 | 24.0 | 60 | 28.9 | 24.9 | 25 | 9.4 | 32.8 | 40 | 18.2 | 34.1 | 55 | 28.5 | 35.2 |
| 50 | 57 | 35 | 12.1 | 22.8 | 50 | 20.9 | 23.8 | 65 | 31.9 | 24.9 | 30 | 10.4 | 32.6 | 45 | 19.9 | 33.9 | 60 | 31.5 | 35.1 |
| 65 | 76 | 35 | 14.7 | 22.9 | 50 | 25.0 | 24.0 | 65 | 37.9 | 25.2 | 30 | 12.6 | 32.7 | 45 | 24.0 | 34.1 | 65 | 35.6 | 34.9 |
| 80 | 89 | 35 | 15.4 | 22.6 | 50 | 26.6 | 23.8 | 65 | 40.5 | 25.0 | 30 | 14.8 | 32.9 | 45 | 25.4 | 33.9 | 65 | 40.0 | 35.2 |
| 100 | 108 | 35 | 17.7 | 22.7 | 55 | 30.3 | 24.0 | 75 | 43.8 | 24.8 | 30 | 17.1 | 32.9 | 50 | 29.0 | 34.0 | 70 | 43.1 | 34.9 |
| 125 | 133 | 35 | 22.0 | 23.0 | 55 | 34.2 | 23.9 | 75 | 49.3 | 24.8 | 30 | 19.0 | 32.7 | 50 | 32.7 | 33.9 | 70 | 48.6 | 34.9 |
| 150 | 159 | 35 | 24.4 | 22.9 | 55 | 38.1 | 23.9 | 75 | 55.0 | 24.9 | 30 | 20.9 | 32.6 | 50 | 36.4 | 33.8 | 70 | 54.2 | 34.9 |
| 200 | 219 | 40 | 28.8 | 22.6 | 55 | 49.1 | 24.1 | 75 | 69.8 | 25.2 | 30 | 27.6 | 32.7 | 50 | 47.1 | 34.0 | 75 | 65.7 | 34.9 |
| 250 | 273 | 40 | 36.3 | 22.8 | 60 | 56.5 | 24.0 | 80 | 80.6 | 25.1 | 30 | 35.4 | 32.9 | 55 | 54.1 | 33.9 | 80 | 75.8 | 34.8 |
| 300 | 325 | 40 | 43.3 | 23.0 | 60 | 66.4 | 24.1 | 85 | 89.3 | 25.0 | 35 | 37.3 | 32.6 | 55 | 63.8 | 34.1 | 80 | 88.2 | 35.0 |
| 350 | 377 | 45 | 45.5 | 22.7 | 65 | 71.5 | 23.9 | 90 | 97.2 | 24.8 | 35 | 43.8 | 32.7 | 60 | 68.4 | 33.8 | 85 | 95.8 | 34.9 |
| 400 | 426 | 45 | 50.3 | 22.7 | 65 | 79.0 | 23.9 | 90 | 107.2 | 24.9 | 35 | 48.4 | 32.7 | 60 | 75.6 | 33.8 | 85 | 105.7 | 34.9 |
| 450 | 478 | 45 | 57.0 | 22.8 | 65 | 88.6 | 24.0 | 90 | 119.3 | 25.0 | 35 | 55.3 | 32.8 | 60 | 85.0 | 33.9 | 85 | 117.8 | 35.0 |
| 500 | 529 | 45 | 63.3 | 22.8 | 65 | 97.7 | 24.1 | 90 | 103.8 | 25.1 | 35 | 61.7 | 32.9 | 60 | 93.8 | 34.0 | 85 | 129.3 | 35.1 |

## 2.11.8 塑料管道离心玻璃棉保温厚度（管道与设备保温、防结露及电伴热，表 2-247）

**表 2-247 塑料管道离心玻璃棉保温厚度**

| 环境温度/℃ 介质温度/℃ 管径 | | 5 | | | | | | 10 | | | | | | 20 | | | | | | 30 | | | | | |
|---|---|---|---|---|---|---|---|---|---|---|---|---|---|---|---|---|---|---|---|---|---|---|---|---|---|
| | | 60 | | | 80 | | | 60 | | | 80 | | | 60 | | | 80 | | | 60 | | | 80 | | |
| 公称外径/mm | 管道内径/mm | 绝热层厚/mm | 热量损失/(W/m) | 表面温度/℃ | 绝热层厚/mm | 热量损失/(W/m) | 表面温度/℃ | 绝热层厚/mm | 热量损失/(W/m) | 表面温度/℃ | 绝热层厚/mm | 热量损失/(W/m) | 表面温度/℃ | 绝热层厚/mm | 热量损失/(W/m) | 表面温度/℃ | 绝热层厚/mm | 热量损失/(W/m) | 表面温度/℃ | 绝热层厚/mm | 热量损失/(W/m) | 表面温度/℃ | 绝热层厚/mm | 热量损失/(W/m) | 表面温度/℃ |
| 20 | 15.4 | 30 | 7.8 | 7.8 | 35 | 10.4 | 8.4 | 30 | 7.4 | 12.8 | 30 | 10.0 | 13.4 | 25 | 6.6 | 22.8 | 30 | 9.2 | 23.4 | 20 | 5.7 | 32.8 | 25 | 8.4 | 33.4 |
| 25 | 20.0 | 30 | 8.5 | 7.8 | 35 | 11.3 | 8.4 | 30 | 8.1 | 12.8 | 35 | 10.9 | 13.4 | 25 | 7.3 | 22.8 | 30 | 10.2 | 23.4 | 20 | 6.3 | 32.8 | 25 | 9.3 | 33.4 |
| 32 | 26.2 | 30 | 9.5 | 7.8 | 35 | 12.7 | 8.5 | 30 | 9.1 | 12.8 | 35 | 12.2 | 13.4 | 25 | 8.2 | 22.8 | 30 | 11.3 | 23.4 | 20 | 7.1 | 32.8 | 30 | 10.3 | 33.4 |
| 40 | 32.6 | 30 | 10.5 | 7.9 | 35 | 13.7 | 8.4 | 30 | 10.1 | 12.8 | 35 | 12.9 | 13.2 | 25 | 9.1 | 22.8 | 30 | 12.4 | 23.4 | 20 | 8.0 | 32.8 | 30 | 10.3 | 33.4 |
| 50 | 40.8 | 30 | 11.7 | 7.9 | 35 | 15.1 | 8.4 | 30 | 10.8 | 12.7 | 35 | 14.2 | 13.2 | 25 | 10.0 | 22.8 | 30 | 13.7 | 23.4 | 20 | 9.0 | 32.8 | 30 | 13.1 | 33.6 |
| 63 | 51.4 | 30 | 13.4 | 8.1 | 35 | 17.1 | 8.6 | 30 | 12.4 | 12.8 | 35 | 16.2 | 13.4 | 25 | 11.5 | 22.9 | 30 | 15.8 | 23.6 | 20 | 10.4 | 32.8 | 30 | 13.5 | 33.1 |
| 75 | 61.4 | 30 | 13.4 | 7.6 | 35 | 18.9 | 8.7 | 30 | 13.8 | 12.9 | 35 | 17.9 | 13.5 | 25 | 13.0 | 23.0 | 30 | 17.6 | 23.7 | 20 | 11.9 | 33.0 | 30 | 15.0 | 33.2 |
| 90 | 73.6 | 30 | 15.3 | 7.8 | 35 | 19.3 | 8.3 | 30 | 14.1 | 12.6 | 35 | 18.3 | 13.1 | 25 | 13.2 | 22.6 | 30 | 17.9 | 23.3 | 20 | 11.9 | 32.5 | 30 | 17.4 | 33.4 |
| 110 | 90.0 | 30 | 17.7 | 7.7 | 35 | 21.0 | 8.2 | 30 | 17.6 | 13.0 | 35 | 22.2 | 13.6 | 25 | 17.0 | 23.1 | 30 | 19.6 | 23.2 | 20 | 16.1 | 33.2 | 30 | 19.1 | 33.3 |

### 2.11.9 矩形风管或设备保温钉的分布（表 2-248）

表 2-248 矩形风管或设备保温钉的分布

| 参 数 | 每平方米不应小于个数 | | |
|---|---|---|---|
| 保温钉数量 | 底面 | 侧面 | 顶面 |
| | 16 | 10 | 8 |

说明：首行保温钉到风管或保温材料边沿的距离需要小于 120mm。

## 2.12 空调管道的规格与要求

### 2.12.1 直管（空调管）的外形尺寸及允许偏差（表 2-249）

表 2-249 直管（空调管）的外形尺寸及允许偏差

| 标准尺寸 | 外径/mm | 壁厚/mm | 重量/(kg/m) | 允许偏差 A | |
|---|---|---|---|---|---|
| | | | | 平均外径 B/mm | 壁厚/mm |
| 1/8″ | 0.125(3.18) | 0.030(0.762) | 0.0347(0.0516) | 0.002(0.051) | 0.003(0.08) |
| 3/16″ | 0.187(4.75) | 0.030(0.762) | 0.0575(0.0856) | 0.002(0.051) | 0.003(0.08) |
| 1/4″ | 0.250(6.35) | 0.030(0.762) | 0.0804(0.120) | 0.002(0.051) | 0.003(0.08) |
| 5/16″ | 0.312(7.92) | 0.032(0.813) | 0.109(0.162) | 0.002(0.051) | 0.003(0.08) |
| 3/8″ | 0.375(9.52) | 0.032(0.813) | 0.134(0.199) | 0.002(0.051) | 0.003(0.08) |
| 1/2″ | 0.500(12.7) | 0.032(0.813) | 0.182(0.271) | 0.002(0.051) | 0.003(0.08) |
| 5/8″ | 0.625(15.9) | 0.035(0.889) | 0.251(0.373) | 0.002(0.051) | 0.004(0.11) |
| 3/4″ | 0.750(19.1) | 0.035(0.889) | 0.305(0.454) | 0.0025(0.064) | 0.004(0.11) |
| 3/4″ | 0.750(19.1) | 0.042(1.07) | 0.362(0.539) | 0.0025(0.064) | 0.004(0.11) |
| 7/8″ | 0.875(22.3) | 0.045(1.14) | 0.455(0.677) | 0.003(0.076) | 0.004(0.11) |
| $1\frac{1}{8}$″ | 1.125(28.6) | 0.050(1.27) | 0.665(0.975) | 0.0035(0.089) | 0.005(0.13) |
| $1\frac{3}{8}$″ | 1.375(34.9) | 0.055(1.40) | 0.884(1.32) | 0.004(0.10) | 0.006(0.15) |
| $1\frac{5}{8}$″ | 1.625(41.3) | 0.060(1.52) | 1.14(1.70) | 0.0045(0.11) | 0.006(0.15) |

### 2.12.2 盘管（空调管）的外形尺寸及允许偏差（表 2-250）

表 2-250 盘管（空调管）的外形尺寸及允许偏差

| 标准尺寸 | 外径/mm | 壁厚/mm | 重量/(kg/m) | 允许偏差 A | |
|---|---|---|---|---|---|
| | | | | 平均外径 B/±mm | 壁厚/±mm |
| 3/8″ | 0.375(9.52) | 0.030(0.762) | 0.126(0.187) | 0.001(0.025) | 0.003(0.08) |
| 1/2″ | 0.500(12.7) | 0.035(0.889) | 0.198(0.295) | 0.001(0.025) | 0.004(0.09) |
| 5/8″ | 0.625(15.9) | 0.040(1.02) | 0.285(0.424) | 0.001(0.025) | 0.004(0.10) |
| 3/4″ | 0.750(19.1) | 0.042(1.07) | 0.362(0.539) | 0.001(0.025) | 0.004(0.11) |
| 7/8″ | 0.875(22.3) | 0.045(1.14) | 0.455(0.677) | 0.001(0.025) | 0.004(0.11) |
| 1 1/8″ | 1.125(28.6) | 0.050(1.27) | 0.665(0.975) | 0.0015(0.038) | 0.005(0.13) |
| 1 3/8″ | 1.375(34.9) | 0.055(1.40) | 0.884(1.32) | 0.0015(0.038) | 0.006(0.14) |
| 1 5/8″ | 1.625(41.3) | 0.060(1.52) | 1.14(1.70) | 0.002(0.051) | 0.006(0.15) |
| $2\frac{1}{8}$″ | 2.125(54.0) | 0.070(1.78) | 1.75(2.60) | 0.002(0.051) | 0.007(0.18) |
| $2\frac{5}{8}$″ | 2.625(66.7) | 0.080(2.03) | 2.48(3.69) | 0.002(0.051) | 0.008(0.20) |
| $3\frac{1}{8}$″ | 3.125(79.4) | 0.090(2.29) | 3.33(4.96) | 0.002(0.051) | 0.009(0.23) |
| $3\frac{5}{8}$″ | 3.625(92.1) | 0.100(2.54) | 4.29(6.38) | 0.002(0.051) | 0.010(0.25) |
| $4\frac{1}{8}$″ | 4.125(105) | 0.110(2.79) | 5.38(8.01) | 0.002(0.051) | 0.011(0.28) |

### 2.12.3 保温铜管的规格（表 2-251）

**表 2-251 保温铜管的规格** mm

| 聚氨酯保温管 | | 铂耐斯保温管 | | 直埋最小深度 | |
|---|---|---|---|---|---|
| 公称通径 | 工作铜管外径×壁厚 | 外护管外径×壁厚 | 外护管 外径×壁厚 | 行车道下/m | 非行车道下/m |
| 15 | $\phi$15×1.0 | $\phi$67×1.7 | G55×20 | 0.50 | 0.30 |
| 20 | $\phi$22×1.2 | $\phi$75×1.7 | G62×20 | 0.50 | 0.30 |
| 25 | $\phi$28×1.2 | $\phi$92×2.0 | G78×25 | 0.50 | 0.30 |
| 32 | $\phi$35×1.5 | $\phi$110×2.5 | G85×25 | 0.50 | 0.30 |
| 40 | $\phi$42×1.5 | $\phi$110×2.5 | G92×25 | 0.50 | 0.30 |
| 50 | $\phi$54×2.0 | $\phi$125×2.5 | G114×25 | 0.85 | 0.65 |
| 65 | $\phi$67×2.0 | $\phi$142×2.5 | G127×30 | 0.85 | 0.65 |
| 80 | $\phi$85×2.0 | $\phi$160×2.5 | P145×30 | 0.85 | 0.65 |
| 100 | $\phi$108×2.5 | $\phi$188×3.0 | P178×35 | 0.85 | 0.65 |
| 125 | $\phi$133×2.5 | $\phi$200×3.0 | P203×35 | 1.00 | 0.80 |
| 150 | $\phi$159×3.0 | $\phi$250×4.0 | P229×35 | 1.00 | 0.80 |
| 200 | $\phi$219×4.0 | $\phi$315×5.0 | P289×35 | 1.00 | 0.80 |
| 250 | $\phi$267×5.0 | $\phi$360×5.0 | P347×40 | 1.00 | 0.80 |
| 300 | $\phi$325×6.0 | $\phi$420×7.0 | P405×40 | 1.00 | 0.80 |

### 2.12.4 塑覆铜管的外形尺寸与允许偏差（表 2-252）

**表 2-252 塑覆铜管的外形尺寸与允许偏差** mm

| 公称通径 | 铜管外径 | 铜管壁厚 1.6MPa | 塑覆铜管外径 | | | 外径允许偏差 | 塑覆层壁厚 | | | 塑覆层允许偏差 | 齿数 |
|---|---|---|---|---|---|---|---|---|---|---|---|
| | | | 发泡型 | 平环型 | 齿型环 | | 发泡型 | 平环型 | 齿型环 | | |
| 6 | 8±0.09 | 0.5±0.05 | 11 | 10.2 | 10.6 | ±0.20 | 1.5 | 1.1 | 1.3 | ±0.15 | 8～10 |
| 8 | 10±0.09 | 0.5±0.05 | 13 | 12.2 | 12.6 | ±0.20 | 1.5 | 1.1 | 1.3 | ±0.15 | 10～12 |
| 10 | 12±0.09 | 0.5±0.05 | 15 | 14.2 | 14.6 | ±0.20 | 1.5 | 1.1 | 1.3 | ±0.15 | 12～20 |
| 15 | 15±0.09 | 0.9±0.09 | 18.6 | 17.6 | 18.6 | ±0.20 | 1.8 | 1.3 | 1.8 | ±0.15 | 16～26 |
| | 16±0.10 | 1.0±0.09 | 19.6 | 18.6 | 19.6 | ±0.20 | 1.8 | 1.3 | 1.8 | ±0.15 | 16～26 |
| 20 | 22±0.10 | 1.2±0.09 | 27.2 | 24.6 | 25.6 | ±0.20 | 2.6 | 1.3 | 1.8 | ±0.15 | 20～30 |
| 25 | 28±0.15 | 1.5±0.10 | 33.2 | 30.6 | 31.6 | ±0.20 | 2.6 | 1.3 | 1.8 | ±0.15 | 20～30 |
| 32 | 35±0.15 | 1.5±0.10 | 40.6 | 38.6 | 40 | ±0.25 | 2.8 | 1.8 | 2.5 | ±0.20 | 28～35 |
| 40 | 42±0.15 | 2.0±0.10 | 48 | 45.6 | 47 | ±0.25 | 3.0 | 1.8 | 2.5 | ±0.20 | 32～42 |
| | 44±0.15 | 2.0±0.10 | 50 | 47.6 | 49 | ±0.25 | 3.0 | 1.8 | 2.5 | ±0.20 | 32～42 |
| 50 | 54±0.22 | 2.0±0.15 | 61 | 58 | 60 | ±0.35 | 3.5 | 2.0 | 3.0 | ±0.25 | 42～52 |
| | 55±0.22 | 2.0±0.15 | 62 | 59 | 61 | ±0.35 | 3.5 | 2.0 | 3.0 | ±0.25 | 42～52 |

### 2.12.5 空调铜管的规格（表 2-253）

**表 2-253 空调铜管的规格** mm

| 牌号 | 品种 | 状态 | 外径 | 壁厚 | 应用 |
|---|---|---|---|---|---|
| TP2 | 轴线卷 | M | 4～22.23 | 0.3～1.5 | 空调冰箱 |
| T2 | 蚊香盘 | Y/M | 6.35～19.05 | 0.5～0.7 | |
| TP2 | 内螺纹 | M | 7～9.52 | 0.32～0.36 | |
| T2 导 | 轴线卷 | M | 8～13.2 | 0.64～0.7 | 电缆管 |

## 2.12.6 空调内螺纹铜管的规格（表 2-254）

**表 2-254 空调内螺纹铜管的规格**

| 规格<br>外径×底壁厚+齿高-螺旋角(齿顶角,齿数) | 名义尺寸/mm | 米重量/(g/m) | 平均外径/mm | 平均内径/mm | 底壁厚/mm | 齿高/mm | 总壁厚/mm | 齿顶角/(°) | 螺旋角/(°) | 螺纹数/条 |
|---|---|---|---|---|---|---|---|---|---|---|
| ϕ5.00×0.20+0.15-18°(40°,40) | ϕ5.00×0.25 | 33 | 5.00 | 4.30 | 0.20 | 0.15 | 0.35 | 40 | 18 | 40 |
| ϕ6.35×0.25+0.15-18°(40°,45) | ϕ6.35×0.29 | 50 | 6.35 | 5.55 | 0.25 | 0.15 | 0.40 | 40 | 18 | 45 |
| ϕ7.00×0.25+0.10-15°(40°,65) | ϕ7.00×0.28 | 52 | 7.00 | 6.30 | 0.25 | 0.10 | 0.35 | 40 | 15 | 65 |
| ϕ7.00×0.25+0.18-18°(40°,50) | ϕ7.00×0.30 | 57 | 7.00 | 6.14 | 0.25 | 0.18 | 0.43 | 40 | 18 | 50 |
| ϕ7.00×0.27+0.15-18°(53°,60) | ϕ7.00×0.32 | 60 | 7.00 | 6.16 | 0.27 | 0.15 | 0.42 | 53 | 18 | 60 |
| ϕ7.94×0.25+0.18-18°(40°,50) | ϕ7.94×0.30 | 65 | 7.94 | 7.08 | 0.25 | 0.18 | 0.43 | 40 | 18 | 50 |
| ϕ7.94×0.26+0.17-18°(40°,50) | ϕ7.94×0.31 | 66 | 7.94 | 7.08 | 0.26 | 0.17 | 0.43 | 40 | 18 | 50< |
| ϕ7.94×0.28+0.15-18°(53°,60) | ϕ7.94×0.33 | 71 | 7.94 | 7.08 | 0.28 | 0.15 | 0.43 | 53 | 18 | 60 |
| ϕ7.94×0.28+0.20-18°(40°,50) | ϕ7.94×0.34 | 72 | 7.94 | 6.98 | 0.28 | 0.20 | 0.48 | 40 | 18 | 50 |
| ϕ9.52×0.27+0.16-18°(30°,70) | ϕ9.52×0.32 | 82 | 9.52 | 8.66 | 0.27 | 0.16 | 0.43 | 30 | 18 | 70 |
| ϕ9.52×0.28+0.12-15°(53°,65) | ϕ9.52×0.31 | 80 | 9.52 | 8.72 | 0.28& | 0.12 | 0.40 | 53 | 15 | 65 |
| ϕ9.52×0.28+0.15-18°(53°,60) | ϕ9.52×0.315 | 83 | 9.52 | 8.66 | 0.28 | 0.15 | 0.43 | 53 | 18 | 60 |
| ϕ9.52×0.28+0.15-25°(90°,65) | ϕ9.52×0.34 | 88 | 9.52 | 8.66 | 0.28 | 0.15 | 0.43 | 90 | 25 | 65 |
| ϕ9.52×0.28+0.20-18°(53°,60) | ϕ9.52×0.35 | 90 | 9.52 | 8.56 | 0.28 | 0.20 | 0.48 | 53 | 18 | 60 |
| ϕ9.52×0.30+0.20-18°(30°,60) | ϕ9.52×0.35 | 90 | 9.52 | 8.52 | 0.30 | 0.20 | 0.50 | 30 | 18 | 60 |
| ϕ9.52×0.30+0.20-18°(53°,60) | ϕ9.52×0.36 | 94 | 9.52 | 8.52 | 0.30 | 0.20 | 0.50 | 53 | 18 | 60 |
| ϕ9.52×0.35+0.15-18°(53°,60) | ϕ9.52×0.40 | 101 | 9.52 | 8.52 | 0.35 | 0.15 | 0.50 | 53 | 18 | 60 |
| ϕ9.52×0.40+0.25-18°(40°,60) | ϕ9.52×0.50 | 123 | 9.52 | 8.22 | 0.40 | 0.25 | 0.65 | 40 | 18 | 60 |
| ϕ12.70×0.35+0.25-18°(53°,70) | ϕ12.7×0.45 | 155 | 12.70 | 11.50 | 0.35 | 0.25 | 0.60 | 53 | 18 | 70 |
| ϕ12.70×0.41+0.25-18°(53°,70) | ϕ12.7×0.50 | 171 | 12.70 | 11.38 | 0.41 | 0.25 | 0.66 | 53 | 18 | 70 |
| ϕ12.70×0.50+0.25-18°(53°,75) | ϕ12.7×0.59 | 201 | 12.70 | 11.20 | 0.50 | 0.25 | 0.75& | 53 | 18 | 75 |

## 2.12.7 空调铜管保温厚度的规格（表 2-255）

**表 2-255 空调铜管保温厚度的规格**

| 规格/mm | 管径/mm | 最小壁厚/mm | 保温厚度/mm | 规格/mm | 管径/mm | 最小壁厚/mm | 保温厚度/mm |
|---|---|---|---|---|---|---|---|
| 6.4 | ϕ6.4 | 0.8 | 15 | 28.6 | ϕ28.6 | 1 | 20 |
| 9.53 | ϕ9.53 | 0.8 | 15 | 31.75 | ϕ31.75 | 1.3 | 20 |
| 12.7 | ϕ12.7 | 0.8 | 15 | 34.92 | ϕ34.92 | 1.3 | 25 |
| 15.88 | ϕ15.88 | 0.8 | 15 | 38.1 | ϕ38.1 | 1.5 | 25 |
| 19.05 | ϕ19.05 | 0.8 | 20 | 41.3 | ϕ41.3 | 1.5 | 25 |
| 22.2 | ϕ22.2 | 1 | 20 | 44.5 | ϕ44.5 | 1.5 | 30 |
| 25.4 | ϕ25.4 | 1 | 20 | 54.1 | ϕ54.1 | 1.5 | 30 |

## 2.12.8 空调铜管外径圆度（表 2-256）

**表 2-256 空调铜管外径圆度**

| 空调铜管外径 $D$/mm | 圆度/mm |
|---|---|
| $6\sim12.7<D$ | ≤0.30 |
| $12.7\geqslant D$ | ≤0.40 |

## 2.12.9 空调铜管管内清洁度（表 2-257）

表 2-257 空调铜管管内清洁度

| 牌 号 | 外径/mm | 清洁度/(mg/m²) |
|---|---|---|
| T2、TP2 | ≤15 | ≤25 |
| | >15 | ≤38 |

## 2.12.10 空调铜管力学性能与晶粒度（表 2-258）

表 2-258 空调铜管力学性能与晶粒度

| 铜管种类 | GB/T 8895 | | JISH 3300 | | 抗拉强度/MPa | 平均晶粒度/mm |
|---|---|---|---|---|---|---|
| | 牌号 | 状态 | 牌号 | 状态 | | |
| 光管/内螺纹管 | T2 | M | C1100T | 轻软质(OL) | 220～255 | 0.015～0.040 |
| | TP2 | | C1220T | | 220～255 | |

## 2.12.11 空调铜管的化学成分（表 2-259）

表 2-259 空调铜管的化学成分

| 牌号 | 主要成分/% | 杂质成分/%(质量) | | | | | | | | | | 杂质总和/% |
|---|---|---|---|---|---|---|---|---|---|---|---|---|
| | Cu+Ag | P | Bi | >Sb | As | Fe | Ni | Pb | Sn | S | Zn | O | |
| T2 | ≥99.90 | — | 0.001 | 0.002 | 0.002 | 0.005 | 0.005 | 0.005 | 0.002 | 0.005 | 0.005 | 0.06 | 0.1 |
| TP2 | ≥99.85 | 0.013～0.050 | 0.002 | 0.002 | 0.005 | 0.05 | 0.01 | 0.005 | 0.01 | 0.005 | — | 0.01 | 0.15 |

## 2.12.12 空调无氧铜管的规格（表 2-260）

表 2-260 空调无氧铜管的规格

| 牌 号 | 状态 | 规格/mm | | |
|---|---|---|---|---|
| | | 外径 | 内径 | 长度 |
| TU0、TU1 | Y2 | 8～50 | 6～48 | 1000～3000 |
| | Y | | | |

## 2.12.13 空调紫铜密度（表 2-261）

表 2-261 空调紫铜密度

| 牌 号 | | 密度/(g/cm³) | 牌 号 | | 密度/(g/cm³) |
|---|---|---|---|---|---|
| 纯铜 | T1 | 8.9 | 无氧铜 | TU1 | 8.9 |
| | T2 | 8.9 | | TU2 | 8.9 |
| | T3 | 8.89 | 磷脱氧铜 | TP1 | 8.89 |
| | T4 | 8.89 | | TP2 | 8.89 |

## 2.12.14 空调紫铜规格范围（表 2-262）

表 2-262 空调紫铜规格范围

| 牌号 | 状态 | 外径 | 壁厚 | 主要应用 | 执行标准 |
|---|---|---|---|---|---|
| TP2 | M | 4～22.23 | 0.3～1.5 | 空调冰箱 | GB 17791—99 |
| T2 | Y/M | 6.35～19.05 | 0.5～0.7 | | GB 17791—99 |
| TP2 | M | 7～9.52 | 0.32～0.36 | | LTJ 902—97 |

## 2.12.15 空调紫铜规格（表 2-263）

**表 2-263 空调紫铜规格**

| 规格<br>外径×底壁厚+齿高-螺旋角<br>(齿顶角，齿数) | 名义尺寸<br>/mm | 米重量<br>/(g/m) | 平均外<br>径/mm | 平均内<br>径/mm | 底壁厚<br>/mm | 齿高<br>/mm | 总壁厚<br>/mm | 齿顶角<br>/(°) | 螺旋角<br>/(°) | 螺纹<br>数/条 |
|---|---|---|---|---|---|---|---|---|---|---|
| ϕ5.00×0.20+0.15-18°(40°,40) | ϕ5.00×0.25 | 33 | 5.00 | 4.30 | 0.20 | 0.15 | 0.35 | 40 | 18 | 40 |
| ϕ6.35×0.25+0.15-18°(40°,45) | ϕ6.35×0.29 | 50 | 6.35 | 5.55 | 0.25 | 0.15 | 0.40 | 40 | 18 | 45 |
| ϕ7.00×0.25+0.10-15°(40°,65) | ϕ7.00×0.28 | 52 | 7.00 | 6.30 | 0.25 | 0.10 | 0.35 | 40 | 15 | 65 |
| ϕ7.00×0.25+0.18-18°(40°,50) | ϕ7.00×0.30 | 57 | 7.00 | 6.14 | 0.25 | 0.18 | 0.43 | 40 | 18 | 50 |
| ϕ7.00×0.27+0.15-18°(53°,60) | ϕ7.00×0.32 | 60 | 7.00 | 6.16 | 0.27 | 0.15 | 0.42 | 53 | 18 | 60 |
| ϕ7.94×0.25+0.18-18°(40°,50) | ϕ7.94×0.30 | 65 | 7.94 | 7.08 | 0.25 | 0.18 | 0.43 | 40 | 18 | 50 |
| ϕ7.94×0.26+0.17-18°(40°,50) | ϕ7.94×0.31 | 66 | 7.94 | 7.08 | 0.26 | 0.17 | 0.43 | 40 | 18 | 50 |
| ϕ7.94×0.28+0.15-18°(53°,60) | ϕ7.94×0.33 | 71 | 7.94 | 7.08 | 0.28 | 0.15 | 0.43 | 53 | 18 | 60 |
| ϕ7.94×0.28+0.20-18°(40°,50) | ϕ7.94×0.34 | 72 | 7.94 | 6.98 | 0.28 | 0.20 | 0.48 | 40 | 18 | 50 |
| ϕ9.52×0.27+0.16-18°(30°,70) | ϕ9.52×0.32 | 82 | 9.52 | 8.66 | 0.27 | 0.16 | 0.43 | 30 | 18 | 70 |
| ϕ9.52×0.28+0.12-15°(53°,65) | ϕ9.52×0.31 | 80 | 9.52 | 8.72 | 0.28 | 0.12 | 0.40 | 53 | 15 | 65 |
| ϕ9.52×0.28+0.15-18°(53°,60) | ϕ9.52×0.315 | 83 | 9.52 | 8.66 | 0.28 | 0.15 | 0.43 | 53 | 18 | 60 |
| ϕ9.52×0.28+0.15-25°(90°,65) | ϕ9.52×0.34 | 88 | 9.52 | 8.66 | 0.28 | 0.15 | 0.43 | 90 | 25 | 65 |
| ϕ9.52×0.28+0.20-18°(53°,60) | ϕ9.52×0.35 | 90 | 9.52 | 8.56 | 0.28 | 0.20 | 0.48 | 53 | 18 | 60 |
| ϕ9.52×0.30+0.20-18°(30°,60) | ϕ9.52×0.35 | 90 | 9.52 | 8.52 | 0.30 | 0.20 | 0.50 | 30 | 18 | 60 |
| ϕ9.52×0.30+0.20-18°(53°,60) | ϕ9.52×0.36 | 94 | 9.52 | 8.52 | 0.30 | 0.20 | 0.50 | 53 | 18 | 60 |
| ϕ9.52×0.35+0.15-18°(53°,60) | ϕ9.52×0.40 | 101 | 9.52 | 8.52 | 0.35 | 0.15 | 0.50 | 53 | 18 | 60 |
| ϕ9.52×0.40+0.25-18°(40°,60) | ϕ9.52×0.50 | 123 | 9.52 | 8.22 | 0.40 | 0.25 | 0.65 | 40 | 18 | 60 |
| ϕ12.70×0.35+0.25-18°(53°,70) | ϕ12.7×0.45 | 155 | 12.70 | 11.50 | 0.35 | 0.25 | 0.60 | 53 | 18 | 70 |
| ϕ12.70×0.41+0.25-18°(53°,70) | ϕ12.7×0.50 | 171 | 12.70 | 11.38 | 0.41 | 0.25 | 0.66 | 53 | 18 | 70 |
| ϕ12.70×0.50+0.25-18°(53°,75) | ϕ12.7×0.59 | 201 | 12.70 | 11.20 | 0.50 | 0.25 | 0.75 | 53 | 18 | 75 |

## 2.12.16 空调紫铜价格计算（表 2-264）

**表 2-264 空调紫铜价格计算**

| 型号 | 直径/mm | 厚度/mm | 每米重量/(kg/m) | 参考价/(元/kg) | 参考价/(元/m) |
|---|---|---|---|---|---|
| 6.4×0.8 | 6.4 | 0.8 | 0.12544 | 70 | 8.7808 |
| 9.5×0.8 | 9.5 | 0.8 | 0.19488 | 70 | 13.6416 |
| 12.7×1.0 | 12.7 | 1 | 0.3276 | 70 | 22.932 |
| 15.9×1.0 | 15.6 | 1 | 0.4088 | 70 | 28.616 |
| 19.1×1.0 | 19.1 | 1 | 0.5068 | 70 | 35.476 |
| 22.2×1.0 | 22.2 | 1 | 0.5936 | 70 | 41.552 |
| 25.4×1.2 | 25.4 | 1.2 | 0.81312 | 70 | 56.9184 |
| 28.6×1.2 | 28.6 | 1.2 | 0.92064 | 70 | 64.4448 |
| 31.8×1.3 | 31.8 | 1.3 | 1.1102 | 70 | 77.714 |
| 38.1×1.7 | 38.1 | 1.7 | 1.73264 | 70 | 121.2848 |
| 41.3×1.7 | 41.3 | 1.7 | 1.88496 | 70 | 131.9472 |
| 44.5×1.8 | 44.5 | 1.8 | 2.15208 | 70 | 150.6456 |
| 50.8×2 | 50.8 | 2 | 2.7328 | 70 | 191.296 |

## 2.12.17 空调紫铜管每米重量（表 2-265）

**表 2-265 空调紫铜管每米重量**

| 通径/mm | 公称外径/mm | 壁厚/mm | | | 理论重量/(kg/m) | | |
|---|---|---|---|---|---|---|---|
| | | 类型 | | | 类型 | | |
| | | A | B | C | A | B | C |
| 5 | 6 | 1 | 0.80 | 0.6 | 0.14 | 0.12 | 0.091 |
| 6 | 8 | 1 | 0.80 | 0.6 | 0.196 | 0.16 | 0.124 |

续表

| 通径/mm | 公称外径/mm | 壁厚/mm | | | 理论重量/(kg/m) | | |
|---|---|---|---|---|---|---|---|
| | | 类型 | | | 类型 | | |
| | | A | B | C | A | B | C |
| 8 | 10 | 1 | 0.80 | 0.6 | 0.252 | 0.21 | 0.158 |
| 10 | 12 | 1.2 | 0.80 | 0.6 | 0.362 | 0.25 | 0.191 |
| 15 | 16 | 1.2 | 1.00 | 0.7 | 0.463 | 0.39 | 0.28 |
| — | 18 | 1.2 | 1.00 | 0.8 | 0.564 | 0.48 | 0.385 |
| 20 | 22 | 1.5 | 1.20 | 0.9 | 0.86 | 0.70 | 0.531 |
| 32 | 35 | 2 | 1.50 | 1.2 | 1.845 | 1.41 | 1.134 |
| 40 | 42 | 2 | 1.50 | 1.2 | 2.237 | 1.70 | 1.369 |
| 50 | 54 | 2.5 | 2.00 | 1.2 | 3.6 | 2.91 | 1.772 |
| 65 | 67 | 2.5 | 2.00 | 1.5 | 4.509 | 3.64 | 2.747 |
| 80 | 85 | 2.5 | 2.00 | 1.5 | 5.138 | 4.14 | 3.125 |
| 100 | 108 | 3.5 | 2.50 | 1.5 | 10.226 | 7.37 | 4.467 |
| 125 | 133 | 3.5 | 2.50 | 1.5 | 12.673 | 9.12 | 5.515 |
| 150 | 159 | 4 | 3.00 | 2 | 17.335 | 13.09 | 8.779 |
| 200 | 219 | 6 | 5.00 | 4 | 35.733 | 29.92 | 24.046 |

## 2.12.18 空调紫铜管规格（表 2-266）

**表 2-266 空调紫铜管规格**

| 牌号 | 状态 | 种类 | 规格/mm | | |
|---|---|---|---|---|---|
| | | | 外径 | 壁厚 | 长度 |
| TU1<br>TU2<br>T2<br>TP1<br>TP2 | 软(M)<br>轻软(M2)<br>半硬(Y2)<br>硬(Y) | 直管 | 3～30 | 0.25～2.0 | 400～10000 |
| | | 盘管 | | 0.25～2.0 | — |

## 2.12.19 退火空调紫铜管清洁度（表 2-267）

**表 2-267 退火空调紫铜管清洁度**

| 牌号 | 外径 | 清洁度/(g/m²) |
|---|---|---|
| TU1、TU2、T2、TP1、TP2 | ≤15 | ≤0.025 |
| | >15 | ≤0.038 |

## 2.12.20 R410A 专用中央空调铜管规格（表 2-268）

**表 2-268 R410A 专用中央空调铜管规格**

| 铜管外径 | 制冷剂类型 | 最小壁厚/mm |
|---|---|---|
| 6.36/9.52/12.7 | R410A | 0.8 |
| 15.88/19.05 | R410A | 1.0 |
| 22.2 | R410A | 1.5 |

## 2.12.21 中央空调毛细铜管规格（表 2-269）

**表 2-269 中央空调毛细铜管规格**

| 铜管管径/mm | 长度/m |
|---|---|
| 0.5～2.5 | 1～5 |

### 2.12.22 常用中央空调铜管规格

常用中央空调铜管规格（mm）有 $\phi$22×1.2、$\phi$25×1.2、$\phi$28×1.2、$\phi$32×1.5、$\phi$35×1.5、$\phi$38×1.8。

### 2.12.23 中央空调铜管保温材料（表 2-270）

表 2-270 中央空调铜管保温材料

| 铜管外径/mm | 保温厚度/mm | 材 料 |
|---|---|---|
| 6.35～12.7 | ≥15 | 橡胶发泡管、难燃级别 B1 级 |
| 15.9～54.1 | ≥20 | |

### 2.12.24 中央空调铜管固定码要求（表 2-271）

表 2-271 中央空调铜管固定码要求 mm

| 液管管径 | 支撑间距 |
|---|---|
| 6.4～9.5 | ≤1200 |
| ≥12.7 | ≤1500 |

### 2.12.25 中央空调铜管规格

中央空调铜管规格有 15.88×0.41mm、15.88×0.80mm、15.88×1.0mm、9.52×0.30mm、9.52×0.17mm、12.7×0.35mm。

### 2.12.26 中型多联机中央空调铜管规格

中型多联机中央空调铜管规格（mm）有 $\phi$22×1.2、$\phi$25×1.2、$\phi$28×1.2、$\phi$32×1.5、$\phi$35×1.5、$\phi$38×1.8。

### 2.12.27 空调焊接钢管常见规格参数

（1）低压流体输送用焊接钢管，工程直径 $\phi$6～150mm，使用温度 0～200℃，普通管道用于 $PN$≤1.0MPa，加厚管用于 $PN$≤1.6MPa。

（2）低压流体输送用镀锌焊接钢管，工程直径 $\phi$6～150mm，使用温度 0～200℃，普通管道用于 $PN$≤1.0MPa，加厚管用于 $PN$≤1.6MPa。

（3）直缝电焊钢管，工程直径 $\phi$200～2000mm，使用温度－15～300℃，管道压力用于 $PN$≤1.6MPa。

（4）螺旋缝焊接钢管，工程直径 $\phi$200～2000mm，使用温度－15～300℃，管道压力用于 $PN$≤1.6MPa。

## 2.13 其他

### 2.13.1 钢丝绳安全系数

钢丝绳安全系数为标准规定的钢丝绳在使用中允许承受拉力的储备拉力，即钢丝绳在使用中破断的安全裕度。

钢丝绳的一些安全系数如下：

做缆风绳的安全系数——不小于 3.5；

做滑轮组跑绳的安全系数——一般不小于 5；

做吊索的安全系数——一般不小于 8；

如果用于载人，则安全系数——不小于 12～14。

## 2.13.2 常用对称分布的缆风绳受力分配系数（表 2-272）

表 2-272 常用对称分布的缆风绳受力分配系数

| 缆风绳数量 | 绳间角度/(°) | 分配系数 $f$ | |
|---|---|---|---|
| | | 主缆风绳 | 副缆风绳 |
| 6 | 60 | 0.667 | 0.333 |
| 8 | 45 | 0.5 | 0.354 |

## 2.13.3 常见吸音材料吸音系数（表 2-273）

表 2-273 常用吸声材料和吸声结构的吸声系数

| 吸声材料及安装情况 | 吸声系数 | | | | | |
|---|---|---|---|---|---|---|
| | 125Hz | 250Hz | 500Hz | 1000Hz | 2000Hz | 4000Hz |
| 12.5mm 厚石膏板，后空 400mm | 0.29 | 0.10 | 0.05 | 0.04 | 0.07 | 0.09 |
| 4mm 厚 FC 板，后空 100mm | 0.25 | 0.10 | 0.05 | 0.05 | 0.06 | 0.07 |
| 3mm 厚玻璃窗，分格 125mm×350mm | 0.35 | 0.25 | 0.18 | 0.12 | 0.07 | 0.04 |
| 坚实表面，如水泥地面、大理石面、砖墙水泥砂浆抹灰等 | 0.02 | 0.02 | 0.02 | 0.03 | 0.03 | 0.04 |
| 木搁栅地板 | 0.15 | 0.10 | 0.10 | 0.07 | 0.06 | 0.07 |
| 10mm 厚毛地毯实铺 | 0.10 | 0.10 | 0.20 | 0.25 | 0.30 | 0.35 |
| 纺织品丝绒 0.31kg/m³，直接挂墙上 | 0.03 | 0.04 | 0.11 | 0.17 | 0.24 | 0.35 |
| 木门 | 0.16 | 0.15 | 0.10 | 0.10 | 0.10 | 0.10 |
| 舞台口 | 0.30 | 0.35 | 0.40 | 0.45 | 0.50 | 0.50 |
| 通风口（送、回风口） | 0.80 | 0.80 | 0.80 | 0.80 | 0.80 | 0.80 |
| 人造革沙发椅（剧场用）每个座椅吸声量 | 0.10 | 0.15 | 0.24 | 0.32 | 0.28 | 0.29 |
| 观众坐在人造革沙发椅上，人椅单个吸声量 | 0.19 | 0.23 | 0.32 | 0.35 | 0.44 | 0.42 |
| 观众坐在织物面沙发椅上，单个吸声量 | 0.15 | 0.16 | 0.30 | 0.43 | 0.50 | 0.48 |
| 50mm 厚超细玻璃棉，表观密度 20kg/m³，实贴 | 0.20 | 0.65 | 0.80 | 0.92 | 0.80 | 0.85 |
| 50mm 厚超细玻璃棉，表观密度 20kg/m³，离墙 50mm | 0.28 | 0.80 | 0.85 | 0.95 | 0.82 | 0.84 |
| 50mm 厚尿醛泡沫塑料，表观密度 14kg/m³，实贴 | 0.11 | 0.30 | 0.52 | 0.86 | 0.91 | 0.96 |
| 矿棉吸声板，厚 12mm，离墙 100mm | 0.54 | 0.51 | 0.38 | 0.41 | 0.51 | 0.60 |
| 4mm 厚穿孔 FC 板，穿孔率 20%，后空 100mm，填 50mm 厚超细玻璃棉 | 0.36 | 0.78 | 0.90 | 0.83 | 0.79 | 0.64 |
| 其他同上，穿孔率改为 4.5% | 0.50 | 0.37 | 0.34 | 0.25 | 0.14 | 0.07 |
| 穿孔钢板，孔径 2.5mm，穿孔率 15%，后空 30mm，填 30mm 厚超细玻璃棉 | 0.18 | 0.57 | 0.76 | 0.88 | 0.87 | 0.71 |
| 9.5mm 厚穿孔石膏板，穿孔率 8%，板后贴桑皮纸，后空 50mm | 0.17 | 0.48 | 0.92 | 0.75 | 0.31 | 0.13 |
| 其他同上，后空改为 360mm | 0.58 | 0.91 | 0.75 | 0.64 | 0.52 | 0.46 |
| 三夹板，后空 50mm，龙骨间距 450mm×450mm | 0.21 | 0.73 | 0.21 | 0.19 | 0.08 | 0.12 |
| 其他同上，后空改为 100mm | 0.60 | 0.38 | 0.18 | 0.05 | 0.05 | 0.08 |
| 五夹板，后空 50mm，龙骨间距 450mm×450mm | 0.09 | 0.52 | 0.17 | 0.06 | 0.10 | 0.12 |
| 其他同上，后空改为 100mm | 0.41 | 0.30 | 0.14 | 0.05 | 0.10 | 0.16 |

## 2.13.4 PVC 瓷砖条（有支撑）的规格（表 2-274）

表 2-274 PVC 瓷砖条（有支撑）的规格

| 编 号 | 高度/mm | 长度/mm | 编 号 | 高度/mm | 长度/mm |
|---|---|---|---|---|---|
| GTR06 | 6 | 2500 | GTR12 | 12 | 2500 |
| GTR08 | 8 | 2500 | GTR13 | 13 | 2500 |
| GTR10 | 10 | 2500 | | | |

说明：(1) PVC 瓷砖条的颜色一般为白色，其他颜色可以根据要求订做；

(2) PVC 瓷砖条的标致长度一般为 2.5m/条，其他长度可以根据要求订做。

### 2.13.5 PVC瓷砖收边条系列-瓷砖封边条（阴角线）的规格（表2-275）

表2-275 PVC瓷砖收边条系列-瓷砖封边条（阴角线）的规格

| 编　号 | 高度/mm | 长度/mm |
|---|---|---|
| GTI09 | 9 | 2500 |
| GTI12 | 12 | 2500 |

说明：(1) PVC瓷砖条的颜色一般为白色，其他颜色可以根据要求订做；
(2) PVC瓷砖条的标准长度一般为2.5m/条，其他长度可以根据要求订做。

### 2.13.6 PVC瓷砖收边条系列-瓷砖封边条（带红线）的规格（表2-276）

表2-276 PVC瓷砖收边条系列-瓷砖封边条（带红线）的规格

| 编　号 | 高度/mm | 长度/mm |
|---|---|---|
| GTP09 | 9 | 2500 |
| GTR12 | 12 | 2500 |

说明：(1) PVC瓷砖条的颜色一般为白色，其他颜色可以根据要求订做；
(2) PVC瓷砖条的标准长度一般为2.5m/条，其他长度可以根据要求订做。

### 2.13.7 PVC瓷砖收边条系列-瓷砖封边条（无支撑）的规格（表2-277）

表2-277 PVC瓷砖收边条系列-瓷砖封边条（无支撑）的规格

| 编　号 | 高度/mm | 长度/mm | 编　号 | 高度/mm | 长度/mm |
|---|---|---|---|---|---|
| GPT06 | 6 | 2500 | GPT10 | 10 | 2500 |
| GPT08 | 8 | 2500 | GPT12 | 12 | 2500 |
| GPT09 | 9 | 2500 | | | |

说明：(1) PVC瓷砖条的颜色一般为白色，其他颜色可以根据要求订做；
(2) PVC瓷砖条的标准长度一般为2.5m/条，其他长度可以根据要求订做。

### 2.13.8 静电滤清器电源配电装置的导体及带电部分的各项电气净距

直流40～80kV户内式配电装置的设备绝缘等级不应低于工频35kV的绝缘等级。配电装置的导体及带电部分的各项电气净距不应小于如下数值：

带电部分间以及带电部分到接地部分间——300mm；

带电部分到栅状遮栏间——1050mm；

带电部分到网状遮栏间——400mm；

带电部分到板状遮栏间——330mm；

无遮拦裸导体到地面间——2600mm；

平行的不同时停电检修的无遮拦裸导体间——2100mm；

通向屋外的高压出线套管到屋外通道的路面——4000mm。

### 2.13.9 电镀

整流设备，需要根据镀槽额定电压、额定电流来选择，因为镀槽所需的电压视工艺规范、电解液成分、所取的电流密度不同而异。

合理的电压数值，能够保证电解过程正常进行，而电流（或电流密度）大小会直接影响电镀的沉积过程。

晶闸管整流设备的额定电压，需要大于并接近镀槽所需电压。各种晶闸管整流电路在不同控制角时，交流分量与直流分量的百分比（经电阻负载）见表2-278。

表 2-278 晶闸管整流电路交流分量与直流分量百分比

| 控制角 | 整流电路/% | | | |
|---|---|---|---|---|
| | 单相半波 | 单相全波及双半波 | 三相半波 | 三相全波 |
| 150° | 387 | 264 | 8 | 208 |
| 120° | 258 | 170 | 213 | 122 |
| 90° | 202 | 124 | 124 | 75 |
| 60° | 159 | 88 | 80 | 35.2 |
| 30° | 133 | 61 | 41.3 | 17.3 |
| 0° | 121 | 48 | 14 | 4.6 |

## 2.13.10 部分塑胶材料抗化性与耐温性对比（表 2-279）

表 2-279 部分塑胶材料抗化性与耐温性对比

| 名称 | 缩写 | 一般抗化性 | 最大工作温度长时间/℃ | 最大工作温度短时间/℃ |
|---|---|---|---|---|
| 丙烯腈-丁二烯-苯乙烯共聚物 | ABS | 可抗碱性、抗稀释有机酸、无机酸、抗脂肪族氢类，尤其是油和润滑油；但会被芳香族、酮醚、氯化氢等化学物质所腐蚀 | 60 | 70 |
| 丁腈橡胶 | NBR | 对石油与油类有相当好的抗化性，但不适合氧化介质 | 90 | 120 |
| 氟橡胶 | FPM | 在橡胶类中是抗化性最好的，对强氧化酸如浓缩硫酸、硝酸等有相当好的抗化性，除此之外 FPM 对脂肪族、芳香族、油类也有相当好的抗化性；但会被酮、氨以及浓缩氢氧化钠所腐蚀 | 150 | 200 |
| 聚丙烯 | PP | 不适用于强酸，如浓缩硝酸、铬酸混合物；PP 可抗许多有机溶剂，但会被含氯溶剂、脂肪族、芳香氢等化学物质所腐蚀 | 90 | 100 |
| 聚氯乙烯 | PVC | 可抗一般的酸性、碱性、咸性溶液，但却会被芳香剂、碳化氢、酮、酯类等化学物质所腐蚀 | 55 | 60 |
| 聚偏二氟乙烯 | PVDF | 很好的耐高温性，可抗酸、咸和有机化学物，会被硫酸气体和强碱氨所腐蚀。在特定条件下 PVDF 很适合用在酮、酯类、醚、有机和碱性溶液中 | 140 | 150 |
| 氯化聚氯乙烯 | CPVC | 物性同硬质 PVC，但比 PVC 有更好的耐化性、耐高温性、机械性 | 95 | 100 |
| 三元乙丙橡胶 | EPDM | 与酮和酯相较之下 EPDM 有极好的抗臭氧性抗化性，但无法抗脂肪族 | 90 | 120 |
| 天然橡胶 | NR | 弹性佳，可以用于一般饮用水；但耐化性是所有橡胶类中最差的，不适合氧化介质。大多用于轮胎、鞋材等 | 60 | 90 |
| 聚四氟乙烯(铁氟龙) | PTFE | 抗一般的酸性、碱性、咸性，在一般溶剂介质中不会被溶解或起变化。会被高温熔碱金属氟和三氟化氯所腐蚀 | 250 | 350 |

## 2.13.11 生料带的选择

生料带有不同的规格，具体见表 2-280。

表 2-280 生料带的规格

| 项目 | 规格 |
|---|---|
| 厚度/mm | 0.075、0.10 等 |
| 宽度/mm | 12、13、18、24、26、52、100、150 等 |
| 长度/mm | 5、10、15、20、40、60、80、100 等 |

说明：生料带可以分为液态生料带、彩色生料带、常规生料带等。

# 第3章 照明与灯具

## 3.1 光的技术参数

### 3.1.1 常见光光通量数据

一个100W白炽灯的光通量——1340lm。

一支18W三基色荧光灯的光通量——1350lm。

一个20W电子节能灯的光通量——1260lm。

一个20W陶瓷金卤灯的光通量——1700lm。

一个400W高压钠灯的光通量——50000lm。

### 3.1.2 常见光照度

阳光直射照度——200000lx。

阴天照度——5000lx。

办公室照度——500lx。

家居照度——100lx。

月光照度——1lx。

应急照明照度——0.1lx。

### 3.1.3 色温

基本色温见表3-1。

表3-1 基本色温

| 色温 | 光色、光度 | 气氛效果 | 光源 |
|---|---|---|---|
| >5000K | 清凉(带蓝的白色) | 清冷的感觉 | 三基色日光色荧光灯、普通荧光灯、三基色荧光灯、水银灯 |
| 3300～5000K | 中间(接近自然光) | 无明显视觉心理效果 | 三基色白色荧光灯、金卤灯、普通荧光灯 |
| <3300K | 温暖(带橘红的白色) | 温暖的感觉 | 三基色荧光灯(暖白色)、白炽灯、石英卤素灯 |

### 3.1.4 色温和色表(表3-2)

表3-2 色温和色表

| 相关色温 | 色表 | 相关色温 | 色表 |
|---|---|---|---|
| >5300K | 冷色(蓝色) | <3300K | 暖色(略带红色的白色) |
| 3300～5300K | 中性(白色) | | |

### 3.1.5 常见光源的色温

色温($T_c$)就是用黑体的开氏温度(单位K)表示光源的颜色。常见光源的色温如下：

2700K——烛光色；
3000K——暖白色；
3500K——白色；
4000K——冷白色；
5000K——日光色；
6500K——冷日光色。

### 3.1.6　光源一般显色指数类别（表 3-3）

表 3-3　光源一般显色指数类别

| 显色类别 | | 一般显色指数范围 | 适用场所举例 |
|---|---|---|---|
| Ⅰ | A | $Ra \geqslant 90$ | 颜色匹配、颜色检验等 |
| | B | $90 > Ra \geqslant 80$ | 油漆、店铺、印刷、食品分拣、饭店等 |
| Ⅱ | | $80 > Ra \geqslant 60$ | 控制室、办公室、机电装配、表面处理、百货等 |
| Ⅲ　Ⅳ | | $60 > Ra \geqslant 40$ | 热处理、机械加工、铸造等 |
| | | $40 > Ra \geqslant 20$ | 仓库、大件金属库等 |

### 3.1.7　眩光标准分类（表 3-4）

表 3-4　眩光标准分类

| 眩光指数 | 眩光标准分类 | 眩光指数 | 眩光标准分类 |
|---|---|---|---|
| 10 | 勉强感到有眩光 | 22 | 不舒适的眩光 |
| 16 | 可以接受的眩光 | 28 | 不能忍受的眩光 |
| 19 | 眩光临界值 | | |

## 3.2　光源的种类与特性

### 3.2.1　灯具光源的技术指标

光源效率，也称为经济效率，是以其所发出的光能量除以其耗电量所得之值，也就是：

$$光源效率(\mathrm{lm/W}) = 光通量(\mathrm{lm}) / 耗电量(\mathrm{W})$$

光源效率也就是每一瓦电力所发出光的量，其数值越高表示光源效率越高越节能。所以对于使用时间较长的场所，例如办公室、走廊、隧道等，光源效率通常是一个重要的考虑因素。

灯具光源的技术指标（以某一公司的灯具间的比较）见表 3-5。

表 3-5　灯具光源的技术指标

| 光源种类 | 光通量/lm | 光效/(lm/W) | 显色指数 $Ra$ | 色温/K | 寿命/h |
|---|---|---|---|---|---|
| 白炽灯(60W) | 625 | 10 | 100 | 2700 | 1000 |
| 高压汞灯(400W) | 22000 | 55 | >40 | 3800 | 12000 |
| 普通荧光灯(36W) | 2500 | 69 | >75 | 3000/4000/5000/6500 | 12000 |
| 三基色荧光灯(36W) | 3200 | 90 | 88 | 3000/4000/5000/6500 | 12000 |
| e-Hf 高效荧光灯 | 4700 | 104 | 84 | 3000/5000/6700 | 18000 |
| 紧凑型荧光灯(13W) | 900 | 69 | 88 | 2700/4000/6700 | 10000 |
| 金属卤化物灯(400W) | 36000 | 90 | >60 | 4000 | 9000 |
| 高压钠灯(400W) | 48000 | 120 | >20 | 2000 | 12000 |

### 3.2.2 主要光源的种类与特性（表 3-6）

表 3-6 主要光源的种类与特性

| 种类 | | 功率/W | 特性 |
|---|---|---|---|
| 荧光灯(电子节能灯) | 白色 | 20～200<br>(7～22) | 效率高，寿命长。可以用于商店的一般照明，强调黄、白系统的色彩，但是红色系统不适合 |
| | 日光色 | 20～200<br>(7～22) | 以冷色光使商品看出鲜明的美、玻璃器的照明，强调背色系统 |
| | 高级光色 | 20～110<br>(7～22) | 显色性良好，效率不太高。重视色彩、花纹的照明 |
| | 白炽灯泡色 | 20～40<br>(7～22) | 可得和灯泡光色相同的柔和感，灯泡混合照明有失调感觉 |
| | 色评价用 | 20～40 | 显色性极高。因效率低，故不适用于一般照明 |
| 白炽灯 | 一般照明用灯泡 | 20～100 | 小型、便宜、效率低。可以适用于吊灯、下投式灯 |
| | 球形灯泡 | 20～100 | 小型、简单。可以作装饰照明，较一般形式寿命长 |
| | 反射型聚光灯泡 | 20～100 | 小型，局部照明，寿命较短，辐射较多 |
| | 屏蔽光束型聚光灯泡 | 20～100 | 小型，局部照明，寿命较短，较热线遮断型约亮 10% |
| | 屏蔽光束型聚光灯泡(红外线遮断型) | 20～100 | 小型，可以得到集光型配光，辐射热(红外线)非常少 |
| 高强度气体放电灯(HID 灯) | 荧光汞灯 | 40～400 | 寿命长，比较便宜。适用于不重视显色性的照明 |
| | 金属卤化物灯 | 50～400 | 效率高，显色性也大致和白色荧光灯相同。用于高照度的一般照明 |
| | 高显色型金属卤化物灯 | 50～400 | 显色优良，效率不太高，适用于重视色彩、花纹的照明 |
| | 卤化物灯泡(单端灯头) | 20～250 | 非常小型，寿命长，配光控制方便，需要注意热处理 |
| | 卤化物灯泡(双端灯头) | 500～1500 | 效率高，寿命长，需要注意热处理。可以用于中高顶棚的照明用 |

### 3.2.3 常用光源的功率、效率与寿命（表 3-7）

表 3-7 常用光源的功率、效率与寿命

| 光源 | 功率范围/W | 发光效率/(lm/W) | 平均寿命/h |
|---|---|---|---|
| 白炽灯 | 15～1000 | 7～16 | 1000 |
| 碘钨灯 | 50～2000 | 19～21 | 1500 |
| 荧光灯 | 20～100 | 40～60 | 3000 |
| 高压水银灯(镇流器式) | 50～1000 | 35～50 | 5000 |
| 高压水银灯(自镇流式) | 50～1000 | 22～30 | 3000 |
| 氙灯 | 1500～20000 | 20～37 | 1000 |
| 钠铊铟灯 | 400～1000 | 60～80 | 2000 |

### 3.2.4 夜景照明常见光源技术指标（表 3-8）

表 3-8 夜景照明常用光源技术指标

| 灯具类型 | 光效/(lm/W) | 显色指数 $Ra$ | 色温/K | 额定寿命/h |
|---|---|---|---|---|
| 冷阴极荧光灯 | 30～40 | ＞80 | 2700～10000 彩色 | ＞20000 |
| 发光二极管(LED) | 80～130 | ＞80 | 2700～7000 | ≥30000 |
| 无极荧光灯(电磁感应灯) | 60～80 | 75～80 | 2700～6500 | ＞60000 |
| 三基色荧光灯 | ＞90 | 80～96 | 2700～6500 | 12000～15000 |
| 紧凑型荧光灯 | 40～65 | ＞80 | 2700～6500 | 5000～8000 |
| 金属卤化物灯 | 75～95 | 65～92 | 3000～5600 | 9000～15000 |
| 高压钠灯 | 80～130 | 23～25 | 1700～2500 | ＞20000 |

### 3.2.5　常见光源的光通量（表 3-9）

表 3-9　常见光源的光通量

| 光源 | 光通量/lm | 光源 | 光通量/lm |
|---|---|---|---|
| 50W 冷光灯 | 380 | 36W 荧光灯(33) | 2850 |
| 18W 节能灯 | 1200 | 150W 陶瓷金卤灯 | 14200 |
| 36W 荧光灯(840) | 3350 | 150W 石英金卤灯 | 12900 |

### 3.2.6　常见光源的亮度（表 3-10）

表 3-10　常见光源的亮度

| 光源 | 亮度/($cd/m^2$) | 光源 | 亮度/($cd/m^2$) |
|---|---|---|---|
| 太阳表面 | 1650000000 | 满月的月表面 | 2500 |
| 白炽灯灯丝 | 7000000 | 阳光下的海滩 | 1500 |
| 荧光灯管 | 5000～15000 | 一般道路照明路面 | 0.5～2 |

### 3.2.7　不同光源中光电转换时的比例（表 3-11）

表 3-11　不同光源中光电转换时的比例

| 类型 | | 电极损耗/% | 非辐射损失/% | 放电辐射/% | | | | 可见占的/% |
|---|---|---|---|---|---|---|---|---|
| | | | | 总量 | UV(<380nm) | 可见(380～780nm) | 红外(760～2600nm) | |
| 高压汞灯 | | 7.5 | 44.5 | 48 | 18.2 | 14.8 | 15 | 15 |
| 金属卤化物灯 | 钠铊铟 | 9 | 38.5 | 52.5 | 3.8 | 24.2 | 24.5 | 24.2 |
| | 钪钠 | 9.5 | 35.5 | 55 | 11.5 | 34 | 9.5 | 34 |
| | 镝钬 | 9 | 27 | 64 | 6 | 32 | 26 | 32 |
| | 锡 | 10 | 37 | 53 | 3 | 23 | 27 | 23 |
| 高压钠灯 | | 6 | 32 | 62 | | 36 | 26 | 36 |

### 3.2.8　混光光源的光通量比与显色效果（表 3-12）

表 3-12　混光光源的光通量比与显色效果

| 混光光源 | 光通量比/% | 一般显色指数 *Ra* | 色彩辨别效果 |
|---|---|---|---|
| DDG+NGX | 40～60 | ≥80 | 除个别颜色为“中等”外，其他颜色为“良好” |
| DDG+NG | 60～80 | | |
| KNG+NG | 50～80 | 60～70 | 除部分颜色为“中等”外，其他颜色为“良好” |
| DDG+NG | 30～60 | 60～80 | |
| KNG+NGX | 40～60 | 70～80 | |
| GGY+NGX | 30～40 | 60～70 | |
| ZJD+NGX | 40～60 | 70～80 | |
| GGY+NG | 40～60 | 40～50 | 除个别颜色为“可以”外，其他颜色为“中等” |
| KNG+NG | 30～50 | 40～60 | |
| GGY+NGX | 40～60 | 40～60 | |
| ZJD+NG | 30～40 | 40～50 | |

## 3.3　照明的技术参数

### 3.3.1　照明用玻璃的特性

玻璃是无机非结晶体，主要由占 70%～80% 的石英砂（$SiO_2$）加入各种酸性氧化物、碱性金属氧化物、碱土金属氧化物熔炼而成。灯具设计时，需要根据光源种类、耐热、耐冲击、使用场合等和喜爱选用。

照明用透明玻璃的特性见表 3-13。

**表 3-13 照明用透明玻璃的特性**

| 特性 | | | 钠钙玻璃 | 铅玻璃 | 硼硅酸玻璃 | 石英玻璃 | 结晶玻璃 |
|---|---|---|---|---|---|---|---|
| 热膨胀系数$\times 10^{-7}$/℃(0~300℃) | | | 85~97 | 85~91 | 34~52 | 5.5 | 3 |
| 使用温度/℃ | 徐冷 | 常用 | 110 | 110 | 230 | 1000 | 700 |
| | | 最高 | 430~460 | 370~400 | 460~490 | 1200 | 800 |
| | 钢化 | 常用 | 200~240 | 220 | 250~260 | — | — |
| | | 最高 | 250 | 240 | 250~290 | — | — |
| 耐热冲击性/℃<br>15.24cm×15.24cm<br>板徐冷玻璃 6.4mm | | | 50 | 45 | 100~150 | 1000 | 800 |
| 密度/(g/cm$^3$) | | | 2.47~2.49 | 2.85~3.05 | 2.13~2.43 | 2.2 | 2.47~2.55 |
| 弹性模量(MPa×10$^4$) | | | 7.03~7.17 | 6.05~6.26 | 6.53~6.68 | 7.31~7.78 | 8 |
| 泊松比 | | | 0.24 | 0.22 | 0.2 | 0.16 | — |
| 折射率(589.3nm) | | | 1.512~1.514 | 1.534~1.56 | 1.474~1.488 | 1.458 | 1.54~1.544 |

## 3.3.2 舞台照明负荷计算需要系数（表 3-14）

**表 3-14 舞台照明负荷计算需要系数**

| 舞台照明总负荷/kW | 需要系数 $K_x$ | 舞台照明总负荷/kW | 需要系数 $K_x$ |
|---|---|---|---|
| 50 及以下 | 1.00 | 200~500 | 0.50 |
| 50~100 | 0.75 | 500~1000 | 0.40 |
| 100~200 | 0.60 | 超过 1000 | 0.25~0.30 |

## 3.3.3 国外商业照明照度标准值（表 3-15）

**表 3-15 国外商业照明照度标准值** lx

| 场所 | CIE 标准 | 德国 | 英国 |
|---|---|---|---|
| 百货商店 | — | 500 | 500 |
| 超级市场 | 500~750 | 750 | 500(垂直照度) |
| 橱窗 | 900 | 1000 | — |
| 大型商业中心 | 500~750 | — | — |
| 其他任何地段 | 300~500 | — | — |

## 3.3.4 日本 JIS 照度标准值（表 3-16）

**表 3-16 日本 JIS 照度标准值**

| 场　所 | 照度/lx | 说明 |
|---|---|---|
| 日用品商店(杂货、食品等) | 150~250~500 | |
| 流行型商店(服装、钟表、眼镜等) | 300~500~750 | |
| 文化用品(家电、乐器、书店) | 500~700 | |
| 趣味休闲商店(相机、手工艺、花、收藏品等) | 200~300~500 | |
| 高级专业商店(贵重金属、服装、艺术品等) | 150~200~300 | |
| 美容店、理发店 | 150~200~300 | |
| 生活用品专卖(儿童用品、食品) | 300~500~750 | 兼有 75lx |
| 超级市场(城市中心)自选商场 | 750~1000 | |
| 超级市场自选商场 | 300~500~750 | |
| 大型店(百货店、批量售卖等) | 500~750 | |
| 食堂、饭店、餐馆、饮食店 | 150~200~300 | |

### 3.3.5　日本照度标准（lx，表 3-17）

表 3-17　日本照度标准　　lx

| 商店名称 | 1500～700 | 700～300 | 300～150 | 150～75 |
| --- | --- | --- | --- | --- |
| 绸缎布匹、西服、帽子 | 橱窗 | 重点陈列柜 | 一般陈列 | 店面整体 |
| 运行器具、伞、鞋 | 橱窗 | 重点陈列柜 | 一般橱窗 | 店面整体 |
| 文具、书籍、玩具 | 橱窗 | 一般陈列 | 店面整体 | — |
| 钟表、服饰品、眼镜、电器、乐器 | 重点橱窗和陈列柜 | 一般橱窗和陈列柜 | 一般陈列<br>店面整体 | — |
| 医疗用品、药品、化妆品 | 重点陈列 | 橱窗陈列柜 | 店面整体 | — |
| 家具、金属用具、餐具 | — | 重点陈列 | 店面整体 | — |

### 3.3.6　国际照明委员会照明标准（CIES 008/E-2001）商业部分（表 3-18）

表 3-18　国际照明委员会照明标准（CIES 008/E-2001）商业部分

| 室内作业或活动名称 | $E_m$/lx | VGR | *Ra* | 室内作业或活动名称 | $E_m$/lx | VGR | *Ra* |
| --- | --- | --- | --- | --- | --- | --- | --- |
| 零售店 | | | | 收银区 | 500 | 19 | 80 |
| 销售区(小) | 300 | 22 | 80 | 包装区 | 500 | 19 | 80 |
| 销售区(大) | 500 | 22 | 80 | | | | |

### 3.3.7　白炽灯与卤钨灯基本特性（表 3-19）

表 3-19　白炽灯与卤钨灯基本特性

| 项　目 | 特　点 | 项　目 | 特　点 |
| --- | --- | --- | --- |
| 光效 | 15～25 lm/W | 最大功率 | 10000W |
| 色温 | 2900～3200K，暖色调 | 平均寿命 | 2000～5000h |
| 显色性 | 100 | 亮度 | 可调节 |

### 3.3.8　荧光灯基本特性（表 3-20）

表 3-20　荧光灯基本特性

| 项目 | 特　　点 | 项目 | 特　　点 |
| --- | --- | --- | --- |
| 光效 | 70～104 lm/W | 功率范围/W | 4～8，15，18，30，36，58，70 |
| 色温 | 2700～6500K | 平均寿命 | 8000～12000h(普通镇流器)<br>12000～20000h(电子镇流器) |
| 显色 | 51～98 | 亮度 | 可调节(通过专门的电子镇流器) |

### 3.3.9　灯具的最高温度（表 3-21）

表 3-21　灯具的最高温度

| 白炽灯的最高温度 | | 高压钠灯的最高温度 | | 高压汞灯的最高温度(与金卤灯接近) | |
| --- | --- | --- | --- | --- | --- |
| 200W 195℃ | 220℃ | 100W 212℃ | 216℃ | 100W 142℃ | 130℃ |
| 150W 190℃ | 210℃ | 250W 330℃ | 315℃ | 250W 260℃ | 320℃ |
| 100W 175℃ | 196℃ | 400W 380℃ | 374℃ | 400W 220℃ | 240℃ |
| 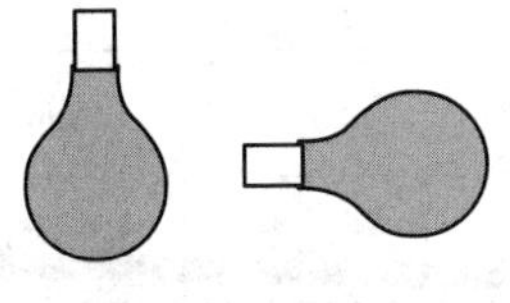 | | 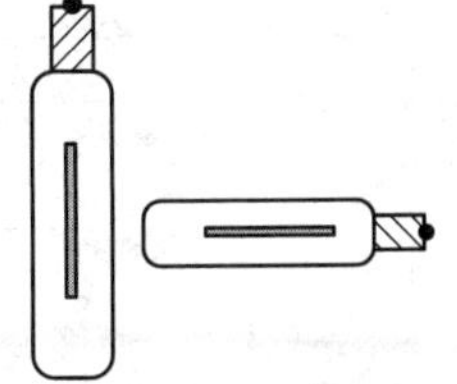 | | 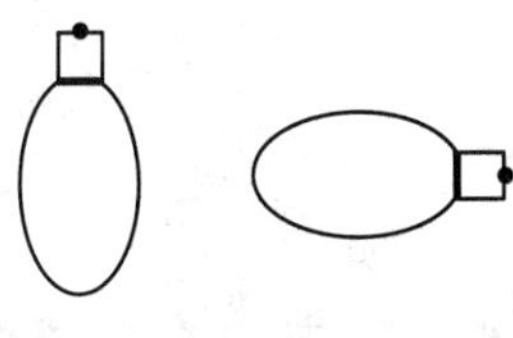 | |

### 3.3.10 灯具的IP防护等级

室外用灯具必须有严格的防尘、防水等要求，对某些特殊要求的室内灯具也要提供防护。根据防尘、防潮的程度来划分外壳的防护等级。表示防护等级的代码，一般由特征字母IP与两个特征数字组成：第一位数字表示防尘（表3-22）；第二位数字表示防水。

表3-22 灯具的IP防护等级第一位特征数字所代表的防护等级

| 第一位特征数字 | 防护等级 | |
|---|---|---|
| | 说明 | 含义 |
| 0 | 无防护 | 没有专门防护 |
| 1 | 防大于50mm固体异物 | 能够防止直径大于50mm的固体异物进入壳内。<br>能够防止人体的某一大面积偶然或意外地触及壳内带电部分部件，不能防止有意识的接近 |
| 2 | 防大于12mm固体异物 | 能够防止直径大于12mm长度不大于80mm的固体异物进入壳内。<br>能防止手指触及壳内带电部分或运动部件 |
| 3 | 防大于2.5mm固体异物 | 能够防止直径大于2.5mm的固体异物进入壳内。<br>能够防止厚度(直径)大于2.5mm的工具、金属线等触及壳内带电部分或运动部件 |
| 4 | 防大于1mm固体异物 | 能够防止直径大于1mm的固体异物进入壳内。<br>能够防止厚度(直径)大于1mm的工具、金属线等触及壳内带电部分或运动部件 |
| 5 | 防尘 | 不能完全防止尘埃进入，但进入量不能达到妨碍设备正常运转 |
| 6 | 尘密 | 无尘埃进入 |

### 3.3.11 灯具各种材料的透过率（表3-23）

表3-23 灯具各种材料的透过率

| 材料 | | 透过率/% | 吸收 | 扩散性 |
|---|---|---|---|---|
| 玻璃 | 透明 | 80～90 | 小 | 无 |
| | 磨砂蚀剂 | 70～85 | 小 | 小 |
| | 乳白透影 | 40～60 | 中 | 优 |
| | 全乳白 | 8～20 | 大 | 优 |
| 加入稀网研磨玻璃 | | 75～80 | 小 | 无 |
| 加入普通网玻璃 | | 60～70 | 中 | 无 |
| 塑料 | 棱镜 | 70～90 | 小 | 无 |
| 塑料 | 乳白 | 30～70 | 中 | 优 |

### 3.3.12 灯具维护系数 *K*

灯具在使用过程中，因光源光通量的衰减、灯具与房间的污染会引起照度下降。灯具维护系数见表3-24。

表3-24 灯具维护系数

| 环境污染特征 | | 房间或场所举例 | 灯具最少擦拭次数/(次/年) | 维护系数值 |
|---|---|---|---|---|
| 室外 | | 雨篷、站台 | 2 | 0.65 |
| 室内 | 清洁 | 卧室、办公室、餐厅、阅览室、教室、病房、客房、仪器仪表装配间、电子元器件装配间、检验室等 | 2 | 0.80 |
| | 一般 | 商店营业厅、候车室、影剧院、机械加工车间、机械装配车间、体育馆等 | 2 | 0.70 |
| | 污染严重 | 厨房、锻工车间、铸工车间、水泥车间等 | 3 | 0.60 |

### 3.3.13 光强为20000cd下射灯的参数（表3-25）

**表3-25 光强为20000cd下几种射灯的参数**

| 灯具 | 光强/cd | 光束角/(°) |
|---|---|---|
| 60W PAR38射灯 | 20000 | 10 |
| 35W PAR36低压卤钨射灯 | 20000 | 8 |
| 50W PAR36低压钨丝射灯(窄光束) | 20000 | 6 |

### 3.3.14 控用式荧光灯（如YG2-1型）的比功率（表3-26）

**表3-26 控用式荧光灯（如YG2-1型）的比功率**

| 计算高度 $h$/m | 房间面积 $A/m^2$ | 平均照度 $E_{av}$/lx | | | | | |
|---|---|---|---|---|---|---|---|
| | | 30 | 50 | 75 | 100 | 150 | 200 |
| 2～3 | 10～15 | 3.2 | 5.2 | 7.8 | 10.4 | 15.6 | 21 |
| | 15～25 | 2.7 | 4.5 | 6.7 | 8.9 | 13.4 | 18 |
| | 25～50 | 2.4 | 3.9 | 5.8 | 7.7 | 11.6 | 15.4 |
| | 50～150 | 2.1 | 3.4 | 5.1 | 6.8 | 10.2 | 13.6 |
| | 150～300 | 1.9 | 3.2 | 4.7 | 6.3 | 9.4 | 12.5 |
| | 300以上 | 1.8 | 3.0 | 4.5 | 5.9 | 8.9 | 11.8 |
| 3～4 | 10～15 | 4.5 | 7.5 | 11.3 | 15 | 23 | 30 |
| | 15～20 | 3.8 | 6.2 | 9.3 | 12.4 | 19 | 25 |
| | 20～30 | 3.2 | 5.3 | 8.0 | 10.8 | 15.9 | 21.2 |
| | 30～50 | 2.7 | 4.5 | 6.8 | 9.0 | 13.6 | 18.1 |
| | 50～120 | 2.4 | 3.9 | 5.8 | 7.7 | 11.6 | 15.4 |
| | 120～300 | 2.1 | 3.4 | 5.1 | 6.8 | 10.2 | 13.5 |
| | 300以上 | 1.9 | 3.2 | 4.9 | 6.3 | 9.5 | 12.6 |

### 3.3.15 石英金属卤化物灯的光电参数（表3-27）

**表3-27 石英金属卤化物灯的光电参数**

| 功率/W | 色温/K | 显色指数 *Ra* | 灯头 | 全长/mm | 燃点位置 | 初始流明/lm | 额定寿命/h |
|---|---|---|---|---|---|---|---|
| **单端石英金卤灯** | | | | | | | |
| | 3000 | 75 | | 76 | | 5200 | |
| 70 | 4200 | 81 | G12 | 76 | 任意 | | 6000 |
| 150 | 3000 | 80 | | | | 12000 | |
| | 4200 | 85 | | 88 | | 115000 | |
| **双端石英金卤灯** | | | | | | | |
| 70 | 3000 | 75 | | | | | |
| | 3500 | 70 | | 114 | | 6000 | |
| | 4200 | 72 | | | | | |
| 150 | 3000 | 75 | R75 | 132 | 水平±45° | 1300 | |
| | 3500 | 70 | | | | 12000 | |
| | 4200 | 72 | Fc2 | | | 12000 | 6000 |
| 250 | 3000 | 80 | | 163 | | 20000 | |
| | 4000 | | | | | 20000 | |
| 1000 | 5200 | | R75 | 256 | 水平 | 80000 | |
| 1500 | 5200 | 65 | | | 水平 | 120000 | |
| 2000 | 5200 | | 特殊 | 311 | 水平 | 200000 | |
| **石英金卤PAR(窄光束)灯** | | | | | | | |
| 1000 | 4000 | 80 | G38 | 175 | 任意 | 26000 | 3500 |

### 3.3.16 高显色高压钠灯的光电参数（表 3-28）

**表 3-28 高显色高压钠灯的光电参数**

| 功率/W | 色温/K | 显色指数 $Ra$ | 灯头 | 燃点位置 | 初始流明/lm | 额定寿命/h |
|---|---|---|---|---|---|---|
| 35 | 2500 | 83 | PG12-1 | 任意 | 1300 | 24000 |
| 50 | 2500 | 83 | PG12-1 | 任意 | 2300 | |
| 100 | 2500 | 83 | E40 | 任意 | 5000 | |
| 250 | 2500 | 83 | E40 | 任意 | 12250 | |
| 400 | 2500 | 83 | E40 | 任意 | 21000 | |
| | | | | | 35000 | |

## 3.4 灯具的选用

### 3.4.1 灯具的利用系数

灯具利用系数是设计灯具时，用于计算室内照度或确定灯具数量时需要查询的表格。根据不同的反射系数组合（墙面、顶棚、地面），计算室形指数：

$$F_r = LW/h \times (L+W)$$

式中 $F_r$——室形指数；

$h$——灯具到被照面的高度；

$L$——房间的长；

$W$——房间的宽。

然后查出利用系数 $U_f$，即可以计算被照面的照度估算值。

影响利用系数大小的因素有：

（1）灯具的光分配曲线；

（2）灯具的光输出比例；

（3）室内的反射率（天花板、墙壁、工作桌面）；

（4）室形指数大小。

灯具利用系数见表 3-29。

**表 3-29 灯具利用系数**

| 反射率 | | | | | | | | | | | | | | | | | | |
|---|---|---|---|---|---|---|---|---|---|---|---|---|---|---|---|---|---|---|
| 反射率 | 天花板 | 80% | | | | 70% | | | | 50% | | | | 30% | | | | 0% |
| | 墙壁 | 70% | 50% | 30% | 10% | 70% | 50% | 30% | 10% | 70% | 50% | 30% | 10% | 70% | 50% | 30% | 10% | 0% |
| | 地面 | 10% | | | | 10% | | | | 10% | | | | 10% | | | | 0% |
| 室形指数 | | 利用系数(×0.01)ZCM | | | | | | | | | | | | | | | | |
| 0.6 | | 44 | 34 | 29 | 25 | 43 | 34 | 28 | 25 | 41 | 33 | 28 | 24 | 39 | 32 | 28 | 24 | 23 |
| 0.8 | | 52 | 44 | 38 | 34 | 51 | 43 | 38 | 34 | 49 | 42 | 38 | 34 | 47 | 42 | 37 | 34 | 32 |
| 1.0 | | 58 | 50 | 45 | 41 | 57 | 50 | 45 | 41 | 55 | 49 | 44 | 41 | 53 | 48 | 44 | 40 | 39 |
| 1.25 | | 63 | 56 | 51 | 47 | 62 | 55 | 51 | 47 | 59 | 54 | 50 | 47 | 58 | 53 | 49 | 46 | 45 |
| 1.5 | | 66 | 60 | 55 | 52 | 65 | 59 | 55 | 51 | 63 | 58 | 54 | 51 | 61 | 57 | 53 | 51 | 49 |
| 2.0 | | 70 | 65 | 61 | 58 | 69 | 64 | 61 | 58 | 67 | 63 | 60 | 57 | 65 | 62 | 59 | 56 | 55 |
| 2.5 | | 72 | 68 | 65 | 62 | 71 | 68 | 64 | 62 | 69 | 66 | 63 | 61 | 67 | 65 | 62 | 60 | 58 |
| 3.0 | | 74 | 71 | 68 | 65 | 73 | 70 | 67 | 65 | 71 | 68 | 66 | 64 | 69 | 67 | 65 | 63 | 61 |
| 4.0 | | 76 | 73 | 71 | 69 | 75 | 73 | 70 | 68 | 73 | 71 | 69 | 67 | 71 | 70 | 68 | 66 | 65 |
| 5.0 | | 77 | 75 | 73 | 71 | 76 | 74 | 72 | 71 | 74 | 73 | 71 | 70 | 73 | 71 | 70 | 69 | 67 |
| 7.0 | | 79 | 77 | 76 | 74 | 78 | 76 | 75 | 74 | 76 | 75 | 73 | 72 | 74 | 73 | 72 | 71 | 69 |
| 10.0 | | 80 | 79 | 78 | 77 | 79 | 78 | 77 | 76 | 77 | 76 | 75 | 74 | 75 | 75 | 74 | 73 | 71 |

### 3.4.2 花园酒店常见灯具（表 3-30）

**表 3-30 花园酒店常见灯具**

| 名称 | 规格型号(举例) | 安装位置 | 名称 | 规格型号(举例) | 安装位置 |
|---|---|---|---|---|---|
| 步行灯柱 | 150W 钠灯暖黄色 | | 嵌地灯 | 50W 白色毛玻璃面 | |
| 草坪灯 | 70W 金卤灯 | | 台阶侧壁灯 | 18W 白色 | |
| 出挑式挂壁灯 | 26W 暖黄色 | 底距地 2.2m | 庭院灯 | 250W 钠灯 | |
| 方形侧壁灯 | 100W 暖黄色 | | 庭院路灯 | 200W 钠灯 | 3m |
| 广场照明灯 | 400W 钠灯暖黄色 | | 投光灯 | 100W | |
| 喷泉射灯 | 50W(12V)黄绿红三色 | 池底 | 照树灯 | 100W 白色 | 树底 |

### 3.4.3 直接型配光灯具的选用

直接型配光灯具光通利用率高，经济性能好，一些工厂车间、厅堂照明等需要选用直接型配光灯具。直接型配光，可以分为宽、中、窄三类。宽配光适用于低矮房间，如果使用窄配光，则会出现照度不均匀。高顶棚房间需要采用窄配光灯具，如果采用宽配光灯具，光线则会白白损失在空间，使用率下降，不节能。

房间形状用室空间比 RCR 表示，适合不同室形的灯具。一般建筑高度 5～10m 为中顶棚，10m 以上为高顶棚，10m 以上为高顶棚，5m 以下为供低矮建筑。

直接型配光灯具的选用参数见表 3-31。

**表 3-31 直接型配光灯具的选用参数**

| 室空间比 RCR | 配光种类 | 选用灯具最大允许距高比 $S/H$ |
|---|---|---|
| 1～3 | 宽配光 | 1.5～2.5 |
| 3～6 | 中配光 | 0.8～1.5 |
| 6～10 | 窄配光 | 0.5～0.8 |

说明：非对称配光灯具主要用于广告牌、商业橱窗、教室黑板等垂直面照明。

### 3.4.4 直接型灯具的最小遮光角（表 3-32）

**表 3-32 直接型灯具的最小遮光角**

| 直接眩光限制质量等级 | | 灯具出口平均亮度($cd/m^2$) ≤20×103 | 20×103～500×103 | ＞500×103 |
|---|---|---|---|---|
| | | 直接型荧光灯 | 荧光高压汞灯等涂有荧光粉、漫反射光玻壳的高强气体放电灯 | 白炽灯、卤钨灯、透明玻璃的高强气体放电灯 |
| Ⅰ | 最小遮光角 | 200 | 250 | 300 |
| Ⅱ | | 100 | 200 | 250 |
| Ⅲ | | — | 150 | 200 |

### 3.4.5 按配光分类选择灯具（表 3-33）

**表 3-33 按配光分类选择灯具**

| 类别 | 上半球光通/%<br>下半球光通/% | 配光曲线形状 | 特　点 | 适用场所 |
|---|---|---|---|---|
| 直接型 | 0/100 | 窄中宽 | 照明效率高，易维修，容易获得高照度，室内表面反射影响少，垂直照度低 | 要求经济、高效率的场所，尤其对高顶棚场所<br>探照型灯、工矿灯、嵌入式灯等 |
| 半直接型 | 10/90 | 苹果形配光 | 照明效率中等，费用中等 | 适用于要求创造环境气氛的场所，经济性较好 |
| 扩散型 | 40/60；60/40 | 梨形配光 | 增天棚亮度，增室内亮度 | 玻璃建筑灯具、塑料、花灯、吊灯等 |
| 半间接型 | 90/10 | 元宝形配光 | 要求室内各表面有高的反射 | |
| 间接型 | 100/0 | 凹字形<br>心字形 | 维修难，环境光线柔和，无阴影，效率低，费用高，室内反射影响大 | 适用于创造气氛、具有装饰效果反射型的吊灯与壁灯、暗槽灯等 |

### 3.4.6 灯具普通材料的最大温度（表 3-34）

**表 3-34 灯具的普通材料的最大温度**

| 材　　料 | 最大温度/℃ |
|---|---|
| (供给灯具内外的)导线的绝缘： | 200 |
| 用有机硅浸渍的玻璃纤维 | 绝缘受压处(如夹紧或弯曲处)减少 15℃ |
| 聚四氟乙烯(PTFE) | 250 |
| 硅橡胶：不受压 | 200 |
| 　　仅受压应力 | 170 |
| 普通聚氯乙烯(PVC) | 90 |
| | 绝缘受压处(如夹紧或弯曲处)减少 15℃ |
| 耐热聚氯乙烯(PVC) | 105 |
| 乙烯基醋酸酯(EVA) | 140 |
| 热塑性塑料： | |
| 丙烯腈-丁二烯-苯乙烯共聚物(塑料)(ABS) | 95 |
| 醋酸-丁酸纤维素(CAB) | 95 |
| 聚甲基丙烯酸甲酯 | 90 |
| 聚苯乙烯 | 75 |
| 聚丙烯 | 100 |
| 聚碳酸酯 | 130 |
| 聚氯乙烯(PVC)(不用于电气绝缘) | 100 |
| 聚酰胺(尼龙) | 120 |
| 热固塑料： | |
| 矿物增强苯酚甲醛树脂(PF) | 165 |
| 纤维素增强苯酚甲醛树脂(PF) | 140 |
| 脲醛树脂(UF) | 90 |
| 三聚氰胺 | 100 |
| 玻璃纤维增强聚酯 | 130 |
| 其他材料： | |
| 树脂粘结-纸/织物 | 125 |
| 硅酮橡胶(不用于电气绝缘) | 230 |
| 不用于电气绝缘的橡胶 | 70 |

### 3.4.7 灯具部件允许最大温度（表 3-35）

**表 3-35 灯具部件允许最大温度**

| 部　　件 | 最大温度/℃ |
|---|---|
| 线圈(镇流器、变压器) | |
| 如不标有 $t_w$ | 170 |
| 用纸隔开的和不用纸隔开的线圈 | |
| 如不标有 $t_w$ | |
| 标有 $t_w$：90 | 170 |
| 95 | 177 |
| 100 | 185 |
| 105 | 193 |
| 110 | 200 |
| 115 | 208 |
| 120 | 216 |
| 125 | 223 |
| 130 | 230 |

续表

| 部　　件 | 最大温度/℃ |
|---|---|
| 电容器外壳<br>如不标有 $t_c$<br>如标有 $t_c$ | <br>60<br>$t_c+60$ |
| 安装表面：<br>普通可燃表面(钨丝灯具)<br>不包括接入变压器的灯具<br>普通可燃表面(标有可燃符号的灯具)<br>不可燃表面(不标有可燃符号的灯具) | <br>175<br>—<br>130<br>— |
| 轨道(用于轨道安装灯具) | 根据轨道制造厂规定 |

### 3.4.8 欧洲规格灯具、线号与额定电流的关系（表3-36）

表3-36 欧洲规格灯具、线号与额定电流的关系

| 接线端通过的最大额定电流/A | 导体的横截面积/$mm^2$ |
|---|---|
| 6 | 0.5～1 |
| 10 | 1～1.5 |
| 16 | 1.5～2.5 |

### 3.4.9 常用灯具内部引线的型号与技术指标（表3-37）

表3-37 常用灯具内部引线的型号与技术指标

| 引线型号 | 主要指标 |
|---|---|
| AWM1015， UL | 105℃ 600V |
| AWM1430， UL | 105℃ 300V |
| AWM1332， UL | 200℃ 300V |
| FEP(VDE)7612＃ Teflon | 耐温180℃ 0.61$mm^2$、0.75$mm^2$ |
| Feb＋feb(VDE)7675＃ Telfon | 双层绝缘，耐温180℃ 0.61$mm^2$、0.75$mm^2$ |
| Silicon(VDE) | 耐温180℃ 300V |
| Silicon＋Glass Fibre cover：H05＃ | 耐温180℃ 0.75$mm^2$ |
| 7617＃ Silicon wire (Solid copper wire) | 耐温180℃ 0.5$mm^2$、0.61$mm^2$、0.75$mm^2$ |

### 3.4.10 灯具泄漏电流的测量

试验电压为灯具额定电压的1.1倍。在电源的各极与灯具（带光源与不带光源状态下）的金属外壳间所测得的泄漏电流，应不超过表3-38中的规定值。

表3-38 灯具泄漏电流的测量

| 灯具类别 | | 漏电流 |
|---|---|---|
| 所有0类和Ⅱ类灯具 | | 0.5mA |
| 可移式的Ⅰ类灯具 | | 1.0mA |
| 固定式的Ⅰ类灯具 | 额定输入≤1kV·A | 1.0mA |
| | 额定输入＞kV·A | 每1.0mA/kV·A，但最大值5.0mA |

### 3.4.11 灯具爬电距离与电气间隙

带电部件与邻近的金属部件间需要有足够的间距，通过测量，爬电距离与间隙不应小于表3-39所规定的数值。

表 3-39 灯具爬电距离与间隙

| 爬电距离和间隙 | 0类和Ⅰ灯具/mm | | | | Ⅱ类灯具/mm | | | Ⅲ类灯具/mm |
|---|---|---|---|---|---|---|---|---|
| 工作电压/V(不超过) | 24 | 250 | 500 | 1000 | 24 | 250 | 500 | |
| 不同极性的带电部件间 | 2 | 3 | 4 | 6 | 2 | 3 | 4 | 2 |
| 带电部件与易触、金属部件，或在带电部件与外部绝缘部件的易触及表面(假如是绝缘材料，则可能是灯具的外表面)间的爬电距离 | 2 | 4 | 5 | 6 | 2 | 8 | 10 | 2 |
| 间隙 | 2 | 3 | 5 | 6 | 2 | 8 | 10 | 2 |
| 在由于Ⅱ类灯具中的功能性绝缘的破坏而可能变为带电的部件与易触及的金属部件间 | — | — | — | — | 2 | 4 | 5 | — |
| 软线或软缆的外表面与易触及的金属间，该易触及金属通过绝缘材料制成的塞绳结头、电缆支座或线夹予以固定 | — | — | — | — | — | 4 | 5 | — |
| 在去掉开关附近的绝缘衬垫(如有的话)后，安装在灯具内的开关带电部件和邻近金属部件间 | — | 2 | — | — | — | 4 | — | — |
| 在带电部件与其他金属部件间，在这些部件(或带电，或不带电金属部件)与支承表面(天花板、墙桌等等)间没有以下情况：<br>a. 电源绝缘小于 2.5mm | 2 | 6 | 8 | 10 | 2 | 8 | 10 | 2 |
| b. 穿过厚度不小于 2.5mm 的密封物的插入金属 | — | 4 | 6 | 8 | — | 6 | 8 | — |

## 3.4.12 荧光灯具利用系数（表 3-40 和表 3-41）

表 3-40 荧光灯具利用系 1

| 4×36W 灯具效率 68% | | | | | | | | | | | | | | | | | |
|---|---|---|---|---|---|---|---|---|---|---|---|---|---|---|---|---|---|
| 利用系数 | | | | | | | | | | | | | | | | | |
| 反射比 | 顶棚 | 80% | | | | 70% | | | | 50% | | | | 30% | | | |
| | 墙 | 70% | 50% | 30% | 10% | 70% | 50% | 30% | 10% | 70% | 50% | 30% | 10% | 70% | 50% | 30% | 10% |
| | 地面 | 20% | | | | 20% | | | | 20% | | | | 20% | | | |
| RCR室内空间比 | 1 | 0.79 | 0.72 | 0.70 | 0.69 | 0.78 | 0.75 | 0.71 | 0.64 | 0.73 | 0.68 | 0.66 | 0.64 | 0.70 | 0.68 | 0.65 | 0.65 |
| | 2 | 0.72 | 0.63 | 0.56 | 0.56 | 0.72 | 0.66 | 0.62 | 0.56 | 0.64 | 0.60 | 0.57 | 0.54 | 0.62 | 0.60 | 0.56 | 0.62 |
| | 3 | 0.64 | 0.55 | 0.42 | 0.46 | 0.62 | 0.55 | 0.50 | 0.43 | 0.58 | 0.52 | 0.48 | 0.45 | 0.57 | 0.51 | 0.45 | 0.43 |
| | 4 | 0.57 | 0.49 | 0.37 | 0.38 | 0.57 | 0.50 | 0.43 | 0.37 | 0.54 | 0.46 | 0.40 | 0.36 | 0.51 | 0.44 | 0.38 | 0.34 |
| | 5 | 0.53 | 0.43 | 0.32 | 0.32 | 0.52 | 0.41 | 0.35 | 0.31 | 0.48 | 0.41 | 0.35 | 0.30 | 0.45 | 0.40 | 0.34 | 0.29 |
| | 6 | 0.48 | 0.40 | 0.30 | 0.28 | 0.47 | 0.37 | 0.32 | 0.26 | 0.43 | 0.34 | 0.29 | 0.25 | 0.40 | 0.35 | 0.28 | 0.24 |
| | 7 | 0.44 | 0.35 | 0.23 | 0.43 | 0.34 | 0.26 | 0.23 | 0.32 | 0.30 | 0.24 | 0.20 | 0.39 | 0.31 | 0.25 | 0.21 | 0.36 |
| | 8 | 0.40 | 0.30 | 0.19 | 0.20 | 0.4 | 0.29 | 0.23 | 0.20 | 0.36 | 0.28 | 0.21 | 0.19 | 0.34 | 0.26 | 0.22 | 0.19 |
| | 9 | 0.36 | 0.27 | 0.17 | 0.17 | 0.37 | 0.25 | 0.19 | 0.17 | 0.33 | 0.23 | 0.18 | 0.16 | 0.31 | 0.23 | 0.19 | 0.16 |
| | 10 | 0.32 | 0.23 | 0.13 | 0.13 | 0.30 | 0.21 | 0.16 | 0.12 | 0.28 | 0.20 | 0.16 | 0.13 | 0.28 | 0.20 | 0.15 | 0.10 |

说明：该表为某荧光灯所测(4×36W)利用系数，具体灯具需要具体检测，本表仅供参考。

**表 3-41 荧光灯具利用系2**

| T5 双管2 2×28W 灯具效率73% | | | | | | | | | | | | | | | | | |
|---|---|---|---|---|---|---|---|---|---|---|---|---|---|---|---|---|---|
| 利用系数 | | | | | | | | | | | | | | | | | |
| 反射比 | 顶棚 | 80% | | | | 70% | | | | 50% | | | | 30% | | | |
| | 墙 | 70% | 50% | 30% | 10% | 70% | 50% | 30% | 10% | 70% | 50% | 30% | 10% | 70% | 50% | 30% | 10% |
| | 地面 | 20% | | | | 20% | | | | 20% | | | | 20% | | | |
| RCR室内空间比 | 1 | 0.82 | 0.78 | 0.77 | 0.76 | 0.82 | 0.76 | 0.75 | 0.73 | 0.78 | 0.75 | 0.74 | 0.71 | 0.74 | 0.71 | 0.70 | 0.69 |
| | 2 | 0.76 | 0.70 | 0.66 | 0.71 | 0.75 | 0.69 | 0.64 | 0.62 | 0.72 | 0.67 | 0.64 | 0.61 | 0.69 | 0.65 | 0.60 | 0.59 |
| | 3 | 0.71 | 0.64 | 0.59 | 0.62 | 0.70 | 0.64 | 0.53 | 0.55 | 0.67 | 0.62 | 0.58 | 0.55 | 0.65 | 0.60 | 0.51 | 0.54 |
| | 4 | 0.67 | 0.59 | 0.53 | 0.56 | 0.65 | 0.58 | 0.53 | 0.49 | 0.63 | 0.57 | 0.52 | 0.49 | 0.60 | 0.55 | 0.46 | 0.48 |
| | 5 | 0.62 | 0.53 | 0.48 | 0.49 | 0.60 | 0.53 | 0.47 | 0.44 | 0.58 | 0.51 | 0.47 | 0.43 | 0.56 | 0.50 | 0.46 | 0.43 |
| | 6 | 0.57 | 0.48 | 0.42 | 0.44 | 0.56 | 0.47 | 0.42 | 0.38 | 0.54 | 0.46 | 0.41 | 0.38 | 0.52 | 0.45 | 0.41 | 0.38 |
| | 7 | 0.53 | 0.43 | 0.38 | 0.38 | 0.51 | 0.43 | 0.37 | 0.33 | 0.49 | 0.42 | 0.37 | 0.33 | 0.48 | 0.41 | 0.36 | 0.33 |
| | 8 | 0.42 | 0.39 | 0.33 | 0.34 | 0.47 | 0.38 | 0.33 | 0.29 | 0.45 | 0.38 | 0.33 | 0.29 | 0.44 | 0.37 | 0.32 | 0.29 |
| | 9 | 0.40 | 0.35 | 0.29 | 0.25 | 0.43 | 0.35 | 0.29 | 0.25 | 0.42 | 0.34 | 0.29 | 0.25 | 0.40 | 0.33 | 0.28 | 0.25 |
| | 10 | 0.39 | 0.31 | 0.24 | 0.21 | 0.39 | 0.30 | 0.24 | 0.21 | 0.38 | 0.29 | 0.24 | 0.21 | 0.36 | 0.29 | 0.24 | 0.21 |

说明：该表为某荧光灯所测(2×28W)利用系数，具体灯具需要具体检测，本表仅供参考。

### 3.4.13 聚光灯与被照物体的最小距离

对聚光灯与其类似灯具，需要标明离被照物体的最短距离。标志的距离，不小于表3-42所示的数值。

**表 3-42 聚光灯与被照物体的最小距离**

| 额定功率/W | 最小距离/m | 额定功率/W | 最小距离/m |
|---|---|---|---|
| ≤100 | 0.5 | >300 ≤500 | 1.0 |
| >100 ≤300 | 0.8 | | |

### 3.4.14 部分灯具的技术数据（表 3-43 和表 3-44）

**表 3-43 部分灯具的技术数据1**

| 灯具类型名称 | 光源类型功率/W | 灯具遮光角 | 灯具效率/% | 光通量比/% | | 最大允许距高比 | 灯头型号 |
|---|---|---|---|---|---|---|---|
| | | | | 上射 | 下射 | | |
| CXGC204-GN360 型混光灯具 | GGY-250+NG-110 | 32° | 76 | 0 | 76 | 0.98⊥<br>1.23∥ | E40<br>+E27 |
| CXGC204-GN650 型混光灯具 | GGY-400+NG-250 | 30° | 76.9 | 0 | 76.9 | 1.37⊥<br>1.55∥ | E40<br>+E40 |
| SHGD-101 型混光灯具 | GGY-400+NG-215 | 20° | 71 | 0 | 71 | 2.20⊥<br>2.27∥ | E40<br>+E40 |
| SHGD-102 型混光灯具 | GGY-250+NG-110 | 20° | 72 | 0 | 72 | 2.40⊥<br>2.53∥ | E40<br>+E27 |

**表 3-44 部分灯具的技术数据2**

| 型号 | 额定电压/V | 额定功率/W | 工作电流/A | 启动电流/A | 额定光通量/lm | 启动稳定时间/min | 平均寿命/h | 灯头型号 |
|---|---|---|---|---|---|---|---|---|
| GGY-50 | 220 | 50 | 0.62 | 1.0 | 1500 | 4～8 | 2500 | E27/27 |
| GGY-80 | | 80 | 0.85 | 1.3 | 2800 | | | |
| GGY-125 | | 125 | 1.25 | 1.8 | 4750 | | | E27/35×30 |
| GGY-175 | | 175 | 1.50 | 2.3 | 7000 | | | E40/45 |
| GGY-250 | | 250 | 2.15 | 3.7 | 10500 | | 5000 | |
| GGY-400 | | 400 | 3.25 | 5.7 | 20000 | | | E40/55×47 或 E40/75×54 |
| GGY-700 | | 700 | 5.45 | 10.0 | 35000 | | | |
| GGY-1000 | | 1000 | 7.50 | 13.7 | 50000 | | | |

### 3.4.15 T8 直管荧光灯的典型参数（表 3-45）

**表 3-45 T8 直管荧光灯的典型参数**

| 型号 | 功率 | 色温/K | 显色指数 *Ra* | 光通量/lm | 长度/mm |
|---|---|---|---|---|---|
| TLD36W/29 | 36 | 2900 | 51 | 2850 | 1213.6 |
| TLD36W/33 | 36 | 4100 | 63 | 2850 | 1213.6 |
| TLD36W/54 | 36 | 6200 | 72 | 2500 | 1213.6 |
| TLD36W/827 | 36 | 2700 | 85 | 3350 | 1213.6 |
| TLD36W/840 | 36 | 4000 | 85 | 3350 | 1213.6 |
| TLD36W/865 | 36 | 6500 | 85 | 3250 | 1213.6 |
| TLD36W/930 | 36 | 3000 | 95 | 2350 | 1213.6 |
| TLD36W/940 | 36 | 4000 | 95 | 2350 | 1213.6 |
| TLD36W/965 | 36 | 6500 | 96 | 2300 | 1213.6 |
| TLD32W/830HF | 32 | 3000 | 85 | 3200 | 1213.6 |
| TLD32W/840HF | 32 | 4000 | 85 | 3200 | 1213.6 |

### 3.4.16 三基色直管（T8）荧光灯光电参数（表 3-46）

**表 3-46 三基色直管（T8）荧光灯光电参数**

| 型号(括号内为 Panasonic 的型号) | 灯功率/W | 光通量/lm | 色温/K | 光色 | 显色指数 *Ra* | 寿命/h |
|---|---|---|---|---|---|---|
| YZ18RN(三基色)(FL20SS. EXL/18) | 18 | 1380 | 3000 | 暖白色 | 88 | 8500 |
| YZ18RL(三基色)(FL20SS. EXW/18) | | 1350 | 4000 | 冷白色 | | |
| YZ18RZ(三基色)(FL20SS. EXN/18) | | 1320 | 5000 | 中性白色 | | |
| YZ18RR(三基色)(FL20SS. EXD/18) | | 1250 | 6500 | 日光色 | | |
| YZ30RN(三基色)(FL30SS. EXL) | 30 | 2550 | 3000 | 暖白色 | 88 | 12000 |
| YZ30RZ(三基色)(FL30SS. EXN) | | 2520 | 5000 | 中性白色 | | |
| YZ30RR(三基色)(FL30SS. EXD) | | 2500 | 6500 | 日光色 | | |
| YZ36RN(三基色)(FL40SS. EXL/36) | 36 | 3300 | 3000 | 暖白色 | 88 | 12000 |
| YZ36RL(三基色)(FL40SS. EXW/36) | | 3250 | 4000 | 冷白色 | | |
| YZ36RZ(三基色)(FL40SS. EXN/36) | | 3200 | 5000 | 中性白色 | | |
| YZ36RR(三基色)(FL40SS. EXD/36) | | 3150 | 6500 | 日光色 | | |

### 3.4.17 室内灯具的类型（表 3-47）

**表 3-47 室内灯具的类型**

| 名　　称 | 上半球(光通比/%) | 下半球(光通比/%) |
|---|---|---|
| 直接型 | 0～10 | 100～90 |
| 半直接型 | 10～40 | 90～60 |
| 直接-间接均匀扩散型 | 40～60 | 60～40 |
| 半间接型 | 60～90 | 40～10 |
| 间接型 | 90～100 | 10～0 |

## 3.5 飞利浦灯具的技术参数

### 3.5.1 Philips 飞利浦日光灯管参数（表 3-48）

**表 3-48 Philips 飞利浦日光灯管参数**

| 型　　号 | 额定功率/W | 光通量/lm | 色温/K | 规格尺寸/mm | 灯头型号 |
|---|---|---|---|---|---|
| TL-D 18W 29-530 | 18 | 1250 | 2900 | 25×604 | G13 |
| TL-D 18W 33-640 | 18 | 1150 | 4100 | 25×604 | G13 |
| TL-D 18W 54-765 | 18 | 1050 | 6200 | 25×604 | G13 |

续表

| 型　　号 | 额定功率/W | 光通量/lm | 色温/K | 规格尺寸/mm | 灯头型号 |
|---|---|---|---|---|---|
| TL-D 18W 54-765 | 18 | 1050 | 6200 | 25×604 | G13 |
| TL-D 30W 29-530 | 30 | 2175 | 2900 | 25×908 | G13 |
| TL-D 30W 33-640 | 30 | 2100 | 4100 | 25×908 | G13 |
| TL-D 30W 54-765 | 30 | 1825 | 6200 | 25×908 | G13 |
| TL-D 36W 29-530 | 36 | 2975 | 2900 | 25×1213 | G13 |
| TL-D 36W 33-640 | 36 | 2850 | 4100 | 25×1213 | G13 |
| TL-D 36W 54-765 | 36 | 2500 | 6200 | 25×1213 | G13 |
| TL-D 58W 54-765 | 58 | 3925 | 6200 | 25×1515 | G13 |

注：根据灯管尺寸、功率、色温选择适合的灯管。

## 3.5.2 Philips飞利浦荧光灯灯管（表3-49）

**表3-49 Philips飞利浦荧光灯灯管**

| 年代 | 类型 | 特点 | 图例 |
|---|---|---|---|
| 第一代<br>（1939年） | T12 | 直管38mm直径-12/8=1.5″<br>环管31mm直径 | T12<br>T8<br>T5 |
| 第二代<br>（1978年） | T8<br><br>TLD标准管(经济型)<br>TLD/80(三基色超色彩环保)<br>TLD/90(多窄带日光色) | 直管26mm直径-8/8=1″<br>环管28mm直径<br>/29/33/54<br>/827/830/835/840/850/865<br>/927/930/935/940/950/965 | |
| 第三代<br>（1995年） | T5 | 直管16mm直径-5/8″<br>环管18mm直径<br>/827/830/835/840/850/865 | |

## 3.5.3 Philips飞利浦CDM与石英金卤灯的典型特征（表3-50）

**表3-50 Philips飞利浦CDM与石英金卤灯的典型特征**

| 特征 | CDM陶瓷金卤灯 | 石英金卤灯 | 典型变化情况 |
|---|---|---|---|
| 显色指数 | 3000K:81～85 | 3000K:70～75 | +10 |
| | 4200K:92～96 | 4200K:82～85 | |
| 光效/(m/W) | 90～95　1 | 80～85　1 | +10　1 |
| 颜色稳定度寿命期间/K | ±200～250 | ±300～400 | +50%～100% |
| 寿命/h | 9000～15000 | 6000～9000 | +30%～50% |

## 3.5.4 Philips飞利浦节能灯参数（表3-51）

**表3-51 Philips飞利浦节能灯参数**

| 型号 | 功率/W | 光通量/lm | 色温/K | 显色指数 $Ra$ | 灯头型号 | 平均寿命/h | 直径/mm | 全长/mm |
|---|---|---|---|---|---|---|---|---|
| 5W白光E14 | 5 | 280 | 6500 | 80 | E14 | 8000 | 38 | 85 |
| 5W白光E27 | 5 | 280 | 6500 | 80 | E27 | 8000 | 42 | 75 |
| 5W暖光E14 | 5 | 300 | 2700 | 81 | E14 | 8000 | 38 | 85 |
| 5W暖光E27 | 5 | 300 | 2700 | 81 | E27 | 8000 | 42 | 75 |
| 8W白光E14 | 8 | 460 | 6500 | 80 | E14 | 8000 | 38 | 95 |
| 8W白光E27 | 8 | 460 | 6500 | 80 | E27 | 8000 | 45 | 85 |
| 8W暖光E14 | 8 | 500 | 2700 | 81 | E14 | 8000 | 38 | 95 |
| 8W暖光E27 | 8 | 500 | 2700 | 81 | E27 | 8000 | 45 | 85 |
| 12W白光E14 | 12 | 685 | 6500 | 80 | E14 | 8000 | 38 | 103 |
| 12W白光E27 | 12 | 685 | 6500 | 80 | E27 | 8000 | 45 | 90 |

续表

| 型号 | 功率/W | 光通量/lm | 色温/K | 显色指数 Ra | 灯头型号 | 平均寿命/h | 直径/mm | 全长/mm |
|---|---|---|---|---|---|---|---|---|
| 12W 暖光 E14 | 12 | 725 | 2700 | 81 | E14 | 8000 | 38 | 103 |
| 12W 暖光 E27 | 12 | 725 | 2700 | 81 | E27 | 8000 | 45 | 90 |
| 15W 白光 E27 | 15 | 900 | 6500 | 80 | E27 | 8000 | 50 | 105 |
| 15W 暖光 E27 | 15 | 970 | 2700 | 81 | E27 | 8000 | 50 | 105 |
| 20W 白光 E27 | 20 | 1250 | 6500 | 80 | E27 | 8000 | 55 | 110 |
| 20W 暖光 E27 | 20 | 1350 | 2700 | 81 | E27 | 8000 | 55 | 110 |
| 23W 白光 E27 | 23 | 1450 | 6500 | 80 | E27 | 8000 | 60 | 115 |
| 23W 暖光 E27 | 23 | 1570 | 2700 | 81 | E27 | 8000 | 60 | 115 |

### 3.5.5 Philips 飞利浦 led 灯泡（表 3-52）

表 3-52 Philips 飞利浦 led 灯泡

| LED 灯泡分类 | 灯头型号 | 色温/K | 直径/mm | 高度/mm | 相当于白炽灯/W | 相当于节能灯/W |
|---|---|---|---|---|---|---|
| LED 灯泡 3W | E27 | 3000/6500 | 46 | 88 | 25 | 5 |
| LED 灯泡 5W | E27 | 3000/6500 | 55 | 100 | 40 | 8 |
| LED 灯泡 7W | E27 | 6500 | 55 | 100 | 60 | 12 |
| LED 灯泡 8W | E27 | 3000 | 55 | 100 | 60 | 12 |
| LED 灯泡 10W | E27 | 3000/6500 | 55 | 100 | 70 | 15 |
| LED 灯泡 13W | E27 | 3000/6500 | 68 | 127 | 85 | 18 |

## 3.6 灯具的安装

### 3.6.1 NA 常用电源线规格（表 3-53）

表 3-53 NA 常用电源线规格（UL）

| 灯具类型 | 电源线规格 |
|---|---|
| 普通可移动灯 | SPT-2　A WG18×2C　105℃　300V |
| 带插座的可移动灯 | SVT　A WG18×3C |
| | SJT　A WG18×3C |
| 吊灯 | SPT-1　A WG18×2C |
| | SVT　A WG18×2C　A WG18×3C |
| | SJT　A WG18×2C　A WG18×3C |

### 3.6.2 一般场所灯具内导线最小线芯截面

一般场所灯具内导线其电压等级不应低于交流 500V，其最小线芯截面应符合表 3-54 的要求。

表 3-54 一般场所灯具内导线最小线芯截面　　$mm^2$

| 名称 | 安装场所 | 铜芯软线线芯最小截面 | 铜线线芯最小截面 | 铝线线芯最小截面 |
|---|---|---|---|---|
| 照明用灯头线 | 民用建筑室内 | 0.5 | 0.5 | 2.5 |
| | 工业建筑室内 | 0.5 | 1.0 | 2.5 |
| | 室外 | 1.0 | 1.0 | 2.5 |
| 移动式用电设备 | 生活用 | 0.5 | — | — |
| | 生产用 | 1.0 | — | — |

### 3.6.3 普通灯具安装导线线芯最小截面积

普通灯具安装，引向每个灯具的导线线芯最小截面积应符合表 3-55 的规定。

表 3-55 普通灯具安装导线线芯最小截面积

<table>
<tr><th colspan="2" rowspan="2">灯具安装的场所及用途</th><th colspan="3">线芯最小截面积/mm²</th></tr>
<tr><th>铜芯软线</th><th>铜线</th><th>铝线</th></tr>
<tr><td rowspan="3">灯头线</td><td>民用建筑室内</td><td>0.5</td><td>0.5</td><td>2.5</td></tr>
<tr><td>工业建筑室内</td><td>0.5</td><td>1.0</td><td>2.5</td></tr>
<tr><td>室外</td><td>1.0</td><td>1.0</td><td>2.5</td></tr>
</table>

### 3.6.4 线芯最小允许截面

照明灯具使用的导线其电压等级不应低于交流 500V，其最小线芯截面需要满足表 3-56 所示的要求。

表 3-56 线芯最小允许截面

<table>
<tr><th colspan="2" rowspan="2">安装场所的用途</th><th colspan="3">线芯最小截面/mm²</th></tr>
<tr><th>铜芯软线</th><th>铜线</th><th>铝线</th></tr>
<tr><td rowspan="3">照明用灯头线</td><td>民用建筑室内</td><td>0.4</td><td>0.5</td><td>2.5</td></tr>
<tr><td>工业建筑室内</td><td>0.5</td><td>0.8</td><td>2.5</td></tr>
<tr><td>室外</td><td>1.0</td><td>1.0</td><td>2.5</td></tr>
<tr><td rowspan="2">移动式用电设备</td><td>生活用</td><td>0.4</td><td>—</td><td>—</td></tr>
<tr><td>生产用</td><td>1.0</td><td>—</td><td>—</td></tr>
</table>

### 3.6.5 灯具安装螺钉承装载荷

安装灯具时，应预埋吊钩、螺栓（或螺钉）或采用膨胀螺栓（沉头式胀管）、尼龙塞（塑料胀管）固定，其承装荷载（N）应按表 3-57 规格选择。

表 3-57 灯具安装螺钉承装载荷

<table>
<tr><th rowspan="3">胀管系列</th><th colspan="6">规格</th><th rowspan="2">承装载荷容许拉力/10N</th><th rowspan="2">承装载荷容许剪力/10N</th></tr>
<tr><th colspan="2">胀管</th><th colspan="2">螺钉或沉头螺栓</th><th colspan="2">钻孔</th></tr>
<tr><th>外径</th><th>长度</th><th>外径</th><th>长度</th><th>外径</th><th>深度</th><th></th><th></th></tr>
<tr><td rowspan="5">塑料胀管</td><td>6</td><td>30</td><td>3.5</td><td rowspan="5">按需要选择</td><td>7</td><td>35</td><td>11</td><td>7</td></tr>
<tr><td>7</td><td>40</td><td>3.5</td><td>8</td><td>45</td><td>13</td><td>8</td></tr>
<tr><td>8</td><td>45</td><td>4.0</td><td>9</td><td>50</td><td>15</td><td>10</td></tr>
<tr><td>9</td><td>50</td><td>4.0</td><td>10</td><td>55</td><td>18</td><td>12</td></tr>
<tr><td>10</td><td>60</td><td>5.0</td><td>11</td><td>65</td><td>20</td><td>14</td></tr>
<tr><td rowspan="5">沉头式胀管（膨胀螺栓）</td><td>10</td><td>35</td><td>6</td><td rowspan="5">按需要选择</td><td>10.5</td><td>40</td><td>240</td><td>160</td></tr>
<tr><td>12</td><td>45</td><td>8</td><td>12.5</td><td>50</td><td>440</td><td>300</td></tr>
<tr><td>14</td><td>55</td><td>10</td><td>14.5</td><td>60</td><td>700</td><td>470</td></tr>
<tr><td>18</td><td>65</td><td>12</td><td>19.0</td><td>70</td><td>1030</td><td>690</td></tr>
<tr><td>20</td><td>90</td><td>16</td><td>23</td><td>100</td><td>1940</td><td>1300</td></tr>
</table>

### 3.6.6 室内照明质量直接型灯具的遮光角（表 3-58）

表 3-58 室内照明质量直接型灯具的遮光角

| 光源平均亮度/(kcd/m²) | 遮光角/(°) | 光源平均亮度/(kcd/m²) | 遮光角/(°) |
|---|---|---|---|
| 1～20 | 10 | 50～500 | 20 |
| 20～50 | 15 | ≥500 | 30 |

### 3.6.7 室内照明质量工作房间表面反射比（表 3-59）

表 3-59 室内照明质量工作房间表面反射比

| 表面名称 | 反射比 | 表面名称 | 反射比 |
|---|---|---|---|
| 顶棚 | 0.6～0.9 | 地面 | 0.1～0.5 |
| 墙面 | 0.3～0.8 | 作业面 | 0.2～0.6 |

### 3.6.8 室内照明质量作业面与作业面邻近周围照度（表 3-60）

表 3-60 室内照明质量作业面与作业面邻近周围照度

| 作业面照度/lx | 作业面邻近周围照度值/lx | 作业面照度/lx | 作业面邻近周围照度值/lx |
|---|---|---|---|
| ≥750 | 500 | 300 | 200 |
| 500 | 300 | ≤200 | 与作业面照度相同 |

说明：邻近周围是指作业面外 0.5m 范围内。

### 3.6.9 单位面积照明功率（表 3-61）

表 3-61 单位面积照明功率

| 照明场所 | 功率/($W/m^2$) | 照明场所 | 功率/($W/m^2$) | 照明场所 | 功率/($W/m^2$) |
|---|---|---|---|---|---|
| 金工车间 | 8 | 木工车间 | 11 | 汽车库 | 8 |
| 修理车间 | 12 | 配电室 | 15 | 住宅 | 4 |
| 焊接车间 | 8 | 仓库 | 5 | 学校 | 5 |
| 锻工车间 | 7 | 生活间 | 8 | 饭堂 | 4 |
| 铸铁车间 | 8 | 锅炉房 | 4 | 浴室 | 3 |

### 3.6.10 办公建筑照明标准值（表 3-62）

表 3-62 办公建筑照明标准值

| 房间或场所 | 参考平面及其高度 | 照度标准值/lx | UGR | *Ra* |
|---|---|---|---|---|
| 普通办公室 | 0.75m 水平面 | 300 | 19 | 80 |
| 高档办公室 | 0.75m 水平面 | 500 | 19 | 80 |
| 会议室 | 0.75m 水平面 | 300 | 19 | 80 |
| 接待室、前台 | 0.75m 水平面 | 300 | — | 80 |
| 营业厅 | 0.75m 水平面 | 300 | 22 | 80 |
| 设计室 | 实际工作面 | 500 | 19 | 80 |
| 文件整理、复印、发行室 | 0.75m 水平面 | 300 | — | 80 |
| 资料、档案室 | 0.75m 水平面 | 200 | — | 80 |

### 3.6.11 商业建筑照明标准值（表 3-63）

表 3-63 商业建筑照明标准值

| 房间或场所 | 参考平面及其高度 | 照度标准值/lx | UGR | *Ra* |
|---|---|---|---|---|
| 一般商店营业厅 | 0.75m 水平面 | 300 | 22 | 80 |
| 高档商店营业厅 | 0.75m 水平面 | 500 | 22 | 80 |
| 一般超市营业厅 | 0.75m 水平面 | 300 | 22 | 80 |
| 高档超市营业厅 | 0.75m 水平面 | 500 | 22 | 80 |
| 收款台 | 台面 | 500 | — | 80 |

### 3.6.12　展览馆展厅照明标准值（表 3-64）

**表 3-64　展览馆展厅照明标准值**

| 房间或场所 | 参考平面及其高度 | 照度标准值/lx | UGR | *Ra* |
|---|---|---|---|---|
| 一般展厅 | 地面 | 200 | 22 | 80 |
| 高档展厅 | 地面 | 300 | 22 | 80 |

说明：高于 6m 的展厅 *Ra* 可降低到 60。

### 3.6.13　公用场所照明标准值（表 3-65）

**表 3-65　公用场所照明标准值**

| 房间或场所 | 参考平面及其高度 | 照度标准值/lx | UGR | *Ra* |
|---|---|---|---|---|
| 门厅——普通 | 地面 | 100 | — | 60 |
| 门厅——高档 | 地面 | 200 | — | 80 |
| 走廊、流动区域——普通 | 地面 | 50 | — | 60 |
| 走廊、流动区域——高档 | 地面 | 100 | — | 80 |
| 楼梯、平台——普通 | 地面 | 30 | — | 60 |
| 楼梯、平台——高档 | 地面 | 75 | — | 80 |
| 自动扶梯 | 地面 | 150 | — | 60 |
| 厕所、盥洗室、浴室——普通 | 地面 | 75 | — | 60 |
| 厕所、盥洗室、浴室——高档 | 地面 | 150 | — | 80 |
| 电梯前厅——普通 | 地面 | 75 | — | 60 |
| 电梯前厅——高档 | 地面 | 150 | — | 80 |
| 休息室 | 地面 | 100 | 22 | 80 |
| 储藏室、仓库 | 地面 | 100 | — | 60 |
| 车库——停车间 | 地面 | 75 | 28 | 60 |
| 车库——检修间 | 地面 | 200 | 25 | 60 |

# 第4章 阀门与管道

## 4.1 阀门与管道的试验

### 4.1.1 阀门的试验要求

阀门需要根据规范的要求进行强度试验、严密性试验，试验需要在每批（也就是同牌号、同型号、同规格）数量中抽查10%，且不少于一个。阀门的强度试验、严密性试验，需要符合以下规定：

强度试验压力——阀门的强度试验压力为公称压力的1.5倍。

严密性试验压力——严密性试验压力为公称压力的1.1倍。

试验压力在试验持续时间内应保持不变，并且壳体填料、阀瓣密封面无渗漏。安装在主干管上起切断作用的闭路阀门，需要逐个做强度试验、严密性试验。

### 4.1.2 阀门试验持续时间（表4-1）

**表4-1 阀门试验持续时间**

| 公称直径 $DN$/mm | 最短试验持续时间/s | | |
|---|---|---|---|
| | 严密性试验 | | 强度试验 |
| | 金属密封 | 非金属密封 | |
| ≤50 | 15 | 15 | 15 |
| 65～200 | 30 | 15 | 60 |
| 250～450 | 60 | 30 | 180 |

### 4.1.3 阀门强度与严密性试验（表4-2）

**表4-2 阀门强度与严密性试验**

| 试验型式 | 试验阀门 | 试验方法 | 持续时间 | 试验压力 | 合格标准 |
|---|---|---|---|---|---|
| 强度试验 | 止回阀 | 应从进口一端引入，出口一端堵塞 | $DN$≤50mm：15s<br>$DN$65～200mm：60s<br>$DN$250～450mm：180s | 公称压力的1.5倍 | 压力需要保持不变，阀门壳体、填料无渗漏为合格 |
| | 闸阀、截止阀 | 闸板或闸瓣应打开，压力从通路一端引入，另一端堵塞 | | | |
| | 带有旁通的阀件 | 试验时，旁通阀也应打开 | | | |
| | 直通旋塞阀 | 塞子应调整到全开位置，压力从通路的一端引入 | | | |
| | 三通旋塞阀 | 应把塞子轮流调整到全开的各个位置进行试验 | | | |

续表

<table>
<tr><th>试验型式</th><th>试验阀门</th><th>试验方法</th><th>持续时间</th><th>试验压力</th><th>合格标准</th></tr>
<tr><td rowspan="6">严密性试验</td><td>止回阀</td><td>压力从介质出口通路的一端引入，从另一端通路进行检查</td><td rowspan="6">金属密封：<br>$DN$≤50mm：15s<br>$DN$65～200mm：30s<br>$DN$250～450mm：60s<br><br>非金属密封：<br>$DN$≤50mm：15s<br>$DN$65～200mm：15s<br>$DN$250～450mm：30s</td><td rowspan="6">公称压力的 1.1 倍<br>（除了蝶阀、止回阀、底阀、节流阀以外的阀门）</td><td rowspan="6">阀瓣密封面不漏为合格</td></tr>
<tr><td>闸阀</td><td>应保持体腔内和通路一端压力相等</td></tr>
<tr><td>截止阀</td><td>阀杆处于水平位置，将阀瓣关闭，介质按阀体上箭头指示的方向供给，在另一端检查其严密性</td></tr>
<tr><td>直通旋塞阀</td><td>应将旋塞调整到全关的位置，压力从一个通路引入，从另一端通路检查，然后将阀瓣旋转 180°重复试验</td></tr>
<tr><td>三通旋塞阀</td><td>应将塞子轮流调整到关闭位置，从塞子关闭的一端通路进行检查</td></tr>
<tr><td>节流阀</td><td>不做严密性试验</td></tr>
</table>

### 4.1.4　室内水管试验压力

室内水管试验压力需要根据设计要求进行。如果设计没有注明试验压力时，需要根据规范的要求进行：

(1) 各种材质的给水管道系统试验压力均为工作压力的 1.5 倍，但是不得小于 0.6MPa；

(2) 金属、复合管给水管道系统需要在试验压力下观测 10min，并且压力降不应大于 0.02MPa，然后降到工作压力进行检查，正常应不渗不漏；

(3) 塑料给水系统应在试验压力下稳压 1h，压力降不得超过 0.05MPa，然后在工作压力的 1.15 倍状态下稳压 2h，并且压力降不得超过 0.03MPa，同时需要检查各连接处不得渗漏。

### 4.1.5　各专业系统管道试压（表 4-3）

**表 4-3　各专业系统管道试压**

<table>
<tr><th colspan="2">项目<br>类型</th><th>试验压力</th><th>稳压时间</th><th>要求</th><th>严密性(工作压力下保压)</th><th>要求</th></tr>
<tr><td rowspan="2">空调水系统管道试压</td><td>当工作压力≤1.0MPa</td><td>1.5 倍工作压力，但不得低于 0.6MPa</td><td rowspan="2">10min</td><td rowspan="2">不得下降(系统稳压压降不得大于 0.02MPa)</td><td rowspan="2">60min</td><td rowspan="2">不得下降</td></tr>
<tr><td>当工作压力＞1.0MPa</td><td>工作压力＋0.5MPa</td></tr>
<tr><td rowspan="3">室内给水管道水压实验</td><td>金属及复合管</td><td rowspan="2">1.5 倍工作压力，但不得低于 0.6MPa</td><td>10min</td><td>压降不应大于 0.02MPa</td><td>试压后降到工作压力进行检查</td><td>应不渗不漏</td></tr>
<tr><td>塑料管</td><td>1h</td><td>压降不得超过 0.05MPa</td><td>工作压力 1.15 倍稳压 2h</td><td>压降不得超过 0.03MPa</td></tr>
<tr><td colspan="6">PPR 管系统，水压试验一般要求在管道连接安装 24h 后进行；加压宜用手动泵缓慢升压，升压时间不得小于 10min，严密性试验时间为 15min</td></tr>
<tr><td>热水供应系统水压试验</td><td></td><td>系统顶点的工作压力加 0.1MPa，同时在系统顶点的试验压力不小于 0.3MPa</td><td>10min</td><td>压降不应大于 0.02MPa</td><td>试压后降到工作压力进行检查</td><td>应不渗不漏</td></tr>
</table>

续表

| 类型 \ 项目 | | 试验压力 | 稳压时间 | 要求 | 严密性(工作压力下保压) | 要求 |
|---|---|---|---|---|---|---|
| 自动喷水灭火系统 | 当工作压力≤1.0MPa | 1.5倍工作压力,但不低于1.4MPa | 30min | 目测管网应无泄漏和变形,压降不应大于0.05MPa | 24h | 应无泄漏 |
| | 当工作压力>1.0MPa | 工作压力+0.4MPa | | | | |

### 4.1.6 水管道灌水试验要求

(1) 室内隐蔽或埋地的排水管道在隐蔽前，必须进行灌水试验。灌水高度一般不低于底层卫生器具的上边缘或底层地面高度，并且灌水到满水 15min，水面下降后再灌满观察 5min，液面不降，管道、接口无渗漏，则为合格。

(2) 室内雨水管，一般需要根据管材、建筑物高度选择整段方式或分段方式进行灌水试验。整段试验的灌水高度一般达到立管上部的雨水斗，当灌水达到稳定水面后观察 1h，管道无渗漏，则为合格。

(3) 室外排水管网，需要根据排水检查井分段试验，试验水头一般以试验段上游管顶加 1m，时间不少于 30min，并且需要逐段观察，管接口无渗漏，则为合格。

### 4.1.7 管道通球试验

排水管道主立管、水平干管安装结束后，均需要做通球试验，通球球径不小于排水管径的 2/3，通球率需要达到 100%。

### 4.1.8 排水管道灌水试验与通水能力试验（表 4-4）

**表 4-4 排水管道灌水试验与通水能力试验**

| 类型 \ 项目 | | 检验方法 | 合格标准 |
|---|---|---|---|
| 灌水试验 | 管道在隐蔽或埋地前 | 满水 15min 水面下降后,然后灌满观察 5min | 液面不降,管道及接口无渗漏 |
| 通水能力试验 | 室内排水系统竣工后 | 根据给水系统的 1/3 配水点同时开放 | 检查各排水点是否畅通,接口处有无渗漏 |

### 4.1.9 管道气压试验的实施要点

管道气压试验是根据管道输送介质的要求，选用空气或惰性气体作介质进行的压力试验。选用的气体为干燥洁净的空气、氮气、其他不易燃和无毒的气体，具体的一些实施要点如下：

(1) 承受内压钢管、有色金属管，试验压力需要为设计压力的 1.15 倍，真空管道的试验压力需要为 0.2MPa；

(2) 试验时，需要装有压力泄放装置，并且其设定压力不得高于试验压力 1.1 倍；

(3) 试验前，需要用空气进行预试验，并且试验压力宜为 0.2MPa；

(4) 试验时，需要逐步缓慢增加压力，当压力升到试验压力的 50%时，如果没有发现异常或泄漏现象，需要继续根据试验压力的 10%逐级升压，每级稳压 3min，直到试验压力。在试验压力下稳压 10min，然后将压力降到设计压力，需要以发泡剂检验不泄漏，则为合格。

## 4.2　阀门的分类与结构特点

### 4.2.1　阀门的种类（表 4-5）

表 4-5　阀门的种类

| | | |
|---|---|---|
| 根据压力 | 真空阀 | 绝对压力<0.1MPa，即 760mm 汞柱高的一种阀门，通常用 mm 汞柱或 mm 水柱表示压力 |
| | 低压阀 | 公称压力 $PN\leqslant1.6$MPa(包括 $PN\leqslant1.6$MPa 的钢阀) |
| | 中压阀 | 公称压力 $PN=2.5\sim6.4$MPa |
| | 高压阀 | 公称压力 $PN=10.0\sim80.0$MPa |
| | 超高压阀 | 公称压力 $PN\geqslant100.0$MPa |
| 根据介质温度 | 普通阀门 | 适用于介质温度−40～425℃ |
| | 高温阀门 | 适用于介质温度 425～600℃ |
| | 耐热阀门 | 适用于介质温度 600℃以上 |
| | 低温阀门 | 适用于介质温度−40～−150℃ |
| | 超低温阀门 | 适用于介质温度−150℃以下 |
| 根据公称通径分 | 小口径阀门 | 公称通径 $DN<40$mm |
| | 中口径阀门 | 公称通径 $DN=50\sim300$mm |
| | 大口径阀门 | 公称通径 $DN=350\sim1200$mm |
| | 特大口径阀门 | 公称通径 $DN\geqslant1400$mm |

### 4.2.2　蝶阀根据工作压力的分类

（1）真空蝶阀——工作压力低于标准大气压的蝶阀。

（2）低压蝶阀——公称压力 $PN<1.6$MPa 的蝶阀。

（3）中压蝶阀——公称压力 $PN$ 为 2.5～6.4MPa 的蝶阀。

（4）高压蝶阀——公称压力 $PN$ 为 10.0～80.0MPa 的蝶阀。

（5）超高压蝶阀——公称压力 $PN>100$MPa 的蝶阀。

### 4.2.3　蝶阀根据工作温度的分类

（1）高温蝶阀——$t>450$℃的蝶阀。

（2）中温蝶阀——120℃$<t$ 的蝶阀。

（3）常温蝶阀——40℃$<t$ 的蝶阀。

（4）低温蝶阀——100℃$<t$ 的蝶阀。

（5）超低温蝶阀——$t<-100$℃的蝶阀。

## 4.3　阀门的材料与重量

### 4.3.1　阀门阀体、阀盖、闸板常用材料的特点（表 4-6）

表 4-6　阀门阀体、阀盖、闸板常用材料的特点

| 名称 | 适用公称压力/MPa | 温度与介质 |
|---|---|---|
| 不锈耐酸钢 | ≤6.4 | 温度≤200℃硝酸、醋酸等介质 |
| 低温钢 | ≤6.4 | 温度≥−196℃乙烯、丙烯、液态天然气 |
| 高温铜 | ≤17.0 | 温度≤570℃的蒸汽、石油产品 |
| 灰铸铁 | ≤1.0 | 温度为−10℃～200℃的水、蒸汽、空气、煤气、油品等介质 |
| 可锻铸铁 | ≤2.5 | 温度为−30～300℃的水、蒸汽、空气、油品介质, |
| 耐酸高硅球墨铸铁 | ≤0.25 | 温度低于 120℃的腐蚀性介质 |
| 球墨铸铁 | ≤4.0 | 温度为−30～350℃的水、蒸汽、空气、油品等介质 |
| 碳素钢 | ≤32.0 | 温度为−30～425℃的水、蒸汽、空气、氢、氮、石油制品等介质 |
| 铜合金 | ≤2.5 | 水、海水、氧气、空气、油品等介质，温度−40～250℃的蒸汽介质 |

## 4.3.2 常用阀杆材料的特点（表 4-7）

表 4-7 常用阀杆材料的特点

| 名　　称 | | 特　　点 |
|---|---|---|
| 不锈耐酸钢 | 1Cr13、2Cr13、3Cr13 铬不锈钢 | 用于中压、高压、介质温度不超过 450℃的非腐蚀性介质、弱腐蚀性介质 |
| 不锈耐酸钢 | Cr17Ni2、1Cr18Ni9Ti 不锈耐酸钢 | 用于腐蚀性介质 |
| 合金钢 | 40Cr(铬钢) | 用于中压、高压，介质温度不超过 450℃的水、蒸汽、石油等介质 |
| 合金钢 | 38CrMoALA 渗氮钢 | 用于高压、介质温度不超过 540℃的水、蒸汽等介质 |
| 合金钢 | 25Cr2MoVA 铬钼钒钢 | 用于高压、介质温度不超过 570℃的蒸汽介质 |
| 耐热钢 | 4Cr10Si2Mo 马氏体型耐热钢 | 用于介质温度不超过 600℃的高温阀门 |
| 碳素钢 | A5 普通碳素钢 | 用于低压、介质温度不超过 300℃的水、蒸汽介质 |
| 碳素钢 | 35 优质碳素钢 | 用于中压、介质温度不超过 450℃的水、蒸汽介质 |

## 4.3.3 一些阀门垫片材料常用的应用范围（表 4-8）

表 4-8 一些垫片材料常用的应用范围

| 名称 | 适用介质 | 应用压力/MPa | 应用温度/℃ |
|---|---|---|---|
| 厚纸板 | 水、油 | ≤10 | 40 |
| 铝 | 水蒸气、空气 | 64 | 350 |
| 铜 | 水蒸气、空气 | 100 | 250 |
| 橡胶板 | 水、空气 | ≤6 | 50 |
| 橡胶石棉板 XB-200 | 水蒸气、空气、煤气 | ≤15 | 200 |
| 油浸纸板 | 水、油 | ≤10 | 40 |

## 4.3.4 阀门的参考重量（表 4-9）

表 4-9 阀门的参考重量　　mm

| 公称直径 | 10 | 15 | 20 | 25 | 32 | 40 | 50 | 65 | 80 | 100 | 125 | 150 | 200 |
|---|---|---|---|---|---|---|---|---|---|---|---|---|---|
| 法兰连接钢制截止阀 L＝ | 130 | 130 | 150 | 160 | 180 | 200 | 230 | 290 | 310 | 350 | 400 | 480 | 600 |
| J41H-16C. 16P. 16R | 4.7 | 5.2 | 7.1 | 7.4 | 8.5 | 12.5 | 14 | 22.5 | 29 | 32.5 | 80 | 93.5 | 180 |
| J41H-25. 25P. 25R | 4.9 | 5.4 | 7 | 7.4 | 8.5 | 12.5 | 16 | 25 | 30 | 34.5 | 89 | 98 | 180 |
| J41H-40. 40P. 40R | 4.9 | 5.7 | 7 | 8.8 | 11.8 | 16.5 | 24 | 33 | 44 | 60 | 89 | 98 | 190 |
| J41H-64. 64P. 64R | | 10 | 12 | 14.5 | 19 | 25 | 35 | 48 | 56 | 125 | | | |
| J941H-16 | | | | | | | 48 | 60 | 65 | 71 | 119 | 210 | 320 |
| J941H-25 | | | | | | | 50 | 62 | 67 | 73 | 127 | 215 | 322 |
| J941H-40 | | | | | | | 61 | 75 | 84 | 101 | 207 | 226 | 399 |
| 楔式钢制单闸板闸阀 L＝ | | 130 | 150 | 160 | 180 | 200 | 250 | 270 | 280 | 300 | 325 | 350 | 400 |
| Z41H-16C. 16P. 16R | | 5 | 6.5 | 9 | 12 | 26.5 | 29 | 33 | 45 | 63 | 108 | 134 | 192 |
| Z41H-25. 25P. 25R | | 5.5 | 7 | 11 | 14 | 30 | 34 | 36 | 50 | 69 | 116 | 141 | 192 |
| 楔式钢制单闸板闸阀 L＝ | | 130 | 150 | 160 | 180 | 200 | 250 | 280 | 310 | 350 | 400 | 450 | 550 |
| Z41H-40. 40P. 40R | | 6 | 8 | 12 | 15 | 31 | 34 | 39 | 52 | 80 | 127 | 154 | 263 |
| 楔式钢制单闸板闸阀 L＝ | | 170 | 190 | 210 | 230 | 240 | 250 | 280 | 310 | 350 | | 450 | 550 |
| Z41H-64. 64P. 64R | | 8 | 8 | 12 | 25 | 32 | 40 | 45 | 61 | 89 | | 206 | 327 |
| 电动楔式钢制单闸板闸阀 L＝ | | | | | | 200 | 250 | 270 | 280 | 300 | 325 | 350 | 400 |
| Z941H-16 | | | | | | 87.5 | 90 | 96 | 108 | 126 | 173 | 199 | 254 |
| Z941H-25 | | | | | | 91 | 95 | 99 | 113 | 132 | 181 | 206 | 257 |
| 电动楔式钢制单闸板闸阀 L＝ | | | | | | 200 | 250 | 280 | 310 | 350 | 400 | 450 | 550 |
| Z941H-40 | | | | | | 92 | 95 | 102 | 115 | 163 | 190 | 219 | 373 |
| 美标法兰连接钢制闸阀 L＝ | | | | | | | 178 | 190 | 203 | 229 | 254 | 267 | 292 |
| Z41H-150Lb | | | | | | | 23 | 45 | 40 | 63 | 89 | 108 | 171 |
| 美标法兰连接钢制闸阀 L＝ | | | | | | | 216 | 241 | 283 | 305 | 381 | 403 | 419 |
| Z41H-300Lb | | | | | | | 30 | 42 | 61 | 77 | 125 | 153 | 286 |

续表

| 公称直径 | 10 | 15 | 20 | 25 | 32 | 40 | 50 | 65 | 80 | 100 | 125 | 150 | 200 |
|---|---|---|---|---|---|---|---|---|---|---|---|---|---|
| 美标法兰连接钢制闸阀 $L=$ | | | | | | | 292 | 334 | 356 | 432 | 508 | 559 | 660 |
| Z41H-600Lb | | | | | | | 44 | 55 | 80 | 145 | | 309 | 522 |
| 刀型闸阀 $L=$ | | | | | | | 48 | 48 | 51 | 51 | 57 | 57 | 70 |
| Z73Y-10.16 | | | | | | | 10 | 11 | 13.5 | 15.5 | 23.5 | 29 | 43.5 |
| 对夹蝶形止回阀 $L=$ | | | | | | | 43 | 46 | 64 | 64 | 70 | 76 | 89 |
| H77X-10(C.Q)/H77X-16(C.Q) | | | | | | | 1.5 | 2.4 | 3.6 | 5.7 | 7.3 | 9 | 17 |
| 国标旋启式止回阀 $L=$ | | | | | | | 230 | 290 | 310 | 350 | 400 | 480 | 550 |
| H44H-16 | | | | | | | 22 | 26 | 33 | 39 | 57 | 80 | 95 |
| H44H-25 | | | | | | | 22 | 30 | 35 | 52 | 73 | 103 | 135 |
| H44H-40 | | | | | | | 22 | 30 | 34 | 52 | 73 | 103 | 212 |
| 国标旋启式止回阀 $L=$ | | | | | | | 300 | 340 | 380 | 430 | 500 | 550 | 650 |
| H44H-64 | | | | | | | 30 | 41 | 48 | 72 | 108 | 155 | 217 |
| 美标旋启式止回阀 $L=$ | | | | | | | 203 | 216 | 241 | 292 | | 406 | 495 |
| H44H150Lb;H44Y150Lb(LbP.LbI) | | | | | | | 17 | 26 | 32 | 45 | | 75 | 135 |
| 美标旋启式止回阀 $L=$ | | | | | | | 267 | 292 | 318 | 356 | | 444 | 533 |
| H44H300Lb;H44Y300Lb(LbP.LbI) | | | | | | | 22 | 24 | 38 | 52 | | 86 | 165 |
| 美标旋启式止回阀 $L=$ | | | | | | | 292 | 330 | 356 | 432 | | 559 | 660 |
| H44H600Lb;H44Y600Lb(LbP.LbI) | | | | | | | 32 | 42 | 61 | 112 | | 205 | 385 |
| 国标升降式止回阀 $L=$ | | 130 | 150 | 160 | 180 | 200 | 230 | 290 | 340 | 350 | 400 | 480 | 600 |
| H41H-16C;W-16P.16R | | | | 3.3 | 5 | 6.3 | 19 | 24 | 29 | 48 | 60 | 95 | 100 |
| H41H-25C;W-25P.25R | | | 5.5 | 6 | 9.1 | 11 | 19 | 24 | 29 | 44 | 65 | 99 | 145 |
| H41H-40C;W-40P.40R | | 8 | 9.1 | 11.8 | 12 | 15.8 | 17 | 23 | 32 | 44.4 | 65.5 | 99.3 | 147 |
| H44H-16C.W-16P.16R;25C.W-25P.25R | | | | | | 15.2 | 21.3 | 28.1 | 37.6 | 56.7 | 91 | 129 | 210 |
| 国标升降式止回阀 $L=$ | | | | | 230 | 260 | 300 | 340 | 380 | 430 | 500 | 550 | 600 |
| H41H-64 | | | | | 12 | 20 | 29 | 35 | 47 | 68 | 100 | 142 | 195 |
| 美标升降式止回阀 $L=$ | | | | | | | 203 | 216 | 241 | 292 | | 356 | 495 |
| H41H-150Lb;H41Y-150Lb(LbP.LbI) | | | | | | | 17 | 25 | 29 | 50 | | 85 | 150 |
| 美标升降式止回阀 $L=$ | | | | | | | 267 | 292 | 318 | 356 | | 444 | 559 |
| H41H-300Lb;H41Y-300Lb(LbP.LbI) | | | | | | | 28 | 33 | 45 | 70 | | 150 | 230 |
| 美标升降式止回阀 $L=$ | | | | | | | 292 | 330 | 356 | 432 | | 559 | 660 |
| H41H-600Lb;H41Y-600Lb(LbP.LbI) | | | | | | | 33 | 43 | 62 | 113 | | 222 | 390 |
| 美标升降式止回阀 $L=$ | | | | | | | 368 | 415 | 381 | 457 | | 610 | |
| H41H-900Lb;H41Y-900Lb(LbP.LbI) | | | | | | | 120 | 166 | 176 | 182 | | 403 | |
| 法兰连接球阀 $L=$ | | 130 | 140 | 150 | 165 | 180 | 200 | 220 | 250 | 280 | 320 | 360 | 400 |
| Q41F-16C.16P.16R | | 3 | 4 | 5 | 10 | 14 | 20 | 25 | 30 | 40 | 65 | 85 | 153 |
| 法兰连接球阀 $L=$ | | 130 | 140 | 150 | 165 | 180 | 200 | 220 | 250 | 320 | 400 | 400 | |
| Q41F-25.25P.25R | | 3 | 4 | 5 | 10 | 14 | 20 | 25 | 30 | 40 | 65 | 85 | |
| 法兰连接球阀 $L=$ | | 130 | 140 | 150 | 180 | 200 | 220 | 250 | 280 | 320 | 400 | 400 | 550 |
| Q41F-40.40P.40R | | 3 | 4 | 5 | 10 | 14 | 20 | 25 | 50 | 70 | 80 | 101 | 216 |
| 旋塞阀 $L=$ | | | | | 115 | 130 | 145 | 160 | 200 | 230 | | 320 | |
| X43(W)-6;X44(W)-6 | | | | | 4.2 | 6.2 | 8 | 13 | 21 | 35 | | 63 | |
| 隔膜阀 $L=$ | | | | 145 | 160 | 180 | 210 | 250 | 300 | 350 | 400 | 460 | 570 |
| G41(J);G41$F_3$;G41$F_{46}$0.6MPa;1.0MPa | | | | 5 | 7 | 9 | 13 | 20 | 26 | 29 | 65 | 81 | 85 |
| 薄膜式减压阀 $L=$ | | | 160 | 180 | 200 | 220 | 250 | 280 | 310 | 350 | 400 | 450 | 550 |
| Y42X.SD-16.16C | | | 11 | 13.5 | 17 | 20.5 | 23 | 26 | 38.5 | 40.5 | 56 | 90 | 106 |

续表

| 公称直径 | 10 | 15 | 20 | 25 | 32 | 40 | 50 | 65 | 80 | 100 | 125 | 150 | 200 |
|---|---|---|---|---|---|---|---|---|---|---|---|---|---|
| Y42X. SD-25 |  |  | 12 | 15 | 18.5 | 22 | 25 | 28 | 41 | 60 | 97 | 114 | 153 |
| 手动、自锁手动调节阀 $L=$ |  | 130 | 150 | 160 | 180 | 200 | 230 | 290 | 310 | 350 | 400 | 480 | 600 |
| TJ40H-16. 16C. 25；TS40H-16. 16C. 25 |  | 2.5 | 3.5 | 4.8 | 7 | 9.5 | 13.5 | 29 | 35 | 56 | 79 | 117 | 185 |
| 手动、自锁手动调节阀 $L=$ |  | 90 | 100 | 120 | 140 | 170 | 200 |  |  |  |  |  |  |
| TJ10H-10. 16C. 25 |  | 0.9 | 1.1 | 1.8 | 2.6 | 3.8 | 5.7 |  |  |  |  |  |  |
| 平衡阀 $L=$ |  | 130 | 150 | 160 | 180 | 200 | 230 | 290 | 310 | 350 | 400 | 480 | 600 |
| KPF-16 |  | 3.5 | 4 | 4.5 | 7 | 8.5 | 11.5 | 32 | 43 | 54 | 85 | 126 | 210 |
| 非金属密封柱塞阀 $L=$ |  | 130 | 150 | 160 | 180 | 200 | 230 | 290 | 310 | 350 | 400 | 450 | 495 |
| U41SM-16C. P. R |  | 3.5 | 4.5 | 5.5 | 8 | 11.5 | 15 | 21 | 30 | 42 | 55 | 90 | 142 |
| U41SM-25C. P. R |  | 3.5 | 4.5 | 5.5 | 8 | 11.5 | 15 | 21 | 30 | 42.5 | 57 | 91 | 150 |
| 内螺纹柱塞阀 $L=$ |  | 90 | 100 | 120 | 140 | 170 | 200 |  |  |  |  |  |  |
| UJ11H；U11SM-16. 25. 40C. P. R |  | 1.5 | 2.5 | 3.5 | 5.5 | 8.5 | 12 |  |  |  |  |  |  |

| 公称直径 | 250 | 300 | 350 | 400 | 450 | 500 | 600 | 650 | 700 | 750 | 800 | 900 | 1000 | 1200 |
|---|---|---|---|---|---|---|---|---|---|---|---|---|---|---|
| 法兰连接钢制截止阀 $L=$ | 650 | 750 |  |  |  |  |  |  |  |  |  |  |  |  |
| J41H-16C. 16P. 16R | 440 | 648 |  |  |  |  |  |  |  |  |  |  |  |  |
| J41H-25. 25P. 25R | 445 | 654 |  |  |  |  |  |  |  |  |  |  |  |  |
| J941H-16 | 550 | 785 |  |  |  |  |  |  |  |  |  |  |  |  |
| J941H-25 | 585 | 795 |  |  |  |  |  |  |  |  |  |  |  |  |
| 楔式钢制单闸板闸阀 $L=$ | 450 | 500 | 550 | 600 | 650 | 700 | 800 |  |  |  |  |  |  |  |
| Z41H-16C. 16P. 16R | 273 | 379 | 590 | 850 | 907 | 958 | 1112 |  |  |  |  |  |  |  |
| Z41H-25. 25P. 25R | 207 | 400 | 631 | 900 | 1013 | 1166 | 1258 |  |  |  |  |  |  |  |
| 楔式钢制单闸板闸阀 $L=$ | 650 | 750 | 850 | 950 |  |  |  |  |  |  |  |  |  |  |
| Z41H-40. 40P. 40R | 368 | 547 | 679 | 953 |  |  |  |  |  |  |  |  |  |  |
| 楔式钢制单闸板闸阀 $L=$ | 650 | 750 |  |  |  |  |  |  |  |  |  |  |  |  |
| Z41H-64. 64P. 64R | 467 | 590 |  |  |  |  |  |  |  |  |  |  |  |  |
| 电动楔式钢制单闸板闸阀 $L=$ | 450 | 500 | 550 | 600 | 650 | 700 | 800 |  | 900 |  | 1000 | 1100 | 1200 |  |
| Z941H-16 | 310 | 391 | 729 | 992 | 1168 | 1222 | 1376 |  |  |  |  |  |  |  |
| Z941H-25 | 317 | 412 | 750 | 1042 | 1274 | 1420 | 1522 |  |  |  |  |  |  |  |
| 电动楔式钢制单闸板闸阀 $L=$ | 650 | 750 | 850 | 950 |  | 1150 | 1350 |  |  |  |  |  |  |  |
| Z941H-40 | 480 | 686 | 821 | 1214 |  | 2150 |  |  |  |  |  |  |  |  |
| 美标法兰连接钢制闸阀 $L=$ | 330 | 356 | 381 | 406 | 432 | 457 | 508 | 559 | 610 | 610 |  | 711 |  |  |
| Z41H-150Lb | 263 | 346 | 488 | 621 | 814 | 992 | 1492 |  |  | 2272 |  |  |  |  |
| 美标法兰连接钢制闸阀 $L=$ | 457 | 502 | 762 | 838 | 914 | 991 | 1143 |  |  |  |  |  |  |  |
| Z41H-300Lb | 412 | 576 | 886 | 1157 | 1301 | 1672 | 2562 |  |  |  |  |  |  |  |
| 美标法兰连接钢制闸阀 $L=$ | 787 | 838 | 889 | 991 | 1092 | 1194 | 1397 |  |  |  |  |  |  |  |
| Z41H-600Lb | 779 | 1108 | 1503 | 1939 | 2733 | 3214 | 4177 |  |  |  |  |  |  |  |
| 刀型闸阀 $L=$ | 70 | 76 | 76 | 89 | 89 | 114 | 114 |  | 117 |  | 117 | 127 | 149 | 156 |
| Z73Y-10. 16 | 68 | 101 | 127 | 177 | 290 | 382 | 500 |  | 748 |  | 1147 | 1427 | 1910 |  |
| 对夹蝶形止回阀 $L=$ | 114 | 114 | 127 | 140 | 152 | 152 | 178 |  | 229 |  |  |  |  |  |
| H77X-10(C. Q)/H77X-16(C. Q) | 26 | 42 | 55 | 75 | 101/107 | 111 | 172 |  | 219 |  |  |  |  |  |
| 国标旋启式止回阀 $L=$ | 650 | 750 | 850 | 950 |  | 1150 |  |  |  |  |  |  |  |  |
| H44H-16 | 175 | 260 | 360 | 496 |  | 588 |  |  |  |  |  |  |  |  |
| H44H-25 | 196 | 285 | 388 | 496 |  | 641 |  |  |  |  |  |  |  |  |
| H44H-40 | 297 | 362 | 450 | 585 |  | 641 |  |  |  |  |  |  |  |  |
| 国标旋启式止回阀 $L=$ | 775 | 900 | 1025 | 1150 |  |  |  |  |  |  |  |  |  |  |
| H44H-64 | 341 | 472 | 627 | 882 |  |  |  |  |  |  |  |  |  |  |

续表

| 公称直径 | 250 | 300 | 350 | 400 | 450 | 500 | 600 | 650 | 700 | 750 | 800 | 900 | 1000 | 1200 |
|---|---|---|---|---|---|---|---|---|---|---|---|---|---|---|
| 美标旋启式止回阀 $L=$ | 622 | 699 | 787 | 914 | 978 | 978 | | | | | | | | |
| H44H150Lb；H44Y150Lb(LbP. LbI) | 200 | 275 | 385 | 442 | 630 | 760 | | | | | | | | |
| 美标旋启式止回阀 $L=$ | 622 | 711 | 838 | 864 | 978 | 1016 | | | | | | | | |
| H44H300Lb；H44Y300Lb(LbP. LbI) | 204 | 278 | 402 | 545 | 683 | 862 | | | | | | | | |
| 美标旋启式止回阀 $L=$ | 787 | 838 | 889 | 991 | | | | | | | | | | |
| H44H600Lb；H44Y600Lb(LbP. LbI) | 575 | 775 | 982 | 1056 | | | | | | | | | | |
| 国标升降式止回阀 $L=$ | 650 | 750 | 850 | | | | | | | | | | | |
| H44H-16C. W-16P. 16R；25C. W-25P. 25R | 290 | 320 | 420 | | | | | | | | | | | |
| 美标升降式止回阀 $L=$ | 622 | 698 | | | | | | | | | | | | |
| H41H-150Lb；H41Y-150Lb(LbP. LbI) | 240 | 350 | | | | | | | | | | | | |
| 美标升降式止回阀 $L=$ | 622 | 711 | | | | | | | | | | | | |
| H41H-300Lb；H41Y-300Lb(LbP. LbI) | 390 | 520 | | | | | | | | | | | | |
| 美标升降式止回阀 $L=$ | 787 | 838 | | | | | | | | | | | | |
| H41H-600Lb；H41Y-600Lb(LbP. LbI) | 630 | 871 | | | | | | | | | | | | |
| 薄膜式减压阀 $L=$ | 600 | 800 | 850 | 900 | | | | | | | | | | |
| Y42X. SD-16. 16C | 145 | 330 | 505 | | | | | | | | | | | |
| 手动、自锁手动调节阀 $L=$ | 730 | 850 | 980 | 991 | 1092 | 1194 | | | | | | | | |
| TJ40H-10；TS40H-10 | 327 | 422 | 610 | 750 | | | | | | | | | | |
| 平衡阀 $L=$ | 730 | 850 | 980 | 1100 | | | | | | | | | | |
| KPF-16 | 260 | 310 | 470 | 600 | | | | | | | | | | |
| 非金属密封柱塞阀 $L=$ | 622 | 698 | 787 | 914 | | | | | | | | | | |
| U41SM-16C. P. R | 210 | 290 | 500 | | | | | | | | | | | |
| U41SM-25C. P. R | 220 | 300 | 550 | | | | | | | | | | | |

## 4.4　阀门的技术参数

### 4.4.1　蝶阀的流阻和流量系数

蝶阀的流阻和流量系数[$C(Kv)$、$K(\xi)$]见表 4-10。

**表 4-10　蝶阀的流阻和流量系数**

| 公称通径 $DN$/mm | 公称压力 $PN$/MPa | | | |
|---|---|---|---|---|
| | 小于 16 | | 20、25 | |
| | $C(K_v)$ | $K(\xi)$ | $C(K_v)$ | $K(\xi)$ |
| 40 | 50 | 64 | 40 | 2.56 |
| 50 | 80 | 1.33 | 45 | 2.37 |
| 65 | 150 | 1.27 | 120 | 1.98 |
| 80 | 250 | 1.05 | 200 | 1.64 |
| 100 | 400 | 1.00 | 300 | 1.78 |
| 125 | 650 | 0.92 | 450 | 1.93 |
| 150 | 1000 | 0.81 | 800 | 1.26 |
| 200 | 1900 | 0.71 | 1500 | 1.14 |
| 250 | 3100 | 0.65 | 2500 | 1.00 |
| 300 | 4700 | 0.59 | 3600 | 1.00 |
| 350 | 6700 | 0.53 | 5400 | 0.82 |
| 400 | 9000 | 0.51 | 7000 | 0.84 |
| 450 | 11500 | 0.50 | 9500 | 0.73 |
| 500 | 14000 | 0.50 | 12000 | 0.69 |

续表

| 公称通径 $DN$/mm | 公称压力 $PN$/MPa | | | |
|---|---|---|---|---|
| | 小于 16 | | 20、25 | |
| | $C(K_v)$ | $K(\xi)$ | $C(K_v)$ | $K(\xi)$ |
| 600 | 21000 | 0.47 | 18000 | 0.64 |
| 700 | 30000 | 0.43 | 25000 | 0.61 |
| 800 | 41000 | 0.39 | 35000 | 0.53 |
| 900 | 53000 | 0.37 | 46000 | 0.50 |
| 1000 | 67000 | 0.35 | 58000 | 0.48 |
| 1200 | 100000 | 0.35 | 87000 | 0.44 |

## 4.4.2 锻钢阀门公称通径与压力范围

公称通径：10～200mm。

压力范围：1.6～16MPa。

## 4.4.3 阀门六角螺塞的尺寸（表 4-11）

**表 4-11 阀门六角螺塞的尺寸** mm

| M | $d_1$ | $d$ | $D$ | $S$ | | $h$ | $L$ | | $L_0$ | | $C$ | $b$ | $r$ | $r_1$ | $\alpha$ | 参考质量/kg |
|---|---|---|---|---|---|---|---|---|---|---|---|---|---|---|---|---|
| | | | | 尺寸 | 极限偏差 | | | | | | | | | | | |
| M8×1 | 6.5 | 14 | 16.2 | 14 | 0<br>−0.26 | 2 | 18 | 20 | 10 | 12 | 1 | 2.5 | 0.5 | — | — | 0.01 |
| M10×1 | 8.5 | 16 | 19.6 | 17 | | | 20 | 22 | | | | | | | | 0.02 |
| M12×1.25 | 10.2 | 18 | 21.9 | 19 | 0<br>−0.43 | 3 | 24 | 26 | 12 | | 1.2 | 3 | | | | 0.03 |
| M14×1.5 | 11.5 | 22 | 25.4 | 22 | | | 26 | 30 | 14 | 18 | 1.5 | 4 | 1.0 | 0.5 | 45° | 0.04 |
| M16×1.5 | 13.8 | 24 | 27.7 | 24 | | | 28 | 32 | | 20 | | | | | | 0.07 |
| M20×1.5 | 17.8 | 28 | 34.0 | 30 | 0<br>−0.52 | 4 | 30 | 35 | | | | | | | | 0.11 |
| M24×1.5 | 21.0 | 32 | 36.9 | 32 | | | 32 | 40 | 16 | 34 | | | | | | 0.15 |
| M27×2 | 24.0 | 36 | 43.9 | 38 | | | 36 | 45 | 20 | 28 | 2 | 5 | | | | 0.22 |
| M30×2 | 27.0 | 40 | 47.3 | 41 | | | 40 | 50 | 22 | 30 | | | | | | 0.31 |
| M36×2 | 33.0 | 46 | 53.1 | 46 | 0<br>−0.62 | | 44 | 55 | | | | | | | | 0.42 |
| M42×2 | 39.0 | 54 | 63.5 | 55 | | 6 | 48 | 60 | 24 | 32 | | | | | | 0.69 |
| M48×2 | 45.0 | 60 | 69.3 | 60 | | | 52 | 65 | | | | | | | | 0.92 |
| M56×2 | 53.0 | 70 | 80.8 | 70 | 0<br>−0.74 | | 56 | 70 | 26 | 34 | | | | | | 1.29 |

## 4.4.4 阀门 T 型螺栓的尺寸（表 4-12）

**表 4-12 阀门 T 型螺栓的尺寸** mm

| $d$ | $B$ | $S$ | $H$ | $a$ | $h$ | $SR$ | $r$ | $C$ |
|---|---|---|---|---|---|---|---|---|
| M8 | 15 | 8 | 6 | 8 | 3.0 | 14 | 0.5 | 1.0 |
| M10 | 20 | 10 | 7 | 10 | 3.5 | 18 | | |
| M12 | 25 | 12 | 9 | 12 | 4.5 | 22 | | 1.5 |
| M16 | 30 | 16 | 12 | 16 | 6.0 | 28 | 1.0 | |
| M20 | 38 | 20 | 14 | 20 | 7.0 | 35 | | 2.0 |
| M24 | 46 | 24 | 16 | 24 | 8.0 | 42 | 1.5 | |

续表

<table>
<tr><th colspan="2">$L$</th><th colspan="6">$l_0$</th></tr>
<tr><th>尺寸</th><th>极限偏差</th><th>M8</th><th>M10</th><th>M12</th><th>M16</th><th>M20</th><th>M24</th></tr>
<tr><td>35</td><td rowspan="4">±1.6</td><td>20</td><td>—</td><td rowspan="3">—</td><td rowspan="7">—</td><td rowspan="9">—</td><td rowspan="17">—</td></tr>
<tr><td>40</td><td>25</td><td>25</td></tr>
<tr><td>45</td><td>28</td><td>28</td></tr>
<tr><td>50</td><td rowspan="2">30</td><td rowspan="2">30</td><td rowspan="2">30</td></tr>
<tr><td>55</td><td rowspan="6">±1.9</td></tr>
<tr><td>60</td><td rowspan="18">—</td><td>35</td><td>35</td></tr>
<tr><td>65</td><td>40</td><td>40</td></tr>
<tr><td>70</td><td>45</td><td>45</td><td>45</td></tr>
<tr><td>75</td><td rowspan="16">—</td><td>50</td><td>50</td></tr>
<tr><td>80</td><td>55</td><td rowspan="2">55</td><td rowspan="2">55</td></tr>
<tr><td>85</td><td rowspan="8">±2.2</td><td rowspan="13">—</td></tr>
<tr><td>90</td><td rowspan="2">60</td><td rowspan="4">60</td></tr>
<tr><td>95</td></tr>
<tr><td>100</td><td rowspan="2">65</td></tr>
<tr><td>105</td></tr>
<tr><td>110</td><td rowspan="8">—</td><td rowspan="2">65</td></tr>
<tr><td>115</td></tr>
<tr><td>120</td><td rowspan="2">70</td><td rowspan="2">70</td></tr>
<tr><td>125</td><td rowspan="5">±2.5</td></tr>
<tr><td>130</td><td>75</td><td>75</td></tr>
<tr><td>140</td><td>80</td><td>80</td></tr>
<tr><td>150</td><td>85</td><td>85</td></tr>
<tr><td>160</td><td>—</td><td>90</td></tr>
<tr><td colspan="2">$l_0$的极限偏差</td><td>+2.0<br>0</td><td>+3.0<br>0</td><td>+3.5<br>0</td><td>+4.0<br>0</td><td>+5.0<br>0</td><td>+5.0<br>0</td></tr>
</table>

## 4.4.5　止回阀阀座最小内径（表 4-13）

**表 4-13　止回阀阀座最小内径**　　mm

| 公称尺寸 | 公称压力 $PN$ | 公称尺寸 | 公称压力 $PN$ |
|---|---|---|---|
| $DN$ | 10、16、25 | $DN$ | 10、16、25 |
| 50 | 40 | 250 | 225 |
| 65 | 50 | (275) | 250 |
| 80 | 65 | 300 | 275 |
| 100 | 80 | 350 | 300 |
| 125 | 100 | 400 | 350 |
| 150 | 125 | 450 | 400 |
| 200 | 150 | 500 | 450 |
| (225) | 200 | 600 | 550 |

说明：表中 $DN$(225)、(275)及其阀体最小内径为尽量不选取的规格、数值。

## 4.4.6　法兰连接铁制闸阀最大开启高度（表 4-14）

**表 4-14　法兰连接铁制闸阀最大开启高度**

| 公称通径 $DN$/mm | $h_1$/mm | $h_2$/mm | 公称通径 $DN$/mm | $h_1$/mm | $h_2$/mm |
|---|---|---|---|---|---|
| 50 | 400 | 510 | 125 | 650 | 875 |
| 65 | 425 | 560 | 150 | 700 | 950 |
| 80 | 475 | 610 | 200 | 850 | 1200 |
| 100 | 575 | 720 | 250 | 1025 | 1400 |

续表

| 公称通径 $DN$/mm | $h_1$/mm | $h_2$/mm | 公称通径 $DN$/mm | $h_1$/mm | $h_2$/mm |
|---|---|---|---|---|---|
| 300 | 1125 | 1675 | 900 | 2400 | 4150 |
| 350 | 1150 | 1900 | 1000 | 2500 | 4450 |
| 400 | 1275 | 2070 | 1200 | 2950 | — |
| 450 | 1350 | 2250 | 1400 | 3300 | — |
| 500 | 1500 | 2430 | 1600 | 3500 | — |
| 600 | 1700 | 2850 | 1800 | 3800 | — |
| 700 | 1800 | 3250 | 2000 | 4250 | — |
| 800 | 2000 | 3750 | | | |

## 4.4.7 铜合金制阀门阀体最小壁厚（表 4-15）

**表 4-15 铜合金制阀门阀体最小壁厚** mm

| 公称尺寸 $DN$ | $PN$10 | $PN$16 | $PN$20 | $PN$25 | $PN$40 |
|---|---|---|---|---|---|
| 6 | 1.4 | 1.6 | 1.6 | 1.7 | 2.0 |
| 8 | 1.4 | 1.6 | 1.6 | 1.7 | 2.0 |
| 10 | 1.4 | 1.6 | 1.7 | 1.8 | 2.1 |
| 15 | 1.6 | 1.8 | 1.8 | 1.9 | 2.4 |
| 20 | 1.6 | 1.8 | 2.0 | 2.1 | 2.6 |
| 25 | 1.7 | 1.9 | 2.1 | 2.4 | 3.0 |
| 32 | 1.7 | 1.9 | 2.4 | 2.6 | 3.4 |
| 40 | 1.8 | 2.0 | 2.5 | 2.8 | 3.7 |
| 50 | 2.0 | 2.2 | 2.8 | 3.2 | 4.3 |
| 65 | 2.8 | 3.0 | 3.0 | 3.5 | 5.1 |
| 80 | 3.0 | 3.5 | 3.5 | 4.1 | 5.7 |
| 100 | 3.6 | 4.0 | 4.0 | 4.5 | 6.4 |

## 4.4.8 铁制阀门阀体最小壁厚（表 4-16）

**表 4-16 铁制阀门阀体最小壁厚**

| 公称尺寸 | 灰铸铁/mm | 可锻铸铁/mm | | 球墨铸铁/mm | |
|---|---|---|---|---|---|
| $DN$/mm | $PN$10 | $PN$10 | $PN$16 | $PN$16 | $PN$25 |
| 15 | 4 | 3 | 3 | 3 | 4 |
| 20 | 4.5 | 3 | 3.5 | 3.5 | 4.5 |
| 25 | 5 | 3.5 | 4 | 4 | 5 |
| 32 | 5.5 | 4 | 4.5 | 4.5 | 5.5 |
| 40 | 6 | 4.5 | 5 | 5 | 6 |
| 50 | 6 | 5 | 5.5 | 5.5 | 6.5 |
| 65 | 6.5 | 6 | 6 | 6 | 7 |
| 80 | 7 | 6.5 | 6.5 | 6.5 | 7.5 |
| 100 | 7.5 | 6.5 | 7.5 | 7 | 8 |

## 4.4.9 铁制与铜制螺纹连接阀门阀体通道最小直径（表 4-17）

**表 4-17 铁制与铜制螺纹连接阀门阀体通道最小直径**

| 公称尺寸 $DN$/mm | 阀体通道最小直径/mm | 公称尺寸 $DN$/mm | 阀体通道最小直径/mm |
|---|---|---|---|
| 8 | 6 | 40 | 28 |
| 10 | | 50 | 36 |
| 15 | 9 | 65 | 49 |
| 20 | 12.5 | 80 | 57 |
| 25 | 17 | 100 | 75 |
| 32 | 23 | | |

### 4.4.10 铁制与铜制螺纹连接阀门扳口对边最小尺寸（表 4-18）

表 4-18 铁制与铜制螺纹连接阀门扳口对边最小尺寸

| 公称尺寸 *DN*/mm | 铜合金材料/mm | 可锻铸铁材料、球墨铸铁材料/mm | 灰铸铁材料/mm | 公称尺寸 *DN*/mm | 铜合金材料/mm | 可锻铸铁材料、球墨铸铁材料/mm | 灰铸铁材料/mm |
|---|---|---|---|---|---|---|---|
| 8 | 17.5 | — | — | 40 | 54 | 58 | 62 |
| 10 | 21 | — | — | 50 | 66 | 71 | 75 |
| 15 | 25 | 27 | 30 | 65 | 83 | 88 | 92 |
| 20 | 31 | 33 | 36 | 80 | 96 | 102 | 105 |
| 25 | 38 | 41 | 46 | 100 | 124 | 128 | 131 |
| 32 | 47 | 51 | 55 | | | | |

### 4.4.11 蝶阀与蝶式止回阀结构长度标准（表 4-19）

表 4-19 蝶阀与蝶式止回阀结构长度标准

<table>
<tr><td rowspan="4">公称通径<br>DN/mm</td><td colspan="2">双法兰连接结构长度/mm</td><td colspan="4">对夹式连接结构长度/mm</td></tr>
<tr><td colspan="6">公称压力 PN/MPa</td></tr>
<tr><td>≤2.0</td><td>≤2.5</td><td colspan="3">≤2.5</td><td rowspan="2">≤4.0</td></tr>
<tr><td>短</td><td>长</td><td>短</td><td>中</td><td>长</td></tr>
<tr><td>40</td><td>106</td><td>140</td><td>33</td><td></td><td>33</td><td rowspan="3">—</td></tr>
<tr><td>50</td><td>108</td><td>150</td><td>43</td><td></td><td>43</td></tr>
<tr><td>65</td><td>112</td><td>170</td><td rowspan="2">46</td><td></td><td>46</td></tr>
<tr><td>80</td><td>114</td><td>180</td><td>49</td><td rowspan="2">64</td><td>49</td></tr>
<tr><td>100</td><td>127</td><td>190</td><td>52</td><td>56</td><td>56</td></tr>
<tr><td>125</td><td>140</td><td>200</td><td rowspan="2">56</td><td>64</td><td>70</td><td>64</td></tr>
<tr><td>150</td><td>140</td><td>210</td><td>70</td><td>76</td><td>70</td></tr>
<tr><td>200</td><td>152</td><td>230</td><td>60</td><td>71</td><td>89</td><td>71</td></tr>
<tr><td>250</td><td>165</td><td>250</td><td>68</td><td>76</td><td rowspan="2">114</td><td>76</td></tr>
<tr><td>300</td><td>178</td><td>270</td><td rowspan="2">78</td><td>83</td><td>83</td></tr>
<tr><td>350</td><td>190</td><td>290</td><td>92</td><td>127</td><td>127</td></tr>
<tr><td>400</td><td>216</td><td>310</td><td>102</td><td>102</td><td>140</td><td>140</td></tr>
<tr><td>450</td><td>222</td><td>330</td><td>114</td><td>114</td><td rowspan="2">152</td><td>160</td></tr>
<tr><td>500</td><td>229</td><td>350</td><td>127</td><td>127</td><td>170</td></tr>
<tr><td>550</td><td>—</td><td>—</td><td rowspan="2">154</td><td>—</td><td>—</td><td>—</td></tr>
<tr><td>600</td><td>267</td><td>390</td><td>154</td><td>178</td><td>200</td></tr>
<tr><td>650</td><td>—</td><td>—</td><td rowspan="2">165</td><td rowspan="4">—</td><td></td><td rowspan="21">—</td></tr>
<tr><td>700</td><td>292</td><td>430</td><td>229</td></tr>
<tr><td>750</td><td>—</td><td>—</td><td rowspan="2">190</td><td>—</td></tr>
<tr><td>800</td><td>318</td><td>470</td><td rowspan="2">241</td></tr>
<tr><td>900</td><td>330</td><td>510</td><td>203</td><td>200</td></tr>
<tr><td>1000</td><td>410</td><td>550</td><td>216</td><td>—</td><td>300</td></tr>
<tr><td>1200</td><td>470</td><td>630</td><td>254</td><td>276</td><td>360</td></tr>
<tr><td>1400</td><td>530</td><td>710</td><td>279</td><td rowspan="14">—</td><td>390</td></tr>
<tr><td>1600</td><td>600</td><td>790</td><td>318</td><td>440</td></tr>
<tr><td>1800</td><td>670</td><td>870</td><td>356</td><td>490</td></tr>
<tr><td>2000</td><td>760</td><td>950</td><td>406</td><td>540</td></tr>
<tr><td>2200</td><td>800</td><td>1000</td><td rowspan="10">—</td><td>590</td></tr>
<tr><td>2400</td><td>850</td><td>1100</td><td>650</td></tr>
<tr><td>2600</td><td>900</td><td>1200</td><td>700</td></tr>
<tr><td>2800</td><td>950</td><td>1300</td><td>760</td></tr>
<tr><td>3000</td><td>1000</td><td>1400</td><td>810</td></tr>
<tr><td>3200</td><td>1100</td><td rowspan="5">—</td><td>870</td></tr>
<tr><td>3400</td><td>1200</td><td rowspan="4">—</td></tr>
<tr><td>3600</td><td>1200</td></tr>
<tr><td>3800</td><td>1200</td></tr>
<tr><td>4000</td><td>1300</td></tr>
<tr><td>基本系列</td><td>13</td><td>14</td><td>J1</td><td>J2</td><td>J3</td><td>J2/J4</td></tr>
</table>

## 4.4.12 法兰连接球阀与旋塞阀结构长度标准（表 4-20）

表 4-20 法兰连接球阀与旋塞阀结构长度标准

| 公称通径 DN/mm | 公称压力 PN/MPa | | | | | | |
|---|---|---|---|---|---|---|---|
| | 1.0～2.5 | | | 1.0～2.5 | | 6.3 | 10.0 |
| | 结构长度/mm | | | | | | |
| | 短 | 中 | 长 | 短 | 长 | ② | |
| 10 | 102 | 130 | 130 | — | 130 | — | — |
| 15 | 108 | 130 | 130 | 140 | 130 | | 165 |
| 20 | 117 | 130 | 150 | 152 | 150 | | 190 |
| 25 | 127 | 140 | 160 | 165 | 160 | | 216 |
| 32 | 140 | 165 | 180 | 178 | 180 | | 229 |
| 40 | 165 | 165 | 200 | 190 | 200 | | 241 |
| 50 | 178 | 203 | 230 | 216 | 230 | 292 | 292 |
| 65 | 190 | 222 | 290 | 241 | 290 | 330 | 330 |
| 80 | 203 | 241 | 310 | 283 | 310 | 356 | 356 |
| 100 | 229 | 305 | 350 | 305 | 350 | 406 | 432 |
| 125 | 245 | 356 | 400 | 381 | 400 | — | 508 |
| 150 | 267 | 394 | 480 | 403 | 480 | 495 | 559 |
| 200 | 292 | 457 | 600 | 419(502)① | 600 | 597 | 660 |
| 250 | 330 | 533 | 730 | 457(568)① | 730 | 673 | 787 |
| 300 | 356 | 610 | 850 | 502(648)① | 850 | 762 | 838 |
| 350 | 381 | 686 | 980 | 762 | 980 | 826 | 889 |
| 400 | 406 | 762 | 1100 | 838 | 1100 | 902 | 991 |
| 450 | 432 | 864 | 1200 | 914 | 1200 | 978 | 1092 |
| 500 | 457 | 914 | 1250 | 991 | 1250 | 1054 | 1194 |
| 600 | 508 | 1067 | 1450 | 1143 | 1450 | 1232 | 1397 |
| 700 | — | — | — | — | — | 1397 | 1700 |
| 基本系列 | 3 | 12 | 1 | 4 | 1 | 5 | 5 |

①用于全通径球阀。②仅适用于球阀。

说明：不适用于公称通径大于 40mm 的上装式全通径球阀，以及公称通径大于 300mm 的旋塞阀、全通径球阀。

## 4.4.13 球阀的结构长度标准（表 4-21）

表 4-21 球阀的结构长度标准

| 公称通径 DN/mm | 结构长度/mm | | | | | | | | |
|---|---|---|---|---|---|---|---|---|---|
| | PN 1.6/2.0MPa | | | PN 2.5/4.0/5.0MPa | | | PN 6.3MPa | | |
| | 突面式 | 焊接式 | 环连接式 | 突面式 | 焊接式 | 环连接式 | 突面式 | 焊接式 | 环连接式 |
| 50 | 178 | 216 | 191 | 216 | 216 | 232 | 292 | 279 | 295 |
| 65 | 191 | 241 | 203 | 241 | 241 | 257 | 356 | 318 | 359 |
| 80 | 203 | 283 | 216 | 283 | 283 | 298 | 432 | 356 | 435 |
| 100 | 229 | 305 | 241 | 305 | 305 | 321 | 406 | 406 | 410 |
| 150 | 394 | 457 | 406 | 403 | 457 | 419 | 495 | 495 | 498 |
| 200 | 457 | 521 | 470 | 502 | 521 | 518 | 597 | 597 | 600 |
| 250 | 533 | 559 | 546 | 568 | 559 | 584 | 673 | 673 | 676 |
| 300 | 610 | 635 | 622 | 648 | 635 | 664 | 762 | 762 | 765 |
| 350 | 686 | 762 | 699 | 762 | 762 | 778 | 826 | 826 | 829 |
| 400 | 762 | 838 | 775 | 838 | 838 | 854 | 902 | 902 | 905 |
| 450 | 864 | 914 | 876 | 914 | 914 | 930 | 978 | 978 | 981 |
| 500 | 914 | 991 | 927 | 991 | 991 | 1010 | 1054 | 1054 | 1060 |
| 550 | 991 | 1092 | 1004 | 1092 | 1092 | 1114 | 1143 | 1143 | 1153 |
| 600 | 1067 | 1143 | 1080 | 1143 | 1143 | 1165 | 1232 | 1232 | 1241 |

续表

| 公称通径 DN/mm | 结构长度/mm | | | | | | | | |
|---|---|---|---|---|---|---|---|---|---|
| | *PN* 1.6/2.0MPa | | | *PN* 2.5/4.0/5.0MPa | | | *PN* 6.3MPa | | |
| | 突面式 | 焊接式 | 环连接式 | 突面式 | 焊接式 | 环连接式 | 突面式 | 焊接式 | 环连接式 |
| 650 | 1143 | 1245 | — | 1245 | 1245 | 1270 | 1308 | 1308 | 1321 |
| 700 | 1245 | 1346 | — | 1346 | 1346 | 1372 | 1397 | 1397 | 1410 |
| 750 | 1295 | 1397 | — | 1397 | 1397 | 1422 | 1524 | 1524 | 1537 |
| 800 | 1372 | 1524 | — | 1524 | 1524 | 1553 | 1651 | 1651 | 1667 |
| 850 | 1473 | 1626 | — | 1626 | 1626 | 1654 | 1778 | 1778 | 1794 |
| 900 | 1524 | 1727 | — | 1727 | 1727 | 1756 | 1880 | 2083 | 1895 |
| 1000 | 1900 | 1840 | — | 1900 | 1840 | — | 1960 | 1900 | — |
| 1050 | 2050 | 1960 | — | 2050 | 1960 | — | 2100 | 2050 | — |
| 1200 | 2180 | 2100 | — | 2180 | 2100 | — | 2400 | 2180 | — |
| 50 | 292 | 292 | 295 | 368 | 368 | 371 | 368 | 368 | 371 |
| 65 | 330 | 330 | 333 | 419 | 419 | 422 | 419 | 419 | 422 |
| 80 | 356 | 356 | 359 | 381 | 381 | 384 | 470 | 470 | 473 |
| 100 | 432 | 432 | 435 | 457 | 457 | 460 | 546 | 546 | 549 |
| 150 | 559 | 559 | 562 | 610 | 610 | 613 | 705 | 705 | 711 |
| 200 | 660 | 660 | 664 | 737 | 737 | 740 | 832 | 832 | 841 |
| 250 | 787 | 787 | 791 | 838 | 838 | 841 | 991 | 991 | 1000 |
| 300 | 838 | 838 | 841 | 965 | 965 | 968 | 1130 | 1130 | 1146 |
| 350 | 889 | 889 | 892 | 1029 | 1029 | 1038 | 1257 | 1257 | 1276 |
| 400 | 991 | 991 | 994 | 1130 | 1130 | 1140 | 1384 | 1384 | 1407 |
| 450 | 1092 | 1092 | 1095 | 1219 | 1219 | 1232 | — | — | — |
| 500 | 1194 | 1194 | 1200 | 1321 | 1321 | 1334 | — | — | — |
| 550 | 1295 | 1295 | 1305 | — | — | — | — | — | — |
| 600 | 1397 | 1397 | 1407 | 1549 | 1549 | 1568 | — | — | — |
| 650 | 1448 | 1448 | 1461 | — | — | — | — | — | — |
| 700 | 1549 | 1549 | 1562 | 1780 | 1700 | 1802 | — | — | — |
| 750 | 1651 | 1651 | 1664 | 1890 | 1700 | 1912 | — | — | — |
| 800 | 1778 | 1778 | 1794 | 2014 | 1884 | 2036 | — | — | — |
| 850 | 1930 | 1930 | 1946 | — | — | — | — | — | — |
| 900 | 2083 | 2083 | 2099 | — | — | — | — | — | — |

| 公称通径 DN/mm | 结构长度/mm | | | | | | | | |
|---|---|---|---|---|---|---|---|---|---|
| | *PN* 1.6/2.0MPa | | | *PN*2.5/4.0/5.0MPa | | | *PN* 42.0MPa | | |
| | 突面式 | 焊接式 | 环连接式 | 突面式 | 焊接式 | 环连接式 | 突面式 | 焊接式 | 环连接式 |
| 50 | — | — | — | — | — | — | 451 | 451 | 454 |
| 65 | — | — | — | — | — | — | 508 | 508 | 540 |
| 80 | — | — | — | — | — | — | 578 | 578 | 584 |
| 100 | — | — | — | — | — | — | 673 | 673 | 683 |
| 150 | 267 | 403 | 279 | — | — | — | 914 | 914 | 927 |
| 200 | 292 | 419 | 305 | 419 | 419 | 435 | 1022 | 1022 | 1038 |
| 250 | 330 | 457 | 343 | 457 | 457 | 473 | 1270 | 1270 | 1292 |
| 300 | 356 | 502 | 368 | 502 | 502 | 518 | 1422 | 1422 | 1445 |

说明：突面式包括凹凸面结构。

### 4.4.14 法兰连接铜合金的闸阀、截止阀与止回阀结构长度标准（表 4-22）

表 4-22 法兰连接铜合金的闸阀、截止阀与止回阀结构长度标准

| 公称通径 DN/mm | 结构长度/mm | | |
|---|---|---|---|
| | 公称压力 PN/MPa | | |
| | 1.0～2.0 | | 4.0 |
| | 短 | 长 | |
| 10 | 45 | 80 | 108 |
| 15 | 55 | | |
| 20 | 57 | 90 | 117 |
| 25 | 68 | 100 | 127 |
| 32 | 73 | 110 | 146 |
| 40 | 77 | 120 | 159 |
| 50 | 84 | 135 | 190 |
| 65 | 100 | 165 | 216 |
| 80 | 120 | 185 | 254 |
| 100 | 140 | — | — |
| 基本系列 | — | 18 | 7 |

### 4.4.15 蝶阀的泄漏系数（表 4-23）

表 4-23 蝶阀的泄漏系数

| 公称通径 DN/mm | 泄漏系数 K | | |
|---|---|---|---|
| | A 级 | B 级 | C 级 |
| ≤300 | 13.6 | 54.3 | 不做规定 |
| 350～600 | 9.0 | 36.2 | |
| 700～900 | 7.3 | 29.0 | |
| 1000～1200 | 7.3 | 29.0 | |
| 1300～1500 | 5.4 | 24.4 | |
| 1600～1800 | 4.5 | 22.7 | |
| 2000～2200 | 3.7 | 20.2 | |
| 2400～2600 | 3.1 | 18.1 | |
| 2800～3000 | 2.7 | 16.3 | |

说明：C 级泄漏率用于不考虑泄漏的工况。

### 4.4.16 特殊压力级阀门压力-温度额定值（表 4-24）

表 4-24 特殊压力级阀门压力-温度额定值

| 温度/℃ | 公称压力 | | | | | | | |
|---|---|---|---|---|---|---|---|---|
| | 20 | 50 | 67 | 110 | 150 | 260 | 420 | 760 |
| | 分级表示的工作压力/MPa | | | | | | | |
| (−29～38) | 2.0 | 5.2 | 7.0 | 10.5 | 15.8 | 26.3 | 43.9 | 79.1 |
| 93 | 2.0 | 5.2 | 7.0 | 10.5 | 15.8 | 26.3 | 43.9 | 79.1 |
| 149 | 2.0 | 5.2 | 7.0 | 10.5 | 15.8 | 26.3 | 43.9 | 79.1 |
| 204 | 2.0 | 5.2 | 7.0 | 10.5 | 15.8 | 26.3 | 43.9 | 79.1 |
| 260 | 2.0 | 5.2 | 7.0 | 10.5 | 15.8 | 26.3 | 43.9 | 79.1 |
| 315 | 1.93 | 5.0 | 6.7 | 10 | 15 | 25 | 42 | 75.1 |
| 343 | 1.9 | 4.9 | 6.6 | 9.8 | 14.7 | 24.6 | 41 | 73.7 |
| 371 | 1.86 | 4.9 | 6.5 | 9.8 | 14.6 | 24.4 | 40.6 | 73.1 |
| 399 | 1.69 | 4.4 | 5.9 | 8.8 | 13.3 | 22.1 | 36.9 | 66.4 |
| 427 | 1.41 | 3.6 | 4.8 | 7.2 | 10.9 | 18.1 | 30.1 | 54.2 |
| 454 | 0.9 | 2.3 | 3.1 | 4.7 | 7.1 | 11.7 | 19.6 | 35.2 |
| 482 | 0.6 | 1.5 | 2.0 | 3.0 | 4.5 | 7.5 | 12.5 | 22.6 |
| 510 | 0.35 | 0.9 | 1.2 | 1.8 | 2.7 | 4.5 | 7.5 | 13.5 |
| 538 | 0.2 | 0.5 | 0.6 | 0.9 | 1.4 | 2.2 | 3.8 | 6.7 |

### 4.4.17　不锈钢水嘴密封性能（表 4-25）

**表 4-25　不锈钢水嘴密封性能**

<table>
<tr><th rowspan="2">水嘴用途</th><th rowspan="2">检测部位</th><th rowspan="2">阀芯或转换开关位置</th><th rowspan="2">出水口状态</th><th colspan="3">用冷水进行试验</th></tr>
<tr><th>压力/MPa</th><th>时间/s</th><th>要求</th></tr>
<tr><td rowspan="8">普通水嘴、洗面器、浴缸、淋浴、洗衣机、净身器、厨房、直饮水嘴</td><td>阀芯及阀芯上游</td><td rowspan="2">关闭</td><td rowspan="2">打开</td><td>1.60±0.05</td><td>60±5</td><td>阀芯及上游过水管道无渗漏</td></tr>
<tr><td>冷、热水隔墙</td><td>0.40±0.02</td><td>60±5</td><td>出水口及未连接的进水口无渗漏</td></tr>
<tr><td rowspan="2">阀芯下游</td><td rowspan="2">打开</td><td rowspan="2">关闭</td><td>0.40±0.02</td><td rowspan="2">60±5</td><td rowspan="2">阀芯下游任何密封部件无渗漏</td></tr>
<tr><td>0.05±0.01</td></tr>
<tr><td rowspan="4">手动转换开关</td><td rowspan="2">阀芯开，转换开关在淋浴位</td><td>堵住淋浴出水口</td><td>0.40±0.02</td><td>60±5</td><td rowspan="2">浴缸水嘴出水口无渗漏</td></tr>
<tr><td>打开浴缸出水口</td><td>0.05±0.01</td><td>60±5</td></tr>
<tr><td rowspan="2">阀芯开，转换开关在浴缸位</td><td>堵住浴缸出水口</td><td>0.40±0.02</td><td>60±5</td><td rowspan="2">淋浴出水口无渗漏</td></tr>
<tr><td>打开淋浴出水口</td><td>0.05±0.01</td><td>60±5</td></tr>
<tr><td rowspan="5">浴缸</td><td rowspan="5">自动转换开关</td><td>阀芯开，转换开关在浴缸位</td><td rowspan="5">出水口均开启</td><td>0.4±0.02</td><td>60±5</td><td>淋浴出水口无渗漏</td></tr>
<tr><td rowspan="2">阀芯开，转换开关在淋浴位</td><td>0.40±0.02</td><td>60±5</td><td>浴缸水嘴出水口无渗漏</td></tr>
<tr><td>0.05±0.01</td><td>60±5</td><td>转换开关不得移动，浴缸出水口无渗漏</td></tr>
<tr><td>关闭阀芯</td><td colspan="2">—</td><td>转换开关自动转向浴缸出水模式</td></tr>
<tr><td>阀芯开，转换开关在浴缸位</td><td>0.05±0.01</td><td>60±5</td><td>淋浴出水口无渗漏</td></tr>
</table>

### 4.4.18　不锈钢水嘴流量要求（表 4-26）

**表 4-26　不锈钢水嘴流量要求**

<table>
<tr><th>水嘴用途</th><th>试验压力/MPa</th><th colspan="2">流量 $Q$/(L/s)</th></tr>
<tr><td>普通水嘴、洗面器、厨房、净身</td><td>动压：0.10±0.01</td><td colspan="2">≤0.15</td></tr>
<tr><td rowspan="4">浴缸</td><td rowspan="7">动压：0.10±0.01</td><td rowspan="2">浴缸位</td><td>冷水或热水位置≥0.10</td></tr>
<tr><td>混合水位置(水温在 34～44℃)≥0.11</td></tr>
<tr><td rowspan="2">淋浴位</td><td>≥0.10(不带花洒)</td></tr>
<tr><td>0.07≤$Q$≤0.15(带花洒)</td></tr>
<tr><td rowspan="2">淋浴</td><td colspan="2">≥0.10(不带花洒)</td></tr>
<tr><td colspan="2">0.07≤$Q$≤0.15(带花洒)</td></tr>
<tr><td>洗衣机</td><td colspan="2">≥0.15</td></tr>
</table>

### 4.4.19　不锈钢水嘴用水效率等级指标（表 4-27）

**表 4-27　不锈钢水嘴用水效率等级指标**

| 用水效率等级 | 1 级 | 2 级 | 3 级 |
|---|---|---|---|
| 流量 $Q$/(L/s) | $Q$≤0.100 | 0.100<$Q$≤0.125 | 0.125<$Q$≤0.150 |

### 4.4.20　不锈钢水嘴灵敏度要求（表 4-28）

**表 4-28　不锈钢水嘴灵敏度要求**

<table>
<tr><th rowspan="2">水嘴的控制装置</th><th colspan="2">水嘴用途</th></tr>
<tr><th>面盆、洗涤、净身水嘴</th><th>淋浴水嘴、浴缸水嘴在淋浴/浴缸位置</th></tr>
<tr><td>判定半径 $r$>45mm</td><td>控制装置的位移≥10mm</td><td>控制装置的位移≥12mm</td></tr>
<tr><td>敏感度判定半径 $r$≥45mm</td><td>控制装置的转动角度≥10°<br>或位移≥10mm</td><td>控制装置的转动角度≥12°<br>或位移≥12mm</td></tr>
</table>

续表

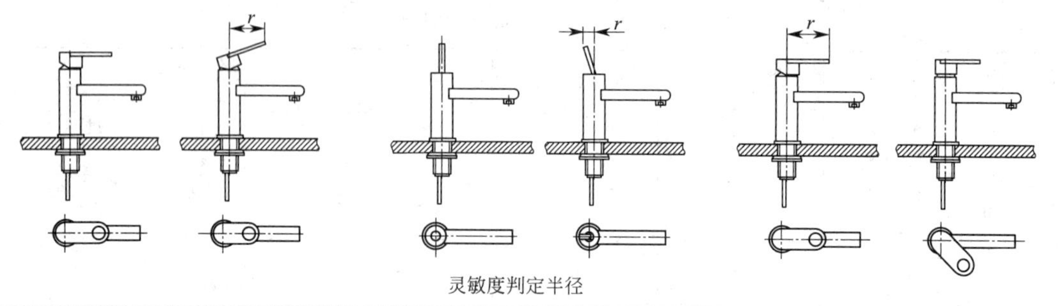

灵敏度判定半径

### 4.4.21 水嘴噪声级别（表 4-29）

**表 4-29 水嘴噪声级别**

| 噪声级别 | $L_p$/dB(A) |
|---|---|
| Ⅰ | ≤20 |
| Ⅱ | 20<$L_p$≤30 |
| U(未分级) | >30 |

### 4.4.22 水龙头主要技术参数（表 4-30）

**表 4-30 水龙头主要技术参数**

| 项目 | 主要技术参数 | 项目 | 主要技术参数 |
|---|---|---|---|
| 操作压力 | 0.05～0.5MPa | 工作水压 | 0.1～0.5MPa |
| 推荐压力 | 0.1～0.5MPa | 水路承受压力 | ≥1.05MPa |
| 冷水供给温度 | 5～29℃ | 冷热进水压差 | ≤20% |
| 热水供给温度 | 55～85℃ | 进水温度 | 热水 32～80℃;冷水 4～29℃ |
| 出水温度范围 | 20～50℃ | 延时关水时间 | 60s |
| 设定安全按钮 | 38℃ | 最大工作功耗 | ≤12W |

### 4.4.23 国标欧标水龙头标准技术参数及对比（表 4-31）

**表 4-31 国标欧标水龙头标准技术参数及对比**

| 功能/标准 | | GB 18145—2003 | EN817 | EN200 | QB 1334—2004 |
|---|---|---|---|---|---|
| 流量 | | 0.3±0.02;<br>不小于 0.33L/s;<br>不大于 0.15L/s | 0.3±0.02;<br>不小于 0.33L/s;<br>不大于 0.15L/s | 0.3±0.02;<br>不小于 0.33L/s;<br>不大于 0.15L/s | 0.3±0.02;<br>不小于 0.33L/s;<br>不大于 0.15L/s |
| 寿命 | 单柄单控 | ≥200000 次 | 无 | 无 | ≥60000 次 |
| | 单柄双控 | ≥70000 次 | ≥70000 次 | 无 | ≥300000 次 |
| | 双柄双控 | ≥200000 次 | 无 | ≥70000 次 | |
| | 转换开关 | ≥30000 次 | ≥30000 次 | 无 | ≥50000 次 |
| | 旋转式出水管 | ≥80000 次 | ≥80000 次 | 无 | ≥80000 次 |
| | 延时水嘴 | 无 | 无 | 无 | ≥100000 次 |
| 盐雾试验 | | 电镀层测试 | 电镀层测试 | 电镀层测试 | 电镀层测试 |
| 密封/MPa | | 1.6±0.05 | 1.6±0.05 | 1.6±0.05 | 1.6±0.05 |
| 强度/MPa | | 2.5±0.05 | 2.5±0.05 | 2.5±0.05 | 2.5±0.05 |
| 扭矩 | | DN15-61N·m<br>DN20-88N·m | (6±0.2)N·m<br>(300+15)s | (6±0.2)N·m<br>(300+15)s | (6±0.6)N·m,445N,<br>67N 的拉力 |
| 冷热循环 | | 移置 80℃热水中 40s,<br>再移置室温水中 40s,<br>连续 450 个周期 | 无 | 无 | 移置 80℃热水中 40s,<br>再移置室温水中 40s,<br>连续 450 个周期 |
| 灵敏度 | | 无 | — | 无 | |

## 4.5 金属管道设计的技术参数

### 4.5.1 工业管道按介质压力和温度的分类

根据管道输送温度，工业管道可以分为低温管道、常温管道、中温管道、高温管道。工业管道输送介质的温度差异很大，根据介质温度的分类见表 4-32。

表 4-32 工业管道按介质压力和温度的分类

| 名称 | 设计压力 $p$/MPa | 类别 | 介质工作温度 $t$/℃ |
|---|---|---|---|
| 真空管道 | $p<0$ | 低温管道 | $t\leqslant-40$ |
| 低压管道 | $0\leqslant p\leqslant1.6$ | 常温管道 | $-40<t\leqslant120$ |
| 中压管道 | $1.6<p\leqslant10$ | 中温管道 | $120<t\leqslant450$ |
| 高压管道 | $10<p\leqslant100$ | 高温管道 | $t>450$ |
| 超高压管道 | $p>100$ | | $t\leqslant450$ |

### 4.5.2 室内水管安装的要求

(1) 给水引入管与排水排出管的水平净距不得小于 1m。

(2) 给水管应铺在排水管上面。如果给水管必须铺在排水管的下面时，给水管需要加套管，其长度不得小于排水管管径的 3 倍。

(3) 室内给水与排水管道平行敷设时，两管间的最小水平净距不得小于 0.5m。

(4) 室内给水与排水管道交叉铺设时，垂直净距不得小于 0.15m。

### 4.5.3 住宅最高日生活用水定额及小时变化系数（表 4-33）

表 4-33 住宅最高日生活用水定额及小时变化系数

| 类别 | | 卫生器具设置标准 | 用水定额/(L/人·d) | 小时变系数 $K$/h |
|---|---|---|---|---|
| 普通住宅 | Ⅰ | 大便器、洗涤盆 | 85～150 | 3.0～2.5 |
| | Ⅱ | 大便器、洗脸盆、洗涤盆、洗衣机、热水器、沐浴设备 | 130～300 | 2.8～2.3 |
| | Ⅲ | 大便器、洗脸盆、洗涤盆、洗衣机、集中热水供应、沐浴设备 | 180～320 | 2.5～2.0 |
| 别墅 | | 大便器、洗脸盆、洗涤盆、洗衣机、洒水栓，家用热水机组、沐浴设备 | 200～350 | 2.3～1.8 |

说明：别墅用水定额中含庭院绿化用水与汽车抹车用水。当地主管部门对住宅生活用水定额有具体规定时，需要根据当地规定执行。

### 4.5.4 住宅小区室外生活排水管道最小管径、最小坡度和最大充满度的规定（表 4-34）

表 4-34 小区室外生活排水管道最小管径、最小设计坡度、最大设计充满度

| 管别 | 管材 | 最小管径/mm | 最小设计坡度 | 最大设计充满度 |
|---|---|---|---|---|
| 接户管 | 埋地塑料管 | 160 | 0.005 | 0.5 |
| 干管 | 埋地塑料管 | 200 | 0.004 | |
| 支管 | 埋地塑料管 | 160 | 0.005 | |

说明：(1)接户管管径不得小于建筑物排出管管径；

(2)化粪池与其连接的第一个检查井的污水管最小设计坡度的取值：管径 150mm 为 0.010～0.012，管径 200mm 为 0.010。

### 4.5.5 酒店、宾馆与招待所生活用水定额及小时变化系数（表 4-35）

表 4-35 酒店、宾馆与招待所生活用水定额及小时变化系数

| 物业 | 名　　称 | 单位 | 最高日生活用水定额/L | 使用时数/h | 小时变化系数 K/h |
|---|---|---|---|---|---|
| 招待所、培训中心、普通旅馆 | 设公用盥洗室<br>设公用盥洗室、淋浴室、<br>设公用盥洗室、淋浴室、洗衣室<br>设单独卫生间、公用洗衣室 | 每人每日<br>每人每日<br>每人每日<br>每人每日 | 50～100<br>80～130<br>100～150<br>120～200 | 24 | 3.0～2.5 |
| 酒店式公寓 | 酒店式公寓 | 每人每日 | 200～300 | 24 | 2.5～2.0 |
| 宾馆客房 | 旅客<br>员工 | 每床位每日<br>每人每日 | 250～400<br>80～100 | 24 | 2.5～2.0 |

说明：空调用水需要另外计。

### 4.5.6 生活污水管道坡度的确定（表 4-36）

表 4-36 生活污水管道坡度的确定

| 管径/mm | 通用坡度/‰ | 最小坡度/‰ | 管径/mm | 通用坡度/‰ | 最小坡度/‰ |
|---|---|---|---|---|---|
| 50 | 35 | 25 | 125 | 15 | 10 |
| 75 | 25 | 15 | 150 | 10 | 7 |
| 100 | 20 | 12 | 200 | 8 | 5 |

### 4.5.7 雨水管道的最小管径与横管最小坡度的确定（表 4-37）

表 4-37 雨水管道的最小管径与横管的最小设计坡度

| 管　　别 | 最小管径/mm | 横管最小设计坡度/(°) | |
|---|---|---|---|
| | | 塑料管 | 铸铁管、钢管 |
| 13＃沟头的雨水口的连接管 | 150(160) | 0.0100 | — |
| 建筑外墙雨落水管 | 75(75) | — | — |
| 满管压力流屋面排水悬吊管 | 50(50) | 0.000 | 0.00 |
| 小区道路下干管、支管 | 300(315) | 0.0015 | — |
| 小区建筑物周围雨水接户管 | 200(225) | 0.0030 | — |
| 雨水排水立管 | 100(110) | — | — |
| 重力流排水悬吊管、埋地管 | 100(110) | 0.0050 | 0.01 |

说明：表中括号内数据为塑料管外径，铸铁管管径为公称直径。

### 4.5.8 地下埋设雨水排水管道的最小坡度（表 4-38）

表 4-38 地下埋设雨水排水管道的最小坡度

| 管径/mm | 最小坡度/‰ | 管径/mm | 最小坡度/‰ |
|---|---|---|---|
| 50 | 20 | 125 | 6 |
| 75 | 15 | 150 | 5 |
| 100 | 8 | 200～400 | 4 |

### 4.5.9 悬吊式雨水管检查口间距（表 4-39）

表 4-39 悬吊式雨水管检查口间距

| 悬吊管直径/mm | 检查口间距/m |
|---|---|
| ≤150 | ≯15 |
| ≥200 | ≯20 |

### 4.5.10 雨水管钢管管道焊口允许偏差（表 4-40）

**表 4-40 雨水管钢管管道焊口允许偏差**

| 项目 | | | 允许偏差 | 检验方法 |
|---|---|---|---|---|
| 焊口平直度 | 管壁厚 10mm 以内 | | 管壁厚 1/4 | 焊接检验尺和游标卡尺检查 |
| 焊缝加强面 | 高度 | | +1mm | |
| | 宽度 | | | |
| 咬边 | 深度 | | 小于 0.5mm | 直尺检查 |
| | 长度 | 连续长度 | 25mm | |
| | | 总长度(两侧) | 小于焊缝长度的 10% | |

### 4.5.11 排水管道坡度（表 4-41）

**表 4-41 排水管道坡度**

| 管径/mm | 生活污水铸铁管 | | 生活污水塑料管 | | 地下埋设雨水管 |
|---|---|---|---|---|---|
| | 标准坡度/‰ | 最小坡度/‰ | 标准坡度/‰ | 最小坡度/‰ | 最小坡度/‰ |
| 50 | 35 | 25 | 25 | 12 | 20 |
| 75 | 25 | 15 | 15 | 8 | 15 |
| 110 | 20 | 12 | 12 | 6 | 8 |
| 125 | 15 | 10 | 10 | 5 | 6 |
| 160 | 10 | 7 | 7 | 4 | 5 |
| 200 | 8 | 5 | | | 4 |

### 4.5.12 排水铸铁管排水管穿墙预留洞尺寸（表 4-42）

**表 4-42 排水铸铁管排水管穿墙预留洞尺寸** mm

| 排出管直径 *DN* | | 50～100 | 120～150 | 200 |
|---|---|---|---|---|
| 洞 | 混凝土墙 | 300×300 | 400×400 | 500×500 |
| 宽×高 | 砖墙 | 240×240 | 360×360 | 490×490 |

### 4.5.13 金属排水管道固定件间距

金属排水管道上的吊钩或卡箍，需要固定在承重结构上。固定件间距要求见表 4-43。立管底部的弯管处，需要设支墩或采取固定措施。

**表 4-43 固定件间距要求**

| 金属排水管道类型 | 固定件间距 |
|---|---|
| 楼层高度小于或等于 4m | 立管可安装 1 个固定件 |
| 横管 | 不大于 2m |
| 立管 | 不大于 3m |

### 4.5.14 明敷管道穿越防火区域采取防止火灾贯穿措施的要求（表 4-44）

**表 4-44 明敷管道穿越防火区域采取防止火灾贯穿措施的要求**

| 类型 | 要求 |
|---|---|
| 立管管径≥110mm | 楼板贯穿部位需要设置阻火圈或长度≥500mm 的防火套管。管道安装后，需要在穿越楼板处用 C20 细石混凝土分两次浇捣密实。浇筑结束后，需要结合找平层或面层施工，在管道周围应筑成厚度≥20mm、宽度≥30mm 的阻水圈 |
| 横干管穿越防火分区隔墙 | 管道穿越墙体的两侧，需要设置防火圈或长度≥500mm 的防火套管 |
| 管径≥110mm 的横支管与暗设立管相连 | 墙体贯穿部位需要设置阻火圈或长度≥300mm 的防火套管，并且防火套管的明露部分长度不宜<200mm |

### 4.5.15 排水通气管的一些要求

排水通气管不得与风道、烟道连接，排水通气管的一些要求见表 4-45。

**表 4-45 排水通气管的要求**

| 类 型 | 要 求 |
|---|---|
| 通气管 | 通气管需要高出屋面 300mm，但是必须大于最大积雪厚度 |
| 经常有人停留的平屋顶上 | 通气管需要高出屋面 2m，并且需要根据防雷要求设置防雷装置 |
| 通气管出口 4m 以内有门、窗时 | 通气管需要高出门、窗顶 600mm 或引向无门、窗一侧 |

说明：通气管屋顶有隔热层，需要从隔热层板面算起。

### 4.5.16 通气管管径的确定

通气管的管径确定需要根据排水管排水能力、管道长度来确定，一般来说不宜小于排水管管径的 1/2。通气管最小管径的确定可以参考表 4-46。

**表 4-46 通气管最小管径的确定**

| 名称 | 排水管管径/mm | | | | | | |
|---|---|---|---|---|---|---|---|
| | 32 | 40 | 50 | 75 | 100 | 125 | 150 |
| 器具通气管 | 32 | 32 | 32 | — | 50 | 50 | — |
| 通气立管 | | | 40 | 50 | 75 | 100 | 100 |
| 环形通气管 | | | 32 | 40 | 50 | 50 | — |

注：(1) 结合通气管的管径不宜小于通气立管管径；

(2) 通气立管长度在 50m 以上者，其管径应与排水立管管径相同；

(3) 两个及两个以上排水立管同时与一根通气立管相连时，应以最大一根排水立管按表中确定通气立管管径，且管径不宜小于其余任何一根排水立管管径。

### 4.5.17 给水管道与阀门安装允许偏差（表 4-47）

**表 4-47 给水管道与阀门安装允许偏差**

| 项 目 | | | 允许偏差/mm | 检验方法 |
|---|---|---|---|---|
| 水平管道纵横方向弯曲 | 钢管 | 每米<br>全长 25m 以上 | 1<br>≯25 | 用水平尺、直尺、拉线和尺量检查 |
| | 塑料管<br>复合管 | 每米<br>全长 25m 以上 | 1.5<br>≯25 | |
| | 铸铁管 | 每米<br>全长 25m 以上 | 2<br>≯25 | |
| 立管垂直度 | 钢管 | 每米<br>5m 以上 | 3<br>≯8 | 吊线和尺量检查 |
| | 塑料管<br>复合管 | 每米<br>5m 以上 | 2<br>≯8 | |
| | 铸铁管 | 每米<br>5m 以上 | 3<br>≯10 | |
| 成排管段和成排阀门 | | 在同一平面上间距 | 3 | 尺量检查 |

### 4.5.18 紫铜、黄铜管道安装工艺要求

铜及铜合金管道的外表面缺陷允许度规定如下：

(1) 偏横向的凹入深度或凸出高度不大于 0.35mm；

(2) 瘢疤碰伤、起泡及凹坑，其深度不超过 0.03mm，其面积不超过管子表面积

的 30%；

（3）用作导管时其面积则不超过管子表面积的 0.5%。

纵向划痕深度见表 4-48。

**表 4-48　紫铜、黄铜管道纵向划痕深度**

| 壁厚/mm | 纵向划痕深度不大于/mm | 壁厚/mm | 纵向划痕深度不大于/mm |
|---|---|---|---|
| ≤2 | 0.04 | >2 | 0.05 |

注：用于作导管的铜及铜合金管道，不论壁厚大小，纵向划痕深度不应大于 0.03mm。

## 4.5.19　铜管给水管道支、吊架的最大间距（表 4-49）

**表 4-49　铜管给水管道支、吊架的最大间距**

| 公称直径/mm | | 15 | 20 | 25 | 32 | 40 | 50 | 65 | 80 | 100 | 125 | 150 | 200 |
|---|---|---|---|---|---|---|---|---|---|---|---|---|---|
| 支架的最大间距/m | 垂直管 | 1.8 | 2.4 | 2.4 | 3.0 | 3.0 | 3.5 | 3.5 | 3.5 | 3.5 | 3.5 | 4.0 | 4.0 |
| | 水平管 | 1.2 | 1.8 | 1.8 | 2.4 | 2.4 | 2.4 | 3.0 | 3.0 | 3.0 | 3.0 | 3.5 | 3.5 |

## 4.5.20　钢管给水管道支、吊架的最大间距（表 4-50）

**表 4-50　钢管给水管道支、吊架的最大间距**

| 公称直径/mm | | 15 | 20 | 25 | 32 | 40 | 50 | 70 | 80 | 100 | 125 | 150 | 200 | 250 | 300 |
|---|---|---|---|---|---|---|---|---|---|---|---|---|---|---|---|
| 支架的最大间距/m | 保温管 | 2 | 2.5 | 2.5 | 2.5 | 3 | 3 | 4 | 4 | 4.5 | 6 | 7 | 7 | 8 | 8.5 |
| | 不保温管 | 2.5 | 3 | 3.5 | 4 | 4.5 | 5 | 6 | 6 | 6.5 | 7 | 8 | 9.5 | 11 | 12 |

## 4.5.21　暖通钢管管道支、吊架的最大间距（表 4-51）

**表 4-51　暖通钢管管道支、吊架的最大间距**

| 公称直径/mm | | 15 | 20 | 25 | 32 | 40 | 50 | 70 | 80 | 100 | 125 | 150 | 200 | 250 | 300 |
|---|---|---|---|---|---|---|---|---|---|---|---|---|---|---|---|
| 支架的最大间距/m | 保温管 | 1.5 | 2.0 | 2.5 | 2.5 | 3.0 | 3.5 | 4.0 | 5.0 | 5.0 | 5.5 | 6.5 | 7.5 | 8.5 | 9.5 |
| | 不保温管 | 2.5 | 3.0 | 3.5 | 4.0 | 4.5 | 5.0 | 6.0 | 6.5 | 6.5 | 7.5 | 7.5 | 9.0 | 9.5 | 10.5 |
| | 对大于 300mm 的管道可参考 300mm 管道。 | | | | | | | | | | | | | | |

说明：适应于工作压力不大于 2.0MPa、不保温或保温材料密度不大于 200kg/m$^3$的管道系统。

## 4.5.22　暖通风管管道支、吊架的间距要求（表 4-52）

**表 4-52　暖通风管管道支、吊架的间距要求**

| 项　　目 | 水平安装 | | 垂直安装 |
|---|---|---|---|
| 规格 | 直径或长边尺寸小于等于 400mm | 直径或长边尺寸的大于 400mm | |
| 间距要求 | 不应大于 4m | 不应大于 3m | 不应大于 4m,单根直管至少应有 2 个固定点 |

说明：(1) 支、吊架不宜设置在风口、阀门、检查门、自动机构处，离风口或插接管的距离不宜小于 200mm；

(2) 螺旋风管的支、吊架间距，可以分别延长到 5m 与 3.75m，对于薄壁钢板法兰的风管，其支、吊架间距不应大于 3m；

(3) 当水平悬吊的主、干风管长度超过 20m 时，需要设置防止摇动的固定点，每个系统不应少于 1 个。

## 4.5.23　建筑给排水及采暖工程铜管管道支架的最大间距（表 4-53）

**表 4-53　建筑给排水及采暖工程铜管管道支架的最大间距**

| 公称直径/mm | | 15 | 20 | 25 | 32 | 40 | 50 | 65 | 80 | 100 | 125 | 150 | 200 |
|---|---|---|---|---|---|---|---|---|---|---|---|---|---|
| 支架的最大间距/m | 垂直管 | 1.8 | 2.4 | 2.4 | 3.0 | 3.0 | 3.0 | 3.5 | 3.5 | 3.5 | 3.5 | 4.0 | 4.0 |
| | 水平管 | 1.2 | 1.8 | 1.8 | 2.4 | 2.4 | 2.4 | 3.0 | 3.0 | 3.0 | 3.0 | 3.5 | 3.5 |

### 4.5.24 建筑给排水及采暖工程管道管端插入承口的深度（表 4-54）

表 4-54 建筑给排水及采暖工程管道管端插入承口的深度

| 公称直径/mm | 20 | 25 | 32 | 40 | 50 | 75 | 100 | 125 | 150 |
|---|---|---|---|---|---|---|---|---|---|
| 插入深度/mm | 16 | 19 | 22 | 26 | 31 | 44 | 61 | 69 | 80 |

### 4.5.25 建筑给排水及采暖工程塑料、复合管管道支架的最大间距（表 4-55）

表 4-55 建筑给排水及采暖工程塑料、复合管管道支架的最大间距

| 管径/mm | | | 12 | 14 | 16 | 18 | 20 | 25 | 32 | 40 | 50 | 63 | 75 | 90 | 110 |
|---|---|---|---|---|---|---|---|---|---|---|---|---|---|---|---|
| 最大间距/m | 立管 | | 0.5 | 0.6 | 0.7 | 0.8 | 0.9 | 1.0 | 1.1 | 1.3 | 1.6 | 1.8 | 2.0 | 2.2 | 2.4 |
| | 水平管 | 冷水管 | 0.4 | 0.4 | 0.5 | 0.5 | 0.6 | 0.7 | 0.8 | 0.9 | 1.0 | 1.1 | 1.2 | 1.35 | 1.55 |
| | | 热水管 | 0.2 | 0.2 | 0.25 | 0.3 | 0.3 | 0.35 | 0.4 | 0.5 | 0.6 | 0.7 | 0.8 | | |

### 4.5.26 工业金属管道工程直管段伴热管绑扎点间距

伴热管不得直接点焊在主管上。弯头部位的伴热管绑扎带不得少于 3 道，直管段伴热管绑扎点间距应符合表 4-56 的要求。

表 4-56 直管段伴热管绑扎点间距

| 伴热管公称尺寸/mm | 绑扎点间距/mm | 伴热管公称尺寸/mm | 绑扎点间距/mm |
|---|---|---|---|
| 10 | 800 | 20 | 1500 |
| 15 | 1000 | ＞20 | 2000 |

### 4.5.27 导管与热水管、蒸汽管间的最小距离

导管与热水管、蒸汽管平行敷设时，需要敷设在热水管、蒸汽管的下面。导管与热水管、蒸汽管间的最小距离，需要符合表 4-57 规定要求。

表 4-57 导管与热水管、蒸汽管间的最小距离

| 导管敷设位置 | 管道种类—热水/mm | 管道种类—蒸汽/mm |
|---|---|---|
| 热水、蒸汽管道上面平行敷设 | 300 | 1000 |
| 热水、蒸汽管道下面或水平平行敷设 | 200 | 500 |
| 与热水、蒸汽管道交叉敷设 | 100 | 300 |

说明：（1）导管与不含易燃易爆气体的其他管道的距离，平行敷设不应小于 100mm，交叉敷设处，不应小于 50mm；

（2）导管与易燃易爆气体管道，不宜平行敷设，交叉敷设处间距不应小于 100mm；

（3）达不到规定距离时，需要采取可靠有效的隔离保护措施。

### 4.5.28 钢导管管卡间最大距离

明配的钢导管，需要排列整齐，固定点间距均匀，管卡间的最大距离需要符合表 4-58 的规定要求。另外，管卡与终端、弯头中点、电气器具和盒（箱）边缘的距离，宜为 150～500mm。

表 4-58 钢导管管卡间最大距离

| 敷设方式 | 导管种类 | 导管直径/mm | | | |
|---|---|---|---|---|---|
| | | 15～20 | 25～32 | 40～50 | 65 |
| | | 管卡间最大距离/m | | | |
| 吊架、支架或沿墙敷设 | 厚壁钢导管壁厚≥2mm | 1.5mm | 2.0mm | 2.5mm | 3.5mm |
| | 薄壁钢导管 1.5mm≤壁厚＜2mm | 1.0mm | 1.5mm | 2.0mm | — |

### 4.5.29 可弯曲金属导管及金属软管敷设刚性塑料绝缘导管管卡间最大距离

明配刚性塑料绝缘导管，需要排列整齐，固定点间距均匀，管卡间最大距离需要符合表4-59的规定要求。另外，管卡与终端、转弯中点、电气器具或盒（箱）边缘的距离，宜为150～500mm。

表4-59 刚性塑料绝缘导管管卡间最大距离

| 敷设方式 | 管内径/mm | | |
|---|---|---|---|
| | 20及以下 | 25～40 | 50及以上 |
| 吊架、支架或沿墙敷设 | 1.0m | 1.5m | 2.0m |

### 4.5.30 热水管计算内径 $d_1$ 值（表4-60）

表4-60 热水管计算内径 $d_1$ 值

| 公称内径 DN /mm | 外径 D /mm | 内径 d /mm | 计算内径 $d_1$ /mm | 公称内径 DN /mm | 外径 D /mm | 内径 d /mm | 计算内径 $d_1$ /mm |
|---|---|---|---|---|---|---|---|
| 15 | 21.25 | 15.75 | 13.25 | 80 | 88.50 | 80.50 | 77.50 |
| 20 | 26.75 | 21.25 | 18.75 | 100 | 114.00 | 106.00 | 103.00 |
| 25 | 33.5 | 27.00 | 24.50 | 125 | 140.00 | 131.00 | 127.00 |
| 32 | 42.25 | 35.75 | 33.25 | 150 | 165.00 | 156.00 | 152.00 |
| 40 | 48.00 | 41.00 | 38.50 | 175 | 194.00 | 174.00 | 174.00 |
| 50 | 60.00 | 53.00 | 50.00 | 200 | 219.00 | 199.00 | 195.00 |
| 70 | 75.50 | 68.00 | 65.00 | | | | |

### 4.5.31 热水管水力的计算（表4-61）

表4-61 热水管水力计算

| Q | | DN15 | | DN20 | | DN25 | | DN32 | | DN40 | |
|---|---|---|---|---|---|---|---|---|---|---|---|
| L/h | L/s | R | v | R | v | R | v | R | v | R | v |
| 18 | 0.005 | 0.65 | 0.04 | 0.12 | 0.02 | 0.04 | 0.01 | 0.01 | 0.01 | — | — |
| 36 | 0.010 | 2.16 | 0.07 | 0.41 | 0.04 | 0.12 | 0.02 | 0.03 | 0.01 | 0.01 | 0.01 |
| 54 | 0.015 | 4.42 | 0.11 | 0.83 | 0.05 | 0.23 | 0.03 | 0.05 | 0.02 | 0.03 | 0.01 |
| 72 | 0.020 | 7.39 | 0.15 | 1.37 | 0.07 | 0.38 | 0.04 | 0.09 | 0.02 | 0.04 | 0.02 |
| 90 | 0.025 | 11.04 | 0.18 | 2.03 | 0.09 | 0.56 | 0.05 | 0.13 | 0.03 | 0.07 | 0.02 |
| 108 | 0.030 | 15.37 | 0.22 | 2.81 | 0.11 | 0.77 | 0.06 | 0.18 | 0.03 | 0.09 | 0.03 |
| 126 | 0.035 | 20.37 | 0.25 | 3.69 | 0.13 | 1.01 | 0.07 | 0.23 | 0.04 | 0.12 | 0.03 |
| 144 | 0.040 | 26.04 | 0.29 | 4.69 | 0.14 | 1.28 | 0.08 | 0.30 | 0.05 | 0.15 | 0.03 |
| 162 | 0.045 | 32.36 | 0.33 | 5.80 | 0.16 | 1.58 | 0.10 | 0.36 | 0.05 | 0.18 | 0.04 |
| 180 | 0.050 | 39.35 | 0.36 | 7.01 | 0.18 | 1.90 | 0.11 | 0.44 | 0.06 | 0.22 | 0.04 |
| 198 | 0.055 | 47.00 | 0.40 | 8.34 | 0.20 | 2.25 | 0.12 | 0.52 | 0.06 | 0.26 | 0.05 |
| 216 | 0.060 | 55.31 | 0.44 | 9.76 | 0.22 | 2.63 | 0.13 | 0.60 | 0.07 | 0.30 | 0.05 |
| 234 | 0.065 | 64.58 | 0.47 | 11.30 | 0.24 | 3.03 | 0.14 | 0.69 | 0.07 | 0.34 | 0.06 |
| 252 | 0.070 | 74.90 | 0.51 | 12.94 | 0.25 | 3.46 | 0.15 | 0.79 | 0.08 | 0.39 | 0.06 |
| 270 | 0.075 | 85.98 | 0.54 | 14.69 | 0.27 | 3.92 | 0.16 | 0.89 | 0.09 | 0.44 | 0.06 |
| 288 | 0.080 | 97.82 | 0.59 | 16.54 | 0.29 | 4.40 | 0.17 | 1.00 | 0.09 | 0.49 | 0.07 |
| 306 | 0.085 | 110.43 | 0.62 | 18.50 | 0.31 | 4.91 | 0.18 | 1.11 | 0.10 | 0.55 | 0.07 |
| 324 | 0.090 | 123.81 | 0.65 | 20.56 | 0.33 | 5.45 | 0.19 | 1.23 | 0.10 | 0.60 | 0.08 |
| 342 | 0.095 | 137.94 | 0.69 | 22.73 | 0.34 | 6.01 | 0.20 | 1.35 | 0.11 | 0.66 | 0.08 |
| 360 | 0.100 | 152.85 | 0.73 | 25.00 | 0.36 | 6.60 | 0.21 | 1.48 | 0.12 | 0.73 | 0.09 |
| 396 | 0.110 | 184.94 | 0.80 | 29.86 | 0.40 | 7.85 | 0.23 | 1.75 | 0.13 | 0.86 | 0.09 |
| 432 | 0.120 | 220.10 | 0.87 | 35.13 | 0.43 | 9.21 | 0.25 | 2.05 | 0.14 | 1.00 | 0.10 |
| 468 | 0.130 | 258.31 | 0.94 | 41.02 | 0.47 | 10.67 | 0.28 | 2.36 | 0.15 | 1.16 | 0.11 |
| 504 | 0.140 | 299.58 | 1.02 | 47.57 | 0.51 | 12.23 | 0.30 | 2.70 | 0.16 | 1.32 | 0.12 |
| 540 | 0.150 | 343.91 | 1.09 | 54.61 | 0.54 | 13.89 | 0.32 | 3.06 | 0.17 | 1.49 | 0.13 |
| 576 | 0.160 | 391.29 | 1.16 | 62.13 | 0.58 | 15.65 | 0.34 | 3.44 | 0.18 | 1.68 | 0.14 |
| 612 | 0.170 | 441.73 | 1.23 | 70.14 | 0.62 | 17.52 | 0.36 | 3.84 | 0.20 | 1.87 | 0.15 |
| 648 | 0.180 | 495.22 | 1.31 | 78.64 | 0.65 | 19.48 | 0.38 | 4.26 | 0.21 | 2.07 | 0.15 |
| 684 | 0.190 | 551.78 | 1.38 | 87.62 | 0.69 | 21.55 | 0.40 | 4.70 | 0.22 | 2.28 | 0.16 |
| 720 | 0.200 | 611.39 | 1.45 | 97.09 | 0.72 | 23.72 | 0.42 | 5.16 | 0.23 | 2.50 | 0.17 |

续表

| Q | | DN50 | | DN70 | | DN80 | | DN100 | | DN125 | |
|---|---|---|---|---|---|---|---|---|---|---|---|
| L/h | L/s | R | v | R | v | R | v | R | v | R | v |
| 18 | 0.005 | — | — | — | — | — | — | — | — | — | — |
| 36 | 0.010 | — | — | — | — | — | — | — | — | — | — |
| 54 | 0.015 | 0.01 | 0.01 | — | — | — | — | — | — | — | — |
| 72 | 0.020 | 0.01 | 0.01 | 0.01 | 0.01 | — | — | — | — | — | — |
| 90 | 0.025 | 0.02 | 0.01 | 0.01 | 0.01 | — | — | — | — | — | — |
| 108 | 0.030 | 0.03 | 0.02 | 0.01 | 0.01 | — | — | — | — | — | — |
| 126 | 0.035 | 0.03 | 0.02 | 0.01 | 0.01 | — | — | — | — | — | — |
| 144 | 0.040 | 0.04 | 0.02 | 0.01 | 0.01 | 0.01 | 0.01 | — | — | — | — |
| 162 | 0.045 | 0.05 | 0.02 | 0.02 | 0.01 | 0.01 | 0.01 | — | — | — | — |
| 180 | 0.050 | 0.06 | 0.03 | 0.02 | 0.02 | 0.01 | 0.01 | — | — | — | — |
| 198 | 0.055 | 0.07 | 0.03 | 0.02 | 0.02 | 0.01 | 0.01 | — | — | — | — |
| 216 | 0.060 | 0.09 | 0.03 | 0.02 | 0.02 | 0.01 | 0.01 | — | — | — | — |
| 234 | 0.065 | 0.10 | 0.03 | 0.03 | 0.02 | 0.01 | 0.01 | — | — | — | — |
| 252 | 0.070 | 0.11 | 0.04 | 0.03 | 0.02 | 0.01 | 0.01 | — | — | — | — |
| 270 | 0.075 | 0.13 | 0.04 | 0.04 | 0.02 | 0.02 | 0.02 | — | — | — | — |
| 288 | 0.080 | 0.14 | 0.04 | 0.04 | 0.02 | 0.02 | 0.02 | — | — | — | — |
| 306 | 0.085 | 0.16 | 0.04 | 0.04 | 0.03 | 0.02 | 0.02 | 0.01 | 0.01 | — | — |
| 324 | 0.090 | 0.17 | 0.05 | 0.05 | 0.03 | 0.02 | 0.02 | 0.01 | 0.01 | — | — |
| 342 | 0.095 | 0.19 | 0.05 | 0.05 | 0.03 | 0.02 | 0.02 | 0.01 | 0.01 | — | — |
| 360 | 0.100 | 0.21 | 0.05 | 0.06 | 0.03 | 0.02 | 0.02 | 0.01 | 0.01 | — | — |
| 396 | 0.110 | 0.24 | 0.06 | 0.07 | 0.03 | 0.03 | 0.02 | 0.01 | 0.01 | — | — |
| 432 | 0.120 | 0.28 | 0.06 | 0.08 | 0.04 | 0.04 | 0.03 | 0.01 | 0.01 | — | — |
| 468 | 0.130 | 0.33 | 0.07 | 0.09 | 0.04 | 0.04 | 0.03 | 0.01 | 0.02 | — | — |
| 504 | 0.140 | 0.37 | 0.07 | 0.11 | 0.04 | 0.05 | 0.03 | 0.01 | 0.02 | — | — |
| 540 | 0.150 | 0.42 | 0.08 | 0.12 | 0.05 | 0.05 | 0.03 | 0.01 | 0.02 | — | — |
| 576 | 0.160 | 0.47 | 0.08 | 0.13 | 0.05 | 0.06 | 0.03 | 0.02 | 0.02 | 0.01 | 0.01 |
| 612 | 0.170 | 0.52 | 0.09 | 0.15 | 0.05 | 0.06 | 0.04 | 0.02 | 0.02 | 0.01 | 0.01 |
| 648 | 0.180 | 0.58 | 0.09 | 0.16 | 0.05 | 0.07 | 0.04 | 0.02 | 0.02 | 0.01 | 0.01 |
| 684 | 0.190 | 0.64 | 0.10 | 0.18 | 0.06 | 0.08 | 0.04 | 0.02 | 0.02 | 0.01 | 0.01 |
| 720 | 0.200 | 0.70 | 0.10 | 0.20 | 0.06 | 0.09 | 0.04 | 0.02 | 0.02 | 0.01 | 0.02 |

| Q | | DN100 | | DN125 | | DN150 | | DN175 | | DN200 | |
|---|---|---|---|---|---|---|---|---|---|---|---|
| L/h | L/s | R | v | R | v | R | v | R | v | R | v |
| 81000 | 22.500 | 147.34 | 2.70 | 48.55 | 1.78 | 18.73 | 1.24 | 9.15 | 0.95 | 5.00 | 0.75 |
| 82800 | 23.000 | 153.96 | 2.76 | 50.73 | 1.82 | 19.57 | 1.27 | 9.56 | 0.97 | 5.23 | 0.77 |
| 84600 | 23.500 | 160.73 | 2.82 | 52.96 | 1.86 | 20.43 | 1.30 | 9.98 | 0.99 | 5.46 | 0.79 |
| 86400 | 24.000 | 167.64 | 2.88 | 55.24 | 1.89 | 23.31 | 1.32 | 10.41 | 1.01 | 5.69 | 0.80 |
| 88200 | 24.500 | 174.70 | 2.94 | 57.57 | 1.93 | 22.21 | 1.35 | 1.85 | 1.03 | 5.93 | 0.82 |
| 90000 | 25.000 | 181.90 | 3.00 | 59.94 | 1.97 | 23.13 | 1.38 | 11.30 | 1.05 | 6.18 | 0.84 |
| 91800 | 25.500 | 189.25 | 3.06 | 62.36 | 2.01 | 24.06 | 1.41 | 11.75 | 1.07 | 6.43 | 0.85 |
| 93600 | 26.000 | 196.75 | 3.12 | 64.83 | 2.05 | 25.01 | 1.43 | 12.22 | 1.09 | 6.68 | 0.87 |
| 95400 | 26.500 | 204.39 | 3.18 | 67.35 | 2.09 | 25.98 | 1.46 | 12.69 | 1.11 | 6.94 | 0.89 |
| 97200 | 27.000 | 212.17 | 3.24 | 69.91 | 2.13 | 26.97 | 1.49 | 13.18 | 1.14 | 7.20 | 0.90 |
| 99000 | 27.500 | 220.10 | 3.30 | 72.53 | 2.17 | 27.98 | 1.52 | 13.67 | 1.16 | 7.47 | 0.92 |
| 100800 | 28.000 | 228.18 | 3.36 | 75.19 | 2.21 | 29.01 | 1.54 | 14.17 | 1.18 | 7.75 | 0.94 |
| 102600 | 28.500 | 236.40 | 3.42 | 77.90 | 2.25 | 30.06 | 1.57 | 14.68 | 1.20 | 8.03 | 0.95 |
| 104400 | 29.000 | 244.77 | 3.48 | 80.66 | 2.29 | 31.12 | 1.60 | 15.20 | 1.22 | 8.31 | 0.97 |
| 106200 | 29.500 | — | — | 83.46 | 2.33 | 32.20 | 1.63 | 15.73 | 1.24 | 8.60 | 0.99 |
| 108000 | 30.000 | — | — | 86.31 | 2.37 | 33.30 | 1.65 | 16.27 | 1.26 | 8.89 | 1.00 |
| 109800 | 30.500 | — | — | 89.22 | 2.41 | 34.42 | 1.68 | 16.81 | 1.28 | 9.19 | 1.02 |
| 111600 | 31.000 | — | — | 92.16 | 2.45 | 35.56 | 1.71 | 17.37 | 1.30 | 9.50 | 1.04 |
| 113400 | 31.500 | — | — | 95.16 | 2.49 | 36.72 | 1.74 | 17.94 | 1.32 | 9.80 | 1.05 |
| 115200 | 32.000 | — | — | 98.21 | 2.53 | 37.89 | 1.76 | 18.51 | 1.35 | 10.12 | 1.07 |

续表

| Q | | DN100 | | DN125 | | DN150 | | DN175 | | DN200 | |
|---|---|---|---|---|---|---|---|---|---|---|---|
| L/h | L/s | R | v | R | v | R | v | R | v | R | v |
| 117000 | 32.500 | — | — | 101.30 | 2.57 | 39.08 | 1.79 | 19.09 | 1.37 | 10.44 | 1.09 |
| 118800 | 33.000 | — | — | 104.44 | 2.61 | 40.30 | 1.82 | 19.68 | 1.39 | 10.76 | 1.10 |
| 120600 | 33.500 | — | — | 107.63 | 2.64 | 41.53 | 1.85 | 20.29 | 1.41 | 11.09 | 1.12 |
| 122400 | 34.000 | — | — | 110.87 | 2.68 | 42.77 | 1.87 | 20.90 | 1.43 | 11.42 | 1.14 |
| 124200 | 34.500 | — | — | 114.15 | 2.72 | 44.04 | 1.90 | 21.51 | 1.45 | 11.76 | 1.16 |
| 126000 | 35.000 | — | — | 117.48 | 2.76 | 45.33 | 1.93 | 22.14 | 1.47 | 12.10 | 1.17 |
| 127800 | 35.500 | — | — | 120.86 | 2.80 | 46.63 | 1.96 | 22.78 | 1.49 | 12.45 | 1.19 |
| 129600 | 36.000 | — | — | 124.29 | 2.84 | 47.96 | 1.98 | 23.43 | 1.51 | 12.81 | 1.21 |
| 131400 | 36.500 | — | — | 127.77 | 2.88 | 49.30 | 2.01 | 24.08 | 1.53 | 13.16 | 1.22 |
| 133200 | 37.000 | — | — | 131.29 | 2.92 | 50.66 | 2.04 | 24.75 | 1.56 | 13.53 | 1.24 |
| 135000 | 37.500 | — | — | 134.87 | 2.96 | 52.03 | 2.07 | 25.42 | 1.58 | 13.90 | 1.26 |
| 136800 | 38.000 | — | — | 138.49 | 3.00 | 53.43 | 2.09 | 26.10 | 1.60 | 14.27 | 1.27 |
| 138600 | 38.500 | — | — | 142.16 | 3.04 | 54.85 | 2.12 | 26.79 | 1.62 | 14.65 | 1.29 |
| 140400 | 39.000 | — | — | 145.87 | 3.08 | 56.28 | 2.15 | 27.49 | 1.64 | 15.03 | 1.31 |
| 142200 | 39.500 | — | — | 149.64 | 3.12 | 57.73 | 2.18 | 28.20 | 1.66 | 15.42 | 1.32 |
| 144000 | 40.000 | — | — | 153.45 | 3.16 | 59.20 | 2.20 | 28.92 | 1.68 | 15.81 | 1.34 |
| 145800 | 40.500 | — | — | 157.31 | 3.20 | 60.69 | 2.23 | 29.65 | 1.70 | 16.21 | 1.36 |
| 147600 | 41.000 | — | — | 161.22 | 3.24 | 62.20 | 2.26 | 30.38 | 1.72 | 16.61 | 1.37 |
| 149400 | 41.500 | — | — | 165.17 | 3.28 | 63.73 | 2.29 | 31.13 | 1.75 | 17.02 | 1.39 |
| 151200 | 42.000 | — | — | 169.18 | 3.32 | 65.27 | 2.31 | 31.89 | 1.77 | 17.43 | 1.41 |
| 153000 | 42.500 | — | — | 173.23 | 3.35 | 66.84 | 2.34 | 32.65 | 1.79 | 17.85 | 1.42 |
| 154800 | 43.000 | — | — | 177.33 | 3.39 | 68.42 | 2.37 | 33.42 | 1.81 | 18.27 | 1.44 |
| 156600 | 43.500 | — | — | 181.48 | 3.43 | 70.02 | 2.40 | 34.20 | 1.83 | 18.70 | 1.46 |
| 154800 | 44.000 | — | — | 185.67 | 3.47 | 71.64 | 2.42 | 34.99 | 1.85 | 19.13 | 1.47 |
| 160200 | 44.500 | — | — | — | — | 73.27 | 2.45 | 35.79 | 1.87 | 19.57 | 1.49 |
| 162000 | 45.000 | — | — | — | — | 74.93 | 2.48 | 36.60 | 1.89 | 20.01 | 1.51 |
| 163800 | 45.500 | — | — | — | — | 76.60 | 2.51 | 37.42 | 1.91 | 20.46 | 1.52 |
| 165600 | 46.000 | — | — | — | — | 78.30 | 2.54 | 38.25 | 1.93 | 20.91 | 1.54 |
| 167400 | 46.500 | — | — | — | — | 80.01 | 2.56 | 39.08 | 1.96 | 21.37 | 1.56 |
| 169200 | 47.000 | — | — | — | — | 81.74 | 2.59 | 39.93 | 1.98 | 21.83 | 1.57 |
| 171000 | 47.500 | — | — | — | — | 83.49 | 2.62 | 40.78 | 2.00 | 22.29 | 1.59 |
| 172800 | 48.000 | — | — | — | — | 85.25 | 2.65 | 41.65 | 2.02 | 22.77 | 1.61 |
| 174600 | 48.500 | — | — | — | — | 87.04 | 2.67 | 42.52 | 2.04 | 32.24 | 1.62 |
| 176400 | 49.000 | — | — | — | — | 88.84 | 2.70 | 43.40 | 2.06 | 23.73 | 1.64 |
| 178200 | 49.500 | — | — | — | — | 90.67 | 2.73 | 44.29 | 2.08 | 24.21 | 1.66 |
| 180000 | 50.000 | — | — | — | — | 92.51 | 2.76 | 45.19 | 2.10 | 24.70 | 1.67 |
| 181800 | 50.500 | — | — | — | — | 94.37 | 2.78 | 46.10 | 2.12 | 25.20 | 1.69 |
| 183600 | 51.000 | — | — | — | — | 96.24 | 2.81 | 47.01 | 2.14 | 25.70 | 1.71 |
| 185400 | 51.500 | — | — | — | — | 98.14 | 2.84 | 47.94 | 2.17 | 26.21 | 1.72 |
| 187200 | 52.000 | — | — | — | — | 100.05 | 2.87 | 48.88 | 2.19 | 26.72 | 1.74 |

| Q | | DN150 | | DN175 | | DN200 | | Q | | DN175 | | DN200 | |
|---|---|---|---|---|---|---|---|---|---|---|---|---|---|
| L/h | L/s | R | v | R | v | R | v | L/h | L/s | R | v | R | v |
| 189000 | 52.500 | 101.99 | 2.89 | 49.82 | 2.21 | 27.24 | 1.76 | 243000 | 67.500 | 82.36 | 2.84 | 45.02 | 2.26 |
| 190800 | 53.000 | 103.94 | 2.92 | 50.77 | 2.23 | 27.76 | 1.77 | 244800 | 68.000 | 83.58 | 2.86 | 45.69 | 2.28 |
| 192600 | 53.500 | 105.91 | 2.95 | 51.74 | 2.25 | 28.28 | 1.79 | 246600 | 68.500 | 84.81 | 2.88 | 46.37 | 2.29 |
| 194400 | 54.000 | 107.90 | 2.98 | 52.71 | 2.27 | 28.81 | 1.81 | 248400 | 69.000 | 86.06 | 2.90 | 47.05 | 2.31 |
| 196200 | 54.500 | 109.91 | 3.00 | 53.69 | 2.29 | 29.35 | 1.82 | 250200 | 69.500 | 87.31 | 2.92 | 47.73 | 2.33 |
| 198000 | 55.000 | 111.93 | 3.03 | 54.68 | 2.31 | 29.89 | 1.84 | 252000 | 70.000 | 88.57 | 2.94 | 48.42 | 2.34 |
| 199800 | 55.500 | 113.98 | 3.06 | 55.68 | 2.33 | 30.44 | 1.86 | 253800 | 70.500 | 89.84 | 2.96 | 49.11 | 2.36 |
| 201600 | 56.000 | 116.04 | 3.09 | 56.68 | 2.36 | 30.99 | 1.88 | 255600 | 71.000 | 91.12 | 2.99 | 49.81 | 2.38 |
| 203400 | 56.500 | 118.12 | 3.11 | 57.70 | 2.38 | 31.54 | 1.89 | 257400 | 71.500 | 92.41 | 3.01 | 50.52 | 2.39 |
| 205200 | 57.000 | 120.22 | 3.14 | 58.73 | 2.40 | 32.10 | 1.91 | 259200 | 72.000 | 93.70 | 3.03 | 51.23 | 2.41 |
| 207000 | 57.500 | 122.34 | 3.17 | 59.76 | 2.42 | 32.67 | 1.93 | 261000 | 72.500 | 95.01 | 3.05 | 51.24 | 2.43 |
| 208800 | 58.000 | 124.48 | 3.20 | 60.81 | 2.44 | 33.24 | 1.94 | 262800 | 73.000 | 96.32 | 3.07 | 52.66 | 2.44 |

续表

| Q | | DN150 | | DN175 | | DN200 | | Q | | DN175 | | DN200 | |
|---|---|---|---|---|---|---|---|---|---|---|---|---|---|
| L/h | L/s | R | v | R | v | R | v | L/h | L/s | R | v | R | v |
| 210600 | 58.500 | 126.63 | 3.22 | 61.86 | 2.46 | 33.82 | 1.96 | 264600 | 73.500 | 97.65 | 3.09 | 53.38 | 2.46 |
| 2124000 | 59.000 | 128.81 | 3.25 | 62.92 | 2.48 | 34.40 | 1.98 | 266400 | 74.000 | 98.98 | 3.11 | 54.11 | 2.48 |
| 214200 | 59.500 | 131.00 | 3.28 | 63.99 | 2.50 | 34.98 | 1.99 | 268200 | 74.500 | 100.32 | 3.13 | 54.84 | 2.49 |
| 216000 | 60.000 | 133.21 | 3.31 | 65.07 | 2.52 | 35.57 | 2.01 | 270000 | 75.000 | 101.67 | 3.15 | 55.58 | 2.51 |
| 217800 | 60.500 | 135.44 | 3.33 | 66.16 | 2.54 | 36.17 | 2.03 | 271800 | 75.500 | 103.03 | 3.18 | 56.33 | 2.53 |
| 219600 | 61.000 | 137.69 | 3.36 | 67.26 | 2.57 | 36.77 | 2.04 | 273600 | 76.000 | 104.40 | 3.20 | 57.07 | 2.54 |
| 221400 | 61.500 | 139.95 | 3.39 | 68.37 | 2.59 | 37.37 | 2.06 | 275400 | 76.500 | 105.78 | 3.22 | 57.83 | 2.56 |
| 223200 | 62.000 | 142.24 | 3.42 | 69.48 | 2.61 | 37.98 | 2.08 | 277200 | 77.000 | 107.17 | 3.24 | 58.59 | 2.58 |
| 222500 | 62.500 | 144.54 | 3.44 | 70.61 | 2.63 | 38.60 | 2.09 | 279000 | 77.500 | 108.57 | 3.26 | 59.36 | 2.60 |
| 226800 | 63.000 | 146.86 | 3.47 | 71.74 | 2.65 | 39.22 | 2.11 | 280800 | 78.000 | 109.97 | 3.28 | 50.12 | 2.61 |
| 228600 | 63.000 | 149.20 | 3.50 | 72.88 | 2.67 | 39.84 | 2.13 | 282600 | 78.500 | 111.39 | 3.30 | 60.89 | 2.63 |
| 230400 | 64.000 | — | — | 74.04 | 2.69 | 40.47 | 2.14 | 284400 | 79.000 | 112.81 | 3.32 | 61.67 | 2.65 |
| 232200 | 64.500 | — | — | 75.20 | 2.71 | 41.11 | 2.16 | 286200 | 79.500 | 114.24 | 3.34 | 62.45 | 2.66 |
| 234000 | 65.000 | — | — | 76.37 | 2.73 | 41.75 | 2.18 | 288000 | 80.000 | 115.68 | 3.36 | 63.24 | 2.68 |
| 235800 | 65.500 | — | — | 77.55 | 2.75 | 42.39 | 2.19 | 289800 | 80.500 | 117.13 | 3.39 | 64.03 | 2.70 |
| 237600 | 66.000 | — | — | 78.74 | 2.78 | 43.04 | 2.21 | 291600 | 81.000 | 118.59 | 3.41 | 64.83 | 2.71 |
| 239400 | 66.500 | — | — | 79.93 | 2.80 | 43.70 | 2.23 | 293400 | 81.500 | 120.06 | 3.43 | 65.63 | 2.73 |
| 241200 | 67.000 | — | — | 81.14 | 2.82 | 44.36 | 2.24 | 295200 | 82.000 | 121.54 | 3.45 | 56.44 | 2.75 |

| Q | | DN175 | | DN200 | | Q | | DN200 | |
|---|---|---|---|---|---|---|---|---|---|
| L/h | L/s | R | v | R | v | L/h | L/s | R | v |
| 297000 | 82.500 | 123.03 | 3.47 | 67.26 | 2.76 | 342000 | 95.000 | 89.18 | 3.18 |
| 298800 | 83.000 | 124.52 | 3.49 | 68.07 | 2.78 | 343800 | 95.500 | 90.12 | 3.20 |
| 300600 | 83.500 | — | — | 68.90 | 2.80 | 245600 | 96.000 | 91.07 | 3.21 |
| 302400 | 84.000 | — | — | 69.72 | 2.81 | 347400 | 96.500 | 92.02 | 3.23 |
| 304200 | 84.500 | — | — | 70.56 | 2.83 | 349200 | 97.000 | 92.97 | 3.25 |
| 306000 | 85.000 | — | — | 71.39 | 2.85 | 351000 | 97.500 | 93.93 | 3.26 |
| 307800 | 85.500 | — | — | 72.24 | 2.86 | 352800 | 98.000 | 94.90 | 3.28 |
| 309600 | 86.000 | — | — | 73.08 | 2.88 | 354600 | 98.500 | 95.87 | 3.30 |
| 311400 | 86.500 | — | — | 73.93 | 2.90 | 356400 | 99.000 | 96.85 | 3.31 |
| 313200 | 87.000 | — | — | 74.79 | 2.91 | 358200 | 99.500 | 97.83 | 3.33 |
| 315000 | 87.500 | — | — | 75.65 | 2.93 | 360000 | 100.000 | 98.81 | 3.35 |
| 316800 | 88.000 | — | — | 76.52 | 2.95 | 361800 | 100.500 | 99.80 | 3.37 |
| 318600 | 88.500 | — | — | 77.39 | 2.96 | 363600 | 101.000 | 100.80 | 3.38 |
| 320400 | 89.000 | — | — | 78.27 | 2.98 | 365400 | 101.500 | 101.80 | 3.40 |
| 322200 | 89.500 | — | — | 79.15 | 3.00 | 367200 | 102.000 | 102.81 | 3.42 |
| 324000 | 90.000 | — | — | 80.04 | 3.01 | 369000 | 102.500 | 103.82 | 3.43 |
| 325800 | 90.500 | — | — | 80.93 | 3.03 | 370800 | 103.000 | 104.83 | 3.45 |
| 327600 | 91.000 | — | — | 81.83 | 3.05 | 372600 | 103.500 | 105.85 | 3.47 |
| 329400 | 91.500 | — | — | 82.73 | 3.06 | 374000 | 104.000 | 106.88 | 3.48 |
| 331200 | 92.000 | — | — | 83.64 | 3.08 | 376200 | 104.500 | 107.91 | 3.50 |
| 333000 | 92.500 | — | — | 84.55 | 3.10 | | | | |
| 334800 | 93.000 | — | — | 85.46 | 3.11 | | | | |
| 336600 | 93.500 | — | — | 86.39 | 3.13 | | | | |
| 338400 | 94.000 | — | — | 87.31 | 3.15 | | | | |
| 340200 | 94.500 | — | — | 88.24 | 3.16 | | | | |

| Q | | DN50 | | DN70 | | DN80 | | DN100 | | DN125 | |
|---|---|---|---|---|---|---|---|---|---|---|---|
| L/h | L/s | R | v | R | v | R | v | R | v | R | v |
| 16200 | 4.500 | 271.57 | 2.29 | 67.61 | 1.36 | 26.62 | 0.95 | 5.89 | 0.54 | 2.01 | 0.36 |
| 16560 | 4.600 | 283.78 | 2.34 | 70.64 | 1.39 | 27.81 | 0.98 | 6.16 | 0.55 | 2.09 | 0.36 |
| 16920 | 4.700 | 296.25 | 2.39 | 73.75 | 1.42 | 29.03 | 1.00 | 6.43 | 0.56 | 2.17 | 0.37 |
| 17280 | 4.800 | 308.99 | 2.44 | 76.92 | 1.45 | 30.28 | 1.02 | 6.71 | 0.58 | 2.26 | 0.38 |
| 17640 | 4.900 | 322.00 | 2.50 | 80.16 | 1.48 | 31.56 | 1.04 | 6.99 | 0.59 | 2.35 | 0.39 |
| 18000 | 5.000 | 335.27 | 2.55 | 83.46 | 1.51 | 32.86 | 1.06 | 7.28 | 0.60 | 2.44 | 0.39 |
| 18360 | 5.100 | 348.82 | 2.60 | 86.84 | 1.54 | 34.19 | 1.08 | 7.57 | 0.61 | 2.53 | 0.40 |

续表

| Q | | DN50 | | DN70 | | DN80 | | DN100 | | DN125 | |
|---|---|---|---|---|---|---|---|---|---|---|---|
| L/h | L/s | R | v | R | v | R | v | R | v | R | v |
| 18720 | 5.200 | 362.63 | 2.65 | 90.27 | 1.57 | 35.54 | 1.10 | 7.87 | 0.62 | 2.63 | 0.41 |
| 19080 | 5.300 | 376.71 | 2.70 | 93.78 | 1.60 | 36.92 | 1.12 | 8.18 | 0.64 | 2.72 | 0.42 |
| 19440 | 5.400 | 391.06 | 2.75 | 97.35 | 1.63 | 38.33 | 1.14 | 8.49 | 0.65 | 2.82 | 0.43 |
| 19800 | 5.500 | 406.68 | 2.80 | 100.99 | 1.66 | 39.76 | 1.17 | 8.80 | 0.66 | 2.92 | 0.43 |
| 20160 | 5.600 | 420.57 | 2.85 | 104.70 | 1.69 | 41.22 | 1.19 | 9.13 | 0.67 | 3.01 | 0.44 |
| 20520 | 5.700 | 435.72 | 2.90 | 108.47 | 1.72 | 42.70 | 1.21 | 9.46 | 0.68 | 3.12 | 0.45 |
| 20880 | 5.800 | 451.14 | 2.95 | 112.31 | 1.75 | 44.21 | 1.23 | 9.79 | 0.70 | 3.23 | 0.46 |
| 21240 | 5.900 | 466.84 | 3.00 | 116.22 | 1.78 | 45.75 | 1.25 | 10.13 | 0.71 | 3.34 | 0.47 |
| 21600 | 6.000 | 482.79 | 3.06 | 120.19 | 1.81 | 47.32 | 1.27 | 10.48 | 0.72 | 3.45 | 0.47 |
| 21960 | 6.100 | 499.01 | 3.11 | 124.23 | 1.84 | 48.91 | 1.29 | 10.83 | 0.73 | 3.57 | 0.48 |
| 22320 | 6.200 | 515.52 | 3.16 | 128.33 | 1.87 | 50.52 | 1.31 | 11.19 | 0.74 | 3.69 | 0.49 |
| 22680 | 6.300 | 532.28 | 3.21 | 132.51 | 1.90 | 52.17 | 1.34 | 11.55 | 0.76 | 3.81 | 0.50 |
| 23040 | 6.400 | 549.31 | 3.26 | 136.75 | 1.93 | 53.83 | 1.36 | 11.92 | 0.77 | 3.93 | 0.51 |
| 23400 | 6.500 | 566.61 | 3.31 | 141.05 | 1.96 | 55.53 | 1.38 | 12.30 | 0.78 | 4.05 | 0.51 |
| 23760 | 6.600 | 584.18 | 3.36 | 145.43 | 1.99 | 57.25 | 1.40 | 12.68 | 0.79 | 4.18 | 0.52 |
| 24120 | 6.700 | 602.02 | 3.41 | 149.87 | 2.02 | 59.00 | 1.42 | 13.07 | 0.80 | 4.31 | 0.53 |
| 24480 | 6.800 | 620.12 | 3.46 | 154.38 | 2.05 | 60.77 | 1.44 | 13.46 | 0.82 | 4.43 | 0.54 |
| 24840 | 6.900 | — | — | 158.95 | 2.08 | 62.57 | 1.46 | 13.86 | 0.83 | 4.57 | 0.54 |
| 25200 | 7.000 | — | — | 163.59 | 2.11 | 64.40 | 1.48 | 14.26 | 0.84 | 4.70 | 0.55 |
| 25560 | 7.100 | — | — | 168.30 | 2.14 | 66.26 | 1.51 | 14.67 | 0.85 | 4.83 | 0.56 |
| 25920 | 7.200 | — | — | 173.07 | 2.17 | 68.13 | 1.53 | 15.09 | 0.86 | 4.97 | 0.57 |
| 26280 | 7.300 | — | — | 177.91 | 2.20 | 70.14 | 1.55 | 15.51 | 0.88 | 5.11 | 0.58 |
| 26640 | 7.400 | — | — | 182.82 | 2.23 | 71.97 | 1.57 | 15.94 | 0.89 | 5.25 | 0.58 |

| Q | | DN70 | | Q | | DN150 | | DN175 | | DN200 | |
|---|---|---|---|---|---|---|---|---|---|---|---|
| L/h | L/s | R | v | L/h | L/s | R | v | R | v | R | v |
| 27000 | 7.500 | 187.79 | 2.26 | 16200 | 4.500 | 0.82 | 0.25 | 0.42 | 0.19 | 0.24 | 0.15 |
| 27360 | 7.600 | 192.84 | 2.29 | 16560 | 4.600 | 0.85 | 0.25 | 0.44 | 0.19 | 0.25 | 0.15 |
| 27720 | 7.700 | 197.94 | 2.32 | 16920 | 4.700 | 0.89 | 0.26 | 0.45 | 0.20 | 0.26 | 0.16 |
| 28080 | 7.800 | 203.12 | 2.35 | 17280 | 4.800 | 0.92 | 0.26 | 0.47 | 0.20 | 0.27 | 0.16 |
| 28440 | 7.900 | 208.36 | 2.38 | 17640 | 4.900 | 0.96 | 0.27 | 0.49 | 0.21 | 0.28 | 0.16 |
| 28800 | 8.000 | 213.67 | 2.41 | 18000 | 5.000 | 0.99 | 0.28 | 0.51 | 0.21 | 0.29 | 0.17 |
| 29160 | 8.100 | 219.04 | 2.44 | 18360 | 5.100 | 1.03 | 0.28 | 0.53 | 0.21 | 0.30 | 0.17 |
| 29520 | 8.200 | 224.49 | 2.47 | 18720 | 5.200 | 1.07 | 0.29 | 0.55 | 0.22 | 0.31 | 0.17 |
| 29880 | 8.300 | 229.99 | 2.50 | 19080 | 5.300 | 1.11 | 0.29 | 0.56 | 0.22 | 0.32 | 0.18 |
| 30240 | 8.400 | 235.57 | 2.53 | 19440 | 5.400 | 1.14 | 0.30 | 0.58 | 0.23 | 0.33 | 0.18 |
| 30600 | 8.500 | 241.21 | 2.56 | 19800 | 5.500 | 1.18 | 0.30 | 0.60 | 0.23 | 0.34 | 0.18 |
| 30960 | 8.600 | 246.92 | 2.59 | 20160 | 5.600 | 1.22 | 0.31 | 0.62 | 0.24 | 0.36 | 0.19 |
| 31320 | 8.700 | 252.70 | 2.62 | 20520 | 5.700 | 1.26 | 0.31 | 0.65 | 0.24 | 0.37 | 0.19 |
| 31680 | 8.800 | 258.54 | 2.65 | 20880 | 5.800 | 1.31 | 0.32 | 0.67 | 0.24 | 0.38 | 0.19 |
| 32040 | 8.900 | 264.45 | 2.68 | 21240 | 5.900 | 1.35 | 0.33 | 0.69 | 0.25 | 0.39 | 0.20 |
| 32400 | 9.000 | 270.42 | 2.71 | 21600 | 6.000 | 1.39 | 0.33 | 0.71 | 0.25 | 0.40 | 0.20 |
| 32760 | 9.100 | 276.47 | 2.74 | 21960 | 6.100 | 1.43 | 0.34 | 0.73 | 0.26 | 0.42 | 0.20 |
| 33120 | 9.200 | 282.58 | 2.77 | 22320 | 6.200 | 1.48 | 0.34 | 0.75 | 0.26 | 0.43 | 0.21 |
| 33480 | 9.300 | 288.75 | 2.80 | 22680 | 6.300 | 1.52 | 0.35 | 0.77 | 0.26 | 0.44 | 0.21 |
| 33840 | 9.400 | 295.00 | 2.83 | 23040 | 6.400 | 1.57 | 0.35 | 0.80 | 0.27 | 0.45 | 0.21 |
| 34200 | 9.500 | 301.31 | 2.86 | 23400 | 6.500 | 1.61 | 0.36 | 0.82 | 0.27 | 0.47 | 0.22 |
| 34560 | 9.600 | 307.68 | 2.89 | 23760 | 6.600 | 1.66 | 0.36 | 0.84 | 0.28 | 0.48 | 0.22 |
| 34920 | 9.700 | 314.13 | 2.92 | 24120 | 6.700 | 1.71 | 0.37 | 0.87 | 0.28 | 0.49 | 0.22 |
| 35280 | 9.800 | 320.64 | 2.95 | 24480 | 6.800 | 1.75 | 0.37 | 0.89 | 0.29 | 0.51 | 0.23 |
| 35640 | 9.900 | 327.21 | 2.98 | 24840 | 6.900 | 1.80 | 0.38 | 0.92 | 0.29 | 0.52 | 0.23 |
| 36000 | 10.000 | 333.86 | 3.01 | 25200 | 7.000 | 1.85 | 0.39 | 0.94 | 0.29 | 0.53 | 0.23 |
| 36900 | 10.200 | 350.76 | 3.09 | 25560 | 7.100 | 1.90 | 0.39 | 0.97 | 0.30 | 0.55 | 0.24 |
| 37800 | 10.500 | 368.08 | 3.16 | 25920 | 7.200 | 1.95 | 0.40 | 0.99 | 0.30 | 0.56 | 0.24 |
| 38700 | 10.700 | 385.81 | 3.24 | 26280 | 7.300 | 2.00 | 0.40 | 1.02 | 0.31 | 0.58 | 0.24 |
| 36600 | 11.000 | 403.97 | 3.31 | 26640 | 7.400 | 2.05 | 0.41 | 1.04 | 0.31 | 0.59 | 0.25 |

续表

| Q | | DN80 | | DN100 | | DN125 | | DN150 | | DN175 | | DN200 | |
|---|---|---|---|---|---|---|---|---|---|---|---|---|---|
| L/h | L/s | R | v | R | v | R | v | R | v | R | v | R | v |
| 27000 | 7.500 | 73.93 | 1.59 | 16.37 | 0.90 | 5.39 | 0.59 | 2.11 | 0.41 | 1.07 | 0.32 | 0.61 | 0.25 |
| 27360 | 7.600 | 75.92 | 1.61 | 16.81 | 0.91 | 5.54 | 0.60 | 2.16 | 0.42 | 1.10 | 0.32 | 0.62 | 0.25 |
| 27720 | 7.700 | 77.93 | 1.63 | 17.26 | 0.92 | 5.69 | 0.61 | 2.21 | 0.42 | 1.12 | 0.32 | 0.64 | 0.26 |
| 28080 | 7.800 | 79.96 | 1.65 | 17.71 | 0.94 | 5.83 | 0.62 | 2.27 | 0.43 | 1.15 | 0.33 | 0.65 | 0.26 |
| 28440 | 7.900 | 82.03 | 1.67 | 18.16 | 0.95 | 5.99 | 0.62 | 2.32 | 0.44 | 1.18 | 0.33 | 0.67 | 0.26 |
| 28800 | 8.000 | 84.12 | 1.70 | 18.63 | 0.96 | 6.14 | 0.63 | 2.37 | 0.44 | 1.20 | 0.34 | 0.68 | 0.27 |
| 29160 | 8.100 | 86.23 | 1.72 | 19.10 | 0.97 | 6.29 | 0.64 | 2.43 | 0.45 | 1.23 | 0.34 | 0.70 | 0.27 |
| 29520 | 8.200 | 88.38 | 1.74 | 19.57 | 0.98 | 6.45 | 0.65 | 2.49 | 0.45 | 1.26 | 0.34 | 0.71 | 0.27 |
| 29880 | 8.300 | 90.54 | 1.76 | 20.05 | 1.00 | 6.61 | 0.66 | 2.55 | 0.46 | 1.29 | 0.35 | 0.73 | 0.28 |
| 30240 | 8.400 | 92.74 | 1.78 | 20.54 | 1.01 | 6.77 | 0.66 | 2.61 | 0.46 | 1.32 | 0.35 | 0.75 | 0.28 |
| 30600 | 8.500 | 94.96 | 1.80 | 21.03 | 1.02 | 6.93 | 0.67 | 2.67 | 0.47 | 1.35 | 0.36 | 0.76 | 0.28 |
| 30960 | 8.600 | 97.21 | 1.82 | 21.53 | 1.03 | 7.09 | 0.68 | 2.74 | 0.47 | 1.38 | 0.36 | 0.78 | 0.29 |
| 31320 | 8.700 | 99.48 | 1.84 | 22.03 | 1.04 | 7.26 | 0.69 | 2.80 | 0.48 | 1.41 | 0.37 | 0.80 | 0.29 |
| 31680 | 8.800 | 101.78 | 1.87 | 22.54 | 1.06 | 7.43 | 0.69 | 2.87 | 0.48 | 1.44 | 0.37 | 0.81 | 0.29 |
| 32040 | 8.900 | 104.11 | 1.89 | 23.05 | 1.07 | 7.60 | 0.70 | 2.93 | 0.49 | 1.47 | 0.37 | 0.83 | 0.30 |
| 32400 | 9.000 | 106.46 | 1.91 | 23.57 | 1.08 | 7.77 | 0.71 | 3.00 | 0.50 | 1.50 | 0.38 | 0.85 | 0.30 |
| 32760 | 9.100 | 108.84 | 1.93 | 24.10 | 1.09 | 7.94 | 0.72 | 3.06 | 0.50 | 1.53 | 0.38 | 0.86 | 0.30 |
| 33120 | 9.200 | 111.24 | 1.95 | 24.63 | 1.10 | 8.12 | 0.73 | 3.13 | 0.51 | 1.56 | 0.39 | 0.88 | 0.31 |
| 33480 | 9.300 | 113.68 | 1.97 | 25.17 | 1.12 | 8.29 | 0.73 | 3.20 | 0.51 | 1.59 | 0.39 | 0.90 | 0.31 |
| 33840 | 9.400 | 116.13 | 1.99 | 25.72 | 1.13 | 8.47 | 0.74 | 3.27 | 0.52 | 1.63 | 0.40 | 0.92 | 0.31 |
| 34200 | 9.500 | 118.62 | 2.01 | 26.27 | 1.14 | 8.66 | 0.75 | 3.34 | 0.52 | 1.66 | 0.40 | 0.94 | 0.32 |
| 34560 | 9.600 | 121.13 | 2.04 | 26.82 | 1.15 | 8.84 | 0.76 | 3.41 | 0.53 | 1.69 | 0.40 | 0.95 | 0.32 |
| 34920 | 9.700 | 123.66 | 2.06 | 27.38 | 1.16 | 9.02 | 0.77 | 3.48 | 0.53 | 1.72 | 0.41 | 0.97 | 0.32 |
| 35280 | 9.800 | 126.23 | 2.08 | 27.95 | 1.18 | 9.21 | 0.77 | 3.55 | 0.54 | 1.76 | 0.41 | 0.99 | 0.33 |
| 35640 | 6.900 | 128.82 | 2.10 | 28.53 | 1.19 | 9.40 | 0.78 | 3.63 | 0.55 | 1.79 | 0.42 | 1.01 | 0.33 |
| 36000 | 10.000 | 131.43 | 2.12 | 29.10 | 1.20 | 9.59 | 0.79 | 3.70 | 0.55 | 1.82 | 0.42 | 1.03 | 0.33 |
| 36900 | 10.250 | 138.09 | 2.17 | 30.58 | 1.23 | 10.08 | 0.81 | 3.89 | 0.56 | 1.91 | 0.43 | 1.08 | 0.34 |
| 37800 | 10.500 | 144.90 | 2.23 | 32.09 | 1.26 | 10.57 | 0.83 | 4.08 | 0.58 | 1.99 | 0.44 | 1.13 | 0.35 |
| 38700 | 10.750 | 151.89 | 2.28 | 33.63 | 1.29 | 11.08 | 0.85 | 4.28 | 0.59 | 2.09 | 0.45 | 1.18 | 0.36 |
| 39600 | 11.000 | 159.03 | 2.33 | 35.22 | 1.32 | 11.60 | 0.87 | 4.48 | 0.61 | 2.19 | 0.46 | 1.23 | 0.37 |
| 40500 | 11.250 | 166.34 | 2.38 | 36.84 | 1.35 | 12.14 | 0.99 | 4.48 | 0.62 | 2.29 | 0.47 | 1.28 | 0.38 |
| 41400 | 11.500 | 173.82 | 2.44 | 38.49 | 1.38 | 12.68 | 0.91 | 4.49 | 0.63 | 2.39 | 0.48 | 1.33 | 0.39 |
| 42300 | 11.750 | 181.46 | 2.49 | 40.18 | 1.41 | 13.24 | 0.93 | 5.11 | 0.65 | 2.50 | 0.49 | 1.39 | 0.39 |
| 43200 | 12.000 | 189.26 | 2.54 | 41.91 | 1.44 | 13.81 | 0.95 | 5.33 | 0.66 | 2.60 | 0.50 | 1.45 | 0.40 |
| 44100 | 12.250 | 197.23 | 2.60 | 43.68 | 1.47 | 14.39 | 0.97 | 5.55 | 0.68 | 2.71 | 0.52 | 1.50 | 0.41 |
| 45000 | 12.500 | 205.36 | 2.65 | 45.48 | 1.50 | 14.99 | 0.99 | 5.78 | 0.69 | 2.82 | 0.53 | 1.56 | 0.42 |
| 45900 | 12.750 | 213.66 | 2.70 | 47.31 | 1.53 | 15.59 | 1.01 | 6.02 | 0.70 | 2.94 | 0.54 | 1.62 | 0.43 |
| 46800 | 13.000 | 222.12 | 2.76 | 49.19 | 1.56 | 16.21 | 1.03 | 6.25 | 0.72 | 3.05 | 0.55 | 1.68 | 0.44 |
| 47700 | 13.250 | 230.75 | 2.81 | 51.10 | 1.59 | 16.84 | 1.05 | 6.50 | 0.73 | 3.17 | 0.56 | 1.73 | 0.44 |
| 48600 | 13.500 | 239.54 | 2.86 | 53.04 | 1.62 | 17.48 | 1.07 | 6.74 | 0.74 | 3.29 | 0.57 | 1.80 | 0.45 |
| 49500 | 13.750 | 248.49 | 2.91 | 55.03 | 1.65 | 18.13 | 1.09 | 7.00 | 0.76 | 3.42 | 0.58 | 1.87 | 0.46 |
| 50400 | 14.000 | 257.61 | 2.97 | 57.05 | 1.68 | 18.80 | 1.11 | 7.25 | 0.77 | 3.54 | 0.59 | 1.94 | 0.47 |
| 51300 | 14.250 | 266.89 | 3.02 | 59.10 | 1.71 | 19.47 | 1.12 | 7.51 | 0.79 | 3.67 | 0.60 | 2.01 | 0.48 |
| 52200 | 14.500 | 276.34 | 3.07 | 61.19 | 1.74 | 20.16 | 1.14 | 7.78 | 0.80 | 3.80 | 0.61 | 2.08 | 0.49 |
| 53100 | 14.750 | 285.95 | 3.13 | 63.32 | 1.77 | 20.87 | 1.16 | 8.05 | 0.81 | 3.93 | 0.62 | 2.15 | 0.49 |
| 54000 | 15.000 | 295.72 | 3.18 | 65.49 | 1.80 | 21.58 | 1.18 | 8.33 | 0.83 | 4.07 | 0.65 | 2.22 | 0.50 |
| 55800 | 15.500 | 315.77 | 3.29 | 69.92 | 1.86 | 23.04 | 1.22 | 8.89 | 0.85 | 4.34 | 0.63 | 2.37 | 0.52 |
| 57600 | 16.000 | 336.47 | 3.39 | 74.51 | 1.92 | 24.55 | 1.26 | 9.77 | 0.88 | 4.63 | 0.69 | 2.53 | 0.54 |
| 59400 | 16.500 | 357.82 | 3.50 | 79.24 | 1.98 | 26.11 | 1.30 | 10.07 | 0.91 | 4.92 | 0.67 | 2.69 | 0.55 |
| 61200 | 17.000 | — | — | 84.11 | 2.04 | 27.72 | 1.34 | 10.69 | 0.94 | 5.22 | 0.71 | 2.86 | 0.57 |
| 63000 | 17.500 | — | — | 86.13 | 2.10 | 29.37 | 1.38 | 11.33 | 0.96 | 5.54 | 0.74 | 3.03 | 0.59 |
| 64800 | 18.000 | — | — | 94.30 | 2.16 | 31.70 | 1.42 | 11.99 | 0.99 | 5.86 | 0.76 | 3.20 | 0.60 |

续表

| Q | | DN80 | | DN100 | | DN125 | | DN150 | | DN175 | | DN200 | |
|---|---|---|---|---|---|---|---|---|---|---|---|---|---|
| L/h | L/s | R | v | R | v | R | v | R | v | R | v | R | v |
| 66600 | 18.500 | — | — | 99.61 | 2.22 | 32.82 | 1.46 | 12.66 | 1.02 | 6.19 | 0.78 | 3.38 | 0.62 |
| 68400 | 19.000 | — | — | 105.07 | 2.28 | 34.62 | 1.50 | 13.36 | 1.05 | 6.53 | 0.80 | 3.57 | 0.64 |
| 70200 | 19.500 | — | — | 110.67 | 2.34 | 36.47 | 1.54 | 14.07 | 1.07 | 6.87 | 0.82 | 3.76 | 0.65 |
| 72000 | 20.000 | — | — | 116.42 | 2.40 | 38.36 | 1.58 | 14.80 | 1.10 | 7.23 | 0.84 | 3.95 | 0.67 |
| 73800 | 20.500 | — | — | 122.31 | 2.46 | 40.30 | 1.62 | 15.55 | 1.13 | 7.60 | 0.86 | 4.15 | 0.69 |
| 75600 | 21.000 | — | — | 128.35 | 2.52 | 42.29 | 1.66 | 16.32 | 1.16 | 7.97 | 0.88 | 4.36 | 0.70 |
| 77400 | 21.500 | — | — | 104.54 | 2.58 | 44.33 | 1.70 | 17.10 | 1.18 | 8.36 | 0.90 | 4.57 | 0.72 |
| 79200 | 22.000 | — | — | 140.87 | 2.64 | 46.42 | 1.74 | 17.91 | 1.21 | 8.75 | 0.93 | 4.78 | 0.74 |

| Q | | DN15 | | DN20 | | DN25 | | DN32 | | DN40 | | DN50 | | DN70 | |
|---|---|---|---|---|---|---|---|---|---|---|---|---|---|---|---|
| L/h | L/s | R | v | R | v | R | v | R | v | R | v | R | v | R | v |
| 900 | 0.250 | 955.29 | 1.81 | 51.70 | 0.91 | 36.75 | 0.53 | 7.76 | 0.29 | 3.75 | 0.21 | 1.04 | 0.13 | 0.29 | 0.08 |
| 1080 | 0.300 | 1375.62 | 2.18 | 218.44 | 1.09 | 52.93 | 0.64 | 10.88 | 0.35 | 5.23 | 0.26 | 1.44 | 0.15 | 0.40 | 0.09 |
| 1260 | 0.350 | 1872.38 | 2.54 | 297.32 | 1.27 | 72.04 | 0.74 | 14.49 | 0.40 | 6.95 | 0.30 | 1.90 | 0.18 | 0.53 | 0.11 |
| 1440 | 0.400 | 2445.55 | 2.90 | 338.34 | 1.45 | 94.09 | 0.85 | 18.65 | 0.46 | 8.90 | 0.34 | 2.43 | 0.20 | 0.67 | 0.12 |
| 1620 | 0.450 | 3095.15 | 3.26 | 491.50 | 1.63 | 119.08 | 0.95 | 23.60 | 0.52 | 11.08 | 0.39 | 3.01 | 0.23 | 0.83 | 0.14 |
| 1800 | 0.500 | — | — | 606.78 | 1.81 | 147.01 | 1.06 | 29.14 | 0.58 | 13.49 | 0.43 | 3.65 | 0.25 | 1.00 | 0.15 |
| 1980 | 0.550 | — | — | 734.21 | 1.99 | 177.89 | 1.17 | 35.26 | 0.63 | 16.21 | 0.47 | 4.34 | 0.28 | 1.19 | 0.17 |
| 2160 | 0.600 | — | — | 873.77 | 2.17 | 211.70 | 1.27 | 41.96 | 0.69 | 19.29 | 0.52 | 5.10 | 0.31 | 1.39 | 0.18 |
| 2340 | 0.650 | — | — | 1025.47 | 2.35 | 248.45 | 1.38 | 49.24 | 0.75 | 22.64 | 0.56 | 5.91 | 0.33 | 1.61 | 0.20 |
| 2520 | 0.700 | — | — | 1189.30 | 2.54 | 288.15 | 1.48 | 57.11 | 0.81 | 26.26 | 0.60 | 6.78 | 0.36 | 1.84 | 0.21 |
| 2700 | 0.750 | — | — | 1365.26 | 2.72 | 330.78 | 1.59 | 65.56 | 0.86 | 30.14 | 0.64 | 7.71 | 0.38 | 2.08 | 0.23 |
| 2880 | 0.800 | — | — | 1553.37 | 2.90 | 376.36 | 1.70 | 74.59 | 0.92 | 34.30 | 0.69 | 8.70 | 0.41 | 2.34 | 0.24 |
| 3060 | 0.850 | — | — | 1753.61 | 3.08 | 424.87 | 1.80 | 84.21 | 0.98 | 38.72 | 0.73 | 9.75 | 0.43 | 2.62 | 0.26 |
| 3240 | 0.900 | — | — | 1965.98 | 3.26 | 476.33 | 1.91 | 94.40 | 1.04 | 43.41 | 0.77 | 10.86 | 0.46 | 2.91 | 0.27 |
| 3420 | 0.950 | — | — | 2190.49 | 3.44 | 530.72 | 2.02 | 105.18 | 1.09 | 48.36 | 0.82 | 12.10 | 0.48 | 3.91 | 0.29 |
| 3600 | 1.000 | — | — | — | — | 588.06 | 2.12 | 116.55 | 1.15 | 53.59 | 0.86 | 13.41 | 0.51 | 3.53 | 0.30 |
| 3780 | 1.050 | — | — | — | — | 648.33 | 2.23 | 128.49 | 1.21 | 59.08 | 0.90 | 14.79 | 0.53 | 3.87 | 0.32 |
| 3960 | 1.100 | — | — | — | — | 711.55 | 2.33 | 141.02 | 1.27 | 64.84 | 0.94 | 16.23 | 0.56 | 4.21 | 0.33 |
| 4140 | 1.150 | — | — | — | — | 777.71 | 2.44 | 154.13 | 1.32 | 70.87 | 0.99 | 17.74 | 0.59 | 4.58 | 0.35 |
| 4320 | 1.200 | — | — | — | — | 846.80 | 2.55 | 167.83 | 1.38 | 77.17 | 1.03 | 19.31 | 0.61 | 4.95 | 0.36 |
| 4500 | 1.250 | — | — | — | — | 918.84 | 2.65 | 182.11 | 1.44 | 83.73 | 1.07 | 20.95 | 0.64 | 5.34 | 0.38 |
| 4680 | 1.300 | — | — | — | — | 993.82 | 2.76 | 196.97 | 1.50 | 90.56 | 1.12 | 22.66 | 0.66 | 5.57 | 0.39 |
| 4860 | 1.350 | — | — | — | — | 1071.74 | 2.86 | 212.41 | 1.55 | 97.66 | 1.16 | 24.44 | 0.69 | 6.17 | 0.41 |
| 5040 | 1.400 | — | — | — | — | 1152.60 | 2.97 | 228.43 | 1.61 | 105.03 | 1.20 | 26.29 | 0.71 | 6.60 | 0.42 |
| 5220 | 1.450 | — | — | — | — | 1236.39 | 3.08 | 245.04 | 1.67 | 112.67 | 1.25 | 28.20 | 0.74 | 7.05 | 0.44 |
| 5400 | 1.500 | — | — | — | — | 1323.13 | 3.18 | 262.23 | 1.73 | 120.57 | 1.29 | 30.17 | 0.76 | 7.51 | 0.45 |
| 5580 | 1.550 | — | — | — | — | 1412.81 | 3.29 | 280.01 | 1.79 | 128.74 | 1.33 | 32.22 | 0.79 | 8.02 | 0.47 |
| 5760 | 1.600 | — | — | — | — | 1505.43 | 3.39 | 298.36 | 1.84 | 137.18 | 1.37 | 34.33 | 0.81 | 8.55 | 0.48 |
| 5940 | 1.650 | — | — | — | — | 1600.99 | 3.50 | 317.30 | 1.90 | 145.89 | 1.42 | 36.51 | 0.84 | 9.09 | 0.50 |
| 6120 | 1.700 | — | — | — | — | | | 336.82 | 1.96 | 154.87 | 1.46 | 38.76 | 0.87 | 9.65 | 0.51 |

| Q | | DN80 | | DN100 | | DN125 | | DN150 | | 1D175 | | DN200 | |
|---|---|---|---|---|---|---|---|---|---|---|---|---|---|
| L/h | L/s | R | v | R | v | R | v | R | v | R | v | R | v |
| 900 | 0.250 | 0.13 | 0.05 | 0.03 | 0.03 | 0.01 | 0.02 | 0.01 | 0.01 | — | — | — | — |
| 1080 | 0.300 | 0.17 | 0.06 | 0.04 | 0.04 | 0.02 | 0.02 | 0.01 | 0.02 | — | — | — | — |
| 1260 | 0.350 | 0.23 | 0.07 | 0.06 | 0.04 | 0.02 | 0.03 | 0.01 | 0.02 | — | — | — | — |
| 1440 | 0.400 | 0.29 | 0.08 | 0.07 | 0.05 | 0.03 | 0.03 | 0.01 | 0.02 | 0.01 | 0.02 | — | — |
| 1620 | 0.450 | 0.35 | 0.10 | 0.09 | 0.05 | 0.03 | 0.04 | 0.01 | 0.02 | 0.01 | 0.02 | — | — |
| 1800 | 0.500 | 0.42 | 0.11 | 0.11 | 0.06 | 0.04 | 0.04 | 0.02 | 0.03 | 0.01 | 0.02 | 0.01 | 0.02 |
| 1980 | 0.550 | 0.50 | 0.12 | 0.13 | 0.07 | 0.05 | 0.04 | 0.02 | 0.03 | 0.01 | 0.02 | 0.01 | 0.02 |
| 2160 | 0.600 | 0.59 | 0.13 | 0.15 | 0.07 | 0.05 | 0.05 | 0.02 | 0.03 | 0.01 | 0.03 | 0.01 | 0.02 |
| 2340 | 0.650 | 0.58 | 0.14 | 0.17 | 0.08 | 0.06 | 0.05 | 0.03 | 0.04 | 0.01 | 0.03 | 0.01 | 0.02 |
| 2520 | 0.700 | 0.77 | 0.15 | 0.19 | 0.08 | 0.07 | 0.06 | 0.03 | 0.04 | 0.02 | 0.03 | 0.01 | 0.02 |
| 2700 | 0.750 | 0.88 | 0.16 | 0.22 | 0.09 | 0.08 | 0.06 | 0.03 | 0.04 | 0.02 | 0.03 | 0.01 | 0.03 |
| 2880 | 0.800 | 0.98 | 0.17 | 0.25 | 0.10 | 0.09 | 0.06 | 0.04 | 0.04 | 0.02 | 0.03 | 0.01 | 0.03 |

续表

| *Q* | | *DN*80 | | *DN*100 | | *DN*125 | | *DN*150 | | 1D175 | | *DN*200 | |
|---|---|---|---|---|---|---|---|---|---|---|---|---|---|
| L/h | L/s | *R* | *v* | *R* | *v* | *R* | *v* | *R* | *v* | *R* | *v* | *R* | *v* |
| 3060 | 0.850 | 1.10 | 0.18 | 0.27 | 0.10 | 0.11 | 0.07 | 0.04 | 0.05 | 0.02 | 0.04 | 0.01 | 0.03 |
| 3240 | 0.900 | 1.22 | 0.19 | 0.30 | 0.11 | 0.11 | 0.07 | 0.05 | 0.02 | 0.02 | 0.04 | 0.01 | 0.03 |
| 3420 | 0.950 | 1.34 | 0.20 | 0.33 | 0.11 | 0.12 | 0.07 | 0.05 | 0.05 | 0.03 | 0.04 | 0.02 | 0.03 |
| 3600 | 1.000 | 1.48 | 0.21 | 0.37 | 0.12 | 0.13 | 0.08 | 0.06 | 0.06 | 0.03 | 0.04 | 0.02 | 0.03 |
| 3780 | 1.050 | 1.61 | 0.22 | 0.40 | 0.13 | 0.14 | 0.08 | 0.06 | 0.06 | 0.03 | 0.04 | 0.02 | 0.04 |
| 3960 | 1.100 | 1.76 | 0.23 | 0.43 | 0.13 | 0.16 | 0.09 | 0.07 | 0.06 | 0.03 | 0.05 | 0.02 | 0.04 |
| 4140 | 1.150 | 1.91 | 0.24 | 0.47 | 0.14 | 0.17 | 0.09 | 0.07 | 0.06 | 0.04 | 0.05 | 0.02 | 0.04 |
| 4320 | 1.200 | 2.06 | 0.25 | 0.51 | 0.14 | 0.18 | 0.09 | 0.08 | 0.07 | 0.04 | 0.05 | 0.02 | 0.04 |
| 4500 | 1.250 | 2.22 | 0.26 | 0.55 | 0.15 | 0.20 | 0.10 | 0.08 | 0.07 | 0.04 | 0.05 | 0.03 | 0.04 |
| 4680 | 1.300 | 2.38 | 0.28 | 0.59 | 0.16 | 0.21 | 0.10 | 0.09 | 0.07 | 0.05 | 0.05 | 0.03 | 0.04 |
| 4860 | 1.350 | 2.56 | 0.29 | 0.63 | 0.16 | 0.23 | 0.11 | 0.09 | 0.07 | 0.05 | 0.06 | 0.03 | 0.05 |
| 5040 | 1.400 | 2.73 | 0.30 | 0.67 | 0.17 | 0.24 | 0.11 | 0.10 | 0.08 | 0.05 | 0.06 | 0.03 | 0.05 |
| 5220 | 1.450 | 2.92 | 0.31 | 0.71 | 0.17 | 0.26 | 0.11 | 0.11 | 0.08 | 0.06 | 0.06 | 0.03 | 0.05 |
| 5400 | 1.500 | 3.10 | 0.32 | 0.76 | 0.18 | 0.27 | 0.12 | 0.11 | 0.08 | 0.06 | 0.06 | 0.03 | 0.05 |
| 5580 | 1.550 | 3.30 | 0.33 | 0.86 | 0.19 | 0.29 | 0.12 | 0.12 | 0.09 | 0.06 | 0.07 | 0.04 | 0.05 |
| 5760 | 1.600 | 3.50 | 0.34 | 0.85 | 0.19 | 0.31 | 0.13 | 0.13 | 0.09 | 0.07 | 0.07 | 0.04 | 0.05 |
| 5940 | 1.650 | 3.70 | 0.35 | 0.90 | 0.20 | 0.32 | 0.13 | 0.13 | 0.09 | 0.07 | 0.07 | 0.04 | 0.06 |
| 6120 | 1.700 | 3.92 | 0.36 | 0.95 | 0.20 | 0.34 | 0.13 | 0.14 | 0.09 | 0.07 | 0.07 | 0.04 | 0.06 |

| *Q* | | *DN*32 | | *DN*40 | | *DN*60 | | *DN*70 | | *DN*80 | |
|---|---|---|---|---|---|---|---|---|---|---|---|
| L/h | L/h | *R* | *v* | *R* | *v* | *R* | *v* | *R* | *v* | *R* | *v* |
| 6300 | 1.750 | 356.93 | 2.02 | 164.11 | 1.50 | 41.07 | 0.89 | 10.22 | 0.53 | 4.13 | 0.37 |
| 6480 | 1.800 | 377.6 | 2.07 | 173.62 | 1.55 | 43.45 | 0.92 | 10.82 | 0.54 | 4.35 | 0.38 |
| 6660 | 1.850 | 398.89 | 2.13 | 183.40 | 1.59 | 45.90 | 0.94 | 11.43 | 0.56 | 4.58 | 0.39 |
| 6840 | 1.900 | 420.74 | 2.19 | 193.45 | 1.63 | 48.41 | 0.97 | 12.05 | 0.57 | 4.82 | 0.40 |
| 7020 | 1.950 | 443.17 | 2.25 | 203.76 | 1.68 | 51.00 | 0.99 | 12.69 | 0.59 | 5.06 | 0.41 |
| 7200 | 2.000 | 466.19 | 2.30 | 214.35 | 1.72 | 53.64 | 1.02 | 13.35 | 0.60 | 5.30 | 0.42 |
| 7560 | 2.100 | 513.98 | 2.42 | 236.32 | 1.80 | 59.14 | 1.07 | 14.72 | 0.63 | 5.80 | 0.45 |
| 7920 | 2.200 | 564.09 | 2.53 | 259.36 | 1.89 | 64.91 | 1.12 | 16.16 | 0.66 | 6.36 | 0.47 |
| 8280 | 2.300 | 616.54 | 2.65 | 283.48 | 1.98 | 70.94 | 1.17 | 17.66 | 0.69 | 6.95 | 0.49 |
| 8640 | 2.400 | 671.32 | 2.76 | 308.66 | 2.06 | 77.25 | 1.22 | 19.23 | 0.72 | 7.57 | 0.51 |
| 9000 | 2.500 | 728.43 | 2.88 | 334.92 | 2.15 | 83.82 | 1.27 | 20.87 | 0.75 | 8.21 | 0.53 |
| 9360 | 2.600 | 787.87 | 2.99 | 362.25 | 2.23 | 90.66 | 1.32 | 22.57 | 0.78 | 8.88 | 0.55 |
| 9720 | 2.700 | 849.64 | 3.11 | 390.65 | 2.32 | 97.77 | 1.38 | 24.34 | 0.81 | 9.58 | 0.57 |
| 10080 | 2.800 | 913.74 | 3.22 | 420.12 | 2.41 | 105.14 | 1.43 | 26.17 | 0.84 | 10.30 | 0.59 |
| 10440 | 2.900 | 980.17 | 3.34 | 450.67 | 2.49 | 112.79 | 1.48 | 28.08 | 0.87 | 11.05 | 0.61 |
| 10800 | 3.000 | 1048.93 | 3.46 | 482.28 | 2.58 | 120.70 | 1.53 | 30.05 | 0.90 | 11.83 | 0.64 |
| 11160 | 3.100 | — | — | 514.97 | 2.66 | 128.88 | 1.58 | 32.08 | 0.93 | 12.63 | 0.66 |
| 11520 | 3.200 | — | — | 548.73 | 2.75 | 137.33 | 1.63 | 34.19 | 0.96 | 13.46 | 0.68 |
| 11880 | 3.300 | — | — | 583.56 | 2.83 | 146.05 | 1.68 | 36.36 | 0.99 | 14.31 | 0.70 |
| 12240 | 3.400 | — | — | 619.47 | 2.92 | 155.03 | 1.73 | 38.59 | 1.02 | 15.19 | 0.72 |
| 12600 | 3.500 | — | — | 656.44 | 3.01 | 164.28 | 1.78 | 40.90 | 1.05 | 16.10 | 0.74 |
| 12960 | 3.600 | — | — | 694.49 | 3.09 | 173.81 | 1.83 | 43.27 | 1.08 | 17.02 | 0.76 |
| 13320 | 3.700 | — | — | 733.61 | 3.18 | 183.60 | 1.88 | 45.71 | 1.12 | 17.99 | 0.78 |
| 13680 | 3.800 | — | — | 773.80 | 3.26 | 193.65 | 1.94 | 48.21 | 1.15 | 18.98 | 0.81 |
| 14040 | 3.900 | — | — | 815.06 | 3.35 | 203.98 | 1.99 | 50.78 | 1.18 | 19.99 | 0.83 |
| 14400 | 4.000 | — | — | 857.39 | 3.44 | 214.58 | 2.04 | 53.42 | 1.21 | 21.03 | 0.85 |
| 14760 | 4.100 | — | — | — | — | 225.44 | 2.09 | 56.12 | 1.24 | 22.09 | 0.87 |
| 15120 | 4.200 | — | — | — | — | 236.57 | 2.14 | 58.89 | 1.27 | 23.18 | 0.89 |
| 15480 | 4.300 | — | — | — | — | 247.97 | 2.19 | 61.73 | 1.30 | 24.30 | 0.91 |
| 15840 | 4.400 | — | — | — | — | 259.64 | 2.24 | 64.63 | 1.33 | 25.45 | 0.93 |

注：*R*——水头损失，$mmH_2O/m$；*v*——流速，m/s。

## 4.5.32 热水管局部水头损失计算（表4-62）

表4-62 热水管局部水头损失计算

| 流速 $v$ /(m/s) | Σζ | | | | | | | | | |
|---|---|---|---|---|---|---|---|---|---|---|
| | 1 | 2 | 3 | 4 | 5 | 6 | 7 | 8 | 9 | 10 |
| | 水头损失 $h$/$mmH_2O$[①] | | | | | | | | | |
| 0.02 | 0.02 | 0.04 | 0.06 | 0.08 | 0.1 | 0.12 | 0.14 | 0.16 | 0.18 | 0.2 |
| 0.04 | 0.08 | 0.16 | 0.24 | 0.32 | 0.4 | 0.48 | 0.56 | 0.64 | 0.72 | 0.8 |
| 0.06 | 0.18 | 0.36 | 0.54 | 0.72 | 0.9 | 1.08 | 1.26 | 1.44 | 1.62 | 1.8 |
| 0.08 | 0.32 | 0.64 | 0.96 | 1.28 | 1.6 | 1.91 | 2.23 | 2.55 | 2.87 | 3.19 |
| 0.1 | 0.5 | 1 | 1.5 | 1.99 | 2.49 | 2.99 | 3.49 | 3.99 | 4.49 | 4.99 |
| 0.12 | 0.72 | 1.44 | 2.15 | 2.87 | 3.6 | 4.31 | 5.03 | 5.75 | 6.46 | 7.18 |
| 0.14 | 0.98 | 1.95 | 2.93 | 3.91 | 4.89 | 5.86 | 6.84 | 7.82 | 8.79 | 9.77 |
| 0.16 | 1.28 | 2.55 | 3.83 | 5.11 | 9.38 | 7.66 | 8.93 | 10.2 | 11.5 | 12.8 |
| 0.18 | 1.62 | 3.23 | 4.85 | 6.45 | 8.08 | 9.66 | 11.3 | 12.9 | 14.5 | 16.2 |
| 0.2 | 2 | 4 | 5.98 | 7.98 | 9.97 | 12 | 14 | 16 | 18 | 20 |
| 0.22 | 2.42 | 4.84 | 7.25 | 9.68 | 12.1 | 14.5 | 16.9 | 19.4 | 21.8 | 24.2 |
| 0.24 | 2.87 | 5.74 | 8.61 | 11.5 | 14.4 | 17.2 | 20.1 | 23 | 25.8 | 28.7 |
| 0.26 | 3.37 | 6.74 | 1.01 | 13.5 | 16.8 | 20.2 | 23.6 | 27 | 33.0 | 33.7 |
| 0.28 | 3.91 | 7.82 | 11.7 | 15.6 | 19.5 | 23.4 | 27.4 | 31.3 | 35.2 | 39.1 |
| 0.3 | 4.49 | 8.97 | 13.5 | 17.9 | 22.4 | 26.9 | 31.4 | 35.9 | 40.4 | 44.9 |
| 0.35 | 6.11 | 12.2 | 18.3 | 24.4 | 30.5 | 36.6 | 42.7 | 48.9 | 55 | 61.1 |
| 0.4 | 7.98 | 16 | 23.9 | 31.9 | 39.9 | 47.9 | 55.8 | 63.8 | 71.8 | 79.8 |
| 0.45 | 10.1 | 20.1 | 30.3 | 40.4 | 50.2 | 60.6 | 70.7 | 80.8 | 90.9 | 100.9 |
| 0.5 | 12.5 | 24.9 | 37.4 | 49.9 | 62.3 | 74.6 | 87.2 | 99.7 | 112.2 | 124.6 |
| 0.6 | 17.4 | 34.7 | 52.1 | 69.4 | 86.8 | 104.1 | 121.5 | 138.8 | 156.2 | 173.5 |
| 0.7 | 25.1 | 50.3 | 75.4 | 100.5 | 125.6 | 150.8 | 175.9 | 201 | 226.2 | 251.3 |
| 0.8 | 31.9 | 63.8 | 95.7 | 127.6 | 159.5 | 191.4 | 223.3 | 256.2 | 287.1 | 319 |
| 0.9 | 39.5 | 79 | 118.5 | 157.9 | 197.4 | 235.9 | 276.4 | 315.9 | 355.4 | 394.9 |
| 1.0 | 49.9 | 99 | 149.6 | 199.4 | 249.3 | 299.1 | 349 | 393 | 449 | 499 |
| 1.2 | 71.8 | 143.6 | 215.4 | 287.1 | 358.9 | 431 | 502 | 574 | 646 | 718 |
| 1.4 | 90.7 | 195.4 | 293.1 | 390.8 | 469 | 586 | 684 | 782 | 879 | 977 |
| 1.5 | 112.2 | 224.3 | 336.5 | 449 | 561 | 673 | 785 | 897 | 1009 | 1122 |
| 1.6 | 127.6 | 255.2 | 382.8 | 510 | 538 | 765 | 893 | 1021 | 1149 | 1276 |
| 1.7 | 144.1 | 288.1 | 432 | 576 | 720 | 864 | 1008 | 1153 | 1297 | 1441 |
| 1.8 | 162 | 323 | 485 | 646 | 808 | 969 | 1131 | 1292 | 1454 | 1620 |
| 1.9 | 180 | 359 | 540 | 720 | 980 | 1080 | 1260 | 1440 | 1620 | 1800 |
| 2.0 | 199 | 396 | 598 | 798 | 997 | 1195 | 1395 | 1595 | 1795 | 1994 |

① $1mmH_2O \approx 10Pa$。

## 4.5.33 水煤气钢管的水力计算（表4-63）

表4-63 水煤气钢管的水力计算

| 管径/mm | 流量/(L/s) | 流速/(m/s) | 流速>1.2m/s阻力损失/(mm/m) | 流速<1.2m/s阻力损失/(mm/m) |
|---|---|---|---|---|
| 15 | 0.2500 | 1.463 | 550.6 | 539.4 |
| 20 | 0.3000 | 0.931 | 147.9 | 153.5 |
| 25 | 0.5000 | 0.942 | 109.2 | 113.1 |
| 32 | 1.2000 | 1.265 | 135.2 | 134.7 |
| 40 | 1.0000 | 0.796 | 44.5 | 47.3 |
| 50 | 2.5400 | 1.196 | 71.5 | 71.7 |
| 70 | 4.5000 | 1.276 | 58.6 | 58.3 |
| 80 | 5.9000 | 1.189 | 40.7 | 40.9 |
| 100 | 10.0000 | 1.155 | 26.7 | 27.0 |
| 125 | 15.0000 | 1.130 | 19.4 | 19.6 |
| 150 | 60.0000 | 3.18 | 122.2 | 111.9 |

## 4.5.34 水煤气钢管热水（60℃）水力计算（表 4-64）

**表 4-64 水煤气钢管热水（60℃）水力计算**

| 管径/mm | 流量/(L/s) | 流速/(m/s) | 阻力损失/(mm/m) | 管径/mm | 流量/(L/s) | 流速/(m/s) | 阻力损失/(mm/m) |
|---|---|---|---|---|---|---|---|
| 15 | 0.15 | 1.13 | 381.0 | 50 | 2.00 | 1.02 | 51.5 |
| 20 | 0.40 | 1.41 | 359.1 | 70 | 3.00 | 0.91 | 28.6 |
| 25 | 0.65 | 1.33 | 219.1 | 80 | 7.00 | 1.43 | 54.9 |
| 32 | 1.20 | 1.40 | 169.9 | 100 | 15.00 | 1.80 | 61.3 |
| 40 | 1.60 | 1.35 | 124.2 | | | | |

## 4.5.35 中等管径与大管径水力计算（表 4-65）

**表 4-65 中等管径与大管径水力计算**

| 管径/mm | 流量/(L/s) | 流速/(m/s) | 流速>1.2m/s 阻力损失/(mm/m) | 流速<1.2m/s 阻力损失/(mm/m) |
|---|---|---|---|---|
| 125 | 20.00 | 1.63 | 42.5 | 41.1 |
| 150 | 35.00 | 2.06 | 55.1 | 52.1 |
| 200 | 50.00 | 1.62 | 23.2 | 22.5 |
| 250 | 100.00 | 2.00 | 25.8 | 24.5 |
| 300 | 70.00 | 0.96 | 4.6 | 4.8 |
| 350 | 150.00 | 1.50 | 9.2 | 9.0 |
| 400 | 150.00 | 1.16 | 4.6 | 4.7 |
| 450 | 308.00 | 1.87 | 10.3 | 9.9 |
| 500 | 150.00 | 0.74 | 1.4 | 1.5 |
| 600 | 666.67 | 2.28 | 10.6 | 9.9 |
| 700 | 600.00 | 1.56 | 4.1 | 4.0 |
| 800 | 800.00 | 1.59 | 3.6 | 3.5 |
| 900 | 1000.00 | 1.57 | 3.0 | 2.9 |
| 1000 | 1100.00 | 1.40 | 2.1 | 2.1 |
| 1200 | 1500.00 | 1.33 | 1.5 | 1.5 |

## 4.5.36 铸铁给水管水力计算（表 4-66）

**表 4-66 铸铁给水管水力计算**

| 管径/mm | 流量/(L/s) | 流速/(m/s) | 流速>1.2m/s 阻力损失/(mm/m) | 流速<1.2m/s 阻力损失/(mm/m) |
|---|---|---|---|---|
| 100 | 15.00 | 1.95 | 82.19 | 78.20 |
| 125 | 20.00 | 1.66 | 44.32 | 42.84 |
| 150 | 55.00 | 3.15 | 126.60 | 116.01 |
| 200 | 30.00 | 0.96 | 8.13 | 8.39 |
| 250 | 80.00 | 1.64 | 17.61 | 17.04 |
| 300 | 80.00 | 1.13 | 6.56 | 6.63 |
| 350 | 140.00 | 1.46 | 8.88 | 8.70 |
| 400 | 200.00 | 1.59 | 8.93 | 8.67 |
| 450 | 230.00 | 1.45 | 6.32 | 6.20 |
| 500 | 360.00 | 1.83 | 8.86 | 8.48 |
| 600 | 500.00 | 1.77 | 6.51 | 6.25 |
| 700 | 600.00 | 1.56 | 4.14 | 4.03 |
| 800 | 800.00 | 1.59 | 3.63 | 3.52 |
| 900 | 1000.00 | 1.57 | 3.03 | 2.95 |
| 1000 | 1100.00 | 1.40 | 2.10 | 2.07 |

## 4.5.37 铜管水力计算（10℃）冷水（表 4-67）

表 4-67 铜管水力计算（10℃）冷水

| 管径/mm | 计算管径/mm | 流量/(L/s) | 流速/(m/s) | 阻力损失/(mm/m)10℃ | 阻力损失/(mm/m)70℃ |
|---|---|---|---|---|---|
| 15 | 13.6 | 0.100 | 0.69 | 63.1 | 48.0 |
| 20 | 20.2 | 0.200 | 0.62 | 33.1 | 25.2 |
| 25 | 26.2 | 0.500 | 0.93 | 50.9 | 38.7 |
| 32 | 32.6 | 1.000 | 1.20 | 63.2 | 48.1 |
| 40 | 39.6 | 1.000 | 0.81 | 24.5 | 18.6 |
| 50 | 51.6 | 6.000 | 2.87 | 185.9 | 141.3 |
| 65 | 64.0 | 4.000 | 1.24 | 30.8 | 23.4 |
| | 64.3 | 4.000 | 1.23 | 30.1 | 22.9 |
| 80 | 73.1 | 4.000 | 0.95 | 16.1 | 12.2 |
| | 82.0 | 4.000 | 0.76 | 9.2 | 7.0 |
| 100 | 105 | 9.000 | 1.04 | 12.4 | 9.4 |
| 125 | 128 | 14.000 | 1.09 | 10.7 | 8.1 |
| | 130 | 14.000 | 1.05 | 9.9 | 7.5 |
| 150 | 153 | 14.000 | 0.76 | 4.5 | 3.4 |
| 200 | 209 | 30.000 | 0.87 | 4.0 | 3.1 |
| | 211 | 30.000 | 0.86 | 3.8 | 2.9 |

## 4.5.38 建筑给水薄壁不锈钢管水力的计算（表 4-68）

表 4-68 建筑给水薄壁不锈钢管水力的计算

| 管径 $DN$/mm | 计算管径 $d$/mm | 流量/(L/s) | 流速/(m/s) | 阻力损失/(mm/m)10℃ | 阻力损失/(mm/m)70℃ |
|---|---|---|---|---|---|
| 10 | 8.80 | 0.10 | 1.64 | 525.73 | 399.56 |
| 15 | 14.68 | 0.100 | 0.59 | 43.5 | 33.1 |
| | 12.80 | 0.100 | 0.78 | 84.8 | 64.4 |
| 20 | 20.62 | 0.200 | 0.60 | 30.0 | 22.8 |
| | 18.80 | 0.200 | 0.72 | 47.0 | 35.7 |
| 25 | 26.98 | 1.000 | 1.75 | 158.9 | 120.8 |
| | 23.80 | 1.100 | 2.47 | 349.2 | 265.4 |
| 32 | 32.00 | 0.600 | 0.75 | 26.9 | 20.5 |
| | 33.00 | 0.600 | 0.70 | 23.2 | 17.6 |
| 40 | 40.70 | 1.000 | 0.77 | 21.5 | 16.3 |
| | 38.00 | 1.000 | 0.88 | 30.0 | 22.8 |
| 50 | 46.60 | 1.000 | 0.59 | 11.1 | 8.4 |
| | 59.00 | 1.000 | 0.37 | 3.5 | 2.7 |
| 65 | 73.10 | 4.000 | 0.95 | 16.1 | 12.2 |
| | 64.60 | 4.000 | 1.22 | 29.4 | 22.3 |
| 80 | 84.90 | 6.000 | 1.06 | 16.5 | 12.5 |
| | 73.10 | 6.000 | 1.43 | 34.1 | 25.9 |
| 100 | 104.00 | 11.000 | 1.29 | 18.8 | 14.3 |
| | 99.00 | 10.000 | 1.30 | 20.0 | 15.2 |
| 125 | 129.00 | 13.900 | 1.06 | 10.1 | 7.7 |
| 150 | 153.00 | 28.000 | 1.52 | 16.2 | 12.3 |
| | 156.00 | 28.000 | 1.46 | 14.7 | 11.2 |

### 4.5.39 衬塑钢管水力的计算（表4-69）

表4-69 衬塑钢管水力的计算

| 管径/mm | 计算管径/m | 流量/(L/s) | 流速/(m/s) | 阻力损失/(mm/m) |
|---|---|---|---|---|
| 15 | 0.0128 | 0.15 | 1.17 | 152.0 |
| 20 | 0.0183 | 0.40 | 1.52 | 157.2 |
| 25 | 0.024 | 0.50 | 1.11 | 64.0 |
| 32 | 0.0328 | 0.90 | 1.07 | 40.9 |
| 40 | 0.038 | 1.00 | 0.88 | 24.4 |
| 50 | 0.05 | 2.80 | 1.43 | 40.9 |
| 65 | 0.065 | 8.00 | 2.41 | 75.3 |
| 80 | 0.0765 | 7.00 | 1.52 | 27.3 |
| 100 | 0.102 | 10.00 | 1.22 | 13.0 |
| 125 | 0.128 | 17.00 | 1.32 | 11.3 |
| 150 | 0.151 | 26.00 | 1.45 | 10.9 |

### 4.5.40 涂塑钢管水力的计算（表4-70）

表4-70 涂塑钢管水力的计算

| 管径/mm | 计算管径/m | 流量/(L/s) | 流速/(m/s) | 阻力损失/(mm/m) |
|---|---|---|---|---|
| 15 | 0.0148 | 0.15 | 0.87 | 76.0 |
| 20 | 0.0203 | 0.40 | 1.24 | 95.8 |
| 25 | 0.026 | 0.65 | 1.22 | 69.6 |
| 32 | 0.0348 | 1.20 | 1.26 | 51.3 |
| 40 | 0.04 | 1.00 | 0.80 | 19.1 |
| 50 | 0.052 | 5.00 | 2.35 | 94.9 |
| 65 | 0.067 | 4.00 | 1.13 | 19.0 |
| 80 | 0.0795 | 7.00 | 1.41 | 22.7 |
| 100 | 0.105 | 10.00 | 1.15 | 11.3 |
| 125 | 0.131 | 17.00 | 1.26 | 10.1 |
| 150 | 0.155 | 55.00 | 2.91 | 36.3 |

### 4.5.41 自动喷淋管道支、吊架的最大间距（表4-71）

表4-71 自动喷淋管道支、吊架的最大间距

| 公称直径/mm | 25 | 32 | 40 | 50 | 70 | 80 | 100 | 125 | 150 | 200 | 250 | 300 |
|---|---|---|---|---|---|---|---|---|---|---|---|---|
| 距离/m | 3.5 | 4.0 | 4.5 | 5.0 | 6.0 | 8.0 | 8.5 | 7.0 | 8.0 | 9.5 | 11.0 | 12.0 |

说明：(1) 管道支架、吊架与喷头之间的距离不宜小于300mm，与末端喷头之间的距离不宜大于750mm；

(2) 竖直安装的配水干管应在其始端和末端设防晃支架或采用管卡固定，其安装位置距地面或楼面的距离宜为1.5～1.8m；

(3) 管道焊口与支吊架中心线的间距应不大于150～200mm。

### 4.5.42 室外给水管管道防腐层的种类（表4-72）

表4-72 室外给水管管道防腐层的种类

| 防腐层层次 | 正常防腐层 | 加强防腐层 | 特加强防腐层 |
|---|---|---|---|
| (从金属表面起)<br>1 | 冷底子油 | 冷底子油 | 冷底子油 |

续表

| 防腐层层次 | 正常防腐层 | 加强防腐层 | 特加强防腐层 |
| --- | --- | --- | --- |
| 2 | 沥青涂层 | 沥青涂层 | 沥青涂层 |
| 3 | 外包保护层 | 加强包扎层 | 加强保护层 |
|  |  | （封闭层） | （封闭层） |
| 4 |  | 沥青涂层 | 沥青涂层 |
| 5 |  | 外保护层 | 加强包扎层 |
| 6 |  |  | （封闭层） |
|  |  |  | 沥青涂层 |
| 7 |  |  | 外包保护层 |
| 防腐层厚度/mm　不小于 | 3 | 6 | 9 |

## 4.5.43　室外给水管管道安装的允许偏差（表 4-73）

**表 4-73　室外给水管管道安装的允许偏差**

| 项　目 | | | 允许偏差/mm | 检验方法 |
| --- | --- | --- | --- | --- |
| 坐标 | 铸铁管 | 埋地 | 100 | 拉线和尺量检查 |
| | | 敷设在沟槽内 | 50 | |
| | 钢管、塑料管、复合管 | 埋地 | 100 | |
| | | 敷设在沟槽内或架空 | 40 | |
| 标高 | 铸铁管 | 埋地 | ±50 | 拉线和尺量检查 |
| | | 敷设在地沟内 | ±30 | |
| | 钢管、塑料管、复合管 | 埋地 | ±50 | |
| | | 敷设在地沟内或架空 | ±30 | |
| 水平管纵横向弯曲 | 铸铁管 | 直段(25m 以上)<br>起点～终点 | 40 | 拉线和尺量检查 |
| | 钢管、塑料管、复合管 | 直段(25m 以上)<br>起点～终点 | 30 | |

## 4.5.44　室外给水管铸铁管承插捻口的对口最大间隙（表 4-74）

**表 4-74　室外给水管铸铁管承插捻口的对口最大间隙**

| 检验方法 | 管径/mm | 沿直线敷设/mm | 沿曲线敷设/mm |
| --- | --- | --- | --- |
| 尺量检查 | 75 | 4 | 5 |
| | 100～250 | 5 | 7～13 |
| | 300～500 | 6 | 14～22 |

## 4.5.45　室外给水管铸铁管承插捻口的环形间隙（表 4-75）

**表 4-75　室外给水管铸铁管承插捻口的环型间隙**

| 检验方法 | 管径/mm | 标准环形间隙/mm | 允许偏差/mm |
| --- | --- | --- | --- |
| 尺量检查 | 75～200 | 10 | +3<br>−2 |
| | 250～450 | 11 | +4<br>−2 |
| | 500 | 12 | +4<br>−2 |

### 4.5.46 室外给水管橡胶圈接口最大允许偏转角（表 4-76）

表 4-76 室外给水管橡胶圈接口最大允许偏转角

| 检验方法 | 公称直径/mm | 100 | 125 | 150 | 200 | 250 | 300 | 350 | 400 |
|---|---|---|---|---|---|---|---|---|---|
| 观察和尺量检查 | 允许偏转角度 | 5° | 5° | 5° | 5° | 4° | 4° | 4° | 3° |

### 4.5.47 室外排水管道安装的允许偏差（表 4-77）

表 4-77 室外排水管道安装的允许偏差

| 项目 | | 允许偏差/mm | 检验方法 |
|---|---|---|---|
| 坐标 | 埋地 | 100 | 拉线尺量 |
| | 敷设在沟槽内 | 50 | |
| 标高 | 埋地 | ±20 | 用水平仪、拉线和尺量 |
| | 敷设在沟槽内 | ±20 | |
| 水平管道纵横向弯曲 | 每 5m 长 | 10 | 拉线尺量 |
| | 全长(两井间) | 30 | |

### 4.5.48 室外采暖管道安装的允许偏差（表 4-78）

表 4-78 室外采暖管道安装的允许偏差

| 项目 | | | 允许偏差 | 检验方法 |
|---|---|---|---|---|
| 坐标/mm | | 敷设在沟槽内及架空 | 20 | 用水准仪(水平尺)、直尺、拉线 |
| | | 埋地 | 50 | |
| 标高/mm | | 敷设在沟槽内及架空 | ±10 | 尺量检查 |
| | | 埋地 | ±15 | |
| 水平管道纵、横方向弯曲/mm | 每米 | 管径≤100 | 1 | 用水准仪(水平尺)、直尺、拉线和尺量检查 |
| | | 管径>100 | 1.5 | |
| | 全长(25m 以上) | 管径≤100 | ≯13 | |
| | | 管径>100 | ≯25 | |
| 弯管 | 椭圆率$\frac{D_{\max}-D_{\min}}{D_{\max}}$ | 管径≤100mm | 89% | 用外卡钳和尺量检查 |
| | | 管径>100mm | 5% | |
| | 折皱不平度/mm | 管径≤100 | 4 | |
| | | 管径 125～200 | 5 | |
| | | 管径 250～400 | 7 | |

### 4.5.49 室外采暖管道地沟安装净距（表 4-79）

表 4-79 室外采暖管道地沟安装净距

| 地沟内的管道安装位置 | 净距(保温层外表面)/mm | 检验方法 |
|---|---|---|
| 与沟壁 | 100～150 | 尺量检查 |
| 与沟底 | 100～200 | |
| 与沟顶(不通行地沟) | 50～100 | |
| 与沟顶(半通行和通行地沟) | 200～300 | |

### 4.5.50 室外采暖管道架空敷设安装高度（表 4-80）

表 4-80 室外采暖管道架空敷设安装高度

| 检验方法 | 项目 | 架空敷设的供热管道安装高度(以保温层外表面计算)/m |
|---|---|---|
| 尺量检查 | 人行地区 | 不小于 2.5 |
| | 通行车辆地区 | 不小于 4.5 |
| | 跨越铁路 | 距轨顶不小于 6 |

### 4.5.51 室外非金属排水管道施工沟槽边坡坡度（表 4-81）

表 4-81 室外非金属排水管道施工沟槽边坡坡度

| 土壤类别 | 坡度(高：宽) | | |
|---|---|---|---|
| | 槽深 0～1m | 槽深 1～3m | 槽深 3～5m |
| 砂土 | 1：0.50 | 1：0.75 | 1：1.00 |
| 亚砂土 | 1：0.00 | 1：0.50 | 1：0.67 |
| 亚黏土 | 1：0.00 | 1：0.33 | 1：0.50 |
| 黏土 | 1：0.00 | 1：0.25 | 1：0.33 |
| 干黄土 | 1：0.00 | 1：0.20 | 1：0.25 |
| 砖土和砂砾土 | 1：0.00 | 1：1.00 | 1：1.25 |

注：此表适用于坡顶无荷载，有荷载时应调整放缓。

### 4.5.52 室外混凝土排水管道施工工艺沟槽边坡坡度

室外混凝土排水管道施工工艺沟槽边坡坡度与室外非金属排水管道施工沟槽边坡坡度一样，可参见表 4-81。

### 4.5.53 室外混凝土排水管道施工工艺钎的布置（表 4-82）

表 4-82 室外混凝土排水管道施工工艺钎的布置

| 槽宽/m | 排列方式 | 钎探深度/m | 钎探间距/m |
|---|---|---|---|
| 0.8～1 | 中心一排 | 1.5 | 1.5 |
| 1～2 | 两排错开 1/2 钎孔间距，每排距槽边为 200mm | 1.5 | — |
| 2 以上 | 梅花形 | 1.5 | 1.5 |

### 4.5.54 室外混凝土排水管道施工工艺拌和水及骨料最高加热温度（表 4-83）

表 4-83 室外混凝土排水管道施工工艺拌和水及骨料最高加热温度

| 项目 | 拌和水/℃ | 骨料/℃ |
|---|---|---|
| 标号小于 525 号的普通硅酸盐水泥、矿渣硅酸盐水泥 | 80 | 60 |
| 标号等于及大于 525 号的普通硅酸盐水泥、矿渣硅酸盐水泥 | 60 | 40 |

### 4.5.55 室外混凝土排水管道施工工艺垫层混凝土与管座混凝土浇筑平基、垫层、管座质量及允许偏差表（表 4-84）

表 4-84 室外混凝土排水管道施工工艺垫层混凝土与管座混凝土浇筑平基、垫层、管座质量及允许偏差表

| 项目 | | 质量及允许偏差/mm | | 检验方法 | | 检验方法 |
|---|---|---|---|---|---|---|
| | | 地标 | 企标 | 范围/m | 点数 | |
| 混凝土抗压 | | 符合设计要求 | | 100 | 1 | |
| 垫层 | 中线每侧宽度 | ≮设计规定 | | 10 | 2 | 挂中心线用尺量，每侧计一点 |
| | 高程 | 0<br>−15 | 0<br>−13 | 10 | 1 | 用水准仪量测 |
| 平基 | 中线每侧宽度 | ≮设计规定 | | 10 | 2 | 挂中心线用尺量，每侧计一点 |
| | 高程 | 0<br>−10 | 0<br>−8 | 10 | 1 | 用水准仪具量测 |
| | 厚度 | ±10 | ±8 | 10 | 1 | 用尺量 |
| 管座 | 肩宽 | +10<br>−5 | +8<br>−5 | 10 | 2 | 挂中心线用尺量，每侧计一点 |
| | 肩高 | ±10 | ±8 | 10 | 2 | |
| 蜂窝面积 | | ≤1% | ≤1% | 两井间每侧面 | 1 | 用尺量蜂窝总面积与该侧面总面积比较 |

### 4.5.56 城市供水排水系统各种构筑物和管道结构构件的强度设计调整系数（表 4-85）

表 4-85 城市供水排水系统各种构筑物和管道结构构件的强度设计调整系数

| 构筑物、管道及构件类别 | | 强度设计调整系数 |
|---|---|---|
| 水池 | 顶盖 | 1.0 |
| | 池壁、底板 | 0.9 |
| 泵房 | | 1.0 |
| 取水头部 | | 1.0 |
| 水塔 | 水柜 | 1.0 |
| | 支承结构 | 1.1 |
| 沉井 | | 1.0 |
| 地下管道 | 预应力混凝土管道 | 1.0 |
| | 钢筋混凝土、砌体管道 | 0.9 |
| | 管道附属构筑物 | 0.9 |

### 4.5.57 城市供水排水系统构筑物和管道的设计稳定安全系数

构筑物与管道的设计稳定安全系数（$K_w$），需要根据表 4-86 规定来采用。验算时，抵抗力只需计算恒载，活荷载、侧壁上的破擦力不应计入。

表 4-86 城市供水排水系统构筑物和管道的设计稳定安全系数

| 失稳特征 | 设计稳定安全系数 | 失稳特征 | 设计稳定安全系数 |
|---|---|---|---|
| 倾覆 | 1.50 | 钢管横截面失稳 | 2.50 |
| 沿地基内深层滑动 | 1.20 | 上浮 | 1.05 |
| 沿基础底面或沿齿墙底面连同齿墙间土体滑动 | 1.30 | | |

### 4.5.58 城市供水排水系统钢筋混凝土构筑物和管道在使用阶段荷载作用下的最大裂缝宽度（表 4-87）

表 4-87 城市供水排水系统钢筋混凝土构筑物和管道在使用阶段荷载作用下的最大裂缝宽度

| 类　别 | 部位或环境条件 | 最大裂缝宽度容许值 $\delta_{fmax}$/mm |
|---|---|---|
| 水池水塔 | 清水池、给水处理池等 | 0.25 |
| | 污水处理池、水塔的水柜 | 0.20 |
| 泵房 | 储水间、格栅间 | 0.20 |
| | 其他地面以下部分 | 0.25 |
| 取水头部 | 常水位以下部分 | 0.25 |
| | 常水位以上湿度变化部分 | 0.20 |
| 沉井 | | 0.30 |
| 地下管道 | | 0.20 |

### 4.5.59 城市供水排水系统构筑物各部位构件内钢筋的混凝土保护层的最小厚度

当构筑物或管道的地基土有显著变化或构筑物的竖向布置高差较大时，需要设置沉降缝。沉降缝，需要在构筑物或管道的同一剖面上贯通，缝宽不应小于 3cm。

构筑物各部位构件内，钢筋的混凝土保护层的最小厚度（从钢筋的外缘算起），需要符合表 4-88 的规定。

表 4-88 城市供水排水系统构筑物各部位构件内钢筋的混凝土保护层的最小厚度

| 构件类别 | 工作条件 | 钢筋类别 | 保护层厚度/mm |
|---|---|---|---|
| 墙、板 | 与水、土接触或高湿度 | 受力钢筋 | 25 |
| | 与污水接触或受水气影响 | 受力钢筋 | 30 |

续表

| 构件类别 | 工作条件 | 钢筋类别 | 保护层厚度/mm |
|---|---|---|---|
| 梁、柱 | 与水、土接触或高湿度 | 受力钢筋 | 30 |
| | | 箍筋或构造钢筋 | 20 |
| | 与污水接触或受水气影响 | 受力钢筋 | 35 |
| | | 箍筋或构造钢筋 | 25 |
| 基础、底板 | 有垫层的下层筋 | 受力钢筋 | 35 |
| | 无垫层的下层筋 | 受力钢筋 | 70 |

说明：不与水、土接触或不受水气影响的构件，其钢筋的混凝土保护层的最小厚度，需要根据现行的《钢筋混凝土结构设计规范》等有关规定采用。

### 4.5.60　城市供水排水系统深度在 5m 以内的基坑边坡的最陡坡度

地质条件良好、土质均匀，以及地下水位低于基坑底面高程，并且挖方深度在 5m 以内边坡不加支撑时，边坡最陡坡度应符合表 4-89 的规定。

**表 4-89　深度在 5m 以内的基坑边坡的最陡坡度**

| 土的类别 | 边坡坡度(高∶宽) | | |
|---|---|---|---|
| | 坡顶无荷载 | 坡顶有静载 | 坡顶有动载 |
| 中密的砂土 | 1∶1.00 | 1∶1.25 | 1∶1.50 |
| 硬塑的亚黏土、黏土 | 1∶0.33 | 1∶0.50 | 1∶0.67 |
| 老黄土 | 1∶0.10 | 1∶0.25 | 1∶0.33 |
| 软土(经井点降水后) | 1∶1.00 | — | — |
| 中密的碎石类土(充填物为砂土) | 1∶0.75 | 1∶1.00 | 1∶1.25 |
| 硬塑的轻亚黏土 | 1∶0.67 | 1∶0.75 | 1∶1.00 |
| 中密的碎石类土(充填物为黏性土) | 1∶0.50 | 1∶0.67 | 1∶0.75 |

说明：当有成熟施工经验时，可以不受本表的限制。

### 4.5.61　城市供水排水系统现浇钢筋混凝土管渠允许偏差（表 4-90）

**表 4-90　城市供水排水系统现浇钢筋混凝土管渠允许偏差**

| 项　　目 | 允许偏差/mm | 项　　目 | 允许偏差/mm |
|---|---|---|---|
| 轴线位置 | 15 | 渠底中线每侧宽度 | ±10 |
| 墙面垂直度 | 15 | 墙面平整度 | 10 |
| 管、拱圈断面尺寸 | 不小于设计规定 | 渠底高程 | ±10 |
| 盖板断面尺寸 | 不小于设计规定 | 墙厚 | ±10<br>0 |
| 墙高 | ±10 | | |

### 4.5.62　城市供水排水系统管道水压试验的试验压力

压力管道全部回填土前，需要进行强度与严密性试验。管道强度与严密性试验需要采用水压试验法试验。

管道水压试验的试验压力需要符合表 4-91 的规定要求。

**表 4-91　管道水压试验的试验压力**

| 管材种类 | 工作压力 $p$/MPa | 试验压力/MPa |
|---|---|---|
| 铸铁及球墨铸铁管 | ≤0.5 | $2p$ |
| | >0.5 | $p+0.5$ |
| 预应力、自应力混凝土管 | ≤0.6 | $1.5p$ |
| | >0.6 | $p+0.3$ |
| 现浇钢筋混凝土管渠 | ≥0.1 | $1.5p$ |
| 钢管 | $p$ | $p+0.5$ 且不应小于 0.9 |

### 4.5.63 室内给水设备安装允许偏差（表 4-92）

表 4-92 室内给水设备安装允许偏差

<table>
<tr><th colspan="3">项　目</th><th>允许偏差/mm</th><th>检验方法</th></tr>
<tr><td rowspan="3">静置设备</td><td colspan="2">坐标</td><td>15</td><td>经纬仪或拉线、尺量</td></tr>
<tr><td colspan="2">标高</td><td>±5</td><td>用水准仪、拉线和尺量检查</td></tr>
<tr><td colspan="2">垂直度(每米)</td><td>5</td><td>吊线和尺量检查</td></tr>
<tr><td rowspan="4">离心式水泵</td><td colspan="2">立式泵体垂直度(每米)</td><td>0.1</td><td>水平尺和塞尺检查</td></tr>
<tr><td colspan="2">卧式泵体水平度(每米)</td><td>0.1</td><td>水平尺和塞尺检查</td></tr>
<tr><td rowspan="2">联轴器同心度</td><td>轴向倾斜(每米)</td><td>0.8</td><td rowspan="2">在联轴器互相垂直的四个位置上用水准仪、百分表或测微螺钉和塞尺检查</td></tr>
<tr><td>径向位移</td><td>0.1</td></tr>
</table>

### 4.5.64 大便槽的冲洗水槽、冲洗管与排水管管径的确定

大便槽的冲洗水槽、冲洗管与排水管管径的确定，可以参考表 4-93。

表 4-93 大便槽的冲洗水槽、冲洗管与排水管管径的确定

| 蹲位数 | 每蹲位冲洗水量/L | 排水管管径/mm | 冲洗管管径/mm |
|---|---|---|---|
| 3～4 | 12 | 100 | 40 |
| 5～8 | 10 | 150 | 50 |
| 9～12 | 9 | 150 | 70 |

### 4.5.65 卫生器具的一次与小时热水用水定额及水温

卫生器具的一次与小时热水用水定额及水温可以参考表 4-94。

表 4-94 卫生器具的一次与小时热水用水定额及水温

| 应　用 | 名　称 | 一次用水量/L | 小时用水量/L | 使用水温/℃ |
|---|---|---|---|---|
| 办公楼 | 洗手盆 | — | 50～100 | 35 |
| 餐饮业 | 洗涤盆(池) | — | 250 | 50 |
| | 洗脸盆　工作人员用 | 3 | 60 | 30 |
| | 顾客用 | — | 120 | 30 |
| | 淋浴器 | 40 | 400 | 37～40 |
| 工业企业生活间 | 淋浴器：一般车间 | 40 | 360～540 | 37～40 |
| | 脏车间 | 60 | 180～480 | 40 |
| | 洗脸盆或盥洗槽水龙头：一般车间 | 3 | 90～120 | 30 |
| | 脏车间 | 5 | 100～150 | 35 |
| 公共浴室 | 浴盆 | 125 | 250 | 40 |
| | 淋浴器：有淋浴小间 | 100～150 | 200～300 | 37～40 |
| | 无淋浴小间 | — | 450～540 | 37～40 |
| | 洗脸盆 | 5 | 50～80 | 35 |
| 净身房 | 净身器 | 10～15 | 120～180 | 30 |
| 剧场 | 淋浴器 | 60 | 200～400 | 37～40 |
| | 演员用洗脸盆 | 5 | 80 | 35 |
| 理发室、美容院 | 洗脸盆 | — | 35 | 35 |
| 实验室 | 洗脸盆 | — | 60 | 50 |
| | 洗手盆 | — | 15～25 | 30 |
| 体育场馆 | 淋浴器 | 30 | 300 | 35 |
| 医院、休养所、疗养院 | 洗手盆 | — | 15～25 | 35 |
| | 洗涤盆(池) | — | 300 | 50 |
| | 淋浴器 | — | 200～300 | 37～40 |
| | 浴盆 | 125～150 | 250～300 | 40 |

续表

| 应　　用 | 名　　称 | 一次用水量/L | 小时用水量/L | 使用水温/℃ |
|---|---|---|---|---|
| 幼儿园、托儿所 | 浴盆:幼儿园 | 100 | 400 | 35 |
| | 　　托儿所 | 30 | 120 | 35 |
| | 淋浴器:幼儿园 | 30 | 180 | 35 |
| | 　　托儿所 | 15 | 90 | 35 |
| | 盥洗槽水嘴 | 15 | 25 | 30 |
| | 洗涤盆(池) | — | 180 | 50 |
| 招待所、宿舍、培训中心 | 淋浴器:有淋浴小间 | 70～100 | 210～300 | 37～40 |
| | 　　无淋浴小间 | — | 450 | 37～40 |
| | 盥洗槽水嘴 | 3～5 | 50～80 | 30 |
| 住宅、宾馆、酒店式公寓、旅馆、别墅 | 带有淋浴器的浴盆 | 150 | 300 | 40 |
| | 无淋浴器的浴盆 | 125 | 250 | 40 |
| | 淋浴器 | 70～100 | 140～200 | 37～40 |
| | 洗脸盆、盥洗槽水嘴 | 3 | 30 | 30 |
| | 洗涤盆(池) | — | 180 | 50 |

说明：脏车间指《工业企业设计卫生标准》中规定的 1、2 级卫生特征的车间。一般车间指《工业企业设计卫生标准》中规定的 3、4 级卫生特征的车间。

### 4.5.66　直接供应热水设备出口的最高水温与配水点最低水温的确定（表 4-95）

**表 4-95　直接供应热水设备出口的最高水温与配水点的最低水温的确定**

| 水质处理 | 热水锅炉、热水机组、水加热器出口的最高水温/℃ | 配水点的最低水温/℃ |
|---|---|---|
| 原水水质无需软化处理、原水水质需水质处理且有水质处理 | 75 | 50 |
| 原水水质需水质处理但未进行水质处理 | 60 | 50 |

### 4.5.67　膨胀管最小管径的确定

膨胀管的最小管径可以根据表 4-96 来确定。

**表 4-96　膨胀管的最小管径**

| 锅炉、水加热器的传热面积/m² | <10 | ≥10 且<15 | ≥15 且<20 | ≥20 |
|---|---|---|---|---|
| 膨胀管最小管径/mm | 25 | 32 | 40 | 50 |

说明：对多台锅炉或水加热器，需要分设膨胀管。

### 4.5.68　淋浴室地漏直径的确定（表 4-97）。

**表 4-97　淋浴室地漏直径的确定**

| 地漏直径/mm | 淋浴器数量/个 |
|---|---|
| 50 | 1～2 |
| 75 | 3 |
| 100 | 4～5 |

说明：采用排水沟排水时，8 个淋浴器可设置一个直径为 100mm 的地漏。

## 4.6　塑料管道设计的技术参数

### 4.6.1　排水塑料管道支、吊架的最大间距（表 4-98）

**表 4-98　排水塑料管道支、吊架的最大间距**

| 管径/mm | | 50 | 75 | 110 | 125 | 160 |
|---|---|---|---|---|---|---|
| 支、吊架的最大间距/m | 立管 | 1.2 | 1.5 | 2.0 | 2.0 | 2.0 |
| | 横管 | 0.50 | 0.75 | 1.10 | 1.30 | 1.60 |

### 4.6.2 生活污水塑料管道的坡度（表 4-99）

表 4-99 生活污水塑料管道的坡度

| 名　　称 | 最小坡度/‰ | 名　　称 | 最小坡度/‰ |
|---|---|---|---|
| 管径 50mm 的生活污水塑料管道 | 12 | 管径 125mm 的生活污水塑料管道 | 5 |
| 管径 75mm 的生活污水塑料管道 | 8 | 管径 160mm 的生活污水塑料管道 | 4 |
| 管径 110mm 的生活污水塑料管道 | 6 | | |

### 4.6.3 PPR 管材管道安装进户管管径

所有户内管道从水表后开始采用 PPR 管，进户管 PPR 管径要求见表 4-100。

表 4-100 PPR 管材管道安装进户管管径

| 户　　型 | 冷水管 | | 热水管 | | 热水回水管 | |
|---|---|---|---|---|---|---|
| | 入户管 | 水表 | 入户管 | 水表 | 入户管 | 水表 |
| 一厨一卫 | $D_e25$ | $DN15$ | $D_e25$ | $DN15$ | $D_e20$ | $DN15$ |
| 一厨二卫 | $D_e32$ | $DN20$ | $D_e32$ | $DN20$ | $D_e20$ | $DN15$ |
| 一厨三卫 | $D_e40$ | $DN20$ | $D_e40$ | $DN20$ | $D_e20$ | $DN15$ |
| 一厨四卫 | $D_e40$ | $DN20$ | $D_e40$ | $DN20$ | $D_e20$ | $DN15$ |

### 4.6.4 PPR 冷/热水支架、吊架最大间距（表 4-101）

表 4-101 PPR 冷/热水支架、吊架最大间距

冷水管支架、吊架最大间距

| 公称外径/mm | 20 | 25 | 32 | 40 | 50 | 63 | 75 | 90 | 110 |
|---|---|---|---|---|---|---|---|---|---|
| 横管 | 0.40 | 0.50 | 0.65 | 0.80 | 1.00 | 1.20 | 1.30 | 1.50 | 1.60 |
| 立管 | 0.70 | 0.80 | 0.90 | 1.20 | 1.40 | 1.60 | 1.80 | 2.00 | 2.20 |

热水管支架、吊架最大间距

| 公称外径/mm | 20 | 25 | 32 | 40 | 50 | 63 | 75 | 90 | 110 |
|---|---|---|---|---|---|---|---|---|---|
| 横管 | 0.30 | 0.40 | 0.50 | 0.65 | 0.70 | 0.80 | 1.00 | 1.10 | 1.20 |
| 立管 | 0.60 | 0.70 | 0.80 | 0.90 | 1.10 | 1.20 | 1.40 | 1.60 | 1.80 |

注：冷、热水管公用支架、吊架时，按热水管的间距确定。直埋式管道的管卡间距，冷、热水管均可用 1.00～1.50m。

### 4.6.5 PPR 管道安装允许偏差（表 4-102）

表 4-102 管道安装的允许偏差和检验方法

| 项　　目 | | 允许偏差/mm | | 检验方法 |
|---|---|---|---|---|
| | | 国标、行标 | 企标 | |
| 水平管道纵横方向弯曲 | 每米全长 | 1.5 | 1.5 | 用水平尺、直尺、拉线和尺量检查 |
| | 25m 以上 | ≯25 | ≯23 | |
| 立管垂直度 | 每米 | 2 | 2 | 吊线和尺量检查 |
| | 5m 以上 | ≯8 | ≯8 | |

### 4.6.6 PPR 管道在不同使用温度下的膨胀力（表 4-103）

表 4-103 PPR 管道在不同使用温度下的膨胀力

| 公称外径 $D_e$/mm | 膨胀力 $F_p$/N | | | |
|---|---|---|---|---|
| | 40℃ | 60℃ | 80℃ | 95℃ |
| 20 | 319 | 414 | 511 | 531 |
| 25 | 494 | 641 | 790 | 823 |
| 32 | 813 | 1054 | 1300 | 1353 |

续表

| 公称外径 $D_e$/mm | 膨胀力 $F_p$/N | | | |
|---|---|---|---|---|
| | 40℃ | 60℃ | 80℃ | 95℃ |
| 40 | 1263 | 1637 | 2019 | 2103 |
| 50 | 1978 | 2564 | 3162 | 3293 |
| 63 | 3120 | 4045 | 4988 | 5195 |
| 75 | 4421 | 5733 | 7068 | 7362 |
| 90 | 6367 | 8255 | 10178 | 10602 |
| 110 | 9498 | 12315 | 15183 | 15816 |

说明：表中数值是根据施工时环境温度 20℃计算的，热水管道根据 $PN$2.0MPa 来计算。

### 4.6.7　PPR 冷水（10℃）流速与阻力损失（表 4-104）

**表 4-104　PPR 冷水（10℃）流速与阻力损失**

| 1.0MPa | | | 1.25MPa | | | 1.6MPa | | |
|---|---|---|---|---|---|---|---|---|
| 流速/(m/s) | 阻力损失/(mm/m) | 计算管径/mm | 流速/(m/s) | 阻力损失/(mm/m) | 计算管径/mm | 流速/(m/s) | 阻力损失/(mm/m) | 计算管径/mm |
| 0.54 | 33.1 | 15.4 | 0.54 | 33.1 | 15.4 | 0.54 | 33.1 | 13.2 |
| 0.92 | 60.7 | 20.4 | 0.92 | 60.7 | 19.4 | 1.01 | 77.1 | 16.6 |
| 1.03 | 52.5 | 26 | 1.13 | 65.2 | 24.8 | 1.24 | 81.7 | 21.2 |
| 1.10 | 44.8 | 32.6 | 1.20 | 54.8 | 31 | 1.32 | 69.7 | 26.6 |
| 1.05 | 31.4 | 40.8 | 1.15 | 38.5 | 38.8 | 1.27 | 49.0 | 33.2 |
| 0.66 | 10.5 | 51.4 | 0.72 | 12.8 | 48.8 | 0.80 | 16.4 | 42 |
| 0.94 | 15.8 | 61.2 | 1.02 | 19.0 | 58.2 | 1.13 | 24.2 | 50 |
| 1.08 | 16.1 | 73.6 | 1.18 | 19.5 | 69.8 | 1.31 | 25.1 | 60 |
| 1.01 | 11.1 | 90 | 1.10 | 13.6 | 85.4 | 1.22 | 17.4 | 73.5 |

### 4.6.8　给水铝塑复合管立管与横管最大支承间距（表 4-105）

**表 4-105　给水铝塑复合管立管与横管最大支承间距**

| 公称外径/$d_n$ | 20 | 25 | 32 | 40 | 50 |
|---|---|---|---|---|---|
| 立管 | 900 | 1000 | 1100 | 1300 | 1600 |
| 横管 | 600 | 700 | 800 | 1000 | 1200 |

说明：$d_n$≤32 暗装管段滑动支承间距可适当放宽。

### 4.6.9　塑料及复合管给水管道支、吊架的最大间距（表 4-106）

**表 4-106　塑料及复合管给水管道支、吊架的最大间距**

| 公称直径/mm | | | 12 | 14 | 16 | 18 | 20 | 25 | 32 | 40 | 50 | 63 | 75 | 90 | 110 |
|---|---|---|---|---|---|---|---|---|---|---|---|---|---|---|---|
| 支架的最大间距/m | 立管 | | 0.5 | 0.6 | 0.7 | 0.8 | 0.9 | 1.0 | 1.1 | 1.3 | 1.6 | 1.8 | 2.0 | 2.2 | 2.4 |
| | 水平管 | 冷水管 | 0.4 | 0.4 | 0.5 | 0.5 | 0.6 | 0.7 | 0.8 | 0.9 | 1.0 | 1.1 | 1.2 | 1.35 | 1.55 |
| | | 热水管 | 0.2 | 0.2 | 0.25 | 0.3 | 0.3 | 0.35 | 0.4 | 0.5 | 0.6 | 0.7 | 0.8 | | |

### 4.6.10　室内铝塑复合给水管道安装要求（表 4-107）

**表 4-107　室内铝塑复合给水管道安装要求**

**卡架固定支架间距**

| 公称外径 $D_e$ | 立管支架间距/mm | 水平管支架间距/mm | |
|---|---|---|---|
| | | 冷水管 | 热水管 |
| 16 | 700 | 500 | 250 |
| 20 | 900 | 600 | 300 |

续表

| 公称外径 $D_e$ | 立管支架间距/mm | 水平管支架间距/mm | |
|---|---|---|---|
| | | 冷水管 | 热水管 |
| 25 | 1000 | 700 | 350 |
| 32 | 1100 | 800 | 400 |
| 40 | 1300 | 1000 | 500 |
| 50 | 1600 | 1200 | 600 |

注：$D_e$≤32 暗装管段滑动支承间距可适当放宽。

**管道和阀门安装的允许偏差和检验方法**

| 项目 | | 允许偏差 | | 检查方法 |
|---|---|---|---|---|
| | | 国标、行标 | 企标 | |
| 水平管道纵横方向弯曲 | 每米 | 1.5 | 1.2 | 用水平尺、直尺、拉线和尺量检查 |
| | 全长 25m 以上 | ≯25 | ≯23 | |
| 立管垂直度 | 每米 | 2 | 1.8 | 吊线和尺量检查 |
| | 5m 以上 | ≯8 | ≯7 | |
| 成排管段和成排阀门 | 在同一平面上间距 | 3 | 3 | 尺量检查 |

## 4.6.11 PPR、PVC-U、铝塑管道最小自由臂最大支承间距（表 4-108）

**表 4-108 PPR、PVC-U、铝塑管道最小自由臂最大支承间距**

**PP-R 管最小自由臂最大支承间距** mm

| $d_n$ | | 20 | 25 | 32 | 40 | 50 | 63 | 75 | 90 | 110 |
|---|---|---|---|---|---|---|---|---|---|---|
| 冷水管 | $L_a$ | 250 | 280 | 320 | 360 | 400 | 450 | 500 | 550 | 600 |
| | $L_1$ | 650 | 800 | 950 | 1100 | 1250 | 1400 | 1500 | 1600 | 1900 |
| 热水管 | $L_a$ | 370 | 410 | 460 | 520 | 580 | 650 | 710 | 770 | 850 |
| | $L_1$ | 500 | 600 | 700 | 800 | 900 | 1000 | 1100 | 1200 | 1500 |

**PVC-U 管最小自由臂最大支承间距** mm

| $d_n$ | 20 | 25 | 32 | 40 | 50 | 63 | 75 | 90 | 110 |
|---|---|---|---|---|---|---|---|---|---|
| $L_a$ | 380 | 420 | 480 | 530 | 600 | 670 | 730 | 800 | 880 |
| $L_1$ | 500 | 550 | 650 | 800 | 950 | 1100 | 1200 | 1350 | 1550 |

**铝塑管最小自由臂最大支承间距** mm

| $d_n$ | | 20 | 25 | 32 | 40 | 50 |
|---|---|---|---|---|---|---|
| 冷水管 | $L_a$ | 320 | 400 | 512 | 640 | 800 |
| | $L_1$ | 600 | 700 | 800 | 1000 | 1200 |
| 热水管 | $L_a$ | 320 | 400 | 512 | 640 | 800 |
| | $L_1$ | 300 | 350 | 400 | 500 | 600 |

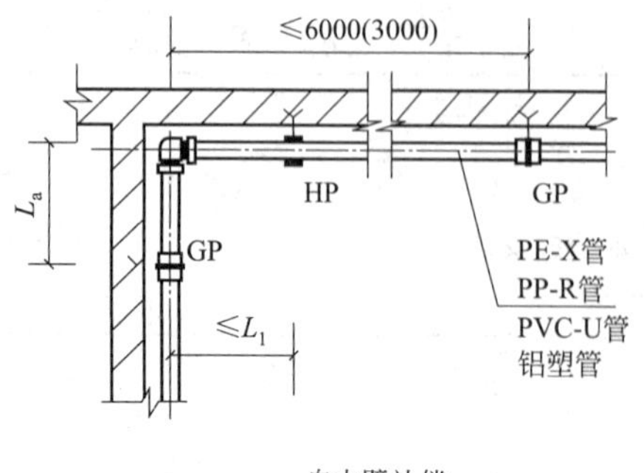

自由臂补偿一

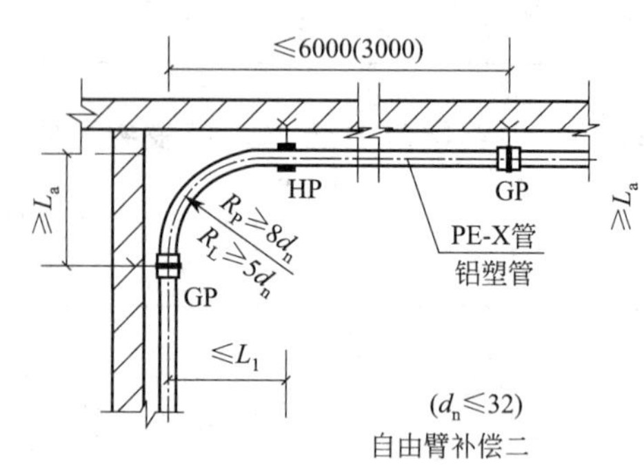

自由臂补偿二

### 4.6.12　丙烯酸共聚聚氯乙烯（AGR）管道立管和横管的最大支承间隔间距

丙烯酸共聚聚氯乙烯（AGR）管道立管和横管的最大支承间隔间距不得大于表 4-109 的规定。

**表 4-109　丙烯酸共聚聚氯乙烯（AGR）管道立管和横管的最大支承间隔间距**　　mm

| $d_n$ | 20 | 25 | 32 | 40 | 50 | 63 | 75 | 90 | 110 |
|---|---|---|---|---|---|---|---|---|---|
| 立管 | 900 | 1000 | 1100 | 1300 | 1600 | 1800 | 2000 | 2200 | 2400 |
| 横管 | 600 | 700 | 800 | 900 | 1000 | 1100 | 1200 | 1350 | 1550 |

### 4.6.13　PB 管 20℃以下冷水管道支承间距（表 4-110）

**表 4-110　PB 管 20℃以下冷水管道支承间距**　　mm

| 管径 | 16 | 20 | 25 | 32 | 40 | 50 | 63 | 75 | 90 | 110 |
|---|---|---|---|---|---|---|---|---|---|---|
| 水平($L_W$) | 500 | 600 | 700 | 800 | 1000 | 1200 | 1400 | 1600 | 1800 | 2000 |
| 垂直($L_S$) | 700 | 800 | 900 | 1000 | 1300 | 1600 | 1800 | 2100 | 2300 | 2600 |

### 4.6.14　PB 管 20℃以上热水管道支承间距（表 4-111）

**表 4-111　PB 管 20 ℃以上热水管道支承间距**　　mm

| 管径 | 16 | 20 | 25 | 32 | 40 | 50 | 63 | 75 | 90 | 110 |
|---|---|---|---|---|---|---|---|---|---|---|
| 无托板($L_r$) | 250 | 300 | 350 | 400 | 500 | 600 | 750 | 900 | 1100 | 1300 |
| 带托板($L_{r1}$) | 1000 | 1000 | 1200 | 1200 | 1200 | 1500 | 1500 | 1500 | 2000 | 2000 |

### 4.6.15　冷水系统给水交联聚乙烯管（PE-X）立管与横管的最大支承间距（表 4-112）

**表 4-112　冷水系统给水交联聚乙烯管（PE-X）立管与横管最大支承间距**　　mm

| 公称外径 $d_n$ | | 20 | 25 | 32 | 40 | 50 | 63 |
|---|---|---|---|---|---|---|---|
| 立管 | | 800 | 900 | 1000 | 1300 | 1600 | 1800 |
| 横管 | 冷水 | 600 | 700 | 800 | 1000 | 1200 | 1400 |
| | 热水 | 300 | 350 | 400 | 500 | 600 | 700 |

### 4.6.16　高密度聚乙烯（HDPE）管道流量、流速、水压的计算参考数据（表 4-113）

**表 4-113　高密度聚乙烯（HDPE）管道流量、流速、水压的计算参考数据**

| 管径 | 流量 | 高密度聚乙烯(HDPE) | | | | | | | | | | | |
|---|---|---|---|---|---|---|---|---|---|---|---|---|---|
| | | 0.25MPa | | | 0.4MPa | | | 0.6MPa | | | 1.0MPa | | |
| | | 计算管径 | 流速 | 阻力损失 | 计算管径 | 流速 | 阻力损失 | 计算管径 | 流速 | 阻力损失 | 计算管径 | 流速 | 阻力损失 |
| mm | L/s | mm | m/s | mm/m | mm | m/s | mm/m | mm | m/s | mm/m | mm | m/s | mm/m |
| 15 | 0.1 | | | | | | | | | | 12 | 0.88 | 100.40 |
| 20 | 0.210 | | | | | | | | | | 16 | 1.04 | 97.71 |
| 25 | 0.300 | | | | | | | 21 | 0.87 | 50.30 | 20.4 | 0.92 | 57.93 |
| 32 | 0.500 | | | | | | | 28 | 0.81 | 31.91 | 26.2 | 0.93 | 44.10 |
| 40 | 1.010 | | | | 36 | 0.99 | 34.50 | 35.2 | 1.04 | 38.49 | 32.6 | 1.21 | 55.93 |
| 50 | 1.550 | | | | 46 | 0.93 | 23.11 | 44 | 1.02 | 28.70 | 40.8 | 1.19 | 41.45 |
| 65 | 3.400 | 59 | 1.24 | 29.45 | 58.2 | 1.28 | 31.48 | 55.4 | 1.41 | 40.02 | 51.4 | 1.64 | 57.65 |
| 75 | 3.000 | 71 | 0.76 | 9.48 | 69.2 | 0.80 | 10.74 | 66 | 0.88 | 13.53 | 61.4 | 1.01 | 19.24 |
| 90 | 6.000 | 85.6 | 1.04 | 13.76 | 83 | 1.11 | 15.99 | 79.2 | 1.22 | 20.10 | 73.6 | 1.41 | 28.72 |
| 110 | 7.000 | 104.6 | 0.81 | 6.90 | 101.6 | 0.86 | 7.95 | 96.8 | 0.95 | 10.06 | 90 | 1.10 | 14.34 |
| 125 | 15.000 | 118.8 | 1.35 | 15.22 | 115.4 | 1.43 | 17.53 | 110.2 | 1.57 | 21.95 | 102.2 | 1.83 | 31.68 |

续表

| 管径 | 流量 | 高密度聚乙烯(HDPE) | | | | | | | | | | | |
|---|---|---|---|---|---|---|---|---|---|---|---|---|---|
| | | 0.25MPa | | | 0.4MPa | | | 0.6MPa | | | 1.0MPa | | |
| | | 计算管径 | 流速 | 阻力损失 | 计算管径 | 流速 | 阻力损失 | 计算管径 | 流速 | 阻力损失 | 计算管径 | 流速 | 阻力损失 |
| mm | L/s | mm | m/s | mm/m | mm | m/s | mm/m | mm | m/s | mm/m | mm | m/s | mm/m |
| 140 | 18.000 | 133 | 1.30 | 12.31 | 129.2 | 1.37 | 14.18 | 123.4 | 1.51 | 17.73 | 114.6 | 1.75 | 25.42 |
| 160 | 27.000 | 152 | 1.49 | 13.61 | 147.8 | 1.57 | 15.60 | 141 | 1.73 | 19.62 | 130.8 | 2.01 | 28.29 |
| 180 | 6.000 | 171.2 | 0.26 | 0.47 | 166.2 | 0.28 | 0.54 | 158.6 | 0.30 | 0.68 | 147.2 | 0.35 | 0.98 |
| 200 | 7.000 | 190.2 | 0.25 | 0.37 | 184.6 | 0.26 | 0.43 | 176.2 | 0.29 | 0.54 | 163.8 | 0.33 | 0.78 |
| 225 | 15.000 | 214 | 0.42 | 0.87 | 207.8 | 0.44 | 1.00 | 198.2 | 0.49 | 1.26 | 184 | 0.56 | 1.81 |
| 250 | 18.000 | 237.6 | 0.41 | 0.73 | 230.8 | 0.43 | 0.84 | 220.4 | 0.47 | 1.05 | 204.6 | 0.55 | 1.51 |
| 315 | 27.000 | 299.6 | 0.38 | 0.50 | 290.8 | 0.41 | 0.58 | 277.6 | 0.45 | 0.72 | 257.8 | 0.52 | 1.04 |

### 4.6.17 给水孔网钢带塑料复合管水平管与立管最大支吊架间距（表 4-114）

**表 4-114 给水孔网钢带塑料复合管水平管和立管的支吊架间距**

| $D_e$/mm | 50 | 63 | 75 | 90 | 110 | 140 | 160 | 200 |
|---|---|---|---|---|---|---|---|---|
| 水平管/m | 0.95 | 1.10 | 1.20 | 1.35 | 1.55 | 1.80 | 2.10 | 2.40 |
| 立管/m | 1.60 | 1.80 | 2.00 | 2.20 | 2.40 | 2.60 | 2.80 | 3.00 |

### 4.6.18 塑料给水管水压力与系数

塑料给水管水压力与系数见表 4-115～表 4-125。

**表 4-115 硬聚氯乙烯管及聚乙烯管 $K_1$、$K_2$ 值**

| 材质 | 聚乙烯 | | | | 硬聚氯乙烯 | | | | | | | |
|---|---|---|---|---|---|---|---|---|---|---|---|---|
| 工作压力 *PN* | 0.4MPa | | | | 0.6MPa | | | | 1.0MPa | | | |
| 公称直径 *DN*/mm | 外径 ϕ×壁厚/mm | 计算内径 $d_j$/mm | $K_1$ | $K_2$ | 外径 ϕ×壁厚/mm | 计算内径 $d_j$/mm | $K_1$ | $K_2$ | 外径 ϕ×壁厚/mm | 计算内径 $d_j$/mm | $K_1$ | $K_2$ |
| 8 | 12×1.5 | 9 | 1 | 1 | | | | | 12×1.5 | 9 | 1 | 1 |
| 10 | 16×2 | 12 | 1 | 1 | | | | | 16×2 | 12 | 1 | 1 |
| 15 | 20×2 | 16 | 1 | 1 | | | | | 20×2 | 16 | 1 | 1 |
| 20 | 25×2 | 21 | 1.249 | 1.098 | 25×1.5 | 22 | 1 | 1 | 25×2.5 | 20 | 1.576 | 1.210 |
| 25 | 32×2.5 | 27 | 1.407 | 1.154 | 32×1.5 | 29 | 1 | 1 | 32×2.5 | 27 | 1.407 | 1.154 |
| 32 | 40×3 | 34 | 1.314 | 1.121 | 40×2.0 | 36 | 1 | 1 | 40×3 | 34 | 1.314 | 1.121 |
| 40 | 50×4 | 42 | 1.544 | 1.200 | 50×2.0 | 46 | 1 | 1 | 50×3.5 | 43 | 1.380 | 1.144 |
| 50 | 63×5 | 53 | 1.538 | 1.198 | 63×2.5 | 58 | 1 | 1 | 63×4 | 55 | 1.289 | 1.112 |
| 70 | | | | | 75×2.5 | 70 | 1 | 1 | 75×4 | 67 | 1.232 | 1.092 |
| 80 | | | | | 90×3 | 84 | 1 | 1 | 90×4.5 | 81 | 1.190 | 1.075 |
| 100 | | | | | 110×3.5 | 103 | 1 | 1 | 110×5.5 | 99 | 1.208 | 1.082 |
| 110 | | | | | 125×4 | 117 | 1 | 1 | 125×6 | 113 | 1.181 | 1.072 |
| 125 | | | | | 140×4.5 | 131 | 1 | 1 | 140×7 | 126 | 1.204 | 1.081 |
| 150 | | | | | 160×5 | 150 | 1 | 1 | 160×8 | 144 | 1.215 | 1.085 |
| 175 | | | | | 180×5.5 | 169 | 1 | 1 | 180×9 | 162 | 1.224 | 1.088 |
| 200 | | | | | 200×6 | 188 | 1 | 1 | 200×10 | 180 | 1.231 | 1.091 |
| 225 | | | | | 225×7 | 211 | 1 | 1 | | | | |
| 250 | | | | | 250×7.5 | 235 | 1 | 1 | | | | |
| 275 | | | | | 280×8.5 | 263 | 1 | 1 | | | | |
| 300 | | | | | 315×9.5 | 296 | 1 | 1 | | | | |
| 350 | | | | | 355×10.9 | 334 | 1 | 1 | | | | |

续表

| 材质 | 聚乙烯 | | | | 硬聚氯乙烯 | | | | | | | |
|---|---|---|---|---|---|---|---|---|---|---|---|---|
| 工作压力 *PN* | 0.4MPa | | | | 0.6MPa | | | | 1.0MPa | | | |
| 公称直径 *DN*/mm | 外径 $\phi$×壁厚/mm | 计算内径 $d_j$/mm | $K_1$ | $K_2$ | 外径 $\phi$×壁厚/mm | 计算内径 $d_j$/mm | $K_1$ | $K_2$ | 外径 $\phi$×壁厚/mm | 计算内径 $d_j$/mm | $K_1$ | $K_2$ |
| 400 | | | | | 400×12 | 376 | 1 | 1 | | | | |

注：$v$——管内平均水流速度，m/s；$i$——水力坡降；$d_j$——管子的计算内径，m；$K_1$——阻力修正系数；$K_2$——流速修正系数；$Q$——计算流量，$m^2/s$。表 4-116～表 4-126 注释同。

### 表 4-116　聚丙烯管 $K_1$、$K_2$ 值

| 材质 | 聚丙烯 | | | | | | | | | | | |
|---|---|---|---|---|---|---|---|---|---|---|---|---|
| 工作压力 *PN* | 0.4MPa | | | | 0.6MPa | | | | 1.0MPa | | | |
| 公称直径 *DN*/mm | 外径 $\phi$×壁厚/mm | 计算内径 $d_j$/mm | $K_1$ | $K_2$ | 外径 $\phi$×壁厚/mm | 计算内径 $d_j$/mm | $K_1$ | $K_2$ | 外径 $\phi$×壁厚/mm | 计算内径 $d_j$/mm | $K_1$ | $K_2$ |
| 8 | | | | | | | | | | | | |
| 10 | | | | | | | | | 16×2 | 12 | 1 | 1 |
| 15 | | | | | | | | | 20×2 | 16 | 1 | 1 |
| 20 | | | | | | | | | 25×2.1 | 20.8 | 1.307 | 1.119 |
| 25 | | | | | | | | | 32×2.7 | 26.6 | 1.510 | 1.189 |
| 32 | | | | | 40×2.1 | 35.8 | 1.027 | 1.011 | 40×3.4 | 33.2 | 1.472 | 1.175 |
| 40 | 50×2 | 46 | 1 | 1 | 50×2.6 | 44.8 | 1.135 | 1.054 | 50×4.2 | 41.6 | 1.616 | 1.223 |
| 50 | 63×2.3 | 58.4 | 0.968 | 0.986 | 63×3.3 | 56.4 | 1.143 | 1.058 | 63×5.3 | 52.4 | 1.624 | 1.225 |
| 70 | 75×2.7 | 69.6 | 1.028 | 1.012 | 75×3.9 | 67.2 | 1.215 | 1.085 | 75×6.3 | 62.4 | 1.731 | 1.258 |
| 80 | 90×3.2 | 83.6 | 1.023 | 1.010 | 90×4.7 | 80.8 | 1.204 | 1.081 | 90×7.5 | 75 | 1.718 | 1.254 |
| 100 | 110×3.9 | 102.2 | 1.038 | 1.016 | 110×5.7 | 98.6 | 1.232 | 1.091 | 110×9.2 | 91.6 | 1.751 | 1.264 |
| 110 | 125×4.4 | 116.2 | 1.033 | 1.014 | 125×6.5 | 112 | 1.232 | 1.091 | 125×10.5 | 104 | 1.755 | 1.266 |
| 125 | 140×5 | 130 | 1.037 | 1.015 | 140×7.3 | 125.4 | 1.232 | 1.091 | 140×11.7 | 116.6 | 1.744 | 1.262 |
| 150 | 160×5.7 | 148.6 | 1.046 | 1.019 | 160×8.3 | 143.4 | 1.240 | 1.094 | 160×13.4 | 133.2 | 1.763 | 1.268 |
| 175 | 180×6.4 | 167.2 | 1.052 | 1.022 | 180×9.4 | 161.2 | 1.253 | 1.099 | 180×15 | 150 | 1.767 | 1.269 |
| 200 | 200×7.1 | 185.8 | 1.058 | 1.024 | 200×10.4 | 179.2 | 1.257 | 1.101 | 200×16.7 | 166.6 | 1.781 | 1.273 |
| 225 | 225×7.9 | 209.2 | 1.042 | 1.017 | 225×11.7 | 201.6 | 1.243 | 1.095 | | | | |
| 250 | 250×8.8 | 232.4 | 1.055 | 1.023 | 250×13 | 224.0 | 1.257 | 1.101 | | | | |
| 275 | 280×9.9 | 260.2 | 1.052 | 1.022 | 280×14.5 | 251 | 1.250 | 1.098 | | | | |
| 300 | 315×11.1 | 292.8 | 1.053 | 1.022 | 315×16.3 | 282.4 | 1.252 | 1.099 | | | | |
| 350 | 355×12.5 | 330 | 1.059 | 1.024 | 355×18.4 | 318.2 | 1.260 | 1.102 | | | | |
| 400 | 400×14.1 | 371.8 | 1.055 | 1.023 | 400×20.7 | 358.6 | 1.254 | 1.099 | | | | |

### 表 4-117　硬聚氯乙烯管及聚乙烯管 $K_1$、$K_2$ 值

| 材质 | 聚乙烯 | | | | 硬聚氯乙烯 | | | | | | | |
|---|---|---|---|---|---|---|---|---|---|---|---|---|
| 工作压力 *PN* | 0.3～0.5MPa | | | | 0.6MPa | | | | 1.0MPa | | | |
| 公称直径 *DN*/mm | 外径 $\phi$×壁厚/mm | 计算内径 $d_j$/mm | $K_1$ | $K_2$ | 外径 $\phi$×壁厚/mm | 计算内径 $d_j$/mm | $K_1$ | $K_2$ | 外径 $\phi$×壁厚/mm | 计算内径 $d_j$/mm | $K_1$ | $K_2$ |
| 8 | | | | | | | | | 12.5×2.25 | 8 | 1.755 | 1.266 |
| 10 | 15×2 | 11 | 1.515 | 1.190 | | | | | 15×2.5 | 10 | 2.388 | 1.440 |
| 15 | 20×2.5 | 15 | 1.361 | 1.138 | 20×2 | 16 | 1 | 1 | 20×2.5 | 15 | 1.361 | 1.138 |
| 20 | 25×2.5 | 20 | 1.576 | 1.210 | 25×2 | 21 | 1.249 | 1.098 | 25×3.3 | 18.4 | 2.347 | 1.430 |
| 25 | 32×3.4 | 25.2 | 1.955 | 1.324 | 32×3 | 26 | 1.684 | 1.244 | 32×4.4 | 23.2 | 2.902 | 1.563 |
| 32 | 40×3.5 | 33 | 1.515 | 1.190 | 40×3.5 | 33 | 1.515 | 1.190 | 40×5 | 30 | 2.388 | 1.440 |
| 40 | 50×3.5 | 43 | 1.380 | 1.144 | 51×4 | 43 | 1.380 | 1.144 | 51×6 | 39 | 2.199 | 1.391 |
| 50 | 60×5 | 50 | 2.031 | 1.346 | 65×4.5 | 56 | 1.182 | 1.073 | 65×7 | 51 | 1.848 | 1.293 |

续表

| 材质 | 聚乙烯 | | | | 硬聚氯乙烯 | | | | | | | |
|---|---|---|---|---|---|---|---|---|---|---|---|---|
| 工作压力 $PN$ | 0.3～0.5MPa | | | | 0.6MPa | | | | 1.0MPa | | | |
| 公称直径 $DN$/mm | 外径 $\phi$×壁厚/mm | 计算内径 $d_j$/mm | $K_1$ | $K_2$ | 外径 $\phi$×壁厚/mm | 计算内径 $d_j$/mm | $K_1$ | $K_2$ | 外径 $\phi$×壁厚/mm | 计算内径 $d_j$/mm | $K_1$ | $K_2$ |
| 70 | 75×5 | 65 | 1.424 | 1.160 | 76×5 | 66 | 1.324 | 1.125 | 76×8 | 60 | 2.087 | 1.361 |
| 80 | 90×5 | 80 | 1.262 | 1.103 | 90×6 | 78 | 1.424 | 1.160 | | | | |
| 100 | 112×6 | 100 | 1.152 | 1.061 | 114×7 | 100 | 1.152 | 1.061 | | | | |
| 110 | 123×6 | 111 | 1.286 | 1.111 | | | | | | | | |
| 125 | 140×7 | 126 | 1.204 | 1.081 | 146×8 | 130 | 1.037 | 1.015 | | | | |
| 150 | | | | | 166×8 | 150 | 1 | 1 | | | | |
| 175 | | | | | | | | | | | | |
| 200 | | | | | 218×10 | 198 | 0.781 | 0.902 | | | | |
| 225 | | | | | | | | | | | | |
| 250 | | | | | 270×10 | 250 | 0.744 | 0.884 | | | | |
| 275 | | | | | | | | | | | | |
| 300 | | | | | 325×12 | 301 | 0.923 | 0.967 | | | | |
| 350 | | | | | 382×16 | 350 | 0.800 | 0.911 | | | | |
| 400 | | | | | 430×16 | 398 | 0.762 | 0.893 | | | | |

**表 4-118　塑料给水管水力计算（1）**

| $Q$ | | $DN$/mm | | | | | | | | | | | | | | | |
|---|---|---|---|---|---|---|---|---|---|---|---|---|---|---|---|---|---|
| | | 8 | | 10 | | 15 | | 20 | | 25 | | 32 | | 40 | | 50 | |
| m³/h | L/s | $v$ | 1000$i$ | $v$ | 1000$i$ | $v$ | 1000$i$ | $v$ | 1000$i$ | $v$ | 1000$i$ | $v$ | 1000$i$ | $v$ | 1000$i$ | $v$ | 1000$i$ |
| 0.09 | 0.025 | 0.39 | 36.63 | 0.22 | 9.28 | | | | | | | | | | | | |
| 0.108 | 0.030 | 0.47 | 50.62 | 0.27 | 12.82 | | | | | | | | | | | | |
| 0.126 | 0.035 | 0.55 | 66.53 | 0.31 | 16.85 | | | | | | | | | | | | |
| 0.144 | 0.040 | 0.63 | 84.32 | 0.35 | 21.35 | 0.20 | 5.41 | | | | | | | | | | |
| 0.162 | 0.045 | 0.71 | 104 | 0.40 | 26.32 | 0.22 | 6.66 | | | | | | | | | | |
| 0.180 | 0.050 | 0.79 | 125 | 0.44 | 31.72 | 0.25 | 8.03 | | | | | | | | | | |
| 0.198 | 0.055 | 0.86 | 148 | 0.49 | 37.57 | 0.27 | 9.51 | | | | | | | | | | |
| 0.216 | 0.060 | 0.94 | 173 | 0.53 | 43.84 | 0.30 | 11.10 | | | | | | | | | | |
| 0.236 | 0.065 | 1.02 | 200 | 0.57 | 50.53 | 0.32 | 12.80 | | | | | | | | | | |
| 0.252 | 0.070 | 1.10 | 228 | 0.62 | 57.63 | 0.35 | 14.59 | | | | | | | | | | |
| 0.270 | 0.075 | 1.18 | 257 | 0.66 | 65.13 | 0.37 | 16.49 | 0.20 | 3.61 | | | | | | | | |
| 0.288 | 0.080 | 1.26 | 288 | 0.71 | 73.03 | 0.40 | 18.49 | 0.21 | 4.04 | | | | | | | | |
| 0.306 | 0.085 | 1.34 | 321 | 0.75 | 81.32 | 0.42 | 20.59 | 0.22 | 4.50 | | | | | | | | |
| 0.324 | 0.090 | 1.41 | 355 | 0.80 | 90.00 | 0.45 | 22.79 | 0.24 | 4.98 | | | | | | | | |
| 0.342 | 0.095 | 1.49 | 391 | 0.84 | 99.06 | 0.47 | 25.09 | 0.25 | 5.49 | | | | | | | | |
| 0.360 | 0.10 | 1.57 | 428 | 0.88 | 109 | 0.50 | 27.48 | 0.26 | 6.00 | | | | | | | | |
| 0.396 | 0.11 | 1.73 | 507 | 0.97 | 128 | 0.55 | 32.54 | 0.29 | 7.11 | | | | | | | | |
| 0.432 | 0.12 | 1.89 | 590 | 1.06 | 150 | 0.60 | 37.97 | 0.32 | 8.30 | | | | | | | | |
| 0.468 | 0.13 | 2.04 | 682 | 1.15 | 173 | 0.65 | 43.76 | 0.34 | 9.57 | 0.20 | 2.56 | | | | | | |
| 0.504 | 0.14 | 2.20 | 778 | 1.24 | 197 | 0.70 | 49.91 | 0.37 | 10.91 | 0.21 | 2.92 | | | | | | |
| 0.540 | 0.15 | 2.36 | 880 | 1.31 | 223 | 0.75 | 56.41 | 0.39 | 12.33 | 0.23 | 3.30 | | | | | | |
| 0.576 | 0.16 | 2.52 | 986 | 1.41 | 250 | 0.80 | 63.25 | 0.42 | 13.83 | 0.24 | 3.70 | | | | | | |
| 0.612 | 0.17 | 2.67 | 1098 | 1.50 | 278 | 0.85 | 70.43 | 0.45 | 15.40 | 0.26 | 4.12 | | | | | | |
| 0.648 | 0.18 | 2.83 | 1215 | 1.59 | 308 | 0.90 | 77.95 | 0.47 | 17.04 | 0.27 | 4.56 | | | | | | |
| 0.684 | 0.19 | 2.99 | 1337 | 1.68 | 339 | 0.94 | 85.79 | 0.50 | 18.76 | 0.29 | 5.02 | | | | | | |
| 0.720 | 0.20 | 3.14 | 1465 | 1.77 | 371 | 0.99 | 93.97 | 0.53 | 20.55 | 0.30 | 5.50 | 0.20 | 1.96 | | | | |
| 0.90 | 0.25 | | | 2.21 | 552 | 1.24 | 140 | 0.66 | 30.52 | 0.38 | 8.16 | 0.25 | 2.91 | | | | |
| 1.08 | 030 | | | 2.65 | 762 | 1.49 | 193 | 0.79 | 42.18 | 0.45 | 11.28 | 0.29 | 4.02 | | | | |

续表

| Q | | DN/mm | | | | | | | | | | | | | | | |
|---|---|---|---|---|---|---|---|---|---|---|---|---|---|---|---|---|---|
| | | 8 | | 10 | | 15 | | 20 | | 25 | | 32 | | 40 | | 50 | |
| m³/h | L/s | $v$ | 1000$i$ | $v$ | 1000$i$ | $v$ | 1000$i$ | $v$ | 1000$i$ | $v$ | 1000$i$ | $v$ | 1000$i$ | $v$ | 1000$i$ | $v$ | 1000$i$ |
| 1.26 | 0.35 | | | 3.09 | 1001 | 1.74 | 254 | 0.92 | 55.45 | 0.53 | 14.84 | 0.34 | 5.28 | 0.21 | 1.64 | | |
| 1.44 | 0.40 | | | | | 1.99 | 321 | 1.05 | 70.27 | 0.61 | 18.79 | 0.39 | 6.69 | 0.24 | 2.08 | | |
| 1.62 | 0.45 | | | | | 2.24 | 396 | 1.18 | 86.60 | 0.68 | 23.16 | 0.44 | 8.25 | 0.27 | 2.56 | | |
| 1.80 | 0.50 | | | | | 2.49 | 477 | 1.32 | 104 | 0.76 | 27.92 | 0.49 | 9.95 | 0.30 | 3.09 | | |
| 1.98 | 0.55 | | | | | 2.74 | 565 | 1.45 | 124 | 0.83 | 33.06 | 0.54 | 11.78 | 0.33 | 3.65 | 0.21 | 1.21 |
| 2.16 | 0.60 | | | | | 2.98 | 660 | 1.58 | 144 | 0.91 | 38.58 | 0.59 | 13.74 | 0.36 | 4.26 | 0.23 | 1.41 |
| 2.34 | 0.65 | | | | | 3.23 | 760 | 1.71 | 166 | 0.98 | 44.47 | 0.64 | 15.84 | 0.39 | 4.91 | 0.25 | 1.63 |

**表 4-119 塑料给水管水力计算（2）**

| Q | | DN/mm | | | | | | | | | | | | | | | |
|---|---|---|---|---|---|---|---|---|---|---|---|---|---|---|---|---|---|
| | | 20 | | 25 | | 32 | | 40 | | 50 | | 70 | | 80 | | 100 | |
| m³/h | L/s | $v$ | 1000$i$ | $v$ | 1000$i$ | $v$ | 1000$i$ | $v$ | 1000$i$ | $v$ | 1000$i$ | $v$ | 1000$i$ | $v$ | 1000$i$ | $v$ | 1000$i$ |
| 2.52 | 0.70 | 1.84 | 190 | 1.06 | 50.72 | 0.69 | 18.06 | 0.42 | 5.61 | 0.27 | 1.85 | | | | | | |
| 2.70 | 0.75 | 1.97 | 214 | 1.14 | 57.32 | 0.74 | 20.42 | 0.45 | 6.34 | 0.28 | 2.09 | 0.20 | 0.85 | | | | |
| 2.88 | 0.80 | 2.10 | 240 | 1.21 | 64.27 | 0.79 | 22.89 | 0.48 | 7.10 | 0.30 | 2.35 | 0.20 | 0.96 | | | | |
| 3.06 | 0.85 | 2.24 | 268 | 1.29 | 71.57 | 0.84 | 25.49 | 0.51 | 7.91 | 0.32 | 2.62 | 0.22 | 1.07 | | | | |
| 3.24 | 0.90 | 2.37 | 296 | 1.36 | 79.21 | 0.88 | 28.22 | 0.54 | 8.75 | 0.34 | 2.89 | 0.23 | 1.18 | | | | |
| 3.42 | 0.95 | 2.50 | 326 | 1.44 | 87.18 | 0.93 | 31.06 | 0.57 | 9.64 | 0.36 | 3.19 | 0.25 | 1.30 | | | | |
| 3.60 | 1.00 | 2.63 | 379 | 1.51 | 95.48 | 0.98 | 34.01 | 0.60 | 10.55 | 0.38 | 3.49 | 0.25 | 1.42 | | | | |
| 3.78 | 1.05 | 2.76 | 389 | 1.59 | 104 | 1.03 | 37.08 | 0.63 | 11.51 | 0.40 | 3.81 | 0.27 | 1.55 | | | | |
| 3.96 | 1.10 | 2.89 | 423 | 1.67 | 113 | 1.08 | 40.28 | 0.66 | 12.50 | 0.42 | 4.13 | 0.29 | 1.68 | 0.20 | 0.71 | | |
| 4.14 | 1.15 | 3.03 | 457 | 1.74 | 122 | 1.13 | 43.58 | 0.69 | 13.52 | 0.44 | 4.47 | 0.30 | 1.82 | 0.21 | 0.76 | | |
| 4.32 | 1.20 | | | 1.82 | 132 | 1.18 | 47.00 | 0.72 | 14.58 | 0.45 | 4.82 | 0.31 | 1.97 | 0.22 | 0.82 | | |
| 4.50 | 1.25 | | | 1.89 | 142 | 1.23 | 50.53 | 0.75 | 15.68 | 0.47 | 5.18 | 0.32 | 2.11 | 0.23 | 0.88 | | |
| 4.68 | 1.30 | | | 1.97 | 152 | 1.28 | 54.17 | 0.78 | 16.81 | 0.49 | 5.56 | 0.34 | 2.26 | 0.23 | 0.95 | | |
| 4.86 | 1.35 | | | 2.04 | 163 | 1.33 | 57.92 | 0.81 | 17.97 | 0.51 | 5.94 | 0.35 | 2.42 | 0.24 | 1.01 | | |
| 5.04 | 1.40 | | | 2.12 | 173 | 1.38 | 61.78 | 0.84 | 19.17 | 0.53 | 6.34 | 0.36 | 2.58 | 0.25 | 1.08 | | |
| 5.22 | 1.45 | | | 2.20 | 185 | 1.42 | 65.75 | 0.87 | 20.40 | 0.55 | 6.75 | 0.38 | 2.74 | 0.26 | 1.15 | | |
| 5.40 | 1.50 | | | 2.27 | 196 | 1.47 | 69.83 | 0.90 | 21.67 | 0.57 | 7.16 | 0.39 | 2.92 | 0.27 | 1.22 | | |
| 5.58 | 1.55 | | | 2.35 | 208 | 1.52 | 74.00 | 0.93 | 22.96 | 0.59 | 7.59 | 0.40 | 3.09 | 0.28 | 1.30 | | |
| 5.76 | 1.60 | | | 2.42 | 220 | 1.57 | 78.30 | 0.96 | 24.30 | 0.61 | 8.03 | 0.42 | 3.27 | 0.29 | 1.37 | | |
| 5.94 | 1.65 | | | 2.50 | 232 | 1.62 | 82.69 | 0.99 | 25.66 | 0.63 | 8.48 | 0.43 | 3.46 | 0.30 | 1.45 | 0.20 | 0.55 |
| 6.12 | 1.70 | | | 2.57 | 245 | 1.67 | 87.19 | 1.02 | 27.05 | 0.64 | 8.95 | 0.44 | 3.65 | 0.31 | 1.53 | 0.20 | 0.58 |
| 6.30 | 1.75 | | | 2.65 | 258 | 1.72 | 91.79 | 1.05 | 28.48 | 0.66 | 9.42 | 0.45 | 3.84 | 0.32 | 1.61 | 0.21 | 0.61 |
| 6.48 | 1.80 | | | 2.73 | 271 | 1.77 | 96.49 | 1.08 | 29.94 | 0.68 | 9.90 | 0.46 | 4.03 | 0.33 | 1.69 | 0.22 | 0.64 |
| 6.66 | 1.85 | | | 2.80 | 284 | 1.82 | 101 | 1.11 | 31.43 | 0.70 | 10.39 | 0.48 | 4.24 | 0.33 | 1.77 | 0.22 | 0.67 |
| 6.84 | 1.90 | | | 2.88 | 298 | 1.87 | 106 | 1.14 | 32.96 | 0.72 | 10.90 | 0.49 | 4.44 | 0.34 | 1.86 | 0.23 | 0.70 |
| 7.02 | 1.95 | | | 2.95 | 312 | 1.92 | 111 | 1.17 | 34.51 | 0.74 | 11.41 | 0.51 | 4.65 | 0.35 | 1.95 | 0.23 | 0.74 |
| 7.20 | 2.00 | | | 3.03 | 327 | 1.96 | 116 | 1.20 | 36.09 | 0.76 | 11.94 | 0.52 | 4.85 | 0.36 | 2.04 | 0.24 | 0.77 |
| 7.86 | 2.1 | | | | | 2.06 | 127 | 1.26 | 39.36 | 0.80 | 13.01 | 0.55 | 5.30 | 0.38 | 2.22 | 0.25 | 0.84 |
| 7.92 | 2.2 | | | | | 2.16 | 138 | 1.32 | 42.74 | 0.83 | 14.13 | 0.57 | 5.76 | 0.40 | 2.41 | 0.26 | 0.91 |
| 8.28 | 2.3 | | | | | 2.26 | 149 | 1.38 | 46.25 | 0.87 | 15.29 | 0.60 | 6.23 | 0.42 | 2.61 | 0.28 | 0.99 |
| 8.64 | 2.4 | | | | | 2.36 | 161 | 1.44 | 49.88 | 0.91 | 16.49 | 0.62 | 6.27 | 0.43 | 2.81 | 0.29 | 1.06 |
| 9.00 | 2.5 | | | | | 2.46 | 173 | 1.50 | 53.62 | 0.95 | 17.73 | 0.65 | 7.23 | 0.45 | 3.03 | 0.30 | 1.14 |
| 9.36 | 2.6 | | | | | 2.55 | 185 | 1.56 | 57.49 | 0.98 | 19.01 | 0.68 | 7.75 | 0.47 | 3.24 | 0.31 | 1.23 |
| 9.72 | 2.7 | | | | | 2.65 | 198 | 1.62 | 61.47 | 1.02 | 20.33 | 0.70 | 8.28 | 0.49 | 3.47 | 0.32 | 1.31 |
| 10.08 | 2.8 | | | | | 2.75 | 211 | 1.68 | 65.57 | 1.06 | 21.68 | 0.73 | 8.83 | 0.51 | 3.70 | 0.34 | 1.40 |

表 4-120　塑料给水管水力计算（3）

| Q | | DN/mm | | | | | | | | | | | |
|---|---|---|---|---|---|---|---|---|---|---|---|---|---|
| | | 32 | | 40 | | 50 | | 70 | | 80 | | 100 | |
| $m^3/h$ | L/s | $v$ | $1000i$ | $v$ | $1000i$ | $v$ | $1000i$ | $v$ | $1000i$ | $v$ | $1000i$ | $v$ | $1000i$ |
| 10.44 | 2.90 | 2.85 | 225 | 1.74 | 69.77 | 1.10 | 23.07 | 0.75 | 9.40 | 0.52 | 3.94 | 0.35 | 1.49 |
| 10.80 | 3.00 | 2.95 | 239 | 1.81 | 74.10 | 1.14 | 24.50 | 0.78 | 9.98 | 0.54 | 4.18 | 0.36 | 1.58 |
| 11.16 | 3.10 | 3.05 | 253 | 1.87 | 78.54 | 1.17 | 25.97 | 0.81 | 10.58 | 0.56 | 4.43 | 0.37 | 1.67 |
| 11.52 | 3.20 | | | 1.93 | 83.09 | 1.21 | 27.48 | 0.83 | 11.20 | 0.58 | 4.69 | 0.38 | 1.77 |
| 11.88 | 3.30 | | | 1.99 | 87.75 | 1.25 | 29.02 | 0.86 | 11.82 | 0.60 | 4.95 | 0.40 | 1.87 |
| 12.24 | 3.40 | | | 2.05 | 92.52 | 1.29 | 30.60 | 0.88 | 12.47 | 0.61 | 5.22 | 0.41 | 1.97 |
| 12.60 | 3.50 | | | 2.11 | 97.41 | 1.33 | 32.21 | 0.91 | 13.13 | 0.63 | 5.50 | 0.42 | 2.08 |
| 12.96 | 3.60 | | | 2.17 | 102 | 1.36 | 33.86 | 0.94 | 13.80 | 0.65 | 5.78 | 0.43 | 2.18 |
| 13.32 | 3.70 | | | 2.23 | 108 | 1.40 | 35.55 | 0.96 | 14.48 | 0.67 | 6.07 | 0.44 | 2.29 |
| 13.68 | 3.80 | | | 2.29 | 113 | 1.44 | 37.27 | 0.99 | 15.19 | 0.69 | 6.36 | 0.46 | 2.40 |
| 14.01 | 3.90 | | | 2.35 | 118 | 1.48 | 39.03 | 1.01 | 15.90 | 0.70 | 6.66 | 0.47 | 2.52 |
| 14.40 | 4.00 | | | 2.41 | 123 | 1.51 | 40.82 | 1.04 | 16.63 | 0.72 | 6.97 | 0.48 | 2.63 |
| 14.76 | 4.10 | | | 2.47 | 129 | 1.55 | 42.65 | 1.07 | 17.38 | 0.74 | 7.28 | 0.49 | 2.75 |
| 15.12 | 4.20 | | | 2.53 | 135 | 1.59 | 44.51 | 1.09 | 18.14 | 0.76 | 7.60 | 0.50 | 2.87 |
| 15.48 | 4.30 | | | 2.59 | 140 | 1.63 | 46.41 | 1.12 | 18.91 | 0.78 | 7.92 | 0.52 | 2.99 |
| 15.84 | 4.40 | | | 2.65 | 146 | 1.67 | 48.34 | 1.14 | 19.70 | 0.79 | 8.25 | 0.53 | 3.12 |
| 16.20 | 4.50 | | | 2.71 | 152 | 1.70 | 50.31 | 1.17 | 20.50 | 0.81 | 8.58 | 0.54 | 3.24 |
| 16.56 | 4.60 | | | 2.77 | 158 | 1.74 | 52.31 | 1.20 | 21.31 | 0.83 | 8.93 | 0.55 | 3.37 |
| 16.92 | 4.70 | | | 2.83 | 164 | 1.78 | 54.34 | 1.22 | 22.14 | 0.85 | 9.27 | 0.56 | 3.50 |
| 17.28 | 4.80 | | | 2.89 | 171 | 1.82 | 56.41 | 1.25 | 22.99 | 0.87 | 9.63 | 0.58 | 3.64 |
| 17.64 | 4.90 | | | 2.95 | 177 | 1.86 | 58.51 | 1.27 | 23.84 | 0.88 | 9.98 | 0.59 | 3.77 |
| 18.00 | 5.00 | | | 3.01 | 183 | 1.89 | 60.64 | 1.30 | 24.71 | 0.90 | 10.35 | 0.60 | 3.91 |
| 18.36 | 5.10 | | | | | 1.93 | 62.81 | 1.33 | 25.59 | 0.92 | 10.72 | 0.61 | 4.05 |
| 18.72 | 5.20 | | | | | 1.97 | 65.01 | 1.35 | 26.49 | 0.94 | 11.09 | 0.62 | 4.19 |
| 19.08 | 5.30 | | | | | 2.01 | 67.25 | 1.38 | 27.40 | 0.96 | 11.47 | 0.64 | 4.34 |
| 19.44 | 5.40 | | | | | 2.04 | 69.52 | 1.40 | 28.33 | 0.97 | 11.86 | 0.65 | 4.48 |
| 19.80 | 5.50 | | | | | 2.08 | 71.82 | 1.43 | 29.26 | 0.99 | 12.26 | 0.66 | 4.63 |
| 20.16 | 5.60 | | | | | 2.12 | 74.19 | 1.46 | 30.21 | 1.01 | 12.65 | 0.67 | 4.78 |
| 20.52 | 5.70 | | | | | 2.16 | 76.51 | 1.48 | 31.18 | 1.03 | 13.06 | 0.68 | 4.93 |
| 20.88 | 5.80 | | | | | 2.20 | 78.91 | 1.51 | 32.15 | 1.05 | 13.47 | 0.70 | 5.09 |
| 21.24 | 5.90 | | | | | 2.23 | 81.34 | 1.53 | 33.14 | 1.06 | 13.88 | 0.71 | 5.24 |
| 21.60 | 6.00 | | | | | 2.27 | 83.80 | 1.56 | 34.15 | 1.08 | 14.30 | 0.72 | 5.40 |
| 21.96 | 6.10 | | | | | 2.31 | 86.30 | 1.59 | 35.16 | 1.10 | 14.73 | 0.73 | 5.56 |
| 22.32 | 6.20 | | | | | 2.35 | 88.82 | 1.61 | 36.19 | 1.12 | 15.16 | 0.74 | 5.73 |
| 22.68 | 6.30 | | | | | 2.38 | 91.38 | 1.64 | 37.24 | 1.14 | 15.59 | 0.76 | 5.89 |

表 4-121　塑料给水管水力计算（4）

| Q | | DN/mm | | | | | | | | Q | | DN/mm | | | | | |
|---|---|---|---|---|---|---|---|---|---|---|---|---|---|---|---|---|---|
| | | 50 | | 70 | | 80 | | 100 | | | | 70 | | 80 | | 100 | |
| $m^3/h$ | L/s | $v$ | $1000i$ | $v$ | $1000i$ | $v$ | $1000i$ | $v$ | $1000i$ | $m^3/h$ | L/s | $v$ | $1000i$ | $v$ | $1000i$ | $v$ | $1000i$ |
| 23.04 | 6.40 | 2.42 | 93.97 | 1.66 | 38.29 | 1.15 | 16.03 | 0.77 | 6.06 | 35.64 | 9.90 | 2.57 | 83.02 | 1.79 | 34.77 | 1.19 | 13.13 |
| 12.40 | 6.50 | 2.46 | 96.59 | 1.69 | 39.36 | 1.17 | 16.48 | 0.78 | 6.23 | 36.00 | 10.00 | 2.60 | 84.51 | 1.80 | 35.39 | 1.20 | 13.37 |
| 23.76 | 6.60 | 2.50 | 99.24 | 1.71 | 40.44 | 1.19 | 16.93 | 0.79 | 6.40 | 36.90 | 10.25 | 2.66 | 88.30 | 1.85 | 36.98 | 1.23 | 13.97 |
| 24.12 | 6.70 | 2.54 | 102 | 1.74 | 41.53 | 1.21 | 17.39 | 0.80 | 6.57 | 37.80 | 10.50 | 2.73 | 92.15 | 1.89 | 38.59 | 1.26 | 14.58 |
| 24.48 | 6.80 | 2.57 | 105 | 1.77 | 42.64 | 1.23 | 17.86 | 0.82 | 6.75 | 38.70 | 10.75 | 2.79 | 96.08 | 1.94 | 40.24 | 1.29 | 15.20 |
| 24.84 | 6.90 | 2.61 | 107 | 1.79 | 43.76 | 1.25 | 18.32 | 0.83 | 6.92 | 39.60 | 11.00 | 2.86 | 100.0 | 1.98 | 41.91 | 1.32 | 15.83 |
| 25.20 | 7.00 | 2.65 | 110 | 1.82 | 44.89 | 1.26 | 18.80 | 0.84 | 7.10 | 40.50 | 11.25 | 2.92 | 104 | 2.03 | 43.62 | 1.35 | 16.48 |

续表

| Q | | DN/mm | | | | | | | | Q | | DN/mm | | | | | |
|---|---|---|---|---|---|---|---|---|---|---|---|---|---|---|---|---|---|
| | | 50 | | 70 | | 80 | | 100 | | | | 70 | | 80 | | 100 | |
| $m^3/h$ | L/s | $v$ | 1000$i$ | $v$ | 1000$i$ | $v$ | 1000$i$ | $v$ | 1000$i$ | $m^3/h$ | L/s | $v$ | 1000$i$ | $v$ | 1000$i$ | $v$ | 1000$i$ |
| 25.56 | 7.10 | 2.69 | 113 | 1.84 | 46.03 | 1.28 | 19.28 | 0.85 | 7.28 | 41.40 | 11.50 | 2.99 | 109 | 2.08 | 45.35 | 1.38 | 17.13 |
| 25.96 | 7.20 | 2.73 | 116 | 1.87 | 47.19 | 1.30 | 19.76 | 0.86 | 7.47 | 42.30 | 11.75 | 3.05 | 113 | 2.12 | 47.11 | 1.41 | 17.80 |
| 26.28 | 7.30 | 2.76 | 119 | 1.90 | 48.36 | 1.32 | 20.25 | 0.88 | 7.65 | 43.20 | 12.00 | | | 2.17 | 48.91 | 1.44 | 18.48 |
| 26.64 | 7.40 | 2.86 | 122 | 1.92 | 49.54 | 1.34 | 20.75 | 0.89 | 7.84 | 44.10 | 12.25 | | | 2.21 | 50.73 | 1.47 | 19.16 |
| 27.00 | 7.50 | 2.84 | 125 | 1.95 | 50.73 | 1.35 | 21.25 | 0.90 | 8.03 | 45.00 | 12.50 | | | 2.26 | 52.58 | 1.50 | 19.86 |
| 27.36 | 7.60 | 2.88 | 127 | 1.97 | 51.94 | 1.37 | 21.75 | 0.91 | 8.22 | 45.90 | 12.75 | | | 2.30 | 54.46 | 1.53 | 20.57 |
| 27.72 | 7.70 | 2.91 | 131 | 2.00 | 53.16 | 1.39 | 22.26 | 0.92 | 8.41 | 46.80 | 13.00 | | | 2.35 | 56.37 | 1.56 | 21.29 |
| 28.08 | 7.80 | 2.95 | 133 | 2.03 | 54.39 | 1.41 | 22.78 | 0.94 | 8.60 | 47.70 | 13.25 | | | 2.39 | 58.31 | 1.59 | 22.03 |
| 28.44 | 7.90 | 2.99 | 137 | 2.05 | 55.63 | 1.43 | 23.30 | 0.95 | 8.80 | 48.60 | 13.50 | | | 2.44 | 60.27 | 1.62 | 22.77 |
| 28.80 | 8.00 | | | 2.08 | 56.89 | 1.44 | 23.82 | 0.96 | 9.00 | 49.50 | 13.75 | | | 2.48 | 62.27 | 1.65 | 23.52 |
| 29.14 | 8.10 | | | 2.10 | 58.15 | 1.46 | 24.35 | 0.97 | 9.20 | 50.40 | 14.00 | | | 2.53 | 64.29 | 1.68 | 24.29 |
| 29.52 | 8.20 | | | 2.13 | 59.43 | 1.48 | 24.89 | 0.98 | 9.40 | 51.30 | 14.25 | | | 2.57 | 66.34 | 1.71 | 25.06 |
| 29.88 | 8.30 | | | 2.16 | 60.73 | 1.50 | 25.43 | 1.00 | 9.60 | 52.20 | 14.50 | | | 2.62 | 68.42 | 1.74 | 25.85 |
| 30.24 | 8.40 | | | 2.18 | 62.03 | 1.52 | 25.98 | 1.01 | 9.80 | 53.10 | 14.75 | | | 2.66 | 70.53 | 1.77 | 26.64 |
| 30.60 | 8.50 | | | 2.21 | 63.22 | 1.53 | 26.53 | 1.02 | 10.02 | 54.00 | 15.00 | | | 2.71 | 72.66 | 1.80 | 27.45 |
| 30.96 | 8.60 | | | 2.23 | 64.67 | 1.55 | 27.08 | 1.03 | 10.23 | 55.80 | 15.50 | | | 2.80 | 77.12 | 1.86 | 29.09 |
| 31.32 | 8.70 | | | 2.26 | 66.01 | 1.57 | 27.65 | 1.04 | 10.44 | 57.60 | 16.00 | | | 2.89 | 81.47 | 1.92 | 30.78 |
| 31.68 | 8.80 | | | 2.29 | 67.37 | 1.59 | 28.21 | 1.06 | 10.66 | 59.40 | 16.50 | | | 2.98 | 86.05 | 1.98 | 32.51 |
| 32.04 | 8.90 | | | 2.31 | 68.73 | 1.61 | 28.78 | 1.07 | 10.87 | 61.20 | 17.00 | | | 3.07 | 90.73 | 2.04 | 34.27 |
| 32.40 | 9.00 | | | 2.34 | 70.11 | 1.62 | 29.36 | 1.08 | 11.09 | 63.00 | 17.50 | | | | | 2.10 | 36.08 |
| 32.76 | 9.10 | | | 2.36 | 71.49 | 1.64 | 29.94 | 1.09 | 11.31 | 64.80 | 18.00 | | | | | 2.16 | 37.93 |
| 33.12 | 9.20 | | | 2.39 | 72.89 | 1.66 | 30.53 | 1.10 | 11.53 | 66.60 | 18.50 | | | | | 2.22 | 39.82 |
| 33.48 | 9.30 | | | 2.42 | 74.30 | 1.68 | 31.12 | 1.12 | 11.76 | 68.40 | 19.00 | | | | | 2.28 | 41.75 |
| 33.84 | 9.40 | | | 2.44 | 75.73 | 1.70 | 31.71 | 1.13 | 11.98 | 70.20 | 19.50 | | | | | 2.34 | 43.72 |
| 34.20 | 9.50 | | | 2.47 | 77.16 | 1.71 | 32.31 | 1.14 | 12.21 | 72.00 | 20.00 | | | | | 2.40 | 45.73 |
| 34.56 | 9.60 | | | 2.50 | 78.61 | 1.73 | 32.92 | 1.15 | 12.44 | 73.80 | 20.50 | | | | | 2.46 | 47.77 |
| 34.92 | 9.70 | | | 2.52 | 80.07 | 1.75 | 33.53 | 1.16 | 12.67 | 75.60 | 21.00 | | | | | 2.52 | 49.86 |
| 35.28 | 9.84 | | | 2.55 | 81.54 | 1.77 | 34.15 | 1.18 | 12.90 | 77.40 | 21.50 | | | | | 2.58 | 51.99 |

**表 4-122　塑料给水管水力计算（5）**

| Q | | DN/mm | | Q | | DN/mm | | | | | | | | | |
|---|---|---|---|---|---|---|---|---|---|---|---|---|---|---|---|
| | | 100 | | | | 110 | | 125 | | 150 | | 175 | | 200 | |
| $m^3/h$ | L/s | $v$ | 1000$i$ | $m^3/h$ | L/s | $v$ | 1000$i$ | $v$ | 1000$i$ | $v$ | 1000$i$ | $v$ | 1000$i$ | $v$ | 1000$i$ |
| 79.20 | 22.00 | 2.64 | 54.15 | 7.56 | 2.10 | 0.20 | 0.46 | | | | | | | | |
| 81.00 | 22.50 | 2.70 | 56.35 | 7.92 | 2.20 | 0.20 | 0.50 | | | | | | | | |
| 82.80 | 23.00 | 2.76 | 58.59 | 8.28 | 2.30 | 0.21 | 0.54 | | | | | | | | |
| 84.60 | 23.50 | 2.82 | 60.87 | 8.64 | 2.40 | 0.22 | 0.58 | | | | | | | | |
| 86.40 | 24.00 | 2.88 | 63.19 | 9.00 | 2.50 | 0.23 | 0.62 | | | | | | | | |
| 88.20 | 24.50 | 2.94 | 65.54 | 9.36 | 2.60 | 0.24 | 0.67 | | | | | | | | |
| 90.00 | 25.00 | 3.00 | 67.93 | 9.72 | 2.70 | 0.25 | 0.71 | 0.20 | 0.42 | | | | | | |
| | | | | 10.08 | 2.80 | 0.26 | 0.76 | 0.21 | 0.44 | | | | | | |
| | | | | 10.44 | 2.90 | 0.27 | 0.81 | 0.22 | 0.47 | | | | | | |
| | | | | 10.80 | 3.00 | 0.28 | 0.86 | 0.22 | 0.50 | | | | | | |
| | | | | 11.16 | 3.10 | 0.29 | 0.91 | 0.23 | 0.53 | | | | | | |
| | | | | 11.52 | 3.20 | 0.30 | 0.96 | 0.24 | 0.56 | | | | | | |
| | | | | 11.88 | 3.30 | 0.31 | 1.02 | 0.24 | 0.59 | | | | | | |
| | | | | 12.24 | 3.40 | 0.32 | 1.07 | 0.25 | 0.63 | | | | | | |
| | | | | 12.60 | 3.50 | 0.33 | 1.13 | 0.26 | 0.66 | 0.20 | 0.35 | | | | |

续表

| Q | | DN/mm | | Q | | DN/mm | | | | | | | | | |
|---|---|---|---|---|---|---|---|---|---|---|---|---|---|---|---|
| | | 100 | | | | 110 | | 125 | | 150 | | 175 | | 200 | |
| $m^3/h$ | L/s | $v$ | $1000i$ | $m^3/h$ | L/s | $v$ | $1000i$ | $v$ | $1000i$ | $v$ | $1000i$ | $v$ | $1000i$ | $v$ | $1000i$ |
| | | | | 12.96 | 3.60 | 0.33 | 1.19 | 0.27 | 0.69 | 0.20 | 0.36 | | | | |
| | | | | 13.32 | 3.70 | 0.34 | 1.25 | 0.28 | 0.73 | 0.21 | 0.38 | | | | |
| | | | | 13.68 | 3.80 | 0.35 | 1.31 | 0.28 | 0.76 | 0.21 | 0.40 | | | | |
| | | | | 14.01 | 3.90 | 0.36 | 1.37 | 0.29 | 0.80 | 0.22 | 0.42 | | | | |
| | | | | 14.40 | 4.00 | 0.37 | 1.43 | 0.30 | 0.83 | 0.23 | 0.44 | | | | |
| | | | | 14.76 | 4.10 | 0.38 | 1.50 | 0.30 | 0.87 | 0.23 | 0.46 | | | | |
| | | | | 15.12 | 4.20 | 0.39 | 1.56 | 0.31 | 0.91 | 0.24 | 0.48 | | | | |
| | | | | 15.48 | 4.30 | 0.40 | 1.63 | 0.32 | 0.95 | 0.24 | 0.50 | | | | |
| | | | | 15.84 | 4.40 | 0.41 | 1.70 | 0.33 | 0.99 | 0.25 | 0.52 | 0.20 | 0.29 | | |
| | | | | 16.20 | 4.50 | 0.42 | 1.76 | 0.33 | 1.03 | 0.25 | 0.54 | 0.20 | 0.30 | | |
| | | | | 16.56 | 4.60 | 0.43 | 1.83 | 0.34 | 1.07 | 0.26 | 0.56 | 0.21 | 0.32 | | |
| | | | | 16.92 | 4.70 | 0.44 | 1.91 | 0.35 | 1.11 | 0.27 | 0.58 | 0.21 | 0.33 | | |
| | | | | 17.28 | 4.80 | 0.45 | 1.98 | 0.36 | 1.15 | 0.27 | 0.60 | 0.21 | 0.34 | | |
| | | | | 17.64 | 4.90 | 0.46 | 2.05 | 0.36 | 1.20 | 0.28 | 0.63 | 0.22 | 0.35 | | |
| | | | | 18.00 | 5.00 | 0.47 | 2.13 | 0.37 | 1.24 | 0.28 | 0.65 | 0.22 | 0.37 | | |
| | | | | 18.36 | 5.10 | 0.47 | 2.20 | 0.38 | 1.28 | 0.29 | 0.67 | 0.23 | 0.38 | | |
| | | | | 18.72 | 5.20 | 0.48 | 2.28 | 0.39 | 1.33 | 0.29 | 0.70 | 0.23 | 0.39 | | |
| | | | | 19.08 | 5.30 | 0.49 | 2.36 | 0.40 | 1.38 | 0.30 | 0.72 | 0.24 | 0.41 | | |
| | | | | 19.44 | 5.40 | 0.50 | 2.44 | 0.40 | 1.42 | 0.31 | 0.74 | 0.24 | 0.42 | | |
| | | | | 19.80 | 5.50 | 0.51 | 2.52 | 0.41 | 1.47 | 0.31 | 0.77 | 0.25 | 0.44 | 0.20 | 0.26 |

**表 4-123 塑料给水管水力计算（6）**

| Q | | DN/mm | | | | | | | | | |
|---|---|---|---|---|---|---|---|---|---|---|---|
| | | 175 | | 200 | | 225 | | 250 | | 275 | |
| $m^3/h$ | L/s | $v$ | $1000i$ | $v$ | $1000i$ | $v$ | $1000i$ | $v$ | $1000i$ | $v$ | $1000i$ |
| 237.6 | 66 | 2.94 | 35.76 | 2.38 | 21.50 | 1.89 | 12.39 | 1.52 | 7.41 | 1.21 | 4.33 |
| 241.2 | 67 | 2.99 | 36.72 | 2.41 | 22.08 | 1.92 | 12.73 | 1.54 | 7.61 | 1.23 | 4.45 |
| 244.8 | 68 | 3.03 | 37.70 | 2.45 | 22.67 | 1.94 | 13.07 | 1.57 | 7.81 | 1.25 | 4.56 |
| 248.4 | 69 | | | 2.49 | 23.27 | 1.97 | 13.41 | 1.59 | 8.02 | 1.27 | 4.68 |
| 252.0 | 70 | | | 2.52 | 23.87 | 2.00 | 13.76 | 1.61 | 8.23 | 1.29 | 4.81 |
| 255.6 | 71 | | | 2.56 | 24.48 | 2.03 | 14.11 | 1.64 | 8.43 | 1.31 | 4.93 |
| 259.2 | 72 | | | 2.59 | 25.09 | 2.06 | 14.46 | 1.66 | 8.65 | 1.33 | 5.05 |
| 262.8 | 73 | | | 2.63 | 25.71 | 2.09 | 14.81 | 1.68 | 8.86 | 1.34 | 5.18 |
| 266.4 | 74 | | | 2.67 | 26.34 | 2.12 | 15.18 | 1.71 | 9.08 | 1.36 | 5.30 |
| 270.0 | 75 | | | 2.70 | 26.97 | 2.14 | 15.55 | 1.73 | 9.30 | 1.38 | 5.43 |
| 273.6 | 76 | | | 2.74 | 27.62 | 2.17 | 15.92 | 1.75 | 9.52 | 1.40 | 5.56 |
| 277.2 | 77 | | | 2.77 | 28.26 | 2.20 | 16.29 | 1.78 | 9.74 | 1.42 | 5.69 |
| 280.8 | 78 | | | 2.81 | 28.91 | 2.23 | 16.67 | 1.80 | 9.97 | 1.44 | 5.82 |
| 284.4 | 79 | | | 2.85 | 29.58 | 2.26 | 17.05 | 1.82 | 10.19 | 1.45 | 5.96 |
| 288.0 | 80 | | | 2.88 | 30.25 | 2.29 | 17.43 | 1.84 | 10.42 | 1.47 | 6.09 |
| 291.6 | 81 | | | 2.92 | 30.92 | 2.32 | 17.82 | 1.87 | 10.66 | 1.49 | 6.23 |
| 295.2 | 82 | | | 2.95 | 31.60 | 2.35 | 18.21 | 1.89 | 10.89 | 1.51 | 6.36 |
| 298.8 | 83 | | | 2.99 | 32.29 | 2.37 | 18.61 | 1.91 | 11.20 | 1.53 | 6.50 |
| 302.4 | 84 | | | 3.03 | 32.98 | 2.40 | 19.01 | 1.94 | 11.37 | 1.55 | 6.64 |
| 306 | 85 | | | | | 2.43 | 19.41 | 1.96 | 11.61 | 1.56 | 6.78 |
| 309.6 | 86 | | | | | 2.46 | 19.82 | 1.98 | 11.85 | 1.58 | 6.93 |
| 313.2 | 87 | | | | | 2.49 | 20.23 | 2.01 | 12.10 | 1.60 | 7.07 |
| 316.8 | 88 | | | | | 2.52 | 20.64 | 2.03 | 12.34 | 1.62 | 7.21 |

续表

| Q | | DN/mm | | | | | | | | | |
|---|---|---|---|---|---|---|---|---|---|---|---|
| | | 175 | | 200 | | 225 | | 250 | | 275 | |
| $m^3/h$ | L/s | $v$ | $1000i$ | $v$ | $1000i$ | $v$ | $1000i$ | $v$ | $1000i$ | $v$ | $1000i$ |
| 320.4 | 89 | | | | | 2.55 | 21.06 | 2.05 | 12.59 | 1.64 | 7.36 |
| 324.0 | 90 | | | | | 2.57 | 21.48 | 2.07 | 12.85 | 1.66 | 7.51 |
| 327.6 | 91 | | | | | 2.60 | 21.91 | 2.10 | 13.10 | 1.68 | 7.65 |
| 331.2 | 92 | | | | | 2.63 | 22.34 | 2.12 | 13.36 | 1.69 | 7.80 |
| 334.8 | 93 | | | | | 2.66 | 22.77 | 2.14 | 13.62 | 1.71 | 7.96 |
| 338.4 | 94 | | | | | 2.69 | 23.21 | 2.17 | 13.88 | 1.73 | 8.11 |
| 342 | 95 | | | | | 2.72 | 23.65 | 2.19 | 14.14 | 1.75 | 8.26 |
| 345.6 | 96 | | | | | 2.75 | 24.09 | 2.21 | 14.40 | 1.77 | 8.42 |
| 349.2 | 97 | | | | | 2.77 | 24.54 | 2.24 | 14.67 | 1.79 | 8.57 |
| 352.8 | 98 | | | | | 2.80 | 24.99 | 2.26 | 14.94 | 1.80 | 8.73 |
| 356.4 | 99 | | | | | 2.83 | 25.44 | 2.28 | 15.21 | 1.82 | 8.89 |
| 360.0 | 100 | | | | | 2.86 | 25.90 | 2.31 | 15.49 | 1.84 | 9.05 |

**表 4-124 塑料给水管水力计算（7）**

| Q | | DN/mm | | | | | | Q | | DN/mm | | | | | |
|---|---|---|---|---|---|---|---|---|---|---|---|---|---|---|---|
| | | 300 | | 350 | | 400 | | | | 300 | | 350 | | 400 | |
| $m^3/h$ | L/s | $v$ | $1000i$ | $v$ | $1000i$ | $v$ | $1000i$ | $m^3/h$ | L/s | $v$ | $1000i$ | $v$ | $1000i$ | $v$ | $1000i$ |
| 316.8 | 88 | 1.28 | 4.10 | 1.00 | 2.30 | 0.79 | 1.31 | 525.6 | 146 | 2.12 | 10.07 | 1.67 | 5.66 | 1.31 | 3.21 |
| 320.4 | 89 | 1.29 | 4.19 | 1.02 | 2.35 | 0.80 | 1.34 | 532.8 | 148 | 2.15 | 10.32 | 1.69 | 5.80 | 1.33 | 3.29 |
| 324.0 | 90 | 1.31 | 4.27 | 1.03 | 2.40 | 0.81 | 1.36 | 540.0 | 150 | 2.18 | 10.56 | 1.71 | 5.94 | 1.35 | 3.37 |
| 327.6 | 91 | 1.32 | 4.35 | 1.04 | 2.45 | 0.82 | 1.39 | 547.2 | 152 | 2.21 | 10.82 | 1.73 | 6.08 | 1.37 | 3.45 |
| 331.2 | 92 | 1.34 | 4.44 | 1.05 | 2.49 | 0.83 | 1.42 | 554.4 | 154 | 2.24 | 11.07 | 1.76 | 6.22 | 1.39 | 3.53 |
| 334.8 | 93 | 1.35 | 4.52 | 1.06 | 2.54 | 0.84 | 1.44 | 561.6 | 156 | 2.27 | 11.33 | 1.78 | 6.36 | 1.41 | 3.61 |
| 338.4 | 94 | 1.37 | 4.61 | 1.07 | 2.59 | 0.85 | 1.47 | 568.8 | 158 | 2.30 | 11.59 | 1.80 | 6.51 | 1.42 | 3.70 |
| 342.0 | 95 | 1.38 | 4.70 | 1.08 | 2.64 | 0.86 | 1.50 | 576.0 | 160 | 2.33 | 11.85 | 1.83 | 6.66 | 1.44 | 3.78 |
| 345.6 | 96 | 1.40 | 4.79 | 1.10 | 2.69 | 0.86 | 1.53 | 583.2 | 162 | 2.35 | 12.11 | 1.85 | 6.80 | 1.46 | 3.87 |
| 349.2 | 97 | 1.41 | 4.88 | 1.11 | 2.74 | 0.87 | 1.56 | 590.4 | 164 | 2.38 | 12.38 | 1.87 | 6.95 | 1.48 | 3.95 |
| 352.8 | 98 | 1.42 | 4.96 | 1.12 | 2.79 | 0.88 | 1.58 | 597.6 | 166 | 2.41 | 12.65 | 1.89 | 7.10 | 1.50 | 4.04 |
| 356.4 | 99 | 1.44 | 5.06 | 1.13 | 2.84 | 0.89 | 1.61 | 604.8 | 168 | 2.44 | 12.92 | 1.92 | 7.26 | 1.51 | 4.12 |
| 360.0 | 100 | 1.45 | 5.15 | 1.14 | 2.89 | 0.90 | 1.64 | 612.0 | 170 | 2.47 | 13.19 | 1.94 | 7.41 | 1.53 | 4.21 |
| 367.2 | 102 | 1.48 | 5.33 | 1.16 | 2.99 | 0.92 | 1.70 | 619.2 | 172 | 2.50 | 13.47 | 1.96 | 7.57 | 1.55 | 4.30 |
| 374.4 | 104 | 1.51 | 5.52 | 1.19 | 3.10 | 0.94 | 1.76 | 626.4 | 174 | 2.53 | 13.75 | 1.99 | 7.73 | 1.57 | 4.39 |
| 381.6 | 106 | 1.54 | 5.71 | 1.21 | 3.21 | 0.95 | 1.82 | 633.6 | 176 | 2.56 | 14.03 | 2.01 | 7.88 | 1.59 | 4.48 |
| 388.8 | 108 | 1.57 | 5.90 | 1.23 | 3.31 | 0.97 | 1.88 | 640.8 | 178 | 2.59 | 14.31 | 2.03 | 8.04 | 1.60 | 4.57 |
| 396.0 | 110 | 1.60 | 6.09 | 1.26 | 3.42 | 0.99 | 1.95 | 648.0 | 180 | 2.62 | 14.60 | 2.05 | 8.20 | 1.62 | 4.66 |
| 403.2 | 112 | 1.63 | 6.29 | 1.28 | 3.53 | 1.01 | 2.01 | 655.2 | 182 | 2.64 | 14.89 | 2.08 | 8.36 | 1.64 | 4.75 |
| 410.4 | 114 | 1.66 | 6.49 | 1.30 | 3.65 | 1.03 | 2.07 | 662.4 | 184 | 2.67 | 15.18 | 2.10 | 8.53 | 1.66 | 4.84 |
| 417.6 | 116 | 1.69 | 6.70 | 1.32 | 3.76 | 1.04 | 2.14 | 669.6 | 186 | 2.70 | 15.47 | 2.12 | 8.69 | 1.68 | 4.94 |
| 424.8 | 118 | 1.71 | 6.90 | 1.35 | 3.88 | 1.06 | 2.20 | 676.8 | 188 | 2.73 | 15.77 | 2.15 | 8.86 | 1.69 | 5.03 |
| 432.0 | 120 | 1.74 | 7.11 | 1.37 | 3.99 | 1.08 | 2.27 | 684.0 | 190 | 2.76 | 16.07 | 2.17 | 9.03 | 1.71 | 5.13 |
| 439.2 | 122 | 1.77 | 7.32 | 1.39 | 4.11 | 1.10 | 2.34 | 691.2 | 192 | 2.79 | 16.37 | 2.19 | 9.20 | 1.73 | 5.22 |
| 446.4 | 124 | 1.80 | 7.54 | 1.42 | 4.23 | 1.12 | 2.41 | 698.4 | 194 | 2.82 | 16.67 | 2.21 | 9.37 | 1.75 | 5.32 |
| 453.6 | 126 | 1.83 | 7.75 | 1.44 | 4.36 | 1.13 | 2.47 | 705.6 | 196 | 2.85 | 16.98 | 2.24 | 9.54 | 1.77 | 5.42 |
| 460.8 | 128 | 1.86 | 7.97 | 1.46 | 4.48 | 1.15 | 2.54 | 712.8 | 198 | 2.88 | 17.29 | 2.26 | 9.71 | 1.78 | 5.52 |
| 468.0 | 130 | 1.89 | 8.20 | 1.48 | 4.60 | 1.17 | 2.62 | 720.0 | 200 | 2.91 | 17.60 | 2.28 | 9.89 | 1.80 | 5.62 |
| 475.2 | 132 | 1.92 | 8.42 | 1.51 | 4.73 | 1.19 | 2.69 | 730.8 | 203 | 2.95 | 18.07 | 2.32 | 10.15 | 1.83 | 5.77 |
| 482.4 | 1.34 | 1.95 | 8.65 | 1.53 | 4.86 | 1.21 | 2.76 | 741.6 | 206 | 3.00 | 18.55 | 2.35 | 10.42 | 1.86 | 5.92 |
| 489.6 | 136 | 1.98 | 8.88 | 1.55 | 4.99 | 1.22 | 2.83 | 752.4 | 209 | | | 2.39 | 10.69 | 1.88 | 6.07 |
| 496.8 | 138 | 2.01 | 9.11 | 1.58 | 5.12 | 1.24 | 2.91 | 763.2 | 212 | | | 2.42 | 10.96 | 1.91 | 6.23 |

续表

| Q | | DN/mm | | | | | | Q | | DN/mm | | | | | |
|---|---|---|---|---|---|---|---|---|---|---|---|---|---|---|---|
| | | 300 | | 350 | | 400 | | | | 300 | | 350 | | 400 | |
| $m^3/h$ | L/s | $v$ | $1000i$ | $v$ | $1000i$ | $v$ | $1000i$ | $m^3/h$ | L/s | $v$ | $1000i$ | $v$ | $1000i$ | $v$ | $1000i$ |
| 504.0 | 140 | 2.03 | 9.35 | 1.60 | 5.25 | 1.26 | 2.98 | 774.2 | 215 | | | 2.45 | 11.24 | 1.94 | 6.39 |
| 511.2 | 142 | 2.06 | 9.59 | 1.62 | 5.39 | 1.28 | 3.06 | 784.8 | 218 | | | 2.49 | 11.52 | 1.96 | 6.55 |
| 518.4 | 144 | 2.09 | 9.83 | 1.64 | 5.52 | 1.30 | 3.14 | 795.6 | 221 | | | 2.52 | 11.80 | 1.99 | 6.71 |

**表 4-125　塑料给水管水力计算（8）**

| Q | | DN/mm | | | | Q | | DN/mm | | | |
|---|---|---|---|---|---|---|---|---|---|---|---|
| | | 350 | | 400 | | | | 350 | | 400 | |
| $m^3/h$ | L/s | $v$ | $1000i$ | $v$ | $1000i$ | $m^3/h$ | L/s | $v$ | $1000i$ | $v$ | $1000i$ |
| 806.4 | 224 | 2.56 | 12.09 | 2.02 | 6.87 | 1000.8 | 278 | | | 2.50 | 10.07 |
| 817.2 | 227 | 2.59 | 12.38 | 2.04 | 7.03 | 1011.6 | 281 | | | 2.53 | 10.27 |
| 828.0 | 230 | 2.63 | 12.67 | 2.07 | 7.20 | 1022.4 | 284 | | | 2.56 | 10.46 |
| 838.8 | 233 | 2.66 | 12.96 | 2.10 | 7.37 | 1033.2 | 287 | | | 2.58 | 10.66 |
| 849.6 | 236 | 2.69 | 13.26 | 2.13 | 7.53 | 1044.0 | 290 | | | 2.61 | 10.86 |
| 860.4 | 239 | 2.73 | 13.56 | 2.15 | 7.70 | 1054.8 | 293 | | | 2.64 | 11.06 |
| 871.2 | 242 | 2.76 | 13.87 | 2.18 | 7.88 | 1065.6 | 296 | | | 2.67 | 11.26 |
| 882.0 | 245 | 2.80 | 14.17 | 2.21 | 8.05 | 1076.4 | 299 | | | 2.69 | 11.46 |
| 892.8 | 248 | 2.83 | 14.48 | 2.23 | 8.23 | 1087.2 | 302 | | | 2.72 | 11.67 |
| 903.6 | 251 | 2.86 | 14.79 | 2.26 | 8.40 | 1098.0 | 305 | | | 2.75 | 11.88 |
| 914.4 | 254 | 2.90 | 15.11 | 2.29 | 8.58 | 1108.8 | 308 | | | 2.77 | 12.08 |
| 925.2 | 257 | 2.93 | 15.43 | 2.31 | 8.76 | 1119.6 | 311 | | | 2.80 | 12.29 |
| 936.0 | 260 | 2.97 | 15.75 | 2.34 | 8.95 | 1130.4 | 314 | | | 2.83 | 12.50 |
| 946.8 | 263 | 3.00 | 16.07 | 2.37 | 9.13 | 1141.2 | 317 | | | 2.85 | 12.72 |
| 957.6 | 266 | | | 2.40 | 9.32 | 1152.0 | 320 | | | 2.88 | 12.93 |
| 968.4 | 269 | | | 2.42 | 9.50 | 1166.4 | 324 | | | 2.92 | 13.22 |
| 979.2 | 272 | | | 2.45 | 9.69 | 1180.8 | 328 | | | 2.95 | 13.51 |
| 990.0 | 275 | | | 2.48 | 9.88 | | | | | | |

## 4.6.19　给水聚丙烯冷水管水力计算（表 4-126）

**表 4-126　给水聚丙烯冷水管水力计算**

| Q | | $D_e$/mm | | | | | | | | | | | |
|---|---|---|---|---|---|---|---|---|---|---|---|---|---|
| | | 20 | | 25 | | 32 | | 40 | | 50 | | 63 | |
| $m^3/h$ | L/s | $v$/(m/s) | $i$/(Pa/m) | $v$/(m/s) | $i$/(Pa/m) | $v$/(m/s) | $i$/(Pa/m) | $v$/(m/s) | $i$/(Pa/m) | $v$/(m/s) | $i$/(Pa/m) | $v$/(m/s) | $i$/(Pa/m) |
| 0.216 | 0.060 | 0.314 | 122.81 | | | | | | | | | | |
| 0.252 | 0.070 | 0.366 | 161.44 | | | | | | | | | | |
| 0.288 | 0.080 | 0.419 | 204.59 | 0.245 | 56.84 | | | | | | | | |
| 0.324 | 0.090 | 0.471 | 252.13 | 0.275 | 70.05 | | | | | | | | |
| 0.360 | 0.100 | 0.523 | 303.95 | 0.306 | 84.45 | | | | | | | | |
| 0.396 | 0.110 | 0.576 | 359.94 | 0.337 | 100.01 | | | | | | | | |
| 0.432 | 0.120 | 0.628 | 420.01 | 0.367 | 116.70 | | | | | | | | |
| 0.468 | 0.130 | 0.680 | 484.10 | 0.398 | 134.50 | | | | | | | | |
| 0.504 | 0.140 | 0.732 | 552.11 | 0.428 | 153.40 | 0.260 | 46.46 | | | | | | |
| 0.540 | 0.150 | 0.785 | 623.99 | 0.459 | 173.37 | 0.278 | 52.5 | | | | | | |
| 0.576 | 0.160 | 0.837 | 699.69 | 0.490 | 194.41 | 0.297 | 58.87 | | | | | | |
| 0.612 | 0.170 | 0.889 | 779.13 | 00410 | 216.48 | 0.315 | 65.56 | | | | | | |
| 0.648 | 0.180 | 0.942 | 862.28 | 0.551 | 239.58 | 0.334 | 72.55 | | | | | | |
| 0.684 | 0.190 | 0.994 | 949.09 | 0.581 | 263.70 | 0.352 | 79.86 | 0.222 | 26.54 | | | | |

续表

| $Q$ | | $D_e$/mm | | | | | | | | | | | |
|---|---|---|---|---|---|---|---|---|---|---|---|---|---|
| | | 20 | | 25 | | 32 | | 40 | | 50 | | 63 | |
| $m^3$/h | L/s | $v$/(m/s) | $i$/(Pa/m) | $v$/(m/s) | $i$/(Pa/m) | $v$/(m/s) | $i$/(Pa/m) | $v$/(m/s) | $i$/(Pa/m) | $v$/(m/s) | $i$/(Pa/m) | $v$/(m/s) | $i$/(Pa/m) |
| 0.720 | 0.200 | 1.046 | 1039.50 | 0.612 | 288.82 | 0.371 | 87.46 | 0.234 | 29.07 | | | | |
| 0.792 | 0.220 | 1.151 | 1231.0 | 0.673 | 342.02 | 0.408 | 103.58 | 0.257 | 34.42 | | | | |
| 0.864 | 0.240 | 1.256 | 1436.5 | 0.734 | 399.11 | 0.445 | 120.86 | 0.281 | 40.17 | | | | |
| 0.936 | 0.260 | 1.360 | 1655.6 | 0.795 | 460.00 | 0.482 | 139.30 | 0.304 | 46.30 | | | | |
| 1.008 | 0.280 | 1.465 | 1888.2 | 0.857 | 524.63 | 0.519 | 158.88 | 0.327 | 52.80 | | | | |
| 1.080 | 0.300 | 1.570 | 2134.1 | 0.918 | 592.94 | 0.556 | 179.56 | 0.351 | 56.68 | 0.223 | 20.21 | | |
| 1.152 | 0.320 | 1.674 | 2392.9 | 0.979 | 664.87 | 0.594 | 201.34 | 0.374 | 66.92 | 0.238 | 22.66 | | |
| 1.224 | 0.340 | 1.779 | 2664.6 | 1.040 | 740.36 | 0.631 | 224.21 | 0.398 | 74.51 | 0.253 | 25.24 | | |
| 1.296 | 0.360 | 1.883 | 2949.0 | 1.101 | 819.37 | 0.668 | 248.13 | 0.421 | 82.46 | 0.267 | 27.93 | | |
| 1.368 | 0.380 | 1.988 | 3242.9 | 1.163 | 901.85 | 0.705 | 273.11 | 0.444 | 90.77 | 0.282 | 30.74 | | |
| 1.440 | 0.400 | 2.093 | 3555.1 | 1.224 | 987.76 | 0.742 | 299.13 | 0.468 | 99.41 | 0.297 | 33.67 | | |
| 1.512 | 0.420 | 2.197 | 3876.5 | 1.285 | 1.77.1 | 0.779 | 326.17 | 0.491 | 108.4 | 0.312 | 36.72 | | |
| 1.584 | 0.440 | 2.302 | 4210.0 | 1.346 | 1169.7 | 0.816 | 354.23 | 0.514 | 117.73 | 0.327 | 39.87 | | |
| 1.656 | 0.46 | 2.407 | 4555.4 | 1.407 | 1265.7 | 0.853 | 383.30 | 0.538 | 127.39 | 0.342 | 43.15 | | |
| 1.728 | 0.480 | 2.511 | 4912.7 | 1.469 | 1365.0 | 0.890 | 413.36 | 0.561 | 137.38 | 0.357 | 46.53 | | |
| 1.800 | 0.500 | 2.616 | 5281.6 | 1.530 | 1467.5 | 0.927 | 440.40 | 0.585 | 147.69 | 0.371 | 50.02 | | |
| 1.872 | 0.520 | 2.721 | 5662.2 | 1.591 | 1573.2 | 0.965 | 476.42 | 0.608 | 158.34 | 0.386 | 53.63 | | |
| 1.994 | 0.540 | 2.825 | 6054.3 | 1.652 | 1682.2 | 1.002 | 509.41 | 0.631 | 169.30 | 0.401 | 57.34 | | |
| 2.016 | 0.560 | 2.930 | 6457.8 | 1.713 | 1794.3 | 1.039 | 543.36 | 0.655 | 180.58 | 0.416 | 61.16 | | |
| 2.088 | 0.580 | 3.035 | 6872.5 | 1.775 | 1909.5 | 1.076 | 578.26 | 0.678 | 192.18 | 0.431 | 65.09 | | |
| 2.160 | 0.600 | | | 1.836 | 2027.9 | 1.113 | 614.11 | 0.702 | 204.09 | 0.446 | 69.13 | 0.280 | 22.86 |
| 2.340 | 0.650 | | | 1.989 | 2337.3 | 1.206 | 707.80 | 0.760 | 235.23 | 0.483 | 79.67 | 0.304 | 26.35 |
| 2.520 | 0.700 | | | 2.142 | 2665.6 | 1.298 | 807.25 | 0.818 | 268.28 | 0.520 | 90.87 | 0.327 | 30.05 |
| 2.70 | 0.750 | | | 2.295 | 3012.7 | 1.391 | 912.35 | 0.877 | 303.21 | 0.557 | 102.70 | 0.350 | 33.96 |
| 2.880 | 0.800 | | | 2.448 | 3378.2 | 1.484 | 1023.00 | 0.935 | 340.00 | 0.594 | 115.16 | 0.373 | 38.08 |
| 3.060 | 0.850 | | | 2.601 | 3761.7 | 1.577 | 1139.2 | 0.994 | 378.60 | 0.631 | 128.23 | 0.397 | 42.40 |
| 3.240 | 0.900 | | | 2.754 | 4163.2 | 1.669 | 1260.7 | 1.052 | 419.00 | 0.669 | 141.92 | 0.421 | 46.93 |
| 3.420 | 0.950 | | | 2.907 | 4582.3 | 1.762 | 1387.7 | 1.111 | 461.18 | 0.706 | 156.21 | 0.444 | 51.65 |
| 3.600 | 1.000 | | | 3.059 | 5018.8 | 1.855 | 1519.9 | 1.169 | 505.11 | 0.743 | 171.09 | 0.467 | 56.57 |
| 3.960 | 1.100 | | | | | 2.040 | 1799.8 | 1.286 | 598.16 | 0.817 | 202.60 | 0.514 | 67.00 |
| 4.320 | 1.200 | | | | | 2.226 | 2100.2 | 1.403 | 698.00 | 0.891 | 236.42 | 0.561 | 78.18 |
| 4.680 | 1.30 | 2.411 | 2420.7 | 1.520 | 804.49 | 0.966 | 272.49 | 0.607 | 90.11 | 0.428 | 39.03 | 0.296 | 16.18 |
| 5.040 | 1.40 | 2.597 | 2760.8 | 1.637 | 917.53 | 1.040 | 310.77 | 0.654 | 102.77 | 0.461 | 44.51 | 0.319 | 18.45 |
| 5.400 | 1.50 | 2.782 | 3120.2 | 1.754 | 1037.0 | 1.114 | 351.24 | 0.701 | 116.14 | 0.494 | 50.30 | 0.341 | 20.85 |
| 5.760 | 1.60 | 2.968 | 3498.7 | 1.871 | 1162.8 | 1.189 | 393.84 | 0.748 | 130.23 | 0.527 | 56.41 | 0.364 | 23.38 |
| 6.120 | 1.70 | 3.153 | 3896.0 | 1.988 | 1294.8 | 1.263 | 438.56 | 0.794 | 145.02 | 0559 | 62.81 | 0.387 | 26.04 |
| 6.480 | 1.80 | | | 2.105 | 1433.0 | 1.337 | 485.36 | 0.841 | 160.5 | 0.592 | 69.51 | 0.410 | 28.82 |
| 6.840 | 1.90 | | | 2.221 | 1577.2 | 1.411 | 534.22 | 0.888 | 176.65 | 0.625 | 76.51 | 0.432 | 31.72 |
| 7.200 | 2.00 | | | 2.338 | 1727.5 | 1.486 | 585.11 | 0.935 | 193.48 | 0.658 | 83.80 | 0.455 | 34.74 |
| 7.560 | 2.10 | | | 2.455 | 1883.7 | 1560 | 638.01 | 0.981 | 210.98 | 0.691 | 91.39 | 0.478 | 37.88 |
| 7.920 | 2.20 | | | 2.572 | 2045.7 | 1.634 | 692.90 | 1.028 | 229.12 | 0.724 | 99.24 | 0.501 | 41.14 |
| 8.280 | 2.30 | | | 2.689 | 2213.6 | 1.709 | 749.75 | 1.075 | 247.92 | 0.757 | 107.38 | 0.523 | 44.51 |
| 8.640 | 2.40 | | | 2.806 | 2387.2 | 1.783 | 808.55 | 1.121 | 267.37 | 0.790 | 115.80 | 0.546 | 48.00 |
| 9.000 | 2.50 | | | 2.923 | 2566.5 | 1.857 | 869.28 | 1.168 | 287.45 | 0.823 | 124.50 | 0.569 | 51.61 |
| 9.360 | 2.60 | | | 3.040 | 2751.4 | 1.931 | 931.91 | 1.215 | 308.16 | 0.856 | 133.47 | 0.592 | 55.33 |
| 9.720 | 2.70 | | | | | 2.006 | 996.44 | 1.262 | 329.50 | 0.889 | 142.71 | 0.614 | 59.16 |
| 10.08 | 2.80 | 2.080 | 1062.8 | 1.308 | 351.46 | 0.921 | 152.22 | 0.637 | 63.10 | 0.425 | 23.99 | | |
| 10.44 | 2.90 | 2.154 | 1131.1 | 1.355 | 374.03 | 0.954 | 162.00 | 0.660 | 67.15 | 0.440 | 25.53 | | |
| 10.80 | 3.00 | 2.229 | 1201.2 | 1.402 | 397.22 | 0.987 | 172.04 | 0.683 | 71.31 | 0.455 | 27.11 | | |
| 11.52 | 3.20 | 2.377 | 1346.9 | 1.495 | 445.40 | 1.053 | 192.91 | 0.728 | 79.96 | 0.486 | 30.40 | | |

续表

| Q | | $D_e$/mm | | | | | | | | | | | |
|---|---|---|---|---|---|---|---|---|---|---|---|---|---|
| | | 20 | | 25 | | 32 | | 40 | | 50 | | 63 | |
| m³/h | L/s | v/(m/s) | i/(Pa/m) | v/(m/s) | i/(Pa/m) | v/(m/s) | i/(Pa/m) | v/(m/s) | i/(Pa/m) | v/(m/s) | i/(Pa/m) | v/(m/s) | i/(Pa/m) |
| 12.24 | 3.40 | 2.526 | 1499.9 | 1.589 | 495.97 | 1.19 | 214.81 | 0.774 | 89.05 | 0.516 | 33.85 | | |
| 12.96 | 3.60 | 2.674 | 1659.9 | 1.682 | 548.90 | 1.185 | 237.74 | 0.819 | 98.55 | 0.546 | 37.46 | | |
| 13.68 | 3.80 | 2.823 | 1827.0 | 1.776 | 604.16 | 1.251 | 261.67 | 0.865 | 108.47 | 0.577 | 41.23 | | |
| 14.40 | 4.00 | 2.977 | 2001.1 | 1.869 | 661.71 | 1.316 | 286.60 | 0.910 | 118.80 | 0.607 | 45.16 | | |
| 15.12 | 4.20 | 3.120 | 2182.0 | 1.963 | 721.54 | 1.382 | 312.51 | 0.956 | 129.54 | 0.637 | 49.24 | | |
| 15.84 | 4.40 | | | 2.056 | 783.61 | 1.448 | 339.39 | 1.001 | 140.69 | 0.668 | 53.48 | | |
| 16.56 | 4.60 | | | 2.149 | 847.90 | 1.514 | 367.24 | 1.047 | 152.23 | 0.698 | 57.87 | | |
| 17.28 | 4.80 | | | 2.243 | 914.40 | 1.580 | 396.04 | 1.092 | 164.17 | 0.728 | 62.40 | | |
| 18.00 | 5.00 | | | 2.336 | 983.08 | 1.646 | 425.79 | 1.138 | 176.50 | 0.759 | 67.09 | | |
| 18.72 | 5.20 | | | 2.430 | 1053.9 | 1.711 | 456.47 | 1.183 | 189.22 | 0.789 | 71.92 | | |
| 19.44 | 5.40 | | | 2.523 | 1126.9 | 1.777 | 488.07 | 1.229 | 202.32 | 0.819 | 76.90 | | |
| 20.16 | 5.60 | 2.617 | 1202.0 | 1.843 | 520.6 | 1.274 | 215.80 | 0.850 | 82.03 | | | | |
| 20.88 | 5.80 | 2.710 | 1279.2 | 1.909 | 554.04 | 1.320 | 229.66 | 0.880 | 87.30 | | | | |
| 21.60 | 6.00 | 2.804 | 1358.5 | 1.945 | 588.38 | 1.365 | 243.90 | 0.910 | 92.71 | | | | |
| 22.32 | 2.60 | 2.897 | 1439.8 | 2.040 | 623.62 | 1.411 | 258.51 | 0.941 | 98.26 | | | | |
| 23.04 | 6.40 | 2.991 | 1523.3 | 2.106 | 659.75 | 1.456 | 273.48 | 0.971 | 103.96 | | | | |
| 23.76 | 6.60 | 3.084 | 1608.7 | 2.172 | 696.77 | 1.502 | 288.83 | 1.002 | 109.79 | | | | |
| 24.48 | 6.80 | | | 2.238 | 734.66 | 1.547 | 304.54 | 1.032 | 115.76 | | | | |
| 25.20 | 7.00 | | | 2.304 | 773.43 | 1.593 | 320.61 | 1.062 | 121.87 | | | | |

### 4.6.20 建筑给水用聚氯乙烯管（10℃）（氯化聚氯乙烯）水力计算（表 4-127）

**表 4-127 建筑给水用聚氯乙烯管（10℃）（氯化聚氯乙烯）水力计算**

| 管径/mm | 流量/(L/s) | S6.3 1.6MPa | | | S5 2.0MPa | | |
|---|---|---|---|---|---|---|---|
| | | 计算管径/mm | 流速/(m/s) | 阻力损失/(mm/m) | 计算管径/mm | 流速/(m/s) | 阻力损失/(mm/m) |
| 20 | 0.130 | 16 | 0.65 | 42.9 | 16 | 0.65 | 42.9 |
| 25 | 0.400 | 21 | 1.15 | 86.1 | 20.4 | 1.22 | 98.9 |
| 32 | 0.500 | 27.2 | 0.86 | 37.2 | 26.2 | 0.93 | 44.5 |
| 40 | 1.000 | 34 | 1.10 | 43.9 | 32.6 | 1.20 | 53.6 |
| 50 | 1.000 | 42.6 | 0.70 | 14.9 | 40.8 | 0.76 | 18.4 |
| 63 | 1.800 | 53.6 | 0.80 | 14.2 | 51.4 | 0.87 | 17.3 |
| 75 | 3.000 | 63.8 | 0.94 | 15.3 | 61.4 | 1.01 | 18.3 |
| 90 | 4.500 | 76.6 | 0.98 | 13.1 | 73.6 | 1.06 | 15.8 |
| 110 | 17.000 | 93.8 | 2.46 | 52.6 | 90 | 2.67 | 64.0 |
| 125 | 17.000 | 106.6 | 1.90 | 28.5 | 102.2 | 2.07 | 34.9 |
| 140 | 17.000 | 119.4 | 1.52 | 16.6 | 114.6 | 1.65 | 20.2 |
| 160 | 27.000 | 136.4 | 1.85 | 20.0 | 130.8 | 2.01 | 24.4 |

### 4.6.21 建筑给水用聚氯乙烯管（60℃）水力计算（表 4-128）

**表 4-128 建筑给水用聚氯乙烯管（60℃）水力计算**

| 管径/mm | 流量/(L/s) | S5 2.0MPa | | | S4 2.5MPa | | |
|---|---|---|---|---|---|---|---|
| | | 计算管径/mm | 流速/(m/s) | 阻力损失/(mm/m) | 计算管径/mm | 流速/(m/s) | 阻力损失/(mm/m) |
| 20 | 0.130 | 16 | 0.65 | 34.3 | 15.4 | 0.70 | 41.2 |
| 25 | 0.300 | 20.4 | 0.92 | 47.4 | 19.4 | 1.01 | 60.2 |
| 32 | 0.500 | 26.2 | 0.93 | 35.5 | 24.8 | 1.04 | 46.2 |

续表

| 管径/mm | 流量/(L/s) | S5　2.0MPa | | | S4　2.5MPa | | |
|---|---|---|---|---|---|---|---|
| | | 计算管径/mm | 流速/(m/s) | 阻力损失/(mm/m) | 计算管径/mm | 流速/(m/s) | 阻力损失/(mm/m) |
| 40 | 0.700 | 32.6 | 0.84 | 22.7 | 31 | 0.93 | 28.9 |
| 50 | 2.500 | 40.8 | 1.91 | 74.5 | 38.8 | 2.11 | 94.7 |
| 63 | 3.000 | 51.4 | 1.45 | 34.2 | 48.8 | 1.60 | 43.8 |
| 75 | 3.000 | 61.4 | 1.01 | 14.6 | 58.2 | 1.13 | 18.9 |
| 90 | 6.000 | 73.6 | 1.41 | 21.1 | 69.8 | 1.57 | 27.1 |
| 110 | 7.000 | 90 | 1.10 | 10.6 | 85.4 | 1.22 | 13.6 |
| 125 | 15.000 | 102.2 | 1.83 | 22.3 | 97 | 2.03 | 28.6 |
| 140 | 18.000 | 114.6 | 1.75 | 17.9 | 108.6 | 1.94 | 23.1 |
| 160 | 20.000 | 130.8 | 1.49 | 11.5 | 124.2 | 1.65 | 14.7 |

## 4.6.22　建筑给水用硬聚氯乙烯管（10℃）水力计算（表 4-129）

**表 4-129　建筑给水用硬聚氯乙烯管（10℃）水力计算**

| 管径/mm | 流量/(L/s) | 0.6MPa | | | 1.0MPa | | | 1.6MPa | | |
|---|---|---|---|---|---|---|---|---|---|---|
| | | 计算管径/mm | 流速/(m/s) | 阻力损失/(mm/m) | 计算管径/mm | 流速/(m/s) | 阻力损失/(mm/m) | 计算管径/mm | 流速/(m/s) | 阻力损失/(mm/m) |
| 20 | 0.130 | 15.9 | 0.65 | 41.77 | | | | 16 | 0.65 | 40.51 |
| 25 | 0.300 | 21.2 | 0.85 | 48.34 | | | | 21 | 0.87 | 50.62 |
| 32 | 1.070 | 28.0 | 1.74 | 131.08 | | | | 27.2 | 1.84 | 150.96 |
| 40 | 1.800 | 36.0 | 1.77 | 100.91 | 36 | 1.77 | 100.91 | 34 | 1.98 | 133.29 |
| 50 | 2.830 | 45.9 | 1.71 | 71.39 | 45.2 | 1.76 | 76.94 | 42 | 2.04 | 110.01 |
| 63 | 3.770 | 59.0 | 1.38 | 35.73 | 57 | 1.48 | 42.26 | 53.6 | 1.67 | 57.02 |
| 75 | 3.770 | 70.6 | 0.96 | 14.91 | 67.8 | 1.04 | 18.15 | 64 | 1.17 | 24.04 |
| 90 | 10.000 | 84.6 | 1.78 | 37.55 | 81.4 | 1.92 | 45.30 | 76.6 | 2.17 | 60.91 |
| 110 | 10.000 | 103.6 | 1.19 | 14.00 | 100.4 | 1.26 | 16.31 | 95.6 | 1.39 | 20.70 |
| 125 | 19.11 | 117.6 | 1.76 | 25.02 | 114.20 | 1.865686 | 28.86 | 110.00 | 2.010876669 | 34.64 |
| 140 | 25 | 131.8 | 1.83 | 23.61 | 127.80 | 1.948895 | 27.43 | 123.40 | 2.090353846 | 32.53 |
| 160 | 17.000 | 150.6 | 0.95 | 6.04 | 146 | 1.02 | 7.03 | 140 | 1.10 | 8.62 |
| 180 | 20 | 169.4 | 0.89 | 4.60 | 164.40 | 0.942186 | 5.32 | 158.60 | 1.012357136 | 6.34 |
| 200 | 20.000 | 188.2 | 0.72 | 2.76 | 182.6 | 0.76 | 3.19 | 176.2 | 0.82 | 3.80 |
| 225 | 20.000 | 211.8 | 0.57 | 1.55 | 205.4 | 0.60 | 1.80 | 198.2 | 0.65 | 2.14 |
| 250 | 30 | 235.4 | 0.69 | 1.96 | 228.20 | 0.7335 | 2.28 | 220.40 | 0.786336062 | 2.70 |
| 280 | 80.000 | 263.6 | 1.47 | 6.94 | 255.6 | 1.56 | 8.07 | 246.8 | 1.67 | 9.57 |
| 315 | 80.000 | 296.6 | 1.16 | 3.91 | 287.6 | 1.23 | 4.54 | 277.6 | 1.32 | 5.40 |
| 355 | 80 | 336.2 | 0.90 | 2.12 | 325.40 | 0.961978 | 2.49 | | | |
| 400 | 224.000 | 378.8 | 1.99 | 7.98 | 369.4 | 2.09 | 9.02 | | | |
| 450 | 230 | 426.0 | 1.61 | 4.73 | 415.80 | 1.693827 | 5.32 | | | |
| 500 | 260 | 473.4 | 1.48 | 3.55 | 461.8 | 1.55 | 4.01 | | | |
| 560 | 416.67 | 530.2 | 1.89 | 4.89 | 517.20 | 1.983286 | 5.52 | | | |
| 630 | 555.56 | 596.6 | 1.99 | 4.69 | 581.8 | 2.09 | 5.30 | | | |

## 4.6.23　给水硬聚氯乙烯管（PVC-U）立管与横管的支承间距

给水硬聚氯乙烯管（PVC-U）立管与横管的支承间距不得大于表 4-130 的规定。

**表 4-130　给水硬聚氯乙烯管（PVC-U）立管与横管的最大支承间距**　　mm

| $d_n$ | 20 | 25 | 32 | 40 | 50 | 63 | 75 | 90 | 110 |
|---|---|---|---|---|---|---|---|---|---|
| 立管 | 900 | 1000 | 1200 | 1400 | 1600 | 1800 | 2000 | 2200 | 2400 |
| 横管 | 500 | 550 | 650 | 800 | 950 | 1100 | 1200 | 1350 | 1550 |

说明：室内立管每层间应设有支承。

# 第5章 设备与设施

## 5.1 设备的选用与安装技术规定

### 5.1.1 太阳能热水器安装允许偏差（表5-1）

表5-1 太阳能热水器安装允许偏差

| 项目 | | | 允许偏差 | 检验方法 |
|---|---|---|---|---|
| 板式直管太阳能热水器 | 标高 | 中心线距地面/mm | ±20 | 尺量 |
| | 固定安装朝向 | 最大偏移角 | 不大于15° | 分度仪检查 |

### 5.1.2 全自动家用增压泵参数

自动家用增压泵主要适应于单户供水增压用。如果家庭户内自来水压力太低，使用热水器不能正常出水时，就需要使用全自动家用增压泵。

家用增压泵通常是15mm内径的管径，因此，可以选择家用增压泵15WG8-10型、15WG10-12型等种类。

全自动家用增压泵参数见表5-2。

表5-2 全自动家用增压泵参数

| 规格 | 进出口径/mm | 额定流量/m | 额定扬程/m | 最大流量/(L/min) | 最高扬程/m | 频率/Hz | 电机功率/W | 电源电压/V | 转速/(r/min) | 连接管路尺寸 |
|---|---|---|---|---|---|---|---|---|---|---|
| 15WG8-10 | 15 | 0.48 | 10 | 15 | 12 | 50 | 80 | 220～ | 2800 | G1/2″ |
| 15WG10-12 | 15 | 0.6 | 12 | 10 | 12 | 50 | 120 | 220～ | 2800 | G1/2″ |

### 5.1.3 自吸式家用自动增压泵参数

别墅家用水管径在20～40mm间时，可以选用家用增压泵20GZ0.5-14、20GZ0.8-15、25GZ1.2-25、40GZ1.2-25等种类（型号前面数字代表口径mm）。

自吸式家用自动增压泵参数见表5-3。

表5-3 自吸式家用自动增压泵参数

| 型号 | 功率/W | 电压/V | 频率/Hz | 转速/(r/min) | 最大流量/(L/min) | 额定流量/(L/min) | 毛重/kg | 进出水口径/mm | 最高扬程/m | 额定扬程/m |
|---|---|---|---|---|---|---|---|---|---|---|
| 20GZ0.5-14 | 180 | 220～240 | 50 | 2860 | 25 | 8 | 20 | 20 | 22 | 14 |
| 20GZ0.8-15 | 370 | 220～240 | 50 | 2860 | 30 | 12 | 21 | 20 | 30 | 15 |
| 25GZ1.2-25 | 550 | 220～240 | 50 | 2860 | 46 | 20 | 31 | 25 | 45 | 25 |
| 40GZ1.2-25 | 750 | 220～240 | 50 | 2860 | 46 | 20 | 39 | 40 | 50 | 25 |

### 5.1.4 热水自吸家用增压泵参数

如果输送的介质是热水，则可以选择HM型等自来水增压泵。热水自吸家用增压泵参数见表 5-4。

表 5-4 热水自吸家用增压泵参数

| 型号 | 额定功率/W | 额定电压/V | 最大流量/(L/min) | 转速/(r/min) | 频率/Hz | 配管口径/mm | 最高扬程/m | 最大吸程/m |
|---|---|---|---|---|---|---|---|---|
| HM-122A | 125 | 220 | 15 | 2860 | 50 | 25 | 25 | 9 |
| HM-250A | 250 | 220 | 32 | 2860 | 50 | 25 | 32 | 9 |
| HM-300A | 300 | 220 | 32 | 2860 | 50 | 25 | 30 | 9 |
| HM-370A | 370 | 220 | 30 | 2860 | 50 | 25 | 35 | 9 |
| HM-450A | 450 | 220 | 35 | 2860 | 50 | 25 | 40 | 9 |
| HM-550A | 550 | 220 | 37 | 2860 | 50 | 25 | 40 | 9 |
| HM-750A | 750 | 220 | 40 | 2860 | 50 | 25 | 45 | 9 |
| HM-900A | 900 | 220 | 60 | 2860 | 50 | 40 | 50 | 9 |
| HM-1100A | 1100 | 220 | 60 | 2860 | 50 | 40 | 50 | 9 |
| HM-400A | 400 | 220 | 250 | 2860 | 50 | 40 | 15 | 6 |
| HM-1300A | 1300 | 220 | 300 | 2860 | 50 | 40 | 21 | 6 |

### 5.1.5 管道增压泵参数（表 5-5）

表 5-5 管道增压泵参数

| ISG 立式管道增压泵型号 | 流量/($m^3$/h) | 扬程/m | 电机功率/kW | 转速/(r/min) | 效率/% | 汽蚀余量/m |
|---|---|---|---|---|---|---|
| ISG50-100 | 12.5 | 12.5 | 1.1 | 2900 | 62 | 2.3 |
| ISG50-125 | 12.5 | 20 | 1.5 | 2900 | 58 | 2.3 |
| ISG50-125A | 11.2 | 17.2 | 1.1 | 2900 | 57 | 2.3 |
| ISG50-160 | 12.5 | 32 | 3 | 2900 | 52 | 2.3 |
| ISG50-160A | 11.7 | 28 | 2.2 | 2900 | 51 | 2.3 |
| ISG50-160B | 10.5 | 22.5 | 1.5 | 2900 | 50 | 2.3 |
| ISG50-200 | 12.5 | 50 | 5.5 | 2900 | 46 | 2.3 |
| ISG50-200A | 11.7 | 44.5 | 4 | 2900 | 45 | 2.3 |
| ISG50-200B | 10.5 | 35 | 3 | 2900 | 44 | 2.3 |
| ISG50-250 | 12.5 | 80 | 11 | 2900 | 38 | 2.3 |
| ISG50-250A | 11.7 | 70 | 7.5 | 2900 | 38 | 2.3 |
| ISG50-250B | 10.8 | 60 | 7.5 | 2900 | 37 | 2.3 |
| ISG50-100(I) | 25 | 12.5 | 1.5 | 2900 | 69 | 2.5 |
| ISG50-100(I)A | 22.4 | 10 | 1.1 | 2900 | 67 | 2.5 |
| ISG50-125(I) | 25 | 20 | 3 | 2900 | 68 | 2.5 |
| ISG50-125(I)A | 22.4 | 16 | 2.2 | 2900 | 66 | 2.5 |
| ISG50-160(I) | 25 | 32 | 4 | 2900 | 63 | 2.5 |
| ISG50-160(I)A | 23.4 | 28 | 4 | 2900 | 62 | 2.5 |
| ISG50-160(I)B | 21.6 | 24 | 3 | 2900 | 58 | 2.5 |
| ISG50-200(I) | 25 | 50 | 7.5 | 2900 | 58 | 2.5 |
| ISG50-200(I)A | 23.4 | 44 | 7.5 | 2900 | 57 | 2.5 |
| ISG50-200(I)B | 21.6 | 37 | 5.5 | 2900 | 55 | 2.5 |
| ISG50-250(I) | 25 | 80 | 15 | 2900 | 50 | 2.5 |
| ISG50-250(I)A | 23.4 | 70 | 11 | 2900 | 50 | 2.5 |
| ISG50-250(I)B | 21.6 | 60 | 11 | 2900 | 49 | 2.5 |
| ISG50-315(I) | 25 | 125 | 30 | 2900 | 40 | 2.5 |
| ISG50-315(I)A | 23.4 | 110 | 22 | 2900 | 40 | 2.5 |
| ISG50-315(I)B | 21.6 | 93 | 18.5 | 2900 | 39 | 2.5 |
| ISG80-100 | 50 | 12.5 | 3 | 2900 | 73 | 3.0 |

续表

| ISG 立式管道增压泵型号 | 流量/($m^3$/h) | 扬程/m | 电机功率/kW | 转速/(r/min) | 效率/% | 汽蚀余量/m |
|---|---|---|---|---|---|---|
| ISG80-100A | 44.8 | 10 | 2.2 | 2900 | 72 | 3.0 |
| ISG80-125 | 50 | 20 | 5.5 | 2900 | 72.5 | 3.0 |
| ISG80-125A | 44.8 | 16 | 4 | 2900 | 71 | 3.0 |
| ISG80-160 | 50 | 32 | 7.5 | 2900 | 71 | 3.0 |
| ISG80-160A | 46.8 | 28 | 7.5 | 2900 | 70 | 3.0 |
| ISG80-160B | 43.2 | 24 | 5.5 | 2900 | 69 | 3.0 |
| ISG80-200 | 50 | 50 | 15 | 2900 | 67 | 3.0 |
| ISG80-200A | 46.8 | 44 | 11 | 2900 | 66 | 3.0 |
| ISG80-200B | 43 | 37 | 7.5 | 2900 | 65 | 3.0 |
| ISG80-250 | 50 | 80 | 22 | 2900 | 59 | 3.0 |
| ISG80-250A | 46.8 | 70 | 18.5 | 2900 | 59 | 3.0 |
| ISG80-250B | 43 | 60 | 15 | 2900 | 58 | 3.0 |
| ISG80-315 | 50 | 125 | 37 | 2900 | 54 | 3.0 |
| ISG80-315A | 45.8 | 105 | 30 | 2900 | 54 | 3.0 |
| ISG80-315B | 43 | 93 | 30 | 2900 | 53 | 3.0 |
| ISG80-315C | 41 | 85 | 22 | 2900 | 51 | 3.0 |
| ISG80-350 | 50 | 150 | 55 | 2900 | 66 | 3.0 |
| ISG80-350A | 44 | 142 | 45 | 2900 | 65 | 3.0 |
| ISG80-350B | 40 | 135 | 37 | 2900 | 63 | 3.0 |
| ISG80-100(I) | 100 | 12.5 | 5.5 | 2900 | 76 | 4.5 |
| ISG80-100(I)A | 89 | 10 | 4 | 2900 | 74 | 4.5 |
| ISG80-125(I) | 100 | 20 | 11 | 2900 | 76 | 4.5 |
| ISG80-125(I)A | 89 | 16 | 7.5 | 2900 | 74 | 4.5 |
| ISG80-160(I) | 100 | 32 | 15 | 2900 | 76 | 4.5 |
| ISG80-160(I)A | 93.5 | 28 | 11 | 2900 | 74 | 4.5 |
| ISG80-160(I)B | 86.4 | 24 | 11 | 2900 | 72 | 4.5 |
| ISG80-200(I) | 100 | 50 | 22 | 2900 | 74 | 4.0 |
| ISG80-200(I)A | 93.5 | 44 | 18.5 | 2900 | 73 | 4.0 |
| ISG80-200(I)B | 86.4 | 37 | 15 | 2900 | 71 | 4.0 |
| ISG80-250(I) | 100 | 80 | 37 | 2900 | 69 | >4.0 |
| ISG80-250(I)A | 93.5 | 70 | 30 | 2900 | 68 | 4.0 |
| ISG80-250(I)B | 86.4 | 60 | 30 | 2900 | 66 | 4.0 |
| ISG80-315(I) | 100 | 125 | 75 | 2900 | 66 | 4.0 |
| ISG80-315(I)A | 93.5 | 110 | 55 | 2900 | 66 | 4.0 |
| ISG80-315(I)B | 86.4 | 93 | 45 | 2900 | 65 | 4.0 |
| ISG80-315(I)C | 82 | 85 | 37 | 2900 | 63 | 4.0 |
| ISG100-100 | 100 | 12.5 | 5.5 | 2900 | 76 | 4.5 |
| ISG100-100A | 89 | 10 | 4 | 2900 | 74 | 4.5 |
| ISG100-125 | 100 | 20 | 11 | 2900 | 76 | 4.5 |
| ISG100-125A | 89 | 16 | 7.5 | 2900 | 74 | 4.5 |
| ISG100-160 | 100 | 32 | 15 | 2900 | 76 | 4.5 |
| ISG100-160A | 93.5 | 28 | 11 | 2900 | 74 | 4.5 |
| ISG100-160B | 86.4 | 24 | 11 | 2900 | 72 | 4.5 |
| ISG100-200 | 100 | 50 | 22 | 2900 | 74 | 4.0 |
| ISG100-200A | 93.5 | 44 | 18.5 | 2900 | 73 | 4.0 |
| ISG100-200B | 86.4 | 37 | 15 | 2900 | 71 | 4.0 |
| ISG100-250 | 100 | 80 | 37 | 2900 | 69 | 4.0 |
| ISG100-250A | 93.5 | 70 | 30 | 2900 | 68 | 4.0 |

续表

| ISG 立式管道增压泵型号 | 流量/($m^3$/h) | 扬程/m | 电机功率/kW | 转速/(r/min) | 效率/% | 汽蚀余量/m |
|---|---|---|---|---|---|---|
| ISG100-250B | 86.4 | 60 | 30 | 2900 | 66 | 4.0 |
| ISG100-315 | 100 | 125 | 75 | 2900 | 66 | 4.0 |
| ISG100-315A | 93.5 | 110 | 55 | 2900 | 66 | 4.0 |
| ISG100-315B | 86.4 | 93 | 45 | 2900 | 65 | 4.0 |
| ISG100-100(I) | 160 | 12.5 | 11 | 2900 | 73 | 4.5 |
| ISG100-125(I) | 160 | 20 | 15 | 2900 | 74 | 4.5 |
| ISG100-125(I)A | 143 | 16 | 11 | 2900 | 72 | 4.5 |
| ISG100-160(I) | 160 | 32 | 22 | 2900 | 79 | 5.6 |
| ISG100-160(I)A | 150 | 28 | 18.5 | 2900 | 76 | 5.0 |
| ISG100-200(I) | 160 | 50 | 37 | 2900 | 79 | 5.2 |
| ISG100-200(I)A | 150 | 45 | 30 | 2900 | 74 | 4.5 |
| ISG100-200(I)B | 138 | 40 | 22 | 2900 | 72 | 4.5 |
| ISG100-250(I) | 160 | 80 | 55 | 2900 | 77 | 4.8 |
| ISG100-250(I)A | 140 | 70 | 45 | 2900 | 72 | 4.5 |
| ISG100-250(I)B | 100 | 65 | 37 | 2900 | 70 | 4.5 |
| ISG100-350 | 100 | 150 | 90 | 2900 | 57 | 4.0 |
| ISG100-350A | 87 | 142 | 75 | 2900 | 75 | 4.0 |
| ISG100-350B | 82 | 135 | 55 | 2900 | 75 | 4.0 |
| ISG125-100 | 160 | 12.5 | 11 | 2900 | 82 | 4.0 |
| ISG125-100A | 143 | 10 | 7.5 | 2900 | 77 | 4.0 |
| ISG125-125 | 160 | 20 | 15 | 2900 | 80 | 4.0 |
| ISG125-125A | 143 | 16 | 11 | 2900 | 77 | 4.0 |
| ISG125-160 | 200 | 32 | 30 | 2900 | 78 | 4.0 |
| ISG125-160A | 187 | 28 | 22 | 2900 | 76 | 4.0 |
| ISG125-160B | 180 | 24.5 | 18.5 | 2900 | 73 | 4.0 |
| ISG125-200 | 200 | 50 | 45 | 2900 | 77 | 5.5 |
| ISG125-200A | 187 | 44 | 37 | 2900 | 76 | 5.5 |
| ISG125-200B | 172 | 37 | 30 | 2900 | 75 | 5.5 |
| ISG125-250 | 200 | 80 | 75 | 2900 | 75 | 5.0 |
| ISG125-250A | 187 | 70 | 55 | 2900 | 74 | 5.5 |
| ISG125-250B | 172 | 60 | 45 | 2900 | 73 | 5.5 |
| ISG125-315 | 200 | 125 | 110 | 2900 | 70 | 5.0 |
| ISG125-315A | 187 | 110 | 90 | 2900 | 70 | 5.0 |
| ISG125-315B | 172 | 93 | 75 | 2900 | 69 | 5.0 |
| ISG125-315C | 160 | 78 | 55 | 2900 | 67 | 5.0 |
| ISG150-125 | 160 | 20 | 11 | 2900 | 76 | 4.0 |
| ISG150-125A | 150 | 16 | 7.5 | 2900 | 77 | 4.0 |
| ISG150-160 | 160 | 32 | 22 | 2900 | 75 | 4.0 |
| ISG150-160A | 150 | 28 | 18.5 | 2900 | 76 | 4.0 |
| ISG150-160B | 140 | 24 | 15 | 2900 | 73 | 4.0 |
| ISG150-200 | 160 | 50 | 37 | 2900 | 77 | 5.5 |
| ISG150-200A | 150 | 44 | 30 | 2900 | 76 | 5.5 |
| ISG150-200B | 140 | 38 | 22 | 2900 | 75 | 5.5 |
| ISG150-250 | 200 | 80 | 75 | 2900 | 75 | 5.0 |
| ISG150-250A | 187 | 70 | 55 | 2900 | 74 | 5.5 |
| ISG150-250B | 172 | 60 | 45 | 2900 | 73 | 5.5 |
| ISG150-315 | 200 | 125 | 110 | 2900 | 70 | 5.0 |
| ISG150-315A | 187 | 110 | 90 | 2900 | 70 | 5.0 |
| ISG150-315B | 172 | 93 | 75 | 2900 | 69 | 5.0 |

### 5.1.6 QD、Q潜水泵电泵性能参数

QD、Q型潜水电泵，一般由水泵、密封、电动机等部分组成。水泵位于电泵上部，为多级离心式叶轮，径向导叶结构；电动机位于电泵下部，为单相或三相异步电动机结构；水泵与电动机间采用双端面机械密封，各固定止口密封处采用“O”形耐油橡胶密封圈作静密封。

QD、Q潜水泵电泵性能参数见表5-6。

表5-6 QD、Q潜水泵电泵性能参数

| 名称 | 型号 | 电压/V | 功率/kW | 转速/(r/min) | 额定流量/($m^3$/h) | 额定扬程/m | 配管口径 | |
|---|---|---|---|---|---|---|---|---|
| | | | | | | | mm | 英制 |
| QD、Q型潜水泵 | QD3-35/2-0.75 | 220/380 | 0.75 | 3000 | 3 | 35 | 25 | 1″ |
| | QD6-30/2-0.75 | 220/380 | 0.75 | 3000 | 6 | 30 | 40 | 1½″ |
| | QD3-45/3-1.1 | 220/380 | 1.1 | 3000 | 3 | 45 | 25 | 1″ |
| | QD6-40/3-1.1 | 220/380 | 1.1 | 3000 | 6 | 40 | 40 | 1½″ |
| | QD3-60/4-1.5 | 220/380 | 1.5 | 3000 | 3 | 60 | 25 | 1″ |
| | QD6-50/4-1.5 | 220/380 | 1.5 | 3000 | 6 | 50 | 40 | 1½″ |
| | QD10-26/2-1.5 | 220/380 | 1.5 | 3000 | 10 | 26 | 50 | 2″ |
| | QD3-80/5-1.85 | 220/380 | 1.85 | 3000 | 3 | 80 | 25 | 1″ |
| | QD6-70/5-1.85 | 220/380 | 1.85 | 3000 | 6 | 70 | 40 | 1½″ |
| | QD3-95/6-2.2 | 220/380 | 2.2 | 3000 | 3 | 45 | 25 | 1″ |
| | QD6-80/6-2.2 | 220/380 | 2.2 | 3000 | 6 | 80 | 40 | 1½″ |
| | QD10-40/3-2.2 | 220/380 | 2.2 | 3000 | 10 | 40 | 50 | 2″ |
| | Q3-115/7-2.85 | 220/380 | 2.85 | 3000 | 3 | 115 | 25 | 1″ |
| | Q6-100/8-2.85 | 380 | 2.85 | 3000 | 6 | 100 | 40 | 1½″ |
| | Q3-125/8-3 | 380 | 3 | 3000 | 3 | 125 | 25 | 1″ |
| | Q6-110/8-3 | 380 | 3 | 3000 | 6 | 110 | 40 | 1½″ |
| | Q10-55/4-3 | 380 | 3 | 3000 | 10 | 55 | 50 | 2″ |
| | Q3-135/9-3.5 | 380 | 3.5 | 3000 | 3 | 135 | 25 | 1″ |
| | Q6-120/9-3.5 | 380 | 3.5 | 3000 | 6 | 120 | 40 | 1½″ |
| | Q10-68/5-3.5 | 380 | 3.5 | 3000 | 10 | 68 | 50 | 2″ |
| | Q3-150/10-4 | 380 | 4 | 3000 | 3 | 150 | 25 | 1″ |
| | Q6-135/10-4 | 380 | 4 | 3000 | 6 | 135 | 40 | 1½″ |
| | Q10-80/6-4 | 380 | 4 | 3000 | 10 | 80 | 50 | 2″ |
| | Q3-165/11-5.5 | 380 | 5.5 | 3000 | 3 | 165 | 25 | 1″ |
| | Q6-140/11-5.5 | 380 | 5.5 | 3000 | 6 | 140 | 40 | 1½″ |
| | Q10-95/7-5.5 | 380 | 5.5 | 3000 | 10 | 95 | 50 | 2″ |
| | Q3-180/12-7.5 | 380 | 7.5 | 3000 | 3 | 180 | 25 | 1″ |
| | Q6-165/12-7.5 | 380 | 7.5 | 3000 | 6 | 165 | 40 | 1½″ |
| | Q10-110/8-7.5 | 380 | 7.5 | 3000 | 10 | 110 | 50 | 2″ |
| | Q3-200/13-9.2 | 380 | 9.2 | 3000 | 3 | 200 | 25 | 1″ |
| | Q6-180/13-9.2 | 380 | 9.2 | 3000 | 6 | 180 | 40 | 1½″ |
| | Q10-130/9-9.2 | 380 | 9.2 | 3000 | 10 | 130 | 50 | 2″ |

### 5.1.7 压缩机的分类

根据压缩机的排气最终压力来划分，压缩机可以分为如下类型：

低压压缩机——排气压力在0.3～1.0MPa；

中压压缩机——排气压力在1.0～10.0MPa；

高压压缩机——排气压力在10.0～100.0MPa；

超高压压缩机——排气压力在 100.0MPa 以上。

根据压缩机排气量的大小来划分，压缩机可以分为如下类型：

微型压缩机——输气量在 $1m^3/min$ 以下；

小型压缩机——输气量在 $1\sim10m^3/min$；

中型压缩机——输气量在 $10\sim100m^3/min$；

大型压缩机——输气量在 $100m^3/min$ 以上。

### 5.1.8　静置设备的分类

根据设备的设计压力，静置设备可以分为以下几类：

常压设备——$p<0.1MPa$；

低压设备——$0.1MPa\leqslant p<1.6MPa$；

中压设备——$1.6MPa\leqslant p<10MPa$；

高压设备——$10MPa\leqslant p<100MPa$；

超高压设备——$p\geqslant100MPa$。

真空设备——$p<0$。

### 5.1.9　变压器根据容量的分类

变压器根据容量的分类的几类如下：

中小型变压器——电压在 35kV 以下，容量为 10～6300kV·A；

大型变压器——电压在 63～110kV，容量为 6300～63000kV·A；

特大型变压器——电压在 220kV 以上，容量为 31500～360000kV·A。

### 5.1.10　变压器基础的验收

变压器就位前，需要先对基础进行验收。基础的中心与标高需要符合设计要求，轨距与轮距需要互相吻合，具体的一些要求如下：

轨道水平误差不应超过 5mm；

实际轨距不应小于设计轨距，误差不应超过＋5mm；

轨面对设计标高的误差不应超过±5mm。

### 5.1.11　电动机的干燥

电机绝缘电阻不能满足下列要求时，必须进行干燥：

（1）1kV 以下电机使用 1000V 摇表，绝缘电阻值不应低于 1MΩ/kV；

（2）1kV 及以上使用 2500V 摇表，定子绕组绝缘电阻不应低于 1MΩ/kV，转子绕组绝缘电阻不应低于 0.5MΩ/kV，以及做吸收比（R00/R15）试验，吸收比不小于 1.3。

### 5.1.12　锅炉与辅助设备基础的允许偏差（表 5-7）

表 5-7　锅炉与辅助设备基础的允许偏差

| 项　　目 | 允许偏差/mm | 检验方法 |
|---|---|---|
| 基础坐标位置 | 20 | 经纬仪、拉线和尺量 |
| 基础各不同平面的标高 | 0，－20 | 水准仪、拉线尺量 |
| 基础平面外形尺寸 | 20 | 尺量检查 |
| 凸台上平面尺寸 | 0，－20 | |
| 凹穴尺寸 | ＋20，0 | |

续表

| 项目 | | 允许偏差/mm | 检验方法 |
|---|---|---|---|
| 基础上平面水平度 | 每米 | 5 | 水平仪(水平尺)和楔形塞尺检查 |
| | 全长 | 10 | |
| 竖向偏差 | 每米 | 5 | 经纬仪或吊线和尺量 |
| | 全高 | 10 | |
| 预埋地脚螺栓 | 标高(顶端) | +20,0 | 水准仪、拉线和尺量 |
| | 中心距(根部) | 2 | |
| 预留地脚螺栓孔 | 中心位置 | 10 | 尺量 |
| | 深度 | −20,0 | |
| | 孔壁垂直度 | 10 | 吊线和尺量 |
| 预埋活动地脚螺栓锚板 | 中心位置 | 5 | 拉线和尺量 |
| | 标高 | +20,0 | |
| | 水平度(带槽锚板) | 5 | 水平尺和楔形塞尺检查 |
| | 水平度(带螺纹孔锚板) | 2 | |

## 5.1.13 锅炉的汽、水系统水压试验压力规定（表 5-8）

**表 5-8 锅炉的汽、水系统水压试验压力规定**

| 设备名称 | 工作压力 $p$/MPa | 试验压力/MPa |
|---|---|---|
| 锅炉本体 | $p<0.59$ | $1.5p$ 但不小于 0.2 |
| | $0.59 \leqslant p \leqslant 1.18$ | $p+0.3$ |
| | $p>1.18$ | $1.25p$ |
| 可分式省煤器 | $p$ | $1.25p+0.5$ |
| 非承压锅炉 | 大气压力 | 0.2 |

注：(1) 工作压力 $p$，对蒸汽锅炉指锅筒工作压力，对热水锅炉指锅炉额定出水压力；

(2) 铸铁锅炉水压试验同热水锅炉；

(3) 非承压锅炉水压试验压力为 0.2MPa，试验期间压力应保持不变。

## 5.1.14 锅炉安装的允许偏差（表 5-9）

**表 5-9 锅炉安装的允许偏差**

| 项目 | | 允许偏差/mm | 检验方法 |
|---|---|---|---|
| 坐标 | | 10 | 经纬仪、拉线和尺量 |
| 标高 | | ±5 | 水准仪、拉线和尺量 |
| 中心线垂直度 | 卧式锅炉炉体全高 | 3 | 吊线和尺量 |
| | 立式锅炉炉体全高 | 4 | 吊线和尺量 |

## 5.1.15 组装链条炉排安装的允许偏差（表 5-10）

**表 5-10 组装链条炉排安装的允许偏差**

| 项目 | | 允许偏差/mm | 检验方法 |
|---|---|---|---|
| 炉排中心位置 | | 2 | 经纬仪、拉线和尺量 |
| 墙板的标高 | | ±5 | 水准仪、拉线和尺量 |
| 墙板的垂直度，全高 | | 3 | 吊线和尺量 |
| 墙板间两对角线的长度之差 | | 5 | 钢丝线和尺量 |
| 墙板框的纵向位置 | | 5 | 经纬仪、拉线和尺量 |
| 墙板顶面的纵向水平度 | | 长度 1/1000 且≯5 | 拉线、水平尺和尺量 |
| 墙板间的距离 | 跨距≤2m | +3<br>0 | 钢丝线和尺量 |
| | 跨距>2m | +5<br>0 | |

续表

| 项目 | 允许偏差/mm | 检验方法 |
|---|---|---|
| 两墙板的顶面在同一水平面上相对高差 | 5 | 水准仪、吊线和尺量 |
| 前轴、后轴的水平度 | 长度1/1000 | 拉线、水平尺和尺量 |
| 前轴和后轴和轴心线相对标高差 | 5 | 水准仪、吊线和尺量 |
| 各轨道在同一水平面上的相对高差 | 5 | 水准仪、吊线和尺量 |
| 相邻两轨道间的距离 | ±2 | 钢丝线和尺量 |

## 5.1.16 往复炉排安装的允许偏差（表5-11）

**表5-11 往复炉排安装的允许偏差**

| 项目 | | 允许偏差/mm | 检验方法 |
|---|---|---|---|
| 两侧板的相对标高 | | 3 | 水准仪、吊线和尺量 |
| 两侧板间距离 | 跨距≤2m | +3<br>0 | 钢丝线和尺量 |
| | 跨距>2m | +4<br>0 | |
| 两侧板的垂直度，全高 | | 3 | 吊线和尺量 |
| 两侧板间对角线的长度之差 | | 5 | 钢丝线和尺量 |
| 炉排片的纵向间隙 | | 1 | 钢板尺量 |
| 炉排两侧的间隙 | | 2 | |

## 5.1.17 铸铁省煤器支承架安装的允许偏差（表5-12）

**表5-12 铸铁省煤器支承架安装的允许偏差**

| 项目 | 允许偏差/mm | 检验方法 |
|---|---|---|
| 支承架的位置 | 3 | 经纬仪、拉线和尺量 |
| 支承架的标高 | 0<br>−5 | 水准仪、吊线和尺量 |
| 支承架的纵、横向水平度（每米） | $L$ | 水平尺和塞尺检查 |

## 5.1.18 锅炉辅助设备安装的允许偏差（表5-13）

**表5-13 锅炉辅助设备安装的允许偏差**

| 项目 | | | 允许偏差/mm | 检验方法 |
|---|---|---|---|---|
| 送、引风机 | 坐标 | | 10 | 经纬仪、拉线和尺量 |
| | 标高 | | ±5 | 水准仪、拉线和尺量 |
| 各种静置设备（各种容器、箱、罐等） | 坐标 | | 15 | 经纬仪、拉线和尺量 |
| | 标高 | | ±5 | 水准仪、拉线和尺量 |
| | 垂直度（1m） | | 2 | 吊线和尺量 |
| 离心式水泵 | 泵体水平度（1m） | | 0.1 | 水平尺和塞尺检查 |
| | 联轴器同心度 | 轴向倾斜（1m） | 0.8 | 水准仪、百分表（测微螺钉）和塞尺检查 |
| | | 径向位移 | 0.1 | |

## 5.1.19 连接锅炉与辅助设备的工艺管道的安装允许偏差（表5-14）

**表5-14 连接锅炉与辅助设备的工艺管道的安装允许偏差**

| 项目 | | 允许偏差/mm | 检验方法 |
|---|---|---|---|
| 坐标 | 架空 | 15 | 水准仪、拉线和尺量 |
| | 地沟 | 10 | |

续表

| 项目 | | 允许偏差/mm | 检验方法 |
| --- | --- | --- | --- |
| 标高 | 架空 | ±15 | 水准仪、拉线和尺量 |
| | 地沟 | ±10 | |
| 水平管道纵、横方向弯曲 | DN≤100mm | 2‰,最大 50 | 直尺和拉线检查 |
| | DN>100mm | 3‰,最大 70 | |
| 立管垂直 | | 2‰,最大 15 | 吊线和尺量 |
| 成排管道间距 | | 3 | 直尺尺量 |
| 交叉管的外壁或绝热层间距 | | 10 | |

### 5.1.20 锅炉与省煤器安全阀定压规定

锅炉与省煤器安全阀定压规定见表 5-15。

**表 5-15 锅炉与省煤器安全阀定压规定**

| 检验方法 | 工作设备 | 安全阀开启压力/MPa |
| --- | --- | --- |
| 检查定压合格证书 | 蒸汽锅炉 | 工作压力+0.02MPa |
| | | 工作压力+0.04MPa |
| | 热水锅炉 | 1.12 倍工作压力,但不小于工作压力+0.07MPa |
| | | 1.14 倍工作压力,但不小于工作压力+0.10MPa |
| | 省煤器 | 1.1 倍工作压力 |

### 5.1.21 电梯额定载重量与轿厢最大有效面积之间的关系

电梯工程联动试验时轿厢载荷及速度、额定载重量与轿厢最大有效面积之间的关系见表 5-16。

**表 5-16 电梯额定载重量与轿厢最大有效面积之间的关系**

| 额定载重量/kg | 轿厢最大有效面积/$m^2$ | 额定载重量/kg | 轿厢最大有效面积/$m^2$ | 额定载重量/kg | 轿厢最大有效面积/$m^2$ | 额定载重量/kg | 轿厢最大有效面积/$m^2$ |
| --- | --- | --- | --- | --- | --- | --- | --- |
| 100① | 0.37 | 525 | 1.45 | 900 | 2.20 | 1275 | 2.95 |
| 180② | 0.58 | 600 | 1.60 | 975 | 2.35 | 1350 | 3.10 |
| 225 | 0.70 | 630 | 1.66 | 1000 | 2.40 | 1425 | 3.25 |
| 300 | 0.90 | 675 | 1.75 | 1050 | 2.50 | 1500 | 3.40 |
| 375 | 1.10 | 750 | 1.90 | 1125 | 2.65 | 1600 | 3.56 |
| 400 | 1.17 | 800 | 2.00 | 1200 | 2.80 | 2000 | 4.20 |
| 450 | 1.30 | 825 | 2.05 | 1250 | 2.90 | 2500③ | 5.00 |

① 一人电梯的最小值。

② 两人电梯的最小值。

③ 额定载重量超过 2500kg 时，每增加 100kg 面积增加 0.16$m^2$，对中间的载重量其面积由线性插入法来确定。

### 5.1.22 自动扶梯、自动人行道进行空载制动试验、制停距离的要求（表 5-17）

**表 5-17 自动扶梯、自动人行道进行空载制动试验、制停距离的要求**

| 额定速度/(m/s) | 制停距离范围/m | | 额定速度/(m/s) | 制停距离范围/m | |
| --- | --- | --- | --- | --- | --- |
| | 自动扶梯 | 自动人行道 | | 自动扶梯 | 自动人行道 |
| 0.5 | 0.20～1.00 | 0.20～1.00 | 0.75 | 0.35～1.50 | 0.35～1.50 |
| 0.65 | 0.30～1.30 | 0.30～1.30 | 0.90 | — | 0.40～1.70 |

说明：如果速度在上述数值间，制停距离用插入法来计算。制停距离需要从电气制动装置动作开始测量。

### 5.1.23 自动扶梯制停距离制动载荷

自动扶梯需要进行载有制动载荷的制停距离试验（除非制停距离可以通过其他方法检验），制动载荷需要符合表 5-18 的规定。

表 5-18　自动扶梯制停距离制动载荷

| 梯级、踏板或胶带的名义宽度/m | 自动扶梯每个梯级上的载荷/kg | 自动人行道每 0.4m 长度上的载荷/kg |
|---|---|---|
| $z \leqslant 0.6$ | 60 | 50 |
| $0.6 < z \leqslant 0.8$ | 90 | 75 |
| $0.8 < z \leqslant 1.1$ | 120 | 100 |

说明：(1) 当自动人行道在长度范围内有多个不同倾斜角度（高度不同）时，制动载荷仅考虑那些能组合成最不利载荷的水平区段、倾斜区段；

(2) 自动扶梯受载的梯级数量由提升高度除以最大可见梯级踢板高度求得，在试验时允许将总制动载荷分布在所求得的 2/3 的梯级上；

(3) 当自动人行道倾斜角度不大于 6°，踏板或胶带的名义宽度大于 1.1m 时，宽度每增加 0.3m，制动载荷应在每 0.4m 长度上增加 25kg。

## 5.1.24　HD11FA 刀开关主要技术参数（表 5-19）

表 5-19　HD11FA 刀开关主要技术参数

| 额定工作电压/V | 约定发热电流/A | 额定短时耐受电流有效值/kA | 功率因数 $\cos\phi$ | 峰值与有效值之比 | 通电时间/s |
|---|---|---|---|---|---|
| AC400 | 200 | 10 | 0.3 | 1.7 | 1 |
| | 400 | 20 | 0.3 | 2.0 | |
| | 630(600) | 20 | 0.3 | 2.0 | |
| | 1000 | 25 | 0.25 | 2.1 | |
| | 1600(1500) | 32 | 0.25 | — | |

## 5.1.25　HD、HS 开启式大电流刀开关主要技术参数（表 5-20）

表 5-20　HD、HS 开启式大电流刀开关主要技术参数

| 额定工作电压/V | AC400、DC230 | | | | | | |
|---|---|---|---|---|---|---|---|
| 额定工作电流/A | 2000 | | | 3000 | | | 6000 |
| 极数 | 2 极 | 3 极 | 4 极 | 2 极 | 3 极 | 4 极 | 1 极 |
| 动稳定电流峰值/kA | 100 | | | | | | |
| 1s 热稳定电流(有效值)/kA | 50 | | | | | | |
| 辅助开关 | AC220V、5A | | | | | | |

## 5.1.26　HS11、HS11F、HS12、HS13（HS13BX）双投刀开关主要技术参数（表 5-21）

表 5-21　HS11、HS11F、HS12、HS13（HS13BX）双投刀开关主要技术参数

<table>
<tr><td>项　目</td><td colspan="8">主要技术参数</td></tr>
<tr><td>额定电压/V</td><td colspan="8">交流 380、直流 220</td></tr>
<tr><td>额定电流/A</td><td colspan="8">100、200、400、600、1000、1500 等</td></tr>
<tr><td rowspan="10">主要技术性能参数</td><td colspan="2">额定电流/A</td><td>100</td><td>200</td><td>400</td><td>600</td><td>1000</td><td>1500</td></tr>
<tr><td colspan="2">额定电压/V</td><td colspan="6">AC400V、DC230V</td></tr>
<tr><td colspan="2">机械寿命/次</td><td>3000</td><td>3000</td><td>3000</td><td>2000</td><td>2000</td><td>1000</td></tr>
<tr><td colspan="2">电寿命/次</td><td>1000</td><td>1000</td><td>1000</td><td>500</td><td>500</td><td>300</td></tr>
<tr><td colspan="2">1s 短时耐受电流/kA</td><td>6</td><td>10</td><td>20</td><td>25</td><td>30</td><td>40</td></tr>
<tr><td rowspan="2">动稳定电流峰值/kA</td><td>杠杆操作式</td><td>20</td><td>30</td><td>40</td><td>50</td><td>60</td><td>80</td></tr>
<tr><td>手柄式</td><td>15</td><td>20</td><td>30</td><td>40</td><td>50</td><td>—</td></tr>
<tr><td colspan="2">操作力/N</td><td>≤300</td><td>≤300</td><td>≤300</td><td>≤300</td><td>≤400</td><td>≤400</td></tr>
<tr><td colspan="8">说明：通断能力为带有灭弧室的刀开关的技术指标。</td></tr>
</table>

### 5.1.27 HD11、HD12、HD13（HD13BX）、HD14单投刀开关主要技术参数（表5-22）

表5-22 HD11、HD12、HD13（HD13BX）、HD14单投刀开关主要技术参数

<table>
<tr><td>项　目</td><td colspan="8">主要技术参数</td></tr>
<tr><td>额定电压/V</td><td colspan="8">交流380、直流220</td></tr>
<tr><td>额定电流/A</td><td colspan="8">100、200、400、600、1000、1500等</td></tr>
<tr><td rowspan="9">主要技术性能参数</td><td colspan="2">额定电流/A</td><td>100</td><td>200</td><td>400</td><td>600</td><td>1000</td><td>1500</td></tr>
<tr><td colspan="2">额定电压/V</td><td colspan="6">AC400V、DC230V</td></tr>
<tr><td colspan="2">机械寿命/次</td><td>3000</td><td>3000</td><td>3000</td><td>2000</td><td>2000</td><td>1000</td></tr>
<tr><td colspan="2">电寿命/次</td><td>1000</td><td>1000</td><td>1000</td><td>500</td><td>500</td><td>300</td></tr>
<tr><td colspan="2">1s短时耐受电流/kA</td><td>6</td><td>10</td><td>20</td><td>25</td><td>30</td><td>40</td></tr>
<tr><td rowspan="2">动稳定电流峰值/kA</td><td>杠杆操作式</td><td>20</td><td>30</td><td>40</td><td>50</td><td>60</td><td>80</td></tr>
<tr><td>手柄式</td><td>15</td><td>20</td><td>30</td><td>40</td><td>50</td><td>—</td></tr>
<tr><td colspan="2">操作力/N</td><td>≤300</td><td>≤300</td><td>≤300</td><td>≤300</td><td>≤400</td><td>≤400</td></tr>
<tr><td colspan="8">说明：通断能力为带有灭弧室的刀开关的技术指标。</td></tr>
</table>

### 5.1.28 HR3熔断器式刀开关类型（表5-23）

表5-23 HR3熔断器式刀开关类型

<table>
<tr><td rowspan="2">约定发热电流/A</td><td colspan="4">交流400V</td></tr>
<tr><td>HR3正面侧方杠杆传动机构方式</td><td>HR3正面中央杠杆传动机构式</td><td>HR3侧面操作手柄式</td><td>HR3无面板正面侧方杠杆传动机构式</td></tr>
<tr><td>100</td><td>HR3-100/31</td><td>HR3-100/32</td><td>HR3-100/33</td><td>HR3-100/34</td></tr>
<tr><td>200</td><td>HR3-200/31</td><td>HR3-200/32</td><td>HR3-200/33</td><td>HR3-200/34</td></tr>
<tr><td>400</td><td>HR3-400/31</td><td>HR3-400/32</td><td>HR3-400/33</td><td>HR3-400/34</td></tr>
<tr><td>600</td><td>HR3-600/31</td><td>HR3-600/32</td><td>HR3-600/33</td><td>HR3-600/34</td></tr>
<tr><td>1000</td><td>HR3-1000/31</td><td>HR3-1000/32</td><td>HR3-1000/33</td><td>HR3-1000/34</td></tr>
</table>

### 5.1.29 HR3熔断器式刀开关主要技术参数（表5-24）

表5-24 HR3熔断器式刀开关主要技术参数

<table>
<tr><td>型　号</td><td>额定工作电压 $U_e$/V</td><td>额定绝缘电压 $U_i$/V</td><td>额定工作电流 $I_e$/A</td><td>约定发热电流 $I_{th}$/A</td><td>配用熔断体</td></tr>
<tr><td>HR3-100</td><td rowspan="5">400</td><td rowspan="5">660</td><td>100</td><td>100</td><td>RT0-100</td></tr>
<tr><td>HR3-200</td><td>200</td><td>200</td><td>RT0-200</td></tr>
<tr><td>HR3-400</td><td>400</td><td>400</td><td>RT0-400</td></tr>
<tr><td>HR3-600</td><td>600</td><td>600</td><td>RT0-600</td></tr>
<tr><td>HR3-1000</td><td>1000</td><td>1000</td><td>RT0-1000</td></tr>
</table>

## 5.2 设施的设计与施工的技术规范

### 5.2.1 87型雨水斗的选用（表5-25）

表5-25 87型雨水斗的选用

| 雨水斗类型 | 87型雨水斗 | | |
|---|---|---|---|
| 规格 $DN$/mm | 75(80) | 100 | 150 |
| 额定泄流量/(L/s) | 6.0 | 12.0 | 26.0 |
| 斗前水深/mm | — | — | — |

## 5.2.2　虹吸式雨水斗的选用（表 5-26）

表 5-26　虹吸式雨水斗的选用

| 雨水斗类型 | 虹吸式雨水斗 | | | | |
|---|---|---|---|---|---|
| 尾管直径 $D_e$/mm | 56 | 90 | 110 | 125 | 160 |
| 额定泄流量/(L/s) | 12 | 25 | 45 | 60 | 100 |
| 斗前水深/mm | 35 | 55 | 80 | 85 | 105 |

## 5.2.3　自动喷水灭火系统采用支管接头（机械三通、机械四通）时支管的最大允许管径

自动喷水灭火系统管网与系统组件安装，机械三通连接时，需要检查机械三通与孔洞的间隙，各部位需要均匀，然后紧固到位。机械三通开孔间距不应小于 500mm，机械四通开孔间距不应小于 1000mm。

自动喷水灭火系统机械三通、机械四通连接时，支管的口径需要满足表 5-27 的规定。

表 5-27　采用支管接头（机械三通、机械四通）时支管的最大允许管径

| 主管直径 *DN*/mm | 50 | 65 | 80 | 100 | 125 | 150 | 200 | 250 |
|---|---|---|---|---|---|---|---|---|
| 支管直径 *DN*—机械三通/mm | 25 | 40 | 40 | 65 | 80 | 100 | 100 | 100 |
| 支管直径 *DN*—机械四通/mm | — | 32 | 40 | 50 | 65 | 80 | 100 | 100 |

## 5.2.4　自动喷水灭火系统管道的中心线与梁、柱、楼板的最小距离（表 5-28）

表 5-28　管道的中心线与梁、柱、楼板的最小距离

| 公称直径/mm | 25 | 32 | 40 | 50 | 70 | 80 | 100 | 125 | 150 | 200 |
|---|---|---|---|---|---|---|---|---|---|---|
| 距离/mm | 40 | 40 | 50 | 60 | 70 | 80 | 100 | 125 | 150 | 200 |

## 5.2.5　自动喷水灭火系统管道支架或吊架间的距离（表 5-29）

表 5-29　管道支架或吊架间的距离

| 公称直径/mm | 25 | 32 | 40 | 50 | 70 | 80 | 100 | 125 | 150 | 200 | 250 | 300 |
|---|---|---|---|---|---|---|---|---|---|---|---|---|
| 距离/m | 3.5 | 4 | 4.5 | 5 | 6 | 6 | 6.5 | 8 | 8 | 9.5 | 11 | 12 |

## 5.2.6　自动喷水灭火系统喷头溅水盘高于梁底、通风管道腹面的最大垂直距离（直立与下垂喷头，表 5-30）

表 5-30　喷头溅水盘高于梁底、通风管道腹面的最大垂直距离（直立与下垂喷头）

| 喷头与梁、通风管道、排管、桥架的水平距离 $a$/mm | 喷头溅水盘高于梁底、通风管道、排管、桥架腹面的最大垂直距离 $b$/mm |
|---|---|
| $a<300$ | 0 |
| $300\leqslant a<600$ | 90 |
| $600\leqslant a<900$ | 190 |
| $900\leqslant a<1200$ | 300 |
| $1200\leqslant a<1500$ | 420 |
| $a\geqslant1500$ | 460 |

### 5.2.7 自动喷水灭火系统喷头溅水盘高于梁底、通风管道腹面的最大垂直距离（边墙型喷头，与障碍物平行，表 5-31）

表 5-31 自动喷水灭火系统喷头溅水盘高于梁底、通风管道腹面的最大垂直距离（边墙型喷头，与障碍物平行）

| 喷头与梁、通风管道、排管、桥架的水平距离 $a$/mm | 喷头溅水盘高于梁底、通风管道、排管、桥架腹面的最大垂直距离 $b$/mm |
|---|---|
| $a<150$ | 25 |
| $150\leqslant a<450$ | 80 |
| $450\leqslant a<750$ | 150 |
| $750\leqslant a<1050$ | 200 |
| $1050\leqslant a<1350$ | 250 |
| $1350\leqslant a<1650$ | 320 |
| $1650\leqslant a<1950$ | 380 |
| $1950\leqslant a<2250$ | 440 |

### 5.2.8 自动喷水灭火系统喷头溅水盘高于梁底、通风管道腹面的最大垂直距离（边墙型喷头，与障碍物垂直，表 5-32）

表 5-32 自动喷水灭火系统喷头溅水盘高于梁底、通风管道腹面的最大垂直距离（边墙型喷头，与障碍物垂直）

| 喷头与梁、通风管道、排管、桥架的水平距离 $a$/mm | 喷头溅水盘高于梁底、通风管道、排管、桥架腹面的最大垂直距离 $b$/mm |
|---|---|
| $a<1200$ | 不允许 |
| $1200\leqslant a<1500$ | 25 |
| $1500\leqslant a<1800$ | 80 |
| $1800\leqslant a<2100$ | 150 |
| $2100\leqslant a<2400$ | 230 |
| $a\geqslant 2400$ | 360 |

### 5.2.9 自动喷水灭火系统喷头溅水盘高于梁底、通风管道腹面的最大垂直距离（扩大覆盖面直立与下垂喷头，表 5-33）

表 5-33 自动喷水灭火系统喷头溅水盘高于梁底、通风管道腹面的最大垂直距离（扩大覆盖面直立与下垂喷头）

| 喷头与梁、通风管道、排管、桥架的水平距离 $a$/mm | 喷头溅水盘高于梁底、通风管道、排管、桥架腹面的最大垂直距离 $b$/mm |
|---|---|
| $a<450$ | 0 |
| $450\leqslant a<900$ | 25 |
| $900\leqslant a<1350$ | 125 |
| $1350\leqslant a<1800$ | 180 |
| $1800\leqslant a<2250$ | 280 |
| $a\geqslant 2250$ | 360 |

## 5.2.10 自动喷水灭火系统喷头溅水盘高于梁底、通风管道腹面的最大垂直距离（扩大覆盖面边墙型喷头，表5-34）

**表5-34 自动喷水灭火系统喷头溅水盘高于梁底、通风管道腹面的最大垂直距离（扩大覆盖面边墙型喷头）**

| 喷头与梁、通风管道、排管、桥架的水平距离 $a$/mm | 喷头溅水盘高于梁底、通风管道、排管、桥架腹面的最大垂直距离 $b$/mm |
| --- | --- |
| $a<2440$ | 不允许 |
| $2440\leqslant a<3050$ | 25 |
| $3050\leqslant a<3350$ | 50 |
| $3350\leqslant a<3660$ | 75 |
| $3660\leqslant a<3960$ | 100 |
| $3960\leqslant a<4270$ | 150 |
| $4270\leqslant a<4570$ | 180 |
| $4570\leqslant a<4880$ | 230 |
| $4880\leqslant a<5180$ | 280 |
| $a\geqslant 5180$ | 360 |

## 5.2.11 自动喷水灭火系统喷头溅水盘高于梁底、通风管道腹面的最大垂直距离（大水滴喷头，表5-35）

**表5-35 自动喷水灭火系统喷头溅水盘高于梁底、通风管道腹面的最大垂直距离（大水滴喷头）**

| 喷头与梁、通风管道、排管、桥架的水平距离 $a$/mm | 喷头溅水盘高于梁底、通风管道、排管、桥架腹面的最大垂直距离 $b$/mm |
| --- | --- |
| $a<300$ | 0 |
| $300\leqslant a<600$ | 80 |
| $600\leqslant a<900$ | 200 |
| $900\leqslant a<1200$ | 300 |
| $1200\leqslant a<1500$ | 460 |
| $1500\leqslant a<1800$ | 660 |
| $a\geqslant 1800$ | 790 |

## 5.2.12 自动喷水灭火系统喷头溅水盘高于梁底、通风管道腹面的最大垂直距离（ESFR喷头，表5-36）

**表5-36 自动喷水灭火系统喷头溅水盘高于梁底、通风管道腹面的最大垂直距离（ESFR喷头）**

| 喷头与梁、通风管道、排管、桥架的水平距离 $a$/mm | 喷头溅水盘高于梁底、通风管道、排管、桥架腹面的最大垂直距离 $b$/mm |
| --- | --- |
| $a<300$ | 0 |
| $300\leqslant a<600$ | 80 |
| $600\leqslant a<900$ | 200 |
| $900\leqslant a<1200$ | 300 |
| $1200\leqslant a<1500$ | 460 |
| $1500\leqslant a<1800$ | 660 |
| $a\geqslant 1800$ | 790 |

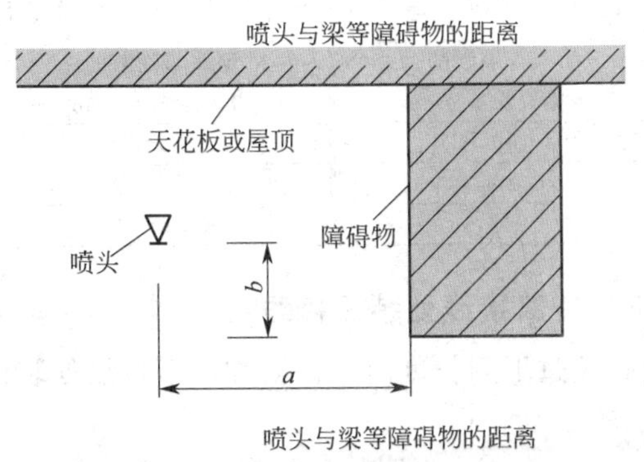


喷头与梁等障碍物的距离

### 5.2.13 自动喷水灭火系统喷头与隔断的水平距离和最小垂直距离（直立与下垂喷头，表5-37）

表5-37 自动喷水灭火系统喷头与隔断的水平距离和最小垂直距离（直立与下垂喷头）

| 喷头与隔断的水平距离 $a$/mm | 喷头与隔断的最小垂直距离 $b$/mm |
|---|---|
| $a<150$ | 75 |
| $150\leqslant a<300$ | 150 |
| $300\leqslant a<450$ | 240 |
| $450\leqslant a<600$ | 320 |
| $600\leqslant a<750$ | 390 |
| $a\geqslant 750$ | 460 |

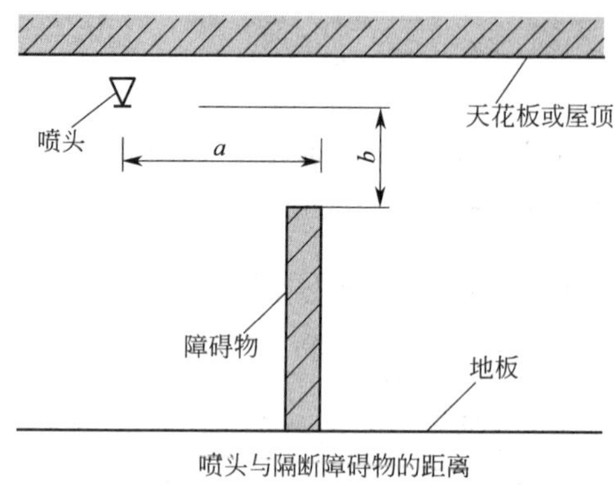

喷头与隔断障碍物的距离

### 5.2.14 自动喷水灭火系统喷头与隔断的水平距离和最小垂直距离（扩大覆盖面喷头，表5-38）

表5-38 自动喷水灭火系统喷头与隔断的水平距离和最小垂直距离（扩大覆盖面喷头）

| 喷头与隔断的水平距离 $a$/mm | 喷头与隔断的最小垂直距离 $b$/mm | 喷头与隔断的水平距离 $a$/mm | 喷头与隔断的最小垂直距离 $b$/mm |
|---|---|---|---|
| $a<150$ | 80 | $450\leqslant a<600$ | 320 |
| $150\leqslant a<300$ | 150 | $600\leqslant a<750$ | 390 |
| $300\leqslant a<450$ | 240 | $a\geqslant 750$ | 460 |

### 5.2.15 自动喷水灭火系统喷头与隔断的水平距离和最小垂直距离（大水滴喷头，表5-39）

表5-39 自动喷水灭火系统喷头与隔断的水平距离和最小垂直距离（大水滴喷头）

| 喷头与隔断的水平距离 $a$/mm | 喷头与隔断的最小垂直距离 $b$/mm | 喷头与隔断的水平距离 $a$/mm | 喷头与隔断的最小垂直距离 $b$/mm |
|---|---|---|---|
| $a<150$ | 40 | $450\leqslant a<600$ | 130 |
| $150\leqslant a<300$ | 80 | $600\leqslant a<750$ | 140 |
| $300\leqslant a<450$ | 100 | $750\leqslant a<900$ | 150 |

### 5.2.16 火灾自动报警系统管路接线处装设接线盒

火灾自动报警系统管路超过下列长度时，需要在便于接线处装设接线盒：

管子长度每超过30m，无弯曲时；

管子长度每超过20m，有1个弯曲时；

管子长度每超过 10m，有 2 个弯曲时；

管子长度每超过 8m，有 3 个弯曲时。

### 5.2.17 ZSD-40A 型分体式大空间智能型主动喷水灭火装置主要技术指标（表 5-40）

表 5-40 ZSD-40A 型分体式大空间智能型主动喷水灭火装置主要技术指标

| 参数名称 | 参 数 | 参数名称 | 参 数 |
|---|---|---|---|
| 工作电压 | DC24V | 启动时间 | ≤30s |
| 标准工作压力 | 0.25MPa | 工作环境温度 | 5～55℃ |
| 标准射水流量 | 5L/s | 安装高度 | 6～25m |
| 保护半径 | ≤6m | 喷水方式 | 着火点及周边圆形区域扫描射水 |

### 5.2.18 ZSS-20 型自动扫描射水灭火装置主要技术指标（表 5-41）

表 5-41 ZSS-20 型自动扫描射水灭火装置主要技术指标

| 参数名称 | 参 数 | 参数名称 | 参 数 |
|---|---|---|---|
| 工作电压 | 交流 220V±10% | 启动时间 | ≤20s |
| 功耗 | 监视≤3W,扫描≤10W | 工作环境温度 | 5～55℃ |
| 标准工作压力 | 0.15MPa | 安装高度 | 2.5～6m |
| 标准射水流量 | 2.1L/s | 喷水方式 | 着火点及周边扇形区域扫描射水 |
| 保护半径 | ≤6m | | |

### 5.2.19 PC 系列空气泡沫产生器主要技术特性参数（表 5-42）

表 5-42 PC 系列空气泡沫产生器主要技术特性参数

| 型号 | 额定工作压力 /MPa | 额定流量 /(L/s) | 发泡倍数 | 流量系数 $K$ 值 |
|---|---|---|---|---|
| PC4 | 0.5 | 4 | ≥5.5 | 1.77 |
| PC8 | | 8 | | 3.64 |
| PC16 | | 16 | | 6.83 |
| PC24 | | 24 | | 10.44 |
| PC32 | | 32 | | 14.29 |

### 5.2.20 泡沫消火栓主要性能参数（表 5-43）

表 5-43 泡沫消火栓主要性能参数

| 型号 | 额定工作压力 /MPa | 压力工作范围 /MPa | 水成膜灭火剂 /L | 流量 /(L/s) | 射程 /m | 发泡倍数 | 喷射时间 /min | 外形尺寸 /mm | | | 软管长度 /m |
|---|---|---|---|---|---|---|---|---|---|---|---|
| | | | | | | | | $L$ | $W$ | $H$ | |
| PGX20 | 0.5 | 0.4～0.8 | 20 | 0.7 | ≥6.0 | 4.5 | ≥10 | 750 | 320 | 1200 | 25 |
| PGX25 | | | 25 | | | | ≥12 | | | | |
| PGX30 | | | 30 | | | | ≥15 | | | | |

### 5.2.21 七氟丙烷灭火剂技术性能参数（表 5-44）

表 5-44 七氟丙烷灭火剂技术性能参数

| 项 目 | 主要技术指标 | 项 目 | 主要技术指标 |
|---|---|---|---|
| | 七氟丙烷 | | 七氟丙烷 |
| 纯度(体积分数) | ≥99.6% | 蒸发残留物(质量分数) | ≤0.01% |
| 酸度(质量分数) | $\leq 3\times10^{-6}$ | 悬浮物或沉淀物 | 不可见 |
| 水分含量(质量分数) | $\leq 10\times10^{-6}$ | | |

### 5.2.22 二氧化碳灭火剂技术性能参数（表 5-45）

表 5-45 二氧化碳灭火剂技术性能参数

| 项　目 | 主要技术指标 | 项　目 | 主要技术指标 |
|---|---|---|---|
| 纯度(体积分数) | ≥99.5% | 醇类含量(以乙醇计) | ≤30mg/L |
| 水分含量(质量分数) | ≤0.015% | 总硫化物含量 | ≤5mg/kg |
| 油含量 | 无 | 液态密度(0℃,3.4MPa) | 0.914kg/L |

### 5.2.23 游泳池石英砂过滤器滤速（表 5-46）

表 5-46 游泳池石英砂过滤器滤速

| 滤料种类 | | 滤料有效高度/mm | 滤料不均匀系数 $K_{80}$ | 建议过滤速度/(m/h) |
|---|---|---|---|---|
| 单层 | 级配石英砂 | ≥700 | ≤2.0 | 15～25 |
| | 均质石英砂 | ≥700 | ≤1.4 | 15～25 |
| 双层 | 无烟煤/石英砂 | 300～400 | ≤2.0 | 14～18 |

### 5.2.24 STKA 型液位传感器主要技术参数（表 5-47）

表 5-47 STKA 型液位传感器主要技术参数

| 型　号 | 工作压力/MPa | 工作温度/℃ | 介质相对密度 | 电源/V |
|---|---|---|---|---|
| STKA2 | 0.60 | －15～80 | 0.8～1 | 24 |
| STKA3 | 0.60 | －15～80 | 0.8～1 | 24 |

### 5.2.25 STKB 型液位传感器主要技术参数（表 5-48）

表 5-48 STKB 型液位传感器主要技术参数

| 型　号 | 工作压力/MPa | 工作温度/℃ | 介质相对密度 | 电源/V |
|---|---|---|---|---|
| STKB2 | 0.60 | －15～80 | 0.8～1 | 24 |
| STKB3 | 0.60 | －15～80 | 0.8～1 | 24 |

### 5.2.26 ST 型自闭式液位指示器（表 5-49）

表 5-49 ST 型自闭式液位指示器

| 型　号 | 工作压力/MPa | 工作温度/℃ | 适用介质 |
|---|---|---|---|
| STA | 0.60 | 0～80 | 油、水 |
| STB | 1.00 | －30～120 | 油、水、酸、碱、酒精、饮料 |
| STC | 0.60 | 0～80 | 油、水 |
| STD | 0.10 | 0～50 | 油、水、酸、碱、酒精、饮料 |
| STE | 0.80 | 0～100 | 油、水、酒精、饮料 |
| STP | 0.80 | 0～100 | 油、水、酸、碱、酒精、饮料 |

### 5.2.27 给水系统水泵机组的最低频率比（表 5-50）

表 5-50 给水系统水泵机组的最低频率比

| 水泵机组功率/kW | $f$ 固有频率/$f_n$ 挠动频率 | |
|---|---|---|
| | 地面安装 | 楼层安装 |
| ≤2.2 | 2.1 | 3.5 |
| 2.2～3.7 | 2.1～2.5 | 3.5～5.0 |
| ≥3.7 | 2.5 | 5.0 |

### 5.2.28　给水系统水泵机组频率比 $f/f_n$ 与隔振效率 $\eta$ 的关系（表 5-51）

表 5-51　给水系统水泵机组频率比 $f/f_n$ 与隔振效率 $\eta$ 的关系

| $f/f_n$ | 2.0 | 2.2 | 2.4 | 2.6 | 2.8 | 3.0 | 3.5 | 4.0 | 4.5 | 5.0 | 6.0 | 8.0 | 10 |
|---|---|---|---|---|---|---|---|---|---|---|---|---|---|
| $\eta$ | 66 | 70 | 75 | 78 | 82 | 86 | 90 | 92 | 94 | 95 | 96 | 97.5 | 98 |

### 5.2.29　钢架及钢圆筒塔身施工的允许偏差（表 5-52）

表 5-52　钢架及钢圆筒塔身施工的允许偏差

| 项　目 | | 允许偏差/mm | |
|---|---|---|---|
| | | 钢架塔身 | 钢圆筒塔身 |
| 中心垂直度 | | 1.5$H$/1000 且不大于 30 | 1.5$H$/1000 且不大于 30 |
| 柱间距和对角线差 | | $L$/1000 | |
| 钢架节点距塔身中心的距离 | | 5 | |
| 塔身直径 | $D$≤2m | | +$D$/200 |
| | $D$>2m | | +10 |
| 内外表面平整度(弧长 2m 的弧形尺检查) | | | 10 |
| 焊接附件及预留孔中心位置 | | 5 | 5 |

说明：(1) $H$ 为钢架或圆筒塔身高度，mm；

(2) $L$ 为柱间距或对角线长，mm；

(3) $D$ 为圆筒塔身直径。

### 5.2.30　砖石砌体塔身施工的允许偏差（表 5-53）

表 5-53　砖石砌体塔身施工的允许偏差

| 项　目 | | 允许偏差/mm | |
|---|---|---|---|
| | | 砖砌塔身 | 石砌塔身 |
| 中心垂直度 | | 1.5$H$/1000 | 2$H$/1000 |
| 壁厚 | | | +20<br>−10 |
| 塔身直径 | $D$≤5m | ±$D$/100 | ±$D$/100 |
| | $D$>5m | ±50 | ±50 |
| 内外表面平整度(用弧长 2m 的弧形尺检查) | | 20 | 25 |
| 预埋管、预埋件中心位置 | | 5 | 5 |
| 预留洞中心位置 | | 10 | 10 |

说明：(1) $H$ 为塔身高度，mm；

(2) $D$ 为塔截面直径。

### 5.2.31　城市供水排水混凝土抗渗标号的允许值

钢筋混凝土构筑物中混凝土的抗渗标号需要进行试验，并且需要符合表 5-54 的要求。

表 5-54　城市供水排水混凝土抗渗标号的允许值

| 最大作用水头与混凝土厚度之比值 $i_w$ | 抗渗标号 Si |
|---|---|
| <10 | S4 |
| 10～30 | S6 |
| >30 | S8 |

### 5.2.32 城市供水排水外露的钢筋混凝土构筑物抗冻性能检测要求（表 5-55）

表 5-55 城市供水排水外露的钢筋混凝土构筑物抗冻性能检测要求

<table>
<tr><td rowspan="5">气候条件</td><td colspan="3">结构类别</td></tr>
<tr><td colspan="2">地表水取水头部</td><td>其他</td></tr>
<tr><td colspan="3">工作条件</td></tr>
<tr><td colspan="2">冻融循环总次数</td><td rowspan="2">地表水取水头部的水位涨落区以上部位及露明的水池等</td></tr>
<tr><td>≤50</td><td>>50</td></tr>
<tr><td>最冷月平均气温低于－15℃</td><td>D200</td><td>D250</td><td>D100</td></tr>
<tr><td>最冷月平均气温在－15～－5℃</td><td>D150</td><td>D200</td><td>D50</td></tr>
</table>

注：D 为抗冻标号。

### 5.2.33 城市供水排水系统混凝土结构构件的强度设计基本安全系数（表 5-56）

表 5-56 城市供水排水混凝土结构构件的强度设计基本安全系数

| 受力特征 | 强度设计基本安全系数 |
|---|---|
| 根据抗压强度计算的受压构件、局部承压 | 1.65 |
| 根据抗拉强度计算的受压、受弯构件 | 2.65 |

### 5.2.34 城市供水排水系统钢筋混凝土及预应力混凝土结构构件的强度设计基本安全系数（表 5-57）

表 5-57 城市供水排水系统钢筋混凝土及预应力混凝土结构构件的强度设计基本安全系数

<table>
<tr><td rowspan="2">受力特征</td><td colspan="2">强度设计基本安全系数</td></tr>
<tr><td>钢筋混凝土</td><td>预应力混凝土</td></tr>
<tr><td>轴心受拉、受弯、偏心受拉构件</td><td>1.40</td><td>1.50</td></tr>
<tr><td>轴心受压、偏心受压构件、斜截面受剪、受扭、局部承压</td><td colspan="2">1.55</td></tr>
</table>

### 5.2.35 城市供水排水系统砖石砌体结构构件的强度设计基本安全系数（表 5-58）

表 5-58 城市供水排水系统砖石砌体结构构件的强度设计基本安全系数

| 砌体类别 | 受力特征 | 强度设计基本安全系数 |
|---|---|---|
| 乱毛石砌体 | 受压、受弯、受拉和受剪 | 3.0、 3.3 |
| 砖、料石砌体 | 受压、受弯、受拉受剪 | 2.3、 2.5 |

### 5.2.36 钢筋混凝土圆筒塔身施工的允许偏差（表 5-59）

表 5-59 钢筋混凝土圆筒塔身施工的允许偏差

| 项　　目 | 允许偏差/mm |
|---|---|
| 中心垂直度 | 1.5$H$/1000 且不大于 30 |
| 壁厚 | +10<br>－3 |
| 预埋管、预埋件中心位置 | 5 |
| 预留孔中心位置 | 10 |
| 塔身直径 | ±20 |
| 内外表面平整度(用弧长为 2m 的弧形尺检查) | 10 |

### 5.2.37 钢筋混凝土框架塔身施工的允许偏差（表5-60）

表5-60 钢筋混凝土框架塔身施工的允许偏差

| 项　　目 | 允许偏差/mm | 项　　目 | 允许偏差/mm |
|---|---|---|---|
| 中心垂直 | 1.5*H*/1000，且不大于30 | 每节柱顶水平高差 | 0 |
| 柱间距和对角线差 | *L*/500 | 预埋件中心位置 | 5 |
| 框架节点距塔身中心的距离 | ±5 | | |

说明：(1) *H* 为框架塔身高度，mm；

(2) *L* 为柱间距或对角线长，mm。

## 5.3 电气设备的技术参数

### 5.3.1 扬声器技术特性（表5-61）

表5-61 扬声器技术特性

恒指向性号筒的技术特性

| 标称覆盖角(−6dB)水平角×垂直角 | 指向性因数 *Q*(平均值) | 号筒下限频率/Hz | 最低推荐分频点/Hz | 灵敏度级1W,1m/dB | 喉部直径/mm | 外形尺寸/mm 高×宽×长 | 重量/kg |
|---|---|---|---|---|---|---|---|
| 90°×40° | 12.3 | 300 | 500 | 112 | 41 | 790×790×827 | 18 |
| 60°×40° | 19.8 | 300 | 500 | 113 | 41 | 805×770×849 | 17 |
| 40°×20° | 47.6 | 200 | 500 | 115 | 41 | 805×850×1550 | 23 |
| 90°×40° | 10.7 | 400 | 800 | 110 | 41 | 320×500×274 | 9 |
| 60°×40° | 19.0 | 400 | 800 | 112 | 41 | 320×500×274 | 9 |
| 40°×20° | 45.2 | 630 | 800 | 113 | 41 | 270×500×470 | 7.5 |

高频驱动器的技术特性

| 喉部直径/mm | 标称阻抗/Ω | 功率承受能力/W | | 灵敏度级1W,1m/dB | 频率范围/Hz | 最低推荐分频频率/Hz | 振膜材料 | 直径/mm | 厚度/mm | 重量/kg |
|---|---|---|---|---|---|---|---|---|---|---|
| | | 粉红噪声 | 节目信号 | | | | | | | |
| 41 | 16 | 35 | 70 | 108 | 500～15000 | 500 | 铝合金箔 | 235 | 80 | 10 |
| 41 | 16 | 50 | 100 | 108 | 500～15000 | 500 | 钛合金箔 | 235 | 80 | 10 |
| 22 | 8 | 25 | 50 | 104 | 800～18000 | 800 | 钛合金箔 | 155 | 55 | 3.7 |

低频扬声器箱的技术特性

| 扬声器单元的数量及直径/mm | 标称阻抗/Ω | 额定功率/W | 灵敏度级1W,1m/dB | 频率范围/Hz | 推荐分频频率/Hz | 外形尺寸/mm 高×宽×厚 | 重量/kg |
|---|---|---|---|---|---|---|---|
| 1×$\phi$400 | 8 | 100 | 98 | 40～2000 | 500 | 767×512×478 | 40 |
| 2×$\phi$400 | 8 | 200 | 101 | 40～2000 | 500 | 1060×660×470 | 65 |
| 1×$\phi$500 | 8 | 200 | 95 | 25～2000 | 200 | 1060×660×470 | 60 |

### 5.3.2 天线不同振子的增益（表5-62）

表5-62 不同振子数目的天线可达到的增益值

| 种　　类 | 振子总数 | 反射体数 | 引向体数 | 可达到的增益值 | |
|---|---|---|---|---|---|
| | | | | 倍　数 | 分贝/dB |
| 对称振子 | 1 | 0 | 0 | 1.64 | 2.15 |
| 2单元天线 | 2 | 1(0) | 0(1) | 2～2.8 | 3～4.5 |
| 3单元天线 | 3 | 1 | 1 | 4～6.3 | 6～8 |
| 4单元天线 | 4 | 1 | 2 | 5～10 | 7～10 |

续表

| 种类 | 振子总数 | 反射体数 | 引向体数 | 可达到的增益值 | |
|---|---|---|---|---|---|
| | | | | 倍数 | 分贝/dB |
| 5单元天线 | 5 | 1 | 5 | 7.9～12.6 | 9～11 |
| 6单元天线 | 6 | 1 | 4 | 10～15.9 | 10～12 |
| 7单元天线 | 7 | 1 | 5 | 11.2～17.8 | 10.5～12.5 |
| 8单元天线 | 8 | 1 | 6 | 12.6～20 | 11～13 |
| 9单元天线 | 9 | 1 | 7 | 14.1～22.4 | 11.8～13.5 |
| 10单元天线 | 10 | 1 | 8 | 15.9～25.1 | 12～14 |
| 双层5单元天线 | 5×2 | 1×2 | 3×2 | 15.9～25.1 | 12～14 |

## 5.3.3 CATV共用天线的特性要求（表5-63）

**表5-63 CATV共用天线的特性要求**

| 种类 | | 频道 | 半功率角/(°) | 前后比/dB | 增益/dB | 驻波比 |
|---|---|---|---|---|---|---|
| 频带 | 振子数 | | | | | |
| VHF宽频段 | 3 | 1～5<br>6～12 | 70以下 | 9以上 | 2.5～5 | 2.0以下 |
| | 5 | 1～5<br>6～12 | 65以下 | 10以上 | 3～7 | 2.0以下 |
| | 8 | 6～12 | 55以下 | 12以上 | 4～8 | 2.0以下 |
| VHF单频道专用 | 3 | 低频道 | 70以下 | 9.5以上 | 5以上 | 2.0以下 |
| | 5 | 低频道 | 65以下 | 10.5以上 | 6以上 | 2.0以下 |
| | 8 | 高频道 | 55以下 | 12以上 | 9.5以上 | 2.0以下 |
| UHF低频道 | 20以上 | 13～24 | 45以下 | 15 | 12以上 | 2.0以下 |
| UHF高频道 | 20以上 | 25～68 | 45以下 | 15 | 12以上 | 2.0以下 |

## 5.3.4 卫星天线室外单元电性能要求（表5-64）

**表5-64 室外单元电性能要求**

| 技术参数 | 要求 | 备注 |
|---|---|---|
| 一本振标称频率 | (5170±2)MHz | |
| 一本振频率稳定度 | $\leqslant 7.7\times10^{-4}$ | −25～−55℃ |
| 输入饱和电平 | ≥−60dBm | 1dB压缩点时的输入电平 |
| 镜像干扰抑制比 | ≥50dB | |
| 输入口回波损耗 | ≥7dB | |
| 输出口回波损耗 | ≥10dB | |
| 多载波互调比 | ≥40dB | 频率间隔4MHz,电平−70dBm |
| 增益稳定性 | ≤0.2dB/h | |
| 输出频率范围 | 970～1470MHz | |
| 工作频段 | 3.7～4.2GHz | |
| 振幅/频率特性 | ≤3.5dB | 通带内功率增益起伏　峰-峰值,带宽500MHz |
| 带内任意接收频道内增益波动 | ≤1dB | 通带内功率增益起伏　峰-峰值,带宽36MHz |
| 功率增益 | 60±5dB | |
| 噪声温度 | ≤30K | 20～25℃ |

## 5.3.5　卫星天线室内单元电性能要求（表 5-65）

**表 5-65　室内单元的主要电性能要求**

| 参　数 | 要　求 | | 单　位 |
|---|---|---|---|
| | 专　业　型 | 普　及　型 | |
| 工作频段 | 970～1470 | 970～1470 | MHz |
| 预选频道数 | ≥24 | ≥24 | 个 |
| 输入电平范围 | －60～－30 | －60～－30 | dBm |
| 噪声系数 | ≤15 | ≤15 | dB |
| 二本振频率稳定度 | ±0.5(5～40℃) | ±0.5(5～40℃) | MHz |
| 中频滤波器 3dB 带宽 | 27 | 27 | MHz |
| 静态门限值 | ≤8 | ≤8 | dB |
| 连续随机杂波信噪比 | ≥35.5(加重不加数值) | ≥33 | dB |
| 电源干扰信噪比 | ≥40 | ≥40 | dB |
| 视频频率响应 | 0.5～5MHz(≤±0.75dB)<br>6MHz(≤＋0.75,－3dB) | 0.5～4.8MHz(±1dB)<br>5MHz(＋1,－3dB) | dB |
| 亮度/色度增益不等($\Delta K$) | ±10 | ±15 | % |
| 亮度/色度时延不等($\Delta\tau$) | ±50 | ±80 | ns |
| 微分增益失真($DG$) | ±10 | ±12 | % |
| 微分相位失真($DP$) | ±5 | ±8 | 度 |
| 视频回波损耗 | ≥26 | ≥23 | dB |
| 伴音副载频可调范围 | 5～8.5 可调 | 5～8.5 可调 | MHz |
| 伴音频带 | 0.04～15(≤＋0.5,－3dB) | 0.08～10(≤＋0.5,－3dB) | kHz |
| 伴音谐波失真 | ≤2 | ≤2.5 | % |
| 伴音信噪比($S/N$) | ≥50.5(有效值未加数) | ≥48(有效值未加数) | dB |

## 5.3.6　常用电器的电功率（表 5-66）

**表 5-66　常用电器的电功率**

| 电器名称 | 一般电功率/W | 估计用电量/kW·h |
|---|---|---|
| 电水壶 | 1200 | 每小时 1.2 |
| 电饭煲 | 500 | 每 20 分钟 0.16 |
| 电熨斗 | 750 | 每 20 分钟 0.25 |
| 理发吹风器 | 450 | 每 5 分钟 0.04 |
| 吊扇大型 | 150 | 每小时 0.15 |
| 吊扇小型 | 75 | 每小时 0.08 |
| 台扇 16″ | 66 | 每小时 0.07 |
| 台扇 14″ | 52 | 每小时 0.05 |
| 电视机 21″ | 70 | 每小时 0.07 |
| 电视机 25″ | 100 | 每小时 0.1 |
| 录像机 | 80 | 每小时 0.08 |
| 音响器材 | 100 | 每小时 0.1 |
| 电暖气 | 1600～2000 | 最高每小时 1.6～2.0 |
| 电子表 | 0.00001 | 每小时 0.00000001 |
| 抽油烟机 | 140 | 每小时 0.14 |
| 微波炉 | 1000 | 每小时 1 |
| 吸尘器 | 800 | 每小时 0.8 |
| 电子计算机(电脑) | 200 | 每小时 0.2 |

续表

| 电器名称 | 一般电功率/W | 估计用电量/kW・h |
|---|---|---|
| 手电筒 | 0.5 | 每小时 0.0005 |
| 窗式空调机 | 800～1300 | 最高每小时 0.8～1.3 |
| 窗式空调机 1匹 | 约 735 每匹 | 每小时 0.735(其他匹数按此标准倍数计算) |
| 家用电冰箱 | 65～130 | 大约每日 0.85～1.7 |
| 家用洗衣机单缸 | 230 | 最高每小时 0.23 |
| 家用洗衣机双缸 | 380 | 最高每小时 0.38 |

### 5.3.7 仪表准确等级的分类

仪表的准确度反映仪表的基本误差范围。根据仪表准确等级分类，可以分为七级，具体见表 5-67。

**表 5-67 仪表准确等级的分类**

| 仪表的准确等级 | 0.1 | 0.2 | 0.5 | 1.0 | 1.5 | 2.5 | 5.0 |
|---|---|---|---|---|---|---|---|
| 基本误差/% | ±0.1 | ±0.2 | ±0.5 | ±1.0 | ±1.5 | ±2.5 | ±5.0 |

### 5.3.8 检测仪表准确度的等级要求

(1) 发电机、发电机-变压器组、主变压器、馈电线路等重要电力设备、回路的交流仪表，综合准确度不应低于 1.5 级。

(2) 直流回路的仪表，综合准确度不应低于 1.5 级。

(3) 监视电力系统频率的频率表应采用测量范围为 45～55Hz 的数字频率表，测量基本误差的绝对值不应大于 0.02Hz。

(4) 电能计量表计，除厂用电外，主要电力设备、线路的有功电度表不低于 1 级，月平均用电量 100 万千瓦时及以上的输配电线路可用 0.5 级，无功电度表不低于 2 级。

(5) 接于变送器的二次侧仪表，准确度不应低于 1.0 级。

(6) 对于一般的频率测量，宜采用测量范围为 45～55Hz 的指针式频率表，测量基本误差的绝对值不应大于 0.25Hz。

### 5.3.9 民用建筑电气常用测量仪表的准确度的规定

(1) 直流回路的仪表，准确度等级不应低于 1.5 级。

(2) 电量变送器输出侧的仪表，准确度不应低于 1.0 级。

(3) 交流回路的仪表（谐波测量仪表除外）准确度等级不应低于 2.5 级。

### 5.3.10 电力装置的电测量仪表水平中心线距地面的尺寸要求

(1) 电能计量仪表和记录仪表，宜装在 0.6～1.8m 的高度。

(2) 指示仪表与数字仪表，宜装在 0.8～2.0m 的高度。

### 5.3.11 成套配电柜、控制柜（屏、台）和动力、照明配电箱（盘）基础型钢安装允许偏差（表 5-68）

**表 5-68 成套配电柜、控制柜（屏、台）和动力、照明配电箱（盘）基础型钢安装允许偏差**

| 项 目 | 允 许 偏 差 | |
|---|---|---|
| | /(mm/m) | /(mm/全长) |
| 不直度 | 1 | 5 |
| 水平度 | 1 | 5 |
| 不平行度 | — | 5 |

## 5.3.12 家用和类似用途的带过电流保护的剩余电流动作断路器额定电压优选值（表5-69）

表5-69 家用和类似用途的带过电流保护的剩余电流动作断路器（RCBO）额定电压优选值

| RCBO | RCBO的供电电路 | 用于230V或230/400V或400V系统的RCBO稳定电压/V | 用于120/240V或240V系统的RCBO额定电压/V |
|---|---|---|---|
| 单极RCBO(带两个电流回路) | 单相(相对中性线或相对接地的中间导线) | 230 | 120 |
| 两极RCBO | 单相(相对中性线或相对相或相对接地的中间导线) | 230 | 120 |
| | 单相(相对相) | 400 | 240 |
| | 单相(相对相,3线) | | 120/240 |
| | 三相(4线)(230/400V系统相对中性线或230V系统相对相) | 230 | |
| 三极RCBO(带三个或四个电流回路) | 三相(3线或4线)(400V或230/400V或240V系统) | 400 | 240 |
| RCBO | RCBO的供电电路 | 用于230V或230/400V或400V系统的RCBO额定电压 | 用于120/240V或240V系统的RCBO额定电压 |
| 四极RCBO | 三相(4线)(230/400V系统) | 400 | |

注：(1) 在GB/T 156中，电压值230/400V已经标准化，这些电压值将逐步取代220/380V和240/415V的电压值。

(2) 本部分中，凡涉及到230V或400V的地方，可以分别被看做220V或240V、380V或415V。

(3) 本部分中，凡涉及到120V或120/240V或240V的地方，可以分别被看做100V或100/240V或200V。

(4) 本部分中，凡涉及到240V三相的地方，可以被看做100V或120/208V。

## 5.3.13 家用和类似用途的带过电流保护的剩余电流动作断路器额定短路能力标准值（表5-70）

表5-70 额定短路能力标准值（10000A及以下）

| |
|---|
| 1500A |
| 3000A |
| 4500A |
| 6000A |
| 10000A |

注：在某些国家中，1000A、2000A、2500A、7500A和9000A也认为是标准值。

## 5.3.14 电能表进、出导线

电能表进、出导线均需要采用铜质导线，线径需要根据表5-71实际容量来配置，以及满足以下一些要求：

(1) 电流回路导线截面需要≥10mm²；

(2) 电压回路导线截面需要≥6mm²；

(3) N线的汇流总线截面符合容量的要求外，接线处需要采用接线端子（铜接耳）与采用机械冷压紧固。

表 5-71 电能表进、出导线的要求

| 额定电流/A | 电缆截面积/mm² | 额定电流/A | 电缆截面积/mm² |
|---|---|---|---|
| 40～50 | 10 | 200 | 70 |
| 63 | 16 | 225～250 | 95 |
| 80～100 | 25 | 300～315 | 120 |
| 125 | 35 | 400 | 180 |
| 160～180 | 50 | | |

### 5.3.15 电能表的选择

一般情况下，可以根据表 5-72 来选择电能表。

表 5-72 电能表的选择

| 电能表容量 | 单相 220V 最大 | 三相 380V | 电能表容量 | 单相 220V 最大 | 三相 380V |
|---|---|---|---|---|---|
| 1.5(6)A | <1500W | <4700W | 10(60)A | <15800W | <47300W |
| 2.5(10)A | <2600W | <6500W | 20(80)A | <21000W | <63100W |
| 5(30)A | <7900W | <23600W | | | |

### 5.3.16 家装常用电动工具与设备的额定功率（表 5-73）

表 5-73 家装常用电动工具与设备的额定功率

| 机械或设备名称 | 额定功率/kW | 单位 | 机械或设备名称 | 额定功率/kW | 单位 |
|---|---|---|---|---|---|
| 磨光机 | 0.67 | 台 | 交流电弧焊机 | 21 | 套 |
| 手电钻 | 0.7 | 台 | 空气压缩机 | 3 | 台 |
| 电动螺丝枪 | 1.11 | 台 | 型材切割机 | 1.3 | 台 |
| 照明灯 | 0.1 | 只 | 砂轮切割机 | 2.2 | 台 |
| 多功能家用两用手电钻 | 0.8 | 台 | 手提切割机 | 0.4 | 台 |
| 水电开槽机 | 1.5 | 台 | | | |

### 5.3.17 常用家用电器的容量范围

电冰箱为 70～250W，电炒锅为 800～2000W，电磁炉为 300 ～1800W，电饭煲为 500～1700W，电烤箱为 800～2000W，电暖器为 800～2500W，电热水器为 800～2000W，电熨斗为 500～2000W，空调器为 600～5000W，微波炉为 600～1500W，消毒柜为 600～800W。

### 5.3.18 家庭用电量与设置规格参考选择（表 5-74）

表 5-74 家庭用电量与设置规格参考选择

| 套型 | 使用面积/m² | 用电负荷/kW | 计算电流/A | 进线总开关脱扣器额定电流/A | 电度表容量/A | 进户线规格/mm² |
|---|---|---|---|---|---|---|
| 一类 | 50 以下 | 5 | 20.20 | 25 | 10(40) | BV-3×4 |
| 二类 | 50～70 | 6 | 25.30 | 30 | 10(40) | BV-3×6 |
| 三类 | 75～80 | 7 | 35.25 | 40 | 10(40) | BV-3×10 |
| 四类 | 85～90 | 9 | 45.45 | 50 | 15(60) | BV-3×16 |
| 五类 | 100 | 11 | 55.56 | 60 | 15(60) | BV-3×16 |

## 5.3.19 模数化插座技术参数（表 5-75）

表 5-75 模数化插座技术参数

| 极 数 | 额定工作电压/V | 额定工作电流/A | 额定熔断短路电流/A |
|---|---|---|---|
| 单相二线 | 250 | 250 | 500 |
| 单相三线 | 220 | 220 | 380 |
| 三相四线 | 10 | 10、16、25 | 16、25 |

## 5.3.20 一些家电使用年限（表 5-76）

表 5-76 一些家电使用年限

| 名 称 | 使用年限/年 |
|---|---|
| 电吹风 | 4 |
| 电冰箱 | 12～16 |
| 电热水器、洗衣机、吸尘器 | 8 |

## 5.3.21 家用电器泄漏电流（表 5-77）

表 5-77 家用电器泄漏电流

| 名 称 | 形 式 | 泄漏电流/mA | 名 称 | 形 式 | 泄漏电流/mA |
|---|---|---|---|---|---|
| 计算机 | 移动式 | 1.0 | 家用电器 | 手握式Ⅰ级设备 | ≤0.75 |
| | 固定式 | 3.5 | | 固定式Ⅰ级设备 | ≤0.75 |
| | 组合式 | 15.0 | | Ⅱ级设备 | ≤0.25 |
| 荧光灯 | 安装在金属构件上 | 0.1 | | Ⅰ级电热设备 | ≤0.75～5 |
| | 安装在木质或混凝土构件上 | 0.02 | | | |

一些具体的家用电器正常泄漏电流见表 5-78。

表 5-78 一些具体的家用电器正常泄漏电流

| 名 称 | 泄漏电流/mA | 名 称 | 泄漏电流/mA |
|---|---|---|---|
| 电冰箱 | 1.5 | 空调器 | 0.75 |
| 洗衣机 | 0.75 | 微波炉 | 0.75 |
| 电饭煲 | 0.5 | 抽油烟机 | 0.5 |
| 白炽灯 | 0.03 | 电热水器 | 0.25 |
| 饮水机 | 0.25 | 电视机＋VCD | 0.25 |
| 电熨斗 | 0.25 | 卫生间排气扇 | 0.06 |

## 5.3.22 常见开关插座的规格（表 5-79）

表 5-79 常见开关插座的规格 mm

| 类 型 | 外形尺寸 | 安装孔心距尺寸 |
|---|---|---|
| 86 型 | (长度) 86×(宽度) 86 | 60 |
| 120 型(竖装) | (宽度)73×(高度)120 | 88 |
| 118 型(横装) | (宽度)118×(高度)70 | 88(不包括非规格的型号) |

## 5.3.23 DZ47-63 小型断路器主要参数及技术性能（表 5-80）

表 5-80 DZ47-63 小型断路器主要参数及技术性能

| 项 目 | 主要参数及技术性能 |
|---|---|
| 按额定电流 $I_n$ 分/A | 1、2、3、4、5、6、10、15、16、20、25、32、40、50、60 等 |
| 按极数分 | 单极 1P、二极 2P、三极 3P、四极 4P |
| 按断路器瞬时脱扣器的型式分 | C 型($5I_n$～$10I_n$)；D 型($10I_n$～$16I_n$) |
| 机械电气寿命 | 电气寿命：不低于 4000 次；机械寿命：不低于 10000 次 |
| 空气开关常见的型号 | C 型多用于照明保护，D 型多用于电机保护 |

### 5.3.24 空气开关 DZ47-63/4P/C50、DZ47-63/4P/C63 分断能力（表 5-81）

**表 5-81 空气开关 DZ47-63/4P/C50、DZ47-63/4P/C63 分断能力**

| 额定电流/A | 极数 | 电压/V | 额定极限短路分断能力 | | 瞬时脱扣器脱扣电流范围 |
|---|---|---|---|---|---|
| | | | 分断电流/A | cos$\phi$ | |
| 6、10、16、20、25、32、40 | 1P | 230 | 6000 | 0.65～0.7 | $3I_n$～$5I_n$(B 型)<br>$5I_n$～$10I_n$(C 型)<br>$10I_n$～$20I_n$(D 型) |
| | 2,3,4P | 400 | 6000 | | |
| 50、63 | 1P | 230 | 4500 | 0.75～0.8 | |
| | 2,3,4P | 400 | 4500 | | |

### 5.3.25 DZ47-63 空气开关过电流脱扣器保护特性（表 5-82）

**表 5-82 DZ47-63 空气开关过电流脱扣器保护特性**

| 脱扣器类型 | 脱扣器额定电流 $I_n$/A | $I/I_n$ | 脱扣时间 $t$ | 起始状态 | 起始状态 |
|---|---|---|---|---|---|
| B、C、D | ≤63 | 1.13 | $t \leq 1$h 不脱扣 | 冷态 | 30～50℃ |
| | | 1.45 | $t < 1$h 脱扣 | 热态 | |
| | ≤32 | 2.55 | 1s$<t<$60s 脱扣 | 冷态 | |
| | >32 | | 1s$<t<$120s 脱扣 | 冷态 | |
| B | 所有值 | 3 | ≤0.1s 不脱扣 | 冷态 | |
| C | | 5 | | | |
| D | | 10 | | | |
| B | | 5 | <0.1s 脱扣 | 冷态 | |
| C | | 10 | | | |
| D | | 20 | | | |

### 5.3.26 DZ47-100 高分断微型断路器的型号与主要技术参数（表 5-83）

**表 5-83 DZ47-100 高分断微型断路器的型号与主要技术参数**

| 项　目 | 型号或者参数 |
|---|---|
| 常见的一些型号 | DZ47-100/1p(63-100A)、DZ47-100/2p(63-100A)、DZ47-100/3p(63-100A)、DZ47-100/4p(63-100A)、DZ47-125/1p、DZ47-125/2p、DZ47-125/3p、DZ47-125/4p |
| 断路器的额定电流 | 63A、80A、100A 等 |
| 断路器的极数 | 单极、二极、三极、四极等 |
| 常见断路器的额定工作电压 | 50Hz， 230V/400V |
| 额定分断能力 | $I_{cn}$=10000A， $I_{cs}$=7500A |

### 5.3.27 DZ47-100 高分断微型断路器过电流脱扣特性（表 5-84）

**表 5-84 DZ47-100 高分断微型断路器过电流脱扣特性**

| 额定电流/A | 极数 | 电压/V | 额定极限短路分断能力 | | 瞬时脱扣器脱扣电流范围 |
|---|---|---|---|---|---|
| | | | 分断电流/A | cos$\phi$ | |
| 6、10、16、20、25、32、40 | 1P | 230 | 6000 | 0.65～0.7 | $3I_n$～$5I_n$(B 型)<br>$5I_n$～$10I_n$(C 型)<br>$10I_n$～$20I_n$(D 型) |
| | 2,3,4P | 400 | 6000 | | |
| 50、63 | 1P | 230 | 4500 | 0.75～0.8 | |
| | 2,3,4P | 400 | 4500 | | |

## 5.3.28 DZ47LE 系列漏电断路器的型号（表 5-85）

**表 5-85 DZ47LE 系列漏电断路器的型号**

| 项　目 | 型　号 |
| --- | --- |
| 常见的一些型号 | DZ47le-32、DZ47le-32/1P、DZ47LE-32/2P、DZ47LE-32/3P、DZ47LE-32/3P＋N、DZ47LE-32/4P、DZ47LE-32(1～6A)、DZ47le-32/1p(10～32A)、DZ47le-32/C10、DZ47LE-32/C16、DZ47le-32/C20、DZ47LE-32/C32、DZ47le-63、DZ47le-63/1P、DZ47LE-63/2P、DZ47LE-63/3P、DZ47LE-63/3P＋N、DZ47LE-63/4P、DZ47LE-63(1～6A)、DZ47le-63(10～32A)、DZ47LE-63(32～63A)、DZ47le-63/C10、DZ47LE-63/C16、DZ47le-63/C20、DZ47LE-63/C32、DZ47LE-63/C50、DZ47LE-63/C63 等 |

## 5.3.29 DZ47LE 系列漏电断路器技术参数（表 5-86）

**表 5-86 DZ47LE 系列漏电断路器技术参数**

<table>
<tr><th rowspan="2">壳架等级<br>额定电流<br>$I_{nm}$/A</th><th rowspan="2">极数</th><th rowspan="2">加中<br>性线</th><th rowspan="2">额定电流<br>$I_n$/A</th><th rowspan="2">额定剩余<br>动作电流<br>$I_{\Delta n}$/mA</th><th rowspan="2">额定剩余<br>不动作电流<br>$I_{\Delta no}$/mA</th><th colspan="3">额定极限短路分断能力</th><th rowspan="2">额定剩余接<br>通分断能力<br>$I_{\Delta m}$/A</th><th rowspan="2">过电流<br>瞬时脱扣器<br>类型</th></tr>
<tr><th>电压<br>/V</th><th>分断电流<br>/A</th><th>cos$\phi$</th></tr>
<tr><td>32</td><td>1</td><td>N</td><td>6、10<br>16、20<br>25、32</td><td>30</td><td>15</td><td>230</td><td>4500</td><td>0.8</td><td>2000</td><td>B<br>C<br>D</td></tr>
<tr><td rowspan="5">63</td><td>1</td><td>N</td><td rowspan="5">6、10<br>16、20<br>25、32</td><td rowspan="5">30、50<br>100、300</td><td rowspan="5">15、25<br>50、150</td><td rowspan="2">230</td><td rowspan="5">6000</td><td rowspan="5">0.7</td><td rowspan="5">2000</td><td rowspan="5">B<br>C<br>D</td></tr>
<tr><td>2</td><td></td></tr>
<tr><td>3</td><td></td><td rowspan="3">400</td></tr>
<tr><td>3</td><td>N</td></tr>
<tr><td>4</td><td></td></tr>
<tr><td rowspan="5">63</td><td>1</td><td>N</td><td rowspan="5">40<br>50<br>63</td><td rowspan="5">30、50<br>100、300</td><td rowspan="5">15、25<br>50、150</td><td rowspan="2">230</td><td rowspan="5">4000</td><td rowspan="5">0.8</td><td rowspan="5">2000</td><td rowspan="5">B<br>C<br>D</td></tr>
<tr><td>2</td><td></td></tr>
<tr><td>3</td><td></td><td rowspan="3">400</td></tr>
<tr><td>3</td><td>N</td></tr>
<tr><td>4</td><td></td></tr>
</table>

## 5.3.30 DZ47LE 系列漏电断路器电流分断时间（表 5-87）

**表 5-87 DZ47LE 系列漏电断路器电流分断时间**

| 类别 | $I_{\Delta n}$/mA | $I_n$/A | 最大(剩余电流)分断时间/s | | | |
| --- | --- | --- | --- | --- | --- | --- |
| | | | $I_{\Delta n}$ | $2I_{\Delta n}$ | $5I_{\Delta n}$ | 250mA |
| 间接接触 | ＞30 | 任何值 | 0.2 | 0.1 | 0.04 | — |
| 直接接地 | ≤30 | 任何值 | 0.1 | 0.1 | — | 0.04 |

## 5.3.31 DZ47LE 系列漏电断路器过电流脱扣器保护特性（表 5-88）

**表 5-88 DZ47LE 系列漏电断路器过电流脱扣器保护特性**

<table>
<tr><th>脱扣器</th><th>脱扣器额定电流 $I_n$/A</th><th>试验电流 $I/I_n$</th><th>脱扣时间 $t$</th><th>起始状态</th><th>预期结果</th><th>环境温度</th></tr>
<tr><td rowspan="4">B、C、D</td><td rowspan="2">≤63</td><td>1.13</td><td>≥1h</td><td>冷态</td><td>不脱扣</td><td rowspan="10">30～35℃</td></tr>
<tr><td>1.45</td><td>＜1h</td><td>热态</td><td>脱扣</td></tr>
<tr><td>≤32</td><td rowspan="2">2.55</td><td>1s＜$t$＜60s</td><td rowspan="8">冷态</td><td rowspan="2">脱扣</td></tr>
<tr><td>＞32</td><td>1s＜$t$＜120s</td></tr>
<tr><td>B</td><td rowspan="6">所有值</td><td>3</td><td rowspan="3">≥0.1s</td><td rowspan="3">不脱扣</td></tr>
<tr><td>C</td><td>5</td></tr>
<tr><td>D</td><td>10</td></tr>
<tr><td>B</td><td>5</td><td rowspan="3">＜0.1s</td><td rowspan="3">脱扣</td></tr>
<tr><td>C</td><td>10</td></tr>
<tr><td>D</td><td>20</td></tr>
</table>

### 5.3.32 SRW2-1600系列万能式断路器额定电流规格（表5-89）

表5-89 SRW2-1600系列万能式断路器额定电流规格

| 壳架等级额定电流 $I_{nm}$/A | 额定电流 $I_n$/A |
| --- | --- |
| 1600 | 200、400、630、800、1000、1250、1600 |

### 5.3.33 SRW2-1600系列万能式断路器基本参数（表5-90）

表5-90 SRW2-1600系列万能式断路器基本参数

| 壳架等级额定电流 $I_n$/mA | 额定电压 $U_e$/V | | 额定极限短路分断能力 | | 额定运行短路分断能力 | | 额定短时耐受电流 | 额定绝缘电压 $U_i$/V | 额定冲击耐压 $U_{imp}$/kV |
| --- | --- | --- | --- | --- | --- | --- | --- | --- | --- |
| | | | $I_{cu}$/kA | cos$\phi$ | $I_{cs}$/kA | cos$\phi$ | $I_{cw}$ | | |
| 1600 | 400 | 50Hz | 55 | 0.25 | 42 | 0.25 | 42kA/1s | 690 | 12(2000m) |
| | 690 | | 25 | | 22 | | 22kA/0.5s | | |

说明：(1) 飞弧距离为零；

(2) 表中的分断能力上、下进线相同。

### 5.3.34 SRW2-1600系列万能式断路器脱扣器的电流整定值及允差（表5-91）

表5-91 SRW2-1600系列万能式断路器脱扣器的电流整定值 $I_r$ 及允差

| $I_{nm}$/A | 长延时 | 短延时 | | 瞬时 | | 接地故障 | |
| --- | --- | --- | --- | --- | --- | --- | --- |
| | $I_{r1}$ | $I_{r2}$ | 允差 | $I_{r3}$ | 允差 | $I_{r4}$ | 允差 |
| 1600 | $(0.4\sim1)I_n$ | $(3\sim10)I_n$ | ±10% | $(3\sim15)I_n$ | ±15% | $(0.2\sim0.8)I_n$ | ±10% |

说明：(1) 表中 $I_{r1}$ 表示长延时保护整定电流，$I_{r2}$ 表示短延时保护整定电流，$I_{r3}$ 表示瞬间保护整定电流，$I_{r4}$ 表示接地保护整定电流；

(2) 当具有三段保护时，整定值不能交叉，且 $I_{r1}<I_{r2}<I_{r3}$；

(3) 用于690V时，瞬时保护整定电流的最大整定值为10kA。

### 5.3.35 SRW2-1600系列万能式断路器脱扣器长延时过电流保护反时限动作特性（表5-92）

表5-92 SRW2-1600系列万能式断路器脱扣器长延时过电流保护反时限动作特性

| $I$ | 动作时间/s | | | | 允差 |
| --- | --- | --- | --- | --- | --- |
| $1.05I_{r1}$ | >2h不动作 | | | | ±15% |
| $1.3I_{r1}$ | <1h动作 | | | | |
| $1.5I_{r1}$ | 30 | 60 | 120 | 240 | |
| $2.0I_{r1}$ | 16.9 | 33.7 | 67.5 | 135 | |

说明：$2.0I_{r1}$ 的时间按 $I^2T=(1.5I_{r1})^2t_L$ 来计算，其中 $t_L$ 为 $1.5I_{r1}$ 时动作时间，由用户整定。

### 5.3.36 SRW2-1600系列万能式断路器脱扣器短路短延时过电流保护动作特性（表5-93）

表5-93 SRW2-1600系列万能式断路器脱扣器短路短延时过电流保护动作特性

| 短延时保护电流整定值 $t_2$/s | 0.2 | 0.4 | 允差 |
| --- | --- | --- | --- |
| 最大分断时间/s | 0.23 | 0.46 | ±10% |
| 不脱扣持续时间/s | 0.14 | 0.33 | |

说明：$L$ 型控制器为定时限动作特性，当过载电流 $I$ 超过设定值 $t_{sd}$，控制器分别按0.2s与0.4s两挡时间中的一挡延时保护。

### 5.3.37 SRW2-1600系列万能式断路器欠电压脱扣器等的工作电压

SRW2-1600系列万能式断路器的分励脱扣器、欠电压脱扣器、电动操作机构、释能

（闭合）电磁铁、智能型脱扣器的工作电压见表5-94。

**表5-94　SRW2-1600系列万能式断路器欠电压脱扣器等的工作电压**

| 类　型 | 额定电压 | AC 50Hz/V | DC/V |
|---|---|---|---|
| 分励脱扣器 | $U_s$ | 230、400 | 110、220 |
| 欠电压脱扣器 | $U_s$ | 230、400 | —— |
| 电动操作机构 | $U_s$ | 230、400 | 110、220 |
| 释能(闭合)电磁铁 | $U_s$ | 230、400 | 110、220 |
| 智能型脱扣器 | $U_s$ | 230、400 | 110、220 |

说明：分励脱扣器的可靠动作电压范围为（70%～110%）$U_s$，释能（闭合）电磁铁为（85%～110%）$U_s$。

## 5.3.38　SRW2-1600系列万能式断路器辅助触头的性能

SRW2-1600系列万能式断路器辅助触头为四常开四常闭转换触头，其他参数见表5-95。

**表5-95　SRW2-1600系列万能式断路器辅助触头的性能**

| 额定电压 $U_s$/V | 约定发热电流 $I_{th}$/A | 额定控制容量 |
|---|---|---|
| AC 230/400 | 6 | 300V·A |
| DC 220/110 | | 60W |

## 5.3.39　SRW15（15HH）系列万能式低压断路器额定电流（表5-96）

**表5-96　SRW15（15HH）系列万能式低压断路器额定电流**

| 壳架等级额定电流 $I_{nm}$/A | 额定电流 $I_n$/A |
|---|---|
| 2000 | (400)、630、800、1000、1250、1600、2000 |
| 4000 | 2000、2500、2900、3200、4000 |

## 5.3.40　SRW15（15HH）系列万能式低压断路器额定工作电压、额定短路分断能力及短时耐受电流、进线方式（表5-97）

**表5-97　SRW15（15HH）系列万能式低压断路器额定工作电压、额定短路分断能力及短时耐受电流、进线方式**

| 壳架等级额定电流 $I_{nm}$/A | | 4000 | 2000 | 进线方式 |
|---|---|---|---|---|
| 额定极限短路分断能力 $I_{cu}$(kA)0-C0 | 400V | 80 | 50 | 上进线或下进线 |
| | 690V | | 30 | |
| 额定短路接通能力 $nI_{cu}$(kA)/cos$\phi$ | 400V | 176/0.2 | 105/0.25 | |
| | 690V | | | |
| 额定运行短路分断能力 $I_{cs}$(kA)0-C0-C0 | 400V | 60 | 40 | |
| | 690V | | | |
| 额定短时耐受电流 $I_{cw}$(kA)1s延时0.4s,0-C0 | 400V | 60 | 40 | |
| | 690V | | | |

## 5.3.41　DW15万能式断路器特性（表5-98）

**表5-98　DW15万能式断路器特性**

| 断路器壳架等级额定电流 $I_{nm}$/A | | | 630 | | 1000 | 1600 | 2500 | 4000 |
|---|---|---|---|---|---|---|---|---|
| 约定发热电流 $I_{th}$/A | | 200 | 400 | 630 | 1000 | 1600 | 2500 | 4000 |
| 极数 | | 3 | 3 | 3 | 3 | 3 | 3 | 3 |
| 断路器额定电流 $I_n$/A | 热-电磁型 | 100　160　200 | 315　400 | 315　400　630 | 630　800　1000 | 1600 | 1600　2000　2500 | 2500　3000　4000 |
| | 电子型 | 100　200 | 200　400 | 315　400　630 | 630　800　1000 | 1600 | 1600　2000　2500 | 2500　3000　4000 |

续表

| 额定短路分断能力/kA | AC 380V | 20 | 30 | 30 | 40 | 40 | 60 | 80 |
|---|---|---|---|---|---|---|---|---|
| | AC 660V | | 25 | 25 | | | | |
| 操作频率/(次/h) | | 60 | 60 | 60 | 20 | 20 | 20 | 10 |
| 飞弧距离/mm | | 280 | 280 | 280 | 350 | 350 | 350 | 400 |
| 操作力臂/mm | | 90 | 90 | 90 | 250 | 250 | 250 | 250 |
| 操作力/N | | 200 | 200 | 200 | 350 | 350 | 350 | 350 |
| 额定短时耐受电流/kA | | 8 | 12.6 | 12.6 | 30 | 30 | 40 | 60 |
| 与额定短时耐受电流有关时间/s | | 0.2 | 0.2 | 0.2 | 0.5 | 0.5 | 0.5 | 0.5 |
| 断路器机械寿命/次 | | 10000 | 10000 | 10000 | 5000 | 5000 | 5000 | 4000 |
| 电寿命($1I_n$,$1U_e$)/次 | | 1000 | 1000 | 1000 | 500 | 500 | 500 | 500 |
| AC380V 保护电动机电寿命 AC 3/次 | | 2000 | 2000 | 2000 | | | | |

## 5.3.42 DW15 万能式断路器的脱扣器释能电磁铁线圈及控制箱等的额定电压（表 5-99）

**表 5-99 DW15 万能式断路器的脱扣器，释能电磁铁线圈及控制箱的额定电压**

| 类型 | | 额定电压/V | | |
|---|---|---|---|---|
| | | 交流 50Hz | | 直流 |
| 脱扣器 | 分励脱扣器 | $U_s$ | 127、220、380 | 110、220 |
| | 欠电压脱扣器 | $U_s$ | | — |
| 闭合装置 | 操作机构释能电磁铁 | $U_s$ | 220、380 | 110、220 |
| | 操作电磁铁控制箱 | $U_s$ | 127、220、380 | |
| | 电动机操作控制箱 | $U_s$ | 220、380 | |

## 5.3.43 CJX1-Z(9A-32A) 直流操作交流接触器基本参数

额定绝缘电压 $U_i$ 为 660V。

额定控制电源电压（V DC）：12、24、36、42、48、60、110、125、180、220、230 等。

辅助电路额定工作电压：AC400V、DC220V。

辅助电路额定发热电流：10A。

辅助电路额定控制容量：在 AC15 使用类别时为 300A，在 DC13 使用类别时为 30W。

接触器在 AC3 使用类别下额定工作电压 380V 时额定工作电流（$I_e$）、控制电动机最大功率（$P$）、约定发热电流（$I_{th}$）见表 5-100。

**表 5-100 CJX1-Z(9A-32A) 直流操作交流接触器基本参数**

| 型号 | $I_{th}$/A | $I_e$/A | $P$/kW | | 型号 | $I_{th}$/A | $I_e$/A | $P$/kW | |
|---|---|---|---|---|---|---|---|---|---|
| | | | 400V | 690V | | | | 400V | 690V |
| CJX1-9Z | 20 | 9 | 4 | 5.5 | CJX1-22Z | 30 | 22 | 11 | 11 |
| CJX1-12Z | 20 | 12 | 5.5 | 7.5 | CJX1-32Z | 45 | 32 | 15 | 15 |
| CJX1-16Z | 30 | 16 | 7.5 | 11 | | | | | |

## 5.3.44 CJX2 交流接触器主电路技术参数（表 5-101）

**表 5-101 CJX2 交流接触器主电路技术参数**

| 型号 | 额定绝缘电压 | 约定发热电流/A | 额定工作电流 400V AC3 | 控制功率/kW | | | | | 触头数量 | 说明 |
|---|---|---|---|---|---|---|---|---|---|---|
| | | | | 230V | 400V | 415V | 440V | 690V | | |
| CJX2-0910<br>CJX2-0901 | 690 | 20 | 9 | 2.2 | 4 | 4 | 4 | 5.5 | 3P+NO<br>3P+NC | 安装方式：（1）35mm 导轨安装。（2）两个螺钉安装 |
| CJX2-1210<br>CJX2-1201 | | 20 | 12 | 3 | 5.5 | 5.5 | 5.5 | 7.5 | 3P+NO<br>3P+NC | |
| CJX2-1810<br>CJX2-1801 | | 32 | 18 | 4 | 7.5 | 9 | 9 | 9 | 3P+NO<br>3P+NC | |
| CJX2-2510<br>CJX2-2501 | | 40 | 25 | 5.5 | 11 | 11 | 11 | 15 | 3P+NO<br>3P+NC | |
| CJX2-3210<br>CJX2-3201 | | 50 | 32 | 7.5 | 15 | 15 | 15 | 18.5 | 3P+NO<br>3P+NC | |
| CJX2-4011 | | 60 | 40 | 11 | 18.5 | 22 | 22 | 30 | 3P+NO+NC | 安装方式：（1）75mm 或 35mm 导轨安装。（2）两个螺钉安装 |
| CJX2-5011 | | 80 | 50 | 15 | 22 | 25 | 25 | 33 | | |
| CJX2-6511 | | 80 | 65 | 18.5 | 25 | 37 | 37 | 37 | | |
| CJX2-8011 | | 125 | 80 | 22 | 37 | 45 | 45 | 45 | | |
| CJX2-9511 | | 125 | 95 | 25 | 45 | 45 | 45 | 45 | | |

## 5.3.45 CJX2 交流接触器线圈参数（表 5-102）

**表 5-102 CJX2 交流接触器线圈参数**

| 型号 | | | | CJX2-09 | CJX2-12 | CJX2-18 | CJX2-25 | CJX2-32 | CJX2-40 | CJX2-50 | CJX2-65 | CJX2-80 | CJX2-95 |
|---|---|---|---|---|---|---|---|---|---|---|---|---|---|
| 吸合电压 50/60Hz/A | | | | (0.85～1.1) $U_s$ | (0.85～1.1) $U_s$ | (0.85～1.1) $U_s$ | (0.85～1.1) $U_s$ | (0.85～1.1) $U_s$ | (0.85～1.1) $U_s$ | (0.85～1.1) $U_s$ | (0.85～1.1) $U_s$ | (0.85～1.1) $U_s$ | (0.85～1.1) $U_s$ |
| 释放电压 50/60Hz/A | | | | (0.2～0.75) $U_s$ | (0.2～0.75) $U_s$ | (0.2～0.75) $U_s$ | (0.2～0.75) $U_s$ | (0.2～0.75) $U_s$ | (0.2～0.75) $U_s$ | (0.2～0.75) $U_s$ | (0.2～0.75) $U_s$ | (0.2～0.75) $U_s$ | (0.2～0.75) $U_s$ |
| 线圈功率 | 50Hz | 吸合 | V·A | 70 | 70 | 110 | 110 | 110 | 200 | 200 | 200 | 200 | 200 |
| | | 保持 | V·A | 8 | 8 | 11 | 11 | 11 | 20 | 20 | 20 | 20 | 20 |
| | 60Hz | 吸合 | V·A | 80 | 80 | 115 | 115 | 115 | 200 | 200 | 200 | 200 | 200 |
| | | 保持 | V·A | 8 | 8 | 11 | 11 | 11 | 20 | 20 | 20 | 20 | 20 |
| | 功耗 | | W | 1.8～2.7 | 1.8～2.7 | 3～4 | 3～4 | 3～4 | 6～10 | 6～10 | 6～10 | 6～10 | 6～10 |

## 5.3.46 CJ40 交流接触器主要技术参数（表 5-103）

**表 5-103 CJ40 交流接触器主要技术参数**

| 基本规格 | 框架代号 | $U_i$ /V | $U_{imp}$ /kV | $U_e$ /V | $I_{th}$ /A | 断续周期工作制下的 $I_e$/A | | | | AC-3 的 $P_e$/kW | 不间断工作制的 $I_e$/A |
|---|---|---|---|---|---|---|---|---|---|---|---|
| | | | | | | AC-1 | AC-2 | AC-3 | AC-4 | | |
| 9 | 12 | 690 | 8 | 230 | 20 | 20 | 9 | 9 | 3.5 | 2.2 | 20 |
| | | | | 400 | | | 9 | 9 | 3.5 | 4 | |
| | | | | 690 | | | 9 | 9 | 3.5 | 7.5 | |
| 12 | | | | 230 | | | 12 | 12 | 4.5 | 3 | |
| | | | | 400 | | | 12 | 12 | 4.5 | 5.5 | |
| | | | | 690 | | | 9 | 9 | 4.5 | 7.5 | |
| 16 | 25 | 690 | 8 | 230 | 32 | 32 | 16 | 16 | 8 | 4 | 32 |
| | | | | 400 | | | 16 | 16 | 8 | 7.5 | |
| | | | | 690 | | | 14 | 14 | 7 | 13 | |
| 25 | | | | 230 | | | 25 | 25 | 9 | 7.5 | |
| | | | | 400 | | | 25 | 25 | 9 | 11 | |
| | | | | 690 | | | 14 | 14 | 7 | 13 | |

续表

| 基本规格 | 框架代号 | $U_i$ /V | $U_{imp}$ /kV | $U_e$ /V | $I_{th}$ /A | 断续周期工作制下的 $I_e$/A | | | | AC-3 的 $P_e$/kW | 不间断工作制的 $I_e$/A |
|---|---|---|---|---|---|---|---|---|---|---|---|
| | | | | | | AC-1 | AC-2 | AC-3 | AC-4 | | |
| 32 | 50 | 690 | 8 | 230 | 63 | 63 | 32 | 32 | 16 | 7.5 | 63 |
| | | | | 400 | | | 32 | 32 | 16 | 15 | |
| | | | | 690 | | | 25 | 25 | 12.5 | 25 | |
| 40 | | | | 230 | | | 40 | 40 | 20 | 11 | |
| | | | | 400 | | | 40 | 40 | 20 | 18.5 | |
| | | | | 690 | | | 25 | 25 | 12.5 | 25 | |
| 50 | | | | 230 | | | 50 | 50 | 25 | 15 | |
| | | | | 400 | | | 50 | 50 | 25 | 25 | |
| | | | | 690 | | | 25 | 25 | 12.5 | 25 | |
| 63 | 125 | 690 | 8 | 230 | 80 | 80 | 63 | 63 | 63 | 18.5 | 80 |
| | | | | 400 | | | 63 | 63 | 63 | 30 | |
| | | | | 690 | | | 63 | 63 | 63 | 55 | |
| 80 | | | | 230 | | | 80 | 80 | 80 | 22 | |
| | | | | 400 | | | 80 | 80 | 80 | 37 | |
| | | | | 690 | | | 63 | 63 | 63 | 55 | |
| 100 | | | | 230 | 125 | 125 | 100 | 100 | 100 | 30 | 125 |
| | | | | 400 | | | 100 | 100 | 100 | 45 | |
| | | | | 690 | | | 80 | 80 | 80 | 75 | |
| 125 | | | | 230 | | | 125 | 125 | 125 | 37 | |
| | | | | 400 | | | 125 | 125 | 110 | 55 | |
| | | | | 690 | | | 80 | 80 | 80 | 75 | |
| 160 | 250 | 690 | 8 | 230 | 250 | 250 | 160 | 160 | 160 | 45 | 250 |
| | | | | 400 | | | 160 | 160 | 160 | 75 | |
| | | | | 690 | | | 125 | 125 | 125 | 110 | |
| 200 | | | | 230 | | | 200 | 200 | 200 | 55 | |
| | | | | 400 | | | 200 | 200 | 200 | 90 | |
| | | | | 690 | | | 125 | 125 | 125 | 110 | |
| 250 | | | | 230 | | | 250 | 250 | 250 | 75 | |
| | | | | 400 | | | 250 | 250 | 250 | 132 | |
| | | | | 690 | | | 125 | 125 | 125 | 110 | |

### 5.3.47 JZ7 系列中间继电器

常见的 JZ7 中间继电器的特性见表 5-104。

**表 5-104 常见的 JZ7 中间继电器的特性**

| 型号 | 额定工作电压/V | 约定发热电流/A | 触头数量 | | 额定操作频率/(次/h) | 额定控制容量 | | 吸引线圈电压/V(交流 50Hz) | 线圈消耗功率/V·A |
|---|---|---|---|---|---|---|---|---|---|
| | | | 常开 | 常闭 | | AC/V·A | DC/W | | |
| JZ7-22 | AC380<br>DC220 | 5 | 2 | 2 | 1200 | 300 | 33 | 127<br>220<br>380 | 启动:75<br>吸持:13 |
| JZ7-41 | | | 4 | 1 | | | | | |
| JZ7-42 | | | 4 | 2 | | | | | |
| JZ7-44 | | | 4 | 4 | | | | | |
| JZ7-53 | | | 5 | 3 | | | | | |
| JZ7-62 | | | 6 | 2 | | | | | |
| JZ7-80 | | | 8 | 0 | | | | | |

### 5.3.48 RO19、RO20 系列熔断器主要技术参数（表 5-105）

表 5-105 RO19、RO20 系列熔断器主要技术参数

| 型　号 | 额定电压/V | 额定电流/A |
|---|---|---|
| RO19A | 250/600 | 0.5、1、2、4、6、10、16、20、25、32 |
| RO19B | 250/600 | 0.5、1、2、4、6、10、16、20、25、32 |
| RO19 | 250/600 | 0.5、1、2、4、6、10、16、20、25、32 |
| RO19C | 250/600 | 0.5、1、2、4、6、10、16、20、25、30、40、50、63 |
| RO19D | 250/600 | 0.5、1、2、4、6、10、16、20、25、30、40、50、63 |
| RO20A | 250/600 | 60、70、75、80、100 |
| RO20 | 250/600 | 30、40、50、60、80、100 |
| RO20B | 250/600 | 100、125、160、200 |
| RO20C | 250/600 | 60、80、100、125、160、200 |
| RO20D | 250/600 | 200、250、300、350、400 |
| RO20E | 250/600 | 100、160、200、250、300、400 |
| RO20F | 250/600 | 400、450、500、600 |
| RO20G | 250/600 | 200、250、300、400、500、6000 |

### 5.3.49 RL1 系列螺旋式熔断器的额定电流和额定分断能力（表 5-106）

表 5-106 RL1 系列螺旋式熔断器的额定电流和额定分断能力

| 型　号 | 额定电流/A | 熔断体额定电流/A | 额定分断能力/kA | | | |
|---|---|---|---|---|---|---|
| | | | 交流 | | 直流 | |
| | | | 400V | cos$\phi$ | 440V | $T$/ms |
| RL1-15 | 15 | 2、4、5、6、10、15 | 25 | 0.35 | 5 | 10～20 |
| RL1-60 | 60 | 20、25、30、35、40、50、60 | 25 | 0.35 | 5 | |
| RL1-100 | 100 | 60、80、100 | 50 | 0.25 | 10 | |
| RL1-200 | 200 | 100、120、150、200 | 50 | 0.25 | 10 | |

### 5.3.50 RL1 系列螺旋式熔断器最小试验电流与最大试验电流

RL1 系列螺旋式熔断器，当周围空气温度为（20±5)℃时，熔断器通过表 5-107 中规定的最小试验电流 1h 应不熔断，通过最大试验电流 1h 必须熔断。

表 5-107 RL1 系列螺旋式熔断器最小试验电流与最大试验电流

| 熔断体额定电流 $I_n$/A | 最小试验电流 | 最大试验电流 |
|---|---|---|
| $I_n \leqslant 10$ | $1.5I_n$ | $2.1I_n$ |
| $10 < I_n \leqslant 30$ | $1.4I_n$ | $1.75I_n$ |
| $I_n > 30$ | $1.3I_n$ | $1.6I_n$ |

### 5.3.51 SG、SBK、ZSG 系列三相干式变压器的主要技术参数（表 5-108）

表 5-108 SG、SBK、ZSG 系列三相干式变压器的主要技术参数

| 型　号 | 额定容量/V·A | 额定电压/V | | 连接组 | 重量/kg |
|---|---|---|---|---|---|
| | | 高压 | 低压 | | |
| SG-0.15/0.5(F) | 150 | | | | 19 |
| SG-0.5/0.5(F) | 500 | | | | 28 |
| SG-1.0/0.5(F) | 1000 | 380 | 220 | Y/Y-12 | 34 |
| SG-1.5/0.5(F) | 1500 | 380 | 127 | Y/△-11 | 38 |
| SG-2/0.5(F) | 2000 | 380 | 36 | Y/Y-11 | 43 |
| SG-2.5/0.5(F) | 2500 | 220 | 127 | △/△-11 | 43 |

续表

| 型　　号 | 额定容量/V·A | 额定电压/V | | 连接组 | 重量/kg |
|---|---|---|---|---|---|
| | | 高压 | 低压 | | |
| SG-3/0.5(F) | 3000 | 220 | 36 | △/Y-11 | 49 |
| SG-4/0.5(F) | 4000 | | | | 51 |
| SG-5/0.5(F) | 5000 | | | | 65 |

说明：型号带 F 者为防护式，开启式不表示。

## 5.3.52 YD11 系列信号灯基本参数（表 5-109）

**表 5-109 YD11 系列信号灯基本参数**

| 产品结构分类 | 直接式 | | | | |
|---|---|---|---|---|---|
| | 白炽灯 | | | | |
| 颈部直径 $d$/mm | 10、16、22、25、30 | | | 30 | |
| 配用灯座型式 | E10(BA9S) | | | E14(BA15S) | |
| 电源种类 | 交直流 | | | | |
| 额定工作电压 $U_{\rm e}$/V | 6.3 | 12 | 24、36、48 | 24、36、48、110 | 127、220 |
| 发光器件功率 $P$/W | 1 | 1.2 | 1.5 | 3 | 5 |
| 信号颜色 | 红、黄、蓝、绿、白、无色透明 | | | | |
| 产品结构分类 | 变压器减压式 | 电阻器减压式 | | | 电容器减压式 |
| | 白炽灯 | | 辉光灯 | 半导体发光器件 | |
| 颈部直径 $d$/mm | 22、25、30 | | 10、12、16、22、25、30 | 10、12、16、22、25、30 | |
| 配用灯座型式 | E10(BA9S) | | E14(BA15S) | — | |
| 电源种类 | 交流 | 交直流 | | 交、直流 | 交流 |
| 额定工作电压 $U_{\rm e}$/V | 110、220、380 | 110、220 | 110、220、380 | 6.3、12、24<br>36、110、220 | 220、380 |
| 发光器件功率 $P$/W | ≤1.2 | ≤1.5 | ≤1 | ≤0.03～1.05 | |
| 信号颜色 | 红、黄、蓝、绿、白、无色透明 | | 红、黄、绿、白 | | |

## 5.3.53 信号灯的电寿命要求（表 5-110）

**表 5-110 信号灯的电寿命要求**

| 信号灯种类 | 发光器件种类 | 寿命/h | 信号灯种类 | 发光器件种类 | 寿命/h |
|---|---|---|---|---|---|
| 可拆卸式信号灯 | 白炽灯 | 1000 | 不可拆卸式信号灯 | 白炽灯 | 2000 |
| | 氖灯 | 2000 | | 发光二极管 | 30000 |

## 5.3.54 LAY3 系列按钮开关主要技术要求（表 5-111）

**表 5-111 LAY3 系列按钮开关主要技术要求**

| 项　　目 | 主要技术要求 | | | | | | |
|---|---|---|---|---|---|---|---|
| 额定绝缘电压 | AC：660V(50Hz 或 60Hz) | | | | | | |
| 约定发热电流 | 5A | | | | | | |
| 使用类别 | 使用类别 | 额定值 | | | | | |
| | AC-15 | 额定工作电压($U_{\rm e}$)/V | 660 | 380 | 220 | 110 | 48 |
| | | 额定工作电流($I_{\rm e}$)/A | 0.45 | 0.79 | 1.36 | 2.72 | 6.25 |
| | AC-13 | 额定工作电压($U_{\rm e}$)/V | 440 | 220 | 110 | 48 | 24 |
| | | 额定工作电流($I_{\rm e}$)/A | 0.13 | 0.27 | 0.54 | 1.25 | 2.5 |

### 5.3.55 断路器 BD-63 常见参数（表 5-112）

表 5-112 断路器 BD-63 常见参数

| 规格 | | BD-63 | | | | | | | |
|---|---|---|---|---|---|---|---|---|---|
| 级数 | | 1P1E | | 2P2E | | 3P3E | | 4P4E | |
| 类型 | | C | D | C | D | C | D | C | D |
| 额定电流 | 6A | BBD 1061CP | BBD 1061DP | BBD 2062CP | BBD 2062DP | BBD 3063CP | BBD 3063DP | BBD 4064CP | BBD 4064DP |
| | 10A | BBD 1101CP | BBD 1101DP | BBD 2102CP | BBD 2102DP | BBD 3103CP | BBD 3103DP | BBD 4104CP | BBD 4104DP |
| | 16A | BBD 1161CP | BBD 1161DP | BBD 2162CP | BBD 2162DP | BBD 3163CP | BBD 3163DP | BBD 4164CP | BBD 4164DP |
| | 20A | BBD 1201CP | BBD 1201DP | BBD 2202CP | BBD 2202DP | BBD 3203CP | BBD 3203DP | BBD 4204CP | BBD 4204DP |
| | 25A | BBD 1251CP | BBD 1251DP | BBD 2252CP | BBD 2252DP | BBD 3353CP | BBD 3353DP | BBD 4254CP | BBD 4254DP |
| | 32A | BBD 1321CP | BBD 1321DP | BBD 2322CP | BBD 2322DP | BBD 3323CP | BBD 3323DP | BBD 4324CP | BBD 4324DP |
| | 40A | BBD 1401CP | BBD 1401DP | BBD 2402CP | BBD 2402DP | BBD 3403CP | BBD 3403DP | BBD 4404CP | BBD 4404DP |
| | 50A | BBD 1501CP | BBD 1501DP | BBD 2502CP | BBD 2502DP | BBD 3503CP | BBD 3503DP | BBD 4504CP | BBD 4504DP |
| | 63A | BBD 1631CP | BBD 1631DP | BBD 2632CP | BBD 2632DP | BBD 3633CP | BBD 3633DP | BBD 4634CP | BBD 4634DP |
| 额定电压/V AC | | 240 | | 415 | | 415 | | 415 | |
| 额定短路分断能力/A | | 6000 | | 6000 | | 6000 | | 6000 | |

### 5.3.56 断路器 BDP-25 常见参数（表 5-113）

表 5-113 断路器 BDP-25 常见参数

| 规格 | | BDP-25 | |
|---|---|---|---|
| 级数 | | 2P1E | |
| 类型 | | C | D |
| 额定电流 | 6A | BBDP2061CP | BBDP2061DP |
| | 10A | BBDP2101CP | BBDP2101DP |
| | 16A | BBDP2161CP | BBDP2161DP |
| | 20A | BBDP2201CP | BBDP2201DP |
| | 25A | BBDP2251CP | BBDP2251DP |
| 额定电压 | | 240V AC | |
| 额定短路分断能力 | | 4500A | |

### 5.3.57 断路器 BD-125（2P/4P 80A、100A、125A）常见参数（表 5-114）

表 5-114 断路器 BD-125（2P/4P 80A、100A、125A）常见参数

| 规格 | | BD-125 | | | |
|---|---|---|---|---|---|
| 级数 | | 2P2E | | 4P4E | |
| 类型 | | C | D | C | D |
| 额定电流 | 80A | BBD208021C | BBD208021D | BBD408041C | BBD408041D |
| | 100A | BBD210021C | BBD210021D | BBD410041C | BBD410041D |
| | 125A | BBD212521C | — | BBD412541C | — |
| 额定电压/VAC | | 400 | 400 | 400 | 400 |
| 额定短路分断能力/kA | | 10 | 10 | 10 | 10 |

### 5.3.58 漏电断路器 BDE-40 系列常见参数（表 5-115）

表 5-115 漏电断路器 BDE-40 系列常见参数

| 规格 | | BDE-40 | |
|---|---|---|---|
| 级数 | | 2P1E | |
| 类型 | | C | D |
| 额定电流 | 6A | BBDE20631CP | BBDE20631DP |
| | 10A | BBDE21031CP | BBDE21031DP |
| | 16A | BBDE21631CP | BBDE21631DP |
| | 20A | BBDE22031CP | BBDE22031DP |
| | 25A | BBDE22531CP | BBDE22531DP |
| | 32A | BBDE23231CP | BBDE23231DP |
| | 40A | BBDE24031CP | BBDE24031DP |
| 额定电压/V AC | | 240 | |
| 许用电压范围/V | | 187～264 | |
| 额定短路分断能力/A | | 6000 | |
| 额定剩余动作电流/A | | 0.03 | |
| 额定剩余不动作电流/A | | 0.015 | |
| 剩余电流动作时的分断时间 | | 0.1s 以内 | |

### 5.3.59 漏电断路器 BDE-63 系列常见参数（表 5-116）

表 5-116 漏电断路器 BDE-63 系列常见参数

| 规格 | | BDE-63 | |
|---|---|---|---|
| 级数 | | 2P1E | |
| 类型 | | C | D |
| 额定电流 | 50A | BBDE25031CP | BBDE25031DP |
| | 63A | BBDE26331CP | BBDE26331DP |
| 额定电压/V AC | | 240 | |
| 许用电压范围/V | | 187～264 | |
| 额定短路分断能力/A | | 6000 | |
| 额定剩余动作电流/A | | 0.03 | |
| 额定剩余不动作电流/A | | 0.015 | |
| 剩余电流动作时的分断时间 | | 0.1s 以内 | |

### 5.3.60 漏电断路器 BDPE-25 系列常见参数（表 5-117）

表 5-117 漏电断路器 BDPE-25 系列常见参数

| 规格 | | BDPE-25 | |
|---|---|---|---|
| 级数 | | 2P1E | |
| 类型 | | C | D |
| 额定电流 | 6A | BBDPE20631CP | BBDPE20631DP |
| | 10A | BBDPE21031CP | BBDPE21031DP |
| | 16A | BBDPE21631CP | BBDPE21631DP |
| | 20A | BBDPE22031CP | BBDPE22031DP |
| | 25A | BBDPE22531CP | BBDPE22531DP |
| 额定电压/V AC | | 240 | |
| 许用电压范围/V | | 187～264 | |
| 额定短路分断能力/A | | 4500 | |
| 额定剩余动作电流/A | | 0.03 | |
| 额定剩余不动作电流/A | | 0.015 | |
| 剩余电流动作时的分断时间 | | 0.1s 以内 | |

说明：接线时注意，不要将零线与相线（火线）接反。

### 5.3.61 漏电断路器BDE-40系列常见参数（表5-118）

表5-118 漏电断路器BDE-40系列常见参数

| 规格 | | BDE-40 | |
|---|---|---|---|
| 级数 | | 4P3E | |
| 类型 | | C | D |
| 额定电流 | 10A | BBDE41033C | BBDE41033D |
| | 16A | BBDE41633C | BBDE41633D |
| | 20A | BBDE42033C | BBDE42033D |
| | 25A | BBDE42533C | BBDE42533D |
| | 32A | BBDE43233C | BBDE43233D |
| | 40A | BBDE44033C | BBDE44033D |
| 额定电压/V AC | | 240/415 | |
| 许用电压范围/V | | 324～457 | |
| 额定短路分断能力/A | | 6000 | |
| 额定剩余动作电流/A | | 0.03 | |
| 额定剩余不动作电流/A | | 0.015 | |
| 剩余电流动作时的分断时间 | | 0.1s以内 | |

说明：零线必须从N侧接入。

### 5.3.62 漏电断路器BDE-63系列常见参数（表5-119）

表5-119 漏电断路器BDE-63系列常见参数

| 规格 | | BDE-63 | |
|---|---|---|---|
| 级数 | | 4P3E | |
| 类型 | | C | D |
| 额定电流 | 50A | BBDE450331C | BBDE450331D |
| | 63A | BBDE463331C | BBDE463331D |
| 额定电压/V AC | | 240/415 | |
| 许用电压范围/V | | 324～457 | |
| 额定短路分断能力/A | | 6000 | |
| 额定剩余动作电流/A | | 0.03 | |
| 额定剩余不动作电流/A | | 0.015 | |
| 剩余电流动作时的分断时间 | | 0.1s以内 | |

说明：零线必须从N侧接入。

### 5.3.63 隔离开关BDS-100隔离开关常见参数（表5-120）

表5-120 隔离开关BDS-100隔离开关常见参数

| 规格 | | BDS-100 | |
|---|---|---|---|
| 级数 | | 2P | 4P |
| 额定电流 | 40A | BBDS240 | BBDS440 |
| | 63A | BBDS263 | BBDS463 |
| | 100A | BBDS2100 | BBDS4100 |
| 额定电压/V DC | | 415 | 415 |

### 5.3.64 定时开关TB388C7S、TB118C7S、TB178C5S常见参数（表5-121）

表5-121 定时开关TB388C7S、TB118C7S、TB178C5S常见参数

| 型号 | TB388C7S | TB118C7S | TB178C5S |
|---|---|---|---|
| 额定电压 | 100～240V AC,50/60Hz通用 | | 200～220V AC,50/60Hz可切换 |
| 额定耗电量 | 110V AC 1W,220V AC 2W | | 1.5W |
| 驱动方法 | 石英振荡式 | | AC电动机 |
| 时间精确度 | ±15s/月（25℃状态） | | 同步电机 |

续表

| 型号 | | TB388C7S | TB118C7S | TB178C5S |
|---|---|---|---|---|
| 负荷容量 | 电阻 | 15A | 15A | 15A |
| | 白炽灯负荷 | 10A | 15A | 15A |
| | 电感负荷 | 12A | 12A | 12A |
| | 电动机负荷 | 110V AC 750W,220V AC 1500W | | |
| 最小设定单位 | | 15 分钟单位 | | |
| 最小设定间隔 | | 15min | 30min | 30min |
| 开/关操作次数 | | 96 操作 | 标准 6 单位,最多 48 操作 | 标准 6 操作,最多 48 操作 |
| 开关构造 | | 单极单投式 | | |
| 手动开关 | | 开/自动/关式 | 开/关式 | 开/关式 |
| 周围温度/℃ | | −10～+50 | | |

## 5.3.65 Y 系列三相异步电动机技术数据（表 5-122）

**表 5-122 Y 系列三相异步电动机技术数据**

| 电动机型号 | 额定功率/kW | 满载转速/(r/min) | 启动转矩/额定转矩 | 最大转矩/额定转矩 | 电动机型号 | 额定功率/kW | 满载转速/(r/min) | 启动转矩/额定转矩 | 最大转矩/额定转矩 |
|---|---|---|---|---|---|---|---|---|---|
| 同步转速 3000r/min | | | | | 同步转速 1500r/min | | | | |
| Y80$_1$-2 | 0.75 | 2825 | 2.2 | 2.2 | Y80$_1$-4 | 0.55 | 1390 | 2.2 | 2.2 |
| Y80$_2$-2 | 1.1 | 2825 | 2.2 | 2.2 | Y80$_2$-4 | 0.75 | 1390 | 2.2 | 2.2 |
| Y90S-2 | 1.5 | 2820 | 2.2 | 2.2 | Y90S-4 | 1.1 | 1400 | 2.2 | 2.2 |
| Y90L-2 | 2.2 | 2840 | 2.2 | 2.2 | Y90L-4 | 1.5 | 1400 | 2.2 | 2.2 |
| Y100L-2 | 3 | 2880 | 2.2 | 2.2 | Y100L1-4 | 2.2 | 1420 | 2.2 | 2.2 |
| Y112M-2 | 4 | 2890 | 2.2 | 2.2 | Y100L2-4 | 3 | 1420 | 2.2 | 2.2 |
| Y132S$_1$-2 | 5.5 | 2900 | 2.0 | 2.2 | Y112M-4 | 4 | 1440 | 2.2 | 2.2 |
| Y132S$_2$-2 | 7.5 | 2900 | 2.0 | 2.2 | Y132S-4 | 5.5 | 1440 | 2.2 | 2.2 |
| Y160M$_1$-2 | 11 | 2930 | 2.0 | 2.2 | Y132M-4 | 7.5 | 1440 | 2.2 | 2.2 |
| Y160M$_2$-2 | 15 | 2930 | 2.0 | 2.2 | Y160M-4 | 11 | 1460 | 2.2 | 2.2 |
| Y160L-2 | 18.5 | 2930 | 2.0 | 2.2 | Y160L-4 | 15 | 1460 | 2.2 | 2.2 |
| Y180M-2 | 22 | 2940 | 2.0 | 2.2 | Y180M-4 | 18.5 | 1470 | 2.0 | 2.2 |
| Y200L$_1$-2 | 30 | 2950 | 2.0 | 2.2 | Y180L-4 | 22 | 1470 | 2.0 | 2.2 |
| Y200L$_2$-2 | 37 | 2950 | 2.0 | 2.2 | Y200L-4 | 30 | 1470 | 2.0 | 2.2 |
| Y225M-2 | 45 | 2970 | 2.0 | 2.2 | Y225S-4 | 37 | 1480 | 1.9 | 2.2 |
| Y250M-2 | 55 | 2970 | 2.0 | 2.2 | Y225M-4 | 45 | 1480 | 1.9 | 2.2 |
| Y280S-2 | 75 | 2970 | 2.0 | 2.2 | Y250M-4 | 55 | 1480 | 2.0 | 2.2 |
| Y280M-2 | 90 | 2970 | 2.0 | 2.2 | Y280S-4 | 75 | 1480 | 1.9 | 2.2 |
| Y315S-2 | 110 | 2970 | 1.6 | 2.2 | Y280M-4 | 90 | 1480 | 1.9 | 2.2 |
| 同步转速 1000r/min | | | | | 同步转速 750r/min | | | | |
| Y90S-6 | 0.75 | 910 | 2.0 | 2.0 | Y132S-8 | 2.2 | 710 | 2.0 | 2.0 |
| Y90L-6 | 1.1 | 910 | 2.0 | 2.0 | Y132M-8 | 3 | 710 | 2.0 | 2.0 |
| Y100L-6 | 1.5 | 940 | 2.0 | 2.0 | Y160M$_1$-8 | 4 | 720 | 2.0 | 2.0 |
| Y112M-6 | 2.2 | 940 | 2.0 | 2.0 | Y160M$_2$-8 | 5.5 | 720 | 2.0 | 2.0 |
| Y132S-6 | 3 | 960 | 2.0 | 2.0 | Y160L-8 | 7.5 | 720 | 2.0 | 2.0 |
| Y132M$_1$-6 | 4 | 960 | 2.0 | 2.0 | Y180L-8 | 11 | 730 | 1.7 | 2.0 |
| Y132M$_2$-6 | 5.5 | 960 | 2.0 | 2.0 | Y200L-8 | 15 | 730 | 1.8 | 2.0 |
| Y160M-6 | 7.5 | 970 | 2.0 | 2.0 | Y225S-8 | 18.5 | 730 | 1.7 | 2.0 |
| Y160L-6 | 11 | 970 | 2.0 | 2.0 | Y225M-8 | 22 | 730 | 1.8 | 2.0 |
| Y180L-6 | 15 | 970 | 1.8 | 2.0 | Y250M-8 | 30 | 730 | 1.8 | 2.0 |
| Y200L$_1$-6 | 18.5 | 970 | 1.8 | 2.0 | Y280S-8 | 37 | 740 | 1.8 | 2.0 |
| Y200L$_2$-6 | 22 | 970 | 1.8 | 2.0 | Y280M-8 | 45 | 740 | 1.8 | 2.0 |
| Y225M-6 | 30 | 980 | 1.7 | 2.0 | Y315S-8 | 55 | 740 | 1.6 | 2.0 |
| Y250M-6 | 37 | 980 | 1.8 | 2.0 | Y315M$_1$-8 | 75 | 740 | 1.6 | 2.0 |
| Y280S-6 | 45 | 980 | 1.8 | 2.0 | Y315M$_2$-8 | 90 | 740 | 1.6 | 2.0 |
| Y280M-6 | 55 | 980 | 1.8 | 2.0 | Y315M$_3$-8 | 110 | 740 | 1.6 | 2.0 |
| Y315S-6 | 75 | 980 | 1.6 | 2.0 | Y335M$_1$-8 | 132 | 740 | 1.6 | 2.0 |
| Y315M$_1$-6 | 90 | 980 | 1.6 | 2.0 | Y335M$_2$-8 | 160 | 740 | 1.6 | 2.0 |

说明：Y 系列电动机的型号一般由四部分组成：第 1 部分用汉语拼音字母 Y 表示异步电动机；第 2 部分用数字表示机座中心高（机座不带底脚时与机座带底脚时相同）；第 3 部分用英文字母表示机座长度代号（S—短机座，M—中机座，L—长机座），字母后的数字表示铁芯长度代号；第 4 部分横线后的数字表示电动机极数。

## 5.3.66　Y2 系列电机技术数据（表 5-123）

**表 5-123　Y2 系列电机技术数据**

| 型号 | 额定功率/kW | 满载 | | | | 堵转电流/额定电流 $I_{st}/I_N$ | 堵转转矩/额定转矩 $T_{st}/T_N$ | 最大转矩/额定转矩 $T_M/T_N$ |
|---|---|---|---|---|---|---|---|---|
| | | 转速/(r/min) | 电流/A | 效率/% | 功率因数/cosϕ | | | |
| 同步转速 3000r/min | | | | | | | | |
| $Y_2$-631-2 | 0.18 | 2720 | 0.53 | 65 | 0.80 | 5.5 | 2.2 | 2.2 |
| $Y_2$-632-2 | 0.25 | | 0.69 | 68 | 0.81 | | | |
| $Y_2$-711-2 | 0.37 | 2740 | 0.99 | 70 | 0.81 | 6.1 | | |
| $Y_2$-712-2 | 0.55 | | 1.40 | 73 | 0.82 | | | 2.3 |
| $Y_2$-801-2 | 0.75 | 2830 | 1.83 | 75 | 0.83 | | | |
| $Y_2$-802-2 | 1.1 | | 2.58 | 77 | 0.84 | 7.0 | | |
| $Y_2$-90S-2 | 1.5 | 2840 | 3.43 | 79 | | | | |
| $Y_2$-90L-2 | 2.2 | | 4.85 | 81 | 0.85 | | | |
| $Y_2$-100L-2 | 3.0 | 2870 | 6.31 | 83 | 0.87 | 7.5 | | |
| $Y_2$-112M-2 | 4.0 | 2890 | 8.10 | 85 | 0.88 | | | |
| $Y_2$-132$S_1$-2 | 5.5 | 2900 | 11.0 | 86 | | | | |
| $Y_2$-132$S_2$-2 | 7.5 | | 14.9 | 87 | | | | |
| $Y_2$-160$M_1$-2 | 11 | 2930 | 21.3 | 88 | 0.89 | | | |
| $Y_2$-160$M_2$-2 | 15 | | 28.8 | 89 | | | | |
| $Y_2$-160L-2 | 18.5 | | 34.7 | 90 | 0.90 | | | |
| $Y_2$-180M-2 | 22 | 2940 | 41.0 | 90 | | | 2.0 | |
| $Y_2$-200L1-2 | 30 | 2950 | 55.5 | 91.2 | | | | |
| $Y_2$-200L2-2 | 37 | | 67.9 | 92 | | | | |
| $Y_2$-225M-2 | 45 | 2970 | 82.3 | 92.3 | | | | |
| $Y_2$-250M-2 | 55 | | 101 | 92.5 | | | | |
| $Y_2$-280S-2 | 75 | | 134 | 93 | | | | |
| $Y_2$-280M-2 | 90 | | 160 | 93.8 | 0.91 | | | |
| $Y_2$-315S-2 | 110 | 2980 | 195 | 94 | | 7.1 | 1.8 | 2.2 |
| $Y_2$-315M-2 | 132 | | 233 | 94.5 | | | | |
| $Y_2$-315$L_1$-2 | 160 | | 279 | 94.6 | 0.92 | | | |
| $Y_2$-315$L_2$-2 | 200 | | 348 | 94.8 | | | | |
| $Y_2$-355M-2 | 250 | | 433 | 95.3 | | | 1.6 | |
| $Y_2$-355L-2 | 315 | | 544 | 95.6 | | | | |
| 同步转速 1500r/min | | | | | | | | |
| $Y_2$-631-4 | 0.12 | 1310 | 0.44 | 57 | 0.72 | 4.4 | 2.1 | 2.2 |
| $Y_2$-632-4 | 0.18 | | 0.62 | 60 | 0.73 | | | |
| $Y_2$-711-4 | 0.25 | 1330 | 0.79 | 65 | 0.75 | 5.2 | | |
| $Y_2$-712-4 | 0.37 | | 1.12 | 67 | 0.75 | | | |
| $Y_2$-801-4 | 0.55 | 1390 | 1.57 | 71 | 0.75 | | 2.4 | 2.3 |
| $Y_2$-802-4 | 0.75 | | 2.03 | 73 | 0.76 | 6.0 | 2.3 | |
| $Y_2$-90S-4 | 1.1 | 1400 | 2.89 | 75 | 0.77 | | | |
| $Y_2$-90L-4 | 1.5 | | 3.70 | 78 | 0.79 | | | |
| $Y_2$-100$L_1$-4 | 2.2 | 1430 | 5.16 | 80 | 0.81 | 7.0 | | |
| $Y_2$-100$L_2$-4 | 3.0 | | 6.78 | 82 | 0.82 | | | |
| $Y_2$-112M-4 | 4.0 | 1440 | 8.80 | 84 | | | | |
| $Y_2$-132S-4 | 5.5 | | 11.7 | 85 | 0.83 | | | |
| $Y_2$-132M-4 | 7.5 | | 15.6 | 87 | 0.84 | | | |
| $Y_2$-160M-4 | 11 | 1460 | 22.3 | 88 | | | 2.2 | |
| $Y_2$-160L-4 | 15 | | 30.1 | 89 | 0.85 | 7.5 | | |

续表

<table>
<tr><th rowspan="2">型号</th><th rowspan="2">额定功率/kW</th><th colspan="4">满载</th><th rowspan="2">堵转电流/额定电流 $I_{st}/I_N$</th><th rowspan="2">堵转转矩/额定转矩 $T_{st}/T_N$</th><th rowspan="2">最大转矩/额定转矩 $T_M/T_N$</th></tr>
<tr><th>转速/(r/min)</th><th>电流/A</th><th>效率/%</th><th>功率因数/cosφ</th></tr>
<tr><td colspan="9">同步转速 1500r/min</td></tr>
<tr><td>$Y_2$-180M-4</td><td>18.5</td><td rowspan="3">1470</td><td>36.5</td><td>90.5</td><td rowspan="3">0.86</td><td rowspan="2">7.5</td><td rowspan="8">2.2</td><td rowspan="8">2.3</td></tr>
<tr><td>$Y_2$-180L-4</td><td>22</td><td>43.2</td><td>91</td></tr>
<tr><td>$Y_2$-200L-4</td><td>30</td><td>57.6</td><td>92</td><td rowspan="6">7.2</td></tr>
<tr><td>$Y_2$-225S-4</td><td>37</td><td rowspan="4">1480</td><td>69.9</td><td>92.5</td><td rowspan="5">0.87</td></tr>
<tr><td>$Y_2$-225M-4</td><td>45</td><td>84.7</td><td>92.8</td></tr>
<tr><td>$Y_2$-250M-4</td><td>55</td><td>103</td><td>93</td></tr>
<tr><td>$Y_2$-280S-4</td><td>75</td><td>140</td><td>93.8</td></tr>
<tr><td>$Y_2$-280M-4</td><td>90</td><td rowspan="5">1490</td><td>167</td><td>84.2</td></tr>
<tr><td>$Y_2$-315S-4</td><td>110</td><td>201</td><td>94.5</td><td rowspan="2">0.88</td><td rowspan="6">6.9</td><td rowspan="6">2.1</td><td rowspan="6">2.2</td></tr>
<tr><td>$Y_2$-315M-4</td><td>132</td><td>240</td><td>94.8</td></tr>
<tr><td>$Y_2$-315$L_1$-4</td><td>160</td><td>287</td><td>94.9</td><td rowspan="2">0.89</td></tr>
<tr><td>$Y_2$-315$L_2$-4</td><td>200</td><td>359</td><td>95</td></tr>
<tr><td>$Y_2$-355M-4</td><td>250</td><td rowspan="2">1485</td><td>443</td><td>95.3</td><td rowspan="2">0.90</td></tr>
<tr><td>$Y_2$-355L-4</td><td>315</td><td>556</td><td>95.6</td></tr>
<tr><td colspan="9">同步转速 1000r/min</td></tr>
<tr><td>$Y_2$-711-6</td><td>0.18</td><td rowspan="2">850</td><td>0.74</td><td>56</td><td>0.66</td><td rowspan="2">4.0</td><td rowspan="4">1.9</td><td rowspan="3">2.0</td></tr>
<tr><td>$Y_2$-712-6</td><td>0.25</td><td>0.95</td><td>59</td><td>0.68</td></tr>
<tr><td>$Y_2$-801-6</td><td>0.37</td><td rowspan="2">890</td><td>1.30</td><td>62</td><td>0.70</td><td rowspan="2">4.7</td></tr>
<tr><td>$Y_2$-802-6</td><td>0.55</td><td>1.79</td><td>65</td><td rowspan="2">0.72</td><td rowspan="15">2.1</td></tr>
<tr><td>$Y_2$-90S-6</td><td>0.75</td><td rowspan="2">910</td><td>2.29</td><td>69</td><td rowspan="3">5.5</td><td rowspan="4">2.0</td></tr>
<tr><td>$Y_2$-90L-6</td><td>1.1</td><td>3.18</td><td>72</td><td>0.73</td></tr>
<tr><td>$Y_2$-100L-6</td><td>1.5</td><td rowspan="2">940</td><td>3.94</td><td>76</td><td>0.75</td></tr>
<tr><td>$Y_2$-112M-6</td><td>2.2</td><td>5.60</td><td>79</td><td rowspan="3">0.76</td><td rowspan="5">6.5</td></tr>
<tr><td>$Y_2$-132S-6</td><td>3.0</td><td rowspan="3">960</td><td>7.40</td><td>81</td><td rowspan="3">2.1</td></tr>
<tr><td>$Y_2$-132$M_1$-6</td><td>4.0</td><td>9.80</td><td>82</td></tr>
<tr><td>$Y_2$-132$M_2$-6</td><td>5.5</td><td>12.9</td><td>84</td><td>0.77</td></tr>
<tr><td>$Y_2$-160M-6</td><td>7.5</td><td rowspan="5">970</td><td>17.0</td><td>86</td><td>0.78</td><td rowspan="3">2.0</td></tr>
<tr><td>$Y_2$-160L-6</td><td>11</td><td>24.2</td><td>87.5</td><td rowspan="2">0.81</td><td rowspan="10">7.0</td></tr>
<tr><td>$Y_2$-180L-6</td><td>15</td><td>31.6</td><td>89</td></tr>
<tr><td>$Y_2$-200$L_1$-6</td><td>18.5</td><td>38.6</td><td>90</td><td>0.83</td><td rowspan="2">2.1</td></tr>
<tr><td>$Y_2$-200$L_2$-6</td><td>22</td><td>44.7</td><td>90</td><td>0.84</td></tr>
<tr><td>$Y_2$-225M-6</td><td>30</td><td rowspan="4">980</td><td>59.3</td><td>91.5</td><td rowspan="7">0.86</td><td>2.0</td></tr>
<tr><td>$Y_2$-250M-6</td><td>37</td><td>71.0</td><td>92</td><td rowspan="3">2.1</td></tr>
<tr><td>$Y_2$-280S-6</td><td>45</td><td>86.0</td><td>92.5</td><td rowspan="9">2.0</td></tr>
<tr><td>$Y_2$-280M-6</td><td>55</td><td>105</td><td>92.8</td></tr>
<tr><td>$Y_2$-315S-6</td><td>75</td><td rowspan="7">990</td><td>141</td><td>93.5</td><td rowspan="4">2.0</td></tr>
<tr><td>$Y_2$-615M-6</td><td>90</td><td>169</td><td>93.8</td></tr>
<tr><td>$Y_2$-315$L_1$-6</td><td>110</td><td>206</td><td>94</td><td rowspan="5">6.7</td></tr>
<tr><td>$Y_2$-315$L_2$-6</td><td>132</td><td>244</td><td>94.2</td><td>0.87</td></tr>
<tr><td>$Y_2$-355$M_1$-6</td><td>160</td><td>292</td><td>94.5</td><td rowspan="3">0.88</td><td rowspan="3">1.9</td></tr>
<tr><td>$Y_2$-355$M_2$-6</td><td>200</td><td>365</td><td>94.7</td></tr>
<tr><td>$Y_2$-355L-6</td><td>250</td><td>455</td><td>94.9</td></tr>
</table>

续表

| 型号 | 额定功率/kW | 满载 | | | | 堵转电流/额定电流 $I_{st}/I_N$ | 堵转转矩/额定转矩 $T_{st}/T_N$ | 最大转矩/额定转矩 $T_M/T_N$ |
|---|---|---|---|---|---|---|---|---|
| | | 转速/(r/min) | 电流/A | 效率/% | 功率因数/cosϕ | | | |
| 同步转速 750r/min | | | | | | | | |
| $Y_2$-801-8 | 0.18 | 630 | 0.88 | 51 | 0.61 | 3.3 | 1.8 | 1.9 |
| $Y_2$-802-8 | 0.25 | 640 | 1.15 | 54 | | | | |
| $Y_2$-90S-8 | 0.37 | 660 | 1.49 | 62 | | 4.0 | | |
| $Y_2$-90L-8 | 0.55 | | 2.18 | 63 | | | | 2.0 |
| $Y_2$-100L1-8 | 0.75 | 690 | 2.17 | 71 | 0.67 | | | |
| $Y_2$-100L2-8 | 1.1 | | 2.39 | 73 | 0.69 | 5.0 | | |
| $Y_2$-112M-8 | 1.5 | 680 | 4.50 | 75 | | | | |
| $Y_2$-132S-8 | 2.2 | 710 | 6.00 | 78 | 0.71 | 6.0 | | |
| $Y_2$-132M-8 | 3.0 | | 7.90 | 79 | 0.73 | | | |
| $Y_2$-160M$_1$-8 | 4.0 | 720 | 10.3 | 81 | | | 1.9 | |
| $Y_2$-160M$_2$-8 | 5.5 | | 13.6 | 83 | 0.74 | | 2.0 | |
| $Y_2$-160L-8 | 7.5 | | 17.8 | 85.5 | 0.75 | | | |
| $Y_2$-180L-8 | 11 | 730 | 25.1 | 87.5 | 0.76 | 6.6 | | |
| $Y_2$-200L-8 | 15 | | 34.1 | 88 | | | | |
| $Y_2$-225S-8 | 18.5 | | 40.6 | 90 | | | 1.9 | |
| $Y_2$-225M-8 | 22 | 740 | 47.4 | 90.5 | 0.78 | | | |
| $Y_2$-250M-8 | 30 | | 64.0 | 91 | 0.79 | | | |
| $Y_2$-280S-8 | 37 | | 78.0 | 91.5 | | | | |
| $Y_2$-280M-8 | 45 | | 94.0 | 92 | | | | |
| $Y_2$-315S-8 | 55 | | 111 | 92.8 | 0.81 | | 1.8 | |
| $Y_2$-315M-8 | 75 | | 151 | 93 | | | | |
| $Y_2$-315L$_1$-8 | 90 | | 178 | 93.8 | 0.82 | | | |
| $Y_2$-315L$_2$-8 | 110 | | 217 | 94 | | 7.2 | | |
| $Y_2$-355M$_1$-8 | 132 | | 261 | 93.7 | | | | |
| $Y_2$-355M$_2$-8 | 160 | | 315 | 94.2 | | | | |
| $Y_2$-355L-8 | 200 | | 388 | 94.5 | 0.83 | | | |
| 同步转速 600r/min | | | | | | | | |
| $Y_2$-315S-10 | 45 | 590 | 100 | 91.5 | 0.75 | 6.2 | 1.5 | 2.0 |
| $Y_2$-315M-10 | 55 | | 121 | 92 | | | | |
| $Y_2$-315L$_1$-10 | 75 | | 162 | 92.5 | 0.76 | | | |
| $Y_2$-315L$_2$-10 | 90 | | 191 | 93 | 0.77 | | | |
| $Y_2$-315M$_1$-10 | 110 | | 230 | 93.2 | 0.78 | 6.0 | 1.3 | |
| $Y_2$-315M$_2$-10 | 132 | | 275 | 93.5 | | | | |
| $Y_2$-355L-10 | 160 | | 334 | 93.5 | | | | |

## 5.3.67 YKK 系列 10kV（IP44）高压三相异步电动机技术参数（表 5-124）

**表 5-124 YKK 系列 10kV（IP44）高压三相异步电动机技术参数**

| 型号 | 额定功率/kW | 额定转速/(r/min) | 额定电流/A | 堵转电流/额定电流 | 堵转转矩/额定转矩 | 最大转矩/额定转矩 | 负载转动惯量/(N·m²) | 重量/kg | 效率/% | 功率因数/cosϕ |
|---|---|---|---|---|---|---|---|---|---|---|
| YKK4501-2 | 315 | 2970 | 22 | 6.17 | 0.57 | 2.99 | | 3040 | 93.3 | 0.89 |
| YKK4502-2 | 355 | 2970 | 24.9 | 6.52 | 0.55 | 3.15 | | 3200 | 94 | 0.88 |
| YKK4503-2 | 400 | 2970 | 27.7 | 6.65 | 0.57 | 3.12 | | 3350 | 94.7 | 0.88 |
| YKK4504-2 | 450 | 2970 | 31 | 6.92 | 0.61 | 3.19 | | 3440 | 94.8 | 0.88 |
| YKK4505-2 | 500 | 2970 | 35.3 | 6.82 | 0.63 | 3.3 | | 3400 | 94.1 | 0.87 |
| YKK4506-2 | 560 | 2970 | 38.4 | 7.35 | 0.69 | 3.2 | | 3670 | 94.8 | 0.89 |
| YKK5001-2 | 630 | 2985 | 43.9 | 5.7 | 0.61 | 2.92 | | 5800 | 93.6 | 0.89 |

续表

| 型号 | 额定功率/kW | 额定转速/(r/min) | 额定电流/A | 堵转电流/额定电流 | 堵转转矩/额定转矩 | 最大转矩/额定转矩 | 负载转动惯量/(N·m²) | 重量/kg | 效率/% | 功率因数/cosϕ |
|---|---|---|---|---|---|---|---|---|---|---|
| YKK5002-2 | 710 | 2985 | 49 | 5.57 | 0.6 | 2.83 | | 5950 | 93.9 | 0.89 |
| YKK5003-2 | 800 | 2985 | 54.9 | 5.54 | 0.61 | 2.79 | | 6050 | 94.2 | 0.89 |
| YKK5004-2 | 900 | 2985 | 61.3 | 5.5 | 0.62 | 2.74 | | 6200 | 94.5 | 0.9 |
| YKK5005-2 | 1000 | 2985 | 67.9 | 5.63 | 0.64 | 2.97 | | 6350 | 94.7 | 0.9 |
| YKK5601-2 | 1120 | 2984 | 75 | 6.62 | 0.63 | 3.32 | | 5800 | 95.2 | 0.91 |
| YKK5602-2 | 1250 | 2984 | 83.7 | 6.86 | 0.67 | 3.43 | | 5930 | 95.4 | 0.9 |
| YKK5603-2 | 1400 | 2984 | 92.9 | 6.45 | 0.63 | 3.2 | | 6100 | 95.6 | 0.91 |
| YKK4503-4 | 280 | 1485 | 19.7 | 6.98 | 0.86 | 3.08 | 1650 | 3500 | 94.4 | 0.87 |
| YKK4504-4 | 315 | 1485 | 21.8 | 6.8 | 0.88 | 2.91 | 1810 | 3700 | 93.7 | 0.89 |
| YKK4505-4 | 355 | 1485 | 24.2 | 6.06 | 0.77 | 2.57 | 1900 | 3800 | 94.6 | 0.9 |
| YKK4506-4 | 400 | 1485 | 27.2 | 6.18 | 0.81 | 2.57 | 2310 | 3900 | 94.7 | 0.9 |
| YKK4507-4 | 450 | 1485 | 30.4 | 6.36 | 0.86 | 2.59 | 2540 | 4000 | 94.9 | 0.9 |
| YKK4508-4 | 500 | 1485 | 33.8 | 5.73 | 0.78 | 2.33 | 2750 | 4000 | 94.8 | 0.9 |
| YKK4509-4 | 560 | 1485 | 38.6 | 7.22 | 1.06 | 2.87 | 2870 | 4000 | 94.3 | 0.88 |
| YKK5001-4 | 630 | 1480 | 43.4 | 6.81 | 0.85 | 2.86 | 3240 | 5400 | 94.9 | 0.88 |
| YKK5002-4 | 710 | 1480 | 48.8 | 7 | 0.91 | 2.88 | 3140 | 5550 | 95.1 | 0.88 |
| YKK5003-4 | 800 | 1480 | 54.5 | 6.65 | 0.87 | 2.69 | 3170 | 5560 | 95.3 | 0.89 |
| YKK5004-4 | 900 | 1480 | 60.9 | 6.28 | 0.82 | 2.52 | 3210 | 5670 | 95.4 | 0.9 |
| YKK560-4 | 1000 | 1492 | 68.1 | 5.84 | 0.68 | 2.3 | 3840 | 6750 | 95.3 | 0.89 |
| YKK5601-4 | 1120 | 1492 | 75.9 | 5.74 | 0.69 | 2.23 | 3880 | 6740 | 95.8 | 0.89 |
| YKK5602-4 | 1250 | 1492 | 84.6 | 6.04 | 0.76 | 2.29 | 3940 | 6910 | 95.9 | 0.89 |
| YKK5603-4 | 1400 | 1492 | 94.6 | 6.43 | 0.85 | 2.38 | 4120 | 7170 | 95.9 | 0.89 |
| YKK6301-4 | 1600 | 1492 | 10.35 | 6.5 | 0.6 | 0.8 | 5830 | 7810 | 95.6 | 0.907 |
| YKK6302-4 | 1800 | 1492 | 115.5 | 6.5 | 0.6 | 1.8 | 6240 | 8950 | 95.8 | 0.915 |
| YKK4502-6 | 250 | 980 | 18.7 | 5.74 | 0.76 | 2.68 | 6310 | 3200 | 93.8 | 0.82 |
| YKK4503-6 | 280 | 980 | 20.7 | 5.76 | 0.79 | 2.61 | 7020 | 3500 | 93.3 | 0.84 |
| YKK4504-6 | 315 | 980 | 23.1 | 5.48 | 0.74 | 2.48 | 7300 | 3600 | 93.4 | 0.84 |
| YKK4505-6 | 355 | 980 | 26 | 5.64 | 0.78 | 2.53 | 7540 | 3700 | 93.7 | 0.84 |
| YKK4506-6 | 400 | 980 | 29 | 5.97 | 0.87 | 2.59 | 7710 | 3900 | 94 | 0.85 |
| YKK5001-6 | 450 | 985 | 32.2 | 5.57 | 0.81 | 2.67 | 8560 | 5250 | 94 | 0.86 |
| YKK5002-6 | 500 | 985 | 35.4 | 5.47 | 0.81 | 2.59 | 9100 | 5350 | 94.2 | 0.87 |
| YKK5003-6 | 560 | 985 | 39.7 | 5.59 | 0.84 | 2.63 | 10010 | 5400 | 94.4 | 0.86 |
| YKK5004-6 | 630 | 985 | 44.3 | 5.42 | 0.82 | 2.52 | 12200 | 5570 | 94.5 | 0.87 |
| YKK5005-6 | 710 | 985 | 44.9 | 5.52 | 0.86 | 2.54 | 12750 | 5820 | 94.6 | 0.87 |
| YKK5601-6 | 800 | 994 | 56.3 | 6.24 | 0.9 | 2.69 | 25120 | 6300 | 94.8 | 0.87 |
| YKK5602-6 | 900 | 994 | 62.8 | 6.26 | 0.92 | 2.65 | 34600 | 6500 | 94.9 | 0.87 |
| YKK5603-6 | 1000 | 994 | 69.1 | 6.3 | 0.95 | 2.61 | 36250 | 6800 | 95 | 0.88 |
| YKK5604-6 | 1120 | 994 | 77.7 | 6.66 | 1.04 | 2.72 | 37450 | 7050 | 95.1 | 0.88 |
| YKK6301-6 | 1250 | 994 | 85 | 6.5 | 0.8 | 2.17 | 54600 | 8860 | 95.75 | 0.88 |
| YKK6302-6 | 1400 | 994 | 95.2 | 6.5 | 0.8 | 2.2 | 61250 | 9510 | 95.86 | 0.884 |
| YKK6303-6 | 1600 | 994 | 105 | 6.5 | 0.8 | 2.23 | 51300 | 10000 | 95.91 | 0.887 |
| YKK4501-8 | 220 | 744 | 17.1 | 5.3 | 0.91 | 2.55 | 110560 | 3750 | 92.3 | 0.806 |
| YKK4502-8 | 250 | 744 | 18.9 | 6 | 0.95 | 2.56 | 115400 | 4040 | 93.1 | 0.814 |
| YKK5002-8 | 280 | 745 | 22 | 5.96 | 0.93 | 2.8 | 31500 | 5200 | 92.8 | 0.79 |
| YKK5003-8 | 315 | 745 | 25.1 | 5.93 | 0.94 | 2.79 | 31850 | 5200 | 91.8 | 0.79 |
| YKK5004-8 | 355 | 745 | 27.7 | 5.87 | 0.93 | 2.68 | 32010 | 5260 | 93.2 | 0.79 |
| YKK5005-8 | 400 | 745 | 30.8 | 5.73 | 0.92 | 2.56 | 32080 | 5400 | 93.3 | 0.8 |
| YKK5006-8 | 450 | 745 | 34.2 | 5.6 | 0.91 | 2.45 | 32120 | 5500 | 93.8 | 0.81 |
| YKK5007-8 | 500 | 745 | 37.9 | 5.64 | 0.93 | 2.43 | 33000 | 5600 | 93.8 | 0.81 |

续表

| 型号 | 额定功率/kW | 额定转速/(r/min) | 额定电流/A | 堵转电流/额定电流 | 堵转转矩/额定转矩 | 最大转矩/额定转矩 | 负载转动惯量/(N·m²) | 重量/kg | 效率/% | 功率因数/cosϕ |
|---|---|---|---|---|---|---|---|---|---|---|
| YKK5601-8 | 560 | 745 | 41.1 | 5.42 | 0.76 | 2.45 | 37430 | 5250 | 94.7 | 0.83 |
| YKK5602-8 | 630 | 745 | 46 | 5.29 | 0.74 | 2.37 | 45860 | 6420 | 94.8 | 0.84 |
| YKK5603-8 | 710 | 745 | 51.7 | 5.39 | 0.77 | 2.38 | 45910 | 6460 | 94.8 | 0.84 |
| YKK5604-8 | 800 | 745 | 58.1 | 5.51 | 0.81 | 2.38 | 47560 | 6720 | 94.9 | 0.84 |
| YKK6301-8 | 900 | 744 | 65.3 | 6 | 0.7 | 1.8 | 74850 | 8560 | 95.15 | 0.841 |
| YKK6302-8 | 1000 | 744 | 72.5 | 6 | 0.7 | 1.8 | 83450 | 9230 | 95.23 | 0.843 |
| YKK6303-8 | 1120 | 744 | 81.1 | 6 | 0.7 | 1.8 | 87650 | 9580 | 95.4 | 0.845 |
| YKK5002-10 | 250 | 594 | 20.7 | 4.98 | 1.19 | 2.73 | 3750 | 5400 | 92.2 | 0.76 |
| YKK5003-10 | 280 | 594 | 22.6 | 4.55 | 1.06 | 2.44 | 3880 | 5400 | 92.2 | 0.77 |
| YKK5004-10 | 315 | 594 | 26.2 | 4.49 | 1.22 | 2.68 | 3930 | 5480 | 92.7 | 0.75 |
| YKK5005-10 | 355 | 594 | 29.3 | 4.91 | 1.23 | 2.63 | 4110 | 5600 | 92.8 | 0.75 |
| YKK5601-10 | 400 | 595 | 30.9 | 5.48 | 0.98 | 2.7 | 44230 | 6250 | 93.3 | 0.8 |
| YKK5602-10 | 450 | 595 | 34.1 | 5.26 | 0.93 | 2.55 | 45610 | 6450 | 93.6 | 0.81 |
| YKK5603-10 | 500 | 595 | 37.9 | 5.33 | 0.96 | 2.57 | 46560 | 6580 | 93.8 | 0.81 |
| YKK5604-10 | 560 | 595 | 42.7 | 5.87 | 1.11 | 2.82 | 49820 | 7010 | 94.2 | 0.8 |
| YKK6301-10 | 630 | 596 | 48.3 | 6 | 0.6 | 1.8 | 10560 | 8850 | 94.1 | 0.8 |
| YKK6302-10 | 710 | 596 | 55.1 | 6 | 0.6 | 1.8 | 11350 | 9240 | 94.23 | 0.801 |
| YKK5303-10 | 800 | 596 | 60.5 | 6 | 0.6 | 1.8 | 13210 | 9560 | 94.31 | 0.805 |
| YKK5304-10 | 900 | 596 | 67.2 | 6 | 0.6 | 1.8 | 14230 | 9870 | 94.45 | 0.812 |
| YKK5601-12 | 280 | 496 | 24.3 | 5.05 | 0.99 | 2.92 | 7450 | 6510 | 91.9 | 0.725 |
| YKK5602-12 | 315 | 496 | 27.3 | 5.11 | 1.01 | 2.97 | 7650 | 6710 | 92.1 | 0.723 |
| YKK5603-12 | 355 | 496 | 30.1 | 4.94 | 0.97 | 2.77 | 8430 | 6730 | 92.43 | 0.738 |
| YKK5604-12 | 400 | 496 | 34.2 | 5.08 | 1.02 | 2.87 | 9010 | 6920 | 92.5 | 0.729 |
| YKK5605-12 | 450 | 496 | 38 | 4.97 | 0.98 | 2.77 | 10650 | 7170 | 92.8 | 0.737 |
| YKK6301-12 | 500 | 496 | 41.8 | 6 | 0.7 | 1.8 | 11450 | 8160 | 92.85 | 0.734 |
| YKK6302-12 | 560 | 496 | 45.7 | 6 | 0.7 | 1.8 | 12100 | 8530 | 93.35 | 0.741 |
| YKK6303-12 | 630 | 496 | 52.4 | 6 | 0.7 | 1.8 | 14750 | 8950 | 93.41 | 0.746 |
| YKK6304-12 | 710 | 496 | 58.3 | 6 | 0.7 | 1.8 | 15980 | 9680 | 93.68 | 0.748 |

## 5.3.68 S13-M-1250kVA 变压器选型技术数据（表 5-125）

**表 5-125 S13-M-1250kVA 变压器选型技术数据**

| 项目 | | 参数 | 项目 | | 参数 |
|---|---|---|---|---|---|
| 型号 | | S13-M-1250kVA | 最高年平均气温 | | +20℃ |
| 相数 | | 3 相 | 最低气温 | | −25℃ |
| 额定电压 | HV | 10kV | 绝对海拔高度 | | ≤1000m |
| | LV | 0.4kV | 绝缘油 | | 25# |
| 冷却方式 | | ONAN | 温升限值 | 线圈 | 65K |
| 频率 | | 50Hz | | 油顶层(针对全密闭产品) | 60K |
| 联结组别 | | Dyn11 | | | |
| 调压方式/分接范围 | | 无载/±2×2.5% | 空载损耗 NL | | 970W,偏差≤+15% |
| 系统最高电压 | | 12kV | 负载损耗 LL | | 1200W,偏差≤+15% |
| 雷电冲击电压 | | 75kV | 短路阻抗(主分接) | | 4.5%(偏差±10%) |
| 工频耐压 | | 35/5kV | 主要附件 | | 气体继电器、油面温度计、压力释放阀、液位计、高低压密封罩 |
| 绝缘等级 | | A | | | |
| 线圈材料 | | 铜 | 油箱表面处理 | | 喷塑 |
| 最高气温 | | +40℃ | 油箱表面颜色色标 | | RAL7032 |
| 最高月平均气温 | | +30℃ | | | |

## 5.3.69 变压器损耗（表 5-126）

表 5-126 变压器损耗

| 额定容量/kV·A | 型号 | 联结组标号 | 空载电流/% | 空载损耗/kW | 负载损耗/kW | 短路阻抗/% | 说明 |
|---|---|---|---|---|---|---|---|
| 16000 | SF9-16000/110 | YN,yn0,d11 | 0.8 | 22 | 95.4 | 高-中 10.5,高-低 17-18,中-低 6.5 | 电力变压器 |
| 1600 | S9-1600/35 | YN,d11 | 0.9 | 2.2 | 16.2 | 6.5 | 电力变压器 |
| 2000 | S9-2000/35 | YN,d11 | 0.9 | 2.9 | 18.7 | 6.5 | 电力变压器 |
| 2500 | S9-2500/35 | YN,d11 | 0.9 | 3.4 | 21.7 | 6.5 | 电力变压器 |
| 3150 | S9-3150/35 | YN,d11 | 0.81 | 4 | 26 | 7 | 电力变压器 |
| 4000 | S9-4000/35 | YN,d11 | 0.81 | 4.8 | 30.6 | 7 | 电力变压器 |
| 5000 | S9-5000/35 | YN,d11 | 0.76 | 5.8 | 36 | 7 | 电力变压器 |
| 6300 | S9-6300/35 | YN,d11 | 0.76 | 7 | 38.7 | 7.5 | 电力变压器 |
| 50 | S9-50/35 | Y,yn0 | 1.8 | 0.2 | 1.21 | 6.5 | 配电变压器 |
| 100 | S9-100/35 | Y,yn0 | 1.62 | 0.3 | 2.02 | 6.5 | 配电变压器 |
| 125 | S9-125/35 | Y,yn0 | 1.56 | 0.34 | 2.38 | 6.5 | 配电变压器 |
| 160 | S9-160/35 | Y,yn0 | 1.48 | 0.36 | 2.835 | 6.5 | 配电变压器 |
| 200 | S9-200/35 | Y,yn0 | 1.39 | 0.43 | 3.3 | 6.5 | 配电变压器 |
| 250 | S9-250/35 | Y,yn0 | 1.26 | 0.51 | 3.96 | 6.5 | 配电变压器 |
| 315 | S9-315/35 | Y,yn0 | 1.26 | 0.61 | 4.76 | 6.5 | 配电变压器 |
| 400 | S9-400/35 | Y,yn0 | 1.16 | 0.738 | 5.76 | 6.5 | 配电变压器 |
| 500 | S9-500/35 | Y,yn0 | 1.16 | 0.86 | 6.9 | 6.5 | 配电变压器 |
| 630 | S9-630/35 | Y,yn0 | 1.1 | 1.04 | 8.28 | 6.5 | 配电变压器 |
| 800 | S9-800/35 | Y,yn0 | 0.94 | 1.220 | 9.8 | 6.5 | 配电变压器 |
| 1000 | S9-1000/35 | Y,yn0 | 0.9 | 1.480 | 12.1 | 6.5 | 配电变压器 |
| 1250 | S9-1250/35 | Y,yn0 | 0.76 | 1.76 | 14.6 | 6.5 | 配电变压器 |
| 1600 | S9-1600/35 | Y,yn0 | 0.67 | 2.13 | 17.5 | 6.5 | 配电变压器 |
| 50 | S7-50/10 | Y,yn0 | 2.8 | 0.19 | 1.15 | 0.4 | 配电变压器 |
| 100 | S7-100/10 | Y,yn0 | 2.6 | 0.32 | 2 | 0.4 | 配电变压器 |
| 160 | S7-160/10 | Y,yn0 | 2.4 | 0.46 | 2.85 | 0.4 | 配电变压器 |
| 250 | S7-250/10 | Y,yn0 | 2.3 | 0.64 | 4 | 0.4 | 配电变压器 |
| 400 | S7-400/10 | Y,yn0 | 2.1 | 0.92 | 5.8 | 0.4 | 配电变压器 |
| 630 | S7-630/10 | Y,yn0 | 2.0 | 1.3 | 8.1 | 0.45 | 配电变压器 |
| 1000 | S7-1000/10 | Y,yn0 | 1.4 | 1.8 | 11.6 | 0.45 | 配电变压器 |
| 1600 | S7-1600/10 | Y,yn0 | 1.3 | 2.65 | 16.5 | 0.45 | 配电变压器 |
| 50 | S9-50/10 | Y,yn0 | 2.2 | 0.17 | 0.87 | 4.0 | 配电变压器 |
| 100 | S9-100/10 | Y,yn0 | 2.0 | 0.29 | 1.5 | 4.0 | 配电变压器 |
| 160 | S9-160/10 | Y,yn0 | 1.7 | 0.42 | 2.1 | 4.0 | 配电变压器 |
| 200 | S9-200/10 | Y,yn0 | 1.7 | 0.5 | 2.5 | 4.0 | 配电变压器 |
| 250 | S9-250/10 | Y,yn0 | 1.5 | 0.59 | 2.95 | 4.0 | 配电变压器 |
| 315 | S9-315/10 | Y,yn0 | 1.5 | 0.7 | 3.5 | 4.0 | 配电变压器 |
| 400 | S9-400/10 | Y,yn0 | 1.4 | 0.84 | 4.2 | 4.0 | 配电变压器 |
| 630 | S9-630/10 | Y,yn0 | 1.2 | 1.23 | 6 | 4.0 | 配电变压器 |
| 800 | S9-800/10 | Y,yn0 | 1.2 | 1.45 | 7.2 | 4.5 | 配电变压器 |
| 1000 | S9-1000/10 | Y,yn0 | 1.1 | 1.72 | 10 | 4.5 | 配电变压器 |
| 1250 | S9-1250/10 | Y,yn0 | 1.1 | 2 | 11.8 | 4.5 | 配电变压器 |
| 1600 | S9-1600/10 | Y,yn0 | 1.0 | 2.45 | 14 | 4.5 | 配电变压器 |
| 20 | S9-20/10 | Y,yn0 | 1.96 | 0.084 | 0.521 | 4.0 | 新式配电变压器 |
| 30 | S9-30/10 | Y,yn0 | 2.1 | 0.13 | 0.6 | 4.0 | 新式配电变压器 |
| 50 | S9-50/10 | Y,yn0 | 2 | 0.17 | 0.87 | 4.0 | 新式配电变压器 |
| 63 | S9-63/10 | Y,yn0 | 1.9 | 0.2 | 1.04 | 4.0 | 新式配电变压器 |

续表

| 额定容量 /kV·A | 型号 | 联结组标号 | 空载电流 /% | 空载损耗 /kW | 负载损耗 /kW | 短路阻抗 /% | 说明 |
|---|---|---|---|---|---|---|---|
| 80 | S9-80/10 | Y,yn0 | 1.8 | 0.25 | 1.25 | 4.0 | 新式配电变压器 |
| 100 | S9-100/10 | Y,yn0 | 1.6 | 0.29 | 1.5 | 4.0 | 新式配电变压器 |
| 125 | S9-125/10 | Y,yn0 | 1.5 | 0.34 | 1.8 | 4.0 | 新式配电变压器 |
| 160 | S9-160/10 | Y,yn0 | 1.4 | 0.4 | 2.2 | 4.0 | 新式配电变压器 |
| 200 | S9-200/10 | Y,yn0 | 1.3 | 0.48 | 2.6 | 4.0 | 新式配电变压器 |
| 250 | S9-250/10 | Y,yn0 | 1.2 | 0.56 | 3.06 | 4.0 | 新式配电变压器 |
| 315 | S9-315/10 | Y,yn0 | 1.1 | 0.67 | 3.65 | 4.0 | 新式配电变压器 |
| 400 | S9-400/10 | Y,yn0 | 1 | 0.8 | 4.3 | 4.0 | 新式配电变压器 |
| 500 | S9-500/10 | Y,yn0 | 1 | 0.96 | 5.15 | 4.0 | 新式配电变压器 |
| 630 | S9-630/10 | Y,yn0 | 0.9 | 1.2 | 6.2 | 4.5 | 新式配电变压器 |
| 800 | S9-800/10 | Y,yn0 | 0.8 | 1.4 | 7.5 | 4.5 | 新式配电变压器 |
| 1000 | S9-1000/10 | Y,yn0 | 0.7 | 1.7 | 10.3 | 4.5 | 新式配电变压器 |
| 1250 | S9-1250/10 | Y,yn0 | 0.6 | 1.95 | 12 | 4.5 | 新式配电变压器 |
| 1600 | S9-1600/10 | Y,yn0 | 0.6 | 2.4 | 14.5 | 4.5 | 新式配电变压器 |
| 30 | S11-30/10 | Y,yn0 | 2.1 | 0.1 | 0.6 | 4.0 | 配电变压器 |
| 50 | S11-50/10 | Y,yn0 | 2.0 | 0.13 | 0.87 | 4.0 | 配电变压器 |
| 63 | S11-63/10 | Y,yn0 | 1.9 | 0.15 | 1.04 | 4.0 | 配电变压器 |
| 80 | S11-80/10 | Y,yn0 | 1.8 | 0.18 | 1.25 | 4.0 | 配电变压器 |
| 100 | S11-100/10 | Y,yn0 | 1.6 | 0.2 | 1.5 | 4.0 | 配电变压器 |
| 125 | S11-125/10 | Y,yn0 | 1.5 | 0.24 | 1.8 | 4.0 | 配电变压器 |
| 160 | S11-160/10 | Y,yn0 | 1.4 | 0.28 | 2.2 | 4.0 | 配电变压器 |
| 200 | S11-200/10 | Y,yn0 | 1.3 | 0.34 | 2.6 | 4.0 | 配电变压器 |
| 250 | S11-250/10 | Y,yn0 | 1.2 | 0.4 | 3.05 | 4.0 | 配电变压器 |
| 315 | S11-315/10 | Y,yn0 | 1.1 | 0.48 | 3.65 | 4.0 | 配电变压器 |
| 400 | S11-400/10 | Y,yn0 | 1.0 | 0.57 | 4.3 | 4.0 | 配电变压器 |
| 500 | S11-500/10 | Y,yn0 | 1.0 | 0.68 | 5.1 | 4.0 | 配电变压器 |
| 630 | S11-630/10 | Y,yn0 | 0.9 | 0.81 | 6.2 | 4.5 | 配电变压器 |
| 800 | S11-800/10 | Y,yn0 | 0.8 | 0.98 | 7.5 | 4.5 | 配电变压器 |
| 1000 | S11-1000/10 | Y,yn0 | 0.7 | 1.15 | 10.3 | 4.5 | 配电变压器 |
| 1250 | S11-1250/10 | Y,yn0 | 0.6 | 1.36 | 12 | 4.5 | 配电变压器 |
| 1600 | S11-1600/10 | Y,yn0 | 0.6 | 1.64 | 14.5 | 4.5 | 配电变压器 |

## 5.3.70　s7-30～1600kV·A 变压器损耗（表 5-127）

**表 5-127　s7-30～1600kV·A 变压器损耗**

| 变压器容量 /kV·A | 月用电量 /kW·h | 6.3/0.4、10/0.4kV | | 35/0.4kV | |
|---|---|---|---|---|---|
| | | 有功 | 无功 | 有功 | 无功 |
| | | kW·h/月 | kW·h/月 | kW·h/月 | kW·h/月 |
| 30 | 5180 以下 | 153 | 683 | | |
| | 5181～8640 | 245 | 821 | | |
| | 8641～12100 | 383 | 1028 | | |
| | 12100 以上 | 567 | 1305 | | |
| 50 | 8640 以下 | 211 | 1030 | 260 | 931 |
| | 8641～14400 | 344 | 1260 | 416 | 1305 |
| | 14401～20160 | 543 | 1606 | 649 | 1867 |
| | 20160 以上 | 807 | 2065 | 960 | 2615 |
| 63 | 10890 以下 | 249 | 1250 | | |
| | 10891～18140 | 410 | 1542 | | |
| | 18141～25400 | 652 | 1978 | | |
| | 25400 以上 | 975 | 2558 | | |

续表

| 变压器容量/kV·A | 月用电量/kW·h | 6.3/0.4、10/0.4kV | | 35/0.4kV | |
|---|---|---|---|---|---|
| | | 有功 | 无功 | 有功 | 无功 |
| | | kW·h/月 | kW·h/月 | kW·h/月 | kW·h/月 |
| 80 | 13820以下 | 287 | 1475 | | |
| | 13821～23040 | 477 | 1846 | | |
| | 23041～32260 | 762 | 2396 | | |
| | 322600以上 | 1142 | 3133 | | |
| 100 | 17280以下 | 338 | 1771 | 391 | 1717 |
| | 17281～28800 | 569 | 2232 | 650 | 2466 |
| | 28801～40320 | 914 | 2923 | 1039 | 3589 |
| | 40320以上 | 1375 | 3845 | 1557 | 5087 |
| 125 | 21600以下 | 404 | 2124 | 445 | 2102 |
| | 21601～36000 | 686 | 2700 | 751 | 3038 |
| | 36001～50400 | 1109 | 3564 | 1209 | 4442 |
| | 50400以上 | 1674 | 4716 | 1819 | 6314 |
| 160 | 27650以下 | 465 | 2604 | 499 | 2575 |
| | 27651～46080 | 794 | 3341 | 862 | 3773 |
| | 46081～64510 | 1286 | 4447 | 1407 | 5570 |
| | 64510以上 | 1943 | 5921 | 2132 | 7966 |
| 200 | 34560以下 | 565 | 3110 | 585 | 3074 |
| | 34561～57600 | 968 | 4032 | 1012 | 4572 |
| | 57601～80640 | 1573 | 5414 | 1651 | 6818 |
| | 80640以上 | 2380 | 7258 | 2503 | 9814 |
| 250 | 43200以下 | 670 | 3708 | 696 | 3573 |
| | 43201～72000 | 1130 | 4860 | 1202 | 5445 |
| | 72001～100800 | 1822 | 6588 | 1963 | 8253 |
| | 100800以上 | 2743 | 8892 | 2976 | 11997 |
| 315 | 54430以下 | 801 | 4445 | 833 | 4502 |
| | 54431～90720 | 1354 | 5897 | 1444 | 6861 |
| | 90721～127010 | 2183 | 8074 | 2359 | 10399 |
| | 127010以上 | 3289 | 10977 | 3581 | 15116 |
| 400 | 69121以下 | 959 | 5486 | 1005 | 5429 |
| | 69121～115200 | 1627 | 7560 | 1742 | 8424 |
| | 115201～161280 | 2629 | 10670 | 2848 | 12917 |
| | 161280以上 | 3966 | 14818 | 4323 | 18907 |
| 500 | 86400以下 | 1146 | 6498 | 1197 | 6786 |
| | 86401～144000 | 1940 | 9090 | 2084 | 10530 |
| | 144001～201600 | 3133 | 12978 | 3415 | 16146 |
| | 201300以上 | 4700 | 18162 | 5189 | 23634 |
| 630 | 108860以下 | 1353 | 7734 | 1431 | 8324 |
| | 108861～181440 | 2286 | 11000 | 2491 | 13041 |
| | 181441～254020 | 3686 | 15899 | 4081 | 20117 |
| | 254020以上 | 5552 | 22431 | 6201 | 29552 |
| 800 | 138240以下 | 1650 | 9245 | 1714 | 9418 |
| | 138241～230400 | 2790 | 13392 | 2981 | 15408 |
| | 230401～322560 | 4501 | 19613 | 4882 | 24394 |
| | 322560以上 | 6782 | 27907 | 7416 | 36374 |
| 1000 | 172800以下 | 1940 | 10836 | 2063 | 11412 |
| | 172801～288000 | 3276 | 16020 | 3618 | 18900 |
| | 288001～403200 | 5280 | 23796 | 5951 | 30132 |
| | 403200以上 | 7953 | 34164 | 9061 | 45108 |

续表

| 变压器容量 /kV·A | 月用电量 /kW·h | 6.3/0.4、10/0.4kV | | 35/0.4kV | |
|---|---|---|---|---|---|
| | | 有功 | 无功 | 有功 | 无功 |
| | | kW·h/月 | kW·h/月 | kW·h/月 | kW·h/月 |
| 1250 | 216000 以下 | 2298 | 12645 | 2467 | 12915 |
| | 216001～360000 | 3888 | 19125 | 4345 | 22275 |
| | 360001～504000 | 6273 | 28845 | 7162 | 36315 |
| | 504000 以上 | 9452 | 41805 | 10917 | 55035 |
| 1600 | 276480 以下 | 2761 | 15034 | 2970 | 15379 |
| | 276481～460800 | 4662 | 23328 | 5216 | 27360 |
| | 460801～645120 | 7513 | 35770 | 8586 | 45331 |
| | 645120 以上 | 11315 | 52358 | 13079 | 69293 |

## 5.3.71 s9-30～1600kV·A 变压器损耗（表 5-128）

**表 5-128 s9-30～1600kV·A 变压器损耗**

| 变压器容量 /kV·A | 月用电量 /kW·h | 6.3/0.4、10/0.4kV | | 35/0.4kV | |
|---|---|---|---|---|---|
| | | 有功 | 无功 | 有功 | 无功 |
| | | kW·h/月 | kW·h/月 | kW·h/月 | kW·h/月 |
| 30 | 5180 以下 | 132 | 683 | | |
| | 5181～8640 | 202 | 821 | | |
| | 8641～12100 | 305 | 1028 | | |
| | 12100 以上 | 444 | 1305 | | |
| 50 | 8640 以下 | 179 | 1030 | 217 | 931 |
| | 8641～14400 | 279 | 1260 | 357 | 1305 |
| | 14401～20160 | 429 | 1606 | 567 | 1867 |
| | 20160 以上 | 630 | 2066 | 847 | 2615 |
| 63 | 10890 以下 | 211 | 1252 | | |
| | 10891～18140 | 331 | 1542 | | |
| | 18141～25400 | 511 | 1978 | | |
| | 25400 以上 | 751 | 2558 | | |
| 80 | 13820 以下 | 261 | 1475 | | |
| | 13821～23040 | 405 | 1843 | | |
| | 23041～32260 | 621 | 2396 | | |
| | 322600 以上 | 909 | 3133 | | |
| 100 | 17280 以下 | 306 | 1771 | 327 | 1717 |
| | 17281～28800 | 479 | 2232 | 560 | 2466 |
| | 28801～40320 | 738 | 2923 | 910 | 3589 |
| | 40320 以上 | 1084 | 3845 | 1377 | 5087 |
| 125 | 21600 以下 | 361 | 2124 | 373 | 2102 |
| | 21601～36000 | 569 | 2700 | 648 | 3038 |
| | 36001～50400 | 880 | 3564 | 1060 | 4442 |
| | 50400 以上 | 1295 | 4716 | 1610 | 6314 |
| 160 | 27650 以下 | 431 | 2604 | 420 | 2575 |
| | 27651～46080 | 684 | 3341 | 746 | 3773 |
| | 46081～64510 | 1064 | 4447 | 1236 | 5570 |
| | 64510 以上 | 1571 | 5921 | 1890 | 7966 |
| 200 | 34560 以下 | 514 | 3110 | 492 | 3074 |
| | 34561～57600 | 814 | 4032 | 876 | 4572 |
| | 57601～80640 | 1263 | 5414 | 1451 | 6818 |
| | 80640 以上 | 1862 | 7258 | 2219 | 9814 |

续表

| 变压器容量/kV·A | 月用电量/kW·h | 6.3/0.4、10/0.4kV | | 35/0.4kV | |
|---|---|---|---|---|---|
| | | 有功 | 无功 | 有功 | 无功 |
| | | kW·h/月 | kW·h/月 | kW·h/月 | kW·h/月 |
| 250 | 43200 以下 | 601 | 3708 | 585 | 3573 |
| | 43201～72000 | 952 | 4860 | 1041 | 5445 |
| | 72001～100800 | 1479 | 6588 | 1725 | 8253 |
| | 100800 以上 | 2182 | 8892 | 2638 | 11997 |
| 315 | 54430 以下 | 709 | 4445 | 701 | 4502 |
| | 54431～90720 | 1139 | 5897 | 1250 | 6861 |
| | 90721～127010 | 1770 | 8074 | 2075 | 10399 |
| | 127010 以上 | 2611 | 10977 | 3174 | 15116 |
| 400 | 69121 以下 | 855 | 5486 | 846 | 5429 |
| | 69121～115200 | 1350 | 7560 | 1509 | 8424 |
| | 115201～161280 | 2093 | 10670 | 2504 | 12917 |
| | 161280 以上 | 3084 | 14818 | 3832 | 18907 |
| 500 | 86400 以下 | 1022 | 6498 | 1008 | 6786 |
| | 86401～144000 | 1609 | 9090 | 1806 | 10530 |
| | 144001～201600 | 2490 | 12978 | 3004 | 16146 |
| | 201300 以上 | 3666 | 18162 | 4600 | 23634 |
| 630 | 108860 以下 | 1266 | 7734 | 1205 | 8324 |
| | 108861～181440 | 1980 | 11000 | 2159 | 13041 |
| | 181441～254020 | 3051 | 15899 | 3589 | 20117 |
| | 254020 以上 | 4480 | 22431 | 5497 | 29552 |
| 800 | 138240 以下 | 1494 | 9245 | 1442 | 9418 |
| | 138241～230400 | 2358 | 13392 | 2583 | 15408 |
| | 230401～322560 | 3654 | 19613 | 4293 | 24394 |
| | 322560 以上 | 5382 | 27907 | 6574 | 36374 |
| 1000 | 172800 以下 | 1891 | 10836 | 1738 | 11412 |
| | 172801～288000 | 3078 | 16020 | 3137 | 18900 |
| | 288001～403200 | 4858 | 23796 | 5237 | 30132 |
| | 403200 以上 | 7231 | 34164 | 8036 | 45108 |
| 1250 | 216000 以下 | 2233 | 12645 | 2080 | 12915 |
| | 216001～360000 | 3708 | 19125 | 3770 | 22275 |
| | 360001～504000 | 5920 | 28845 | 6305 | 36315 |
| | 504000 以上 | 8869 | 41805 | 9685 | 55035 |
| 1600 | 276480 以下 | 2668 | 15034 | 2502 | 15379 |
| | 276481～460800 | 4338 | 23328 | 4524 | 27360 |
| | 460801～645120 | 6844 | 35770 | 7557 | 45331 |
| | 645120 以上 | 10184 | 52358 | 11600 | 69293 |

## 5.3.72 s11-30～1600kV·A 变压器损耗（表 5-129）

**表 5-129 s11-30～1600kV·A 变压器损耗**

| 变压器容量/kV·A | 月用电量/kW·h | 6.3/0.4、10/0.4kV | | 35/0.4kV | |
|---|---|---|---|---|---|
| | | 有功 | 无功 | 有功 | 无功 |
| | | kW·h/月 | kW·h/月 | kW·h/月 | kW·h/月 |
| 30 | 5180 以下 | 115 | 683 | | |
| | 5181～8640 | 193 | 821 | | |
| | 8641～12100 | 310 | 1028 | | |
| | 12100 以上 | 467 | 1305 | | |

续表

| 变压器容量 /kV·A | 月用电量 /kW·h | 6.3/0.4、10/0.4kV | | 35/0.4kV | |
|---|---|---|---|---|---|
| | | 有功 | 无功 | 有功 | 无功 |
| | | kW·h/月 | kW·h/月 | kW·h/月 | kW·h/月 |
| 50 | 8640以下 | 159 | 1030 | 178 | 931 |
| | 8641～14400 | 272 | 1260 | 310 | 1305 |
| | 14401～20160 | 441 | 1606 | 509 | 1867 |
| | 20160以上 | 666 | 2066 | 773 | 2615 |
| 63 | 10890 | 188 | 1252 | | |
| | 10891～18140 | 325 | 1542 | | |
| | 18141～25400 | 531 | 1978 | | |
| | 25400以上 | 805 | 2558 | | |
| 80 | 13820以下 | 217 | 1475 | | |
| | 13821～23040 | 378 | 1843 | | |
| | 23041～32260 | 621 | 2396 | | |
| | 322600以上 | 944 | 3133 | | |
| 100 | 17280以下 | 256 | 1771 | 271 | 1717 |
| | 17281～28800 | 452 | 2232 | 491 | 2466 |
| | 28801～40320 | 746 | 2923 | 822 | 3589 |
| | 40320以上 | 1138 | 3845 | 1262 | 5087 |
| 125 | 21600以下 | 306 | 2124 | 310 | 2102 |
| | 21601～36000 | 546 | 2700 | 570 | 3038 |
| | 36001～50400 | 906 | 3564 | 959 | 4442 |
| | 50400以上 | 1386 | 4716 | 1478 | 6314 |
| 160 | 27650以下 | 354 | 2604 | 351 | 2575 |
| | 27651～46080 | 633 | 3341 | 659 | 3773 |
| | 46081～64510 | 1051 | 4447 | 1122 | 5570 |
| | 64510以上 | 1609 | 5921 | 1739 | 7966 |
| 200 | 34560以下 | 430 | 3110 | 411 | 3074 |
| | 34561～57600 | 772 | 4032 | 773 | 4572 |
| | 57601～80640 | 1286 | 5414 | 1317 | 6818 |
| | 80640以上 | 1972 | 7258 | 2042 | 9814 |
| 250 | 43200以下 | 508 | 3708 | 489 | 3573 |
| | 43201～72000 | 899 | 4860 | 919 | 5445 |
| | 72001～100800 | 1487 | 6588 | 1566 | 8253 |
| | 100800以上 | 2270 | 8892 | 2427 | 11997 |
| 315 | 54430以下 | 607 | 4445 | 586 | 4502 |
| | 54431～90720 | 1077 | 5897 | 1105 | 6861 |
| | 90721～127010 | 1782 | 8074 | 1883 | 10399 |
| | 127010以上 | 2722 | 10977 | 2921 | 15116 |
| 400 | 69121以下 | 728 | 5486 | 707 | 5429 |
| | 69121～115200 | 1296 | 7560 | 1333 | 8424 |
| | 115201～161280 | 2148 | 10670 | 2273 | 12917 |
| | 161280以上 | 3283 | 14818 | 3527 | 18907 |
| 500 | 86400以下 | 869 | 6498 | 843 | 6786 |
| | 86401～144000 | 1545 | 9090 | 1597 | 10530 |
| | 144001～201600 | 2558 | 12978 | 2728 | 16146 |
| | 201300以上 | 3909 | 18162 | 4236 | 23634 |
| 630 | 108860以下 | 1026 | 7734 | 1008 | 8324 |
| | 108861～181440 | 1819 | 11000 | 1909 | 13041 |
| | 181441～254020 | 3009 | 15899 | 3260 | 20117 |
| | 254020以上 | 4595 | 22431 | 5062 | 29552 |

续表

| 变压器容量/kV·A | 月用电量/kW·h | 6.3/0.4、10/0.4kV | | 35/0.4kV | |
|---|---|---|---|---|---|
| | | 有功 | 无功 | 有功 | 无功 |
| | | kW·h/月 | kW·h/月 | kW·h/月 | kW·h/月 |
| 800 | 138240 以下 | 1251 | 9245 | 1206 | 9418 |
| | 138241～230400 | 2220 | 13392 | 2283 | 15408 |
| | 230401～322560 | 3674 | 19613 | 3899 | 24394 |
| | 322560 以上 | 5613 | 27907 | 6053 | 36374 |
| 1000 | 172800 以下 | 1471 | 10836 | 1456 | 11412 |
| | 172801～288000 | 2606 | 16020 | 2778 | 18900 |
| | 288001～403200 | 4310 | 23796 | 4761 | 30132 |
| | 403200 以上 | 6582 | 34164 | 7405 | 45108 |
| 1250 | 216000 以下 | 1743 | 12645 | 1745 | 12915 |
| | 216001～360000 | 3094 | 19125 | 3341 | 22275 |
| | 360001～504000 | 5121 | 28845 | 5735 | 36315 |
| | 504000 以上 | 7824 | 41805 | 8927 | 55035 |
| 1600 | 276480 以下 | 2093 | 15034 | 2098 | 15379 |
| | 276481～460800 | 3709 | 23328 | 4007 | 27360 |
| | 460801～645120 | 6132 | 35770 | 6872 | 45331 |
| | 645120 以上 | 9364 | 52358 | 10390 | 69293 |

## 5.3.73 国产 SGL 型电力变压器最佳负荷率计算（表 5-130）

**表 5-130 国产 SGL 型电力变压器最佳负荷率 $\beta_m$ 计算**

| 容量/kV·A | 空载损耗/W | 负载损耗/W | 损耗比 $R$ | 最佳负荷率 $\beta_m$ |
|---|---|---|---|---|
| 500 | 1850 | 4850 | 2.62 | 61.8 |
| 630 | 2100 | 5650 | 2.69 | 61.0 |
| 800 | 2400 | 7500 | 3.13 | 56.6 |
| 1000 | 2800 | 9200 | 3.20 | 55.2 |
| 1250 | 3350 | 11000 | 3.28 | 55.2 |
| 1600 | 3950 | 13300 | 3.37 | 54.5 |

## 5.3.74 变压器容量参考计算（表 5-131）

**表 5-131 变压器容量参考计算**

| 居民点人口规模/人 | 人均用电标准（W/人·天） | 同时系数 | 负载率 | 功率因数 | 变压器容量/kV·A | 选取容量/kV·A |
|---|---|---|---|---|---|---|
| 50 | 150 | 0.6 | 0.8 | 0.85 | 6.6 | 20 |
| 100 | 150 | 0.6 | 0.8 | 0.85 | 13.2 | 20 |
| 200 | 150 | 0.6 | 0.8 | 0.85 | 26.5 | 30 |
| 300 | 150 | 0.6 | 0.8 | 0.85 | 39.7 | 50 |
| 400 | 150 | 0.6 | 0.8 | 0.85 | 52.9 | 63 |
| 500 | 150 | 0.6 | 0.8 | 0.85 | 66.2 | 80 |
| 600 | 150 | 0.6 | 0.8 | 0.85 | 79.4 | 80 |
| 700 | 150 | 0.6 | 0.8 | 0.85 | 92.6 | 100 |
| 800 | 150 | 0.6 | 0.8 | 0.85 | 105.9 | 125 |
| 900 | 150 | 0.6 | 0.8 | 0.85 | 119.1 | 125 |
| 1000 | 150 | 0.6 | 0.8 | 0.85 | 132.4 | 160 |

说明：容量＝总计算负荷/（负载率×功率因数）。

### 5.3.75 10/0.4/0.23kV配电变压器额定电流与熔丝容量（表5-132、表5-133）

表5-132 10/0.4/0.23kV配电变压器额定电流与熔丝容量（1）

| 三相变压器容量/kV·A | 额定电流/A | | 熔丝容量/A | |
|---|---|---|---|---|
| | 一次 | 二次 | 一次 | 二次 |
| 20 | 1.15 | 28.9 | 3 | 30 |
| 30 | 1.73 | 43.3 | 3 | 50 |
| 40 | 2.31 | 57.7 | 5 | 60 |
| 50 | 2.89 | 72.2 | 5 | 75 |
| 63 | 3.61 | 90.9 | 7.5 | 100 |
| 80 | 4.62 | 115.5 | 7.5 | 125 |
| 100 | 5.77 | 144.3 | 10 | 150 |
| 125 | 7.22 | 180.4 | 10 | 175 |
| 160 | 9.24 | 230.9 | 15 | 250 |
| 200 | 11.55 | 288.7 | 20 | 300 |
| 250 | 14.43 | 360.8 | 25 | 400 |
| 315 | 18.18 | 454.7 | 30 | 2×250 |
| 400 | 23.09 | 577.4 | 40 | 2×300 |
| 500 | 28.87 | 721.7 | 50 | 2×400 |
| 630 | 36.37 | 909.3 | 60 | 2×500 |
| 800 | 46.19 | 1155 | 75 | — |
| 1000 | 57.74 | 1443 | 100 | — |

表5-133 10/0.4/0.23kV配电变压器额定电流与熔丝容量（2）

| 单相变压器容量/kV·A | 额定电流/A | | 熔丝容量/A | |
|---|---|---|---|---|
| | 一次 | 二次 | 一次 | 二次 |
| 10 | 1.0 | 43.5 | 3 | 50 |
| 20 | 2.0 | 87.0 | 3 | 100 |
| 30 | 3.0 | 130.4 | 5 | 150 |
| 50 | 5.0 | 217.4 | 7.5 | 200 |

### 5.3.76 熔断器的技术规格（表5-134）

表5-134 熔断器的技术规格

| 名称 | 主要用途 | 型号 | 熔管额定电压/V | 熔管额定电流/A | 熔体额定电流等级/A | 最大分断能力/kA |
|---|---|---|---|---|---|---|
| 有填料封闭管式熔断器 | 用于大短路电流网路内作为过载和短路保护 | RTO-100 | 交流380 | 100 | 30,40,50,60,80,100 | 50 |
| | | RTO-200 | | 200 | (80),(100),120,150.200 | |
| | | RTO-400 | | 400 | (150),200,250,300,350,400 | |
| | | RTO-600 | 直流400 | 600 | (350),(400),450,500,550,600 | |
| | | RTO-1000 | | 1000 | 700,800,900,1000 | |
| 无填料封闭管式熔断器 | 用于电力网路内作为过载和短路保护 | RM10-15 | 交流220 380 500 直流220 440 | 15 | 6,10,15 | 1.2 |
| | | RM10-60 | | 60 | 15,20,25,35,45,60 | 3.5 |
| | | RM10-100 | | 100 | 60,80,100 | 10 |
| | | RM10-200 | | 200 | 100,125,160,200 | |
| | | RM10-350 | | 350 | 200,225,260,300,350 | |
| | | RM10-600 | | 600 | 350,430,500,600 | |
| 无填料封闭管式熔断器 | 用于电力网路内作为过载和短路保护 | RM7-15 | 交流380 | 15 | 6,10,15 | 2 |
| | | RM7-60 | | 60 | 15,20,25,30,40,50,60 | 5 |
| | | RM7-100 | | 100 | 60,80,100 | 20 |
| | | RM7-200 | | 200 | 100,125,160,200 | |
| | | RM7-400 | | 400 | 200,240,260,300,350,400 | |
| | | RM7-600 | 直流440 | 600 | 400,450,500,560,600 | |

续表

| 名称 | 主要用途 | 型号 | 熔管额定电压/V | 熔管额定电流/A | 熔体额定电流等级/A | 最大分断能力/kA |
|---|---|---|---|---|---|---|
| 瓷插式熔断器 | 用于交流分支线路的过载和短路保护 | RC1A-5 | 交流 380 | 5 | 2,4 | 0.3 |
| | | RC1A-10 | | 10 | 2,4,6,10 | 0.5 |
| | | RC1A-15 | | 15 | 6,10,15 | 0.5 |
| | | RC1A-30 | | 30 | 15,20,25,30 | 1.5 |
| | | RC1A-60 | | 60 | 30,40,50,60 | 3 |
| | | RC1A-100 | | 100 | 60,80,100 | 3 |
| | | RC1A-200 | | 200 | 100,120,150,200 | 3 |
| 螺旋式快速熔断器 | 用于硅整流过载保护 | RLS-10 | | 10 | 3,5,10 | 40 |
| | | RLS-50 | | 50 | 15,20,25,30,40,50 | 40 |
| | | RLS-100 | 500 | 100 | 60,80,100 | |
| 螺旋式熔断器 | 用于电力网路内作为过载和短路保护 | RL1-15 | 交流 500 | 15 | 2,4,5,6,10,15 | 6 |
| | | RL1-60 | | 60 | 20, 25,30,35,40,50,60 | 6 |
| | | RL1-100 | | 100 | 60,80,100 | 20 |
| | | RL1-200 | | 200 | 100,125,160,200 | 50 |
| 螺旋式熔断器 | 用于机床配电设备作过载或短路保护 | RL2-25 | 交流 500 | 25 | 2,4,5,6,10,15,20 | 1 |
| | | RL2-60 | | 60 | 25,30,50,60 | 2 |
| | | RL2-100 | | 100 | 80,100 | 3.5 |

## 5.3.77 低压断路器基本技术参数（表 5-135）

**表 5-135 低压断路器基本技术参数**

| 型号 | 触头额定电流/A | 额定电压/V | 脱扣器类别 | 辅助触头类别 | 脱扣器额定电流/A | 最大分断电流/A(有效值) |
|---|---|---|---|---|---|---|
| DZ5-10 | 10 | ～220 | 复式 | 无 | 0.5,1,1.5,2,3,4,6,10 | 1000 |
| DZ5-25 | 25 | ～380<br>－110 | 复式 | 无 | 0.5,1,1.6,2.5,4,6,10,15,20,25 | 2000 |
| DZ5B-50-100 | 50,100 | ～380 | 液压式或电磁式 | 无辅助触头或带具有公共动触头的一常开一常闭辅助触头 | 1.6,2.5,4,6,10,15,20,30,40,50,70,100 | 2000 |
| DZ10-100 | 100 | ～500<br>－220 | 复式或电磁式、热(无)脱扣 | 一常开<br>一常闭 | 20,25,30,40,50,60,80,100,150 | 7000～12000(～380V 时) |
| DZ10-250 | 250 | ～500<br>－220 | 复式或电磁式、热(无)脱扣 | 二常开<br>二常闭 | 100,120,140,170,200,250 | 30000(～380V 时) |
| DZ10-600 | 600 | ～500<br>－220 | 过电流、失压分励 | 二常开<br>二常闭 | 200,250,300,350,400,500,600 | 50000(～380V 时) |
| DW5-400 | 400 | ～380<br>－440 | 过电流、失压分励 | 二常开<br>二常闭 | 100～800 | 10,200(kA) |
| DW5-1000-1500 | 1000～1500 | ～380<br>－440 | 过电流、失压分励 | 四常开<br>四常闭 | 100～1500 | 20,400(kA) |
| DW10-200 | 200 | ～380<br>－440 | 过电流、失压分励 | 三常开<br>三常闭<br>或更多 | 60,100,150,200 | 10(kA) |
| DW10-400 | 400 | ～380<br>－440 | 过电流、失压分励 | 三常开<br>三常闭<br>或更多 | 100,150,200,250,300,350,400 | 15(kA) |
| DW10-600 | 600 | ～380<br>－440 | 过电流、失压分励 | 三常开<br>三常闭<br>或更多 | 500,600 | 15(kA) |

续表

| 型号 | 触头额定电流/A | 额定电压/V | 脱扣器类别 | 辅助触头类别 | 脱扣器额定电流/A | 最大分断电流/A(有效值) |
|---|---|---|---|---|---|---|
| DW10-1000 | 1000 | ～380<br>—440 | 过电流、失压分励 | 三常开<br>三常闭<br>或更多 | 400,500,600,800,1000 | 20(kA) |
| DW10-1500 | 1500 | ～380<br>—440 | 过电流、失压分励 | 三常开<br>三常闭<br>或更多 | 1500 | 20(kA) |
| DW10-2500 | 2500 | ～380<br>—440 | 过电流、失压分励 | 三常开<br>三常闭<br>或更多 | 1000,1500,2000,2500 | 30(kA) |
| DW10-4000 | 4000 | ～380<br>—440 | 过电流、失压分励 | 三常开<br>三常闭<br>或更多 | 2000,2500,3000,4000 | 40(kA) |

### 5.3.78　BBLX、BBX、BLV、BV 型橡皮和塑料绝缘导线明敷时载流量（$T+60℃$）（表 5-136）

表 5-136　BBLX、BBX、BLV、BV 型橡皮和塑料绝缘导线明敷时载流量　　A

| 导线截面积/$mm^2$ | | 1 | 1.5 | 2.5 | 4 | 6 | 10 | 16 | 25 | 35 | 50 | 70 |
|---|---|---|---|---|---|---|---|---|---|---|---|---|
| BBLX | 25℃ | | | 25 | 33 | 42 | 60 | 80 | 105 | 130 | 165 | 205 |
| | 30℃ | | | 23 | 31 | 39 | 56 | 74 | 98 | 121 | 153 | 191 |
| | 35℃ | | | 21 | 28 | 36 | 51 | 68 | 89 | 110 | 140 | 174 |
| | 40℃ | | | 19 | 25 | 32 | 46 | 61 | 80 | 99 | 125 | 156 |
| BBX | 25℃ | 20 | 25 | 33 | 43 | 55 | 80 | 105 | 140 | 170 | 215 | 265 |
| | 30℃ | 19 | 23 | 31 | 40 | 51 | 74 | 98 | 130 | 158 | 200 | 246 |
| | 35℃ | 17 | 21 | 28 | 37 | 47 | 68 | 89 | 119 | 144 | 183 | 225 |
| | 40℃ | 15 | 19 | 25 | 33 | 42 | 61 | 80 | 106 | 129 | 163 | 201 |
| BLV | 25℃ | | | 26 | 30 | 39 | 55 | 75 | 100 | 125 | 155 | 200 |
| | 30℃ | | | 21 | 26 | 36 | 51 | 70 | 93 | 116 | 144 | 186 |
| | 35℃ | | | 20 | 25 | 33 | 47 | 64 | 85 | 106 | 132 | 170 |
| | 40℃ | | | 17 | 23 | 30 | 42 | 57 | 76 | 95 | 113 | 152 |
| BV | 25℃ | 18 | 22 | 30 | 40 | 50 | 75 | 100 | 130 | 160 | 200 | 255 |
| | 30℃ | 17 | 20 | 28 | 37 | 47 | 70 | 93 | 121 | 149 | 180 | 237 |
| | 35℃ | 15 | 19 | 25 | 34 | 43 | 64 | 85 | 110 | 136 | 170 | 216 |
| | 40℃ | 14 | 17 | 23 | 30 | 38 | 57 | 76 | 99 | 122 | 152 | 194 |

### 5.3.79　BBX，BX 型铜芯导线套硬塑料管时载流量（$T+60℃$）（表 5-137）

表 5-137　BBX，BX 型铜芯导线套硬塑料管时载流量　　A

| 导线截面积/$mm^2$ | | 1 | 1.5 | 2.5 | 4 | 6 | 10 | 16 | 25 | 35 | 50 | 70 |
|---|---|---|---|---|---|---|---|---|---|---|---|---|
| 二根单芯 | 25℃ | 12 | 14 | 21 | 31 | 37 | 56 | 69 | 96 | 113 | 147 | 182 |
| | 30℃ | 11 | 13 | 19 | 28 | 34 | 54 | 64 | 89 | 105 | 136 | 169 |
| | 35℃ | 10 | 11 | 17 | 26 | 31 | 49 | 58 | 81 | 96 | 125 | 154 |
| | 40℃ | 9 | 10 | 16 | 23 | 28 | 44 | 52 | 73 | 86 | 112 | 138 |
| 管径/mm | | 15 | 15 | 15 | 15 | 20 | 25 | 25 | 32 | 40 | 40 | 40 |
| 三根单芯 | 25℃ | 11 | 13 | 20 | 27 | 35 | 48 | 62 | 88 | 99 | 128 | 164 |
| | 30℃ | 10 | 12 | 18 | 25 | 32 | 44 | 57 | 82 | 92 | 119 | 152 |
| | 35℃ | 9 | 11 | 17 | 23 | 29 | 40 | 52 | 74 | 84 | 109 | 139 |
| | 40℃ | 8 | 9 | 15 | 20 | 26 | 36 | 47 | 67 | 75 | 97 | 124 |
| 管径/mm | | 15 | 15 | 20 | 20 | 20 | 25 | 32 | 40 | 40 | 50 | 50 |

续表

| | | | | | | | | | | | | |
|---|---|---|---|---|---|---|---|---|---|---|---|---|
| 四根单芯 | 25℃ | 10 | 12 | 18 | 25 | 31 | 42 | 55 | 75 | 97 | 104 | 145 |
| | 30℃ | 9 | 11 | 16 | 23 | 28 | 39 | 51 | 69 | 90 | 96 | 135 |
| | 35℃ | 8 | 10 | 15 | 21 | 26 | 35 | 46 | 63 | 82 | 88 | 123 |
| | 40℃ | 7 | 9 | 13 | 19 | 23 | 31 | 41 | 57 | 73 | 79 | 110 |
| 管径/mm | | 15 | 15 | 20 | 25 | 25 | 32 | 32 | 40 | 50 | 50 | 50 |

说明：四根单芯线如其中一根仅供接地或接零保护用时，仍根据三根单芯的数据。

## 5.3.80 柜（屏、台、箱、盘）内保护导线最小截面积的要求（表5-138）

**表5-138 柜（屏、台、箱、盘）内保护导线最小截面积的要求**

| 相线截面积 $S/mm^2$ | 相应保护导体最小截面积 $S_P/mm^2$ | 相线截面积 $S/mm^2$ | 相应保护导体最小截面积 $S_P/mm^2$ |
|---|---|---|---|
| $S\leqslant16$ | $S$ | $400<S\leqslant800$ | 200 |
| $16<S\leqslant35$ | 16 | $S>800$ | $S/4$ |
| $35<S\leqslant400$ | $S/2$ | | |

说明：$S$ 指柜（屏、台、箱、盘）电源进线相线截面积，并且相线、保护导体材质相同。

## 5.3.81 建筑感烟探测器与感温探测器的保护面积、保护半径与其他参量的关系（表5-139）

**表5-139 建筑感烟探测器与感温探测器的保护面积、保护半径与其他参量的关系**

| 火灾探测器的种类 | 房间高度 $h/m$ | 地面面积 $S/m^2$ | 探测器的保护面积 $A$、保护半径 $R$ | | | | | |
|---|---|---|---|---|---|---|---|---|
| | | | 房顶坡度 $q\leqslant15°$ | | $15°<$房顶坡度 $q\leqslant30°$ | | 房顶坡度 $q>30°$ | |
| | | | $A/m$ | $R/m$ | $A/m$ | $R/m$ | $A/m$ | $R/m$ |
| 感温探测器 | $h\leqslant8$ | $S\leqslant30$ | 30 | 4.4 | 30 | 4.9 | 30 | 5.5 |
| | $h\leqslant8$ | $S>30$ | 20 | 3.6 | 30 | 4.9 | 40 | 6.3 |
| 感烟探测器 | $h\leqslant12$ | $S\leqslant80$ | 80 | 6.7 | 80 | 7.2 | 80 | 8.0 |
| | $6>h\leqslant12$ | $S>80$ | 80 | 6.7 | 100 | 8.0 | 120 | 9.9 |
| | $h\leqslant6$ | | 60 | 5.8 | 80 | 7.2 | 100 | 9.0 |

## 5.3.82 城市住宅区和办公楼电话通信设施室内嵌式通信电缆分线箱规格（表5-140）

**表5-140 城市住宅区和办公楼电话通信设施室内嵌式通信电缆分线箱规格**

| 嵌装尺寸/mm(长×宽×深) | 接线对数/对 | 嵌装尺寸/mm(长×宽×深) | 接线对数/对 |
|---|---|---|---|
| 280×200×120 | 10～20 | 650×400×120 | 50～100 |
| 650×400×120 | 30～50 | 900×400×120 | 100～200 |

注：过路箱的箱体尺寸按邻近的分线箱规格选取。

## 5.3.83 民用闭路监视电视系统工程4分图像信噪比

图像质量可按五级损伤制评定，图像质量不应低于4分。相对应4分图像质量的信噪比应符合表5-141的规定。

**表5-141 民用闭路监视电视系统工程4分图像信噪比**

| 指标项目 | 黑白电视系统/dB | 彩色电视系统/dB | 指标项目 | 黑白电视系统/dB | 彩色电视系统/dB |
|---|---|---|---|---|---|
| 随机信噪比 | 37 | 36 | 电源干扰 | 40 | 37 |
| 单频干扰 | 40 | 37 | 脉冲干扰 | 37 | 31 |

## 5.3.84 家装电气开关接头与燃气管间距离间隔规定（表5-142）

**表5-142 家装电气开关接头与燃气管间距离间隔规定**

| 位置 | 距离/mm |
|---|---|
| 同一平面 | ≥50 |
| 不同平面 | |

## 5.3.85 接地体的材料、结构、最小尺寸要求（表5-143）

**表5-143 接地体的材料、结构、最小尺寸要求**

| 材料 | 结构 | 最小尺寸 | | | 说明 |
|---|---|---|---|---|---|
| | | 垂直接地体最小直径/mm | 水平接地体最小截面面积或直径 | 接地板最小尺寸/mm | |
| 铜 | 铜绞线 | — | 50mm² | — | 每股直径1.7mm |
| | 单根圆铜 | — | 50mm² | — | 直径8mm |
| | 单根扁铜 | — | 50mm² | — | 厚度2mm |
| | 单根圆铜 | 15 | — | — | — |
| | 铜管 | 20 | — | — | 壁厚2mm |
| | 整块铜板 | — | — | 500×500 | 厚度2mm |
| | 网格铜板 | — | — | 600×600 | 各网格边截面25mm×2mm，网格网边总长度不少于4.8m |
| 钢 | 热镀锌圆钢 | 14 | 78mm² | — | — |
| | 热镀锌钢管 | 20 | — | — | 壁厚2mm |
| | 热镀锌扁钢 | — | 90mm² | — | 厚度3mm |
| | 热镀锌钢板 | — | — | 500×500 | 厚度3mm |
| | 热镀锌网格钢板 | — | — | 600×600 | 各网格边截面30mm×3mm，网格网边总长度不少于4.8m |
| | 镀铜圆钢 | 14 | — | — | 径向镀铜层至少250μm，铜纯度99.9% |
| | 裸圆钢 | 14 | 78mm² | — | — |
| | 裸扁钢或热镀锌扁钢 | — | 90mm² | — | 厚度3mm |
| | 热镀锌钢绞线 | — | 70mm² | — | 每股直径1.7mm |
| | 热镀锌角钢 | 50×50×3 | — | — | — |
| | 镀铜圆钢 | — | 50mm² | | 径向镀铜层至少250μm，铜纯度99.9% |
| 不锈钢 | 圆形导体 | 16 | 78mm² | — | — |
| | 扁形导体 | — | 100mm² | — | 厚度2mm |

说明：(1) 截面积允许误差为−3%；

(2) 镀锌层需要光滑连贯、无焊剂斑点，以及镀锌层至少圆钢镀层厚度22.7g/m²、扁钢32.4g/m²；

(3) 热镀锌前螺纹需要先加工好；

(4) 铜需要与钢结合良好；

(5) 不锈钢中铬大于等于16%，镍大于等于5%，钼大于等于2%，碳小于等于0.08%；

(6) 不同截面的型钢，其截面不小于290mm²，最小厚度3mm，例如可用50mm×50mm×3m的角钢作垂直接地体；

(7) 铜绞线、单根圆铜、单根扁铜，也可以采用镀锡；

(8) 裸圆钢、裸扁钢、钢绞线作为接地体时，只有在完全埋在混凝土中时，才允许采用；

(9) 裸扁钢、热镀锌扁钢、热镀锌钢绞线，只适用于与建筑物内的钢筋或钢结构每隔5m的连接。

## 5.3.86 接地装置的材料最小允许规格、尺寸

当无相关要求时，接地装置的材料需要采用钢材，热浸镀锌处理的，并且最小允许规格、尺寸需要符合表5-144的规定。

**表5-144 接地装置的材料最小允许规格、尺寸**

| 种类、规格及单位 | | 地上 | | | | | | 地下 | | | | |
|---|---|---|---|---|---|---|---|---|---|---|---|---|
| | | 室内 | | | 室外 | | | 交流电流回路 | | | 直流电流回路 | |
| 圆钢直径/mm | | 6 | | | 8 | | | 10 | | | 12 | |
| 扁钢 | 截面/mm² | 60 | | | 100 | | | 100 | | | 100 | |
| | 厚度/mm | 3 | | | 4 | | | 4 | | | 6 | |
| 管径/mm | | 15 | 15 | 20 | 20 | 20 | 25 | 32 | 40 | 40 | 50 | 50 |

续表

| 种类、规格及单位 | 地上 | | 地下 | |
|---|---|---|---|---|
| | 室内 | 室外 | 交流电流回路 | 直流电流回路 |
| 角钢厚度/mm | 2 | 2.5 | 4 | 6 |
| 钢管管壁厚离/mm | 2.5 | 2.5 | 3.5 | 4.5 |

## 5.4 通风与空调工程的技术参数

### 5.4.1 通风与空调工程圆形风管规格（表 5-145）

**表 5-145 通风与空调工程圆形风管规格**

| 风管直径 D/mm | | | |
|---|---|---|---|
| 基本系列 | 辅助系列 | 基本系列 | 辅助系列 |
| 100 | 80 | 250 | 240 |
| 100 | 90 | 280 | 260 |
| 120 | 110 | 320 | 300 |
| 140 | 130 | 360 | 340 |
| 160 | 150 | 400 | 380 |
| 180 | 170 | 450 | 420 |
| 200 | 190 | 500 | 480 |
| 220 | 210 | 560 | 530 |
| 630 | 600 | 1250 | 1180 |
| 700 | 670 | 1400 | 1320 |
| 800 | 750 | 1600 | 1500 |
| 900 | 850 | 1800 | 1700 |
| 1000 | 950 | 2000 | 1900 |
| 1120 | 1060 | | |

### 5.4.2 通风与空调工程矩形风管规格（表 5-146）

**表 5-146 通风与空调工程矩形风管规格**

| 风管边长/mm | | | | |
|---|---|---|---|---|
| 120 | 320 | 800 | 2000 | 4000 |
| 160 | 400 | 1000 | 2500 | — |
| 200 | 500 | 1250 | 3000 | — |
| 250 | 630 | 1600 | 3500 | — |

### 5.4.3 通风与空调工程风管系统类别（表 5-147）。

**表 5-147 通风与空调工程风管系统类别**

| 系统类别 | 系统工作压力 p/Pa | 密 封 要 求 |
|---|---|---|
| 低压系统 | $p \leqslant 500$ | 接缝和接管连接处严密 |
| 中压系统 | $500 < p \leqslant 1500$ | 接缝和接管连接处增加密封措施 |
| 高压系统 | $p > 1500$ | 所有的拼接缝和接管连接处，均应采取密封措施 |

### 5.4.4 通风与空调工程钢板风管板材厚度（表 5-148）

**表 5-148 通风与空调工程钢板风管板材厚度**

| 风管直径 D 或长边尺寸 b | 圆形风管/mm | 矩形风管/mm | | 除尘系统风管/mm |
|---|---|---|---|---|
| | | 中、低压系统 | 高压系统 | |
| $D(b) \leqslant 320$ | 0.5 | 0.5 | 0.75 | 1.5 |
| $320 < D(b) \leqslant 450$ | 0.6 | 0.6 | 0.75 | 1.5 |

续表

| 风管直径 $D$ 或长边尺寸 $b$ | 圆形风管/mm | 矩形风管/mm | | 除尘系统风管/mm |
|---|---|---|---|---|
| | | 中、低压系统 | 高压系统 | |
| $450<D(b)\leqslant630$ | 0.75 | 0.6 | 0.75 | 2.0 |
| $630<D(b)\leqslant1000$ | 0.75 | 0.75 | 1.0 | 2.0 |
| $1000<D(b)\leqslant1250$ | 1.0 | 1.0 | 1.0 | 2.0 |
| $1250<D(b)\leqslant2000$ | 1.2 | 1.0 | 1.2 | 根据设计 |
| $2000<D(b)\leqslant4000$ | 根据设计 | 1.2 | 根据设计 | 根据设计 |

说明：(1) 螺旋风管的钢板厚度，可以适当减小10%～15%；

(2) 不适用于地下人防与防火隔墙的预埋管；

(3) 排烟系统风管钢板厚度，可以按高压系统；

(4) 特殊除尘系统风管钢板厚度，需要符合设计要求；

### 5.4.5 通风与空调工程高、中、低压系统不锈钢板风管板材厚度（表5-149）

**表5-149 通风与空调工程高、中、低压系统不锈钢板风管板材厚度**

| 风管直径或长边尺寸 $b$/mm | 不锈钢板厚度/mm | 风管直径或长边尺寸 $b$/mm | 不锈钢板厚度/mm |
|---|---|---|---|
| $b\leqslant500$ | 0.5 | $1120<b\leqslant2000$ | 1.0 |
| $500<b\leqslant1120$ | 0.75 | $2000<b\leqslant4000$ | 1.2 |

### 5.4.6 通风与空调工程中、低压系统铝板风管板材厚度（表5-150）

**表5-150 通风与空调工程中、低压系统铝板风管板材厚度**

| 风管直径或长边尺寸 $b$/mm | 铝板厚度/mm | 风管直径或长边尺寸 $b$/mm | 铝板厚度/mm |
|---|---|---|---|
| $b\leqslant320$ | 1.0 | $630<b\leqslant2000$ | 2.0 |
| $320<b\leqslant630$ | 1.5 | $2000<b\leqslant4000$ | 根据设计 |

### 5.4.7 通风与空调工程中、低压系统硬聚氯乙烯圆形风管板材厚度（表5-151）

**表5-151 通风与空调工程中、低压系统硬聚氯乙烯圆形风管板材厚度**

| 风管直径 $D$/mm | 板材厚度/mm | 风管直径 $D$/mm | 板材厚度/mm |
|---|---|---|---|
| $D\leqslant320$ | 3.0 | $630<D\leqslant1000$ | 5.0 |
| $320<D\leqslant630$ | 4.0 | $1000<D\leqslant2000$ | 6.0 |

### 5.4.8 通风与空调工程中、低压系统硬聚氯乙烯矩形风管板材厚度（表5-152）

**表5-152 通风与空调工程中、低压系统硬聚氯乙烯矩形风管板材厚度**

| 风管长边尺寸 $b$/mm | 板材厚度/mm | 风管长边尺寸 $b$/mm | 板材厚度/mm |
|---|---|---|---|
| $b\leqslant320$ | 3.0 | $800<b\leqslant1250$ | 6.0 |
| $320<b\leqslant500$ | 4.0 | $1250<b\leqslant2000$ | 8.0 |
| $500<b\leqslant800$ | 5.0 | | |

### 5.4.9 通风与空调工程中、低压系统有机玻璃钢风管板材厚度（表5-153）

**表5-153 通风与空调工程中、低压系统有机玻璃钢风管板材厚度**

| 圆形风管直径 $D$/mm | 短形风管长边尺寸 $b$/mm | 圆形风管直径 $D$/mm | 短形风管长边尺寸 $b$/mm |
|---|---|---|---|
| $D(b)\leqslant200$ | 2.5 | $630<D(b)\leqslant1000$ | 4.8 |
| $200<D(b)\leqslant400$ | 3.2 | $1000<D(b)\leqslant2000$ | 6.2 |
| $400<D(b)\leqslant630$ | 4.0 | | |

## 5.4.10 通风与空调工程中、低压系统无机玻璃钢风管板材厚度（表 5-154）

**表 5-154 通风与空调工程中、低压系统无机玻璃钢风管板材厚度**

| 圆形风管直径 D/mm | 矩形风管长边尺寸 b/mm | 圆形风管直径 D/mm | 矩形风管长边尺寸 b/mm |
|---|---|---|---|
| D(b)≤300 | 2.5～3.5 | 1000<D(b)≤1500 | 5.5～6.5 |
| 300<D(b)≤500 | 3.5～4.5 | 1500<D(b)≤2000 | 6.5～7.5 |
| 500<D(b)≤1000 | 4.5～5.5 | D(b)>2000 | 7.5～8.5 |

## 5.4.11 通风与空调工程中、低压系统无机玻璃钢风管玻璃纤维布厚度与层数（表 5-155）

**表 5-155 通风与空调工程中、低压系统无机玻璃钢风管玻璃纤维布厚度与层数**

| 圆形风管直径 D 或矩形风管长边 b/mm | 风管管体玻璃纤维布厚度/mm | | 风管法兰玻璃纤维布厚度/mm | |
|---|---|---|---|---|
| | 0.3 | 0.4 | 0.3 | 0.4 |
| | 玻璃布层数 | | | |
| D(b)≤300 | 5 | 4 | 8 | 7 |
| 300<D(b)≤500 | 7 | 5 | 10 | 8 |
| 500<D(b)≤1000 | 8 | 6 | 13 | 9 |
| 1000<D(b)≤1500 | 9 | 7 | 14 | 10 |
| 1500<D(b)≤2000 | 12 | 8 | 16 | 14 |
| D(b)>2000 | 14 | 9 | 20 | 16 |

## 5.4.12 通风与空调工程矩形风管的允许漏风量（表 5-156）

**表 5-156 通风与空调工程矩形风管的允许漏风量**

| 项目 | 矩形风管的允许漏风量 | 项目 | 矩形风管的允许漏风量 |
|---|---|---|---|
| 低压系统风管 | $Q_L \leq 0.1056p^{0.65}$ | 高压系统风管 | $Q_H \leq 0.0117p^{0.65}$ |
| 中压系统风管 | $Q_M \leq 0.0352p^{0.65}$ | | |

表中，$Q_L$、$Q_M$、$Q_H$ 为系统风管在相应工作压力下，单位面积风管单位时间内的允许漏风量，$m^3/(h \cdot m^2)$；$p$ 指风管系统的工作压力，Pa。

## 5.4.13 通风与空调工程金属圆形风管法兰及螺栓规格（表 5-157）

**表 5-157 通风与空调工程金属圆形风管法兰及螺栓规格**

| 风管直径 D/mm | 法兰材料规格/mm | | 螺栓规格/mm |
|---|---|---|---|
| | 扁钢 | 角钢 | |
| D≤140 | 20×4 | — | M6 |
| 140<D≤280 | 25×4 | — | M6 |
| 280<D≤630 | — | 25×3 | M6 |
| 630<D≤1250 | — | 30×4 | M8 |
| 1250<D≤2000 | — | 40×4 | M8 |

## 5.4.14 通风与空调工程金属矩形风管法兰及螺栓规格（表 5-158）

**表 5-158 通风与空调工程金属矩形风管法兰及螺栓规格**

| 风管长边尺寸 b/mm | 法兰材料规格(角钢)/mm | 螺栓规格/mm |
|---|---|---|
| b≤630 | 25×3 | M6 |
| 630<b≤1500 | 30×3 | M8 |
| 1500<b≤2500 | 40×4 | M8 |
| 2500<b≤4000 | 50×5 | M10 |

### 5.4.15　通风与空调工程硬聚氯乙烯圆形风管法兰规格（表 5-159）

**表 5-159　通风与空调工程硬聚氯乙烯圆形风管法兰规格**

| 风管直径 $D$ /mm | 材料规格(宽×厚) /mm | 连接螺栓 | 风管直径 $D$ /mm | 材料规格(宽×厚) /mm | 连接螺栓 |
|---|---|---|---|---|---|
| $D$≤180 | 35×6 | M6 | 800<$D$≤1400 | 45×12 | M10 |
| 180<$D$≤400 | 35×8 | M8 | 1400<$D$≤1600 | 50×15 | M10 |
| 400<$D$≤500 | 35×10 | M8 | 1600<$D$≤2000 | 60×15 | M10 |
| 500<$D$≤800 | 40×10 | M8 | $D$>2000 | 根据设计 | 根据设计 |

### 5.4.16　通风与空调工程硬聚氯乙烯矩形风管法兰规格（表 5-160）

**表 5-160　通风与空调工程硬聚氯乙烯矩形风管法兰规格**

| 风管边长 $b$/mm | 材料规格(宽×厚) /mm | 连接螺栓 | 风管边长 $b$/mm | 材料规格 (宽×厚)/mm | 连接螺栓 |
|---|---|---|---|---|---|
| $b$≤160 | 35×6 | M6 | 800<$b$≤1250 | 45×12 | M10 |
| 160<$b$≤400 | 35×8 | M8 | 1250<$b$≤1600 | 50×15 | M10 |
| 400<$b$≤500 | 35×10 | M8 | 1600<$b$≤2000 | 60×18 | M10 |
| 500<$b$≤800 | 40×10 | M10 | $b$>2000 | 根据设计 | 根据设计 |

### 5.4.17　通风与空调工程有机、无机玻璃钢风管法兰规格（表 5-161）

**表 5-161　通风与空调工程有机、无机玻璃钢风管法兰规格**

| 风管直径 $D$/mm 或风管边长 $b$/mm | 材料规格(宽×厚)/mm | 连接螺栓 |
|---|---|---|
| $D(b)$≤400 | 30×4 | M8 |
| 400<$D(b)$≤1000 | 40×6 | M8 |
| 1000<$D(b)$≤2000 | 50×8 | M10 |

### 5.4.18　通风与空调工程圆形弯管曲率半径和最少节数（表 5-162）

**表 5-162　通风与空调工程圆形弯管曲率半径和最少节数**

| 弯管直径 $D$/mm | 曲率半径 $R$ | 弯管角度和最少节数 | | | | | | | |
|---|---|---|---|---|---|---|---|---|---|
| | | 90° | | 60° | | 45° | | 30° | |
| | | 中节 | 端节 | 中节 | 端节 | 中节 | 端节 | 中节 | 端节 |
| 80～220 | ≥1.5$D$ | 2 | 2 | 1 | 2 | 1 | 2 | — | 2 |
| 220～450 | $D$～1.5$D$ | 3 | 2 | 2 | 2 | 1 | 2 | — | 2 |
| 450～800 | $D$～1.5$D$ | 4 | 2 | 2 | 2 | 1 | 2 | 1 | 2 |
| 800～1400 | $D$ | 5 | 2 | 3 | 2 | 2 | 2 | 1 | 2 |
| 1400～2000 | $D$ | 8 | 2 | 5 | 2 | 3 | 2 | 2 | 2 |

### 5.4.19　通风与空调工程圆形风管无法兰连接形式接口要求（表 5-163）

**表 5-163　通风与空调工程圆形风管无法兰连接形式接口要求**

| 无法兰连接形式 | | 附件板厚/mm | 接口要求 | 使用范围 |
|---|---|---|---|---|
| 承插连接 | 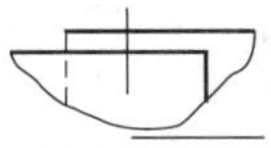 | — | 插入深度≥30mm,有密封要求 | 低压风管直径<700mm |
| 带加强筋承插 | 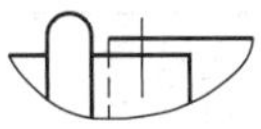 | — | 插入深度≥20mm,有密封要求 | 中、低压风管 |
| 角钢加固承插 | 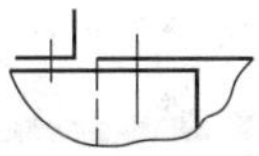 | — | 插入深度≥20mm,有密封要求 | 中、低压风管 |

续表

| 无法兰连接形式 | | 附件板厚/mm | 接口要求 | 使用范围 |
|---|---|---|---|---|
| 芯管连接 | | ≥管板厚 | 插入深度≥20mm，有密封要求 | 中、低压风管 |
| 立筋抱箍连接 | | ≥管板厚 | 翻边与楞筋匹配一致，紧固严密 | 中、低压风管 |
| 抱箍连接 | | ≥管板厚 | 对口尽量靠近不重叠，抱箍应居中 | 中、低压风管宽度≥100mm |

## 5.4.20 通风与空调工程矩形风管无法兰连接形式附件板厚（表 5-164）

**表 5-164 通风与空调工程矩形风管无法兰连接形式附件板厚**

| 无法兰连接形式 | | 附件板厚/mm | 使用范围 |
|---|---|---|---|
| S形插条 | | ≥0.7 | 低压风管单独使用连接处必须有固定措施 |
| C形插条 | | ≥0.7 | 中、低压风管 |
| 立插条 | | ≥0.7 | 中、低压风管 |
| 立咬口 | | ≥0.7 | 中、低压风管 |
| 包边立咬口 | | ≥0.7 | 中、低压风管 |
| 薄钢板法兰插条 | | ≥1.0 | 中、低压风管 |
| 薄钢板法兰弹簧夹 | | ≥1.0 | 中、低压风管 |
| 直角形平插条 | | ≥0.7 | 低压风管 |
| 立联合角形插条 | | ≥0.8 | 低压风管 |

注：薄钢板法兰风管也可采用铆接法兰条连接的方法。

## 5.4.21 通风与空调工程圆形风管的芯管连接（表 5-165）

**表 5-165 通风与空调工程圆形风管的芯管连接**

| 风管直径 $D$/mm | 芯管长度 $l$/mm | 自攻螺钉或抽芯铆钉数量/个 | 外径允许偏差/mm | |
|---|---|---|---|---|
| | | | 圆管 | 芯管 |
| 120 | 120 | 3×2 | −1～0 | −3～−4 |
| 300 | 160 | 4×2 | | |
| 400 | 200 | 4×2 | −2～0 | −4～−5 |
| 700 | 200 | 6×2 | | |
| 900 | 200 | 8×2 | | |
| 1000 | 200 | 8×2 | | |

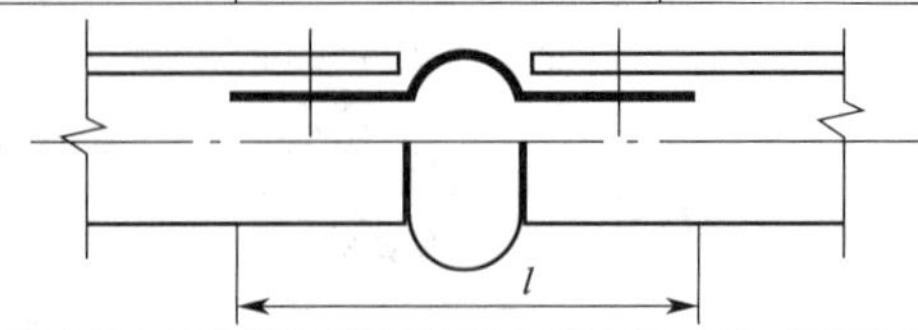

### 5.4.22 通风与空调工程焊缝形式及坡口数据（表5-166）

表5-166 通风与空调工程焊缝形式及坡口数据

| 焊缝形式 | 焊缝名称 | 图形 | 焊缝高度/mm | 板材厚底/mm | 焊缝坡口张角 α/(°) |
|---|---|---|---|---|---|
| 对接焊缝 | V形单面焊 | 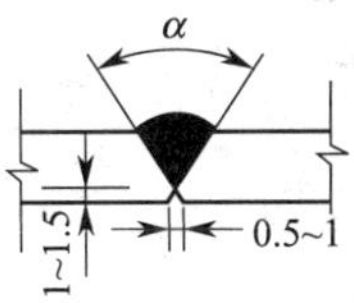 | 2～3 | 3～5 | 70～90 |
| | V形双面焊 | 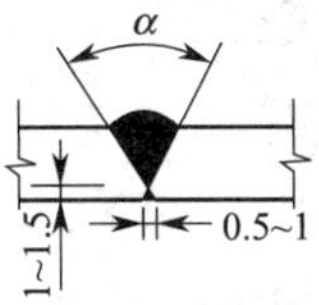 | 2～3 | 5～8 | 70～90 |
| 对接焊缝 | X形双面焊 | 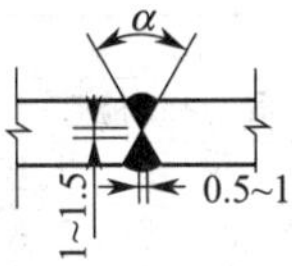 | 2～3 | ≥8 | 70～90 |
| 搭接焊续 | 搭接焊 | 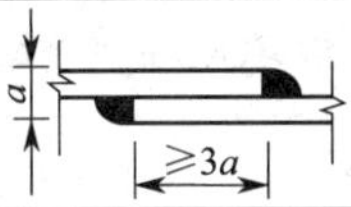 | ≥最小板厚 | 3～10 | — |
| 填角焊缝 | 填角焊无坡角 | 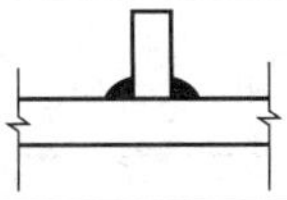 | ≥最小板厚 | 6～18 | — |
| | | 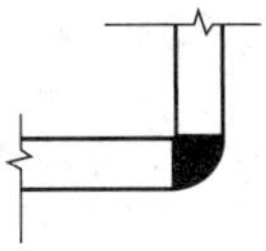 | ≥最小板厚 | ≥3 | — |
| 对角焊缝 | V形对角焊 | 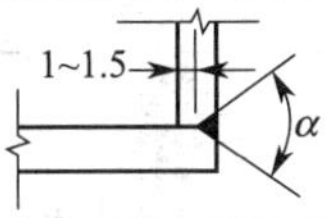 | ≥最小板厚 | 3～5 | 70～90 |
| | V形对角焊 | 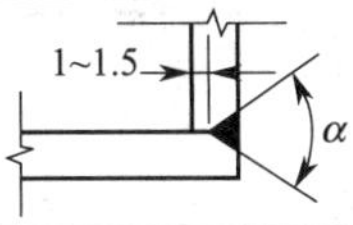 | ≥最小板厚 | 5～8 | 70～90 |
| | V形对角焊 | 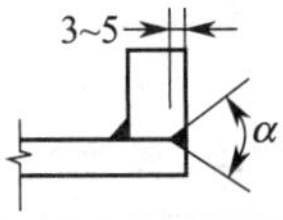 | ≥最小板厚 | 6～15 | 70～90 |

### 5.4.23 通风与空调工程无机玻璃钢风管外形尺寸（表5-167）

表5-167 通风与空调工程无机玻璃钢风管外形尺寸

| 直径或大边长/mm | 矩形风管外表平面度/mm | 矩形风管管口对角线之差/mm | 法兰平面度/mm | 圆形风管两直径之差/mm |
|---|---|---|---|---|
| ≤300 | ≤3 | ≤3 | ≤2 | ≤3 |
| 301～500 | ≤3 | ≤4 | ≤2 | ≤3 |
| 501～1000 | ≤4 | ≤5 | ≤2 | ≤4 |
| 1001～1500 | ≤4 | ≤6 | ≤3 | ≤5 |
| 1501～2000 | ≤5 | ≤7 | ≤3 | ≤5 |
| >2000 | ≤6 | ≤8 | ≤3 | ≤5 |

### 5.4.24 通风与空调工程风口尺寸允许偏差（表 5-168）

表 5-168 通风与空调工程风口尺寸允许偏差

| 圆形风口 | | | |
|---|---|---|---|
| 直径/mm | ≤250 | >250 | |
| 允许偏差/mm | 0～−2 | 0～−3 | |
| 矩形风口 | | | |
| 边长/mm | <300 | 300～800 | >800 |
| 允许偏差/mm | 0～−1 | 0～−2 | 0～−3 |
| 对角线长度/mm | <300 | 300～500 | >500 |
| 对角线长度之差/mm | ≤1 | ≤2 | ≤3 |

### 5.4.25 通风与空调工程通风机安装的允许偏差（表 5-169）

表 5-169 通风与空调工程通风机安装的允许偏差

| 项目 | 允许偏差 | 检验方法 |
|---|---|---|
| 中心线的平面位移 | 10mm | 经纬仪或拉线、尺量检查 |
| 标高 | ±10mm | 水准仪或水平仪、直尺、拉线、尺量检查 |
| 带轮轮宽中心平面偏移 | 1mm | 在主、从动带轮端面拉线、尺量检查 |
| 传动轴水平度 | 纵向 0.2/1000 | 在轴或带轮 0°、180°的两个位置上，用水平仪检查 |
| | 横向 0.3/1000 | |
| 联轴器——两轴芯径向位移 | 0.05mm | 在联轴器互相垂直的四个位置上，用百分表检查 |
| 联轴器——两轴线倾斜 | 0.2/1000 | 在联轴器互相垂直的四个位置上，用百分表检查 |

### 5.4.26 通风与空调工程除尘器安装允许偏差（表 5-170）

表 5-170 通风与空调工程除尘器安装允许偏差

| 项目 | 允许偏差/mm | 检验方法 |
|---|---|---|
| 平面位移 | ≤10 | 用经纬仪或拉线、尺量检查 |
| 标高 | ±10 | 用水准仪、直尺、拉线、尺量检查 |
| 垂直度(每米) | ≤2 | 吊线、尺量检查 |
| 垂直度(总偏差) | ≤10 | 吊线、尺量检查 |

### 5.4.27 空调制冷系统制冷剂管道坡度、坡向（表 5-171）

表 5-171 空调制冷系统制冷剂管道坡度、坡向

| 管道名称 | 坡向 | 坡度 |
|---|---|---|
| 压缩机吸气水平管(氟) | 压缩机 | ≥10/1000 |
| 压缩机吸气水平管(氨) | 蒸发器 | ≥3/1000 |
| 压缩机排气水平管 | 油分离器 | ≥10/1000 |
| 冷凝器水平供液管 | 储液器 | (1～3)/1000 |
| 油分离器至冷凝器水平管 | 油分离器 | (3～5)/1000 |

### 5.4.28 空调制冷系统制冷设备与附属设备安装允许偏差（表 5-172）

表 5-172 空调制冷系统制冷设备与附属设备安装允许偏差

| 项目 | 允许偏差/mm | 检验方法 |
|---|---|---|
| 平面位移 | 10 | 经纬仪、拉线、尺量检查 |
| 标 高 | ±10 | 水准仪、经纬仪、拉线、尺量检查 |

### 5.4.29　空调制冷系统承插式焊接的铜管承口的扩口深度（表 5-173）

**表 5-173　空调制冷系统承插式焊接的铜管承口的扩口深度**

| 铜管规格 $DN$/mm | ≤15 | 20 | 25 | 32 | 40 | 50 | 65 |
|---|---|---|---|---|---|---|---|
| 承插口的扩口深度/mm | 9～12 | 12～15 | 15～18 | 17～20 | 21～24 | 24～26 | 26～30 |

### 5.4.30　空调水系统阀门压力持续时间（表 5-174）

**表 5-174　空调水系统阀门压力持续时间**

| 公称直径 $DN$/mm | 最短试验持续时间/s | |
|---|---|---|
| | 严密性试验 | |
| | 金属密封 | 非金属密封 |
| ≤50 | 15 | 15 |
| 65～200 | 30 | 15 |
| 250～450 | 60 | 30 |
| ≥500 | 120 | 60 |

### 5.4.31　空调水系统管道焊接坡口形式与尺寸（表 5-175）

**表 5-175　空调水系统管道焊接坡口形式与尺寸**

| 厚度 $T$/mm | 坡口名称 | 坡口形式 | 坡口尺寸 | | | 备注 |
|---|---|---|---|---|---|---|
| | | | 间隙 $C$/mm | 钝边 $P$/mm | 坡口角度 $\alpha$/(°) | |
| 1～3 | I 形坡口 | | 0～1.5 | — | — | 内壁错边量≤0.1$T$，且≤2mm；外壁≤3mm |
| 3～6 | | | 1～2.5 | | | |
| 6～9 | V 形坡口 | | 0～2.0 | 0～2 | 65～75 | |
| 9～26 | | | 0～3.0 | 0～3 | 55～65 | |
| 2～30 | T 形坡口 | | 0～2.0 | — | — | |

### 5.4.32　空调水系统管道安装的允许偏差（表 5-176）

**表 5-176　空调水系统管道安装的允许偏差**

| 项目 | | | 允许偏差/mm | 检查方法 |
|---|---|---|---|---|
| 坐标 | 架空及地沟 | 室外 | 25 | 按系统检查管道的起点、终点、分支点和变向点及各点之间的直管<br>用经纬仪、水准仪、液体连通器、水平仪、拉线和尺量检查 |
| | | 室内 | 15 | |
| | 埋地 | | 60 | |
| 标高 | 架空及地沟 | 室外 | ±20 | |
| | | 室内 | ±15 | |
| | 埋地 | | ±25 | |
| 水平管道平直度 | | $DN$≤100mm | 2$L$‰，最大 40 | 用直尺、拉线和尺量检查 |
| | | $DN$>100mm | 3$L$‰，最大 60 | |
| 立管垂直度 | | | 5$L$‰，最大 25 | 用直尺、线锤、拉线和尺量检查 |
| 成排管段间距 | | | 15 | 用直尺和尺量检查 |
| 成排管段或成排阀门在同一平面上 | | | 3 | 用直尺、拉线和尺量检查 |

注：$L$——管道的有效长度，mm。

### 5.4.33 空调水系统钢塑复合管螺纹连接深度及紧固扭矩（表 5-177）

表 5-177 空调水系统钢塑复合管螺纹连接深度及紧固扭矩

| 公称直径/mm | 15 | 20 | 25 | 32 | 40 | 50 | 65 | 80 | 100 |
|---|---|---|---|---|---|---|---|---|---|
| 螺纹连接深度/mm | 11 | 13 | 15 | 17 | 18 | 20 | 23 | 27 | 33 |
| 螺纹连接牙数 | 6.0 | 6.5 | 7.0 | 7.5 | 8.0 | 9.0 | 10.0 | 11.5 | 13.5 |
| 扭矩/N·m | 40 | 60 | 100 | 120 | 150 | 200 | 250 | 300 | 400 |

### 5.4.34 空调水系统沟槽式连接管道的沟槽及支、吊架的间距（表 5-178）

表 5-178 空调水系统沟槽式连接管道的沟槽及支、吊架的间距

| 公称直径/mm | 沟槽深度/mm | 允许偏差/mm | 支、吊架的间距/m | 端面垂直度允许偏差/mm |
|---|---|---|---|---|
| 65～100 | 2.20 | 0～+0.3 | 3.5 | 1.0 |
| 125～150 | 2.20 | 0～+0.3 | 4.2 | 1.5 |
| 200 | 2.50 | 0～+0.3 | 4.2 | 1.5 |
| 225～250 | 2.50 | 0～+0.3 | 5.0 | 1.5 |
| 300 | 3.0 | 0～+0.5 | 5.0 | 1.5 |

说明：(1) 支、吊架不得支承在连接头上，水平管的任意两个连接头间必须有支、吊架；

(2) 连接管端面，需要平整光滑、没有毛刺。沟槽过深，应作为废品，不得使用。

### 5.4.35 空调水系统钢管道支架、吊架的最大间距（表 5-179）

表 5-179 空调水系统钢管道支架、吊架的最大间距

| 公称直径/mm | | 15 | 20 | 25 | 32 | 40 | 50 | 70 | 80 | 100 | 125 | 150 | 200 | 250 | 300 |
|---|---|---|---|---|---|---|---|---|---|---|---|---|---|---|---|
| 支架的最大间距/m | $L_1$ | 1.5 | 2.0 | 2.5 | 2.5 | 3.0 | 3.5 | 4.0 | 5.0 | 5.0 | 5.5 | 6.5 | 7.5 | 8.5 | 9.5 |
| | $L_2$ | 2.5 | 3.0 | 3.5 | 4.0 | 4.5 | 5.0 | 6.0 | 6.5 | 6.5 | 7.5 | 7.5 | 9.0 | 9.5 | 10.5 |
| | 对大于 300mm 的管道可参考 300mm 管道 | | | | | | | | | | | | | | |

说明：(1) 适用于工作压力不大于 2.0MPa，不保温或保温材料密度不大于 200kg/m$^3$的管道系统；

(2) $L_1$用于保温管道，$L_2$用于不保温管道。

### 5.4.36 成套配电柜、控制柜(屏、台)和动力、照明配电箱(盘)保护导体的截面积（表 5-180）

表 5-180 成套配电柜、控制柜（屏、台）和动力、照明配电箱（盘）保护导体的截面积

| 相线的截面积 $S$/mm$^2$ | 相应保护导体的最小截面积 $S_p$/mm$^2$ | 相线的截面积 $S$/mm$^2$ | 相应保护导体的最小截面积 $S_p$/mm$^2$ |
|---|---|---|---|
| $S \leqslant 16$ | $S$ | $400 < S \leqslant 800$ | 200 |
| $16 < S \leqslant 35$ | 16 | $S > 800$ | $S/4$ |
| $35 < S \leqslant 400$ | $S/2$ | | |

说明：$S$ 是指柜（屏、台、箱、盘）电源进线相线截面积，并且两者（$S$、$S_p$）材质相同。

### 5.4.37 空调冷负荷概算指标（表 5-181）

表 5-181 空调冷负荷概算指标

| 建筑物类型及房间用途 | 冷负荷指标/(W/m$^2$) | 建筑物类型及房间用途 | 冷负荷指标/(W/m$^2$) |
|---|---|---|---|
| 办公 | 90～120 | 影剧院：休息厅(允许吸烟) | 300～400 |
| 餐馆 | 200～350 | 展览馆、陈列室 | 130～200 |
| 大会议室(不允许吸烟) | 180～280 | 中餐厅、宴会厅 | 180～350 |
| 弹子房 | 90～120 | 中庭、接待 | 90～120 |
| 公寓、住宅 | 80～90 | 室内游泳池 | 200～350 |
| 会堂、报告厅 | 150～200 | 体育馆：比赛馆 | 120～250 |
| 健身房、保龄球 | 100～200 | 体育馆：观众休息厅(允许吸烟) | 300～400 |
| 酒吧、咖啡厅 | 100～180 | 体育馆：贵宾室 | 100～200 |
| 科研、办公 | 90～140 | 图书阅览室 | 75～100 |
| 理发、美容 | 120～180 | 舞厅(迪斯科) | 250～350 |
| 旅馆、客房(标准间) | 80～110 | 舞厅(交谊舞) | 200～350 |
| 商场、百货大楼 | 150～250 | 西餐厅 | 160～2000 |
| 商店、小卖部 | 100～160 | 小会议室(少量吸烟) | 200～300 |
| 影剧院：化妆室 | 90～120 | 影剧院：观众席 | 180～350 |

### 5.4.38　门店空调的增加值

一般情况下，可以根据门店房的面积，并通过以下公式来估算：

制冷量≈房间面积×(160～180W)

制热量≈房间面积×(240～280W)

然后根据估算值，再按表 5-182 中列出的各种因素的影响值适当增加。

表 5-182　各种因素影响下制冷量、制热量的建议增加值（参考值）

| 因素 | 条件 | 增加值(制冷量) |
|---|---|---|
| 玻璃门窗 | ＞$5m^2$ | $110W/m^2$ |
| 电器用量 | ＞30W | 11W/10W |
| 居住人数 | ＞5 人 | 130W/人 |
| 楼层朝向 | 阳照 | $3W/m^2$ |
| 楼层结构 | 顶层 | $17W/m^2$ |

### 5.4.39　空调制冷/制热量与适用房间面积适配参考（表 5-183）

表 5-183　空调制冷/制热量与适用房间面积适配参考

| 制冷/制热量/W | 适用房间面积/$mm^2$ | | | | |
|---|---|---|---|---|---|
| | 办公室 180～200 | 商店 220～240 | 娱乐场所 220～280 | 饭店 250～350 | 家庭 160～180 |
| 2500 | 10～15 | 8～12 | 6～12 | 6～12 | 12～18 |
| 2800 | 10～18 | 10～15 | 8～15 | 8～15 | 13～20 |
| 3200 | 15～22 | 15～18 | 10～16 | 10～16 | 14～22 |
| 4500 | 20～28 | 18～28 | 16～25 | 16～25 | 23～30 |
| 5000 | 22～32 | 18～30 | 20～30 | 18～28 | 25～35 |
| 6100 | 30～33 | 25～28 | 22～28 | 17～24 | 33～38 |
| 7000 | 35～39 | 29～32 | 25～29 | 20～28 | 39～43 |
| 7500 | 37～42 | 31～34 | 27～31 | 21～30 | 42～47 |
| 12000 | 60～67 | 50～55 | 43～50 | 34～48 | 67～75 |

### 5.4.40　防烟、排烟系统常用数据

(1) 一二类建筑（高度超过 50m）、建筑高度超过 32m 的建筑物，需要设置防烟分区。

(2) 防烟分区一般不超过 $500m^2$，不大于防火分区。不跨越防火分区，防排烟系统设置一般在走廊、防烟道、排风井道各自独立，耐火等级 1h。

(3) 塔楼建筑，需要设有两个疏散防烟楼梯，并且设有前室，前室设有机械加压送风系统。楼梯间每隔 2～3 层，需要设置一个加压送风口，前室每层都设加压送风口。

(4) 防烟楼梯间，需要合用消防前室设计风量 18000～20000$m^3$/h、28000～30000$m^3$/h。层数超过 32 层的分段计算。

### 5.4.41　机械加压送风系统常用数据

(1) 机械加压送风系统设置在前室、楼梯间、合用前室、消防电梯间前室。当楼梯间与消防前室加压送风系统必须合用时，需要设置压差自动调节装置。机械加压送风系统的全压除计算最不利点的压头损失，其余压力需要符合以下规定：防烟楼梯间为 50Pa；前室、楼梯间、合用前室、消防电梯间前室、避难间为 25Pa。

(2) 楼梯间每隔 2～3 层，需要设置一个加压送风口，前室每层都设加压送风口。

(3) 机械加压送风系统与机械排烟系统的风速有如下规定：

① 送风口的风速需要不大于 7m/s，排烟口的风速需要不大于 10m/s；

② 混凝土结构管道，风速需要不大于 15m/s；

③ 采用金属风管，风速需要不大于 20m/s。

(4) 超过 32 层的建筑楼梯间的送风量与排风量应分段计算。

(5) 避难层的加压送风量，需要根据净面积计算不小于 $30m^3/s$。避难层，需要设有消防电梯出口、应急照明、广播、消防电话、消防栓，并且设有独立的防烟设施。防烟楼梯，需要进行分割。

### 5.4.42 机械排风（防烟）系统设置条件常用数据

(1) 建筑高度超过 32m。

(2) 内走廊超过 20m，并且设有自然采光、自然通风设施。

(3) 面积超过 $100m^2$。

### 5.4.43 消防系统其他常用数据

(1) 玻璃幕墙的耐火等级需要耐火 1h。

(2) 无框玻璃幕墙及间隔玻璃幕墙需要耐火 1h，需要有 800mm 高实体墙。

(3) 一、二级建筑防火分区最大允许距离需要为 150m，面积 $2500m^2$。

(4) 发电机房储油需要不能超过 8h 用量。

(5) 高层建筑的间距为 13m，群楼 6m。

(6) 消防车道宽度需要不小于 4m，与建筑物距离需要不小于 5m，高度需要不超过 4m。

## 5.5 暖卫设备与家具的技术规定

### 5.5.1 卫生器具的安装高度（表 5-184）

表 5-184 卫生器具的安装高度

| 卫生器具名称 | | | 卫生器具安装高度/mm | | 备注 |
|---|---|---|---|---|---|
| | | | 居住和公共建筑 | 幼儿园 | |
| 污水盆(池) | 架空式 | | 800 | 800 | |
| | 落地式 | | 500 | 500 | |
| 洗涤盆(池) | | | 800 | 800 | 自地面至器具上边缘 |
| 洗脸盆、洗手盆(有塞、无塞) | | | 800 | 500 | |
| 盥洗槽 | | | 800 | 500 | |
| 浴盆 | | | ≯520 | | |
| 蹲式大便器 | 高水箱 | | 1800 | 1800 | 自台阶面至高水箱底 |
| | 低水箱 | | 900 | 900 | 自台阶面至低水箱底 |
| 坐式大便器 | 高水箱 | | 1800 | 1800 | 自地面至高水箱底 |
| | 低水箱 | 外露排水管式 | 510 | 370 | 自地面至低水箱底 |
| | | 虹吸喷射式 | 470 | | |
| 小便器 | 挂式 | | 600 | 450 | 自地面至下边缘 |
| 小便槽 | | | 200 | 150 | 自地面至台阶面 |
| 大便槽冲洗水箱 | | | ≮2000 | | 自台阶面至水箱底 |
| 妇女卫生盆 | | | 360 | | 自地面至器具上边缘 |
| 化验盆 | | | 800 | | 自地面至器具上边缘 |

## 5.5.2　卫生器具给水配件的安装高度（表 5-185）

**表 5-185　卫生器具给水配件的安装高度**

| 给水配件名称 | | 配件中心距地面高度/mm | 冷热水龙头距离/mm |
|---|---|---|---|
| 架空式污水盆(池)水龙头 | | 1000 | — |
| 落地式污水盆(池)水龙头 | | 800 | |
| 洗涤盆(池)水龙头 | | 1000 | 150 |
| 住宅集中给水龙头 | | 1000 | — |
| 洗手盆水龙头 | | 1000 | — |
| 洗脸盆 | 水龙头(上配水) | 1000 | 150 |
| | 水龙头(下配水) | 800 | 150 |
| | 角阀(下配水) | 450 | — |
| 盥洗槽 | 水龙头 | 1000 | 150 |
| | 冷热水管上下并行　其中热水龙头 | 1100 | 150 |
| 浴盆 | 水龙头(上配水) | 670 | 150 |
| 淋浴器 | 截止阀 | 1150 | 95 |
| | 混合阀 | 1150 | |
| | 淋浴喷头下沿 | 2100 | — |
| 蹲式大便器(台阶面算起) | 高水箱角阀及截止阀 | 2040 | |
| | 低水箱角阀 | 250 | — |
| | 手动式自闭冲洗阀 | 600 | — |
| | 脚踏式自闭冲洗阀 | 150 | — |
| | 拉管式冲洗阀(从地面算起) | 1600 | — |
| | 带防污助冲器阀门(从地面算起) | 900 | — |
| 坐式大便器 | 高水箱角阀及截止阀 | 2040 | — |
| | 低水箱角阀 | 150 | — |
| 大便槽冲洗水箱截止阀(从台阶面算起) | | ≮2400 | — |
| 立式小便器角阀 | | 1130 | — |
| 挂式小便器角阀及截止阀 | | 1050 | — |
| 小便槽多孔冲洗管 | | 1100 | — |
| 实验室化验水龙头 | | 1000 | — |
| 妇女卫生盆混合阀 | | 360 | — |

注：装设在幼儿园内的洗手盆、洗脸盆和盥洗槽水嘴中心离地面安装高度应为 700mm，其他卫生器具给水配件的安装高度，应按卫生器具实际尺寸相应减小。

## 5.5.3　卫生器具安装的允许偏差（表 5-186）

**表 5-186　卫生器具安装的允许偏差**

| 项目 | | 允许偏差/mm | 检验方法 |
|---|---|---|---|
| 坐标 | 单独器具 | 10 | 用拉线、吊线和尺量检查 |
| | 成排器具 | 5 | |
| 标高 | 单独器具 | ±15 | |
| | 成排器具 | ±10 | |
| 器具水平度 | | 2 | 用水平尺和尺量检查 |
| 器具垂直度 | | 3 | 用吊线和尺量检查 |

## 5.5.4 卫生器具给水配件安装标高的允许偏差（表 5-187）

**表 5-187 卫生器具给水配件安装标高的允许偏差**

| 项目 | 允许偏差/mm | 检验方法 |
|---|---|---|
| 大便器高、低水箱角阀及截止阀 | ±10 | 尺量检查 |
| 水嘴 | ±10 | |
| 淋浴器喷头下沿 | ±15 | |
| 浴盆软管淋浴器挂钩 | ±20 | |

## 5.5.5 卫生器具排水管道安装的允许偏差（表 5-188）

**表 5-188 卫生器具排水管道安装的允许偏差**

| 检查项目 | | 允许偏差/mm | 检验方法 |
|---|---|---|---|
| 横管弯曲度 | 每 1m 长 | 2 | 用水平尺量检查 |
| | 横管长度≤10m，全长 | <8 | |
| | 横管长度>10m，全长 | 10 | |
| 卫生器具的排水管口及横支管的纵横坐标 | 单独器具 | 10 | 用尺量检查 |
| | 成排器具 | 5 | |
| 卫生器具的接口标高 | 单独器具 | ±10 | 用水平尺和尺量检查 |
| | 成排器具 | ±5 | |

## 5.5.6 连接卫生器具的排水管管径与最小坡度（表 5-189）

**表 5-189 连接卫生器具的排水管管径与最小坡度**

| 卫生器具名称 | | 排水管管径/mm | 管道的最小坡度/‰ |
|---|---|---|---|
| 污水盆(池) | | 50 | 25 |
| 单、双格洗涤盆(池) | | 50 | 25 |
| 洗手盆、洗脸盆 | | 32～50 | 20 |
| 浴盆 | | 50 | 20 |
| 淋浴器 | | 50 | 20 |
| 大便器 | 高、低水箱 | 100 | 12 |
| | 自闭式冲洗阀 | 100 | 12 |
| | 拉管式冲洗阀 | 100 | 12 |
| 小便器 | 手动、自闭式冲洗阀 | 40～50 | 20 |
| | 自动冲洗水箱 | 40～50 | 20 |
| 化验盆(无塞) | | 40～50 | 25 |
| 净身器 | | 40～50 | 20 |
| 饮水器 | | 20～50 | 10～20 |
| 家用洗衣机 | | 50(软管为 30) | |

## 5.5.7 室内采暖管道安装的允许偏差（表 5-190）

**表 5-190 室内采暖管道安装的允许偏差**

| 项目 | | | 允许偏差 | 检验方法 |
|---|---|---|---|---|
| 横管道纵、横方向弯曲/mm | 每 1m | 管径≤100mm | 1 | 用水平尺、直尺、拉线和尺量检查 |
| | | 管径>100mm | 1.5 | |
| | 全长(25m 以上) | 管径≤100mm | ≯13 | |
| | | 管径>100mm | ≯25 | |
| 立管垂直度/mm | 每 1m | | 2 | 用吊线和尺量检查 |
| | 全长(5m 以上) | | ≯10 | |
| 弯管 | 椭圆率$\frac{D_{max}-D_{min}}{D_{max}}$ | 管径≤100mm | 10% | 用外卡钳和尺量检查 |
| | | 管径>100mm | 8% | |
| | 折皱不平度/mm | 管径≤100mm | 4 | |
| | | 管径>100mm | 5 | |

注：$D_{max}$、$D_{min}$分别为管子最大外径及最小外径。

### 5.5.8　建筑给排水及采暖工程管道与设备保温允许偏差（表 5-191）

表 5-191　建筑给排水及采暖工程管道与设备保温允许偏差

| 项目 | | 允许偏差/mm | 检验方法 |
| --- | --- | --- | --- |
| 厚度 | | $+0.1\delta$<br>$-0.05\delta$ | 用钢针刺入 |
| 表面平整度 | 卷材 | 5 | 用 2m 靠尺和楔形塞尺检查 |
| | 涂抹 | 10 | |

注：$\delta$ 为保温层厚度。

### 5.5.9　采暖工程组对后的散热器平直度允许偏差（表 5-192）

表 5-192　采暖工程组对后的散热器平直度允许偏差

| 检验方法 | 散热器类型 | 片数 | 允许偏差/mm |
| --- | --- | --- | --- |
| 拉线和尺量 | 长翼型 | 2～4 | 4 |
| | | 5～7 | 6 |
| | 铸铁片式 | 3～15 | 4 |
| | 钢制片式 | 16～25 | 6 |

### 5.5.10　采暖工程散热器支架与托架的数量（表 5-193）

表 5-193　采暖工程散热器支架与托架的数量

| 检验方法 | 散热器型式 | 安装方式 | 每组片数 | 上部托钩或卡架数 | 下部托钩或卡架数 | 合计 |
| --- | --- | --- | --- | --- | --- | --- |
| 现场清点检查 | 长翼型 | 挂墙 | 2～4 | 1 | 2 | 3 |
| | | | 5 | 2 | 2 | 4 |
| | | | 6 | 2 | 3 | 5 |
| | | | 7 | 2 | 4 | 6 |
| | 柱型<br>柱翼型 | 挂墙 | 3～8 | 1 | 2 | 3 |
| | | | 9～12 | 1 | 3 | 4 |
| | | | 13～16 | 2 | 4 | 6 |
| | | | 17～20 | 2 | 5 | 7 |
| | | | 21～25 | 2 | 6 | 8 |
| | 柱型<br>柱翼型 | 带足落地 | 3～8 | 1 | — | 1 |
| | | | 8～12 | 1 | — | 1 |
| | | | 13～16 | 2 | — | 2 |
| | | | 17～20 | 2 | — | 2 |
| | | | 21～25 | 2 | — | 2 |

### 5.5.11　采暖工程散热器安装允许偏差（表 5-194）

表 5-194　采暖工程散热器安装允许偏差

| 项目 | 允许偏差/mm | 检验方法 |
| --- | --- | --- |
| 散热器背面与墙内表面距离 | 3 | 尺量 |
| 与窗中心线或设计定位尺寸 | 20 | |
| 散热器垂直度 | 3 | 吊线和尺量 |

### 5.5.12　暖卫设备及管道安装管子螺纹长度尺寸（表 5-195）

表 5-195　暖卫设备及管道安装管子螺纹长度尺寸

| 公称直径 | | 普通丝头 | | 长丝(连接备用) | | 短丝(连接阀类用) | |
| --- | --- | --- | --- | --- | --- | --- | --- |
| mm | 英制 | 长度/mm | 螺纹数 | 长度/mm | 螺纹数 | 长度/mm | 螺纹数 |
| 15 | 1/2″ | 14 | 8 | 50 | 28 | 12.0 | 6.5 |

续表

| 公称直径 | | 普通丝头 | | 长丝(连接备用) | | 短丝(连接阀类用) | |
|---|---|---|---|---|---|---|---|
| mm | 英制 | 长度/mm | 螺纹数 | 长度/mm | 螺纹数 | 长度/mm | 螺纹数 |
| 20 | 3/4″ | 16 | 9 | 55 | 30 | 13.5 | 7.5 |
| 25 | 1″ | 18 | 8 | 60 | 26 | 15.0 | 6.5 |
| 32 | 1¾″ | 20 | 9 | | | 17.0 | 7.5 |
| 40 | 1½″ | 22 | 10 | | | 19.0 | 8.0 |
| 50 | 2″ | 24 | 11 | | | 21.0 | 9.0 |
| 70 | 2½″ | 27 | 12 | | | | |
| 80 | 3″ | 30 | 13 | | | | |
| 100 | 4″ | 33 | 14 | | | | |

注：螺纹长度均包括螺尾在内。

### 5.5.13 暖卫设备及管道安装管钳适用范围

根据配装管件的管径的大小选用适当的管钳。暖卫设备及管道安装管钳适用范围见表5-196。

**表5-196 暖卫设备及管道安装管钳适用范围**

| 名称 | 规格 | 适用范围 | |
|---|---|---|---|
| | | 公称直径/mm | 英制/英寸 |
| 管钳 | 12″ | 15～20 | 2/1″～3/4″ |
| | 14″ | 20～25 | 3/4″～1″ |
| | 18″ | 32～50 | 1¼″～2″ |
| | 24″ | 50～80 | 2″～3″ |
| | 36″ | 80～100 | 3″～4″ |

### 5.5.14 暖卫设备及管道安装焊接对口类型与组对要求（表5-197）

**表5-197 暖卫设备及管道安装焊接对口类型与组对要求**

管道焊接手工电弧焊对口型式及组对要求

| 接头名称 | 对口型式 | 接头尺寸/mm | | | |
|---|---|---|---|---|---|
| | | 壁厚 $\delta$ | 间隙 $C$ | 钝边 $P$ | 坡口角度 $\alpha$/(°) |
| 管子对接V形坡口 | 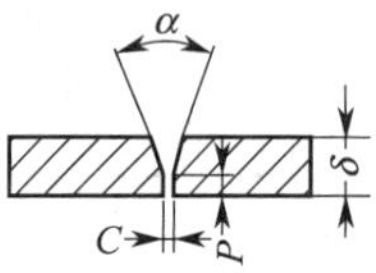 $\alpha$, $\delta$, $C$, $P$ | 5～8 | 1.5～2.5 | 1～1.5 | 60～70 |
| | | 8～12 | 2～3 | 1～1.5 | 60～65 |

注：$\delta$<5mm管子对接如能保证焊透可不开坡口。

氧-乙炔焊对口型式及相对要求

| 接头名称 | 对口型式 | 接头尺寸/mm | | | |
|---|---|---|---|---|---|
| | | 厚度 $\delta$ | 间隙 $C$ | 钝边 $P$ | 坡口角度 $\alpha$/(°) |
| 对接不开坡口 | 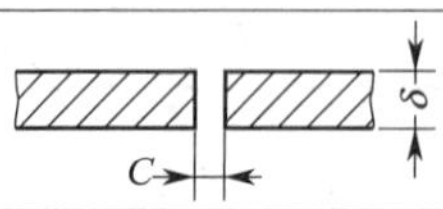 $\delta$, $C$ | <3 | 1～2 | — | — |
| 对接V形坡口 | 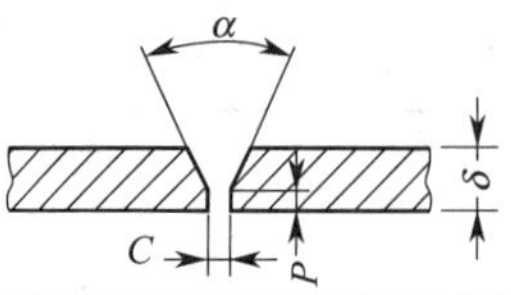 $\alpha$, $\delta$, $C$, $P$ | 3～6 | 2～3 | 0.5～1.5 | 70～90 |

### 5.5.15 暖卫设备及管道安装预留孔洞尺寸（表5-198）

**表5-198 暖卫设备及管道安装预留孔洞尺寸**

| 管道名称 | | 明管 | 暗管 |
|---|---|---|---|
| 管道排列 | 管径/mm | 留孔尺寸长×宽/mm | 墙槽尺寸宽度×深度/mm |
| 采暖或给水立管 | ≤25<br>32～50<br>70～100 | 100×100<br>150×150<br>200×200 | 130×130<br>150×130<br>200×200 |
| 一根排水立管 | ≤50<br>70～100 | 150×150<br>200×200 | 200×130<br>250×200 |
| 二根采暖或给水立管 | ≤32 | 150×100 | 200×130 |
| 一根给水立管和一根排水立管在一起 | ≤50<br>70～100 | 200×150<br>250×200 | 200×130<br>250×200 |
| 二根给水立管和二根排水立管在一起 | ≤50<br>70～100 | 200×150<br>350×200 | 200×130<br>380×200 |
| 给水支管或散热器支管 | ≤25<br>32～40 | 100×100<br>150×130 | 60×60<br>150×100 |
| 排水支管 | ≤80<br>100 | 250×200<br>300×250 | — |
| 采暖或排水主干管 | ≤80<br>100～125 | 300×250<br>350×300 | — |
| 给水引水管 | ≤100 | 300×200 | — |
| 排水排出管穿基础 | ≤80<br>100～150 | 300×300<br>(管径+300)×(管径+200) | — |

注：给水引入管，管顶上部净空一般不小于100mm；
排水排出管，管顶上部净空一般不小于150mm。

### 5.5.16 暖卫设备及管道安装钢管管道支架的最大间距（表5-199）

**表5-199 暖卫设备及管道安装钢管管道支架的最大间距**

| 公称直径/mm | | 15 | 20 | 25 | 32 | 40 | 50 | 70 | 80 | 100 | 125 | 150 | 200 | 250 | 300 |
|---|---|---|---|---|---|---|---|---|---|---|---|---|---|---|---|
| 支架的最大间距/m | 保温管 | 1.5 | 2 | 2 | 2.5 | 3 | 3 | 4 | 4 | 4.5 | 5 | 6 | 7 | 8 | 8.5 |
| | 不保温管 | 2.5 | 3 | 3.5 | 4 | 4.5 | 5 | 6 | 6 | 6.5 | 7 | 8 | 9.5 | 11 | 12 |

### 5.5.17 室内蒸汽管道及附属装置安装套筒补偿器预拉长度（表5-200）

**表5-200 室内蒸汽管道及附属装置安装套筒补偿器预拉长度**

| 补偿器规格/mm | 15 | 20 | 25 | 32 | 40 | 50 | 65 | 75 | 80 | 100 | 125 | 150 |
|---|---|---|---|---|---|---|---|---|---|---|---|---|
| 拉出长度/mm | 20 | 20 | 30 | 30 | 40 | 40 | 56 | 56 | 59 | 59 | 59 | 63 |

室内蒸汽管道及附属设备安装允许偏差及检验方法见表5-201。

**表5-201 室内蒸汽管道及附属设备安装允许偏差及检验方法**

| 项目 | | | 允许偏差 | 检验方法 |
|---|---|---|---|---|
| 水平管道纵、横方向弯曲/mm | 每米 | 管径≤100mm<br>管径>100mm | 5<br>1 | 用水平尺、直尺、拉线和尺量检查 |
| | 全长(25m以上) | 管径≤100mm<br>管径>100mm | 不大于13<br>不大于25 | |
| 立管垂直度/mm | 每米<br>全长(5m以上) | | 2<br>不大于10 | 用吊线和尺量检查 |
| 弯管 | 椭圆率 $\frac{D_{max}-D_{min}}{D_{max}}$ | 管径≤100mm<br>管径>100mm | 10/100<br>8/100 | 用外卡钳和尺量检查 |
| | 折皱不平度/mm | 管径≤100mm<br>管径>100mm | 4<br>5 | |

续表

<table>
<tr><th colspan="3">项目</th><th>允许偏差</th><th>检验方法</th></tr>
<tr><td colspan="2">减压器、疏水器、除污器、蒸汽喷射器</td><td>几何尺寸/mm</td><td>5</td><td>尺量检查</td></tr>
<tr><td rowspan="3">管道保温</td><td colspan="2">厚度/mm</td><td>+0.1δ<br>−0.05δ</td><td>用钢针刺入保温层和尺量检查</td></tr>
<tr><td rowspan="2">表面平整度</td><td>卷材或板材/mm</td><td>5</td><td rowspan="2">用 2m 靠尺的楔形塞尺检查</td></tr>
<tr><td>涂抹或其他/mm</td><td>10</td></tr>
</table>

## 5.5.18 散热器组对与安装支托架安装数量（表 5-202）

**表 5-202 散热器组对与安装支托架安装数量表**

<table>
<tr><th>散热器类型</th><th>每组片数</th><th>固定卡/个</th><th>下托钩/个</th><th>合计/个</th></tr>
<tr><td rowspan="4">各种铸铁及钢制柱型炉片铸铁辐射对流散热器，M132 型</td><td>3～12</td><td>1</td><td>2</td><td>3</td></tr>
<tr><td>13～15</td><td>1</td><td>3</td><td>4</td></tr>
<tr><td>16～20</td><td>2</td><td>3</td><td>5</td></tr>
<tr><td>21 片及以上</td><td>2</td><td>4</td><td>6</td></tr>
<tr><td>铸铁圆翼型</td><td colspan="4">每根散热器均按 2 个托钩计</td></tr>
<tr><td>各种钢制闭式散热器</td><td colspan="4">≤300mm 每组 3 个固定螺栓<br>>300mm 每组 4 个固定螺栓</td></tr>
<tr><td>各种板式散热器</td><td colspan="4">每组装 4 个固定螺栓（或装四个厂家生产的托钩）</td></tr>
</table>

注：钢制闭式散热器也可以按厂家配套的托架安装。

## 5.5.19 散热器组对后平直度允许偏差（表 5-203）

**表 5-203 散热器组对后的平直度允许偏差**

<table>
<tr><th>检验方法</th><th>散热器类别</th><th>片数</th><th>允许偏差/mm</th></tr>
<tr><td rowspan="4">拉线和尺量</td><td rowspan="2">长翼型</td><td>2～4</td><td>4</td></tr>
<tr><td>5～7</td><td>6</td></tr>
<tr><td>铸铁片式</td><td>3～15</td><td>4</td></tr>
<tr><td>钢制片式</td><td>16～25</td><td>6</td></tr>
</table>

## 5.5.20 冷凝式燃气暖浴两用炉使用燃气种类与额定供气压力（表 5-204）

**表 5-204 冷凝式燃气暖浴两用炉使用燃气种类与额定供气压力**

<table>
<tr><th>燃气种类</th><th>代号</th><th>燃气额定供气压力/Pa</th></tr>
<tr><td>人工煤气</td><td>3R、4R、5R、6R、7R</td><td>1000</td></tr>
<tr><td rowspan="2">天然气</td><td>3T、4T、6T</td><td>1000</td></tr>
<tr><td>10T、12T</td><td>2000</td></tr>
<tr><td>液化石油气</td><td>19Y、20Y、22Y</td><td>2800</td></tr>
</table>

## 5.5.21 卫生器具给水的额定流量、当量、支管管径与流出水头的确定（表 5-205）

**表 5-205 生器具给水的额定流量、当量、支管管径与流出水头的确定**

| 名称 | 额定流量/(L/s) | 当量 | 支管管径/mm | 配水点前所需流出水头/MPa |
|---|---|---|---|---|
| 大便槽冲洗水箱进水阀 | 0.10 | 0.5 | 15 | 0.020 |
| 大便器冲洗水箱浮球阀 | 0.10 | 0.5 | 15 | 0.020 |
| 家用洗衣机给水龙头 | 0.24 | 1.2 | 15 | 0.020 |
| 净身器冲洗水龙头 | 0.10 (0.07) | 0.5 (0.35) | 15 | 0.030 |
| 淋浴器 | 0.15 (0.10) | 0.75 (0.5) | 15 | 0.025～0.040 |
| 洒水栓 | 0.40 | 2.0 | 20 | 根据使用要求 |

续表

| 名称 | 额定流量/(L/s) | 当量 | 支管管径/mm | 配水点前所需流出水头/MPa |
|---|---|---|---|---|
| 食堂厨房洗涤盆(池)水龙头 | 0.32 (0.24) | 1.6 (1.2) | 15 | 0.020 |
| 食堂普通水龙头 | 0.44 | 2.2 | 20 | 0.040 |
| 室内洒水龙头 | 0.20 | 1.0 | 15 | 根据使用要求 |
| 污水盆(池)水龙头 | 0.20 | 1.0 | 15 | 0.020 |
| 洗脸盆水龙头、盥洗槽水龙头 | 0.20 (0.16) | 1.0 (0.8) | 15 | 0.015 |
| 洗水盆水龙头 | 0.15 (0.10) | 0.75 (0.5) | 15 | 0.020 |
| 小便槽多孔冲洗管(每 m 长) | 0.05 | 0.25 | 15～20 | 0.015 |
| 小便器手动冲洗阀 | 0.05 | 0.25 | 15 | 0.015 |
| 小便器自动冲洗水箱进水阀 | 0.10 | 0.5 | 15 | 0.020 |
| 饮水器喷嘴 | 0.05 | 0.25 | 15 | 0.020 |
| 浴盆水龙头 | 0.30 (0.20) | 1.5 (1.0) | 15 | 0.020 |
| 住宅厨房洗涤盆(池)水龙头 | 0.20 (0.14) | 1.0 (0.7) | 15 | 0.015 |
| 住宅集中给水龙头 | 0.30 | 1.5 | 20 | 0.020 |

说明：(1) 表中括弧内的数值系在有热水供应时单独计算冷水或热水管道管径时采用；

(2) 充气水龙头与充气淋浴器的给水额定流量，需要根据本表同类型给水配件的额定流量乘以 0.7 采用；

(3) 卫生器具给水配件所需流出水头有特殊要求时，其数值需要根据产品要求确定；

(4) 浴盆上附设淋浴器时，额定流量和当量应按浴盆水龙头计算，不必重复计算浴盆上附设淋浴器的额定流量和当量；

(5) 淋浴器所需流出水头，根据控制出流的启闭阀件前计算。

## 5.5.22 卫生器具安装高度的要求（表 5-206）

**表 5-206 卫生器具的安装高度的要求**

| 名称 | 卫生器具边缘离地高度/mm | | 名称 | 卫生器具边缘离地高度/mm | |
|---|---|---|---|---|---|
| | 居住、公共建筑 | 幼儿园 | | 居住、公共建筑 | 幼儿园 |
| 按摩浴盆(至上边缘) | 450 | — | 洗手盆(至上边缘) | 800 | 500 |
| 大便槽(从台阶面至冲洗水箱底) | 不低于 2000 | — | 小便槽(至台阶面) | 200 | 150 |
| 蹲、坐式大便器(从台阶面至高水箱底) | 1800 | 1800 | 旋涡连体式 1 踏步 | 200～270 | — |
| 蹲式大便器(从台阶面至低水箱底) | 900 | 900 | 旋涡连体式 2 踏步 | 320 | — |
| 挂式小便器(至受水部分上边缘) | 600 | 450 | 旋涡连体式蹲便器(至上边缘) | 450 | — |
| 盥洗槽(至上边缘) | 800 | 500 | 饮水器(至上边缘) | 1000 | — |
| 化验盆(至上边缘) | 800 | — | 浴盆(至上边缘) | 480 | — |
| 架空式污水盆(池)(至上边缘) | 800 | 800 | 浴盆残障人用(至上边缘) | 450 | — |
| 净身器(至上边缘) | 360 | — | 坐式大便器(至低水箱底)冲落式 | 510 | — |
| 立式小便器(至受水部分上边缘) | 100 | — | 坐式大便器(至低水箱底)虹吸喷射式 | 470 | 370 |
| 落地式污水盆(池)(至上边缘) | 500 | 500 | 坐式大便器(至低水箱底)外露排出管式 | 510 | — |
| 沐浴盆(至上边缘) | 100 | — | 坐式大便器(至低水箱底)旋涡连体式 | 250 | — |
| 洗涤盆(池)(至上边缘) | 800 | 800 | 坐式大便器(至上边缘)外露排出管式 | 400 | — |
| 洗脸盆(至上边缘) | 800 | 500 | | | |

## 5.5.23 卫生器具排水的流量、当量、排水管管径的确定（表 5-207）

**表 5-207 卫生器具排水的流量、当量、排水管的管径的确定**

| 名称 | 排水流量/(L/s) | 当量 | 排水管管径/mm |
|---|---|---|---|
| 餐厅、厨房洗菜盆(池)单格洗涤盆(池) | 0.67 | 2.00 | 50 |
| 餐厅、厨房洗菜盆(池)双格洗涤盆(池) | 1.00 | 3.00 | 50 |
| 大便槽>4 个蹲位 | 3.00 | 9.00 | 150 |

续表

| 名称 | 排水流量/(L/s) | 当量 | 排水管管径/mm |
|---|---|---|---|
| 大便槽≤4个蹲位 | 2.50 | 7.50 | 100 |
| 大便器冲洗水箱 | 1.50 | 4.50 | 100 |
| 大便器自闭式冲洗阀 | 1.20 | 3.60 | 100 |
| 盥洗槽(每个水嘴) | 0.33 | 1.00 | 50～75 |
| 化验盆(无塞) | 0.20 | 0.60 | 40～50 |
| 家用洗衣机 | 0.50 | 1.50 | 50 |
| 净身器 | 0.10 | 0.30 | 40～50 |
| 淋浴器 | 0.15 | 0.45 | 50 |
| 洗涤盆、污水盆(池) | 0.33 | 1.00 | 50 |
| 洗脸盆 | 0.25 | 0.75 | 32～50 |
| 洗手盆 | 0.10 | 0.30 | 32～50 |
| 小便槽(每米长)自动冲洗水箱 | 0.17 | 0.50 | — |
| 小便器感应式冲洗阀 | 0.10 | 0.30 | 40～50 |
| 小便器自闭式冲洗阀 | 0.10 | 0.30 | 40～50 |
| 医用倒便器 | 1.50 | 4.50 | 100 |
| 饮水器 | 0.05 | 0.15 | 25～50 |
| 浴盆 | 1.00 | 3.00 | 50 |

说明：家用洗衣机下排水软管直径为30mm，上排水软管内径为19mm。

## 5.5.24 厨房家具的配合尺寸（表5-208）

**表5-208 厨房家具的配合尺寸**

厨房家具的配合尺寸应符合下列规定：
踢脚板的高度 $h$ 不应小于100mm；
踢脚板的深度 $d_1$ 不应小于50mm；
台面外悬尺寸 $d_2$ 不应大于30mm。

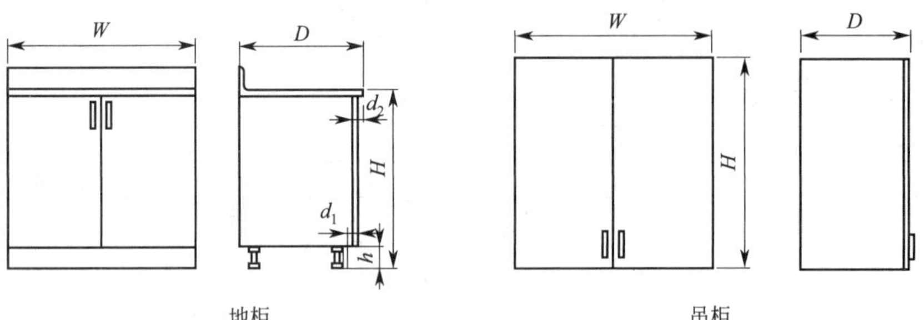


地柜　吊柜

$W$—地柜(吊柜)宽度；$h$—踢脚板高度；$H$—地柜(吊柜)高度；$d_2$—台面外悬尺寸；$D$—地柜(吊柜)深度；$d_1$—踢脚板深度

## 5.5.25 集成灶整机外形结构优选尺寸（表5-209）

**表5-209 集成灶整机外形结构优选尺寸**

<table>
<tr><th colspan="2">项目</th><th colspan="2">长/mm</th><th colspan="2">宽/mm</th><th colspan="3">高(灶台面)/mm</th></tr>
<tr><td rowspan="2">尺寸</td><td>环吸式</td><td rowspan="2">500</td><td rowspan="2">700～1200<br>(间隔50)</td><td rowspan="2">550</td><td rowspan="2">600</td><td>800</td><td>850</td><td>900</td></tr>
<tr><td>侧吸式</td><td>750</td><td>800</td><td>850</td></tr>
<tr><td colspan="2">公差/mm</td><td colspan="7">±3</td></tr>
</table>

## 5.5.26　集成灶最大正常温升（表 5-210）

**表 5-210　集成灶最大正常温升**

| 部位 | | | 温升/K |
|---|---|---|---|
| 操作时手必须接触的部位 | 金属材料和带涂敷层的金属材料 | | 35 |
| | 非金属材料 | | 45 |
| 电池外壳 | | | 20 |
| 阀门外壳* | | | 50 |
| 点火器外壳* | | | 50 |
| 燃气调压器外壳* | | | 35 |
| 排风装置进口处废气 | | | 175 |
| 内部布线和外部布线，包括电源软线的橡胶或聚氯乙烯绝缘表面 | 带 T 标志 | | T−25 |
| | 不带 T 标志 | | 50 |
| 器具电气输入插口的插脚 | | | 45 |
| 带 T 标志的灯座 | 标志 T1 的 B15 和 B22 | | 140 |
| | 标志 T2 的 B15 和 B22 | | 185 |
| | 其他灯座 | | T-25 |
| 不带 T 标志的灯座 | E14 和 B15 | | 110 |
| | B22、E26 和 E27 | | 140 |
| | 其他灯座和荧光灯的启动器座 | | 55 |
| 开关、温控器及限温器的周围环境 | 带 T 标志 | | T−25 |
| | 不带 T 标志 | | 30 |
| 对电线和绕组所规定绝缘以外用作绝缘的材料 | 已浸渍过或涂覆的织物、纸或压制纸板 | | 70 |
| | 用材料粘合的层压件 | 三聚氰胺、甲醛树脂、酚醛树脂或酚-糠醛树脂 | 85 |
| | | 脲醛树脂 | 65 |
| | 用环氧树脂粘合的印刷电路板 | | 120 |
| 电动部件的外壳 | | | 60 |
| 电容器外表面 | 带 T 标志 | | T−25 |
| | 不带 T 标志 | 用于抑制无线电和电视干扰的小型陶瓷电容器 | 50 |
| | | 符合 GB/T 14472 的电容器 | 50 |
| | | 其他电容器 | 20 |
| 线圈 | A 级绝缘 | | 75 |
| | E 级绝缘 | | 90 |
| | B 级绝缘 | | 95 |
| | F 级绝缘 | | 115 |
| | H 级绝缘 | | 140 |

* 当提供温度声明资料时，按照 T−25 要求。

## 5.5.27　厨房设备常用尺寸

（1）橱柜操作台高度一般 810～850mm。

（2）前后深度一般 500～600mm。

（3）操作台面到吊柜底，高的尺寸一般大约 550mm。

（4）吊柜淋浴出水口距地一般大约 1100mm。

## 5.5.28　卫生器具及管道安装常见数据

（1）橱柜安装下水管，如果需改道必须离地 10cm 以下，沿墙角走。

（2）洗衣机水阀高度宜为 120cm。

（3）拖把污水盆水阀高度宜为 800mm。

（4）冲落式蹲式大便器水阀高度宜为 400mm。

（5）混水阀代花洒安装高度不宜高于 90cm。

（6）柜式洗面盆三角阀高度宜为 500 mm。

### 5.5.29 室内卫生间常见尺寸

(1) 卫生间面积一般是 3～5m²。

(2) 浴缸长度一般有三种 1220mm、1520mm、1680mm，宽一般为 720mm，高一般为 450mm。

(3) 坐便常见尺寸为 750mm×350mm。

(4) 冲洗器常见尺寸为 690mm×350mm。

(5) 盥洗盆常见尺寸为 550mm×410mm。

(6) 淋浴器高一般为 2100mm。

(7) 化妆台长一般为 1350mm，宽一般为 450mm。

### 5.5.30 卫生洁具进水口离地、离墙的尺寸（表 5-211）

表 5-211 卫生洁具进水口离地、离墙的尺寸

| 洁具名称 | 离地距离/mm | 冷热进水口间距/mm | 进出水口突出瓷砖的长度/mm | 洁具名称 | 离地距离/mm | 冷热进水口间距/mm | 进出水口突出瓷砖的长度/mm |
|---|---|---|---|---|---|---|---|
| 洗菜池 | 450～500 | 150 | 0 | 热水器 | 1400 | 150 | 0 |
| 洗脸盆 | 450～500 | 150 | 0 | 冲洗阀 | 800～1000 | | 0 |
| 混合龙头 | 800～1000 | 150 | －5 | 坐便器 | 150～250 | | 0 |
| 拖把龙头 | 600 | | 0 | 洗衣机 | 1100～1200 | | 0 |

### 5.5.31 各种洁具、电器一般安装高度

(1) 台盆一般安装高度大约 50cm。

(2) 淋浴器一般安装高度大约 120cm。

(3) 马桶一般安装高度大约 20cm。

(4) 洗菜盆一般安装高度大约 40cm。

(5) 拖布池一般安装高度大约 75cm。

(6) 洗衣机一般安装高度大约 120cm。

(7) 电热水器一般安装高度大约 170cm。

(8) 燃气热水器一般安装高度大约 130cm。

(9) 浴缸一般安装高度大约 35cm。

(10) 混水阀冷热水间一般安装高度大约 15cm。

## 5.6 其他

### 5.6.1 绝缘电阻测量仪表的电压等级（表 5-212）

表 5-212 绝缘电阻测量仪表的电压等级

| 额定电压/V | 绝缘电阻表的电压等级/V |
|---|---|
| ≤60 | 250 |
| >60～380 | 500 |

### 5.6.2 管道吹扫与清洗方法

管道吹扫与清洗方法，需要根据对管道的使用要求、工作介质、系统回路、现场条件、管道内表面的脏污程度来确定。吹洗方法的选择，需要符合施工有关规范的规定：

(1) 蒸汽管道应以蒸汽吹扫；

(2) 非热力管道不得用蒸汽吹扫；

(3) 公称直径大于或等于 600mm 的液体或气体管道，宜采用人工清理；

(4) 公称直径小于 600mm 的液体管道，宜采用水冲洗；

(5) 公称直径小于 600mm 的气体管道，宜采用压缩空气吹扫。

# 第 6 章 电气线路的相关数据

## 6.1 电线电缆的技术参数

### 6.1.1 常用铜芯线承受的负荷

(1) 1.5mm² 铜芯线，大概可以承受 2200W 的负荷。

(2) 2.5mm² 铜芯线，大概可以承受 3500W 左右的负荷。

(3) 4mm² 铜芯线，大概可以承受 5200W 的负荷。

(4) 6mm² 铜芯线，大概可以承受 8800W 的负荷。

### 6.1.2 母线的集肤效应系数 $K_{jf}$（表 6-1）

表 6-1 母线的集肤效应系数 $K_{jf}$

| 母线尺寸/(宽×厚,mm×mm) | 铝 | 铜 | 母线尺寸/(宽×厚,mm×mm) | 铝 | 铜 |
|---|---|---|---|---|---|
| 30×4 | 1.00 | 1.005 | 63×8 | 1.03 | 1.09 |
| 40×4 | 1.005 | 1.001 | 80×8 | 1.07 | 1.12 |
| 40×5 | 1.005 | 1.018 | 100×8 | 1.08 | 1.16 |
| 50×5 | 1.008 | 1.028 | 125×8 | 1.112 | 1.22 |
| 50×6.3 | 1.01 | 1.04 | 63×10 | 1.08 | 1.14 |
| 63×6.3 | 1.02 | 1.055 | 80×10 | 1.09 | 1.18 |
| 80×6.3 | 1.03 | 1.09 | 100×10 | 1.13 | 1.23 |
| 100×6.3 | 1.06 | 1.14 | 125×10 | 1.18 | 1.25 |

### 6.1.3 导线温度为 $\theta$(℃)时的电阻率 $\rho_\theta$ 值(表 6-2)

表 6-2 导线温度为 $\theta$(℃)时的电阻率 $\rho_\theta$ 值 Ω·cm

| 导线类型 | 绝缘电线、聚氯乙烯绝缘电缆 | 裸母线、裸绞线 | 1kV 油浸纸绝缘电力电缆 |
|---|---|---|---|
| 线芯工作温度/℃ | 60 | 65 | 75 |
| 铝导线 | $3.271\times10^{-6}$ | $3.328\times10^{-6}$ | $3.440\times10^{-6}$ |
| 铜导线 | $1.995\times10^{-6}$ | $2.030\times10^{-6}$ | $2.098\times10^{-6}$ |

### 6.1.4 不同频率时的电流透入深度 $\delta$ 值（表 6-3）

表 6-3 不同频率时的电流透入深度 $\delta$ 值

| 频率/Hz | 铝/cm | | | 铜/cm | | |
|---|---|---|---|---|---|---|
| | 60℃ | 65℃ | 75℃ | 60℃ | 65℃ | 75℃ |
| 50 | 1.349 | 1.361 | 1.383 | 1.039 | 1.048 | 1.066 |
| 300 | 0.551 | 0.555 | 0.565 | 0.424 | 0.428 | 0.435 |
| 400 | 0.477 | 0.481 | 0.489 | 0.367 | 0.371 | 0.377 |
| 500 | 0.427 | 0.430 | 0.437 | 0.329 | 0.331 | 0.377 |
| 1000 | 0.302 | 0.304 | 0.309 | 0.232 | 0.234 | 0.238 |

### 6.1.5 电线、电缆线芯允许长期工作温度

电线、电缆在不同负荷率 $K_p$ 时的实际工作温度 $\theta$ 推荐值见表 6-4。

**表 6-4 电线、电缆线芯允许长期工作温度**

| 电线、电缆种类 | 线芯允许长期工作温度/℃ | 电线、电缆种类 | 线芯允许长期工作温度/℃ |
|---|---|---|---|
| 橡皮绝缘电线 500V | 65 | 橡皮绝缘电力电缆 500V | 65 |
| 塑料绝缘电线 500V | 70 | 不滴流油浸纸绝缘电力电缆单芯及分相铅包 1～6kV | 80 |
| 黏性油浸纸绝缘电力电缆 1～3kV | 80 | 不滴流油浸纸绝缘电力电缆单芯及分相铅包 10kV | 70 |
| 黏性油浸纸绝缘电力电缆 6kV | 65 | 不滴流油浸纸绝缘电力电缆带绝缘 35kV | 80 |
| 黏性油浸纸绝缘电力电缆 10kV | 60 | 不滴流油浸纸绝缘电力电缆带绝缘 6kV | 65 |
| 黏性油浸纸绝缘电力电缆 35kV | 50 | 不滴流油浸纸绝缘电力电缆带绝缘 10kV | 65 |
| 交联聚乙烯绝缘电力电缆 1～10kV | 90 | 裸铝、铜母线或裸铝、铜绞线 | 70 |
| 交联聚乙烯绝缘电力电缆 35kV | 80 | 乙丙橡皮绝缘电缆 | 90 |
| 通用橡套软电缆 500V | 65 | | |

### 6.1.6 电线、电缆在不同负荷率 $K_p$ 时的实际工作温度 $\theta$ 推荐值（表 6-5）

**表 6-5 电线、电缆在不同负荷率 $K_p$ 时的实际工作温度 $\theta$ 推荐值**

| 电压等级/V | 线路型式 | $K_p$ | $\theta$/℃ |
|---|---|---|---|
| 6～35 | 室外架空线 | 0.6～0.7 | 55 |
| 220/380 | 室外架空线 | 0.7～0.8 | 60 |
| 10～35 | 油浸纸绝缘电缆 | 0.8～0.9 | 55 |
| 6 | 油浸纸绝缘电缆 | 0.8～0.9 | 60 |
| 6 | 聚氯乙烯绝缘电缆 | 0.8～0.9 | 60 |
| 1～10 | 交联聚乙烯绝缘电缆 | 0.8～0.9 | 80 |
| ≤1 | 油浸纸绝缘电缆 | 0.8～0.9 | 75 |
| ≤1 | 聚氯乙烯绝缘电缆 | 0.8～0.9 | 60 |
| 220/380 | 室内明线及穿管绝缘线 | 0.8～0.9 | 60 |
| 220/380 | 照明线路 | 0.6～0.7 | 50 |
| 220/380 | 母线 | 0.8～0.9 | 65 |

### 6.1.7 线芯自几何均距值（表 6-6）

**表 6-6 线芯自几何均距 $D_z$ 值**

| 线芯结构 | 线芯截面范围/mm² | $D_z$ | 线芯结构 | 线芯截面范围/mm² | $D_z$ |
|---|---|---|---|---|---|
| 实心圆导体 | 绝缘电线≤6<br>10kV 及以下三芯电缆≤16 | 0.389$d$ | 19 股 | TJ-70-150<br>LJ-95-240<br>绝缘电线 50～95 | 0.379$d$ |
| 3 股 | LJ-10 | 0.339$d$ | 37 股 | TJ-185-300<br>LJ-300-500<br>绝缘电线 120～185 | 0.384$d$ |
| 7 股 | TJ-10-50<br>LJ-16-70<br>绝缘电线 10～35 | 0.363$d$ | | | |

续表

| 线芯结构 | 线芯截面范围/mm² | $D_z$ | 线芯结构 | 线芯截面范围/mm² | $D_z$ |
|---|---|---|---|---|---|
| ≤10kV 线芯为 120°压紧扇形的三芯电缆 | ≥25 | 0.439 | 矩形母线 | — | $0.224(b+h)$ |

说明：表中 $d$—线芯外径，cm；$b$—母线厚，cm；$h$—母线宽，cm。

### 6.1.8　铜线在不同温度下的线径和所能承受的最大电流（表 6-7）

**表 6-7　铜线在不同温度下的线径和所能承受的最大电流**

| 线径(大约值)/mm² | 铜线温度/℃ | | | |
|---|---|---|---|---|
| | 60 | 75 | 85 | 90 |
| | 电流/A | | | |
| 2.5 | 20 | 20 | 25 | 25 |
| 4 | 25 | 25 | 30 | 30 |
| 6 | 30 | 35 | 40 | 40 |
| 8 | 40 | 50 | 55 | 55 |
| 14 | 55 | 65 | 70 | 75 |
| 22 | 70 | 85 | 95 | 95 |
| 30 | 85 | 100 | 100 | 110 |
| 38 | 95 | 115 | 125 | 130 |
| 50 | 110 | 130 | 145 | 150 |
| 60 | 125 | 150 | 165 | 170 |
| 70 | 145 | 175 | 190 | 195 |
| 80 | 165 | 200 | 215 | 225 |
| 100 | 195 | 230 | 250 | 260 |

### 6.1.9　电线线径对应电流（表 6-8）

**表 6-8　电线线径对应电流**

| 单芯线径/mm² | 电流/A | 单芯线径/mm² | 电流/A | 单芯线径/mm² | 电流/A |
|---|---|---|---|---|---|
| 1.5 | 17 | 8 | 49 | 50 | 125 |
| 2 | 18 | 10 | 55 | 70 | 183 |
| 2.5 | 26 | 16 | 73 | 96 | 220 |
| 4 | 34 | 20 | 90 | 120 | 258 |
| 5 | 38 | 25 | 96 | 150 | 294 |
| 6 | 42 | 35 | 120 | | |

说明：(1) 以上电线是三相五线制，电流为单根铜线允许的电流。

(2) 三相电：电流＝功率÷660。

(3) 单相电：电流＝功率÷220。

(4) 选择空开(A)＝功率(kW)×2×1.3。

(5) 在设计时，如果使用铁管则需要放大 1.5 倍系数。

本表的线径表示线截面。

### 6.1.10 BL与BLV电线穿PVC电线管敷设的载流量（表6-9和表6-10）

**表6-9 BL与BLV电线穿PVC电线管敷设的载流量（$T=+65℃$）（1）** A

| 截面/mm² | 二根单芯 | | | | 管径/mm | 三根单芯 | | | | 管径/mm | 四根单芯 | | | | 管径/mm |
|---|---|---|---|---|---|---|---|---|---|---|---|---|---|---|---|
| | 25℃ | 30℃ | 35℃ | 40℃ | | 25℃ | 30℃ | 35℃ | 40℃ | | 25℃ | 30℃ | 35℃ | 40℃ | |
| 1.0 | 12/ | 11/ | 10/ | 9/ | 16 | 11/ | 10/ | 9/ | 8/ | 16 | 10/ | 9/ | 8/ | 7/ | 16 |
| 1.5 | 16/13 | 14/12 | 13/11 | 12/10 | 16 | 15/11.5 | 14/10.5 | 12/9.5 | 11/9 | 20 | 13/10 | 12/9 | 11/8 | 10/7 | 20 |
| 2.5 | 24/18 | 22/16 | 20/15 | 18/14 | 16 | 21/16 | 19/14 | 18/13 | 16/12 | 20 | 19/14 | 17/13 | 16/12 | 15/11 | 20 |
| 4 | 31/24 | 28/22 | 26/20 | 24/18 | 16 | 28/22 | 26/20 | 24/19 | 22/17 | 20 | 25/19 | 23/17 | 21/16 | 18/15 | 25 |
| 6 | 41/31 | 38/28 | 35/26 | 32/24 | 20 | 36/27 | 33/25 | 31/23 | 28/21 | 20 | 32/25 | 29/23 | 27/21 | 25/19 | 25 |
| 10 | 56/42 | 52/39 | 48/36 | 44/33 | 25 | 49/38 | 45/35 | 42/32 | 38/30 | 25 | 44/33 | 41/30 | 38/28 | 34/26 | 32 |
| 16 | 72/65 | 67/51 | 62/47 | 56/43 | 25 | 65/49 | 60/45 | 56/42 | 51/38 | 32 | 57/44 | 53/41 | 49/38 | 45/34 | 32 |
| 25 | 95/73 | 88/68 | 82/63 | 75/57 | 32 | 85/65 | 79/60 | 73/56 | 67/51 | 40 | 75/57 | 70/53 | 64/49 | 59/45 | 40 |
| 35 | 120/90 | 112/84 | 103/77 | 94/71 | 40 | 105/80 | 98/74 | 90/69 | 83/63 | 40 | 93/70 | 86/65 | 80/60 | 73/55 | 50 |
| 50 | 150/114 | 140/106 | 129/98 | 118/90 | 40 | 132/102 | 123/95 | 114/68 | 104/80 | 50 | 117/90 | 109/84 | 101/77 | 92/71 | 50 |
| 70 | 185/145 | 172/135 | 160/125 | 146/114 | 40 | 167/130 | 156/121 | 144/112 | 144/112 | 50 | 148/115 | 138/107 | 128/99 | 117/90 | 63 |
| 95 | 230/175 | 215/163 | 198/151 | 181/138 | 50 | 205/158 | 191/147 | 177/136 | 162/124 | 63 | 185/140 | 172/130 | 160/121 | 146/110 | 63 |
| 120 | 270/200 | 252/187 | 233/173 | 213/158 | 63 | 240/180 | 224/168 | 207/155 | 189/142 | 63 | 215/160 | 201/149 | 185/138 | 172/126 | 80 |

注：（1）表中管径系指管材外径；

（2）表中导线载流量栏：分子为BV型导线，分母为BLV型导线。

**表6-10 BL与BLV电线穿PVC电线管敷设的载流量（$T=+65℃$）（2）** A

| 截面/mm² | 二根单芯 | | | | 管径/mm | 三根单芯 | | | | 管径/mm | 四根单芯 | | | | 管径/mm |
|---|---|---|---|---|---|---|---|---|---|---|---|---|---|---|---|
| | 25℃ | 30℃ | 35℃ | 40℃ | | 25℃ | 30℃ | 35℃ | 40℃ | | 25℃ | 30℃ | 35℃ | 40℃ | |
| 1.0 | 13/ | 12/ | 11/ | 10/ | 16 | 12/ | 11/ | 10/ | 9/ | 20 | 11/ | 10/ | 9/ | 8/ | 20 |
| 1.5 | 17/14 | 15/13 | 14/12 | 13/11 | 16 | 16/12 | 14/11 | 13/10 | 12/9 | 20 | 14/11 | 13/10 | 12/9 | 11/8 | 20 |
| 2.5 | 25/19 | 23/17 | 21/16 | 19/15 | 16 | 22/17 | 20/15 | 19/14 | 17/15 | 20 | 20/15 | 18/14 | 17/12 | 15/11 | 20 |
| 4 | 33/25 | 30/23 | 28/21 | 26/19 | 16 | 30/23 | 28/21 | 25/19 | 23/18 | 20 | 26/20 | 24/18 | 22/17 | 20/15 | 25 |
| 6 | 43/33 | 40/30 | 37/28 | 34/26 | 20 | 38/29 | 35/27 | 32/25 | 30/22 | 20 | 34/26 | 31/24 | 29/22 | 26/20 | 25 |
| 10 | 59/44 | 55/41 | 51/38 | 46/34 | 25 | 52/40 | 48/37 | 44/34 | 41/31 | 25 | 46/35 | 43/32 | 39/30 | 36/27 | 32 |
| 16 | 76/58 | 71/54 | 65/50 | 60/45 | 25 | 68/52 | 63/48 | 58/44 | 53/41 | 32 | 60/46 | 56/43 | 51/39 | 47/36 | 32 |
| 25 | 100/77 | 93/71 | 86/66 | 79/60 | 32 | 90/68 | 84/63 | 77/58 | 71/53 | 40 | 80/60 | 74/56 | 69/51 | 63/47 | 40 |
| 35 | 125/95 | 116/88 | 108/82 | 98/75 | 40 | 110/84 | 102/78 | 95/72 | 87/66 | 40 | 98/74 | 91/69 | 84/64 | 77/58 | 50 |
| 50 | 160/120 | 149/112 | 138/103 | 126/84 | 40 | 140/108 | 130/100 | 121/93 | 110/85 | 50 | 123/95 | 115/88 | 106/82 | 97/75 | 50 |
| 70 | 195/153 | 182/143 | 168/132 | 154/121 | 40 | 175/135 | 163/126 | 151/116 | 138/106 | 50 | 155/120 | 144/112 | 134/103 | 122/94 | 50 |
| 95 | 240/184 | 224/172 | 207/159 | 189/145 | 50 | 215/165 | 201/165 | 185/142 | 170/130 | 63 | 195/150 | 182/140 | 168/129 | 154/118 | 63 |
| 120 | 278/210 | 259/196 | 240/181 | 219/168 | 50 | 250/190 | 233/177 | 216/164 | 197/150 | 63 | 227/170 | 212/158 | 196/147 | 179/134 | 80 |

注：1. 表中管径系指管材外径；

2. 表中导线载流量栏：分子为BX型导线，分母为BLX型导线。

### 6.1.11　电线塑料管敷设的载流量（表 6-11 和表 6-12）

**表 6-11　橡皮绝缘电线穿塑料管敷设的载流量**　　A（$\theta_n = 65℃$）

| 导线截面 /mm² | BLX-500，BLFX-500 | | | | | | | | | | | | | | | BX-500，BXF-500 | | | | | | | | | | | | | | |
|---|---|---|---|---|---|---|---|---|---|---|---|---|---|---|---|---|---|---|---|---|---|---|---|---|---|---|---|---|---|---|
| | 两根单芯 | | | | 管径 | 三根单芯 | | | | 管径 | 四根单芯 | | | | 管径 | 两根单芯 | | | | 管径 | 三根单芯 | | | | 管径 | 四根单芯 | | | | 管径 |
| | 25℃ | 30℃ | 35℃ | 40℃ | /mm | 25℃ | 30℃ | 35℃ | 40℃ | /mm | 25℃ | 30℃ | 35℃ | 40℃ | /mm | 25℃ | 30℃ | 35℃ | 40℃ | /mm | 25℃ | 30℃ | 35℃ | 40℃ | /mm | 25℃ | 30℃ | 35℃ | 40℃ | /mm |
| 1.0 | | | | | | | | | | | | | | | | 13 | 12 | 11 | 10 | 16 | 12 | 11 | 10 | 9 | 16 | 11 | 10 | 9 | 8 | 20 |
| 1.5 | | | | | | | | | | | | | | | | 17 | 15 | 14 | 13 | 16 | 16 | 14 | 13 | 12 | 16 | 14 | 13 | 12 | 11 | 20 |
| 2.5 | 19 | 17 | 16 | 15 | 20 | 17 | 15 | 14 | 13 | 20 | 15 | 14 | 12 | 11 | 20 | 25 | 23 | 21 | 19 | 20 | 22 | 20 | 19 | 17 | 20 | 20 | 18 | 17 | 15 | 20 |
| 4 | 25 | 23 | 21 | 19 | 20 | 23 | 21 | 19 | 18 | 20 | 20 | 18 | 17 | 15 | 25 | 33 | 30 | 28 | 26 | 20 | 30 | 28 | 25 | 23 | 20 | 26 | 24 | 22 | 20 | 25 |
| 6 | 33 | 30 | 28 | 26 | 20 | 29 | 27 | 25 | 22 | 20 | 26 | 24 | 22 | 20 | 25 | 43 | 40 | 37 | 34 | 20 | 38 | 35 | 32 | 30 | 20 | 34 | 31 | 29 | 26 | 25 |
| 10 | 44 | 41 | 38 | 34 | 25 | 40 | 37 | 34 | 31 | 32 | 35 | 32 | 30 | 27 | 32 | 59 | 55 | 51 | 46 | 25 | 52 | 48 | 44 | 41 | 32 | 46 | 43 | 39 | 36 | 32 |
| 16 | 58 | 54 | 50 | 45 | 32 | 52 | 48 | 44 | 41 | 32 | 46 | 43 | 39 | 36 | 40 | 76 | 71 | 65 | 60 | 32 | 68 | 63 | 58 | 53 | 32 | 60 | 56 | 51 | 47 | 40 |
| 25 | 77 | 71 | 66 | 60 | 40 | 68 | 63 | 58 | 53 | 40 | 60 | 56 | 51 | 47 | 40 | 100 | 93 | 86 | 79 | 40 | 90 | 84 | 77 | 71 | 40 | 80 | 74 | 69 | 63 | 40 |
| 35 | 95 | 88 | 82 | 75 | 40 | 84 | 78 | 72 | 66 | 40 | 74 | 69 | 64 | 58 | 50 | 125 | 116 | 108 | 98 | 40 | 110 | 102 | 95 | 87 | 40 | 98 | 91 | 84 | 77 | 50 |
| 50 | 120 | 112 | 103 | 94 | 50 | 108 | 100 | 93 | 85 | 50 | 95 | 88 | 82 | 75 | 63 | 160 | 149 | 138 | 126 | 50 | 140 | 130 | 121 | 110 | 50 | 123 | 115 | 106 | 97 | 63 |
| 70 | 153 | 143 | 132 | 121 | 50 | 135 | 126 | 116 | 106 | 50 | 120 | 112 | 103 | 94 | 63 | 195 | 182 | 168 | 154 | 50 | 175 | 163 | 151 | 138 | 50 | 155 | 144 | 134 | 122 | 63 |
| 95 | 184 | 172 | 159 | 145 | 63 | 165 | 154 | 142 | 130 | 63 | | | | | | 240 | 224 | 207 | 189 | 63 | 215 | 201 | 185 | 170 | 63 | | | | | |
| 120 | 210 | 196 | 181 | 166 | 63 | 190 | 177 | 164 | 150 | 63 | | | | | | 278 | 259 | 240 | 219 | 63 | 250 | 233 | 216 | 197 | 63 | | | | | |

表中管径适用于：直管≤30m 一个弯≤20m 两个弯≤15m 超长应设拉线盒或增大一级管径。

**表 6-12　聚氯乙烯绝缘电线穿塑料管敷设的载流量**　　A　$\theta_n = 70℃$

| 导线截面 /mm² | BLV-500 | | | | | | | | | | | | | | | BV-500 | | | | | | | | | | | | | | |
|---|---|---|---|---|---|---|---|---|---|---|---|---|---|---|---|---|---|---|---|---|---|---|---|---|---|---|---|---|---|---|
| | 两根单芯 | | | | 管径 | 三根单芯 | | | | 管径 | 四根单芯 | | | | 管径 | 两根单芯 | | | | 管径 | 三根单芯 | | | | 管径 | 四根单芯 | | | | 管径 |
| | 25℃ | 30℃ | 35℃ | 40℃ | /mm | 25℃ | 30℃ | 35℃ | 40℃ | /mm | 25℃ | 30℃ | 35℃ | 40℃ | /mm | 25℃ | 30℃ | 35℃ | 40℃ | /mm | 25℃ | 30℃ | 35℃ | 40℃ | /mm | 25℃ | 30℃ | 35℃ | 40℃ | /mm |
| 1.0 | | | | | | | | | | | | | | | | 13 | 12 | 11 | 10 | 16 | 12 | 11 | 10 | 10 | 16 | 11 | 10 | 9 | 9 | 16 |
| 1.5 | | | | | | | | | | | | | | | | 17 | 16 | 15 | 14 | 16 | 16 | 15 | 14 | 13 | 16 | 14 | 13 | 12 | 11 | 16 |
| 2.5 | 19 | 18 | 17 | 16 | 16 | 17 | 16 | 15 | 14 | 16 | 15 | 14 | 13 | 12 | 20 | 25 | 24 | 23 | 21 | 16 | 22 | 21 | 20 | 18 | 16 | 20 | 19 | 18 | 17 | 20 |
| 4 | 25 | 24 | 23 | 21 | 16 | 23 | 22 | 21 | 19 | 20 | 20 | 19 | 18 | 17 | 20 | 33 | 31 | 29 | 27 | 16 | 30 | 28 | 26 | 24 | 20 | 27 | 25 | 24 | 22 | 20 |
| 6 | 33 | 31 | 29 | 27 | 20 | 29 | 27 | 25 | 23 | 20 | 27 | 25 | 24 | 22 | 25 | 43 | 41 | 39 | 36 | 20 | 38 | 36 | 34 | 31 | 20 | 34 | 32 | 30 | 28 | 25 |
| 10 | 45 | 42 | 39 | 37 | 25 | 40 | 38 | 36 | 33 | 25 | 35 | 33 | 31 | 29 | 32 | 59 | 56 | 53 | 49 | 25 | 52 | 49 | 46 | 43 | 25 | 47 | 44 | 41 | 38 | 32 |
| 16 | 58 | 55 | 52 | 48 | 25 | 52 | 49 | 46 | 43 | 32 | 47 | 44 | 41 | 38 | 32 | 76 | 72 | 68 | 63 | 25 | 69 | 65 | 61 | 57 | 32 | 60 | 57 | 54 | 50 | 32 |
| 25 | 77 | 73 | 69 | 64 | 32 | 69 | 65 | 61 | 57 | 40 | 60 | 57 | 54 | 50 | 40 | 101 | 95 | 89 | 83 | 32 | 90 | 85 | 80 | 74 | 40 | 80 | 75 | 71 | 65 | 40 |
| 35 | 95 | 90 | 85 | 78 | 40 | 85 | 80 | 75 | 70 | 40 | 74 | 70 | 66 | 61 | 50 | 127 | 120 | 113 | 104 | 40 | 111 | 105 | 99 | 91 | 40 | 99 | 93 | 87 | 81 | 50 |
| 50 | 121 | 114 | 107 | 99 | 50 | 108 | 102 | 96 | 89 | 50 | 95 | 90 | 85 | 78 | 63 | 159 | 150 | 141 | 131 | 50 | 140 | 132 | 124 | 115 | 50 | 124 | 117 | 110 | 102 | 63 |
| 70 | 154 | 145 | 136 | 126 | 50 | 138 | 130 | 122 | 113 | 63 | 122 | 115 | 108 | 100 | 63 | 196 | 185 | 174 | 161 | 50 | 177 | 167 | 157 | 145 | 63 | 157 | 148 | 139 | 129 | 63 |
| 95 | 186 | 175 | 165 | 152 | 63 | 167 | 158 | 149 | 137 | 63 | 148 | 140 | 132 | 122 | 63 | 244 | 230 | 216 | 200 | 63 | 217 | 205 | 193 | 178 | 63 | 196 | 185 | 174 | 161 | 63 |
| 120 | 212 | 200 | 188 | 174 | 63 | | | | | | | | | | | 286 | 270 | 254 | 235 | 63 | | | | | | | | | | |

表中管径适用于：直管≤30m 一个弯≤20m 两个弯≤15m 超长应设拉线盒或增大一级管径。

### 6.1.12　一般铜线最大安全电流

2.5mm² 铜电源线的安全载流量——大约 28A。

4mm² 铜电源线的安全载流量——大约 35A 。

6mm² 铜电源线的安全载流量——大约 48A 。

10mm² 铜电源线的安全载流量——大约 65A。

16mm² 铜电源线的安全载流量——大约 91A 。

25mm² 铜电源线的安全载流量——大约 120A。

如果是铝线截面积要取铜线的 1.5～2 倍。

如果铜线电流小于 28A，可以按每平方毫米 10A 来取。

如果铜线电流大于 120A，可以按每平方毫米 5A 来取。

### 6.1.13　一般铜线最大安全电流与铜线在不同温度下的线径与所能承受的最大电流（表 6-13）

**表 6-13　铜线在不同温度下的线径与所能承受的最大电流**

| 线径(大约值)/mm² | 铜线温度/℃ | | | |
|---|---|---|---|---|
| | 60 | 75 | 85 | 90 |
| | 电流/A | | | |
| 2.5 | 20 | 20 | 25 | 25 |
| 4 | 25 | 25 | 30 | 30 |
| 6 | 30 | 35 | 40 | 40 |
| 8 | 40 | 50 | 55 | 55 |
| 14 | 55 | 65 | 70 | 75 |
| 22 | 70 | 85 | 95 | 95 |
| 30 | 85 | 100 | 100 | 110 |
| 38 | 95 | 115 | 125 | 130 |
| 50 | 110 | 130 | 145 | 150 |
| 60 | 125 | 150 | 165 | 170 |
| 70 | 145 | 175 | 190 | 195 |
| 80 | 165 | 200 | 215 | 225 |
| 100 | 195 | 230 | 250 | 260 |

### 6.1.14　住宅电气安装 BV-500V 导线长期负荷允许载流量（表 6-14）

**表 6-14　住宅电气安装 BV-500V 导线长期负荷允许载流量**

| 导线截面/mm² | 线芯结构 | | | BV-500V 塑料绝缘导线长期允许载流量/A　+30℃ | | | | | | |
|---|---|---|---|---|---|---|---|---|---|---|
| | 股数 | 单芯直径/mm | 成品外径/mm | 明敷设 | 穿金属管 | | | 穿塑料管 | | |
| | | | | | 2 楼 | 3 楼 | 4 楼 | 2 楼 | 3 楼 | 4 楼 |
| 1.0 | 1 | 1.13 | 2.6 | 18 | 13 | 12 | 10 | 11 | 10 | 9 |
| 1.5 | 1 | 1.37 | 3.3 | 22 | 18 | 16 | 15 | 15 | 14 | 12 |
| 2.5 | 1 | 1.76 | 3.7 | 30 | 24 | 22 | 21 | 22 | 20 | 18 |
| 4 | 1 | 3.24 | 4.2 | 39 | 33 | 29 | 26 | 29 | 26 | 23 |
| 6 | 1 | 2.73 | 4.8 | 51 | 44 | 38 | 35 | 38 | 34 | 30 |
| 10 | 7 | 1.33 | 6.6 | 70 | 61 | 53 | 47 | 52 | 46 | 41 |
| 16 | 7 | 1.68 | 7.8 | 98 | 77 | 68 | 61 | 67 | 61 | 53 |
| 25 | 19 | 1.28 | 9.6 | 128 | 100 | 89 | 80 | 89 | 80 | 70 |
| 35 | 19 | 1.51 | 10.9 | 159 | 124 | 107 | 98 | 112 | 98 | 87 |
| 50 | 19 | 1.81 | 13.2 | 201 | 154 | 136 | 121 | 140 | 123 | 109 |
| 70 | 49 | 1.33 | 14.9 | 248 | 192 | 171 | 154 | 173 | 156 | 138 |
| 95 | 84 | 1.20 | 17.3 | 304 | 234 | 210 | 187 | 215 | 192 | 173 |
| 120 | 133 | 1.08 | 18.1 | | 266 | 248 | 215 | 248 | 224 | 201 |
| 150 | 37 | 2.24 | 22.0 | | 299 | 276 | 252 | 285 | 262 | 234 |

### 6.1.15　住宅电气安装 1kV 电力电缆长期负荷允许载流量（表 6-15）

表 6-15　住宅电气安装 1kV 电力电缆长期负荷允许载流量　　A

| 芯数×截面/mm² | 成品外径/mm | 铠装直埋敷设 | | | 空气中敷设 | | |
|---|---|---|---|---|---|---|---|
| | | VLV22 | VV22 | YTV22 | VLV | VV | YTV |
| 3×10 | | | | | 40 | 52 | |
| 4×10 | 17.9 | 40 | 52 | 71 | 40 | 52 | 57 |
| 4×16 | 20.9 | 54 | 70 | 93 | 53 | 69 | 76 |
| 4×25 | 21.8 | 73 | 94 | 120 | 72 | 93 | 101 |
| 4×35 | 23.5 | 92 | 119 | 145 | 87 | 113 | 124 |
| 4×50 | 27.4 | 115 | 149 | 178 | 108 | 140 | 158 |
| 4×70 | 30.9 | 141 | 184 | 231 | 135 | 175 | 191 |
| 4×95 | 37.2 | 174 | 226 | 255 | 165 | 214 | 234 |
| 4×120 | 39.4 | 201 | 260 | 286 | 191 | 247 | 269 |
| 4×150 | 43.6 | 231 | 301 | 326 | 225 | 293 | 311 |
| 4×185 | 47.6 | 263 | 349 | 365 | 257 | 332 | 359 |

### 6.1.16　聚氯乙烯绝缘铠装电缆和交联聚乙烯绝缘电缆长期允许载流量（表 6-16）

表 6-16　聚氯乙烯绝缘铠装电缆和交联聚乙烯绝缘电缆长期允许载流量

| 导体截面/mm² | 长期允许载流量/A | | | | |
|---|---|---|---|---|---|
| | 1kV | | | 10kV | 35kV |
| | 二芯 | 三芯 | 四芯 | 交联聚乙烯绝缘 | 交联聚乙烯绝缘 |
| | 聚氯乙烯绝缘 | 聚氯乙烯绝缘 | 聚氯乙烯绝缘 | | |
| 4 | 35 | 30 | 29 | — | — |
| 6 | 43 | 38 | 37 | — | — |
| 10 | 56 | 51 | 50 | — | — |
| 16 | 76 | 67 | 65 | 90 | — |
| 25 | 100 | 88 | 85 | 105 | 90 |
| 35 | 121 | 107 | 110 | 130 | 115 |
| 50 | 147 | 133 | 135 | 150 | 135 |
| 70 | 180 | 162 | 162 | 185 | 165 |
| 95 | 214 | 190 | 196 | 215 | 185 |
| 120 | 247 | 218 | 223 | 245 | 210 |
| 150 | 277 | 248 | 252 | 275 | 230 |
| 185 | — | 279 | 284 | 325 | 250 |
| 240 | — | 324 | — | 375 | — |

### 6.1.17　LGJ 型钢芯铝绞线计算质量及长期容许电流（表 6-17）

表 6-17　LGJ 型钢芯铝绞线计算质量及长期容许电流

| 标称截面铝/钢/mm² | 16/3 | 25/4 | 35/6 | 50/8 | 50/30 | 70/10 | 70/40 | 95/15 | 95/20 | 95/55 |
|---|---|---|---|---|---|---|---|---|---|---|
| 计算质量/(kg/km) | 65.2 | 102.6 | 141.0 | 195.1 | 372.0 | 275.2 | 511.3 | 380.8 | 408.9 | 707.7 |
| 容许电流(户外)/A | 105 | 135 | 170 | 220 | 220 | 275 | 275 | 335 | 335 | 335 |
| 标称截面铝/钢/mm² | 120/7 | 120/20 | 120/25 | 120/70 | 150/8 | 150/20 | 150/25 | 150/35 | 185/10 | 185/25 |
| 计算质量/(kg/km) | 379.0 | 466.8 | 526.6 | 895.6 | 461.4 | 549.4 | 601.0 | 676.2 | 584.0 | 706.1 |
| 容许电流(户外)/A | 380 | 380 | 380 | 380 | 445 | 445 | 445 | 445 | 515 | 515 |
| 标称截面铝/钢/mm² | 185/30 | 185/45 | 210/10 | 210/25 | 210/35 | 210/50 | 240/30 | 240/40 | 240/55 | |
| 计算质量/(kg/km) | 732.6 | 848.2 | 650.7 | 789.1 | 853.9 | 960.8 | 922.2 | 964.3 | 1108 | |
| 容许电流(户外)/A | 515 | 515 | 565 | 565 | 565 | 565 | 610 | 610 | 610 | |

### 6.1.18 镀锌钢绞线技术数据（表6-18）

表6-18 镀锌钢绞线技术数据

| 钢丝 1×7=7 | | | | | |
|---|---|---|---|---|---|
| 标称截面/mm² | 钢绞线直径/mm | 钢丝直径/mm | 截面/mm² | 质量/(kg/100m) | 钢丝破断拉力(不小于,kN) |
| 25 | 6.6 | 2.2 | 26.6 | 22.77 | 44.3 |
| 35 | 7.8 | 2.6 | 37.15 | 31.82 | 61.9 |
| 50 | 9.0 | 3.0 | 49.46 | 42.37 | 71.1 |
| 钢丝 1×19=19 | | | | | |
| 标称截面/mm² | 钢绞线直径/mm | 钢丝直径/mm | 截面/mm² | 质量/(kg/100m) | 钢丝破断拉力(不小于,kN) |
| 50 | 9.0 | 1.8 | 48.32 | 41.11 | 80.5 |
| 70 | 11.0 | 2.2 | 72.19 | 61.50 | 120.1 |
| 100 | 13.0 | 2.6 | 100.83 | 85.94 | 167.7 |
| 120 | 14.0 | 2.8 | 116.93 | 90.50 | 177.5 |

### 6.1.19 各级电压线路的送电能力（表6-19）

表6-19 各级电压线路的送电能力

| 标称电压/kV | 送电容量/MW | 送电距离/km | 标称电压/kV | 送电容量/MW | 送电距离/km |
|---|---|---|---|---|---|
| 6 | 0.1～1.2(3) | 15～4(<3) | 63 | 3.5～20 | 100～25 |
| 10 | 0.2～2(4) | 20～6(<6) | 110 | 10～30 | 150～50 |
| 35 | 2～8 | 50～20 | | | |

### 6.1.20 架空线路的接户线安装铅丝拉线缠绕顺序与圈数

架空线路的接户线安装铅丝拉线可自身缠绕固定，中把与底把连接处可另敷设丝缠绕。缠绕需要整齐、紧密，缠绕顺序、圈数及长度见表6-20所示。

表6-20 架空线路的接户线安装铅丝拉线缠绕顺序与圈数

| 股数 | 自身缠绕顺序、圈数 | 中把与底把连接处缠绕长度最小值/mm | | |
|---|---|---|---|---|
| | | 下端 | 花缠 | 上端 |
| 3 | 9、8、7 | 150 | 250 | 100 |
| 5 | 9、9、8、8、7 | 150 | 250 | 100 |
| 7 | 9、9、8、8、7、7、6 | 200 | 300 | 100 |

### 6.1.21 架空铝绞线的载流量（表6-21）

表6-21 架空铝绞线的载流量

| 规格/mm² | 载流量/A | 规格/mm² | 载流量/A | 规格/mm² | 载流量/A |
|---|---|---|---|---|---|
| 16 | 105 | 50 | 215 | 120 | 375 |
| 25 | 135 | 70 | 265 | 150 | 440 |
| 35 | 170 | 95 | 325 | 185 | 500 |

## 6.1.22 涂敷塑料钢管规格（表 6-22）

**表 6-22 涂敷塑料钢管规格**

| 规格 | 外径<br>/mm | 壁厚<br>/mm | 重量<br>/(kg/m) | 涂层厚度<br>/mm | 吨管长度<br>/m |
|---|---|---|---|---|---|
| 1/2″ | 21.3 | 2.75 | 1.35 | ≥0.2 | 740.74 |
| | | 2.00 | 1.05 | ≥0.2 | 952.38 |
| 3/4″ | 26.8 | 2.75 | 1.73 | ≥0.2 | 578.03 |
| | | 2.35 | 1.51 | ≥0.2 | 662.25 |
| 1″ | 33.5 | 3.25 | 2.52 | ≥0.2 | 396.83 |
| | | 2.65 | 2.10 | ≥0.2 | 476.19 |
| $1\frac{1}{4''}$ | 42.3 | 3.25 | 3.24 | ≥0.2 | 308.64 |
| | | 2.65 | 2.69 | ≥0.2 | 371.75 |
| $1\frac{1}{2''}$ | 48 | 3.25 | 4 | ≥0.2 | 250.00 |
| | | 2.65 | 3.1 | ≥0.2 | 322.58 |
| 2″ | 60 | 3.5 | 5.08 | ≥0.2 | 196.85 |
| | | 2.75 | 4.06 | ≥0.2 | 246.31 |
| $2\frac{1}{2''}$ | 75.5 | 3.75 | 6.84 | ≥0.2 | 146.20 |
| | | 2.75 | 4.93 | ≥0.2 | 202.84 |
| 3″ | 88.5 | 4.00 | 8.64 | ≥0.2 | 115.74 |
| | | 2.75 | 6.30 | ≥0.2 | 158.73 |
| 4″ | 114 | 4.00 | 11.25 | ≥0.2 | 88.89 |
| | | 3.00 | 8.65 | ≥0.2 | 115.61 |
| 5″ | 140 | 4.5 | 15.44 | ≥0.2 | 64.77 |
| 6″ | 165 | 4.5 | 18.41 | ≥0.2 | 54.32 |

## 6.1.23 电线电缆专用设备连铸连轧设备基本参数（表 6-23）

**表 6-23 电线电缆专用设备连铸连轧设备基本参数**

| 规格代号 | 结晶轮直径<br>/mm | 轧辊直径<br>/mm | 轧制道数<br>max | 铸锭截面<br>/mm² | 出杆直径<br>/mm | 设备中心高<br>/mm |
|---|---|---|---|---|---|---|
| 1500-255/15L | 1500 | 255 | 15 | 2420 | 9.5～15 | 900 |
| 1600-255/14LH | 1600 | 255 | 14 | 2280 | 9.5～12 | 900 |
| 1800-255/12T | 1800 | 255 | 12 | 2500 | 8 | 900 |

## 6.1.24 电线电缆专用设备结晶轮精度

电线电缆专用设备结晶轮精度——工作面的轮槽形状需要符合表 6-24 的要求。

**表 6-24 电线电缆专用设备结晶轮精度**

| 对安装孔的圆跳动公差值≤<br>/mm | | | 工作表面粗糙度 $Ra$≤<br>/μm | 轴孔配合表面粗糙度 $Ra$≤<br>/μm |
|---|---|---|---|---|
| 工作表面 | 非工作表面 | 端面 | | |
| 0.12 | 0.2 | 0.3 | 0.8 | 1.6 |

### 6.1.25 电线电缆专用设备轧机齿轮箱精度（表 6-25）

表 6-25 电线电缆专用设备轧机齿轮箱精度

| 轴承孔支承距/mm | 轴线平行度公差值≤ /mm | |
|---|---|---|
| | 水平方向 $F_x$ | 垂直方向 $F_y$ |
| 60～100 | 0.032 | $0.5F_x$ |
| >100～160 | 0.038 | |
| >160～250 | 0.045 | |
| >250～400 | 0.054 | |
| >400～630 | 0.066 | |
| >630～800 | 0.080 | |

### 6.1.26 电线电缆专用设备轧辊精度（表 6-26）

表 6-26 电线电缆专用设备轧辊精度

| 项目名称 | 技术要求 |
|---|---|
| 轧辊外圆工作表面粗糙度 | ≤1.6μm |
| 轧辊工作面直径与中心安装孔轴线的同轴度公差 | <0.02mm |
| 轧辊硬度 | ≥42HRC |
| 槽形 | 应符合设计要求 |

### 6.1.27 电线电缆专用设备机架体精度（表 6-27）

表 6-27 电线电缆专用设备机架体精度

| 项目名称 | 技术要求/mm | 项目名称 | 技术要求/mm |
|---|---|---|---|
| 机架体水平孔轴线对底面的平行度公差 | ≤0.05 | 机架体燕尾槽面的倾斜度公差 | ≤0.1 |
| 机架体垂直孔轴线对底面的垂直度公差 | ≤0.05 | 机架体燕尾槽底面与轧制中心高偏差 | ≤0.05 |
| 机架体倾斜孔轴线的倾斜度公差 | ≤0.5 | | |

### 6.1.28 电线电缆专用设备轧机精度（表 6-28）

表 6-28 电线电缆专用设备轧机精度

| 项目名称 | 技术要求/mm |
|---|---|
| 轧机和传动机架输出轴齿形联轴器径向圆跳动公差 | ≤0.1 |
| 传动机架中心高偏差 | ≤0.05 |
| 机架体装配轧辊工作面径向圆跳动公差 | ≤0.05 |
| 单个机架轧辊组成的孔型及辊缝 | 应符合设计要求 |

### 6.1.29 电线电缆专用设备拉线轮与定速轮的装配精度（表 6-29）

表 6-29 电线电缆专用设备拉线轮与定速轮的装配精度

| 拉线轮工作面直径/mm | 工作表面径向圆跳动公差值≤/mm | | 拉线轮工作面直径/mm | 工作表面径向圆跳动公差值≤/mm | |
|---|---|---|---|---|---|
| | 拉线轮 | 定速轮 | | 拉线轮 | 定速轮 |
| ≤50 | 0.03 | 0.025 | >200～400 | 0.05 | 0.04 |
| >50～110 | 0.03 | 0.025 | >400～710 | 0.08 | 0.06 |
| >110～200 | 0.04 | 0.03 | >710 | 0.1 | 0.08 |

### 6.1.30 电线电缆专用设备管式绞线设备精度、滚动轴承支承筒体精度（表 6-30）

**表 6-30 电线电缆专用设备管式绞线设备精度、滚动轴承支承筒体精度**

| 放线盘规格 | 滚动轴承位置外圆对两端支承轴线的同轴度公差值≤ /mm |
|---|---|
| 200～400 | $\phi$0.06 |
| 500 | $\phi$0.08 |
| ≥630 | $\phi$0.10 |

## 6.2 导线设计的技术参数

### 6.2.1 导线对地最小允许距离（表 6-31）

**表 6-31 导线对地最小允许距离**

| 线路电压/kV<br>线路经过地区 | | 最小间距/m | | |
|---|---|---|---|---|
| | | 线路电压 3kV 以下 | 线路电压 3～10kV | 线路电压 35kV |
| 人口密集地区 | | 6.0 | 6.5 | 7.0 |
| 人口稀少地区 | | 5.0 | 5.5 | 6.0 |
| 交通困难地区 | | 4.0 | 4.5 | 5.0 |
| 步行可以到达的山坡 | | 3.0 | 4.5 | 5.0 |
| 步行不能到达的山坡、峭壁、岩石 | | 1.0 | 1.5 | 3.0 |
| 对建筑物 | 垂直距离 | 2.5 | 3.0 | 4.0 |
| | 水平或净空距离 | 1.0 | 1.5 | 3.0 |
| 对树木 | 垂直距离 | 3.0 | 3.0 | 4.0 |
| | 净空距离(绿化区) | 3.0 | 3.0 | 3.5 |
| 对果树、经济作物或城市绿化灌木之间的垂直距离 | | 1.5 | 1.5 | 3.0 |

说明：表中所列距离是指导线在最大计算弧垂或最大计算风偏情况下的数值。

### 6.2.2 明配导管管卡的最大间距（表 6-32）。

**表 6-32 明配导管管卡的最大间距**

| 敷设方式 | 导管种类 | 导管直径/mm | | | | |
|---|---|---|---|---|---|---|
| | | 15～20 | 25～32 | 32～40 | 50～65 | 65 以上 |
| | | 管卡间最大距离/m | | | | |
| 支架或沿墙明敷 | 壁厚＞2mm 刚性铜导管（焊接钢管等） | 1.5 | 2.0 | 2.5 | 2.5 | 3.5 |
| | 壁厚≤2mm 刚性铜导管（KBG 管等） | 1.0 | 1.5 | 2.0 | — | — |
| | 刚性绝缘导管 | 1.0 | 1.5 | 1.5 | 2.0 | 2.0 |

说明：明配导管固定点间距需要均匀，安装牢固；在终端、弯头中点或柜、台、箱、盘等边缘的距离 150～500mm 范围内设有管卡。

敷设在吊顶内的电线管路，当管径为 $\phi$16～20mm 时，固定点间距可增加到 1.5m 为宜。

扣压式薄壁钢导管暗敷设在楼板内与钢筋绑扎固定点间距不应大于 1000mm，敷设在墙体内的管路固定点间距亦不应大于 1000mm。

### 6.2.3 电气线路的安全间距

500kV 线路的安全间距——5m。

220kV 线路的安全间距——3m。

110kV 线路的安全间距——1.5m。

35kV 线路的安全间距——1m。

10kV 线路的安全间距——0.7m。

### 6.2.4 架空电力线路保护区各级电压导线的边线延伸距离

导线边线向外侧延伸所形成的两平行线内的区域，在一般地区各级电压导线的边线延伸距离要求如下：

1～10kV——边线延伸距离要求 5m；

35～110kV——边线延伸距离要求 10m；

154～330kV——边线延伸距离要求 15m；

500kV——边线延伸距离要求 20m。

### 6.2.5 架空电力线路保护区各级电压导线距建筑物的水平安全距离

架空电力线路保护区，是为了保证已建架空电力线路的安全运行与保障人民生活的正常供电，而必须设置的安全区域。在厂矿、城镇、集镇、村庄等人口密集地区，架空电力线路保护区，为导线边线在最大计算风偏后的水平距离和风偏后距建筑物的水平安全距离之和所形成的两平行线内的区域。各级电压导线边线在计算导线最大风偏情况下，距建筑物的水平安全距离如下：

1kV 以下——距建筑物的水平安全距离 1.0m；

1～10kV——距建筑物的水平安全距离 1.5m；

35kV——距建筑物的水平安全距离 3.0m；

66～110kV——距建筑物的水平安全距离 4.0m；

154～220kV——距建筑物的水平安全距离 5.0m；

330kV——距建筑物的水平安全距离 6.0m；

500kV——距建筑物的水平安全距离 8.5m。

### 6.2.6 加油站、通气管管口等与站外建、构筑物的防火距离

加油站、加油加气合建站的油罐、加油机、通气管管口与站外建、构筑物的防火距离，不应小于如下的规定：

架空电力线路到埋地油罐不应跨越加油站（一级站）——并且不应小于 1.5 倍杆高；

架空电力线路到埋地油罐不应跨越加油站（二级站）——并且不应小于 1.0 倍杆高；

架空电力线路到埋地油罐不应跨越加油站（三级站）——并且不应小于 5m；

架空电力线路到通气管管口、加油机不应跨越加油站——并且不应小于 5m。

### 6.2.7 10kV 电力线路的安全距离

10kV 电力线路与居民区及工矿企业地区的安全距离——6.5m。

10kV 电力线路与非居民区，但是有行人和车辆通过的安全距离——5.5m。

10kV 电力线路与交通困难地区的安全距离——4.5m。

10kV 电力线路与公路路面的安全距离——7m。

10kV 电力线路与铁道轨顶的安全距离——7.5m。

10kV 电力线路与通航河道最高水面的安全距离——6m。

10kV 电力线路与不通航的河流、湖泊（冬季水面）的安全距离——5m。

### 6.2.8 不同电压合适的输送电距离和功率（表6-33）

表6-33 不同电压合适的输送电距离和功率

| 电压等级/kV | 送电距离/km | 送电功率/kW | 电压等级/kV | 送电距离/km | 送电功率/kW |
|---|---|---|---|---|---|
| 0.4 | 0.6以下 | 100以下 | 220 | 100～300 | 100～500MW |
| 6.6 | 4～15 | 100～1200 | 330 | 200～600 | 200～800MW（西北） |
| 10 | 6～20 | 200～2000 | 500 | 150～850 | 1000～1500MW |
| 35 | 20～70 | 1000～10000 | 750 | 500以上 | 2000～2500MW |
| 66 | 30～100 | 3500～30000 | 1100 | 1000～1500 | 3000MW以上 |
| 110 | 50～150 | 10～50MW | | | |

### 6.2.9 电缆桥架安装与桥架内电缆敷设电缆最小允许弯曲半径（表6-34）

表6-34 电缆桥架安装和桥架内电缆敷设电缆最小允许弯曲半径

| 电缆种类 | 最小允许弯曲半径 | 电缆种类 | 最小允许弯曲半径 |
|---|---|---|---|
| 无铅包钢铠护套的橡皮绝缘电力电缆 | 10$D$ | 交联聚氯乙烯绝缘电力电缆 | 15$D$ |
| 有钢铠护套的橡皮绝缘电力电缆 | 20$D$ | 多芯控制电缆 | 10$D$ |
| 聚氯乙烯绝缘电力电缆 | 10$D$ | | |

说明：$D$为电缆外径。

### 6.2.10 电缆桥架支架的间距（表6-35）

表6-35 电缆桥架支架的间距

| 项目 | 要求 |
|---|---|
| 水平安装 | 1.5～3m |
| 垂直安装 | 不大于2m |

### 6.2.11 电缆桥架敷设与管道的最小净距

电缆桥架敷设在易燃易爆气体管道与热力管道的下方，当设计无要求时，与管道的最小净距要求见表6-36。

表6-36 电缆桥架敷设与管道的最小净距

| 管道类别 | | 平行净距/m | 交叉净距/m |
|---|---|---|---|
| 一般工艺管道 | | 0.4 | 0.3 |
| 易燃易爆气体管道 | | 0.5 | 0.5 |
| 热力管道 | 有保温层 | 0.5 | 0.3 |
| | 无保温层 | 1.0 | 0.5 |

### 6.2.12 电缆桥架安装和桥架内电缆敷设电缆固定点的间距

电缆桥架安装和桥架内电缆敷设，要求排列整齐，水平敷设的电缆，首尾两端、转弯两侧，以及根据需要每隔5～10m处设固定点。敷设于垂直桥架内的电缆固定点间距，需要不大于表6-37的规定要求。

表6-37 垂直桥架内电缆敷设电缆固定点的间距

| 电缆种类 | | 固定点的间距/mm |
|---|---|---|
| 电力电缆 | 全塑型 | 1000 |
| | 除全塑型外的电缆 | 1500 |
| 控制电缆 | | 1000 |

### 6.2.13 电缆沟内和电缆竖井内电缆敷设电缆支架层间最小允许距离

电缆沟内和电缆竖井内电缆敷设，当设计无要求时，电缆支架层间最小允许距离符合表 6-38 的规定要求。

表 6-38 电缆支架层间最小允许距离

| 电缆种类 | 支架层间最小距离/mm |
|---|---|
| 控制电缆 | 120 |
| 10kV 及以下电力电缆 | 150～200 |

### 6.2.14 电缆沟内和电缆竖井内电缆敷设支持点间距

电缆沟内和电缆竖井内电缆敷设，电缆排列需要整齐，少交叉。当设计无要求时，电缆支持点间距，需要不大于表 6-39 的规定要求。

表 6-39 电缆支持点间距

| 电缆种类 | | 敷设方式/mm | |
|---|---|---|---|
| | | 水平 | 垂直 |
| 电力电缆 | 全塑型 | 400 | 1000 |
| | 除全塑型外的电缆 | 800 | 1500 |
| 控制电缆 | | 800 | 1000 |

### 6.2.15 电线导管、电缆导管和线槽敷设管卡间最大距离

电线导管、电缆导管和线槽敷设，暗配的导管，管卡埋设深度需要与建筑物、构筑物表面的距离不应小于 15mm；明配的导管，需要排列整齐，固定点间距均匀，安装牢固。在终端、弯头中点或柜、台、箱、盘等边缘的距离 150～500mm 范围内，需要设有管卡。中间直线段管卡间的最大距离，需要符合表 6-40 的规定。

表 6-40 电线导管、电缆导管和线槽敷设管卡间最大距离

| 敷设方式 | 导管种类 | 导管直径/mm | | | | |
|---|---|---|---|---|---|---|
| | | 15～20 | 25～32 | 32～40 | 50～65 | 65 以上 |
| | | 管卡间最大距离/m | | | | |
| 支架或沿墙明敷 | 壁厚＞2mm 刚性钢导管 | 1.5 | 2.0 | 2.5 | 2.5 | 3.5 |
| | 壁厚≤2mm 刚性钢导管 | 1.0 | 1.5 | 2.0 | — | — |
| | 刚性绝缘导管 | 1.0 | 1.5 | 1.5 | 2.0 | 2.0 |

### 6.2.16 钢索配线的零件间与线间距离（表 6-41）

表 6-41 钢索配线的零件间与线间距离

| 配线类型 | 支持件之间最大距离/mm | 支持件与灯头盒之间最大距离/mm |
|---|---|---|
| 塑料护套线 | 200 | 100 |
| 钢管 | 1500 | 200 |
| 刚性绝缘导管 | 1000 | 150 |

### 6.2.17 电缆芯线与接地线截面积

铠装电力电缆头的接地线，需要采用铜绞线或镀锡铜编织线，截面积不应小于表 6-42 的规定要求。

表 6-42　铠装电力电缆头电缆芯线与接地线截面积

| 电缆芯线截面积/$mm^2$ | 接地线截面积/$mm^2$ |
|---|---|
| 120 及以下 | 16 |
| 150 及以上 | 25 |

说明：电缆芯线截面积在 16$mm^2$ 及以下，接地线截面积与电缆芯线截面积相等。

### 6.2.18　增设接线盒或拉线盒的要求

1kV 及以下配线工程施工与验收，当导管敷设遇下列情况时，中间需要增设接线盒或拉线盒，并且盒子的位置需要便于穿线：

（1）导管长度每大于 40m，无弯曲；

（2）导管长度每大于 30m，有 1 个弯曲；

（3）导管长度每大于 20m，有 2 个弯曲；

（4）导管长度每大于 10m，有 3 个弯曲。

垂直敷设的导管遇下列情况时，需要设置固定电线用的拉线盒：

（1）管内电线截面面积为 50$mm^2$ 及以下，长度每大于 30m；

（2）管内电线截面面积为 70～95$mm^2$，长度每大于 20m；

（3）管内电线截面面积为 120～240$mm^2$，长度每大于 18m。

### 6.2.19　同杆架设配电线路横担间的最小垂直距离（裸导线，表 6-43）

表 6-43　同杆架设配电线路横担间的最小垂直距离（裸导线）

| 组合方式 | 直线杆/m | 转角或分支杆/m |
|---|---|---|
| 3～10kV 与 3～10kV | 0.8 | 0.45/0.6 |
| 3～10kV 与 3kV 以下 | 1.2 | 1.0 |
| 3kV 以下与 3kV 以下 | 0.6 | 0.3 |

说明：表中 0.45/0.6 系指距上面的横担 0.45m，距下面的横担 0.6m。

### 6.2.20　10kV 及以下杆塔最小线间距离（裸导线，表 6-44）

表 6-44　10kV 及以下杆塔最小线间距离（裸导线）

| 线路电压 | 线间距离/m | | | | | | | | |
|---|---|---|---|---|---|---|---|---|---|
| | 挡距/m | | | | | | | | |
| | 40 及以下 | 50 | 60 | 70 | 80 | 90 | 100 | 110 | 120 |
| 3～10kV | 0.6 | 0.65 | 0.7 | 0.75 | 0.85 | 0.9 | 1.0 | 1.05 | 1.15 |
| 3kV 以下 | 0.3 | 0.4 | 0.45 | 0.5 | — | — | — | — | — |

### 6.2.21　电杆埋设深度（表 6-45）

表 6-45　电杆埋设深度

| 杆高/m | 8 | 9 | 10 | 11 | 12 | 13 | 15 | 18 |
|---|---|---|---|---|---|---|---|---|
| 埋深/m | 1.5 | 1.6 | 1.7 | 1.8 | 1.9 | 2.0 | 2.3 | 2.6～3.0 |

说明：本表适用于单回路的配电线路。

### 6.2.22　10kV 及以下架空电力线路的挡距（裸导线，表 6-46）

表 6-46　10kV 及以下架空电力线路的挡距（裸导线）

| 区域 | 挡距 | |
|---|---|---|
| | 线路电压 3～10kV | 线路电压 3kV 以下 |
| 市区 | 40～50 | 40～50 |
| 郊区 | 50～100 | 40～60 |

### 6.2.23 增大导线截面降低损耗的百分率（表 6-47）

表 6-47 增大导线截面降低损耗的百分率

| 导线增大前 | | 导线增大后 | | 降低损耗百分率 |
|---|---|---|---|---|
| 型号 | 电阻/(Ω/km) | 型号 | 电阻/(Ω/km) | $\Delta P$/% |
| LGJ-25 | 1.38 | LGJ-35 | 0.85 | 38.4 |
| LGJ-35 | 0.85 | LGJ-50 | 0.65 | 23.5 |
| LGJ-50 | 0.65 | LGJ-70 | 0.46 | 29.2 |
| LGJ-70 | 0.46 | LGJ-95 | 0.33 | 28.3 |
| LGJ-95 | 0.33 | LGJ-120 | 0.27 | 18.2 |
| LGJ-120 | 0.27 | LGJ-150 | 0.21 | 22.2 |
| LGJ-150 | 0.21 | LGJ-185 | 0.17 | 19.0 |
| LGJ-185 | 0.17 | LGJ-240 | 0.132 | 22.4 |
| LGJ-240 | 0.132 | LGJ-300 | 0.107 | 18.8 |
| LGJ-300 | 0.107 | LGJ-400 | 0.08 | 25.2 |

说明：在输送负荷不变的情况下，增大导线截面、减小线路电阻可以达到降损节电效果。

### 6.2.24 配电线路导线与地面的最小距离（表 6-48）

表 6-48 配电线路导线与地面的最小距离　　m

| 线路经过地 | 线路电压 | |
|---|---|---|
| | 1kV 以下 | 4～10kV |
| 居民区 | 6 | 6.5 |
| 非居民区 | 5 | 5.5 |
| 交通困难地区 | 4 | 4.5 |

### 6.2.25 架空线路的施工基坑挖掘回填的要求

（1）挖掘基坑时，需要注意土质及周围环境。

（2）坑口尺寸一般为宽 0.8m、长 0.3m。

（3）拉线坑口尺寸一般为宽 0.6m、长 1.3m。

（4）电杆埋设深度参考值见表 6-49。

表 6-49 电杆埋设深度参考值

| 水泥杆杆长/m | 7 | 8 | 9 | 10 | 11 | 12 | 15 |
|---|---|---|---|---|---|---|---|
| 埋设深度/m | 1.1 | 1.6 | 1.7 | 1.8 | 1.9 | 2.0 | 2.5 |

### 6.2.26 架空线路进户线施工要求

架空线路进户线施工中，进户线是从户外第一支持点到户内第一个支持点间连接的绝缘导线，其施工要求如下。

（1）进户点不能低于 2.7m，如果过低，则需要加装进户杆。

（2）进户线采用绝缘导线，铜线不小于 2.5mm²，铝线不小于 10mm²，并且进户线中间不准有接头。

（3）进户线穿墙时，需要加装进户套管，进户套管的壁厚：钢管不小于 2.5mm，硬塑料管不小于 2mm。另外，管子伸出墙外部分，需要做防水弯头。其屋外露出部分，不得小于 6cm。

### 6.2.27　架空线路的接户线各部位的距离（表 6-50）

**表 6-50　架空线路的接户线各部位的距离要求**

| 类　　型 | 距离要求 | 类　　型 | 距离要求 |
|---|---|---|---|
| 长度 | 不超过 25m | 入户处距地面 | 不应小于 2.5m |
| 导线距墙水平距离 | 不应小于 150mm | 线间距离 | 不应小于 250mm |
| 跨越胡同距地面 | 不应小于 3.5m | 院内架设距地面 | 不应小于 3m |

### 6.2.28　PE 线的最小面积

PE 线的最小面积选择可以根据相导线的截面积来选择，具体选择可以参考表 6-51 进行。

**表 6-51　PE 线的最小面积选择**

| 相导线的截面积 $S$/mm² | 相应保护导线(PE 线)的最小面积 $S_p$/mm² |
|---|---|
| $S \leqslant 16$ | $S_p = S$ |
| $16 < S \leqslant 35$ | $S_p = 16$ |
| $S > 35$ | $S_p = S/2$ |

### 6.2.29　建筑物等电位联结的线路最小允许截面（表 6-52）

**表 6-52　建筑物等电位联结的线路最小允许截面**

| 材　　料 | 截　　面/mm² | |
|---|---|---|
| | 干　　线 | 支　　线 |
| 铜 | 16 | 6 |
| 钢 | 50 | 16 |

### 6.2.30　建筑电气工程母线搭接螺栓的拧紧力矩（表 6-53）

**表 6-53　建筑电气工程母线搭接螺栓的拧紧力矩**

| 螺栓规格 | 力矩值/(N·m) | 螺栓规格 | 力矩值/(N·m) |
|---|---|---|---|
| M8 | 8.8～10.8 | M16 | 78.5～98.1 |
| M10 | 17.7～22.6 | M18 | 98.0～127.4 |
| M12 | 31.4～39.2 | M20 | 156.9～196.2 |
| M14 | 51.0～60.8 | M24 | 274.6～343.2 |

## 6.3　穿线管槽的选择

### 6.3.1　住宅电气安装 BV-500V 导线穿管的选择（表 6-54）

**表 6-54　住宅电气安装 BV-500V 导线穿管的选择**　　　　根

<table>
<tr><td rowspan="3">导线截面/mm²</td><td colspan="15">BV-500V 导线穿管规格及管径/mm</td></tr>
<tr><td colspan="3">2 根导线</td><td colspan="3">3 根导线</td><td colspan="3">4 根导线</td><td colspan="3">5 根导线</td><td colspan="3">6 根导线</td></tr>
<tr><td>MT</td><td>SC</td><td>PC</td><td>MT</td><td>SC</td><td>PC</td><td>MT</td><td>SC</td><td>PC</td><td>MT</td><td>SC</td><td>PC</td><td>MT</td><td>SC</td><td>PC</td></tr>
<tr><td>1</td><td colspan="2" rowspan="4">15</td><td rowspan="4">16</td><td colspan="2" rowspan="4">15</td><td rowspan="4">16</td><td colspan="2" rowspan="2">15</td><td rowspan="2">16</td><td colspan="2">15</td><td>16</td><td colspan="2">15</td><td>16</td></tr>
<tr><td>1.5</td><td rowspan="2">20</td><td rowspan="2">15</td><td rowspan="2">20</td><td>20</td><td>15</td><td>20</td></tr>
<tr><td>2.5</td><td rowspan="2">20</td><td rowspan="2">15</td><td rowspan="2">20</td><td rowspan="3">25</td><td colspan="2">20</td></tr>
<tr><td>4</td><td rowspan="2">25</td><td rowspan="2">20</td><td rowspan="2">25</td><td rowspan="2">20</td><td rowspan="2">25</td></tr>
<tr><td>6</td><td>20</td><td>15</td><td>20</td><td>20</td><td>15</td><td>20</td><td>25</td><td>20</td><td>25</td></tr>
</table>

续表

<table>
<tr><td rowspan="2">导线截面<br>/mm²</td><td colspan="15">BV-500V 导线穿管规格及管径/mm</td></tr>
<tr><td colspan="3">2 根导线</td><td colspan="3">3 根导线</td><td colspan="3">4 根导线</td><td colspan="3">5 根导线</td><td colspan="3">6 根导线</td></tr>
<tr><td></td><td>MT</td><td>SC</td><td>PC</td><td>MT</td><td>SC</td><td>PC</td><td>MT</td><td>SC</td><td>PC</td><td>MT</td><td>SC</td><td>PC</td><td>MT</td><td>SC</td><td>PC</td></tr>
<tr><td>10</td><td>25</td><td>20</td><td>25</td><td rowspan="2">32</td><td rowspan="2">25</td><td rowspan="2">32</td><td>32</td><td>25</td><td>32</td><td colspan="3">32</td><td>40</td><td>32</td><td rowspan="2">40</td></tr>
<tr><td>16</td><td rowspan="2">32</td><td rowspan="2">25</td><td rowspan="2">32</td><td>40</td><td>32</td><td rowspan="2">40</td><td>40</td><td>32</td><td>40</td><td>50</td><td>40</td></tr>
<tr><td>25</td><td>40</td><td>32</td><td>40</td><td>50</td><td>40</td><td>50</td><td>40</td><td>50</td><td colspan="3">50</td></tr>
<tr><td>35</td><td>40</td><td>32</td><td rowspan="2">40</td><td>50</td><td colspan="2">40</td><td colspan="3">50</td><td colspan="3">50</td><td>80</td><td>70</td><td>80</td></tr>
<tr><td>50</td><td>50</td><td>40</td><td colspan="3">50</td><td>80</td><td>70</td><td>80</td><td>80</td><td>70</td><td>80</td><td colspan="3">80</td></tr>
<tr><td>导线规格</td><td colspan="3">BV-500V-<br>4×50+1×25</td><td colspan="3">BV-500V-<br>4×70+1×35</td><td colspan="3">BV-500V-<br>4×95+1×50</td><td colspan="3">BV-500V-<br>4×120+1×70</td><td colspan="3">BV-500V-<br>4×150+1×95</td></tr>
<tr><td>SC</td><td colspan="3">70</td><td colspan="3">80</td><td colspan="3">100</td><td colspan="3">100</td><td colspan="3">100</td></tr>
</table>

注：表中 SC 为普通钢管或镀锌钢管。MT 为电线管。PC 为阻燃塑料管。穿线管面积按管内穿线总面积的 3～4 倍计算。

## 6.3.2 住宅电气安装 BV-500V 导线穿线槽的选择（表 6-55）

**表 6-55 住宅电气安装 BV-500V 导线穿线槽的选择** 根

| 穿线槽截面尺寸<br>长×宽×厚 | 穿线单线面积及根数 | | | | | |
|---|---|---|---|---|---|---|
| | 1.5mm² | 2.5mm² | 4mm² | 6mm² | 10mm² | 16mm² |
| (1300～3000)×120×70 | 330 | 261 | 201 | 156 | 81 | 60 |
| (1300～3000)×80×70 | 220 | 174 | 134 | 104 | 54 | 40 |
| (1300～3000)×40×70 | 110 | 87 | 67 | 52 | 27 | 20 |
| 穿线槽截面尺寸<br>长×宽×厚 | 穿线单线面积及根数 | | | | | |
| | 25mm² | 35mm² | 50mm² | 70mm² | 95mm² | 120mm² |
| (1300～3000)×120×70 | 39 | 30 | 21 | 15 | 12 | 9 |
| (1300～3000)×80×70 | 26 | 20 | 14 | 10 | 8 | 6 |
| (1300～3000)×40×70 | 13 | 10 | 7 | 5 | 4 | 3 |

注：穿线槽面积按槽内穿线总面积的 2.5 倍计算。

## 6.3.3 酒店常见绝缘导线允许穿管根数及相应最小管径（表 6-56）

**表 6-56 酒店常见绝缘导线允许穿管根数及相应最小管径** mm

| 导线截面 | 2 根导线 | | | 3 根导线 | | | 4 根导线 | | | 5 根导线 | | | 6 根导线 | | |
|---|---|---|---|---|---|---|---|---|---|---|---|---|---|---|---|
| /mm² | TC | SC | PC | TC | SC | PC | TC | SC | PC | TC | SC | PC | TC | SC | PC |
| 2.5 | 16 | 15 | 20 | 16 | 15 | 20 | 20 | 15 | 20 | 20 | 15 | 20 | 25 | 20 | 20 |
| 4 | 20 | 15 | 20 | 20 | 15 | 20 | 20 | 20 | 20 | 20 | 20 | 20 | 25 | 20 | 25 |
| 6 | 25 | 20 | 20 | 25 | 20 | 20 | 25 | 20 | 20 | 25 | 25 | 25 | 25 | 25 | 25 |
| 10 | 25 | 20 | 25 | 25 | 25 | 25 | 32 | 25 | 32 | 32 | 32 | 32 | 32 | 32 | 40 |
| 16 | 32 | 25 | 25 | 32 | 25 | 32 | 40 | 32 | 40 | 40 | 32 | 40 | 40 | 40 | 40 |
| 25 | 40 | 32 | 32 | 40 | 32 | 40 | 40 | 40 | 40 | 50 | 40 | 50 | 50 | 40 | 50 |
| 35 | 40 | 32 | 40 | 40 | 40 | 40 | 40 | 40 | 50 | 50 | 50 | 50 | 50 | 50 | 63 |
| 50 | 50 | 40 | 40 | 50 | 50 | 50 | 50 | 50 | 63 | 64 | 50 | 63 | 64 | 50 | 63 |

说明：TC 表示电线管；SC 表示水煤气钢管；PC 表示硬塑料管。

## 6.3.4 酒店 2.5mm²导线穿管标准（表 6-57）

**表 6-57 酒店 2.5mm²导线穿管标准**

| 导线型号规格 | ZRBV-500 2.5mm²( BV-500 2.5mm²) | | NHBV-500 2.5mm² | |
|---|---|---|---|---|
| 导线根数 | 2～5 | 6～8 | 2～3 | 4～6 |
| 镀锌钢管 | G15 | G20 | G15 | G20 |

续表

| 紧定式镀锌电线管 | JDG20 | JDG25 | JDG20 | JDG25 |
|---|---|---|---|---|
| 镀锌电线管 | TC20 | TC25 | TC20 | TC25 |
| 难燃 PVC 电线管 | PC20 | PC25 | PC20 | PC25 |
| 备注 | 超 8 根加管 | | 超 6 根加管 | |

## 6.3.5 PVC 线槽的允许穿线根数（表 6-58）

表 6-58 PVC 线槽的允许穿线根数 根

| 名称 | 截面积/mm×mm | 有效面积/mm² | BLV-500V,BV-500V,BVR-500V | | | | | | | | | | | |
|---|---|---|---|---|---|---|---|---|---|---|---|---|---|---|
| | | | 1.5mm² | 2.5mm² | 4mm² | 6mm² | 10mm² | 16mm² | 25mm² | 35mm² | 50mm² | 70mm² | 95mm² | 120mm² |
| 线槽 | 15×10 | 104 | 3(6) | 2(4) | 2(3) | (2) | | | | | | | | |
| | 25×15 | 290 | 6(11) | 4(8) | 3(6) | 2(4) | 2 | | | | | | | |
| | 40×20 | 640 | 14(36) | 10(25) | 8(19) | 5(13) | 4 | 2 | 2 | | | | | |
| | 65×25 | 1300 | 28(72) | 20(50) | 15(38) | 11(27) | 7 | 5 | 3 | 2 | 2 | 2 | | |
| | 80×40 | 2800 | 30(155) | 30(108) | 30(82) | 23(58) | 15 | 10 | 6 | 5 | 3 | 3 | 3 | 2 |
| 封闭式线槽 | 50×25 | 900 | 20(50) | 14(34) | 11(26) | 8(19) | 5 | 3 | 2 | 2 | 2 | | | |
| | 75×25 | 1300 | 28(72) | 20(50) | 15(38) | 11(27) | 7 | 5 | 3 | 2 | 2 | 2 | | |
| | 100×25 | 1700 | 30(94) | 26(65) | 20(50) | 14(35) | 9 | 6 | 4 | 3 | 2 | 2 | 2 | |
| 线槽 | 32×12.5 | 300 | 7(17) | 5(12) | 4(9) | 3(6) | 2 | | | | | | | |
| | 40×12.5 | 380 | 8(21) | 6(15) | 4(11) | 3(8) | 2 | | | | | | | |
| | 60×12.5 | 580 | 13(32) | 9(22) | 7(17) | 5(12) | 3 | 2 | | | | | | |
| | 20×16 | 240 | 5(13) | 4(9) | 3(7) | 2(5) | | | | | | | | |
| | 32×16 | 400 | 9(22) | 6(15) | 5(12) | 3(8) | 2 | 2 | | | | | | |
| | 40×16 | 500 | 11(27) | 8(19) | 6(15) | 4(10) | 3 | 2 | | | | | | |
| | 120×50 | 5000 | 30(277) | 30(192) | 30(147) | 30(104) | 27 | 18 | 10 | 9 | 6 | 6 | 5 | 3 |

注：(1) 线槽内电线总截面按线槽内截面的 20%计算，载流导线不宜超过 30 根。括号内为控制信号或与其相类似的线路的导线根数，总截面不应超过线槽内截面的 50%。

(2) 线槽内导线载流量按穿管 4 根导线载流量考虑。

## 6.3.6 不同管径的 PVC 对应可以穿多少根导线（表 6-59）。

表 6-59 不同管径的 PVC 对应可以穿导线的根数

| 导线截面/mm² | 2 根 | 3 根 | 4 根 | 5 根 | 6 根 |
|---|---|---|---|---|---|
| 1.0 | 16 PVC | 16 PVC | 16 PVC | 16 PVC | 16 PVC |
| 1.5 | 16 PVC | 16 PVC | 16 PVC | 20 PVC | 20 PVC |
| 2.5 | 16 PVC | 16 PVC | 16 PVC | 20 PVC | 20 PVC |
| 4.0 | 16 PVC | 16 PVC | 20 PVC | 20 PVC | 25 PVC |

说明：同管内 7 根以上，一般需要分管敷设。

## 6.3.7 常用导线穿线槽参考数量（表 6-60）

表 6-60 常用导线穿线槽参考数量

| BVV 线截面/mm² | 线槽规格 | | | | |
|---|---|---|---|---|---|
| | 25mm×14mm | 40mm×18mm | 60mm×22mm | 100mm×27mm | 100mm×40mm |
| 1.5 | 9 | 19 | 35 | 72 | 106 |
| 2.5 | 7 | 16 | 29 | 60 | 88 |
| 4.0 | 6 | 13 | 24 | 49 | 72 |
| 6.0 | 4 | 8 | 16 | 32 | 48 |
| 10 | — | 4 | 8 | 19 | 29 |
| 16 | — | — | 5 | 13 | 19 |

说明：线槽导线数最大满槽率为 60%。

## 6.4 电话通信工程的技术参数

### 6.4.1 住宅电气安装电话电缆的特点（表 6-61）

表 6-61 住宅电气安装电话电缆的特点

| HYT 电话电缆规格 | 成品外径/mm | 重量/(kg/km) | HYT 电话电缆规格 | 成品外径/mm | 重量/(kg/km) |
|---|---|---|---|---|---|
| 10×2×0.5 | 11 | 119 | 20×2×0.4 | 12 | 134 |
| 20×2×0.5 | 13 | 179 | 30×2×0.4 | 13 | 179 |
| 30×2×0.5 | 14 | 238 | 50×2×0.4 | 14 | 253 |
| 50×2×0.5 | 17 | 357 | 100×2×0.4 | 18 | 417 |
| 100×2×0.5 | 22 | 640 | 200×2×0.4 | 24 | 774 |
| 200×2×0.5 | 30 | 1176 | 300×2×0.4 | 28 | 1131 |
| 300×2×0.5 | 36 | 1667 | 400×2×0.4 | 33 | 1458 |
| 400×2×0.5 | 41 | 2217 | 600×2×0.4 | 41 | 2143 |
| 600×2×0.5 | 48 | 3229 | 1200×2×0.4 | 56 | 4077 |
| 1200×2×0.5 | 66 | 6190 | 1800×2×0.4 | 66 | 5967 |
| 10×2×0.4 | 10 | 91 | 2400×2×0.4 | 76 | 800 |

### 6.4.2 建筑电话通信工程建筑物内暗敷竖向电缆管的选用（表 6-62）

表 6-62 建筑电话通信工程建筑物内暗敷竖向电缆管的选用

| 管 类 | 公称口径/mm | 内径/mm | 单管穿放电缆数量/条 | HYA 型电缆穿放容量/对 0.4/mm |
|---|---|---|---|---|
| 厚壁钢管“G” | 25 | 27.00 | 1 | 10～100 |
| | | | 2 | 10 |
| | 32 | 35.75 | 1 | 10～200 |
| | | | 2 | 10～50 |
| | | | 3 | 10～50 |
| | | | 4～5 | 10 |
| | 40 | 41.00 | 1 | 10～300 |
| | | | 2 | 10～50 |
| | | | 3 | 10～50 |
| | | | 4 | 10～30 |
| | | | 5～6 | 10 |
| | 50 | 53.00 | 1 | 10～600 |
| | | | 2 | 10～100 |
| | | | 3 | 10～100 |
| | | | 4 | 10～50 |
| | | | 5 | 10～50 |
| | | | 6 | 10～30 |
| | | | 7 | 10～25 |
| | | | 8 | 10～20 |
| | 70 | 68.00 | 1 | 10～700 |
| | | | 2～3 | 10～200 |
| | | | 4～5 | 10～100 |
| | | | 6～7 | 10～50 |
| | | | 8 | 10～50 |
| | | | 9～11 | 10～30 |
| | | | 12 | 10～25 |

## 6.4.3　建筑电话通信工程建筑物内暗敷横向电缆管的选用（表 6-63）

表 6-63　建筑物内暗敷横向电缆管的选用

| 管　类 | 公称口径/mm | 内径/mm | HYA 型电缆穿放容量/对 0.4/mm |
|---|---|---|---|
| 厚壁钢管“G” | 25 | 27.00 | 10～30 |
| | 32 | 35.75 | 10～100 |
| | 40 | 41.00 | 10～200 |
| | 50 | 53.00 | 10～400 |
| | 70 | 68.00 | 10～600 |
| PVC 硬管 | 25 | 25.00 | 10～30 |
| | 32 | 32.00 | 10～50 |
| | 40 | 40.00 | 10～100 |
| | 50 | 50.00 | 10～200 |
| | 70 | 70.00 | 10～700 |

## 6.4.4　建筑电话通信工程建筑物内暗敷用户线管的选用（表 6-64）

表 6-64　建筑物内暗敷用户线管的选用

| 管　类 | 公称口径/mm | 内径/mm | 用户线穿放数量/对 | |
|---|---|---|---|---|
| | | | HTVV 型铜芯 PVC 护套平行线 2×1×0.5 | HBV 型铜芯 PVC 护套对绞线 2×1×0.6 |
| 薄壁钢管“DC” | 15 | 12.67 | 1～3 | 1～3 |
| | 20 | 15.45 | 4～5 | 4 |
| | 25 | 21.80 | 6～8 | 5～6 |
| 无增塑刚性阻燃 PVC 管 | 15 | 12.0 | 1～3 | 1～3 |
| | 20 | 16.0 | 4～5 | 4 |
| | 25 | 20.0 | 6～8 | 5～6 |
| 硬质 PVC 波纹管 | 15 | 12.0 | 1～3 | 1～3 |
| | 20 | 16.0 | 4～5 | 4 |
| | 25 | 21.2 | 6～8 | 5～6 |

## 6.4.5　建筑电话通信工程无增塑刚性阻燃 PVC 管（表 6-65）

表 6-65　无增塑刚性阻燃 PVC 管　　mm

| 型号 | 外径 $D$ | 内径 $d$ | 长度 $L$ | 型号 | 外径 $D$ | 内径 $d$ | 长度 $L$ |
|---|---|---|---|---|---|---|---|
| SG16 | 16 | ≥12.2 | 3030 | DG1-1 | 16 | 12 | 4000 |
| SG20 | 20 | ≥15.8 | 3030 | DG1-2 | 20 | 16 | 4000 |
| SG25 | 25 | ≥20.6 | 3030 | DG1-3 | 25 | 21 | 4000 |
| SG32 | 32 | ≥26.6 | 3030 | DG1-4 | 32 | 28 | 4000 |
| SG40 | 40 | | 3030 | DG1-5 | 40 | 36 | 4000 |
| SG50 | 50 | | 3030 | DG1-6 | 50 | 46 | 4000 |
| SG63 | 63 | | 3030 | DG1-7 | 63 | 59 | 4000 |

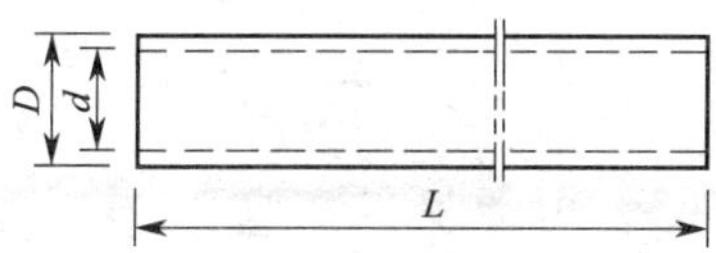

### 6.4.6 城市住宅区和办公楼电话通信设施管道最小埋深

管道的埋深，宜为 0.8～1.2m。在穿越人行道、车行道、电车轨道或铁道时，最小埋深不得小于表 6-66 的规定。

**表 6-66 城市住宅区和办公楼电话通信设施管道最小埋深**

| 管种 | 管顶至路面或铁道路基面的最小净距/m | | | |
| --- | --- | --- | --- | --- |
| | 人行道 | 车行道 | 电车轨道 | 铁道 |
| 混凝土管<br>硬塑料管 | 0.5 | 0.7 | 1.0 | 1.3 |
| 钢管 | 0.2 | 0.4 | 0.7 | 0.8 |

### 6.4.7 城市住宅区和办公楼电话通信设施配线管道和其他地下管线及建筑物间的最小净距（表 6-67）

**表 6-67 配线管道和其他地下管线及建筑物间的最小净距**

| 其他地下管线及建筑物名称 | | 平行净距/m | 交叉净距/m |
| --- | --- | --- | --- |
| 给水管 | 300mm 以下 | 0.5 | 0.15 |
| | 300～500mm | 1.0 | |
| | 500mm 以上 | 1.5 | |
| 排水管 | | 1.0① | 0.15② |
| 热力管 | | 1.0 | 0.25 |
| 煤气管 | 压力≤300kPa | 1.0 | 0.3③ |
| | 300kPa<压力≤800kPa | 2.0 | |
| 电力电缆 | 35kV 以下 | 0.5 | 0.5④ |
| | 35kV 及以上 | 2.0 | |
| 其他通信电缆、弱电电缆 | | 0.75 | 0.25 |
| 绿化 | 乔木 | 1.5 | |
| | 灌木 | 1.0 | |
| 地上杆柱 | | 0.5～1.0 | |
| 马路边石 | | 1.0 | |
| 电车路轨外侧 | | 2.0 | |
| 房屋建筑红线（或基础） | | 1.5 | |

① 主干排水管后敷设时，其施工沟边与通信管道间的水平净距不宜小于 1.5m。

② 当管道在排水管下部穿越时，净距不宜小于 0.4m。电信管道应做包封，包封长度自排水管两侧各加长 2m。

③ 与煤气管交越处 2m 范围内，煤气管不应做接合装置和附属设备。如上述情况不能避免时，电信管道应做包封 2m。

④ 如电力电缆加保护管时，净距可减至 0.15m。

# 第7章 施 工

## 7.1 电气设施安装的技术要求

### 7.1.1 避雷器上不同电压等级下裸导体对地及相间的安全距离

氧化锌避雷器的接地线，需要应用截面积不小于16mm² 的软铜线。安装时，需要注意避雷器上端头带电部分与电器柜体外壳或柜内其他设备的安全距离，需要符合表7-1的规定。

**表7-1 避雷器上不同电压等级下裸导体对地及相间的安全距离**

| 系统电压/kV | 3 | 6 | 10 |
|---|---|---|---|
| 裸导体对地及相间应大于距离/mm | 90 | 100 | 125 |

### 7.1.2 接地装置的材料最小允许规格、尺寸

当设计无要求时，接地装置的材料需要采用钢材，热浸镀锌处理，最小允许规格、尺寸需要符合表7-2的规定。

**表7-2 接地装置的材料最小允许规格、尺寸**

| 种类、规格及单位 | | 敷设位置及使用类别 | | | |
|---|---|---|---|---|---|
| | | 地 上 | | 地 下 | |
| | | 室 内 | 室 外 | 交流电流回路 | 直流电流回路 |
| 圆钢直径/mm | | 6 | 8 | 10 | 12 |
| 扁钢 | 截面/mm² | 60 | 100 | 100 | 100 |
| | 厚度/mm | 3 | 4 | 4 | 6 |
| 角钢厚度/mm | | 2 | 2.5 | 4 | 6 |
| 钢管管壁厚度/mm | | 2.5 | 2.5 | 3.5 | 4.5 |

### 7.1.3 综合布线管道与电磁干扰源间的最小参考距离（表7-3）

**表7-3 综合布线管道与电磁干扰源间的最小参考距离**

| 干扰源 | 变压器及电动机 | 无线电发射设备 | 日光灯 | 无屏蔽的电力线或电力设备 | | | 无屏蔽的电力线或电力设备 | | |
|---|---|---|---|---|---|---|---|---|---|
| | | | | <2kV·A | 2～5kV·A | >5kV·A | <2kV·A | 2～5kV·A | >5kV·A |
| 最小间距/mm | 1000 | >1500 | 300 | 130 | 310 | 610 | 70 | 150 | 150 |
| 布线管道材质 | — | — | — | 非金属布线管道 | | | 金属布线管道 | | |

## 7.1.4 综合布线系统施工工艺标准电缆线槽与室内各种管道平行、交叉的最小净距（表 7-4）

表 7-4 综合布线系统施工工艺标准电缆线槽与室内各种管道平行、交叉的最小净距

| 管线种类 | 平行净距/mm | 垂直交叉净距/mm | 管线种类 | 平行净距/mm | 垂直交叉净距/mm |
|---|---|---|---|---|---|
| 避雷引下线 | 1000 | 300 | 给水管 | 150 | 20 |
| 保护地线 | 50 | 20 | 煤气管 | 300 | 20 |
| 热力管(不包封) | 500 | 500 | 压缩空气管 | 150 | 50 |
| 热力管(包封) | 300 | 300 | | | |

## 7.1.5 综合布线系统施工工艺对绞电缆与电力线路最小净距（表 7-5）

表 7-5 综合布线系统施工工艺对绞电缆与电力线路最小净距

| 条件 \ 范围 \ 单位 | 最小净距/mm | | |
|---|---|---|---|
| | 380V<br><2kV·A | 380V<br>2.5～5kV·A | 380V<br>>5kV·A |
| 对绞电缆与电力电缆平行敷设 | 130 | 300 | 600 |
| 有一方在接地的金属线槽或钢管中 | 70 | 150 | 300 |
| 双方均在接地的金属线槽或钢管中 | 注 | 80 | 150 |

注：双方都在接地的金属线槽或钢管中，且平行长度小于 10m 时，最小间距可为 10mm。表中对绞电缆如采用屏蔽电缆时，最小净距可适当减小，并符合设计要求。

## 7.1.6 综合布线系统施工工艺直埋光缆的埋深（表 7-6）

表 7-6 综合布线系统施工工艺直埋光缆的埋深

| 光缆敷设的地段或土质 | 埋设深度/m | 备注 | 光缆敷设的地段或土质 | 埋设深度/m | 备注 |
|---|---|---|---|---|---|
| 市区、城镇的一般场 | ≥1.2 | 不包括车行道 | 普通土质(硬土等) | ≥1.2 | |
| 街坊内、人行道下 | ≥1.0 | 包括绿化地带 | 砂砾土质(半石质土等) | ≥1.0 | |
| 穿越铁路、道路 | ≥1.2 | 距轨底或路面 | | | |

## 7.1.7 综合布线系统施工工艺直埋光缆与其他管线、建筑物的最小净距（表 7-7）

表 7-7 综合布线系统施工工艺直埋光缆与其他管线、建筑物的最小净距

| 其他管线及建筑物名称和其状况 | | 最小净距/m | | 备注 |
|---|---|---|---|---|
| | | 平行时 | 交叉时 | |
| 市话通信电缆管道边线（不包括人孔或手孔） | | 0.75 | 0.25 | — |
| 非同沟敷设的直埋通信电缆 | | 0.50 | 0.50 | — |
| 直埋电力电缆 | 电压小于 5kV | 0.50 | 0.50 | — |
| | 电压大于 5kV | 2.00 | 0.50 | |
| 给水管 | 管径<30cm | 0.50 | 0.50 | 光缆采用钢管保护时，交叉时的最小净距可降为 0.15m |
| | 管径 30～50cm | 1.00 | 0.50 | |
| | 管径>50cm | 1.50 | 0.50 | |
| 煤气管 | 压力小于 3kgf/$cm^2$① | 1.00 | 0.50 | 同给水管备注 |
| | 压力 3～8kgf/$cm^2$ | 2.00 | 0.50 | |
| 树木 | 灌木 | 0.75 | | — |
| | 乔木 | 2.00 | | |
| 高压石油、天然气管 | | 10.00 | 0.50 | 同给水管备注 |
| 热力管或下水管 | | 1.00 | 0.50 | — |
| 排水沟 | | 0.80 | 0.50 | — |
| 建筑红线(或基础) | | 1.0 | — | |

① 1kgf/$cm^2$＝$10^5$Pa。

### 7.1.8　综合布线系统施工工艺光缆挂钩程式按光缆外径确定（表 7-8）

表 7-8　综合布线系统施工工艺光缆挂钩程式按光缆外径

| 光缆外径/mm | 32 以上 | 25～32 | 19～24 | 13～18 | 12 以下 |
|---|---|---|---|---|---|
| 光缆挂钩程式 | 65 | 55 | 45 | 35 | 25 |

### 7.1.9　综合布线系统施工工艺架空光缆线路与建筑物、树木的最小间距（表 7-9）

表 7-9　架空光缆线路与建筑物、树木的最小间距

| 其他建筑物、树木名称 | 与架空光缆线路平行时 | | 与架空光缆线路交越时 | |
|---|---|---|---|---|
| | 垂直净距/m | 备注 | 垂直净距/m | 备注 |
| 市区街道 | 4.5 | 最低缆线到地面 | 5.5 | 最低缆线到地面 |
| 胡同(街坊中区内道路) | 4.0 | 最低缆线到地面 | 5.0 | 最低缆线到地面 |
| 铁路 | 3.0 | 最低缆线到地面 | 7.0 | 最低缆线到地面 |
| 公路 | 3.0 | 最低缆线到地面 | 5.5 | 最低缆线到地面 |
| 土路 | 3.0 | 最低缆线到地面 | 4.5 | 最低缆线到地面 |
| 房屋建筑 | — | — | 距脊 0.5<br>距顶 1.0 | 最低缆线距屋脊<br>最低缆线距平顶 |
| 河流 | — | — | 1.0 | 最低缆线距最高水位时最高桅杆顶 |
| 市区树木 | — | — | 1.0 | 最低缆线到树枝顶 |
| 郊区树木 | — | — | 1.0 | 最低缆线到树枝顶 |
| 架空通信线路 | — | — | 0.6 | 一方最低缆线与另一方最高缆线间距 |

### 7.1.10　综合布线系统施工工艺楼层配线设备至大楼总接地体的距离

每一楼层的配线柜都应单独布线至接地体。接地导线截面与距离远近、插座数量、专线条数、工作站数量等有关，见表 7-10。

表 7-10　综合布线系统施工工艺楼层配线设备至大楼总接地体的距离

| 名　称 | 楼层配线设备至大楼总接地体的距离 | |
|---|---|---|
| | ≤30m | ≤100m |
| 信息点的数量 | ≤75 | >75,≤450 |
| 工作区的面积/$mm^2$ | ≤750 | >750,≤4500 |
| 绝缘铜导线的面积/$mm^2$ | 6～16 | 16～50 |

### 7.1.11　综合布线系统施工工艺光纤连接要求（表 7-11）

表 7-11　综合布线系统施工工艺光纤连接要求

| 连接类别 | 多　模/dB | | 单　模/dB | |
|---|---|---|---|---|
| | 平均值 | 最大值 | 平均值 | 最大值 |
| 熔接 | 0.15 | 0.3 | 0.15 | 0.3 |

### 7.1.12 综合布线系统施工工艺光缆的最大安装张力与最小安装半径（表 7-12）

表 7-12 综合布线系统施工工艺光缆的最大安装张力与最小安装半径

| 光纤根数 | 张　力/kg | 半　径/cm |
|---|---|---|
| 4 | 45 | 5.08 |
| 6 | 56 | 7.60 |
| 12 | 67.5 | 7.62 |

## 7.2 桥架内敷设电缆的技术规定

### 7.2.1 桥架内垂直敷设电缆固定最大间距

桥架内电缆敷设需要符合以下一些要求：

（1）大于 45°倾斜敷设的电缆每隔 2m 处设固定点；

（2）水平敷设的电缆首位两端、转弯两侧每隔 5～10m 处设固定点；垂直敷设时和间距见表 7-13。

表 7-13 桥架内垂直敷设电缆固定最大间距

| 电缆种类 | | 固定点间距/mm |
|---|---|---|
| 电力电缆 | 全塑型 | 1000 |
| | 除全塑外其他电缆 | 1500 |
| 控制电缆 | | 1000 |

### 7.2.2 电缆桥架与管道的最小净距（表 7-14）

表 7-14 电缆桥架与管道的最小净距

| 管道种类 | | 交叉净距/m | 平行净距/m |
|---|---|---|---|
| 一般工艺管道 | | 0.3 | 0.4 |
| 易燃易爆气体管道 | | 0.5 | 0.5 |
| 热力管道 | 有保温层 | 0.5 | 0.3 |
| | 无保温层 | 1.0 | 0.5 |

### 7.2.3 电缆最小允许弯曲半径

电缆桥架转弯处的弯曲半径，不小于桥架内电缆最小允许弯曲半径。电缆最小允许弯曲半径见表 7-15。

表 7-15 电缆最小允许弯曲半径

| 电 缆 种 类 | 最小允许弯曲半径 | 电 缆 种 类 | 最小允许弯曲半径 |
|---|---|---|---|
| 无铅包钢铠护套的橡皮绝缘电力电缆 | 10$D$ | 交联聚乙烯绝缘电力电缆 | 15$D$ |
| 有钢铠护套的橡皮绝缘电力电缆 | 20$D$ | 多芯控制电缆 | 10$D$ |
| 聚氯乙烯绝缘电力电缆 | 10$D$ | | |

说明：$D$ 为电缆直径，取同架敷设电缆中最大的 $D$ 值。

## 7.3 家用电器安装的技术规定

### 7.3.1 广播系统安装工艺常见的电线电缆的规格（表 7-16）

表 7-16 广播系统安装工艺常见的电线电缆的规格

| 导线规格 | 铜丝股数<br>每股铜丝线径/mm | 导线截面积/mm² | 每根导线每 1000m 的电阻值/Ω |
|---|---|---|---|
| | 12/0.15 | 0.2 | 7.5 |
| | 16/0.15 | 0.2 | 6 |
| | 23/0.15 | 0.4 | 4 |
| | 40/0.15 | 0.7 | 2.2 |
| | 40/0.193 | 1.14 | 1.5 |

### 7.3.2 广播系统安装工艺机柜安装允许偏差（表 7-17）

表 7-17 广播系统安装工艺机柜安装允许偏差

| 项　　目 | 允许偏差 | | 检查方法 |
|---|---|---|---|
| | 国标、行标 | 企标 | |
| 广播机柜安装的垂直偏差 | ≤1.5‰ | ≤1.5‰ | 尺量 |
| 并列广播机柜正面平面的前后偏差 | ≤2mm | ≤2mm | 尺量 |
| 两台机柜中间缝隙 | ≤2mm | ≤2mm | 尺量 |

### 7.3.3 家装开关插座的高度与位置

（1）电源开关离地面一般在 120～135cm（一般开关高度与成人的肩膀一样高）。

（2）视听设备、台灯、接线板等的墙上插座一般距地面 30cm（客厅插座，需要根据电视柜、沙发确定）。

（3）总电力控制箱高度 180cm。

（4）普通墙面开关面板高度 135～140cm。

（5）普通插座面板高度 30～35cm。

（6）空调插座面板高度 180cm。

（7）卧室床头面板距离床边 10～15cm ，离地高度 70～80cm。

（8）卧室电视中心高度 120cm。

（9）客厅电视中心高度 80～90cm。

（10）厨房面板需要根据橱柜图纸需求设置，以及注意防油烟。一般情况下，橱柜上方面板高度 120cm，橱柜内部面板高度 65cm，油烟机面板高度 2100cm。

（11）地插座下口离地高度为离完成后地面 300mm。

（12）开关下口离地 1300mm。

（13）空调插座下口离地 1800mm。

（14）厨房插座下口离地 1000mm。

（15）卫生间插座下口离地 1300mm。

（16）厨房、卫生间，需要根据具体情况考虑是否使用防水插座。如果只做线路局部改造的项目，则开关插座高度需要同原房屋开关插座高度统一。

（17）房间需要考虑空调出墙洞，壁挂机预埋不小于 $\phi$55.9mm PVC 管，一般离地 2000mm；柜机预埋不小于 $\phi$70mm PVC 管，一般离地 200mm。

（18）洗衣机的插座距地面 120～150cm。

（19）电冰箱的插座为150～180cm。

（20）空调、排气扇等的插座距地面为190～200cm。

（21）厨房功能插座离地1100mm高，间距600mm。

（22）欧式脱排位置一般适宜于纵坐标定在离地2200mm，横坐标可以根据吸烟机本身左右长度的中间，这样不会使电源插头与脱排背墙部分相碰，插座位于脱排管道中央。

（23）立柱盆的冷、热水脚阀离地高度500～550mm，洗手盆去水管要装在立柱内，以及做排水防臭处理。

（24）台盆的冷热水角阀离地高度为500～550mm，洗手盆水管需要埋墙布置，以及做排水防臭处理。

（25）厨房洗涤盆冷热水脚阀安装离地高度为450mm。

（26）厨房橱柜内、卫生间面盆下的角阀位置高度55～60cm。

（27）热水器角阀高度130～140cm。

（28）卫生间坐便器角阀高度30cm。

（29）淋浴阀孔中心距为15cm，高度为120cm。

（30）拖把池上方水嘴高度为65～75cm，无拖把池时水嘴位置适当降低。

（31）洗衣机水嘴高度100～110cm。

### 7.3.4 装修水电安装有关数据

（1）水电布线的原则：横平竖直。直管每隔80cm使用一个管卡，拐角处每隔20cm使用一个管卡。

（2）管道绞牙深度适中，无毛刺。管道连接处用生料带缠5～6圈，管道绞牙数为5～6牙，直到拧紧接头，不允许烂牙接进管中。

（3）穿入线管的导线不应大于线管的孔面积40%，管内导线不得有接头。

（4）导线进入线盒必须保证留有一定的长度，留有10～15cm，音响留$100cm^2$。

（5）装水管距离墙面需要为1.5cm，左热右冷，间距15cm。

（6）电线与水管平行距需要不小于30cm，交叉、过桥距需要不小于10cm。

（7）水电验收合格后，方可粉平线槽，墙槽需要用1∶3水泥砂浆填补密实（需要分两次粉平墙面。

（8）配电箱内需要设漏电断路器，漏电动作电流需要不大于30mA。箱体的底面离地面高度变宽宜1.8m。

（9）两路线的零线、地线不能共用。两路线不能穿同一管内，电线与暖气、热水、煤气管间的平行距离，需要不小于300mm。交叉距离，需要不小于100mm。

（10）入户总开需要最少为60A以上，客厅与空调一般为40A。

（11）卫生间安装浴霸的需要单独分路，线直径为$2.5mm^2$。卫生间内安装电水器时，需要单独分路，视容量大小确定用线截面，一般为$2.5\sim4mm^2$。

（12）厨房需要单独分路，导线径一般为$2.5mm^2$。

（13）普通插座与灯具超过25只，需增加分路进行控制。

（14）TV有线电视线必须采用符合要求的同轴电缆线，严禁对接。

（15）强弱电线管间距要大于15mm。电话线、电视线等信号线不能与电线平行走线。

（16）留足音响线出口的长度，方便以后移位（一般需要留足1m距离）。

（17）室内安装壁灯、床头灯、台灯、落地灯、镜前灯等灯具时，高度低于2.4m及以下的灯具的金属外壳，均需要接地可靠，以保证使用安全。

（18）装饰吊平顶安装各类灯具时，需要按照灯具的安装说明的要求进行安装。灯具重量大于3kg，需要采用预埋吊钩或从屋顶用膨胀螺栓直接固定。

（19）成排灯具必须横平竖直，允许偏差不大于3mm。

（20）插座离地面，应不低于200mm。同一室内安装的插座，需要采用防触电保护措施的插座。成排安装的插座高度，应不大于2mm。

（21）1.5m以下安装的插座，需要采用防触电保护措施的插座。线盒内导线需要留有余量，长度为150mm。

（22）照明灯开关距地面高度为1.3m。开关、插座距门口为150～200mm，开关不宜装在门后。

（23）出水口大案下方不要有插座、开关，左右距离需要有20mm。

（24）卫生器具外表面洁净无损坏，安装牢固平稳，不得松动。各连接处需要密封、无渗漏。阀门开关灵活。安装完毕后，需要进行不少于2h盛水试验无渗漏。

（25）地漏需要安装在地平最低外，其标高不超出地面，最低不得低于地面以下5mm。

（26）蹲式大便器排水孔的中心纵向距离墙体面不小于540mm。坐式大便器排水孔的中心纵向距墙体面不小于420mm。坐面距地面的高度300mm。

（27）洗手盆盆口边距地大约800mm。

（28）浴盆的上口边距地面不大于520mm。

（29）洗脸池台盆上口距地800mm，台盆安装支架上需要接触严密，不得有松动。台盆需要用水平尺校正，水平偏差小于等于2mm。

### 7.3.5 低压配电成排布置的配电屏前后的通道的最小宽度

低压配电成排布置的配电屏，其屏前与屏后的通道最小宽度应符合表7-18的规定。

**表7-18 低压配电成排布置的配电屏前后的通道的最小宽度** m

| 配电屏种类 | | 单排布置 | | | 双排对面布置 | | | 双排背对背布置 | | | 多排同向布置 | | |
|---|---|---|---|---|---|---|---|---|---|---|---|---|---|
| | | 屏前 | 屏后 | | 屏前 | 屏后 | | 屏前 | 屏后 | | 屏间 | 前、后排距墙 | |
| | | | 维护 | 操作 | | 维护 | 操作 | | 维护 | 操作 | | 前排 | 后排 |
| 固定式 | 不受限制时 | 1.5 | 1.0 | 1.2 | 2.0 | 1.0 | 1.2 | 1.5 | 1.5 | 2.0 | 2.0 | 1.5 | 1.0 |
| | 受限制时 | 1.3 | 0.8 | 1.2 | 1.8 | 0.8 | 1.2 | 1.3 | 1.3 | 2.0 | 2.0 | 1.3 | 0.8 |
| 抽屉式 | 不受限制时 | 1.8 | 1.0 | 1.2 | 2.3 | 1.0 | 1.2 | 1.8 | 1.0 | 2.0 | 2.3 | 1.8 | 1.0 |
| | 受限制时 | 1.6 | 0.8 | 1.2 | 2.0 | 0.8 | 1.2 | 1.6 | 0.8 | 2.0 | 2.0 | 1.6 | 0.8 |

说明：（1）“受限制时”是指受到建筑平面的限制、通道内有柱等局部突出物的限制；

（2）控制屏、柜前后的通道最小宽度，可以根据表中的规定执行或适当缩小；

（3）屏后操作通道是指需要在屏后操作运行开关设备的通道。

### 7.3.6 金属钢管需要跨接线直径（表7-19）。

**表7-19 金属钢管需要跨接线直径**

| 类型 | 跨接用圆钢<br>直径 $\phi \nless 6$mm | 跨接用圆钢<br>直径 $\phi \nless 8$mm | 跨接用圆钢<br>直径 $\phi \nless 10$mm | 用25mm×4mm或<br>$\phi=12$mm跨接 |
|---|---|---|---|---|
| 线管 | $\phi \leqslant 32$mm | $\phi=40$mm | $\phi=40$mm | $\phi=70\sim80$mm |
| 钢管 | $\phi \leqslant 25$mm | $\phi=32$mm | $\phi=50\sim60$mm | $\phi=70\sim80$mm |

## 7.3.7 连接接地保护线螺栓的选配（表 7-20）

表 7-20 连接接地保护线螺栓的选配

| 接地保护线大小/$mm^2$ | 螺栓大小的型号 | 接地保护线大小/$mm^2$ | 螺栓大小的型号 |
|---|---|---|---|
| 1.5 | M4 | 10～25 | M8 |
| 2.5 | M5 | 50 | M10 |
| 6 | M6 | 75～95 | M12 |

## 7.3.8 接地保护线最小截面与相线大小的关系（表 7-21）。

表 7-21 接地保护线最小截面与相线大小的关系

| 相线截面 $A_L/mm^2$ | 接地保护线截面 $A_{PE}/mm^2$ | 相线截面 $A_L/mm^2$ | 接地保护线截面 $A_{PE}/mm^2$ |
|---|---|---|---|
| $A_L<16mm^2$ | $A_{PE}=A_L$ | $400\leqslant A_L<800mm^2$ | $A_{PE}=200mm^2$ |
| $16\leqslant A_L<35mm^2$ | $A_{PE}=16mm^2$ | $A_L\geqslant 800mm^2$ | $A_{PE}=1/4A_L$ |
| $35\leqslant A_L<200mm^2$ | $A_{PE}\geqslant 1/2A_L$ | | |

## 7.3.9 电话插座与组线箱安装工艺中电话电缆规格（表 7-22）

表 7-22 电话插座与组线箱安装工艺中电话电缆规格

| 型号及规格 | 电缆外径/mm | 重量/(kg/km) | 型号及规格 | 电缆外径/mm | 重量/(kg/km) |
|---|---|---|---|---|---|
| HYA10×2×0.5 | 10 | 119 | HYA200×2×0.5 | 30 | 1176 |
| HYA20×2×0.5 | 13 | 179 | HYA300×2×0.5 | 36 | 1667 |
| HYA30×2×0.5 | 14 | 238 | HYA400×2×0.5 | 41 | 2217 |
| HYA50×2×0.5 | 17 | 357 | HYA600×2×0.5 | 48 | 3229 |
| HYA100×2×0.5 | 22 | 640 | HYA1200×2×0.5 | 66 | 6190 |

## 7.3.10 电话组线箱尺寸（表 7-23）

表 7-23 电话组线箱尺寸

XRH01 型电话组线箱外形尺寸 mm

| 数据 型号 \ 分项 | 用途 | 接线对数 | 外形尺寸 | | | 安装尺寸 | |
|---|---|---|---|---|---|---|---|
| | | | B | H | C | b | h |
| XRH01-1 | 终端箱 | 20 对以下 | 200 | 350 | 130 | 140 | 290 |
| XRH01-2 | | 30 对 | 250 | 500 | 130 | 190 | 440 |
| XRH01-3 | | 40 对、60 对 | 300 | 500 | 130 | 240 | 440 |
| XRH01-4 | | 80 对 | 300 | 650 | 130 | 240 | 590 |
| XRH01-5 | | 100 对 | 300 | 800 | 160 | 240 | 740 |
| XRH01-6 | | 150 对 | 400 | 900 | 160 | 340 | 840 |
| XRH01-7 | 中间箱 | 20 对以下 | 300 | 500 | 130 | 240 | 440 |
| XRH01-8 | | 30 对 | 300 | 600 | 130 | 240 | 540 |
| XRH01-9 | | 40 对、60 对 | 400 | 650 | 160 | 340 | 590 |
| XRH01-10 | | 80 对 | 400 | 800 | 160 | 340 | 740 |
| XRH01-11 | | 100 对 | 400 | 900 | 160 | 340 | 840 |
| XRH01-12 | | 150 对 | 500 | 1000 | 160 | 440 | 940 |

XRH01型电话组线箱外形尺寸图

## 7.3.11 电话插座与组线箱安装工艺中组线箱与分线箱安装允许偏差（表7-24）

表7-24 电话插座与组线箱安装工艺中组线箱与分线箱安装允许偏差

| 项目 | 允许偏差 | |
|---|---|---|
| | 国标、行标 | 企标 |
| 箱体垂直度(高<500mm) | ≤1.5mm | ≤1.5mm |
| 箱体垂直度(高≥500mm) | ≤2mm | ≤2mm |
| 盘面安装的垂直度 | ≤1.5% | ≤1.5% |

## 7.3.12 电话插座与组线箱安装工艺中用户出线盒面板安装允许偏差（表7-25）

表7-25 电话插座与组线箱安装工艺中用户出线盒面板安装允许偏差

| 项目 | | 允许偏差/mm | | 检验方法 |
|---|---|---|---|---|
| | | 国标、行标 | 企标 | |
| 用户出线盒面板 | 同一场所高差 | ≤5 | ≤3 | 观察检查和吊线尺量 |
| | 垂直度 | ≤0.5 | ≤0.5 | |

## 7.3.13 家庭安全防范系统施工工艺中感觉温探测器升温速率与响应时间灵敏度的关系（表7-26）

表7-26 感觉温探测器升温速率与响应时间灵敏度的关系

| 升温速率/(℃/min) | 响应时下限 | | 响应时间上限 | | | | | |
|---|---|---|---|---|---|---|---|---|
| | 各级灵敏度 | | Ⅰ级灵敏度 | | Ⅱ级灵敏度 | | Ⅲ级灵敏度 | |
| | min | s | min | s | min | s | min | s |
| 1 | 9 | 0 | 37 | 20 | 45 | 40 | 34 | 0 |
| 3 | 7 | 13 | 12 | 40 | 15 | 40 | 18 | 40 |
| 5 | 4 | 9 | 3 | 44 | 9 | 40 | 11 | 36 |
| 10 | 0 | 30 | — | — | 5 | 10 | 6 | 18 |
| 20 | 0 | 22.5 | 2 | 11 | 2 | 55 | 3 | 37 |
| 30 | 0 | 15 | 1 | 34 | — | — | 2 | 42 |

## 7.3.14 闭路电视监控系统安装工艺中的连线规格（表7-27）

表7-27 闭路电视监控系统安装工艺中的连线规格

| 型号 | 波阻抗/Ω | 30Hz时衰减不小于/(dB/m) | 电容不大于/(pF/m) |
|---|---|---|---|
| SYV-75-2 | 75±5 | 0.186 | 76 |
| SYV-75-3 | 75±3 | 0.122 | 76 |
| SYV-75-5-1 | 75±3 | 0.706 | 76 |
| SYV-75-5-2 | 75±3 | 0.0785 | 76 |
| SYV-75-7 | 75±3 | 0.0510 | 76 |
| SYV-75-9 | 75±3 | 0.0369 | 76 |
| SYV-75-12 | 75±3 | 0.0344 | 76 |
| SYV-75-15 | 75±3 | 0.0274 | 76 |
| SYV-75-17 | 75±3 | 0.0244 | 76 |
| SYV-75-23-1 | 75±3 | 0.0200 | 76 |
| SYV-75-23-2 | 75±3 | 0.0161 | 76 |
| SYV-75-33-1 | 75±3 | 0.0164 | 76 |
| SYV-75-33-2 | 75±3 | 0.0124 | 76 |

### 7.3.15 闭路电视监控系统安装工艺中的电视墙、控制台允许偏差（表 7-28）

表 7-28 闭路电视监控系统安装工艺中的电视墙、控制台允许偏差

| 项目 | 允许偏差 | | 检查方法 |
|---|---|---|---|
| | 国标、行标 | 企标 | |
| 电视墙、控制台安装的垂直偏差 | 1.5‰ | 1.5‰ | 尺量 |
| 并立电视墙（或控制台）正面平面的前后偏差 | 2mm | 2mm | 尺量 |
| 两台电视墙（或控制台）中间缝隙 | 2mm | 2mm | 尺量 |

### 7.3.16 有线电视系统安装工艺中的天线与照明线、高压线的距离（表 7-29）

表 7-29 有线电视系统安装工艺中的天线与照明线、高压线的距离

| 电压 | 架空电缆种类 | 与电视天线的距离/m |
|---|---|---|
| 低压架空线 | 裸线 | >1 |
| | 低压绝缘电线和多芯电缆 | >0.6 |
| | 高压绝缘电线或低压电源 | >0.3 |
| 高压架空线 | 裸线 | >1.2 |
| | 高压绝缘电线 | >0.8 |
| | 高压电源 | >0.4 |

## 7.4 电气安全的技术规范

### 7.4.1 保护管弯曲半径（表 7-30）

表 7-30 保护管弯曲半径

| 项目 | 说明 |
|---|---|
| 线路明配时 | 不宜小于管外径的 6 倍（当两个接线盒间只有一个弯曲时，其弯曲半径不宜小于管外径的 4 倍） |
| 线路暗敷时 | 弯曲半径不应小于管外径的 6 倍（当埋设于地下或混凝土时，其弯曲半径不应小于管外径的 10 倍） |

注：当电线保护管无弯曲 30m、一弯 20m、二弯 15m、三弯 8m 时，需要增设接地线盒或拉线盒，并且增设位置应便于穿线。

### 7.4.2 人身与带电体间的安全距离

进行地电位带电作业时，人身与带电体间的安全距离不得小于表 7-31 的规定。35kV 及以下的带电设备，不能满足表中规定的最小安全距离时，需要采取可靠的绝缘隔离措施。

表 7-31 人身与带电体间的安全距离

| 电压等级/kV | 10 | 35 | 63(66) | 110 | 220 | 330 | 500 | 750 | 1000 | ±500 | ±660 | ±800 |
|---|---|---|---|---|---|---|---|---|---|---|---|---|
| 距离/m | 0.4 | 0.6 | 0.7 | 1.0 | 1.8 (1.6)① | 2.2 | 3.4 (3.2)② | 5.2 (5.6)③ | 6.8 (6.0)④ | 3.4 | — | 6.8 |

① 220kV 带电作业安全距离因受设备限制达不到 1.8m 时，经本单位分管生产领导（总工程师）批准，并采取必要的措施后，可采用括号内 1.6m 的数值。

② 海拔 500m 以下，500kV 取 3.2m 值，但不适用于 500kV 紧凑型线路。海拔 500～1000m 时，500kV 取 3.4m 值。

③ 5.2m 为海拔 1000m 以下值，5.6m 为海拔 2000m 以下值。

④ 单回输电线路数据，括号中数据 6.0m 为边相，6.8m 为中相。

### 7.4.3 绝缘操作杆、绝缘承力工具和绝缘绳索的有效长度

绝缘操作杆、绝缘承力工具与绝缘绳索的有效长度不得小于表 7-32 的规定。

表 7-32 绝缘操作杆、绝缘承力工具和绝缘绳索的有效长度

| 电压等级/kV | 有效绝缘长度/m | | 电压等级/kV | 有效绝缘长度/m | |
|---|---|---|---|---|---|
| | 绝缘操作杆 | 绝缘承力工具、绝缘绳索 | | 绝缘操作杆 | 绝缘承力工具、绝缘绳索 |
| 10 | 0.7 | 0.4 | 500 | 4.0 | 3.7 |
| 35 | 0.9 | 0.6 | 750 | — | 5.3 |
| 63(66) | 1.0 | 0.7 | 1000 | — | 6.8 |
| 110 | 1.3 | 1.0 | ±500 | 3.5 | 3.2 |
| 220 | 2.1 | 1.8 | ±660 | — | — |
| 330 | 3.1 | 2.8 | ±800 | — | 6.6 |

## 7.4.4 带电作业中良好绝缘子片数

带电更换绝缘子或在绝缘子串上作业，需要保证作业中良好绝缘子片数不得少于表 7-33 的规定。

表 7-33 带电作业中良好绝缘子片数

| 电压等级/kV | 35 | 63(66) | 110 | 220 | 330 | 500 | 750 | 1000 | ±500 | ±660 | ±800 |
|---|---|---|---|---|---|---|---|---|---|---|---|
| 片数 | 2 | 3 | 5 | 9 | 16 | 23 | 25 | 37 | 22 | — | 32 |

## 7.4.5 等电位作业人员对相邻导线的距离（表 7-34）

表 7-34 等电位作业人员对相邻导线的距离要求

| 电压等级/kV | 10 | 35 | 63(66) | 110 | 220 | 330 | 500 | 750 |
|---|---|---|---|---|---|---|---|---|
| 距离/m | 0.6 | 0.8 | 0.9 | 1.4 | 2.5 | 3.5 | 5 | 6.9(7.2)① |

① 6.9m 为边相值，7.2m 为中相值。

## 7.4.6 等电位作业中最小组合间隙间距

等电位作业人员在绝缘梯上作业或沿绝缘梯进入强电场时，其与接地体、带电体两部分间隙所组成的组合间隙不得小于表 7-35 的规定。

表 7-35 等电位作业中最小组合间隙间距

| 电压等级/kV | 63(66) | 110 | 220 | 330 | 500 | 750 | 1000 | ±500 | ±660 | ±800 |
|---|---|---|---|---|---|---|---|---|---|---|
| 距离/m | 0.8 | 1.2 | 2.1 | 3.1 | 4.0 | 4.9 | 6.9 | 3.8 | — | 6.8 |

## 7.4.7 等电位作业转移电位人体裸露部分与带电体的距离

等电位作业人员在电位转移前，需要得到工作负责人的许可。转移电位时，人体裸露部分与带电体的距离，应不小于表 7-36 的规定。750、1000kV 需要使用电位转移棒进行电位转移。

表 7-36 等电位作业转移电位人体裸露部分与带电体的距离

| 电压等级/kV | 35、63(66) | 110、220 | 330、500 | ±500 |
|---|---|---|---|---|
| 距离/m | 0.2 | 0.3 | 0.4 | 0.4 |

注 750、1000kV 等电位作业执行第（17）条规定。

### 7.4.8 使用消弧绳接空载线路的长度

带电断、接空载线路时，需要确认线路的另一端断路器（开关）与隔离开关（刀闸）确已断开，接入线路侧的变压器、电压互感器确已经退出运行后，方可进行禁止带负荷断、接引线。

带电断、接空载线路时，作业人员需要戴护目镜，并且需要采取消弧措施。消弧工具的断流能力应与被断、接的空载线路的电压等级、电容电流相适应。如果使用消弧绳，则其断、接的空载线路的长度需要不大于表 7-37 的规定，以及作业人员与断开点应保持 4m 以上的距离。

表 7-37 使用消弧绳接空载线路的长度

| 电压等级/kV | 10 | 35 | 63(66) | 110 | 220 |
|---|---|---|---|---|---|
| 长度/km | 50 | 30 | 20 | 10 | 3 |

注 线路长度包括分支在内，但不包括电缆线路。

### 7.4.9 高架绝缘斗臂车绝缘臂的有效绝缘长度

高架绝缘斗臂车作业，绝缘臂的有效绝缘长度需要大于表 7-38 的规定，以及需要在下端装设泄漏电流监视装置。

表 7-38 高架绝缘斗臂车绝缘臂的有效绝缘长度

| 电压等级/kV | 10 | 35、63(66) | 110 | 220 | 330 |
|---|---|---|---|---|---|
| 长度/m | 1.0 | 1.5 | 2.0 | 3.0 | 3.8 |

### 7.4.10 一串中的零值绝缘子片达到的数需要立即停止检测

检测 35kV 及以上电压等级的绝缘子串时，当发现同一串中的零值绝缘子片数达到表 7-39 的规定时，需要立即停止检测。

表 7-39 一串中的零值绝缘子片达到的数需要立即停止检测

| 电压等级/kV | 35 | 63 (66) | 110 | 220 | 330 | 500 | 750 | 1000 | ±500 | ±660 | ±800 |
|---|---|---|---|---|---|---|---|---|---|---|---|
| 绝缘子串片数 | 3 | 5 | 7 | 13 | 19 | 28 | 29 | 54 | 37 | — | 58 |
| 零值片数 | 1 | 2 | 3 | 5 | 4 | 6 | 5 | 18 | 16 | — | 27 |

说明：如果绝缘子串的片数超过了该表的规定，零值绝缘子允许片数可以相应增加。

### 7.4.11 绝缘工具电气预防性试验项目、标准

带电作业工具需要定期进行电气试验、机械试验，不合格的带电作业工具需要及时检修或报废，不得继续使用，其试验周期应达到要求。

绝缘工具电气预防性试验项目、标准见表 7-40。

表 7-40 绝缘工具电气预防性试验项目、标准

| 额定电压/kV | 试验长度/m | 1min 工频耐压/kV | | 3min 工频耐压/kV | | 15 次操作冲击耐压/kV | |
|---|---|---|---|---|---|---|---|
| | | 出厂及型式试验 | 预防性试验 | 出厂及型式试验 | 预防性试验 | 出厂及型式试验 | 预防性试验 |
| 10 | 0.4 | 100 | 45 | — | — | — | — |
| 35 | 0.6 | 150 | 95 | — | — | — | — |
| 63(66) | 0.7 | 175 | 175 | — | — | — | — |
| 110 | 1.0 | 250 | 220 | — | — | — | — |
| 220 | 1.8 | 450 | 440 | — | — | — | — |
| 330 | 2.8 | — | — | 420 | 380 | 900 | 800 |
| 500 | 3.7 | — | — | 640 | 580 | 1175 | 1050 |
| 750 | 4.7 | — | — | — | 780 | — | 1300 |
| 1000 | 6.3 | — | — | 1270 | 1150 | 1865 | 1695 |
| ±500 | 3.2 | — | — | — | 565 | — | 970 |
| ±660 | — | — | — | 820 | 745 | 1480 | 1345 |
| ±800 | 6.6 | — | — | 985 | 895 | 1685 | 1530 |
| 运行中检查性试验 | 0.3 | 交流耐压 75kV/1min | | | | | |

注：±500kV、±660kV、±800kV 预防性试验采用 3min 直流耐压。

### 7.4.12 各种电压等级电网的操作过电压倍数

35～66kV 及以下系统（中性点经消弧线圈接地或不接地）——$K=4.0$。

110～154kV 系统（中性点经消弧线圈接地）——$K=3.5$。

110～220kV 系统（中性点直接接地）——$K=3.0$。

330kV（中性点直接接地）——$K=2.5$。

500kV（中性点直接接地）——$K=2.18$。

### 7.4.13 绝缘斗臂车上臂泄漏电流试验标准（表 7-41）

表 7-41 绝缘斗臂车上臂泄漏电流试验标准

| 测试部位 | 斗臂车的额定电压(有效值)/kV | 试验电压(有效值)/kV | 允许最大泄漏电流/μA |
|---|---|---|---|
| 上臂* | 10 | 20 | 400 |
| | 35 | 60 | 400 |
| | 66 | 120 | 400 |
| | 110 | 200 | 400 |
| | 220 | 320 | 400 |

* 上臂指上绝缘臂的总长，伸缩式绝缘臂应将绝缘臂全部伸出。

### 7.4.14 绝缘斗臂车上臂工频耐压试验标准（表 7-42）

**表 7-42 绝缘斗臂车上臂工频耐压试验标准**

| 测试部位 | 交流试验 | | |
|---|---|---|---|
| | 斗臂车的额定电压(有效值)/kV | 试验电压(有效值)/kV | 试验时间/min |
| 上臂 | 10 | 70 | 1.0 |
| | 35 | 95 | 1.0 |
| | 66 | 175 | 1.0 |
| | 110 | 220 | 1.0 |
| | 220 | 440 | 1.0 |

### 7.4.15 绝缘斗臂车其他绝缘部件工频耐压试验标准（表 7-43）

**表 7-43 绝缘斗臂车其他绝缘部件工频耐压试验标准**

| 测试部位 | 试验电压(有效值)/kV | 允许最大泄漏电流/μA | 试验时间/min | 要求 |
|---|---|---|---|---|
| 下臂绝缘部分 | 35 | 3000 | 3.0 | 无火花放电、闪络或击穿现象，无发热现象(温差 10℃) |
| 绝缘外斗 | 35 | 500 | 1.0 | 无闪络或击穿现象 |
| 绝缘内斗 | 35 | | 1.0 | 无闪络或击穿现象 |
| 绝缘吊臂 | 60/m，最大 100/m | 1000 | 1.0 | 无火花放电、闪络或击穿现象，无发热现象(温差 10℃) |

## 7.5 管道安装的技术规定

### 7.5.1 热水供应系统热水管道的流速（表 7-44）

**表 7-44 热水供应系统热水管道的流速**

| 公称直径/mm | 15～20 | 25～40 | ≥50 |
|---|---|---|---|
| 流速/(m/s) | ≤0.8 | ≤1.0 | ≤1.2 |

### 7.5.2 热水供应系统膨胀管的最小管径

开式热水供应系统需要设膨胀管，膨胀管直伸于屋顶水箱间。膨胀管的高度需要计算确定，膨胀管上严禁设阀门。膨胀管最小管径需要符合表 7-45 的要求。

**表 7-45 热水供应系统膨胀管的最小管径**

| 锅炉或水加热器传热面积/$m^2$ | <10 | ≥10 且<15 | ≥15 且<20 | ≥20 |
|---|---|---|---|---|
| 膨胀管最小管径/mm | 25 | 32 | 40 | 50 |

### 7.5.3 IC 卡水表性能规格（表 7-46）

**表 7-46 IC 卡水表性能规格**

| 型号 | 公称直径/mm | 量程比 $Q_3/Q_1$ | 常用流量/($m^3$/h) |
|---|---|---|---|
| LYHZ-8B | 8 | 200、160、125 | 1 |
| LXSZ-15 | 15 | 80、63、50 | 2.5 |
| LXSZ-20 | 20 | 80、63、50 | 4 |

续表

| 型　号 | 公称直径 /mm | 量程比 $Q_3/Q_1$ | 常用流量 /($m^3$/h) |
|---|---|---|---|
| LXSD | 15 | 100、80 | 2.5 |
| | 20 | 100、80 | 4 |
| | 25 | 100、80 | 6.3 |
| | 40 | 100、80 | 16 |

## 7.5.4　IC 卡水表外形尺寸（表 7-47）

**表 7-47　IC 卡水表外形尺寸**

| 型　号 | 公称直径 *DN* /mm | 长度 *L* /mm | 宽度 *B* /mm | 高度 *H* /mm | 连接螺纹 *D* /mm |
|---|---|---|---|---|---|
| LYHZ-8B | 8 | 165 | 93 | 103 | 20 |
| LXSZ-15 | 15 | 165 | 114 | 118 | 20 |
| LXSZ-20 | 20 | 195 | 94 | 106 | 25 |

## 7.5.5　旋翼湿式、干式水表性能规格（表 7-48）

**表 7-48　旋翼湿式、干式水表性能规格**

| | 型　号 | 公称直径 /mm | $Q_3/Q_1$ | 过载流量 /($m^3$/h) | 常用流量 /($m^3$/h) | 分界流量 /(L/h) | 最小流量 /(L/h) |
|---|---|---|---|---|---|---|---|
| 旋翼湿式水表性能规格 | LXS-15E LXS-15C | 15 | 80 | 3.125 | 2.5 | 50 | 31.25 |
| | | | 100 | | | 40 | 25 |
| | | | 125 | | | 32 | 20 |
| | | | 160 | | | 25 | 15.625 |
| | LXS-20E LXS-20C | 20 | 80 | 5 | 4 | 80 | 50 |
| | | | 100 | | | 64 | 40 |
| | | | 125 | | | 51.2 | 32 |
| | | | 160 | | | 40 | 25 |
| | LXS-25E LXS-25C | 25 | 80 | 7.875 | 6.3 | 126 | 78.75 |
| | | | 100 | | | 100.8 | 63 |
| | | | 125 | | | 80.64 | 50.4 |
| | | | 160 | | | 63 | 39.375 |
| | LXS-32E LXS-32C | 32 | 80 | 7.875 | 6.3 | 126 | 78.75 |
| | | | 100 | | | 100.8 | 63 |
| | | | 125 | | | 80.64 | 50.4 |
| | | | 160 | | | 63 | 39.375 |
| | LXS-40E LXS-40C | 40 | 80 | 20 | 16 | 320 | 200 |
| | | | 100 | | | 256 | 160 |
| | | | 125 | | | 80 | 128 |
| | | | 160 | | | 160 | 100 |
| | LXS-50E LXS-50C | 50 | 80 | 31.25 | 25 | 500 | 312.5 |
| | | | 100 | | | 400 | 250 |
| | | | 125 | | | 320 | 200 |
| | | | 160 | | | 250 | 156.25 |
| 旋翼干式水表性能规格 | LXSG-15D | 15 | 80 | 3.125 | 2.5 | 50.0 | 31.3 |
| | LXSG-20D | 20 | 80 | 5.0 | 4.0 | 80.0 | 50.0 |
| | LXSG-25D | 25 | 80 | 7.875 | 6.3 | 126.0 | 78.8 |
| | LXSG-32D | 32 | 80 | 7.875 | 6.3 | 126.0 | 78.8 |
| | LXSG-40D | 40 | 80 | 20.0 | 16.0 | 320.0 | 200.0 |

## 7.5.6 室内给水设备安装工艺水箱间及水箱与建筑结构间的最小净距（表 7-49）

表 7-49 水箱间及水箱与建筑结构间的最小净距

| 水箱形式 | 水箱壁与墙面之间的距离/m | | 水箱之间的距离/m | 水箱顶至建筑结构最低点的距离/m |
|---|---|---|---|---|
| | 有浮球阀一侧 | 无浮球阀一侧 | | |
| 圆形 | 0.8 | 0.7 | 0.7 | 0.8 |
| 矩形 | 1.0 | 0.7 | 0.7 | 0.8 |

## 7.5.7 金属线槽及插接式母线与各种管道的最小净距（表 7-50）

表 7-50 金属线槽及插接式母线与各种管道的最小净距

| 管道类别 | 平行净距/mm | 交叉净距/mm | 管道类别 | 平行净距/mm | 交叉净距/mm |
|---|---|---|---|---|---|
| 一般工艺管道 | 400 | 300 | 热力管道——有保温层 | 500 | 300 |
| 具有腐蚀性气体管道 | 500 | 500 | 热力管道——无保温层 | 1000 | 500 |

## 7.5.8 钢管支架、吊架最大间距（表 7-51）

表 7-51 钢管支、吊架最大间距

| 公称直径 DN/mm | 15 | 20 | 25 | 32 | 40 | 50 | 65 |
|---|---|---|---|---|---|---|---|
| 不保温管/m | 2.4 | 2.9 | 3.1 | 3.4 | 3.8 | 4.4 | 5.2 |
| 保温管/m | 1.8 | 2.3 | 2.5 | 2.7 | 3.0 | 3.7 | 4.5 |
| 公称直径 DN/mm | 80 | 100 | 125 | 150 | 200 | 250 | 300 |
| 不保温管/m | 5.8 | 6.4 | 7.2 | 8.0 | 9.9 | 11.3 | 12.6 |
| 保温管/m | 5.0 | 5.7 | 6.4 | 7.1 | 9.1 | 10.6 | 11.8 |
| 公称直径 DN/mm | 350 | 400 | 450 | 500 | 600 | 700 | 800 |
| 不保温管/m | 13.9 | 14.6 | 15.0 | 15.3 | 16.8 | 18.0 | 18.0 |
| 保温管/m | 13.1 | 13.5 | 13.9 | 14.2 | 15.8 | 16.0 | 17.0 |

## 7.5.9 塑料管支、吊架最大间距（表 7-52）

表 7-52 塑料管支、吊架最大间距

| 公称外径 $d_n$/mm | | 20 | 25 | 32 | 40 | 50 | 63 | 75 | 90 | 110 | 125 | 160 |
|---|---|---|---|---|---|---|---|---|---|---|---|---|
| 冷水管 | 横管/m | 0.6 | 0.7 | 0.8 | 0.9 | 1.0 | 1.0 | 1.2 | 1.35 | 1.55 | 1.7 | 1.9 |
| | 立管/m | 0.85 | 0.98 | 1.1 | 1.3 | 1.6 | 1.8 | 2.0 | 2.2 | 2.4 | 2.6 | 2.8 |
| 热水管 | 横管/m | 0.3 | 0.35 | 0.4 | 0.5 | 0.6 | 0.7 | 0.8 | 0.95 | 1.1 | 1.25 | 1.5 |
| | 立管/m | 0.78 | 0.9 | 1.05 | 1.18 | 1.3 | 1.49 | 1.6 | 1.75 | 1.95 | 2.05 | 3.2 |

## 7.5.10 薄壁不锈钢管活动支架的最大支承间距（表 7-53）

表 7-53 薄壁不锈钢管活动支架的最大支承间距

| 公称直径 DN/mm | 10～15 | 20～25 | 32～40 | 50～65 | 80～125 | 150 |
|---|---|---|---|---|---|---|
| 横管/m | 1.0 | 1.5 | 2.0 | 2.5 | 3.0 | 3.5 |
| 竖管/m | 1.5 | 2.0 | 2.5 | 3.0 | 3.5 | 4.0 |

## 7.5.11 直线管道支、吊架最大间距（表 7-54）

表 7-54 直线管道支、吊架最大间距

| 公称通径 DN/mm | 15 | 20 | 25 | 32 | 40 | 50 | 65 | 80 | 100 | 125 | 150 |
|---|---|---|---|---|---|---|---|---|---|---|---|
| 垂直管道间距/m | 1.8 | 2.4 | 2.4 | 3.0 | 3.0 | 3.0 | 3.5 | 3.5 | 3.5 | 3.5 | 4.0 |
| 水平管道间距/m | 1.2 | 1.8 | 1.8 | 2.4 | 2.4 | 2.4 | 3.0 | 3.0 | 3.0 | 3.0 | 3.5 |

## 7.5.12 内外涂塑环氧（EP）复合钢管管道最大支承间距（表7-55）

表7-55 内外涂塑环氧（EP）复合钢管管道最大支承间距

| 管径/mm | 最大支承间距/m |
|---|---|
| 65～100 | 3.5 |
| 125～200 | 4.2 |
| 250～315 | 5.0 |

## 7.5.13 给水不锈钢塑料复合管不同管道长度轴向伸缩量（表7-56）

表7-56 给水不锈钢塑料复合管不同管道长度轴向伸缩量

| 管道长度/m | 0.5 | 1.0 | 1.5 | 2.0 | 3.0 | 5.0 | 10.0 | 15.0 | 20.0 | 25.0 |
|---|---|---|---|---|---|---|---|---|---|---|
| 冷水/mm | 0.17 | 0.35 | 0.52 | 0.69 | 1.04 | 1.73 | 3.46 | 5.19 | 6.92 | 9.65 |
| 热水/mm | 0.56 | 1.12 | 1.69 | 2.25 | 3.37 | 5.62 | 11.25 | 16.87 | 22.49 | 28.11 |

## 7.5.14 给水不锈钢塑料复合管立管和横管的支承间距（表7-57）

表7-57 给水不锈钢塑料复合管立管和横管的支承间距 mm

| $d_n$ | 20 | 25 | 32 | 40 | 50 | 63 | 75 | 90 | 110 |
|---|---|---|---|---|---|---|---|---|---|
| 立管 | 2000 | 2300 | 2600 | 3000 | 3500 | 4200 | 4800 | 4800 | 5000 |
| 不保温横管 | 1500 | 1800 | 2000 | 2200 | 2500 | 2800 | 3200 | 3800 | 4000 |
| 保温横管 | 1200 | 1600 | 1800 | 2000 | 2300 | 2500 | 2800 | 3200 | 3500 |

## 7.5.15 不锈钢塑料复合管热熔卡压式连接热熔技术要求（表7-58）

表7-58 不锈钢塑料复合管热熔卡压式连接热熔技术要求 mm

| $d_n$ | 20 | 25 | 32 | 40 | 50 | 63 | 75 | 90 | 110 | 160 |
|---|---|---|---|---|---|---|---|---|---|---|
| 加热时间/s | 4 | 4 | 6 | 10 | 15 | 20 | 25 | 30 | 40 | 50 |
| 加工时间/s | 3 | 3 | 4 | 6 | 6 | 6 | 10 | 10 | 15 | 15 |
| 冷却时间/min | 3 | 3 | 4 | 4 | 5 | 6 | 8 | 8 | 10 | 12 |

## 7.5.16 铝合金衬塑（PE-RT）复合管立管和横管最大支承间距（表7-59）

表7-59 铝合金衬塑（PE-RT）复合管立管和横管最大支承间距 mm

| 公称外径 | 20 | 25 | 32 | 40 | 50 | 63 | 75 | 90 | 110 | 160 |
|---|---|---|---|---|---|---|---|---|---|---|
| 横管 | 1500 | 1700 | 2000 | 2200 | 2300 | 2500 | 2500 | 3000 | 3000 | 3000 |
| 立管 | 1800 | 2000 | 2200 | 2500 | 2500 | 2500 | 2600 | 3000 | 3000 | 3500 |

## 7.5.17 铝合金衬塑（PE-RT）管材热熔承插连接管件壁厚、承口尺寸与相应公称外径（表7-60）

表7-60 铝合金衬塑（PE-RT）管材热熔承插连接管件壁厚、承口尺寸与相应公称外径 mm

| 公称外径 $d_e$ | 壁厚 $e_n$ | 最小承口深度 $L_1$ | 最小承插深度 $L_2$ | 承口的平均内径 | | | | 最大不圆度 | 最小通径 $D$ |
|---|---|---|---|---|---|---|---|---|---|
| | | | | $d_{sm\ min}$ | | $d_{sm\ max}$ | | | |
| | | | | 最小 | 最大 | 最小 | 最大 | | |
| 20 | 3.4 | 14.5 | 11.0 | 18.8 | 19.3 | 19.0 | 19.5 | 0.6 | 13 |
| 25 | 4.2 | 16.0 | 12.5 | 23.5 | 24.1 | 23.8 | 24.4 | 0.7 | 18 |
| 32 | 5.4 | 18.1 | 14.6 | 30.4 | 31.0 | 30.7 | 31.3 | 0.7 | 25 |
| 40 | 6.7 | 20.5 | 17.0 | 38.3 | 38.9 | 38.7 | 39.3 | 0.7 | 31 |
| 50 | 8.3 | 23.5 | 20.0 | 48.3 | 48.9 | 48.7 | 49.3 | 0.8 | 39 |

续表

| 公称外径 $d_e$ | 壁厚 $e_n$ | 最小承口深度 $L_1$ | 最小承插深度 $L_2$ | 承口的平均内径 | | | | 最大不圆度 | 最小通径 $D$ |
|---|---|---|---|---|---|---|---|---|---|
| | | | | $d_{sm\ min}$ | | $d_{sm\ max}$ | | | |
| | | | | 最小 | 最大 | 最小 | 最大 | | |
| 63 | 10.5 | 27.4 | 23.9 | 61.1 | 61.7 | 61.6 | 62.2 | 0.8 | 49 |
| 75 | 12.5 | 31.0 | 27.5 | 71.9 | 72.7 | 73.2 | 74.0 | 1.0 | 58.2 |
| 90 | 15.0 | 35.5 | 32.0 | 86.4 | 87.4 | 87.8 | 88.8 | 1.2 | 69.8 |
| 110 | 18.3 | 41.5 | 38.0 | 105.8 | 106.8 | 107.3 | 108.3 | 1.4 | 85.4 |
| 125 | 20.8 | 47.5 | 44.0 | 120.6 | 121.8 | 122.2 | 123.4 | 1.5 | 90.7 |
| 160 | 26.6 | 54.5 | 54.5 | 154.8 | 156.3 | 156.6 | 158.1 | 1.8 | 124.2 |

### 7.5.18 铝合金衬塑（PE-RT）管材、管件热熔连接操作剥离长度（表 7-61）

**表 7-61 铝合金衬塑（PE-RT）管材、管件热熔连接操作剥离长度** mm

| $d_n$ | 20 | 25 | 32 | 40 | 50 | 63 | 75 | 90 | 110 | 125 | 160 |
|---|---|---|---|---|---|---|---|---|---|---|---|
| 剥离长度 | 13 | 15 | 17 | 19 | 22 | 25 | 28 | 32 | 38 | 40 | 42 |

### 7.5.19 铝合金衬塑（PE-RT）连接热熔技术要求（表 7-62）

**表 7-62 铝合金衬塑（PE-RT）连接热熔技术要求** mm

| 公称外径 | 20 | 25 | 32 | 40 | 50 | 63 | 75 | 90 | 110 | 160 |
|---|---|---|---|---|---|---|---|---|---|---|
| 横管 | 1500 | 1700 | 2000 | 2200 | 2300 | 2500 | 2500 | 3000 | 3000 | 3000 |
| 立管 | 1800 | 2000 | 2200 | 2500 | 2500 | 2500 | 2600 | 3000 | 3000 | 3500 |

### 7.5.20 给水铜管保温厚度

明敷建筑给水铜管，需要采取防结露措施。热水铜管需要保温，绝热材料需要采用不腐蚀铜管的材质。热水温度小于 75℃时，保温厚度可以参照表 7-63 来选用。

**表 7-63 给水铜管保温厚度** mm

| 公称通径 $DN$ / 保温性质 | 15 | 20 | 25 | 32 | 40 | 50 | 65 | 80 | 100 | 125 | 150 | 200 |
|---|---|---|---|---|---|---|---|---|---|---|---|---|
| 防结露≥ | 15 | 15 | 19 | 19 | 19 | 19 | 19 | 19 | 20 | 20 | 20 | 25 |
| 保温管≥ | 25 | 25 | 30 | 30 | 30 | 30 | 35 | 35 | 35 | 35 | 40 | 40 |

说明：表适用于闭孔弹性橡塑、玻璃棉、发泡聚乙烯、酚醛泡沫等保温材料。

### 7.5.21 给水铜管直线管道支、吊架最大间距（表 7-64）

**表 7-64 给水铜管直线管道支、吊架最大间距** mm

| 公称通径 $DN$ | 15 | 20 | 25 | 32 | 40 | 50 | 65 | 80 | 100 | 125 | 150 | 200 |
|---|---|---|---|---|---|---|---|---|---|---|---|---|
| 垂直管道间距 | 1.8 | 2.4 | 2.4 | 3.0 | 3.0 | 3.0 | 3.5 | 3.5 | 3.5 | 3.5 | 4.0 | 4.0 |
| 水平管道间距 | 1.2 | 1.8 | 1.8 | 2.4 | 2.4 | 2.4 | 3.0 | 3.0 | 3.0 | 3.0 | 3.5 | 3.5 |

### 7.5.22 给水卡套式铜管管道的安装（表 7-65）

**表 7-65 给水卡套式铜管管道的安装** mm

| 公称通径 $DN$ | 铜管外径 $Dw$ | 配件承口内径 | | 铜管壁厚 | 插入深度 |
|---|---|---|---|---|---|
| | | 最大 | 最小 | | |
| 15 | 15 | 15.30 | 15.10 | 0.7 | 13 |
| 20 | 22 | 22.30 | 22.10 | 0.9 | 15 |
| 25 | 28 | 28.30 | 28.10 | 0.9 | 16 |

续表

| 公称通径 DN | 铜管外径 Dw | 配件承口内径 | | 铜管壁厚 | 插入深度 |
|---|---|---|---|---|---|
| | | 最大 | 最小 | | |
| 32 | 35 | 35.35 | 35.10 | 1.0 | 18 |
| 40 | 42 | 42.35 | 42.10 | 1.1 | 20 |
| 50 | 54 | 54.35 | 54.10 | 1.2 | 24 |

## 7.5.23　压接式铜管管道的安装（表 7-66）

表 7-66　压接式铜管管道的安装　　mm

| 公称通径 | 铜管外径 | 承口内径 | | 承口深度 |
|---|---|---|---|---|
| DN | Dw | 最大 | 最小 | 最小 |
| 15 | 15 | 15.150 | 15.069 | 22 |
| 20 | 22 | 22.180 | 22.080 | 23 |
| 25 | 28 | 28.180 | 28.080 | 24 |
| 32 | 35 | 35.230 | 35.096 | 26 |
| 40 | 42 | 42.230 | 42.096 | 36 |
| 50 | 54 | 54.230 | 54.097 | 40 |

## 7.5.24　薄壁不锈钢管卡压式管件承口尺寸（表 7-67）

表 7-67　薄壁不锈钢管卡压式管件承口尺寸

Ⅰ系列　管件承口尺寸　　mm

| 公称直径 | 管道外径 | 最小壁厚 | 承口内径 | 承口端内径 | 承口端外径 | 插入长度 |
|---|---|---|---|---|---|---|
| 15 | 18.0 | 1.2 | 18.2 | 18.9 | 26.2 | 20 |
| 20 | 22.0 | | 22.2 | 23.0 | 31.6 | 21 |
| 25 | 28.0 | | 28.2 | 28.9 | 37.2 | 23 |
| 32 | 35.0 | | 35.3 | 36.5 | 44.3 | 26 |
| 40 | 42.0 | | 42.3 | 43.0 | 53.3 | 30 |
| 50 | 54.0 | | 54.4 | 55.0 | 65.4 | 35 |
| 65 | 76.1 | 1.5 | 76.7 | 78.0 | 94.7 | 53 |
| 80 | 88.9 | | 89.5 | 91.0 | 109.5 | 60 |
| 100 | 108.0 | | 108.8 | 111.0 | 132.8 | 75 |

Ⅱ系列　管件承口尺寸　　mm

| 公称直径 | 管道外径 | 最小壁厚 | 承口内径 | 承口端内径 | 承口端外径 | 插入长度 |
|---|---|---|---|---|---|---|
| 15 | 15.88 | 0.6 | 16.3±0.4 | $16.6^{+0.8}_{-0.3}$ | $22.2^{+0.8}_{-0.4}$ | 21 |
| 20 | 22.22 | 0.8 | 22.5±0.4 | $22.8^{+0.8}_{-0.3}$ | $30.1^{+0.8}_{-0.4}$ | 24 |
| 25 | 28.58 | | 28.9±0.4 | $29.2^{+0.8}_{-0.3}$ | $36.4^{+0.8}_{-0.4}$ | |
| 32 | 34.00 | 1.0 | 34.8±0.5 | 36.6±0.5 | 45.4±0.5 | 39 |
| 40 | 42.70 | | 43.5±0.5 | 46.0±0.5 | 56.2±0.5 | 47 |
| 50 | 48.60 | | 49.5±0.5 | 52.4±0.5 | 63.2±0.5 | 52 |

### 7.5.25 薄壁不锈钢管卡凸压缩式锁紧螺母、锁紧法兰管道安装凸环参数（表 7-68）

表 7-68 薄壁不锈钢管卡凸压缩式锁紧螺母、锁紧法兰管道安装凸环参数 mm

| 公称尺寸 DN | 公称外径 Dw | 壁厚 T | 扩环高度 | 扩环宽度 | 承口长度 |
|---|---|---|---|---|---|
| 15 | 16±0.1 | 0.6 | 1.7 | 4 | 11.5 |
| 20 | 20±0.1 | 0.6 | 1.8 | 4 | 11.5 |
| 25 | 25.4±0.1 | 0.8 | 2.0 | 5.5 | 13.5 |
| 32 | 35±0.12 | 1.0 | 2.0 | 5.5 | 13.5 |
| 40 | 40±0.12 | 1.0 | 2.0 | 6 | 17 |
| 50 | 50.8±0.15 | 1.0 | 2.5 | 6 | 17 |
| 65 | 67±0.18 | 1.2 | 2.5 | 8 | 18 |
| 80 | 76.1±0.23 | 1.5 | 2.5 | 12 | 22 |
| 100 | 102±0.4%Dw | 1.5 | 2.5 | 12 | 22 |
| 125 | 133±0.4%Dw | 2.0 | 2.8 | 14 | 25 |
| 150 | 159±0.4%Dw | 2.0 | 2.8 | 14 | 25 |
| 200 | 219±0.4%Dw | 3.0 | 3.2 | 16 | 25 |

### 7.5.26 薄壁不锈钢圆锥管螺纹接口的基本尺寸（表 7-69）

表 7-69 薄壁不锈钢管螺纹接口的基本尺寸 mm

| 公称通径 DN | 外径 Dw | 螺纹牙形高度 | 螺距 | 内接螺纹口内径 | 外接螺纹口外径 | 管端有效螺纹长度 |
|---|---|---|---|---|---|---|
| 10 | 10 | 0.43 | 1.50 | 9.15 | 9.51 | 8 |
| 15 | 15 | 0.58 | 2.00 | 13.78 | 14.51 | 10 |
| 20 | 19 | 0.58 | 2.00 | 17.78 | 18.31 | 10 |
| 25 | 25 | 0.65 | 2.25 | 23.74 | 24.29 | 12 |
| 32 | 31.8 | 0.87 | 3.00 | 29.53 | 30.33 | 15 |
| 40 | 40 | 0.87 | 3.00 | 38.33 | 39.13 | 15 |
| 50 | 48 | 0.87 | 3.00 | 46.33 | 47.13 | 15 |
| 65 | 63.5 | 1.44 | 5.00 | 61.52 | 62.84 | 25 |
| 80 | 76.2 | 1.44 | 5.00 | 74.12 | 75.44 | 25 |
| 100 | 101.6 | 1.73 | 6.00 | 99.72 | 101.30 | 30 |
| 125 | 133 | 2.31 | 8.00 | 130.38 | 132.5 | 40 |
| 150 | 159 | 2.89 | 10.0 | 155.65 | 158.30 | 50 |

### 7.5.27 硬聚氯乙烯（PVC-U）双壁波纹管承插口尺寸（表 7-70）

表 7-70 硬聚氯乙烯（PVC-U）双壁波纹管承插口尺寸 mm

| 公称外径 $d_e$ | 最小承口平均内径 | 最小承口深度 | 最小承口壁厚 | 最小插口长度 |
|---|---|---|---|---|
| 160 | 160.5 | 42 | 2.4 | 81 |
| 180 | 180.6 | 46 | 2.7 | 93 |
| 200 | 200.6 | 50 | 3.0 | 99 |
| 225 | 225.7 | 53 | 3.4 | 112 |
| 250 | 250.8 | 55 | 3.7 | 125 |
| 280 | 280.9 | 58 | 4.2 | 128 |
| 315 | 316.0 | 62 | 4.7 | 132 |
| 355 | 356.1 | 66 | 5.2 | 136 |
| 400 | 401.2 | 70 | 5.9 | 150 |
| 450 | 451.4 | 75 | 6.7 | 155 |
| 500 | 501.5 | 80 | 7.4 | — |
| 560 | 561.7 | 86 | 8.6 | — |
| 630 | 631.9 | 93 | 9.3 | — |
| 710 | 712.1 | 101 | 10.5 | — |
| 800 | 802.4 | 110 | 11.7 | — |

续表

| 公称外径 $d_e$ | 最小承口平均内径 | 最小承口深度 | 最小承口壁厚 | 最小插口长度 |
|---|---|---|---|---|
| 900 | 902.7 | 120 | 13.3 | — |
| 1000 | 1003.0 | 130 | 14.8 | — |
| 1100 | 1103.3 | 140 | 16.2 | — |
| 1200 | 1203.6 | 150 | 17.7 | — |

## 7.5.28　细水雾喷头的安装间距（表 7-71）

表 7-71　细水雾喷头的安装间距

| 安装要求 \ 系统压力 | 高压系统 | 中、低压系统 |
|---|---|---|
| 最大安装间距/m | 4.0 | 3.0 |
| 最大安装高度/m | 15.0 | 8.0 |
| 距保护对象的最小安装距离/m | 0.33 | 0.33 |

## 7.5.29　聚丙烯管冷热水管道支架的最大安装距离（表 7-72）

表 7-72　聚丙烯管冷热水管道支架的最大安装距离

| 管径(外径)/mm | | 20 | 25 | 32 | 40 |
|---|---|---|---|---|---|
| 冷水/mm | 水平管 | 650 | 800 | 950 | 1100 |
| | 立管 | 1000 | 1200 | 1500 | 1700 |
| 热水/mm | 水平管 | 500 | 600 | 700 | 800 |
| | 立管 | 900 | 1000 | 1200 | 1400 |

## 7.5.30　聚丙烯管安装允许偏差（表 7-73）

表 7-73　聚丙烯管安装允许偏差

| 项　目 | | 允许偏差/mm |
|---|---|---|
| 水平管道纵横方向弯曲 | 每米管道 | 1.5 |
| | 全长 25m | ≯25 |
| 立管垂直度 | 每米管道 | 3 |
| | 全长 5m | ≯10 |
| 成排管道 | 在同一直线上间距 | 3 |

## 7.5.31　PVC-U 排水管最大支承间距（表 7-74）

表 7-74　PVC-U 排水管最大支承间距

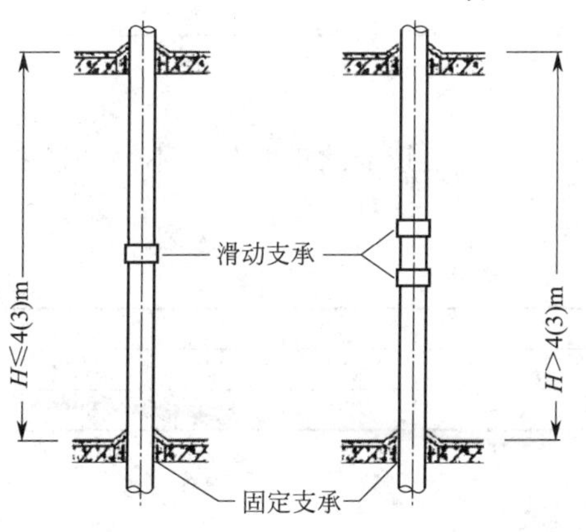


管道最大支承间距　mm

| DN | 立　管 | 悬吊横管 干　管 | 悬吊横管 支　管 |
|---|---|---|---|
| 40 | 1500 | — | 800 |
| 50 | 1500 | — | 1000 |
| 75 | 2000 | — | 1500 |
| 90 | 2000 | — | 1800 |
| 110 | 2000 | 1100 | 2000 |
| 125 | 2000 | 1250 | 2200 |
| 160 | 2000 | 1600 | 2500 |

### 7.5.32 雨水检查井最大间距的确定

雨水检查井的最大间距的确定可以参考表 7-75。

**表 7-75 雨水检查井的最大间距**

| 管径/mm | 最大间距/m | 管径/mm | 最大间距/m |
|---|---|---|---|
| 150(160) | 30 | 400(400) | 50 |
| 200～300(200～315) | 40 | ≥500(500) | 70 |

说明：括号内的数据表示为塑料管外径。

### 7.5.33 塑料管熔接器熔接塑料管的深度与时间的要求（表 7-76）

**表 7-76 塑料管熔接器熔接塑料管的参考深度、时间**

| 公称外径/mm | 热熔深度/mm | 加热时间/s | 加工时间/s | 冷却时间/min |
|---|---|---|---|---|
| 20 | 14 | 5 | 4 | 3 |
| 25 | 16 | 7 | 4 | 3 |
| 32 | 20 | 8 | 4 | 4 |
| 40 | 21 | 12 | 6 | 4 |
| 50 | 22.5 | 18 | 6 | 5 |
| 63 | 24 | 24 | 6 | 6 |
| 75 | 26 | 30 | 10 | 8 |
| 90 | 32 | 40 | 10 | 8 |
| 110 | 38.5 | 50 | 15 | 10 |
| 160 | 55 | 60 | 25 | 20 |

说明：如果操作环境温度低于 5℃，加热时间延长 50%左右。

### 7.5.34 薄壁不锈钢水管的端部锯切平整水管端部的切斜的规定（表 7-77）

**表 7-77 水管端部的切斜** mm

| 公称直径/*DN* | 切斜≤ | 公称直径/*DN* | 切斜≤ |
|---|---|---|---|
| ≤20 | 1.5 | ＞50～100 | 3 |
| ＞20～50 | 2 | ＞100 | 5 |

### 7.5.35 镀锌钢管安装管道支吊架最大间距（表 7-78）

**表 7-78 镀锌钢管安装管道吊架最大间距**

| 管道直径/mm | | 15 | 20 | 25 | 32 | 40 | 50 | 70 | 80 | 100 | 125 |
|---|---|---|---|---|---|---|---|---|---|---|---|
| 间距/m | 保温管道 | 1.5 | 2 | 2 | 2.5 | 3 | 3 | 3.5 | 4 | 4.5 | 5 |
| | 非保温管 | 2.5 | 3 | 3.5 | 4 | 4.5 | 5 | 6 | 6 | 6.5 | 7 |

### 7.5.36 聚丙烯给水管道管卡支撑中心距离

聚丙烯给水管道因工作温度的升高产生的变形，可以用密集管卡约束变形。不同外径的管道，其管卡支撑中心距离见表 7-79。

**表 7-79 聚丙烯给水管道管卡支撑中心距离**

| 管材外径/mm | 20 | 25 | 32 | 40 | 50 | 63 | 75 | 90 | 110 |
|---|---|---|---|---|---|---|---|---|---|
| 冷水管/mm | 480 | 550 | 650 | 720 | 800 | 1020 | 1160 | 1320 | 1620 |
| 热水管/mm | 300 | 350 | 420 | 500 | 550 | 600 | 700 | 800 | 900 |

### 7.5.37 硬质聚氯乙烯（UPVC）干管的安装

安装硬质聚氯乙烯（UPVC）干管的方法与要点如下：塑料排水导管吊装时，吊卡间距需要符合要求，具体见表7-80。

表7-80 吊卡间距

| 管径/mm | 50 | 75 | 110 | 125 | 160 |
| --- | --- | --- | --- | --- | --- |
| 立管/m | 1.2 | 1.5 | 2.0 | 2.0 | 2.0 |
| 导管/m | 0.5 | 0.75 | 1.10 | 1.30 | 1.60 |

### 7.5.38 硬质聚氯乙烯（UPVC）生活污水塑料管道的坡度（表7-81）

表7-81 硬质聚氯乙烯生活污水塑料管道的坡度

| 管径/mm | 标准坡度/% | 最不坡度/‰ | 管径/mm | 标准坡度/% | 最不坡度/‰ |
| --- | --- | --- | --- | --- | --- |
| 50 | 25 | 12 | 125 | 10 | 5 |
| 75 | 15 | 8 | 160 | 7 | 4 |
| 110 | 12 | 6 | | | |

### 7.5.39 硬质聚氯乙烯（UPVC）塑料排水横管固定件的间距（表7-82）

表7-82 硬质聚氯乙烯塑料排水横管固定件的间距

| 公称直径/mm | 50 | 75 | 100 |
| --- | --- | --- | --- |
| 支架间距/mm | 0.6 | 0.8 | 1.0 |

### 7.5.40 金属端法兰盘螺孔数和规格与塑料端法兰盘相匹配，不同管程要求的力矩值

塑料管道与金属管道采用法兰连接时，金属端法兰盘螺孔数和规格应与塑料端法兰盘相匹配，不同管程要求的力矩值见表7-83。

表7-83 金属端法兰盘螺孔数和规格与塑料端法兰盘相匹配不同管程要求的力矩值

| 管外径/mm | 16 | 20 | 25 | 32 | 40 | 50 | 63 | 75 | 90 | 110 |
| --- | --- | --- | --- | --- | --- | --- | --- | --- | --- | --- |
| 公称内径/mm | 10 | 15 | 20 | 25 | 32 | 40 | 50 | 65 | 80 | 100 |
| 螺栓锁紧力矩/N·m | 6 | 7 | 9 | 10 | 20 | 25 | 30 | 35 | 40 | 45 |

### 7.5.41 塑料管之间用法兰连接时不同管径要求的力矩值

塑料管之间用法兰连接时，需选择带EPDM 0型圈的法兰翻边，不同管径要求的力矩值见表7-84。

表7-84 塑料管与塑料管间用法兰连接时不同管径要求的力矩值

| 管外径/mm | 16 | 20 | 25 | 32 | 40 | 50 | 63 | 75 | 90 | 110 |
| --- | --- | --- | --- | --- | --- | --- | --- | --- | --- | --- |
| 公称内径/mm | 10 | 15 | 20 | 25 | 32 | 40 | 50 | 65 | 80 | 100 |
| 螺栓锁紧力矩/N·m | 3 | 3 | 4 | 5 | 10 | 12 | 15 | 18 | 20 | 22 |

### 7.5.42 工业金属管道工程的弯管制作

弯管宜采用壁厚为正公差的管子制作。弯曲半径与直管壁厚的关系宜符合表7-85。

表7-85 弯曲半径与直管壁厚的关系

| 弯曲半径 $R$ | 制作弯管用管子的壁厚 | 弯曲半径 $R$ | 制作弯管用管子的壁厚 |
| --- | --- | --- | --- |
| $R \geqslant 6D_o$ | $1.06t_d$ | $5D_o > R \geqslant 4D_o$ | $1.14t_d$ |
| $6D_o > R \geqslant 5D_o$ | $1.08t_d$ | $4D_o > R \geqslant 3D_o$ | $1.25t_d$ |

注：表中 $D_o$ 表示公称直径；$t_d$ 表示设计壁厚。

续表

Π形弯管的平面度允许偏差

| 直管段长度 $L$/mm | ≤500 | >500～1000 | >1000～1500 | >1500 |
|---|---|---|---|---|
| 平面度 $\Delta_2$/mm | ≤3 | ≤4 | ≤6 | ≤10 |

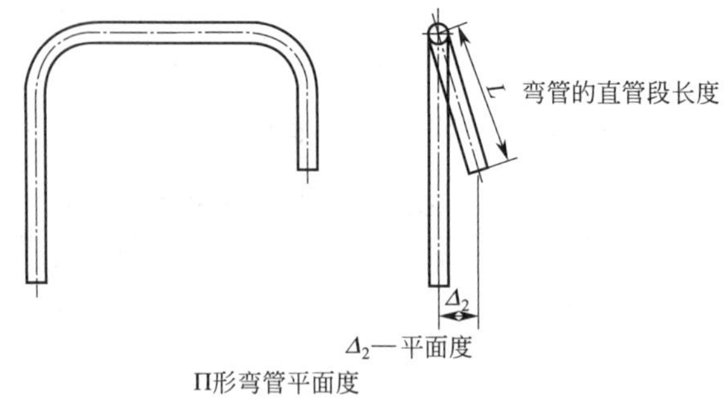


Π形弯管平面度

## 7.5.43 工业金属管道工程卷管周长允许偏差与圆度允许偏差（表 7-86）

**表 7-86 卷管周长允许偏差与圆度允许偏差**

| 公称尺寸/mm | 周长允许偏差/mm | 圆度允许偏差/mm |
|---|---|---|
| ≤800 | ±5 | 外径的 1%，且不应大于 4 |
| 800～1200 | ±7 | 4 |
| 1200～1600 | ±9 | 6 |
| 1600～2400 | ±11 | 8 |
| 2400～3000 | ±13 | 9 |
| 3000 | ±15 | 10 |

## 7.5.44 工业金属管道工程自由段与封闭管段加工尺寸允许偏差（表 7-87）

**表 7-87 工业金属管道工程自由段与封闭管段加工尺寸允许偏差**

| 项目 | | 允许偏差/mm | |
|---|---|---|---|
| | | 自由管段 | 封闭管段 |
| 长度/mm | | ±10 | ±1.5 |
| 法兰密封面与管子中心线垂直度 | $DN<100$ | 0.5 | 0.5 |
| | $100\leq DN\leq 300$ | 1.0 | 1.0 |
| | $DN>300$ | 2.0 | 2.0 |
| 法兰螺栓孔对称水平度 | | ±1.6 | ±1.6 |

## 7.5.45 工业金属管道工程钢制管道热态紧固、冷态紧固温度（表 7-88）

**表 7-88 钢制管道热态紧固、冷态紧固温度**

| 工作温度/℃ | 一次热态、冷态紧固温度/℃ | 二次热态、冷态紧固温度/℃ |
|---|---|---|
| 250～350 | 工作温度 | — |
| >350 | 350 | 工作温度 |
| −20～−70 | 工作温度 | — |
| <−70 | −70 | 工作温度 |

### 7.5.46 工业金属管道工程钢制管道安装的允许偏差（表 7-89）

表 7-89 钢制管道安装的允许偏差

| 项目 | | | 允许偏差/mm |
|---|---|---|---|
| 坐标 | 架空及地沟 | 室外 | 25 |
| | | 室内 | 15 |
| | 埋地 | | 60 |
| 标高 | 架空及地沟 | 室外 | ±20 |
| | | 室内 | ±15 |
| | 埋地 | | ±25 |
| 水平管道平直度 | | $DN\leqslant 100$ | 2 $l_0$‰，最大 50 |
| | | $DN>100$ | 3 $l_0$‰，最大 80 |
| 立管铅垂度 | | | 5 $l_0$‰，最大 30 |
| 成排管道间距 | | | 15 |
| 交叉管的外壁或绝热层间距 | | | 20 |

### 7.5.47 工业金属管道工程法兰平行度和同心度允许偏差（表 7-90）

表 7-90 法兰平行度和同心度允许偏差

| 机器转速/(r/min) | 平行度允许偏差/mm | 同心度允许偏差/mm |
|---|---|---|
| <3000 | ≤0.40 | ≤0.80 |
| 3000～6000 | ≤0.15 | ≤0.50 |
| >6000 | ≤0.10 | ≤0.20 |

### 7.5.48 工业金属管道工程铸铁管道安装轴线位置、标高的允许偏差（表 7-91）

表 7-91 铸铁管道安装轴线位置、标高的允许偏差

| 项目 | 允许偏差/mm | |
|---|---|---|
| | 无压力的管道 | 有压力的管道 |
| 轴线位置 | 15 | 30 |
| 标高 | ±10 | ±20 |

### 7.5.49 工业金属管道工程铸铁管道沿曲线安装时接口的允许转角（表 7-92）

表 7-92 铸铁管道沿曲线安装时接口的允许转角

| 接口种类 | 公称尺寸/mm | 允许转角/(°) |
|---|---|---|
| 刚性接口 | 75～450 | 2 |
| | ≥500 | 1 |
| 滑入式 T 形接口 | 75～600 | 3 |
| 梯唇型橡胶圈接口 | 700～800 | 2 |
| 柔性机械式接口 | ≥900 | 1 |

### 7.5.50 室内排水管道安装允许偏差与检验方法（表 7-93）

表 7-93 室内排水管道安装的允许偏差和检验方法

| 项目 | | 允许偏差/mm | 检验方法 |
|---|---|---|---|
| 水平管道纵、横方向弯曲 | 每米 | 1.5 | 用水准仪(水平尺)、直尺、拉线和尺量检查 |
| | 全长(25m 以上) | 不大于 38 | |
| 立管垂直度 | 每米 | 3 | 用吊线和尺量检查 |
| | 全长(5m 以上) | 不大于 15 | |

### 7.5.51 室外排水管道安装允许偏差与检验方法（表 7-94）

表 7-94 室外排水管道安装的允许偏差和检验方法

| 项目 | | 允许偏差/mm | | 检验方法 |
|---|---|---|---|---|
| | | 国标、行标 | 企标 | |
| 坐标 | 埋地 | 100 | 100 | 拉线、尺量 |
| | 敷设在沟槽内 | 50 | 50 | |
| 标高 | 埋地 | ±20 | ±20 | 用水平仪拉线和尺量 |
| | 敷在沟槽内 | ±20 | ±20 | |
| 水平管道纵横向弯曲 | 每 5m 长 | 10 | 10 | 拉线、尺量 |
| | 全长(两井间) | 30 | 30 | |

### 7.5.52 埋地铺设管道 UPVC 管、生活污水塑料管安装坡度（表 7-95）

表 7-95 埋地铺设管道 UPVC 管、生活污水塑料管安装坡度

| 管径/mm | 标准坡度/‰ | 最小坡度/‰ | 管径/mm | 标准坡度/‰ | 最小坡度/‰ |
|---|---|---|---|---|---|
| 50 | 25 | 12 | 125 | 10 | 5 |
| 75 | 15 | 8 | 160 | 7 | 4 |
| 110 | 12 | 6 | | | |

### 7.5.53 室内塑料排水横管固定件的间距（表 7-96）

表 7-96 塑料排水横管固定件的间距

| 公称直径/mm | 50 | 75 | 100 |
|---|---|---|---|
| 支架间距/mm | 0.6 | 0.8 | 1.0 |

## 7.6 游泳池系统的技术规范

### 7.6.1 游泳池系统安装工艺中管道穿墙、板预留洞槽尺寸（表 7-97）

表 7-97 管道穿墙、板预留洞槽尺寸

| 管径/mm | 预留洞直径/mm | 预留槽宽×深/mm |
|---|---|---|
| ≤32 | 100 | 130×130 |
| 40～63 | 150 | 150×130 |
| 75～110 | 200 | 180×180 |

### 7.6.2 游泳池系统安装工艺中设备基础尺寸和位置允许偏差（表 7-98）

表 7-98 设备基础尺寸和位置允许偏差

| 项次 | | 允许偏差/mm | | 检验方法 |
|---|---|---|---|---|
| | | 国标、行标 | 企标 | |
| 坐标 | | ±20 | ±15 | 水准仪或拉线、尺量 |
| 标高 | | −20 | −18 | 水准仪或拉线、尺量 |
| 基础外形尺寸 | | ±20 | ±15 | 尺量 |
| 基础的水平度 | 每米 | 5 | 3 | 水平尺和塞尺检查 |
| | 全长 | 10 | 8 | |
| 预埋地脚螺栓孔中心位置 | | ±10 | ±8 | 尺量、水平尺和塞尺检查 |
| 深度 | | +20 | +18 | |
| 孔壁铅垂度 | | 10 | 8 | |

### 7.6.3 游泳池系统安装工艺中箱、罐安装允许偏差（表7-99）

**表7-99 箱、罐安装允许偏差**

| 项　　目 | 允许偏差 |
|---|---|
| 标高 | ±5mm |
| 水平度或垂直度 | 1/1000$L$ 或 1/1000$H$ 但不大于10mm（$L$：长度；$H$：高度） |
| 中心线位移 | 5mm |

### 7.6.4 游泳池系统安装工艺中加氯管道的试压要求（表7-100）

**表7-100 加氯管道的试压要求**

| 管道型式 | 试压要求 | | 要　　求 |
|---|---|---|---|
| | 压强/MPa | 稳压时间/h | |
| 输送氯气的管道 | 0.8 | 24 | 不得漏气 |
| 输送液氯的管道 | 4 | 24 | 不得漏气 |

### 7.6.5 游泳池系统安装工艺中人工游泳池水质卫生标准（表7-101）

**表7-101 人工游泳池水质卫生标准**

| 项　目 | 标　　准 | 项　目 | 标　　准 |
|---|---|---|---|
| pH值 | 6.5～8.5 | 细菌总数 | <1000个/mL |
| 浑浊度 | <5度，或站在游泳池两岸能看清水深1.5m处 | 总大肠菌数 | <18个/L |
| 耗氧量 | <6mg/L | | |
| 尿素 | <2.5mg/L | 有害物质 | 参照《工业企业设计卫生标准》TJ 36中地面水水质卫生标准执行 |
| 余氯 | 游离余氯0.4～0.6mg/L；化合性余氯大于1.0mg/L | | |

### 7.6.6 游泳池系统安装工艺中泳池药剂调控方法（表7-102）

**表7-102 泳池药剂调控方法**

| 建议值 | 应变措施 | |
|---|---|---|
| | 升　高 | 降　低 |
| pH值7.2～7.6 | 加苏打粉 | 加盐酸或碳酸氢钠 |
| 总碱度 $10^{-4}$～$1.3\times10^{-4}$ | 加碳酸氢钠 | 加盐酸 |
| 氯（不稳定）$3\times10^{-5}$～$10^{6}$ | 加氯剂 | 维持原状——氯会自然挥发 |
| 氯（稳定）$10^{-6}$～$3\times10^{-6}$ | 加氯剂 | 维持原状——氯会自然挥发 |
| 氯稳定剂 $4\times10^{-5}$～$7\times10^{-5}$（三聚氰酸） | 加稳定剂 | 稀释——排出部分泳池水并重新加注未投加盐酸的清水 |

## 7.7 消防与建筑防火的技术规范

### 7.7.1 建筑物耐火等级常用数据

（1）建筑物的耐火等级可以分为四级。民用建筑的耐火等级与对应的长度和面积要求为：一、二级最大防火分区的长度250m，最大允许建筑面积2500m$^2$。

（2）建筑高度超过32m，应设机械排烟设施。

（3）内走廊超过20m，并且设有自然采光、自然通风设施，应设机械排烟设施。

（4）面积超过100m$^2$，应设机械排烟设施。

（5）对于地下房间、无窗房间、有固定窗扇的地上房间、超过20m且无自然排烟的疏散走道或有直接自然通风但长度超过40m的疏散内走道，应设机械排烟设施。

### 7.7.2 建筑的防火分区、防火间距与疏散出口常用数据

（1）地下、半地下建筑内的防火分区间，应采用防火墙分隔，每个防火分区的建筑面积不应大于 $500m^2$。

（2）当设置自动灭火系统时，每个防火分区的最大允许建筑面积可以增加到 $1000m^2$。局部设置时，增加面积应根据该局部面积的 1 倍计算。

（3）民用建筑间的防火间距为 6～9m

（4）九层及九层以下建筑面积不超过 $500m^2$ 的塔式住宅，可以设一个楼梯。

（5）公共建筑与通廊式居住建筑安全出口的数目不应少于 2 个。

（6）高层建筑安全处口或疏散口必须设置 2 个安全出口。

（7）建筑中的安全出口或疏散出口，应分散布置。建筑中相邻两个安全出口或疏散出口最近边缘间的水平距离不应小于 5.0m。

（8）变压器室与配电室间的隔墙，应设防火墙。锅炉房、变压器室，应设置在首层靠外墙的部位，并且在外墙上开门。首层外墙开口部位的上方，应设置宽度不小于 1.00m 的防火挑檐或高度不小于 1.50m 的窗。

（9）直接通向公共走道的房间门到最近的外部出口或封闭楼梯间的距离：一级、二级为 25m，环形通道为 22m。设有自动喷水系统的建筑疏散距离，可以增加 25%。

（10）楼梯间的首层，应设置直接对外的出口。当层数不超过四层时，可以将对外出口设置在离楼梯间不超过 15m 处。

### 7.7.3 室外消防栓系统常用数据

（1）消防车道穿过建筑物的门洞时，其净高与净宽应不小于 4m；门垛间的净宽应不小于 3.5m。

（2）建筑物内的管道井、电缆井，应每隔 2～3 层在楼板处用耐火极限不低于 0.50h 的不燃烧体封隔，其井壁应采用耐火极限不低于 1.00h 的不燃烧体。井壁上的检查门，应采用丙级防火门。

（3）电梯井与电梯机房的墙壁等，均应采用耐火极限不低于 1h 的非燃烧体。

（4）环状管网的输水干管、向环状管网输水的输水管，均应不少于 2 条。

（5）环状管道应用阀门，可以分成若干独立段，每段内消火栓的数量不宜超过 5 个。室外消防给水管道的最小直径，应不小于 100mm。

（6）消防水池，应满足自动喷水灭火延续时间根据 1h 来计算。

（7）消防水池一类为 $18m^3$，住宅一类建筑为 $12m^3$。

（8）供消防车取水的消防水池，保护半径应不大于 150m。

（9）供消防车取水的消防水池，应设取水口，其取水口与建筑物（水泵房除外）的距离应不小于 15m。

（10）室外消火栓，应沿道路设置。道路宽度超过 60m 时，应在道路两边设置消火栓，并且宜靠近十字路口。

（11）消火栓距路边应不超过 2m，距房屋外墙应不小于 5m。

（12）室外消火栓的间距应不超过 120m。室外消火栓的保护半径应不超过 150m。

（13）每个室外消火栓的用水量，应根据 10～15L/s 来计算。水泵结合器的用水量应根据 10～15L/s 来计算。

（14）高层建筑的消防栓充实水柱应不小于 10～13m。

(15) 室外地上式消火栓，应有一个直径为150mm或100mm和两个直径为65mm的栓口。

(16) 高层工业建筑的室内电梯井与电梯机房的墙壁，应采用耐火极限不低于2.5h的非燃烧体。

(17) 疏散楼梯栏杆扶手的高度，需要不小于1.1m，其他建筑的室外，其倾斜角可不大于60°，净宽可不小于80cm，但每级离扶手25cm处的踏步深度超过22cm时，可以不受该项限制。

(18) 室外消火栓水枪的充实水柱应不小于10m（从地面算起）。

(19) 民用建筑室外消防栓的用水量，应保证30L/s或25、20L/s（根据建筑面积来计算）。

### 7.7.4 室内消防栓系统常用数据

(1) 民用建筑用水量室内消火栓一般为20L/s，布置不小于4个。

(2) 消防电梯前室，应设室内消火栓，栓口离地面高度为1.1m，其出水方向宜向下或与设置消火栓的墙面成90°。

(3) 同层消防栓距离，应不超过30m。栓口距地面1.1m，栓口为*DN*65。水龙带，应不小于25m，水龙口20mm。

(4) 应储存10min的消防用水量。当室内消防用水量不超过25L/s，经计算水箱消防储水量超过$12m^3$时，仍可以采用$12m^3$。当室内消防用水量超过25L/s，经计算水箱消防储水量超过$18m^3$，仍可以采用$18m^3$。

(5) 室内消防栓用水量：建筑高度大于50m，取10L/s；超高层建筑，取30L/s。

(6) 室内消火栓超过10个，并且室内消防用水量大于15 L/s时，室内消防给水管道至少应有两条进水管与室外环状管网连接，以及应将室内管道连成环状或将进水管与室外管道连成环状。当环状管网的一条进水管发生事故时，其余的进水管应能供应全部用水量。

(7) 高层工业建筑室内消防竖管应成环状，并且管道的直径应不小于100mm。

(8) 室内消火栓的布置，应保证有两支水枪的充实水柱同时到达室内任何部位。两个消防水栓的距离，应不超过25m。水枪的充实水柱，应不小于13m水柱。

(9) 室内消火栓栓口处的静水压力，应不超过80m水柱。如果超过80m水柱时，应采用分区给水系统。消火栓栓口处的出水压力超过50m水柱时，应有减压设施。

### 7.7.5 自动喷水系统常用数据

(1) 消防喷淋系统的类型：湿式喷淋灭火系统（可以适用于室内温度4～70℃）、干式喷淋灭火系统（可以适用于室内温度＜4，或＞70℃）、预作用喷淋灭火系统、雨淋喷淋系统、水幕系统等。

(2) 每个报警阀控制的喷淋头湿式或预作用喷淋头，应不超过800个，干式有排气装置的500个，干式无排气装置的250个。

(3) 消防支管的管径，应不小于25mm。每个消防支管最多能带8个喷淋头。

(4) 面积大于$500m^2$的地下商店，应设自动喷水灭火系统。

(5) 报警阀安装距地面应为1.2m。

### 7.7.6 消防水泵常用数据

(1) 一组消防水泵的吸水管，应不少于2条。

(2) 消防水泵，应保证在火警后5min内开始工作，以及在火场断电时仍能够正常运转。

（3）消防水泵房，应有不少于2条的出水管直接与环状管网连接。

（4）固定消防水泵，应设有备用泵，其工作能力不应小于一台主要泵。

### 7.7.7 各机电专业的消防设计常用数据

（1）火灾事故照明、疏散指示标志，可以采用蓄电池作备用电源，但是连续供电时间不应少于20min。

（2）疏散指示标志宜放在太平门的顶部或疏散走道及其转角处距地面高度1m以下的墙面上，走道上的指示标志间距应不大于20m。

（3）疏散用的事故照明，其最低照度不应低于0.5lx。消防控制室、消防水泵房、自备发电机房的照明支线，应接在消防配电线路上。

### 7.7.8 火灾自动报警及消防控制室常用数据

（1）火灾自动报警系统的形式，有集中报警系统、区域报警系统、控制报警系统（消控中心），一个区域报警控制器可警戒多个楼层（具体根据产品的功能），安装位置距地面为1.3～1.5m，报警电话安装位置为1.3～1.5m。

（2）消防控制室的门向疏散方向开门，允许有送回风管但需要加防火阀。严禁无关电气线路穿越，控制台周围留1m通道和检修通道，

（3）每隔防火分区至少设置一个手动火灾报警装置，两个手动火灾报警装置的距离应不超过30m，安装位置为1.3～1.5m。

（4）建筑面积大于500$m^2$的地下商店，应设火灾自动报警装置。

（5）独立设置的消防控制室，其耐火等级应不低于二级。采用耐火极限，应分别不低于3h的隔墙与2h的楼板，并且与其他部位隔开和设置直通室外的安全出口。

（6）火灾报警按钮安装在距地面1.5m。

（7）报警线预留100～200mm长度，应绑扎成束。

（8）线槽每隔1.5m设吊架及支架，吊拉杆不小于6mm。

### 7.7.9 防火分区常用数据

（1）一类建筑：1000$m^2$；二类建筑：1500$m^2$；地下室：500$m^2$。

（2）18层及18层以下的建筑，面积不超过650$m^2$，住户不超过8户，应设有防烟楼梯间与消防电梯。

（3）消防电梯的配置：小于1500$m^2$设置一台消防电梯，大于1500$m^2$小于4500$m^2$应设置2台，4500$m^2$应设置3台。

（4）消防电梯应设置在不同的防火分区内，消防电梯前室应不小于6$m^2$。

（5）10层以上的建筑，应在单元内的阳台进行连通或凹陷。

（6）高层建筑与裙楼有防火墙及良好的防火措施时，最大防火分区不超过2500$m^2$。

（7）高层建筑有自动扶梯、上下层连通、上下开口通道楼梯等，防火分区需要根据上下连通情况分防火分区，面积叠加计算。

（8）每层防火分区安全通道门，应不小于2个。两个安全门的距离，应不小于5m。一般在24～40m，环形走廊10～20m。安全疏散门距离室内的任何一点不超过40m，室内到室内门不超过15m。

（9）首层消防通道走廊宽为1100～1200mm，门为900～1300mm，门往外开。门外

1.4m 内，不应有踏步。

（10）防火卷帘耐火等级一般为 3h。

### 7.7.10　消防给水与消防灭火设备常用数据

（1）消防泵房耐火等级为 2 级。消防水箱楼板厚 15mm，隔墙耐火 2h，甲级防火门。

（2）超过 100m 的高层建筑，均需要设有自动喷水灭火设备。

### 7.7.11　消防验收安装常用数据

（1）安装线管时，当管长超过 45m 时，应设有接线盒。

（2）管道穿越消防水池、剪力墙时，需要加放水套管，振动管道需要加柔性接头，与水箱接口应用焊接。消防水箱，应预留 1m 的通道，周围不得小于 0.7m，与顶棚高度不小于 0.6m。压力表的量程是 2.5 倍。

（3）消防水泵结合器的组成：接口、本体、连接器、止回阀、安全阀、防空阀、控制阀，应顺序安装，安装高度一般为 1.1m。

（4）小于或等于 $DN100$ 的管道应采用焊接，大于 $DN100$ 的管道应采用卡箍连接。

（5）管道安装与楼板梁、柱的距离，根据管道的管径递增 40～200mm。

（6）管道与支架的安装距离，按管道的管径递增 3.5～12mm。

（7）管道支架、吊架与喷头的安装距离应不小于 300mm，与末端喷头的距离不得小于 750mm。

（8）管道穿过变形缝的时候，应采用柔性接头和短管。短管不得小于墙体长度或出墙体 50mm。

（9）管道竖向安装支架距离 1.5～1.8m。

（10）消防气压装置安装距棚顶高度应不小于 1.0m。

（11）报警阀组安装距离距地面 1.2m，水力警铃与报警阀的连接应采用镀锌钢管长度不超过 6m。

### 7.7.12　喷淋头常用数据

（1）喷淋头的保护面积 8m$^2$（严重的 5.4m），喷淋头的水平距离为 2.8m（中危险级 3.6m），喷淋头与柱面、或墙面的距离 1.4m（严重的 1.1m），侧喷距顶棚距离为 7.5～15cm。

（2）侧喷垂直 2m、两侧 1m 内严禁有障碍物。侧喷的最远距离为 7m。

### 7.7.13　建筑防水工程现场检测技术新建建筑室内防水工程检测单元的划分（表 7-103）

**表 7-103　新建建筑室内防水工程检测单元的划分**

| 划分标准 | | 检测单元/个 |
| --- | --- | --- |
| 自然间 | ≤10 间 | 不应少于 1 个 |
| | ＞10 间且≤50 间 | 不应少于 3 个 |
| | ＞50 间且≤100 间 | 不应少于 7 个 |
| | ＞100 间 | 每 100 间不应少于 7 个，不足 100 间的应按本表的划分标准执行 |
| 水池 | ≤100m$^2$ | 不应少于 1 个 |
| | ＞100m$^2$ 且≤1000m$^2$ | 不应少于 3 个 |
| | ＞1000m$^2$ 且≤10000m$^2$ | 不应少于 5 个 |
| | ＞10000m$^2$ | 每 10000m$^2$ 不应少于 5 个，不足 10000m$^2$ 的部分应按本表的划分标准执行 |

### 7.7.14　建筑防水工程现场检测技术

既有建筑屋面、外墙和地下等防水工程检测单元的划分见表 7-104。

表 7-104 既有建筑屋面、外墙和地下等防水工程检测单元的划分

| 划分标准/$m^2$ | 检测单元/个 |
|---|---|
| ≤1000 | 不应少于 1 个 |
| >1000 且≤5000 | 不应少于 3 个 |
| >5000 且≤10000 | 不应少于 7 个 |
| >10000 | 每 10000$m^2$ 的检测单元数不应少于 7 个，不足 10000$m^2$ 的部分应按本表中划分标准执行 |

### 7.7.15 建筑防水工程现场检测技术不同类型卷材防水层低温柔性

现场检测的测点表面温度见表 7-105。

表 7-105 不同类型卷材防水层低温柔性现场检测的测点表面温度

| 防水卷材类型 | | 测点表面温度/℃ |
|---|---|---|
| SBS 改性沥青防水卷材 | Ⅰ | −15±2 |
| | Ⅱ | −20±2 |
| APP 改性沥青防水卷材 | Ⅰ | −2±1 |
| | Ⅱ | −10±2 |

## 7.8 其他

### 7.8.1 焊接环境的检查

对焊接场所需要检查，例如对于可能遭遇的环境温度、湿度、风、雨等不利条件的检查，以及检查是否采取了可靠的防护措施。

如果出现下列情况之一时，没有采取适当的防护措施，则需要立即停止焊接工作：

(1) 相对湿度大于 90%；

(2) 采用低氢型焊条电弧焊时，风速等于或大于 5m/s；

(3) 采用电弧焊焊接时，风速等于或大于 8m/s；

(4) 气体保护焊接时，风速等于或大于 2m/s。

### 7.8.2 防烟系统的安装位置常用数据

(1) 担负一个防烟分区净空高度大于 6m 的房间，每平方米需要不小于 60$m^3$。

(2) 担负一个防烟分区净空高度大于 6m 的房间，每平方米需要不小于 120$m^3$/h 的排烟量。

(3) 排烟口安装在屋面及顶棚位置，排烟量需要不小于 60$m^3$/h。

(4) 防烟口设置水平距离不超过 30m，防烟阀关闭温度为 280℃。

(5) 防火风管为建筑中的安全救生系统，主要应用于火灾时的排烟、正压送风的救生保障系统，一般可以分为 1h、2h、4h 等的不同要求级别。

### 7.8.3 PPR 热熔深度与时间（表 7-106）

表 7-106 热熔连接深度及时间表

| 公称外径/mm | 热熔深度/mm | 加热时间/s | 加工时间/s | 冷却时间/min |
|---|---|---|---|---|
| 20 | 14 | 5 | 4 | 3 |
| 25 | 16 | 7 | 4 | 3 |
| 32 | 20 | 8 | 4 | 4 |
| 40 | 21 | 12 | 6 | 4 |
| 50 | 22.5 | 18 | 6 | 5 |

续表

| 公称外径/mm | 热熔深度/mm | 加热时间/s | 加工时间/s | 冷却时间/min |
|---|---|---|---|---|
| 63 | 24 | 24 | 6 | 6 |
| 75 | 26 | 30 | 10 | 8 |
| 90 | 32 | 40 | 10 | 8 |
| 110 | 38.5 | 50 | 15 | 10 |

注：本表加热时间应按热熔机具产品说明书及施工环境温度调整。看环境温度低于5℃，加热时间应延长50%。管材与管件的连接端面和熔接面必须清洁、干燥、无油污。

### 7.8.4 吊杆拉力最大允许值（表7-107）。

**表7-107 吊杆拉力最大允许值表（Q235）**

| 吊杆直径/mm | 8 | 10 | 12 | 16 | 20 | 25 | 28 |
|---|---|---|---|---|---|---|---|
| 最大允许荷重/kN | 10.55 | 16.49 | 23.74 | 42.20 | 65.94 | 103.03 | 116.32 |

**吊杆拉力最大允许值表（Q300）**

| 吊杆直径/mm | 8 | 10 | 12 | 16 | 20 | 25 | 28 |
|---|---|---|---|---|---|---|---|
| 最大允许荷重/kN | 13.56 | 21.20 | 30.52 | 54.26 | 84.78 | 132.47 | 149.55 |

### 7.8.5 吊、托架角钢允许弯矩（表7-108）

**表7-108 吊、托架角钢允许弯矩**

| 角钢规格/mm | L20×4 | L30×4 | L36×4 | L40×4 | L45×4 | L50×4 | L50×5 |
|---|---|---|---|---|---|---|---|
| 允许弯矩 kN·m | 0.25 | 0.13 | 0.20 | 0.26 | 0.33 | 0.42 | 0.50 |
| 角钢规格/mm | L63×4 | L63×5 | L63×6 | L70×6 | L70×7 | L75×6 | L75×7 |
| 允许弯矩 kN·m | 0.89 | 1.09 | 1.29 | 1.61 | 1.85 | 1.86 | 2.14 |
| 角钢规格/mm | L80×6 | L80×7 | L80×8 | L90×8 | L90×10 | L100×8 | L100×10 |
| 允许弯矩 kN·m | 2.12 | 2.45 | 2.76 | 3.53 | 4.32 | 4.40 | 5.39 |

### 7.8.6 吊、托架槽钢允许弯矩（表7-109）

**表7-109 吊、托架槽钢允许弯矩**

| 槽钢规格/mm | [5 | [6.3 | [8 | [10 | [12.6 | [14a | [16 | [20 |
|---|---|---|---|---|---|---|---|---|
| 允许弯矩/kN·m | 0.75 | 0.99 | 1.25 | 1.68 | 2.22 | 2.80 | 3.79 | 5.57 |
| 槽钢规格/mm | 2[5 | 2[6.3 | 2[8 | 2[10 | 2[12.6 | 2[14a | 2[16 | 2[20 |
| 允许弯矩/kN·m | 4.48 | 7.00 | 10.89 | 17.05 | 26.52 | 34.63 | 50.23 | 82.29 |

### 7.8.7 YG型膨胀螺栓锚固在C20混凝土上时的允许值（表7-110）

**表7-110 YG型膨胀螺栓锚固在C20混凝土上时的允许值**

| 品种名称 | 规格 | 埋深/mm | 抗拉力/N | | 剪力/N | |
|---|---|---|---|---|---|---|
| | | | 允许值 | 极限值 | 允许值 | 极限值 |
| 膨胀螺栓 | M6X55 | 35 | 2450 | 6100 | 800 | 2000 |
| 膨胀螺栓 | M8X70 | 45 | 5400 | 13500 | 1500 | 3750 |
| 膨胀螺栓 | M10X85 | 55 | 9400 | 23500 | 2350 | 5880 |
| 膨胀螺栓 | M12X105 | 65 | 10600 | 26500 | 3450 | 8630 |
| 膨胀螺栓 | M16X140 | 90 | 12500 | 31000 | 6500 | 16250 |
| 膨胀螺栓 | M20X195 | 140 | 19625 | 48670 | 10205 | 25513 |

说明：锚入基材混凝土强度不得小于C20。

### 7.8.8 土方工程量统计

管线沟槽深度，需要根据设计图纸的要求计算，宽度（如果深度大于 1.2m 应放坡计算）根据给排水规范来计算，长度根据管线工程量统计中除立管以外的管线长度。

一般地，灌溉管线沟槽最浅为 800mm，沿泄水井方向坡度不小于 3‰，从图上量取泄水井与管线末端的长度，然后计算出泄水井内管线深度 $H$，再以深度 1.2m 为分界点，将 800～1200mm 的部分取平均值来计算。将 1200mm～$H$ 的部分取平均值按放坡来计算。宽度分沟槽底部宽度、开口宽度，沟槽底部宽度为 $B=D+2\times d$，其中 $D$ 为管线外径。

对于金属管线、U-PVC、PE 管线，管线外径 $D$ 的有关数据如下：

当 $D\leqslant 500$mm 时，$d=300$mm；

当 500mm$<D\leqslant$1000mm 时，$d=400$mm；

当 1000mm$<D\leqslant$1500mm 时，$d=600$mm；

当 1500mm$<D\leqslant$3000mm 时，$d=800$mm。

对水泥管等非金属管线，管线外径 $D$ 的有关数据如下：

当 $D\leqslant 500$mm 时，$d=400$mm；

当 500mm$<D\leqslant$1000mm 时，$d=500$mm；

当 1000mm$<D\leqslant$1500mm 时，$d=600$mm；

当 1500mm$<D\leqslant$3000mm 时，$d=800$mm。

# 参考文献


[1] 阳鸿钧等. 装修水电工看图学招全能通[M]. 北京: 机械工业出版社, 2014.

[2] 阳鸿钧等. 物业水电工 1000 个怎么办[M]. 北京: 中国电力出版社, 2013.

[3] 韩雪涛等. 百分百全图揭秘水电工技能:双色版. 北京: 化学工业出版社, 2016.

[4] 洪斯君. 图解家装水电工技能速成. 北京: 化学工业出版社, 2015.

[5] 乔长君. 水电工入门. 北京: 国防工业出版社, 2011.